Wolfdieter Hufnagl

Die Niederösterreichischen Landesbahnen

Meinem langjährigen Freund
BB. Zentralinspektor Regierungsrat
Hanns Steinmann

Wolfdieter Hufnagl

Die Niederösterreichischen Landesbahnen

transpress

Einbandgestaltung: Dos Luis Santos unter Verwendung von Farbaufnahmen von Jürgen Krantz und historischen Bildern aus der Sammlung Töpelmann, Archiv transpress

Gedruckt mit freundlicher Unterstützung des Landes Niederösterreich

ISBN: 3-613-71214-8

1. Auflage 2003

Innengestaltung: Anita Ament
Druck und Bindung: Alföldi Nyomda AG
Printed in Hungary

Vorwort von Dr. Erwin Pröll, Landeshauptmann von Niederösterreich

Niederösterreich hat von allen Bundesländern das größte Netz von Nebenbahnen. Auch wenn viele von ihnen ihre große Bedeutung für den Wirtschafts- und Personenverkehr eingebüßt haben, sind sie regional immer noch wichtige Strecken für Pendler und für den Ausflugsverkehr. Heute geht es darum, Verkehrsnetze nach den Bedürfnissen der Bevölkerung zu gestalten, historische Bahnlinien sollen dabei eine neue Zukunft erhalten. Daher ist ein Buch über die Geschichte der niederösterreichischen Landesbahnen von besonderer Aktualität. Unser Hauptziel ist es, Verkehr von der Straße auf die Schiene zu verlagern und so eine Renaissance der Bahn einzuleiten, aber mit neuer und kostengünstiger Logistik. Wolfdieter Hufnagl als sachkompetenter Autor hat aber kein Nostalgiebuch geschrieben, sondern eine ebenso übersichtliche wie umfassende Dokumentation der Landesbahnen erstellt. Ich möchte ihm als Landeshauptmann zu diesem Werk gratulieren, das man nicht nur Eisenbahnfreunden, sondern auch Verkehrsexperten ans Herz legen sollte.

Vorwort von Ferdinand Schmidt, Vorstandsdirektor des Unternehmensbereiches Absatz bei den Österreichischen Bundesbahnen

Die jüngere Geschichte Niederösterreichs lässt sich kaum wo so gut nachvollziehen, wie am Schicksal seiner Nebenbahnen. Wo vor etwa einhundert Jahren aus wirtschaftlichen, sozialpolitischen, ja sogar militärischen Gründen Bahnlinien errichtet wurden, die heute zu den sogenannten Nebenbahnen zählen, lässt sich deren Notwendigkeit aus heutiger Sicht nicht immer leicht erkennen. Wurde ein bedeutender Wirtschaftsstandort nach Jahrzehnten geschlossen, verlor natürlich auch der ihn anbindende Schienenstrang bald an Bedeutung. Die Betrachtung des Bahnnetzes unseres größten Bundeslandes erkennt man sofort, dass mehrere Linien durch politische Grenzziehungen ganz einfach abgeschnitten sind. Der Betrieb dieser Strecken musste zumindest in Frage, oft sogar eingestellt werden.

In den letzten Jahren konnte bei einigen Nebenbahnen sogar eine Erfolg versprechende Renaissance vollzogen werden. Das Paradebeispiel dafür bot die Strecke zwischen Hohenruppersdorf und Obersdorf im Weinviertel. Die Modernisierung des Oberbaues und der Sicherungsanlagen sowie die Schaffung attraktiver Anschlussverbindungen von und nach Wien wurden von den Reisenden mit einer Vervielfachung des Aufkommens belohnt. Im Sommer 2002 wurde sogar der Streckenabschnitt bis Sulz-Nexing für den Ausflugverkehr revitalisiert. Ähnlich positive Tendenzen sind an der Gutensteiner Bahn zu beobachten, wo im Vorjahr zwei neue Haltestellen in Betrieb genommen wurden, denen am 1. September 2002 eine Dritte folgte.

In Anbetracht dieser Erfolge auf dem Sektor der Nebenbahnen bin ich zuversichtlich, dass es den ÖBB gemeinsam mit dem Land Niederösterreich gelingen wird, zukunftsweisende Konzepte für diese Bahnlinien zu finden, die zum Aufschwung der sie durchziehenden Regionen einen Beitrag leisten können.

Autor Wolfdieter Hufnagl trägt mit diesem hervorragend recherchierten Werk jedenfalls dazu bei, die Bedeutung der Nebenbahnen für die Geschichte, Gegenwart und Zukunft in richtige Bahnen zu lenken.

Vorwort Ing. Reinhard Sieber, Leiter Netz-Netzplanung beim ÖBB-Unternehmensbereich Infrastruktur, Geschäftsbereich Netz

Die Struktur der Verkehrswege generell ist ein Abbild der gesellschaftspolitischen geschichtlichen Entwicklungen, so auch die Struktur der Schienenwege.

Den Bahnen mit primär regionaler Erschließungswirkung wurden schon in den vergangenen zwei Jahrhunderten viele Bezeichnungen zuerkannt:

- Lokalbahnen,
- Sekundärnetz,
- Mäßig befahrenen Strecken,
- C-Netz oder
- Nebenbahnen.

Die ÖBB-Infrastruktur betrachtet die Nebenbahnen keinesfalls im Sinne einer Nebensächlichkeit. Wie bei allen Strecken gilt auch hier, sich intensiv mit neuen Betriebsführungsmethoden, notwendiger und zweckmäßiger Infrastruktur sowie neuzeitlichen Leistungsanforderungen zu befassen. Dies umso mehr, da hier speziell der Aufwand für eine Strecke über deren Weiterbestand entscheidend sein kann.

Wichtig ist die Einbeziehung derartiger Strecken in die gesamte Vernetzung der Schienenwege, unter Berücksichtigung der einzelnen Charakteristiken und Aufgabenstellungen der jeweiligen Verbindungen. Aufgrund der geschichtlichen Entwicklung der einzelnen Strecken ist dies in Niederösterreich von besonderer Bedeutung.

Bei allen Überlegungen steht die Sorge um die Sicherheit in der Betriebsführung an oberster Stelle. Hier kommen uns insbesondere die technologischen Entwicklungen und Möglichkeiten der Technik entgegen. Rechnerunterstützte Dispositions - und Steuersysteme seien hier ebenso als Beispiel genannt, wie auch der Einsatz vom Navigationssystem GPS oder digitale Funksysteme.

Das Bestreben der Österreichischen Bundesbahnen geht in die Richtung, eine attraktive, aber dennoch kostengünstige Infrastruktur bereit zu stellen, die den Eisenbahnverkehrsunternehmungen entsprechende Anreize bietet, Zugtrassen kaufen zu wollen.

Generell kann man allerdings die Problematik nicht wegdiskutieren, dass großteils Infrastrukturmaßnahmen zeitlich nicht in der vom Markt gewünschten Schnelligkeit umgesetzt werden können. Hier sind ganz einfach die Mechanismen einer möglichen Finanzierung, der gesetzlich vorgeschriebenen Verfahrensabwicklungen und notwendigen Fristen, etc. zu beachten.

Entwicklungs- und Forschungsarbeiten die für das hochwertige Streckennetz geleistet werden, kommen auch den Nebenbahnsystemen zu Gute, insbesondere weil die Nebenbahnen auch als vollwertige Eisenbahnsysteme betrachtet werden.

Der Spagat, innerhalb dem Spannungsfeld: Kosten einer Infrastruktur zu möglichem Nutzen, ist ein sicher schwieriges und sensibles Thema, aber ebenso spannend und herausfordernd. Sicher wird man sich von einigen Dingen und liebgewordenen oder heute noch selbstverständlichen Gewohnheiten verabschieden müssen.

Zielsetzung muss die Weckung und Bündelung unterschiedlicher Interessen sein. Die Kombination der Anforderungen von Nahverkehr, Touristikverkehr, Güterverkehr, Nostalgieverkehr und Hobbylokfahrten kann ein Lösungsansatz sein. Das System Schiene muss vermarktet werden, frei nach dem Motto »all inclusive« gemeinsam mit den touristischen Attraktionen der jeweiligen Region.

Unabhängig von möglichen zukünftigen organisatorischen Lösungen von Zuständigkeiten und Verantwortungen ist auf dem Sektor der Attraktivierung von Nebenstrecken mit dem Einsatz von einer guten Portion Herzblut allerhand umsetzbar.

Mit dem Wissen der Vergangenheit in der Gegenwart für die Zukunft planen.

Letztendlich muss der Kundenwunsch das Maß aller Dinge sein.

Ing. Reinhard Sieber

Vorwort von Dipl.-Ing Otfried Knoll, Geschäftsführer der Niederösterreichischen Verkehrsorganisationsgesellschaft mbH. (NÖVOG)

Aktuelle Entwicklungen im Bereich der Nebenbahnen verdeutlichen das Spannungsfeld zwischen Aufgabenträger, Verkehrsunternehmen und Markt. Nach einer kurzen historischen Betrachtung wird auf die Situation in Niederösterreich eingegangen. Im Bundesland mit der größten Nebenbahn-Dichte werden derzeit neue Lösungen vorbereitet.

Zur Entstehung der Nebenbahnen

Global denken – lokal handeln. An dieses Prinzip hielten sich auch vor hundert Jahren die größeren Bahngesellschaften, gleichgültig, ob sie sich im Staatsbesitz oder im Privateigentum befanden. Schon damals war die »last mile« zum Kunden die teuerste, trotzdem galt das ökonomische Kalkül, bereits erschlossene Verkehrsgebiete zu erweitern und flächige Präsenz zu entwickeln. Um möglichst viel Verkehr auf die Hauptbahnen zu lenken, wurden zahlreiche Lokalbahnen von Anbeginn unter dem Blickwinkel der Quersubvention durch gewinnbringende Hauptstrecken gebaut.

Andererseits drohten zahlreiche, von Bahnen nicht erschlossene Regionen, zu Ende des 19. Jahrhunderts in die Bedeutungslosigkeit abzusinken, während sich Orte an den Hauptlinien rasant entwickelten. Um hier gegenzusteuern, erließen sowohl der Staat als auch einzelne Kronländer – insbesondere Niederösterreich und Steiermark- mehrere Lokalbahngesetze, die den Konzessionswerbern Monopolrechte und Zugang zu Subventionen seitens des Staates, der Länder und manchmal auch der Gemeinden gewährten. Aufgrund dieser Initiativen, mit denen die Hochkonjunktur des Lokalbahnbaues eingeleitet wurde, entstand innerhalb eines Zeitraumes von etwa 30 Jahren (1885 – 1915) das umfangreiche Lokalbahnnetz im heutigen Österreich.

Auch in technischer Hinsicht erlaubten die Lokalbahngesetze bedeutende Erleichterungen: Ausführung engerer Bögen, größerer Steigungen, leichterer Oberbau, Verzicht auf Schranken und Signale, Benützung von Straßen usw. Obwohl damit die Kosten für Kunstbauten und Grunderwerb beträchtlich gesenkt werden konnten, wurden damit häufig auch eine ungünstigere Linienführung und andere Nachteile erkauft, wie etwa große Entfernungen der Bahnhöfe von den Siedlungskernen (billigerer Boden), größere Steigungen, ungünstigere Fahrdynamik und höhere spezifische Zugförderungskosten. Bestimmend für eine teilweise ungünstige Trassenwahl und die Anlage der Bahnhöfe außerhalb des Ortes waren oft auch Einflüsse örtlicher Fuhrwerksunternehmer, Posthalter und Wirte, die die drohende Konkurrenz fürchteten. Viele dieser Einschränkungen beeinflussen noch heute die Attraktivität der Lokalbahnstrecken.

Weniger aussichtsreiche, aber trotzdem im öffentlichen Interesse gelegene Bahnprojekte wurden auch mit direkten Subventionen und Garantien für die Verzinsung des eingesetzten Kapitals gefördert. Andererseits enthielt jede Konzession auch Auflagen, die in Tariffragen und Beförderungspflichten das Unternehmen in seiner Handlungsfreiheit beschränkten. Um dennoch erfolgreich bilanzieren zu können, mussten die Zugförderungskosten niedrig gehalten werden. Neben dem Einsatz kleinerer Fahrzeuge mit geringeren Verbrauchswerten war die Beschränkung auf wenige tägliche Zugfahrten das Kennzeichen einer Lokalbahn, um die gewinnbaren Erlöspotentiale nach Möglichkeit mit nur einer Mannschaft und Garnitur, dafür aber in maximaler Kombination der Verkehrsaufgaben anzusprechen. Konsequenterweise bestand ein Lokalbahnzug meistens aus Lokomotive, Postwagen, Dienstwagen für das Expressgut, mehreren Personenwagen für unterschiedliche Zielgruppen und meistens ein paar Güterwagen. Für die zahlreichen Manipulationen auf den Stationen sorgte örtliches Personal mit verschiedenen Rängen. War eine Station zu klein, so übertrug die Bahngesellschaft die Stationsbesorgung auch Pächtern, die oft im Hauptberuf ein Gasthaus oder ein Geschäft in Bahnnähe führten und neben dem Fahrkartenverkauf auch für den übrigen Stationsdienst stundenweise bezahlt wurden.

Insbesondere beim Vergleich von Niederösterreich und Salzburg zeigt sich eine stark unterschiedliche Dichte des österreichischen Lokalbahnnetzes. Sie erklärt sich nicht nur aus der Topographie, sondern auch aus der Erschließung agrarischer Absatzmärkte im Einzugsbereich der größeren Städte, namentlich Wiens. Das ehemals besonders engmaschige Weinviertler Nebenbahnnetz wird erst vor diesem Hintergrund verständlich.

Zu Zeiten fehlender Alternativen war das Publikum gerne bereit, seine Reisebedürfnisse den vorhandenen Möglichkeiten anzupassen. Die Lokalbahnen erfreuten sich auch in abgeschiedenen Gegenden großen Zuspruchs, und die Bahnhöfe waren in vielen Fällen beliebte Orte der Kommunikation mit hohem Neuigkeitswert.

Erst als höher tarifierte und zeitempfindliche Güter, also die ertragbringenderen Formen des Warenverkehrs, zunehmend auf die Straße verlagert wurden, sich an der Produktionsweise der Bahnen mit vielen zuständigen, aber in Summe schlecht ausgelasteten Bediensteten jedoch kaum etwas änderte, begann der Niedergang der Lokalbahnen. Die Verstaatlichung vieler Linien änderte daran nichts, im Gegenteil: Fehlende Gewinne in deren Hauptnetz führten dazu, dass für Nebenbahnen entwickelte Fahrzeuge zwar gekauft, aber zwecks dringend notwendiger Kostensenkung artfremd auf Hauptbahnen eingesetzt wurden. Während auf der Paradestrecke der 1960er-Jahre, der neugebauten Jauntalbahn, Schienenbusse in 9-Wagenzügen verkehrten, fuhr man auf allen Nebenstrecken im Wiener Raum noch mit Dampflokomotiven und Waggons mit offenen Plattformen. Dies zu Zeiten, als sich die allgemeine Siedlungsentwicklung bereits mehr und mehr in das Wiener Umland verlagerte. Zeitgleich zum bereits boomenden Automobilismus führten marktferne Fahrzeiten und fehlende Komfortkriterien auf den Nebenbahnen zur letztlich bekannten Entwicklung: Ein nicht mehr zeitgemäßer Auftritt der Bahn im örtlichen Geschehen bewirkte die innere Abkehr der Bevölkerung und ebnete den Weg für mehrere Einstellungswellen im Nebenbahnnetz. Betrachtet man die Potentiale und die tatsächliche Siedlungsentwicklung an den Nebenbahnen z.B. des Weinviertels, so werden die ungenutzt gebliebenen Chancen auch Nicht-Raumplanern kaum verborgen bleiben. Bisherige Erfahrungen zeigen, dass mit jeder Nebenbahneinstellung der meist ohnehin geringe Marktanteil des Öffentlichen Verkehrs in der betroffenen Region weiter gesunken ist.

Interessanterweise entwickelten mehrere Bahnen im In- und Ausland zeitgleich mit diesem allgemeinen – und keineswegs nur in Österreich festzustellenden – Niedergang der Sekundärnetze bemerkenswerte Initiativen. Während auf den meisten Nebenstrecken reaktiv gehandelt und radikale Kostensenkungsprogramme durchgezogen wurden, ohne die Vernetzung mit den Regionen zu forcieren und sich damit die Eisenbahn immer mehr aus dem Bewusstsein der Bevölkerung entfernte, gingen einzelne Bahngesellschaften den umgekehrten Weg und mutierten von teilweise verlotterten Nachkriegs-Beförderungsanstalten zu modernen Betrieben. Ihre Einbindung in das örtliche Geschehen, Kooperationen auf allen Ebenen, Kontakte mit Bürgermeistern und Landesstellen, Zielgruppenmarketing und ideenreiche technisch-organisatorische Rationalisierung legten die Basis für allmählich wachsende Unterstützung dieser Initiativen durch die öffentliche Hand.

Es zeigte sich, dass marktnah geführte Lokalbahnen, die seit jeher Flächenbediener gewesen sind, durchaus in der Lage waren, sich evolutionär den gegebenen Bedingungen und Möglichkeiten ihrer beschränkten Märkte anzupassen. Sie entwickelten dabei ein Knowhow, das diesen Bahnen heute mehr denn je Sympathien entgegenbringt. Damit zeigte sich weiterhin, dass es an der Bahn selbst und an der Art ihrer Betriebsführung im weitesten Sinne liegt, ob es gelingt, Nebenbahnen zeitgemäß und für den Benützer akzeptabel zu betreiben. Denn für den Kunden zählt, wenn er seine Entscheidung trifft, nicht nur das objektive, ingenieurmäßige, ökonomische, rationale Argument, sondern vor allem auch der subjektive Nutzen und Wert seines Verhaltens, der bis hin zum Imagefaktor der Verkehrsmittelwahl gegenüber der persönlichen Umgebung reicht. Diese Werte gezielt anzusprechen, ist heute wie gestern oberstes Gebot, wenn es gelingen soll, Kunden zu binden.

Bringschulden der Kundenorientierung liegen dabei weniger bei den örtlichen Eisenbahnern. Ihnen diesbezüglich mangelnde Bereitschaft vorzuwerfen, wäre großteils ungerecht, wie viele – fast tragische – Beispiele vor Ort um ihre Bahn kämpfender Bediensteter zeigen. Viele von ihnen sind sogar beispielgebend für die Pflege von Kundenbeziehungen, aber zu weit weg von den Entscheidungsträgern und diese gedanklich zu weit weg von ihnen, so dass ihre Bemühungen durch zu viele Zuständigkeits-Filter geleitet werden. Im Kontext zu den großen unternehmerischen Entscheidungen wirken ihre Vorschläge dann vermeintlich nebensächlich, zeit- und ressourcenbindend, dabei letztendlich nur Peanuts bringend.

Der Standort der Entscheidungsträger bestimmt oft auch den Standpunkt. Und schon allein aus dem Wandel der sympathischen Bezeichnung Lokalbahn zum zentralistisch geprägten und wertenden Begriff der Nebenbahn – der übrigens 1939 verordnet wurde – ist erkennbar, wie sehr die Prioritätenreihung aus dem Blickwinkel der Regionen umgekehrt worden ist. Um heute noch gegensteuern zu können, würde es einer radikalen Umkehr der gelebten Verantwortung und der ansprechbaren Finanzierungsmöglichkeiten bedürfen.

Gestaltungsmöglichkeiten der Länder

Zur Zeit der massiven Motorisierung wurde die Verkehrsbedienung der Fläche zum weitaus überwiegenden Anteil von Bundesbetrieben erbracht. Den Ländern stand ein stark begrenztes Gestaltungsinstrumentarium zur Verfügung, das praktisch ausschließlich über die Raumordnung und damit nur mit hoher Zeitverzögerung wirksam werden konnte. Deshalb befaßten sich damals auch ausschließlich mit Raumordnung befaßte Institutionon mit Verkehrsthemen, ohne über entsprechende Mittel oder Realisierungsmöglichkeiten zu verfügen. Am bekanntesten wurde in dieser Hinsicht das Nebenbahn-Gutachten der Österreichischen Raumordnungskonferenz.

Erstmals erhielten die Bundesländer über die »Nahverkehrsmilliarde« des Jahres 1976 bei Nahverkehrsprojekten Mitspracherechte, die auch mit Mitfinanzierungsmöglichkeiten verbunden waren. Die Schnellbahnausbauten der folgenden Jahre konnten somit im Finanzierungsschlüssel 80 : 20 zwischen Bund und jeweiligem Land geteilt werden, die meisten dieser Ausbauten erfolgten in Niederösterreich und bewirkten grundlegende Erneuerungen samt Elektrifizierung auf den Schnellbahnstrecken. 1988 fand mit der Erweiterung des Verkehrsverbundes Ostregion tief in das Wiener Umland eine weitere Übernahme finanzieller Verantwortung durch das Land Niederösterreich statt, 1991 folgten die regionalen Verkehrsverbünde Niederösterreich/ Burgenland. Mit diesem Instrumentarium konnten die Pendlertarife niedrig gehalten und erstmals der Modal Split des gesamten Verkehrssystems zugunsten des Öffentlichen Verkehrs beeinflusst werden.

Erst die Einführung des Zuschlages zur Mineralölsteuer und dessen teilweise Zweckbindung für Verbesserungen des Öffentlichen Verkehrs in den Bundesländern schuf die Möglichkeit, weiter gestaltend vorzugehen.

Die Situation in Niederösterreich ab 1995

1995, als die Nebenbahn-Einstellungsdebatte zum wiederholten Male geführt wurde, erhielt die kurz zuvor gegründete Niederösterreichische Verkehrsorganisationsgesellschaft mbH (NÖVOG) von ihrem Eigentümer, dem Land Niederösterreich, den Auftrag, das Nebenbahnthema genauer zu untersuchen. Auf Basis umfangreicher Detailarbeiten, streckenbezogener Projekte und ergänzender Expertisen wurden anhand der gewonnenen Erkenntnisse Verhandlungen mit Bund und ÖBB geführt und 1996 drei Vertragswerke betreffend Bestand und Finanzierung des Schienen-Regionalverkehrs auf Haupt- und Nebenbahnen geschlossen. Gleichzeitig konnte die erste Ausgliederung einer ÖBB-Strecke in Form einer gemeinsamen von NÖVOG und ÖBB getragenen Betriebsgesellschaft umgesetzt werden.

Die Konstruktion dieser neugegründeten Gesellschaft, der Niederösterreichischen Schneebergbahn GmbH (NÖSBB), ist insofern interessant, als dieser bereits 1997 – als erstem neuem Eisenbahn-Verkehrsunternehmen – eine reine Verkehrskonzession erteilt worden war. Aus Bewertungs- und Haftungsüberlegungen verblieb die Eisenbahninfrastruktur bei den ÖBB. In kürzestmöglicher Zeit konnten neue Fahrzeuge und eine neue Werkstätte für diesen vorher todgeweihten Inselbetrieb finanziert und gebaut werden, so dass schon nach zweijährigem Bestand der Gesellschaft ein vollständig erneuerter Betrieb möglich wurde. Die Gesellschaft selbst beschäftigt nur zwei Mitarbeiter (Geschäftsführer und Sekretärin), alle anderen Personale werden von den ÖBB geleast. Die NÖVOG wiederum hat nicht nur alle Vorarbeiten der Gesellschaftsgründung geleistet, sondern auch die Gemeinde Puchberg am Schneeberg und örtliche Institutionen (Tourismusverband, Gastronomie, Wirtschaft) aktiv in den Entscheidungsprozeß eingebunden. Nicht zuletzt hat sie ihr umfangreiches know-how in die Gesellschaft eingebracht. Obwohl weiterhin planmäßig Dampfbetrieb angeboten wird – das Interesse des Publikums liegt jedoch eindeutig stärker bei den modernen »Salamander«-Dieselzügen – konnte die Gesellschaft die solide Basis für die derzeit im Interesse der Region erfolgenden Infrastrukturausbauten am Schneeberg (Kanal, Wasserleitung, Hochspannungskabel) liefern. Diese werden wiederum mit Landesmitteln finanziert und führen zu einer Aufwertung des gesamten touristischen Umfeldes. An diesem Beispiel kann nachvollzogen werden, wie praktizierte Regionalisierung – aus heutiger Sicht erfolgreich – funktioniert.

Im übrigen Netz der Nebenbahnen in Niederösterreich ermöglichen die derzeit für die Bestellung von Verkehrsdiensten verfügbaren Mittel zwar kontinuierlich hohe Beitragszahlungen des Landes, sie reichen aber nur im Zusammenwirken mit Bundesbeiträgen zur Abdeckung des gesamten Betriebsabganges der ÖBB aus. Solange Bundes- und Landesbeiträge zusammen ausreichen, funktioniert dieses System. Es gerät jedoch sofort ins Wanken, wenn Bundesleistungen gekürzt oder nicht mehr erbracht werden, z.B. im Zusammenhang mit der Schieneninfrastruktur. Die große Herausforderung der nächsten Jahre wird deshalb darin bestehen, auch hier dauerhaft haltbare Lösungen zu entwickeln. Sie sind bereits in Arbeit.

So sehr sich das Land Niederösterreich auch seiner raumordnerischen Verantwortung bewusst ist, so ist bei Betrachtung der nicht mehr umkehrbaren Auswirkungen historischer Vorgangsweisen doch zu erkennen, dass nur jene Strecken Zukunft haben können, die über entsprechende Potentiale für eine längerfristige Entwicklung verfügen und bei denen die notwendige Verzahnung mit der Region gelingt. Sofern dies der Fall ist – womit leider auch ein selbsterklärender Ausleseprozess entsteht – wird eine projektbezogene und dauerhaft wirksame Finanzierung notwendiger Maßnahmen mit Landes-, aber auch mit Bundesmitteln angestrebt. In dieser Hinsicht wird klar, dass dauerhaft haltbare Lösungen von entsprechender Detailarbeit gekennzeichnet sind, die nur gemeinsam mit den Regionen und dem Bund erfolgen kann. Hierzu zeigen sich in Niederösterreich durchaus erfolgversprechende Ansätze, wie die Renaissance der Waldviertler Schmalspurbahnen im Touristikverkehr dank des mittlerweile vorbildlich entwickelten Engagements der Gemeinden eindrucksvoll beweist. Auch die ganz große Herausforderung, nämlich die zukunftsorientierte Entwicklung der Mariazeller- und Ybbstalbahn, wird nur in Zusammenarbeit mit den Gemeinden und Tourismusverbänden erfolgen können. Auch hier hat der jahrelange Diskussionsprozess ein Problembewusstsein erzeugt, das eine solide Basis für die notwendige Vorwärtsstrategie bilden sollte. Der Fortbestand dieser Strecken als vollwertige Eisenbahnen war jedenfalls zu keinem Zeitpunkt seitens des Landes Niederösterreich bzw. der NÖVOG in Frage gestellt worden.

Was ist zu tun?

Um die Region entlang einer Bahnstrecke von ihrer wichtigen Rolle als Partner aller zukunftsorientierten Initiativen zu überzeugen, muss eine nachhaltigen Wieder-Vernetzung der jeweiligen Lokalbahnstrecke mit den Interessen der Region gelingen. Dazu wird als erster Schritt eine schonungslose Standortbestimmung und das Festmachen erreichbarer Ziele mit den Gemeinden notwendig sein. Das Land und seine Verkehrsorganisationsgesellschaft können und sollen Begleiter, auch Multiplikator dieser Initiativen sein. Der Bund wiederum wird Förderungen davon abhängig machen, ob das Land im Rahmen seiner Möglichkeiten Bereitschaft zum Mittragen regionaler Wünsche zeigt. All diese Vernetzungen zu erzeugen, zu pflegen und auszubauen ist Aufgabe und aktuelle Tätigkeit der NÖVOG. Diese erfolgt mit höchstem Engagement und Bereitschaft zur Detailarbeit.

Jenseits dogmatischer Diskussionen über die Trennung von Netz und Betrieb wissen alle, die mit der Praxis des Eisenbahnbetriebes vertraut sind, dass der Schlüssel zu einem nachhaltig rationellen Betrieb von Regionalnetzen nur in gesamthafter, konsequenter Regionalisierung der Verantwortung liegen kann. Auf Gesetzgeberseite zeigt sich, was die Finanzierung dieser Verantwortung betrifft, im Vergleich zur Schweiz oder zu Deutschland nach wie vor ein faktisches Vakuum. Wenn es aber gelingt, ebenso wie die Verländerung der Bundesstraßen samt deren Finanzierung auch eine gesamthafte Verländerung der regionalen Eisenbahnverantwortung einschließlich der damit verbundenen Transferzahlungen des Bundes zu erreichen, wäre eines der wesentlichsten Hemmnisse bisheriger Entscheidungen beseitigt. Insofern wäre es falsch, die gegenwärtig neuerlich aufkommende Nebenbahndebatte resignativ zur Kenntnis zu nehmen, im Gegenteil: Die Regionen müssen deutlich machen, für welche Strecken sie bereit sind, initiativ zu werden und Teilverantwortung zu übernehmen. Bei jenen Strecken wird der Bund klarzustellen haben, ob und in welcher Höhe er die Infrastrukturen finanzieren wird, da Eisenbahninfrastruktur auf Regionalbahnen keine ertragbringende Tätigkeit ist und sich deshalb für eine echte Privatisierung nicht eignet. Dass dabei aber durchaus Kooperationen mit dem Land, z.B. mit Straßenmeistereien, deren Standorte in vielen Fällen benachbart zu jenen der Bahnmeistereien liegen, Sinn machen können, wird bei Detailuntersuchungen eine Rolle spielen.

Ziel der NÖVOG ist es, im Interesse des Landes Niederösterreich und seiner Bewohner auf jenen Bahnstrecken, die von regionaler Bedeutung sind, stabile Verkehrsverhältnisse zu sichern bzw. wiederherzustellen und die Regionen in ihrem Bemühen um die Erhaltung ihrer Linien tatkräftig zu unterstützen. Das bedeutet im Umkehrschluss, dass der dauernden Einstellung des Schienenverkehrs weiterhin nur auf solchen Strecken zugestimmt werden wird, die für die Region keine Bedeutung mehr haben, weil die ansprechbaren Potentiale ungenügend sind und voraussichtlich auch bleiben werden. Voraussetzung dafür ist, dass auf diesen Strecken eine Interessentensuche gemäß § 29 Eisenbahngesetz durchgeführt wurde und sich kein geeigneter Nachfolgebetreiber finden lässt.

Das Land Niederösterreich ist sich seiner Rolle in der Entwicklung des Lokalbahnwesens durchaus bewusst und hat mit der Betrauung einer eigenen Landesgesellschaft in dieser Frage hohes Verantwortungsgefühl bewiesen. Nach allen bisher geführten Einstellungsdebatten ist es nun an der Zeit, sich jenen Lokalbahnen verstärkt zu widmen, auf die es sich lohnt, alle positiven Kräfte zu konzentrieren. Es sind mehr, als manche denken.

Wir arbeiten bereits intensiv daran.

Dipl.-Ing. Otfried Knoll

Vorwort und Einleitung

Landesbahnen, Nebenbahnen, Lokalbahnen. Für jeden Eisenbahnfreund ein Eldorado. Einzigartige Züge zuckeln durch landschaftlich reizvolle Gegenden, einfachste Betriebsabwicklung, Steinzeit der Eisenbahn. Auch noch nach 100 Jahren. Der aufkommende V5 Betrieb, GPS, Rückfallweichen etc. kamen spät, aber vielleicht noch nicht zu spät.

Wer und warum baute man dieses Eisenbahnsystem in dieser defizitären Form auf? Und warum wurde es in den über 100 Jahren seines Bestehens nicht geändert, verbessert? Brauchen wir dieses Transportsystem überhaupt noch? Und ist es in der heutigen Zeit noch sinnvoll?

Aufgrund von noch in einzelnen Geschäftsstücken vorhandenen Originalakten wurde in diesem Buch die Geschichte dieses 1922 aufgelöste Bahnsystem der Niederösterreichischen Landesbahnen (NÖLB) nachvollzogen und dokumentiert. Außerdem wurde versucht, die Materie lesbar und vorstellbar zu gestalten. Viele Akten, wahrscheinlich der Großteil, dieser NÖLB Akten sind verloren gegangen. In den 70er-Jahren fand in der ÖBB Bibliothek eine große »Ausmusterungswelle« statt, im Jahre 2000 wurde sie aufgelöst und in die Nationalbibliothek verlagert. Dadurch wurden Untersuchungen großer Gebiete fast unmöglich gemacht. Viele Daten und Ortsnamen scheinen, auch in den Originalgeschäftsstükken, teilweise widersprüchlich und sind es aber doch nicht. Ein Geschäftsstück wurde z.B. am Tag X aufgesetzt, am Tag Y reingeschrieben, am Tag Z zur Unterschrift (daher an diesem Tag »amtlich«) vorgelegt und unterschrieben. Verlautbart wurde es am Tag A, die bezughabende Dienstanweisung dazu kam am Tag B. Aus diesem Grund wurden immer die jeweilige Geschäftszahl und der Ersteller, soweit ermittelbar, genannt. Jede Organisationseinheit wie Eisenbahnministerium, Generalinspektion usw. verwendete ihr eigenes Bezeichnungssystem. Auch einzelne handschriftliche Bemerkungen von den Schreibern wurden, da dazupassend, wiedergegeben.

Die teilweise vorhandenen, aus der Gründerzeit stammenden und nach verschiedenen Systemen aufgebauten Gleispläne wären durch eine Verkleinerung unlesbar geworden und wurden deshalb durch einheitliche Bahnhofspläne aus den 50er-Jahren ersetzt.

Aus dem mir zur Verfügung stehenden Material wurden aus Platzmangel und auch wegen der immer wieder vorkommenden Wiederholungen nur die wesentlichen und zu dem aktuellen Thema interessanten Stellen ausgewählt. Bei manchen Streckengeschichten war wenig oder überhaupt nichts mehr zu finden, jedoch durch die immer wieder gleichen »Partner« waren alle Vertragswerke der jeweiligen Bahn mit den früher ausgefertigten Dokumenten anderer Linien fast oder ganz identisch. Es sind daher bei jeder Bahnlinie bestimmte Texte nur einmal wiedergegeben, sie haben jedoch auch auf allen anderen NÖLB Strecken Gültigkeit. Die wiedergegebene Übernahme der NÖLB an die BBÖ 1922 hat für alle NÖLB Strecken Gültigkeit.

Die NÖLB waren ein einheitliches funktionierendes Betriebssystem zum Wohle der Bevölkerung von Niederösterreich. Durch Beschreibungen von Betriebsabläufen etc. aus dem »Eisenbahneralltag« wurde versucht, diesen manchmal sehr trockenen, aber das Thema bezeichnenden Inhalt etwas aufzulockern.

Um 1900 gab es Reichsstraßen und Landesstraßen, allerdings nicht viele. Ohne Befestigung, im Regen weglos und im Winter fast nicht befahrbar. Vielleicht schon einige wenige geschotterte Straßen. Das »Standardfuhrwerk« war das Pferdefuhrwerk mit zwei Pferden, etwa 2 Tonnen Beförderungsmenge und etwa 4 km/h schnell. Diese Tatsache sollte sich der Leser an mancher Stelle immer wieder in Erinnerung rufen. Im Waldviertel war nicht einmal das Pferdefuhrwerk vorhanden, man verwendete Ochsengespanne mit etwa einer Tonne Beförderungsleistung. Die noch Ärmeren, auch die gab es im »Goldenen Zeitalter«, verwendeten – wenn sie welche hatten – Kühe als Zugtiere!

Eine Postkarte, die über den Neubau des

NÖLB-Bahnhofes Stammersdorf berichtet, zeigt drastisch, wie 1913 die Reichsstraße nach Brünn beschaffen war. Eine Eisenbahn, in welcher Art auch immer, war ein »Sprung vorwärts« und brachte den ärmeren Bevölkerungsschichten eine Entlastung bzw. einen Hoffnungsschimmer auf ein besseres, menschenwürdigeres Leben. Hier hatte die Bahn, gerade die Lokalbahn, ebenso einen sozialpolitischen wie auch wirtschaftlichen Auftrag. Diese Problematik war allen bewusst, nur bauen wollte diese keinen Gewinn abwerfenden Bahnen natürlich niemand. Bahnen dienten Banken zur Gewinnbereicherung und Großgrundbesitzern zur Abfuhr ihrer Güter, Reiseverkehr war für das gemeine Volk nicht gewünscht. Daher beschränkte sich der Personenverkehr in der Regel auf einen Frühzug in die Bezirksstadt, einen Mittagszug zurück und einen Abendzug, um nach dem »Tagewerk« heimzukommen. Eventuell fuhr ein Güterzug, wenn nicht überhaupt nur mit einem einzigen GmP (Güterzug mit Personenbeförderung) das Auslangen gefunden wurde.

Durch die kostensparende Bauweise mit nicht oder fast nicht vorhandenem Geld wurde auch bei jedem Schienennagel gespart. Das rollende Material war »einfachst«. Man trassierte auf Landesstraßen, ersparte sich dadurch den Unter-/Oberbau und schuf damit bereits im vorhinein das Ende vieler Lokalbahnen (z.B. Salzkammergutbahn). Denn nach dem zweiten Weltkrieg war die Bahn während der »Motorisierungswelle« der 50er-Jahre den zu verbreiternden Straßen im Wege und so musste der dem Land weiterhin gehörende Grund zurückgegeben werden. Aufgrund der allgemeinen und besonderen Geldknappheit der motivierten Bahnbauer mussten das Land und der Staat als Geldgeber oft bereits vor dem Bau einspringen um auch den noch so einfachsten Bahnbau zu finanzieren und den zweckmäßigen Einsatz der Landesmittel für den Bahnbau zu überwachen. Alle Lokalbahnstrecken waren defizitär, durch bestimmte Modalitäten schaffte man es manchmal, das erste Betriebsjahr zumindest buchhalterisch positiv abzuschließen. Denn nach einem Jahr wurde die Bahn vom Staat (Eisenbahnministerium) »kollaudiert« (= abgenommen) und sollte daher auch wider besseres Wissen rentabel erscheinen. Dieses Verfahren ist in den jeweiligen noch vorliegenden Geschäftsberichten genau nachzulesen und auch bei einzelnen Bahnen beschrieben. Betriebseinnahmen sind meistens etwas größer als die Ausgaben, jedoch noch fehlende Kreditrückzahlungen, offene Baurechnungen etc. brachten ein vordergründig positives Ergebnis. Die in den Geschäftsberichten ganz klein ausgewiesene Differenz waren die jährlich zurückzuzahlenden Kredite und Zinsen, die von vielen vergessen wurden. Aber gerade diese Kredit- und Zinsbelastungen brachten die in etwa ausgeglichene Betriebsrechnung in eine hohe Verschuldung und erforderten hohe Zuschüsse aus der Landesgarantie. Damit war aber die Gesamt-Bilanz der jeweiligen Lokalbahn eine äußerst negative. Durch diese von Anfang an negativen Bilanzen wird augenscheinlich, dass die Landesbahnen bereits von der Planung an defizitär aufgebaut waren und zu keiner Zeit positiv bilanzierten. Nach einem Jahr (Kollaudierung!) wurden dann die Tarife und sonstigen Leistungen den tatsächlichen Gegebenheiten angepasst, und das Land wurde in die finanzielle Pflicht genommen. Dabei sollte man nicht vergessen, dass jedoch der Planer, Erbauer, Betriebsführer und spätere Eigentümer meist in irgend einer Form das Land selbst war. Letztlich haftete der Staat für die Abgänge vom ersten Betriebstag an. Die oft 25 A4 Seiten starken Geschäftsberichte wurden auf die aussagekräftigen Zahlen Betriebseinnahmen/Ausgaben und die vom Land Niederösterreich zu bezahlende »Landesgarantie« beschränkt.

Solange man an dem Zweck, für den diese Bahnen gebaut wurden, nichts änderte, ging es auch nach Übernahme durch die BBÖ in gleicher Art weiter. Man fuhr weiter nach vereinfachten und daher kostensparenden Vorschriften, hatte weiterhin ein den örtlichen Gegebenheiten angepasstes und geprüftes Personal und ruttelte nicht am nun bereits jahrzehntelang bewährten System. Später wollte man im Angesicht einer aufkommenden Konkurrenz mit dem Auto »schneller, billiger, öfter, moderner« fahren. Das ÖBB »Landesbahnpersonal« wurde durch Vorschriftenänderungen (V3 1962) dem der »Hauptbahnen« angeglichen und daher teurer. Politiker entdeckten die Bahn als »Webeträger« für sich und forderten... forderten... forderten... auf Kosten der Eisenbahn. Diese geforderten Angebote wurden aber, da meistens unrealistisch, von einem Großteil der Bevölkerung nicht angenommen und brachten die Nebenbahnen noch mehr in die »roten Zahlen«. Versuche, die Landesbahnen wieder so weit wie möglich wirtschaftlich zu betreiben, scheiterten an den verschiedensten Vorwänden und Einsprüchen, auch an denen der Personalvertretung. Denn Einsparungen hätten natürlich auch das zum Teil örtlich gebundene Personal betroffen. Ein Lokführer hatte zu fahren und keine so wichtige und schwierige Tätigkeit wie das Verkaufen von Fahrkarten zu übernehmen (Ausspruch eines Personalvertreters der Gewerkschaft), wo dann durch diese Neuorganisation der Zugführer hätte eingespart werden können. Kleine 1986 von mir geschaffene Betriebssysteme wie das »Schweinbarter Kreuz« zeigten jedoch auf, dass man sehr wohl Landesbahnen kostenbewusster (Triebwagen der Reihe 5047) betreiben konnte, könnte und kann, wenn gewisse Vorbehalte der Personalvertretung aus dem Wege geräumt werden konnten. Diese zum Teil hausgemachte Kostensituation ist auch Ursache vieler dem Bahnfremden nicht verständlichen Entscheidungen. Ein moderner kürzere Fahrzeiten erbringender Triebwagen wurde gebaut. Dieser fährt z.B. um 2/10 kürzere Fahrzeiten. Gleichzeitig erbringt der damit fahrende Lokführer jedoch 2/10 weniger Leistung (Arbeitszeit). Dadurch kann man natürlich auch etwa 2/10 an Personal und Kosten einsparen. 2/10 sind nicht viel, aber immerhin doch jeder fünfte davon betroffene Mitarbeiter.

Ein modernes, schnelllaufendes Schmalspur-Drehgestell? Kein Problem, aber da müssten die personalaufwändigen Erhaltungsarbeiten in den Werkstätten gekürzt werden oder gar entfallen und das kostet wiederum Köpfe (Posten). Zugleitbetrieb, gerade mit dem modernen GPS System und Rückfallweichen, kein Problem. Wohin aber mit dem nicht mehr benötigten Personal? Bei all den Modernisierungen muss auch der organisatorisch, politisch und finanziell Verantwortliche die Größe »Mensch« berücksichtigen. Die Probleme mit diesen »Größen« waren ja auch eine der Ursachen, die zum Bau der Bahnen führten.

In den Vorworten von NÖVOG und ÖBB konnten die beiden Schienennetzbetreiber Niederösterreichs auf mein Ersuchen hin ihre Gedanken zu dem Thema Lokalbahnen darzustellen. In beiden werden die Sorge und Verantwortung wie auch die Problematik um die Nebenbahnen allgemein und im speziellen um die des Landes Niederösterreich wiedergeben. Meine eigene Meinung halte ich zurück, um dem Buch nicht den Charakter dessen, was es sein soll, nämlich eine Dokumentation oder zumindest eine versuchte sachliche Aufarbeitung des Themas NÖLB, zu nehmen.

Abschließend möchte ich betonen, dass die ehemaligen »Landesbahner« wie auch die »Hauptbahner« ihre Arbeit im Dienste der Bevölkerung korrekt und teilweise unter schwierigsten Bedingungen durchgeführt haben – auch an Sonntagen, zu Weihnachten und zu Silvester. Aus diesem Grund möchte ich auch zum Abschluss der im Dienst und an den Folgen des Dienstes verstorbenen Mitarbeiter und Freunde gedenken, sie waren alle Mitglieder einer jahrhundertealten großen und weltweiten Familie, der Familie der Eisenbahner.

Bei dieser Familie der Eisenbahner und dem Land Niederösterreich möchte ich mich auch für die Mithilfe an diesem Buch bedanken, auch bei meinen ehemaligen Mitarbeitern am Bahnhof Korneuburg und des Verschubknotens Stockerau. Dank der gemeinsamen Arbeit konnte nachweislich gezeigt werden, dass die getätigten Aktivitäten sich sehr wohl für »alle« bezahlt machten. Mein besonderer Dank gilt an dieser Stelle meinem damaligen Stellvertreter BB. Rev. Vorhemus, der mir mit seinem Wissen und als Mensch immer hilfreich und loyal zur Seite stand. Eine vielleicht nicht nur bei der Eisenbahn selten vorkommende Tugend.

Schade ist, dass die Gewerkschaft der Eisenbahner sowie eine PV-Ortsgruppe trotz vollmundiger Absichtserklärungen zu einer Mitarbeit an den für sie spezifischen und gerade jetzt besonders wichtigen Themen wie Dienstrecht, Besoldungsrecht, Pensionsrecht etc. kein Interesse hatten.

Wolfdieter Hufnagl
B.B. Oberinspektor i.R.

1. Eisenbahngeschichte

1.1 Ohne Schiene kann nichts fahren!

Die Normalspur von 1435 mm

Bei den Eisenbahnen in Europa ist die Spurweite von 1435 mm am weitesten verbreitet. Wie kam es dazu?

Die älteste Norm für Radfahrzeuge war die der römischen Reisewagen mit etwa drei Fuß, »cursus publicus« genannt. Von Rom ausgehend wurde in regelmäßigen »cursen«,die über den Brenner führten, Pons (Ybbs), Vindobona (Wien) und Aquincum (Ofen = Budapest) sowie andere Orte erreicht.

Reynolds stellte 1681 in England durch Benageln der seit dem Mittelalter in Bergwerken verwendeten hölzernen Schienen mit gusseisernen Platten die erste eiserne Fahrbahn, also die erste »Eisenbahn« her.

Im 16. Jahrhundert wurden im ungarischen Dorf Kocs bei Raab (heute Györ) von dem dortigen Wagner erstmals Reisewagen erbaut, deren Wagenkästen mit Lederriemen federnd aufgehängt waren. Aus dem Ortsnamen Kocs entwickelte sich das Wort »Kutsche«. Bereits 1673 gab es Proteste gegen diese schnellen Kutschen, da sie die (Post) Reiterdienste ruinierten.

1.2 Von der Kutsche zum Eisenbahnwagen

Die ersten Eisenbahnen fuhren bekanntlich in Großbritannien. Beim Bau der Personenwagen orientierte man sich an den Kutschen, die damit auch das Maß für die Spurweite bestimmten. Die Briten verwendeten für ihre Reise- und Postkutschen die »Räderaußenweite« von fünf englischen Fuß (5`), das sind 1524 mm, die die nationale Norm waren.

Wenn eine Durchfahrt breiter als die Norm von fünf Fuß war, und das waren in der Regel alle, konnte das Pferdefahrzeug jederzeit durchfahren. Die hohen Räder der Postkutschen waren die äußerste Begrenzung des Lichtraumprofils.

Zum näheren Verständnis: Die fünf Fuß werden an der Außenseite der Räder gemessen. Dies galt auch für die Eisenbahn, denn die Ursprünge der Schienen hatten Bohlenlaufbahnen mit außen angebrachten hochkantigen Brettern, so genannten »Radlenkern«, daher fünf Fuß zwischen den Innenseiten der hochkantigen Bretter.

Die ersten Dampflokomotiven wurden nur in England gebaut. Die Dampflokräder, in der Erzeugungstechnik von den Fuhrwerkrädern kommend, hatten daher ein Außenmaß von fünf englischen Fuß. Mit der Erfindung der Dampflok kam auch die geldsparende Innovation, die »entlang der ganzen Linie laufenden Außenlenkbretter« wegzulassen und dafür den Rädern ein »rundes Innenbrett«, den späteren Spurkranz, zu verpassen. Die Maße für den Spurkranzabstand, etwa die heutige Normalspurweite von 1435 mm (englisch 4`-8 1/2«), entwickelten sich mit der Zeit in der Praxis und werden im Bereich von 14 mm und bei Schmalspurbahnen 10 mm unter der Schienenoberkante (wegen der Abrundung) gemessen. Das »Achsenquermaß« (Radscheiben-Innenmaß) von 1363 mm ist auch ein empirisches Maß. Die ersten englischen Lokomotiven wurden zusammen mit einem kundigen englischen Mechaniker ins Ausland geliefert. Für diesen waren fünf Fuß das althergebrachte logische »Außenmaß«, trotz Spurkranz. Das galt aber nicht für Länder, die englische Lokomotiven ohne Mechaniker bestellten und auch bekamen. Dort entstanden neue passende Achsen, denn die gelieferten passten nicht auf das für sie logische »Spurkranzmaß« von fünf Fuß, an dem man sich beim Bau der Gleise orientiert hatte. So entstanden die so genannten Breitspuren, z.B. in Russland mit 1524 mm (= fünf englische Fuß). Die Unterschiede in den

Zeitspiegel

In England gab es seit Jahrhunderten Grubenbahnen. Als Fahrzeuge fungierten einfachste Wagen mit den damals üblichen Fuhrwerksrädern, eventuell schon »eisenbereift«. Die Bohlenbahnen (Längsbohlen) hatten Spurrillen oder bereits »Außenlenker«. Dampfpumpen zum »Entwässern« der Kohlebergwerke gab es auch schon. Warum suchte man plötzliche eine Verbindung von Dampf und Schiene?
1806 bis 1813 verfügte Napoleon I., nachdem er England militärisch nicht besiegen konnte (1803-1806) zur wirtschaftlichen Abschließung Englands vom europäischen Festland die Kontinentalsperre, ein auch später sehr beliebtes Mittel, fremde Länder in die Knie zu zwingen.
Die englischen Grubenpferde waren auf das Futter vom »Kontinent« angewiesen, da sich England selbst nur zu 60% mit Grundnahrungsmitteln aus dem eigenen Land versorgen konnte und keinen freien Agrarboden für das keinen Gewinn abwerfende Pferdefutter hatte. Die Grünflächen dienten der lukrativen Schafzucht (Baumwolle gab es erst viel später)! Daher setzte eine vehemente Suche nach Alternativen für die nun teuren Pferde mit ihrem nicht mehr zu bezahlenden importierten Pferdefutter ein, um diese zu ersetzen.
Aus diesem Grund erfolgten die ersten Versuche der Verbindung Dampf-Schiene in England.
1813 wird die erste brauchbare Adhäsionslokomotive von Hedley gebaut.
1814 baut Stephenson seine erste Dampflokomotive.
Die ersten Eisenbahnen in Österreich verdanken ihre Entstehung dem privaten Unternehmertum. Als erste Eisenbahn wurde aufgrund eines Privilegiums, das am 7.September 1824 für den Bau einer zwischen Mauthausen und Budweis die Donau mit der Moldau verbindenden Holz- und Eisenbahn erteilt worden war, die Pferdebahn in Betrieb genommen.
7.9.1824 Erteilung einer Konzession für eine Holz- und Eisenbahn Budweis - Linz durch Kaiser Franz I. an Anton Ritter von Gerstner.
27.5.1825 Eröffnung der Dampfeisenbahn Stokton - Darlington in England
1827 Eröffnung des ersten Teilstückes der Pferdeeisenbahn Budweis - Linz-Gmunden
15.9.1830 Eröffnung der ersten in ihrem Gesamtverkehr mit Dampflokomotiven betriebenen Eisenbahn von Manchester nach Liverpool.
Beginn des Eisenbahnzeitalters.
Ab 1.8.1832 durchgehender Personen- und Güterverkehr auf der insgesamt 129 km langen Pferdebahn.
1833 Gauß und Weber bauen in Göttingen den ersten elektrischen Telegraphen.
13. und 14.11.1837 Probefahrten von Floridsdorf nach Wagram mit Dampfloks!
23.11.1837 Betriebsaufnahme.

Der Beginn des Eisenbahnwesen bis zum kaiserlichen Handschreiben vom 19. Dezember 1841.
Erste Staatsbahnära vom Jahre 1841 bis zu den kaiserlichen Entschließungen des Jahres 1854
1847 Gründung des Vereins Deutscher Eisenbahnverwaltungen. Normung von Rädern, Pufferabständen etc.
1850 die Gesamtlänge der Eisenbahnen in Österreich beträgt 1.357km
1851-1853 (provisorisch) Erlass des Handelsministeriums zur »Wiedererrichtung« der Generalinspektion der österreichischen Eisenbahnen
1854 Das Eisenbahnkonzessionsgesetz vom 14.September 1854 R.G.Bl.Nr.238
1854 bis Ende 1879 reines Privatbahnsystem, verbunden mit verschiedenen Formen finanzieller Beteiligung des Staates
1870 Gesamtlänge der Eisenbahnen auf österreichischem Staatsgebiet 6.112 km
14. Dezember 1877 Sequestrationsgesetz zur Verstaatlichung privater Bahnen
27.7-10.1880 erste elektrische Bahn in Österreich, Ausstellungsbahn in Wien.
1880 - 1918 Zweite Staatsbahnära bis zum Ende der österreichischen Monarchie

verschiedenen Breitspuren ergeben sich daraus, dass das Maß »fünf Fuß« in verschiedenen Ländern verschiedene Längen hat. Die an anderer Stelle häufig kolportierten »militärischen Gründe« für den Bau einer Breitspurbahn sind logischerweise unrichtig, da man vor dem Eintreffen der Fahrzeuge bereits die Schienen verlegt hatte. Und zu dem Zeitpunkt hatte man noch keine Ahnung, ob das neue Verkehrsmittel überhaupt funktionieren wür-

Zeitbild

Mit der kaiserlichen Verordnung vom 10. November 1890 betreffend die Gewährung von Unterstützungen aus Staatsmitteln soll die »Andere Seite« des goldenen Zeitalters die Notwendigkeit der Verbesserung der Verkehrswege (Lokalbahnen) mit ihren wirtschaftsbelebenden Faktoren aufzeigen:

»[...] finde ich anzuordnen:
Meine Regierung wird ermächtigt, zur Unterstützung der hilfebedürftigen Bevölkerung in den vom Notstande heimgesuchten Gebieten Meiner Markgrafschaft Mähren Beträge bis zum Belaufe von 200.000 fl aus Staatsmitteln nach Maßgabe des wirklichen Bedarfes gegen Rechnungslegung zu verausgaben.
Dieser Betrag ist zu Gewährung von nicht zurückzuzahlenden Unterstützungen an hilfsbedürftige Beschädigte, insbesondere zur Beschaffung von Lebensmitteln und von Saatgut, dann zur Gewährung von Subventionen behufs Ausführung gemeinnütziger öffentlicher Arbeiten bestimmt.«

Ein wesentlicher Grund für den Bau der Semmeringbahn war nicht die »Bahn« selbst, sondern die willkommene Möglichkeit, die marodierenden Arbeitslosen durch Beschäftigung im Gebirge von Wien zu entfernen und so unter Kontrolle zu halten. Die ersten festen Bauten der Semmeringbahn waren daher ein Gefängnis und eine Kaserne für die Wachsoldaten!
Aus dem gleichen Grund wurden auch andere Bauten wie z.B. die Wiener Höhenstraße, die Glockner Hochalpenstraße etc. errichtet.

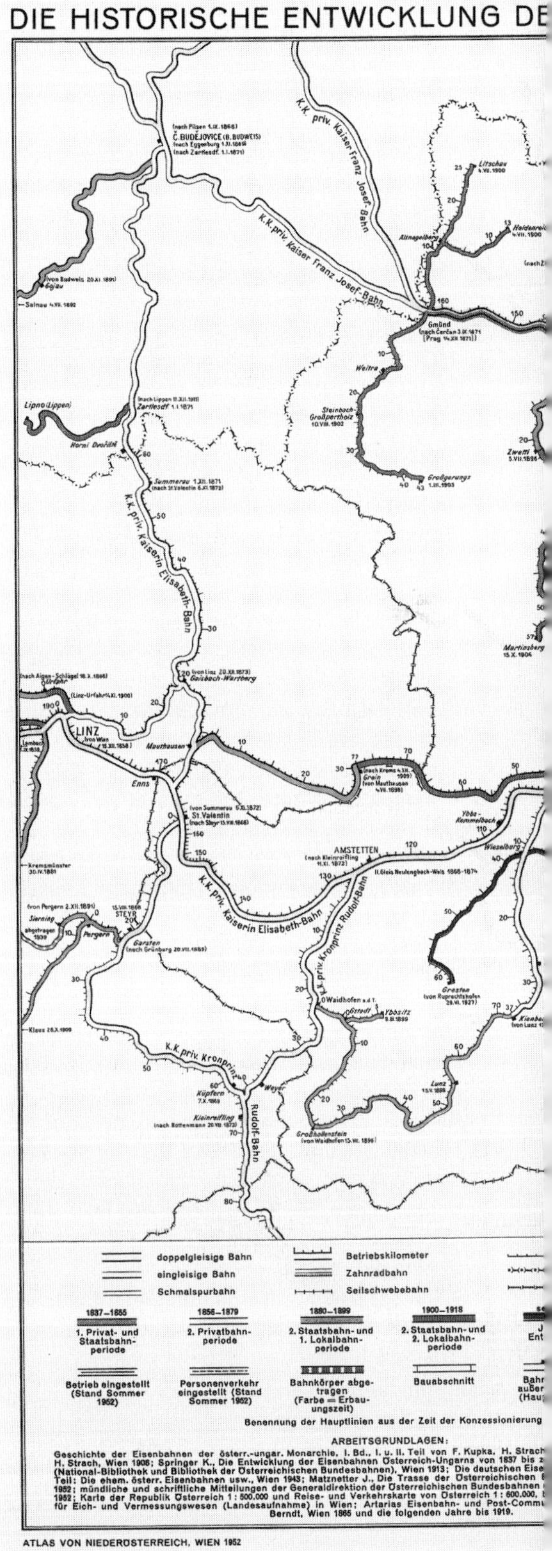

Abbildung: Slg. Hufnagl

Diese Karte zeigt die historische Entwicklung des Bahnnetzes in Niederöstereich.

HNNETZES IN NIEDERÖSTERREICH 1:500.000

Entwurf Dr. Josef Matznetter und Dipl.-Ing. Josef Schwarzl

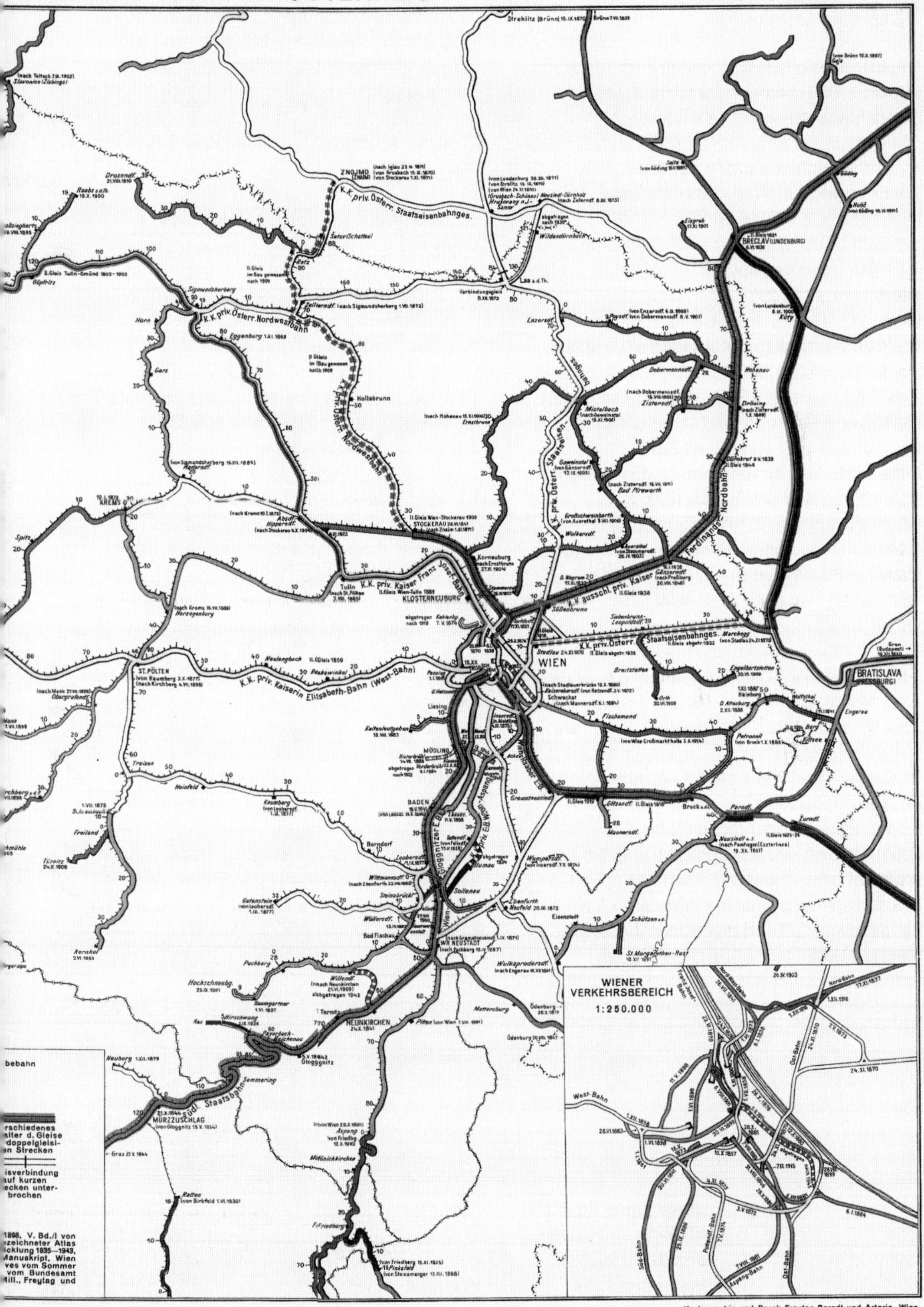

Kartographie und Druck Freytag-Berndt und Artaria, Wien.

Daten Staatsbahn

Allgemeines Fortbewegungsmittel waren zu dieser Zeit das Pferd und das Pferdefuhrwerk (höchstens zwei Tonnen mit 4 km/h).

Es gab als »öffentliches« Reisemittel:
die Extrapost = 1. Klasse der Eisenbahn
die Eilpost = 2. Klasse der Eisenbahn
die Normalpost = 3. Klasse der Eisenbahn
1.7.1882 Errichtung der k.k. Direktion für Staatsbahnbetriebe in Wien

1.8.1884 Gründung der Kaiserlich-königlichen Staatsbahnen (k.k.StB)
1886 Erste zentrale Weichenstellung im Bahnhof Aussig

1890 betrug die Gesamtlänge der Eisenbahnen auf österreichischem Staatsgebiet 15.273 km.

1.8.1896 erfolgte die Installierung eines eigenen Eisenbahnministeriums.

28.10. 1912 Betriebsaufnahme der k.k. Staatsbahn - Mittenwaldbahn mit 15Kv 16 2/3 Hertz

1913 betrug die Gesamtlänge der Eisenbahnen auf österreichischem Staatsgebiet 22.981 km

Im August 1914 begann der 1. Weltkrieg.

12. November 1918: Ausrufung der Republik Österreich und »Umbenennung« der gemäß vorläufiger Grenzziehung auf österreichischem (deutschsprachigem Gebiet) liegenden k.k. Staatsbahnen in Deutschösterreichische Staatsbahnen DÖStB
Mit »Deutsch« war nur die Sprache gemeint, im Gegensatz zu Tschechisch, Ungarisch etc. und hat nichts mit Deutschland zu tun (Anschlussverbot!)

Österreich unterzeichnet am 10. September 1919 in dem Pariser Vorort St. Germain -en - Laye den Staatsvertrag (Diktatfrieden genannt) von St. Germain.

21.10. 1919 Österreichische Staatseisenbahnen (ÖstB)

Umstellung der Wirtschaft auf die eines »Kleinstaates«.

Das auf die Monarchie ausgerichtete Bahnnetz funktionierte nicht mehr, Kohle fehlte wegen des Verlustes der Kohlegebiete, daher:

23.7. 1920 Elektrisierungsgesetz als Grundlage für den Ausbau des elektrischen Zugbetriebes und der Wasserkraftwerke.

1.1. 1922 Wien trennt sich von Niederösterreich und wird ein eigenes Bundesland.
Die Wiener Regierung ist zugleich »Landtag« und »Stadtrat«.
Niederösterreich hat keine Landeshauptstadt mehr, die NÖ Verwaltungen bleiben in Wien.

1922
Nach mehr als zweimonatigen Verhandlungen mit Frankreich, England, Italien und der Tschechoslowakei gelang es Bundeskanzler Prälat Ignaz Seipel am 5. Oktober 1922 eine Anleihe von 650 Mio Goldkronen (»Völkerbundanleihe«) zu 10% Zinsen zu erhalten. Damit war die im Friedensvertrag verpflichtend genannte Umrüstung (Ankauf im Ausland !) der Bremssysteme der gesamten österreichischen Eisenbahnen auf das »Westinghouse« System möglich.

1931
Zusammenbruch der österreichischen Kreditanstalt in der Folge des amerikanischen Börsenkrachs 1928.

de und dachte somit nicht im Geringsten an eine militärische Nutzung oder vielleicht gar eine strategische Bedeutung der Eisenbahn.

Die Spurweite der österreichischen Schmalspurbahnen von 760 mm leitet sich aus der Teilung des »Normalspurmaßes mit Außenlenkern« von 5 Fuß ab, d.h. 1524 mm : 2 = 762 mm. Auch hier liegt ein in der damaligen Messmethode begründeter »Umdenkfehler« vor. Pläne, Normmaße oder ähnliches gab es noch nicht. Das zeigte sich auch in dem Dilemma mit den Pufferweiten und Höhen sowie

1932
Wirtschaftshilfe durch den Völkerbund.
12. März 1938
Einmarsch der deutschen Truppen in Österreich

18. März 1938
Der Wirtschaftskörper Österreichische Bundesbahnen ist(!) aufgelöst.
Die Führung des Betriebes der bisher von diesem Wirtschaftskörper betriebenen Eisenbahnen und sämtlicher Nebenbetriebe geht auf die Deutsche Reichsbahn über.

Aber nicht einmal die Reichsbahn schaffte es, die Spuren der NÖLB zu eliminieren.
Die Deutsche Reichsbahn plante, alle schmalspurigen Bahnen auf Normalspur umzubauen.

Durch Proklamation aller politischen Parteien wurde am 27. April 1945 (StGBL.1) die demokratische Republik Österreich wieder hergestellt.

27.4. 1945 Österreichische Staatseisenbahnen (ÖStB)

20.7. 1945 Wiederinstallierung der Generaldirektion der Österreichischen Staatseisenbahnen

Die Londoner Außenministerkonferenz brachte eine Klärung anstehender Fragen.
Daher ab dem 5.8. 1947 die einheitliche Aufschrift »BB. Österreich« am rollenden Material in allen vier Besatzungszonen!

5.8. 1947
Umbenennung der Staatseisenbahndirektion in Generaldirektion der österreichischen Bundesbahnen

15. Mai 1955 Staatsvertrag

3.6. 1956 Auflassung der 3. Wagenklasse in Österreich.

den Schraubenkupplungen in der Gründerzeit. Die ersten Normungen waren die »Vereinsachsen« des Vereins Deutscher Eisenbahnen, die einen Wagenübergang auf andere Linien trotz gleicher Spurweite überhaupt erst ermöglichten.

1.3 Sonderfall: Die Spurweite der Straßenbahn

Die Straßenbahnspurweite von 1440 mm ist mit der von 1435 mm identisch. Bei der Eisenbahn ist das Rad härter als die Schiene, bei der Straßenbahn ist dies umgekehrt. Das Straßenbahnrad hat eine weitgehend gerade – »zylindrisch« geformte – Lauffläche. Der Grund ist das geringere Fahrzeuggewicht, denn für eine ausreichende Reibung ist eine größere Auflagefläche notwendig, die für eine ausreichende Beschleunigung und – wesentlich – Bremsung sorgt. Auf den Stadtstrecken musste auf kürzeste Entfernungen angehalten werden und die Beiwagen hatten keine vom Fahrer aus bedienbaren Bremsen. Gebremst wurde mit akustischen Signalen: »Bremsen fest« etc. Daher fehlte den Laufrädern der Straßenbahn der »Zentriereffekt« der konisch geformten Lauffläche des Eisenbahnrades. Somit benötigten die Trambahnräder so genannte Radlenker auf der Innenseite des Gleises. Durch das viel kleinere Straßenbahnrad hatte auch die Weiche mit ihren Radlenkern eine andere Konfiguration und konnte daher nur beschränkt von Eisenbahnrädern befahren werden.

Für die Niederösterreichischen Landesbahnen (NÖLB) ist dieser Zusammenhang von besonderer Bedeutung, weil im Knotenbahnhof Stammersdorf Straßen- und Eisenbahnstrecken zusammentrafen und miteinander verbunden wurden.

2. NÖLB Geschichte

2.1 Die Quellenlage

Probleme bei der Quellensuche ergeben sich daraus, dass die Geschäfts- und Indexbücher sowie generell die Unterlagen der Niederösterreichischen Landesbahnen (NÖLB) nur noch sehr lückenhaft vorhanden sind.

Alle Unterlagen der NÖLB gelangten im Jahr 1922 in die Archive der Österreichischen Bundesbahnen (BBÖ). In den folgenden Jahren wurden laufend NÖLB-Akten vernichtet. Nach dem Zweiten Weltkrieg änderte sich an den noch vorhandenen Beständen zunächst nichts. Das änderte sich erst wieder in den 70er-Jahren, als das »Nebenbahndenken« ein Ende fand. Die nun nicht mehr notwendigen Unterlagen und Belegstücke wurden wiederum vernichtet. Mittlerweile gliederte man die ÖBB-Bibliothek vollständig aus, so dass derzeit ein beschränkter Zugriff auf die noch verbliebenen Unterlagen besteht.

Im Folgenden finden sich daher wiederholt Auszüge aus noch vorhandenen Dokumenten zum Thema NÖLB.

Besonders aussagekräftig sind noch immer die Protokolle der Sitzungen des niederösterreichischen Landtages. Auch Akten der in den Geschäftslauf eingeschlossenen Ministerien wurden u.A. herangezogen. Dies war möglich, da z.B. ein von der NÖLB angeschriebenes Ministerium ja auch eine Antwort verfasste und darin Eingangs auf das erste Schreiben einging. Bei den Zitaten wurde auch auf jeweilige Schreibweise übernommen. Dabei war es interessant festzustellen, dass besonders Namen häufig unterschiedlich geschrieben werden. Außerdem waren Kostenaufstellungen häufig unvollständig und widersprüchlich.

Den einzigen Gesamtüberblick über ihre Tätigkeit erstellte die NÖLB im Jahr 1909. Dieser wird in der Folge in Auszügen an den bezughabenden Stellen wiedergegeben.

2.2 Behörden für das Eisenbahnwesen in der Monarchie (Österreich)

Zunächsteinmal seien an dieser Stelle die Institutionen skizziert, die in der Staatsverwaltung der Donaumonarchie mit dem Thema »Eisenbahn« befasst waren und zu allen Entscheidungen gehört wurden.

Oberste Behörde war von 1868 bis 1896 für die Eisenbahn im weitesten Sinne das *k.k. Handelsministerium* in Wien 1, Postgasse 8. Mit der *Section für Eisenbahnwesen*, dem Departement VII für Concessions- und internationale Angelegenheiten, Departement VIII für Bau-Angelegenheiten der Staats- und Privatbahnen und dem Departement IXa für Eisenbahn-Betrieb und Verkehr sowie der Abteilung V, die für die allgemeine Verwaltung zuständig war.

Von 1884 bis 1896 bestand außerdem zur Bewältigung der rapide anwachsenden »Staatsbahnen« eine *Generaldirektion der Österreichischen Staatsbahnen*.

Die »Eisenbahndepartements« des Handelsministeriums und die Generaldirektion wurden aus der Gliederung des Handelsministeriums herausgelöst und in ein neues Ressort, dessen Statuten am 15. Januar 1896 bestätigt wurden, übergeleitet. So entstand das *Eisenbahnministerium* in Wien 1, Elisabethstraße 9 und Nibelungengasse 4, dann Wien 1, Schillerhof. Es existierte bis 1919.

Aufgrund der gestiegenen Aufgaben wurde ab 1901 eine eigene Eisenbahnbaudirektion im Ministerium geschaffen.

Das neue Eisenbahnministerium war in Staatsbahndirektionen und eine Betriebsleitung in Czernowitz untergliedert. Letztere arbeitete aber eigenmächtig als »Direktion« und traf daher auch Entscheidungen, die eigentlich nur der übergeordneten jedoch weit entfernten Direktion zustanden.

Bereits seit dem 29. Dezember 1851 existierte die dem Handelsministerium angegliederte *Provisorische Generalinspektion*, (oberster Sachbeamter daher ein »Generalinspektor« = Zentralinspektor) dessen Aufgaben in der Folge jeweils den durch die wechselnde Gesetzeslage entstandenen Anforderungen angepasst wurden. 1862 wurde daraus die *k.k. Generalinspektion der österr. Eisenbahnen.* Sie bestand von 1862/74 bis zu ihrer Auflösung im Jahre 1919 und war in Wien 1, Postgasse 10 beheimatet. Sie gliederte sich in vier Abteilungen:

Abteilung I für Bau und Bahnerhaltung
Abteilung II für Verkehr und Zugförderung
Abteilung III für comerciellen Betrieb
Abteilung IV für Staatsgarantie-Rechnungswesen.

Vom 8. Mai 1880 bis 1897 gab es eine private *Lokaleisenbahn-Gesellschaft*, die aber mit der NÖLB nichts zu tun hatte und anfänglich ein Aktienkapital von 5 Mio fl. besaß. 1891 erreichte das Anlagenkapital eine Höhe von 33,3 Mio fl., die Reineinnahmen betrugen im selben Jahr 1,1 Mio fl.

Aufgabe dieser privaten Gesellschaft war es, »lukrative Lokalbahnen« zu bauen und auch die Betriebsführung dieser neuen oder bereits bestehender Bahnen zu übernehmen. 1886 erfolgte die Verlegung des Firmensitzes nach Wien. Doch das Unternehmen schrieb große Verluste und musste schließlich liquidiert werden, wobei sich die Auflösung bis 1901 hinzog.

Mit der Eisenbahn im Allgemeinen befassten sich auf höchster Regierungsebene die vom Kaiser eingesetzte und ihm »vorschlagende« Eisenbahn-Kommission des Herrenhauses (i.e. »Oberhaus») mit 15 Mitgliedern.

1862 erfolgte eine Teilung der Legislative zwischen Krone (Kaiser direkt), Reichsrat (Herrenhaus) und Abgeordnetenhaus. Letzteres besaß einen Eisenbahn-Ausschuss mit 48 Mitgliedern.

Natürlich hatte auch das *Eisenbahn Bureau des k.u.k. Generalstabes* beim Bahnbau ein gewichtiges Wort mitzureden.

Nach dem Ersten Weltkrieg war auf höchster Regierungsebene zwischen November 1918 und 1923 das *Bundesministerium (Staatsamt) für Verkehrswesen* zuständig. Diesem folgte bis 1938/39 die Verkehrssektion des *Bundesministeriums für Handel und Verkehr* zuständig.

Weiterhin gab es *Landesfürstliche Kommissäre.* Ihre Aufgabe war es, die Interessen der Landesregierung gegenüber der jeweiligen Institution, somit auch der Eisenbahn, generell zu vertreten. Außerdem konnte der Staat oder Land verantwortliche *Regierungs-Kommissäre* bestellen. Sie waren für die zwangsweise (= kommissarische) Führung einer Bahn im Sinne des Gesetzes – d.h. meist des Geldgebers – verantwortlich. Damit sicherte sich der finanziell geforderte Geldgeber seinen direkten Zugriff auf die Führung der Bahn und der »Kommissär« musste u.a. versuchen, den Zuschuss so klein wie möglich zu halten oder den Abgang (= Verlust) vor den politischen Gremien, wie z.B. dem Landtag, nachhaltig begründen.

Kundmachung des Handelsministers 18. Juli 1894:

»Betreffend der Errichtung einer Geschäftsabtheilung für das Lokalbahnwesen (Lokalbahnamt) im Handelsministerium und bei der Generalinspektion der österreichischen Eisenbahnen.
Zwei Büros für die legislativ -administrativen Agenden und die technisch-commerciellen Agenden zu genehmigen geruht.
Das Lokalbahnamt hat mit 1. Juli 1894 seine Geschäftstätigkeit aufgenommen.«

Von 1885 bis 1918 gab es einen vom k.k. Eisenbahnminister geführten *Staatseisenbahn-Rat*, der aus Politikern bestand, die für vier Jahre ernannt wurden. Dieses Gremium leistete zentral die geistige und politische Vorarbeit für neue (Lokal-) Bahnbauten. Er entstand aus der Notwendigkeit heraus, dass durch die Verlängerung des bis zu seiner Gründung 1885 fast wirkungslosen Lokalbahngesetzes von 1880 Lokalbahnen gebaut werden mussten. Er befürwortete aus dieser Notwendigkeit heraus auch die folgenden verlängernden und erleichternden Gesetzesvorlagen. Hier war auch der »Interventionspunkt« für die verschiedenen Interessenten. Fachlich wurde auf das »Lokalbahnamt« zurückgegriffen.

Der Einfachheit halber wird nachfolgend jede im Betrieb des Landes Niederösterreich stehende Bahn als »niederösterreichische Landesbahn« oder kurz als »Landesbahn« bezeichnet, sei es, um dieses Charakteristikum hervorzuheben oder Verwechslungen zu vermeiden.[1]

2.3 Der Weg zur NÖLB

Vom Lokalbahngesetz zum Landes-Eisenbahnamt

Durch das Lokalbahngesetz vom 25. Mai 1880 (siehe Kasten) entstanden zwei artverwandte Systeme von Landesbahnen[2]:

- die eigentlichen Landesbahnen, Lokalbahnen mit Landesgarantie, welche dann auch vom Lande Niederösterreich in irgendeiner Form übernommen wurde.
- im Staatsbetrieb stehende und vom Staat gebaute Lokalbahnen mit Staatsgarantie, welchen eine Landesunterstützung durch Übernahme von Aktien gewährt wurde.

Diese zweite Art von »Lokalbahnen« soll hier nicht näher behandelt werden, da sie aufgrund der »Sicherstellungsgesetze« der Staatsregierung nach 1894 entstanden sind und der N.Ö. Landesverwaltung niemals unterstanden. Eine Ausnahme bildet hier die 9 km lange spätere NÖLB Strecke Freiland–Türnitz, die vollkommen von der NÖLB isoliert war und daher von der k.k. Staatsbahn betrieben wurde.

Da das Lokalbahngesetz 1880 in seiner Geltung zeitlich befristet war, wurde es mehrfach verlängert und ergänzt, und zwar mit dem

- Gesetz vom 26. Dezember 1882;
- Gesetz vom 18. Dezember 1884 (Verlängerung des Lokalbahn-Gesetzes vom 25. Mai 1880, befristet bis 1. Juli 1886);
- Gesetz vom 29. Juni 1886 (Verlängerung des Lokalbahn-Gesetzes vom 25. Mai 1880 bis 31. Dezember 1886).
- Mit dem Gesetz vom 17. Juni 1887 wurde das Lokalbahn-Gesetz vom 25. Mai 1880 er-

Das Lokalbahngesetz vom 25.5.1880

Gesetz vom 25.Mai 1880 R.G.Bl Nr. 56 betreffend die Zugeständnisse und Begünstigungen für Localbahnen.

Verordnung des Handelsministeriums vom 29.Mai 1880 womit in teilweiser Abänderung der Verordnung vom 25.01.1879 Erleichterungen hinsichtlich der Verfassung und comissionellen Behandlung der Projekte für Lokalbahnen und Schleppbahnen eingeführt werden.

Artikel I
Die Regierung wird ermächtigt, die Concessionierung neuer Lokalbahnen (Sekundärbahnen, Vincialbahnen und dergl.) nicht nur in Bezug auf die Vorarbeiten, den Bau und die Ausrüstung alle thunlichen Erleichterungen zu gewähren, sondern auch in Bezug auf den Betrieb von den in der Eisenbahnberiebsordnung vom 16.Nov.1851(R.G.Bl.Nr1 ex 1852) und den einschlägigen Nachtragsbestimmungen vorgeschriebenen Sicherheitsvorkehrungen insoweit Umgang (Abstand) zu nehmen, als dies mit Rücksicht auf die besonderen Verkehrs- und Betriebsverhältnisse, insbesondere die festgesetzte Fahrgeschwindigkeit nach dem Ermessen des Handelsministeriums zulässig erscheint.

Artikel II
Desgleichen wird die Regierung ermächtigt, die Unternehmungen von Lokalbahnen.....ausgesprochenen Verpflichtungen in Betreff der Beförderung der Post,....der polizeilichen und gefällsämtlichen Überwachung erwachsenden Mehraufwandes und in Bezug auf die unentgeltliche Herstellung und Erhaltung von Amtslokalitäten zu entheben.

Artikel III
Gleichartige Erleichterungen (Artikel I und II) in Bezug auf die Ausrüstung, den Bau und Betrieb können nach Ermessen des Handelsministeriums auch für schon bestehende Eisenbahnen zugestanden werden, wenn auf denselben oder einzelnen Zweig- oder Verbindungslinien derselben der Lokalbahnbetrieb mit ermäßigter Fahrgeschwindigkeit eingeführt wird.

Artikel IV
Die Regierung wird ermächtigt, bei Festsetzung der Conzessionstarife für Lokalbahnen Ausnahmen von den Bestimmungen..... betreffend die Maxi-

neut verlängert. Mit diesem Gesetz wurden weitere ergänzende Bestimmungen für die Anlage und den Betrieb von Lokalbahnen getroffen. Darin heißt es: »*Die Regierung wird ermächtigt [...] nicht nur in Bezug auf die Vorarbeiten [...].*

Verpflichtung der Beförderung von Post, [...] Ersatz der gefällsamtlichen, sondern auch in Bezug auf den Betrieb von den in der EBO 1851 angeordneten Sicherheitsvorkehrungen [...] zu verzichten.

Ausnahmen von den Maximaltarifen

Verzicht auf Gebühren für die Mitbenützung von Hauptbahnanlagen. [...] Mehrkosten sind der Lokalbahn zu ersetzen [...].

[...]

Inwieferne für einzelne Lokalbahnen [...] die erforderlichen Geldmittel zur Gänze aufbringen, [...] die Gewährung eines Beitrages aus Staatsmitteln, eine Beteiligung des Staates an der Capitalbeschaffung, die Übernahme der Betriebsführung auf Rechnung des Staates, Übernahme von Grundkosten [...] unentgeltliche Lieferung von Baumaterialien [...] wird gesondert geregelt.«

Besonders der »Verzicht auf die Mitbenützung von Hauptbahnanlagen« war den betroffenen Bahngesellschaften ein Dorn im Auge. Sie forderten deshalb immer eigene Lokalbahnhöfe, wie z.B. in Mistelbach L.B., Hohenau L.B., Gänserndorf L.B., Neunkirchen L.B. usw., die nur mit Sägefahrten von der Hauptbahn aus zu erreichen waren. Es sei denn, das Militär forderte eine durchgehende Verbindung, wie z.B. in Korneuburg, um vom »Pionierpark« direkt auf die Gleise der Ö.N.W.B zu gelangen.

Schließlich wurde mit dem Gesetz vom 27. Dezember 1893 das Lokalbahn-Gesetz – nunmehr wirklich zum letzten Mal – bis zum 31. Dezember 1894 verlängert. Mit dem Landesgesetz vom 28. Mai 1895[3], wurde ein »Landeseisenbahnamt« errichtet, dessen Zweck die Besorgung der technischen und administrati-

maltarife für die Personenbeförderung auf den Eisenbahnen zu gewähren.

Artikel V

Die auf Lokalbahnen nicht zu überschreitende Geschwindigkeit....ist von der Regierung festzusetzen.

Alle gesetzlichen Bestimmungen, welche in Bezug auf einzelne Lokalbahnen eine ziffernmäßige Beschränkung der einzuhaltenden Fahrgeschwindigkeit enthalten, treten außer Kraft.

Artikel VI

Die Benützung von Reichsstraßen (!) zur Anlage von Lokalbahnen wird gestattet, insoweit nicht durch den Bahnbetrieb der Straßenverkehr gefährdet erscheint...

...sowie von jeder neuen Steuer, welche etwa durch künftige Gesetze eingeführt werden sollte, auf die Dauer von 30 Jahren vom Tage der Concessionserteilung an.

Inwiefern für einzelne Lokalbahnen etwa weitergehende finanzielle Unterstützungen seitens der Staatsverwaltung....wird in jedem einzelnen Falle durch ein besonderes Gesetz bestimmen. Zulässigkeit und Bedingungen der Straßenbenützung sind durch die Straßenverwaltung im Einvernehmen mit den Eisenbahnaufsichtsbehörden festzustellen.

Unbeschadet der aus dem Bestande des Mauthgefälles erwachsenden Verbindlichkeiten ist für die Straßenbenützung ein besonderes Entgelt nicht zu entrichten.

Andere öffentliche Straßen können mit Zustimmung der zur Erhaltung verpflichteten Stellen zur Anlage von Localbahnen in Anspruch genommen werden.

Artikel VII

Verträge, bücherliche Eintragungen...genießen Gebühren- und Stempelfreiheit.

Artikel VIII

Im Falle der Concessionierung für Lokalbahnen können seitens der Regierung die nachstehenden Begünstigungen gewährt werden:

Befreiung von Stempeln, Gebühren, Eingaben....... Einkommen und Erwerbssteuer, Eingaben zur Kapitalsbeschaffung..... Grundübertragungsgebühren... auf die Dauer von 30 Jahren.

Artikel IX dieses Gesetz tritt mit dem Tage seiner Kundmachung in Wirksamkeit und erlischt mit 31.December 1882.

ven Geschäfte in Ansehung der auf Grund dieses Gesetzes herzustellenden Eisenbahnen niederer Ordnung war. Ein so genanntes »Organisationsstatut« aus dem selben Jahr legte den Geschäftsumfang und die Aufgaben der späteren Landesbahnen fest. Das neugegründete »Niederösterreichische Landes-Eisenbahnamt«[4] wurde in der Wallnerstraße in Wien 1 angesiedelt.

Vom Landes-Eisenbahnamt zu den Landesbahnen

Während vom Start des Landeseisenbahnamtes bis zum Jahr 1905 stets nur von den einzelnen Lokalbahnen und vom Landeseisenbahnamt die Rede war[5], findet sich seit dem Jahre 1905 wiederholt der Ausdruck »n.ö. Landesbahnen« und zwar in der Formulierung »Bedienstete der n.ö. Landesbahnen«[6]. Ebenso findet sich im »Kondukteur« – i.e. die frühere Bezeichnung des Kursbuches – des Jahres 1904 noch ein Fahrplan des »n.ö. Landeseisenbahnamtes« für die Pilachtalbahn, während im Jahr 1905 bereits die zusammenfassende Bezeichnung »n.ö. Landesbahnen« verwendet wird. Diese Bezeichnung muss daher Ende 1904/Anfang 1905 – vermutlich zum Jahreswechsel – entstanden sein, ohne dass es heute möglich wäre, den genauen Zeitpunkt ihres ersten Erscheinens aktenmäßig festzustellen. Jedenfalls wurde dieser Ausdruck in der Folge, weil vollkommen zweckentsprechend, immer häufiger angewendet, bis er durch das vom Landtage beschlossene »Organisationsstatut für die niederösterreichische Landes-Eisenbahnverwaltung«, gültig ab 1. Januar 1908, sanktioniert wurde. Mit diesem Statut erfolgte aufgrund des immer größer werdenden Umfanges der n.ö. Eisenbahntätigkeiten eine Teilung des n.ö. Landeseisenbahnamtes in eine Landeseisenbahn-Direktion und eine Landeseisenbahnbaudirektion, die die Projektierung und den Bau der Landesbahnen durchführen sollte.

Wiener Abendpost (Beilage zur Wiener Zeitung) Nr. 21 vom 25. Jänner 1895 bringt eine »Situationsbeschreibung« über die Debatte mit dem Thema :
»Niederösterreichischer Landtag«

»Der Herr Landmarschall Graf Abensperg-Traun eröffnet um 10 Uhr 30 Minuten die Sitzung
Auf der Bank der Regierungs Vertreter befinden sich:
Se. Excellenz der Herr Statthalter Graf Kielmansegg [...].
[...] Abg. Freiherr von Czedik sesexiert im Namen des Eisenbahn-Ausschusses betreffend den Entwurf eines Gesetzes zur Förderung des Eisenbahnwesens niederer Ordnung in Nieder-Österreich und den Entwurf eines Organisations-Statutes des niederösterreichischen Landeseisenbahnrathes und stellt folgende Anträge: [...].
[...] die Allerhöchste Sanktion ist für die Gründung des Landes Eisenbahnamtes zu erwirken
3.) Das Organisations-Statut des »Landes Eisenbahnamtes« wird genehmigt [...]
4.) Der Landes-Ausschuß wird beauftragt, die Geschäftsordnung für den neugegründeten Eisenbahnrath im eigenen Wirkungskreise festzustellen.
Abg. von Pacher erklärt, dass das einzige Gute an dem Reichsgesetze vom 25.5. 1880 für den Bau von Lokalbahnen die Bestimmung sei, dass es nach 10 Jahren sein Ende erreiche. Der Zweck desselben sei, nach seiner Anschauung, der, es dem Großkapital so bequem als möglich zu machen, die Bevölkerung auszubeuten (Er meinte damit die kostengünstige Abfuhr von wie auch immer gearteten Erzeugnissen; Anmk. des Autors).

Es gelangt sodann das Organisations-Statut des niederösterreichischen-Landeseisenbahnbeirathes zur Spezialdebatte [...].
[...]
§4.) lautet:
Mitglieder des Eisenbahnrathes, welche nicht Staats- oder Landesbeamte sind, haben eine Angelobung zu leisten.
Die Funktion ist ein Ehrenamt, mit welchem keine Entlohnung verbunden ist.
Nur die nicht in Wien domicilierenden Mitglieder haben Anspruch auf Diäten im Ausmaße von 5fl per Tag und Vergütung der Fahrauslagen.
Abg. Dr. Lueger fragt den Referenten, auf was sich die Angelobung beziehe.
Referent Abg. Freiherr von Ezedik: [...] auf Erfüllung der obliegenden Pflichten und Wahrung des Amtsgeheimnisses.[...]«

Zum 1. Januar 1909 änderte sich der Name auf »Direktion der niederösterreichischen Landeseisenbahn«. Damit wurde das vormalige Amt zur Direktion aufgewertet, denn sein Leiter war nicht mehr Amtsleiter, sondern Direktor. Gleichzeitig zog man in die Rathausgasse 9 und die Landesgerichtsstraße 10 um, beide ebenfalls im ersten Wiener Bezirk gelegen. Die Kosten des Umzugs betrugen 8.594 K 94h und wurden aus dem Konto »Hausausstattung und Telephonmiete« bezahlt.

Das Jahr 1910 brachte neue Bestimmungen für den Bahnbau. Da trotz der Erleichterungen für Nebenbahnen (Gesetz 25.5. 1880) der Bahnbau noch immer behindert wurde, wurden weitere Erleichterungen mit dem Gesetz vom 8. August 1910[7] über Bahnen niederer Ordnung erlassen (siehe Kasten).

2.4 Aus den Finanzen

In seiner Sitzung vom 13. Juni 1907 beschloss der niederösterreichische Landtag, für

»Artikel II.) Bei der Konzessionierung von Lokalbahnen sind [...] alle tunlichen Erleichterungen für Vorarbeiten, Bau und Ausrüstung zu gewähren.
Betreffs des Betriebes ist von den Sicherheitsvorkehrungen und Verkehrsvorschriften der Eisenbahnbetriebsordnung vom 16. November 1851, R.G.Bl 1ex1852 samt Nachtragsbestimmungen insoweit abzusehen, als die besonderen Verhältnisse[...].«

Eisenbahnzwecke eine Investitionsanleihe in Höhe von 18.000.000 Kronen aufzunehmen. Von dieser Summer waren aber bis zum 31. Dezember des Jahres 1909 nur 8.622.327 K 26 h verbraucht (siehe Tabelle Seite 30).

Warum man die hohe Summe, für die das Land Zinsen zu bezahlen hatte, schon aufgenommen hatte, ist bei genauerer Betrachtung der damaligen Finanzpraktiken leicht vorstell-

Die Station Stammersdorf zum Zeitpunkt ihrer Veränderung vom Endbahnhof Dampftramway zur Station der NÖLB aus Richtung Wien fotografiert. Der Triebwagen G 766 fährt soeben Richtung Wien aus. Im Hintergrund ein Zug mit einem alten Beiwagen der Dampftramway. Diese Wagen standen bis in die 60er-Jahre im Einsatz. Dieses Bild zeigt die damalige Straßensituation: Die Brünner Reichsstraße war eine unbefestigte Straße.

Bilanz des Investitionsanlehens

Sitzung vom 13.Juni 1907	
Investitionsanleihen für Eisenbahnzwecke (allerhöchstes Gesetz) Gesamtsumme	18.000.000 K
Von dieser Gesamtsumme kamen von der :	
Erste Österreichische Spar-Casse Beschluß Zl. 3744/XVII v.17.12.1908	3.000.000 K
n.ö.Landesfonds Zl. 3188/XVII v 8.10.1908	2.000.000 K
Zentralsparkasse d. Gemeinde Wien, Zl. 580/XVII.v.19.3.1909	9.000.000 K
Zinsfuß 3 1/2 bis 4 1/2%	
Der (die)Geldgeber der Differenz ist (sind) unbekannt.	
Bis 31.12.1909 wurden davon 8.622.327 K 26h verbraucht.	

bar. Vermutlich wollten die Verantwortlichen genug Gelder für einen sofortigen Bahnbau vorrätig haben, Anträge gab es ja genug.

Diese Summen sind aber nicht aussagekräftig, da die einzelnen Bahnen ja jeweils »eigenes Kapital« hatten. Wenn dieses verbraucht war, bediente man sich eines einfachen Vorganges: Die Bahn legte neue Aktien auf, die vom Staat »allerhöchst« garantiert wurden, und das Land musste sie mangels »Aktionären« im Interesse des notwendigen Bahnbaues schnell kaufen und dann dem Staat rückverrechnen.

Alle im Betrieb der NÖLB stehenden Bahnen mussten prozentuell für die Direktion zahlen, nur die Marchfeldbahnen waren davon ausgenommen und wurden daher mit einer Geschäftsführungspauschale von 120 K je Kilometer zwangsweise belegt. Die Kosten der Direktion der niederösterreichischen Landesbahnen betrugen entgegen dem Voranschlag von 300.000 K nur 199.758 K 25 h. So konnte

Stand des Landesfahrparks mit 31.12.1909

Normalspurige Linien 1435 mm	
2 Tenderlokomotiven Serie 1	59.673 K
2 Tenderlokomotiven Serie 2	117.842 K
1 Tenderlokomotive Serie 102	58.921K
1 Motorwagen Serie 30	25.000K
6 Personenwagen III. Klasse Ci a`10.952 K	65.710 K
10 offene Güterwagen Ke 5.000 K	50.000 K
4 offene Güterwagen Kk 4.310 K	17.240 K
Schmalspurige Linien 760 mm	
1 Tenderlokomotive Serie R	19.550 K 24 h
2 Heißdampf-Stütztenderlokomotiven Serie Mh 64775K	129.158 K
die el.Lokomotiven siehe n.ö Elektrizitätswerke!	
1 Salonwagen I. Klasse Aa/s	26.180 K
9 Personenwagen II. Klasse Bi/s 10120K	91.080 K
20 Personenwagen III. Klasse Ci/s 7600K	152.000 K
20 Personenwagen III. Klasse Ca/s 16. 550K	331.000 K
8 Gedeckte Güterwagen Ga/s 7.840 K	62.720 K
8 Militäreinrichtungen (4 Pferde oder 28 Mann!)	1.360 K
10 Gedeckte Güterwagen G/s 4.700 K	47.000 K
12 offene Güterwagen Ik/s 3.862 K	46.340 K
24 offene Güterwagen Jh/s 2.311 K	55.180 K
10 offene Güterwagen Ki/s 6.300 K	63.200 K
24 Erzwagen mit 4 Gehängen Kz/s 5.886 K	141.280 K
6 Post- u. Kondukteurswagen Dfa/s 13.500 K	81.000 K
Reserveteile	4.684 K
Reserveteile für Lokomotiven	6.126 K 25h
Gesamtsumme	1,257.888 K 49h

man augenscheinlich gegenüber den Abgeordneten des NÖ Landtages und Anderer nachweislich schon Verwaltungskosten einsparen, bevor man damit angefangen hatte und die Verwaltungsabgabe positiv belegen.

Eine Aufstellung der mit 1. September 1909 neugeschaffenen und unter finanziellem Druck stehenden »Direktion« diente u.A. zur »Beruhigung« der Abgeordneten und als Nachweis der sparsamen Verwendung der Geldmittel und zeigte die Einzelpreise der preiswert hergestellten einzelnen Fahrzeuge auf:

Bei den folgenden Bilanzzahlen – sie wurden möglichst kurz gehalten – sind zwei Summenarten zu beachten: Die »runden« Summen, das ist der Voranschlag (= bewilligt). Die »genauen« Zahlen sind die tatsächlich angefallenen Beträge (Überschreitung = zusätzlich).

Wie immer hinkten die benötigten Geldmittel den tatsächlichen Erfordernissen nach, deshalb wurden sie verschämt in einer »Beilage« nachgefordert.[8]

Wie alle österreichischen Bahnen hatte auch die NÖLB eine eigene Pensionskasse. Hier wurden die eingezahlten Pensionsbeiträge verwaltet und »vermehrt«.

Stand der Pensionskasse bis 31.12.1909:	
Reinvermögen	**146.635 K**
Krankenkasse bis 31.12. 1908	**12.596 K 41h**
Vermögenszuwachs 1909 durch laufende Einzahlungen auf	**15.564 K 31h**

2.5 Die Gesamtübersicht von 1909

Die Strecken

Im Jahr 1909 erstellte die Direktion NÖLB eine Gesamtübersicht über ihren Betrieb. Das Streckennetz der NÖLB umfasste zu diesem Zeitpunkt mehrere vollständig voneinander getrennte Streckengruppen mit den beiden Spurweiten von 1435 mm (Normalspur) und 760 mm (Schmalspur), die infolge ihrer verschiedenen geographischen Gegebenheiten sehr unterschiedliche Trassierungen und Be-

Baubilanz des n.ö. Landes Elektrizitätswerkes bis 31.12.1909

für den Bau genehmigt	**5.300.000 K**
zusätzlich bewilligt	**2.011.783 K**
Für die el. Streckenausrüstung wurden in der Sitzung vom 7. Okt. 1907	**1.640.000 K**
und in der Sitzung vom 19. Oktober 1909 bewilligt.	**310.000 K**

Vorerst tatsächlich verbaute Summe: 9.129.677 K
In diesem Betrag waren mit 63.635K 40h auch die elektrischen Lokomotiven enthalten; auf diese Weise wurden die Kosten des Landesfahrparks geringer gehalten.

Weitere Geldmittel erlangte man durch die Beilage 50/290 ex 1910: Sie bewilligte 7.311.783 K als Teilbetrag für das Landes Elektrizitätswerk und ferner 2.708.000 K als Erfordernis für den Landesfahrpark.

Bilanz des niederösterreichischen Landes-Eisenbahnfonds

Vorschüsse 1909	**9.188.034 K 30h**
Übernahme von unverzinslichen Stammaktien	**3.865.780 K**
Außerdem wurden »nominale« 1.910.000 K Prioritätsaktien der Lokalbahn Ernstbrunn - Hohenau übernommen und hiefür 965.780 K ausgegeben.	
Summe	**14.029.614 K 30h**

Fotos: Prof. Figlhuber

Im Bahnhof Groß Schweinbarth um 1970: Ein Personenzug, bestehend aus einer Reihe 93, drei Bi und einem BD (noch mit »Ganzfenstern«) fährt aus Richtung Gänserndorf/Stammersdorf ein. Das rechte Gleis mit dem Gleissperrschuh ist das Magazinsgleis.

Der Bahnhof Dobermannsdorf mit dem markanten Stellwerk 2, das von der Deutschen Reichsbahn errichtet wurde. Wegen der Öltransporte wurden die ehemals einfachen Sicherungsanlagen zentral, daher kostengünstig und ohne viel Personal, gesteuert. Eine Verschubreserve (Reservelok 93 1349; im Verschub eingesetzt) reiht einen Om für einen Rübenzug um.

Ausfahrt eines Personenzuges aus dem kleinsten Kopfbahnhof Wiens, dem Bahnhof Stammersdorf: Entlang der Brünnerstraße fährt der »Standardzug« der 70er-Jahre – eine Maschine der Reihe 93, drei Bi, ein BD – aus. Die kreuzende Stammersdorferstraße sichert ein Weichensteller mit der Signalfahne, zusätzlich ein Polizist in Winteradjustierung mit Stiefeln und Stulpwintermantel. Das Rangabzeichen am Ärmel weist ihn als Revierinspektor aus.

Markenzeichen viele Lokalbahnstrecken waren die PmGs.

An einem typischen Weinviertler Novembertag werden mit einem GmP auf der Strecke Korneuburg–Ernstbrunn die Zuckerrüben abbefördert. Solche Züge hatten bei den Eisenbahnern den Spitznamen »Rübenbomber«. Am Telegraphenmast gleich neben der Lok ist deutlich die (rechts am Mast) unter dem »T«-Träger gleisseitig gesondert angeordnete FS (= Fernsprechleitung Strecke) sichtbar.

Herbst im Weinviertel – nebelverhangen, nass und kalt. Eine Maschine der Reihe 93 beschleunigt ihren »Standardzug«.

Fotos: Prof. Figlhuber

Eine Maschine der Reihe 392 in Dobermannsdorf bei ihrer Arbeit, dem Verschub. Links im Bild ein doppelflügeliges Schmalmastsignal mit Motorantrieb der Deutschen Reichsbahn. Die Reihe 392 besaß keine Zugbremse, sondern nur eine Dampfbremse. Nicht nur einmal kam es vor, dass die nach Pfeifsignalen die Handbremsen bedienenden Verschieber bei der Unterkunft absprangen und der Lokführer nun mit Gegendampf und Gefahrensignal den Verschubteil zum Stillstand zu bringen versuchte und es auch meistens schaffte.

Die Maschine 93 1349 bei einer »Säge(aus)fahrt« aus dem Lokalbahnhof Gänserndorf. Der Schaffner ist am Trittbrett mit der umgehängten »Kartusche« bereits sprungbereit, um die Weiche umzustellen.

Ein VT 5046 ist mit zwei ehemaligen DR-Beiwagen im Weinviertel unterwegs. Am A-Mast ist wiederum die getrennte gleisseitige FS-Fernsprechleitung zu sehen. In diese FS-Leitung konnte sich der Zugsführer mit einer so genannten Fernsprechkassette (= tragbares Telefon) in die Leitung einschalten. Mittels zweier Stangen (daher nur bei Dampf-/Dieselbetrieb) befestigte er im Stillstand vom Dienstwagen aus die Telephonleitung an den beiden Drähten der FS und konnte so mit den in den Streckenabschnitt eingebundenen Mitarbeitern Kontakt aufnehmen. Strecken mit E-Betrieb waren schon von Beginn an »verkabelt« und hatten ca. alle 1800 Meter eine Fernsprechbude.

Ein Lokalbahnzug in den 70er-Jahren. Diese Zugbildung – ein Bi und ein BD – war die letzte und personalaufwändigste Form des Lokalbahnbetriebes. Lokführer, Heizer, Zugsführer und, wenn eine »Manipulation« notwendig war, dann auch noch ein Schaffner. Markant für das Weinviertel waren die vielen Ziegeleien entlang der Bahn.

An der Haltestelle Bullendorf der Strecke Mistelbach–Dobermannsdorf hält ein Lokalbahnzug. Er besteht aus einer Maschine der Reihe 93, einem ehemaligen DR-Dienstwagen und einem ehemaligen umgebauten NÖLB-Wagen mit fünf Fenstern; am Zugschluss läuft bereits ein »6 Fenster-Umbauwagen« mit den so genannten »Halbfenstern«. Die Wagen entsprechen der noch damals beachteten Achsmeterbeschränkung.

Fotos: Prof. Figlhuber

Einfach nicht kaputt zu kriegen: Von Enzersdorf kommend fährt ein VT 5041 mit dem angehängten »Zugsführerbüro« in Dobermannsdorf ein. Der BD war notwendig, da nach damaliger Vorschriftenlage der Herr Zugführer ein eigenes, absperrbares Dienstabteil benötigte. Der hintere Führerstand des VT 5041 war zur Dienstesausübung nicht vorgesehen und geeignet.

Eine VEF-Sonderfahrt mit der Reihe 92. Der Wert dieser ins »kabaretthafte« ausartenden Sonderfahrten für die Überlebensfähigkeit einer Lokalbahn sei dahingestellt. Auf diesem Bild wird auch die mangelnde »Streckenkenntnis« des »Lokomotivfahrers« drastisch sichtbar. Die gerade zum Stillstand gekommene Lok bläst, da noch zu viel Dampfdruck vorhanden ist, ab. Ein echter Lokführer hätte sich und dem Heizer, dank seiner langjährigen Streckenkenntnis, diese unnötige und kesselschädigende Arbeit erspart.

Folgende Linien bestanden 1909:

1.) Niederösterreichisch-steirische Alpenbahn
St. Pölten - Kirchberg an der Pielach,
seit 4.Juli 1898, 31,316 km

Obergrafendorf - Mank, seit 27.Juli 1898 mit 18,007 km

Kirchberg an der Pielach - Laubenbachmühle, seit 5.August 1905 mit 17,001km

Mank - Ruprechtshofen,
seit 5. August 1905 8,554 km

Laubenbachmühle - Mariazell seit, 17.Dezember 1906 mit 35,914 km und

Mariazell - Gußwerk,
seit 15.August 1907 mit 7,104 km
Gesamt 117,896 Betriebskilometer

2.) Niederösterreichische Waldviertelbahn
Gmünd - Litschau -Heidenreichstein, seit 4.Juli 1900 mit 32,220 km

Gmünd - Steinbach - Groß Pertholz seit 10.August 1902 und 24,074 km

Groß-Pertoholz - Groß Gerungs seit 1.Marz 1903 mit 19,004 km
Gesamt 81,298 Betriebskilometer

3.) Lokalbahn Stammersdorf -Auersthal
seit 25.April 1903 mit 21,878 km
Auersthal - Groß Schweinbarth, seit 15.August 1909 mit 7,392 km
Zistersdorf - Dobermannsdorf, seit 15. August 1909 mit 8,171 km
Zusammen 37,441 km

Betrieb der Strecke Stammersdorf - Auersthal - Groß Schweinbarth durch die Gemeinde Wien mit städtischen Dampfstraßenbahnen.

4.) Gänserndorf - Gaunersdorf seit 13. September 1903 mit 22,214 km

5.) Lokalbahn Korneuburg - Hohenau
Korneuburg - Ernstbrunn, seit 21. November 1904 mit 29,882 km
Ernstbrunn - Mistelbach -Hohenau, seit 15. November 1906 mit 48,872 km

Gaunersdorf - Mistelbach, seit 15.November 1906 mit 12,638 km und

Dobermannsdorf- Poysdorf, seit 4.Mai 1907 mit 20,242 km
Zusammen 111,634 km

6.) Freiland Türnitz
seit 24. Oktober 1908 mit 9.242 km
Betrieb durch die k.k. Staatsbahndirektion Wien

7.) Willendorf - Neunkirchen
seit 21.Juni 1909 mit 12,101 km

8.) Siebenbrunn - Leopoldsdorf - Engelhartstetten - Orth
seit 30.Juni 1909 mit 27.936 km
Zusammen somit 419,762 Betriebskilometer.

triebsverhältnisse aufwiesen. Neben schmalspurigen Hügellandbahnen im Waldviertel gab es eine ebenfalls schmalspurige Gebirgsbahn mit Rampenstrecke und in doppelter Kehrschleife, Scheiteltunnel und einer Trassenführung durch wild zerklüftete Steilhänge, unter Eingeweihten besser bekannt als Mariazellerbahn. Die Normalspurbahnen fanden sich teils in der Ebene des Marchfeldes, teils aber verliefen sie auch aufgrund der einfachen Trassierungen in ständig wechselnden Bögen und starken Neigungen bis 27 Promille über die Hügel des Weinviertels.

Das gesamte System wies eine hohe Qualität auf, sei es in der den einfachen Betriebsverhältnissen angepassten Konstruktion der Triebfahrzeuge, sei es in den einfachen Betriebsreglements oder in der damals modernen Sorge um das Wohl der Mitarbeiter. Diese Spuren sind bis ins Jahr 2003 allgegenwärtig.

Folgende Strecken der NÖLB hatten bis 1909 die Reinertragsgarantie des Landes in Anspruch genommen von:

n.ö.steirische Alpenbahn seit 1899	889.514 K 06 h
Waldviertelbahn	1,071.517K 24 h
Stammersdorf–Auersthal seit 25. April 1903 und Gänserndorf–Gaunersdorf seit 13. September 1903	106.553 K
Korneuburg–Ernstbrunn seit 27. Nov. 1904	121.499 K 26 h
Ernstbrunn–Mistelbach–Hohenau–Poysdorf–Dobermannsdorf seit 15. November 1906	747.582 K 87 h
Freiland–Türnitz 24. Oktober 1908	65.450 K 08 h
Willendorf–Neunkirchen 21.Juni 1909	21.795 K 68 h
Siebenbrunn–Engelhartstetten–Orth 30. Juni 1909	13.193 K 68 h
Insgesamt	3.244.134 K 75 h

Dazu kam noch die Abdeckung von Betriebsabgängen (= Verlusten) der Strecken durch das Land Niederösterreich bis 1909:

Ernstbrunn–Hohenau–Poysdorf–Gaunersdorf	591.629 K 24 h
Waldviertelbahn	331.219 K 58 h
Stammersdorf–Auersthal	9.790 K 04 h
Korneuburg–Ernstbrunn	9.984 K 87 h
Neunkirchen–Willendorf	5.002 K 02h
Freiland–Türnitz	16.844 K 06 h
Insgesamt daher	994.449 K 81 h

Das Land Niederösterreich hatte daher bereits nur für die hier genannten Nebenbahnen bis 1909 insgesamt 4.238.584 K 40 h an Zuschüssen gezahlt.

Die Finanzen

Aufgrund der detaillierten Aufstellung war die tatsächliche Geschäftsentwicklung der NÖLB nachvollziehbar. Das führte vermutlich zu einigen Nachfragen, denn diese Gesamtdarstellung blieb in der Folge ein Einzelstück.

Dagegen erschienen die Geschäftsberichte der einzelnen NÖLB-Bahnen weiterhin jährlich. In diesen Berichten wurde viel über Einnahmen geschrieben und wenig über den Landeszuschuss: Eine einzige, leicht zu überlesende Zeile verkehrte die ganze positive Geschäftsentwicklung ins Gegenteil, denn der Zuschuss des Landes war nichts anderes als der Ausgleich des erwirtschafteten Defizits.

Das große finanzielle Engagement für die NÖLB seitens des Landes Niederösterreich bestätigt auch eine Aktennotiz aus dem Jahr 1909, bei der sich leider nicht mehr rekonstruieren lässt, wer der Verfasser ist:

»Die Beteiligung des Landes erfolgte wie vorangeführt in verschiedenster Form: Durch Übernahme einer Landesgarantie bis zu 90 Prozent, Übernahme von Aktien und Ausgabe von Anleihen. Dafür wurden alleine bis Ende 1908 insgesamt 61 Millionen Kronen aus Landesmitteln bereitgestellt!«

Eine Summe, die in keiner Weise mit den veröffentlichen Größen übereinstimmt. Denn die Höhe der Anleihen, für die der hohe Landtag bisher die Reinertragsgarantie übernommen hatte, betrug mit anderen Bahnlinien zusammen insgesamt 48.898.800 K.

Für den Ankauf der ansonsten unverkäuflichen Stammaktien der »n.ö. steirischen Alpenbahn« durch das Land wurden 1909 weitere 3.700.000 K bewilligt. Der Landesausschuss wurde außerdem ermächtigt, bis Ende 1909

Aus den Akten

Unter der Zl.: 290IL.A. 1910 geht es um:
»Die weitere Ausgestaltung des Landesbahnnetzes im Erzherzogthume Österreich unter der Enns auf Grund der von verschiedenen Interessentengruppen angestrebten Bahnverbindungen.
[...]
Derzeit sind 39 Linien mit zusammen 966 Kilometern Länge vom Land garantiert, d.h. der Abgang ist gedeckt.«

Die Landesbeiträge für die vorerwähnten 39 Linien wurden zum größten Teil aus den beiden Eisenbahnanleihen von :

1903	18,000.000 K und
1905	15,000.000 K

sowie aus den Investitionsanleihen

1907	18,000.000 K

bestritten.

Die vorerwähnten Anleihensbeträge waren jedoch schon für die betriebenen Bahnen nicht ausreichend, so dass mit dem bereits vorhandenen Abgang gleichzeitig mit der Kapitalbeschaffung für den später geschilderten Ausbau des Lokalbahnnetzes Vorsorge getroffen werden musste.
Man plante in drei Projektstufen (Bauperiode I-III) weitere Lokalbahnen, oder die Planungen waren aus finanziellen Gründen noch nicht realisiert worden:

Bauperiode I
Rekawinkel–Hainfeld; Beschluss vom 6. November 1903 (entfällt wegen »Wienerwaldbahn«)
Martinsberg–Weitenegg, 37 km; als einzige Linie in Bauvorbereitung.
Seit dem Jahre 1907 waren keine weiteren Bahnbauten bewilligt worden.

II. Bauperiode
Schmalspurig
Groß Gerungs–Schönbach (oder Ottenschlag–Spitz; siehe III. Bauperiode)
Rapottenstein–Zwettl
Arbesbach–Grenze bei Dietrichsbach–Oberösterreich
Normalspurig
Stockerau–Ernstbrunn
»Westöstliche Durchzugslinie«
»Bereits 18% der Bausumme aufgebracht, Ansuchen um Staatsbeitrag ist eingebracht.
Es muß jedoch bemerkt werden, daß die Ausführung dieser Linie, die nur ein verhältnismäßig geringes eigenes Attraktionsgebiet besitzt und somit immer passiv sein würde, das Erträgnis der Marchfeldbahn infolge der weiteren Verkehrszersplitterung ungünstig beeinflussen würde.«
Die Verwaltung war deshalb der Meinung, dass an eine Ausführung könne daher nur gedacht werden, wenn seitens der k.k. Staatsbahnen für die Strecke Stockerau–Hohenau entsprechende Frachtüberweisungen zugestanden würden.
Die II. Bauperiode umfasste insgesamt zwei schmalspurige Linien mit 37 km und eine normalspurige mit 24 km Länge.

III. Bauperiode
Sie umfasst folgende Bahnen, über welche die hauptsächlichsten Daten im II. Bauabschnitt enthalten sind.
Schmalspurig
Grein–Wieselburg
Normalspurig
Drosendorf–Zlabings
Asparn (Ko–Eb)–Joslowitz

In der Steiermark war die Linie Gusswerk - Seebach Thurnau geplant. Damit wäre ein zusammen-

für die weitere Übernahme von Aktien 12.679.780 K zu verwenden.

Hierzu kamen noch jene Beträge in Höhe von 1.000.000 K, die zur Beschaffung von Fahrbetriebsmitteln dienten[9] und weitere Geldmittel für

- schmalspurige Fahrbetriebsmittel 1.300.000 K
- schmalspurige Lokomotiven 408.000 K
- und ein Landeselektrizitätswerk 5.300.000 K.[10]

Am 19. Oktober 1909 genehmigte der Landtag weitere 2.011.783 K *»[...] so daß vom hohen Landtag außer der Übernahme der obenerwähnten Reinertragsgarantie für Aktien von insgesamt 48.898.800 K zur Förderung des niederösterreichischen Eisenbahnwesens weitere 22.699.563 K bewilligt wurden.«*

hängendes Schmalspurnetz von zirka 740 Kilometer vorhanden gewesen, das mit Ausnahme der böhmischen Strecke Neubistritz–Neuhaus–Wobratain (92 km) zur Gänze vom Lande Niederösterreich betrieben und verwaltet worden wäre.

Weitere Projekte des Landes Niederösterreich, die nicht von der NÖLB geplant, sondern für die NÖLB geplant wurden (alle 760 mm):
Kapelln–Krems 27 km
Abzweigend von der elektrischen »Wienerwaldbahn« über Hollenburg–Mitbenützung der Donaubrücke der k.k. Staatsbahnlinie Herzogenburg–Krems
Landesbeitrag 70%, 2.800.000 K

Krems–Gföhl 27 km
Schleppbahn zum Donauhafen Stein
Landesbeitrag 65%, 3.600.000 K notwendig; Bau geplant ab 1912

Litschau–Neubistritz 15 km
(4 km in Böhmen)
Beschluss 17.Oktober 1907
Grundeinlösung 1912; Landesbeitrag 70%; 840.000 K

Gmünd–Schrems 8 km
Schrems plante eine Schmalspurbahn (760 mm) nach Langschlag mit einem Anschluss an die Waldviertelbahn; wegen ungünstiger Einwirkung auf die Waldviertelbahn wurde sie nicht empfohlen; das Land empfahl Gmünd–Hoheneich–Schrems; 60% Landesgarantie, keine genauen Kosten.

Wien–Sieghartskirchen–St. Pölten 70 km
Anschluss an die »Mariazellerbahn«, elektrisch; Trassierung ab 1911 möglich; Baubeginn 1913; »wünschenswerte Entlastung der Westbahnstrekke«; Landesbeitrag 70 %, 12.250.000 K

Gföhl–Zwettl; Anschluss an die Waldviertelbahn 70 km
Landesbeitrag 70%, 7.000.000 K; zu »geeigneter Zeit wollte man für diese Bahn einen Antrag stellen;

Gresten–Ybbsitz 15 km
Nach Beendigung des Bahnbaues in Gresten »Weiterbau«; Landesbeitrag 70%, 1.750.000 K

Langschlag–oberösterreichische Grenze bei Liebenau 8 km;
weiter nach Prägarten, Freistadt oder Grein; Landesbeitrag 10%, 100.000 K; Restfinanzierung nicht geklärt.

Normalspurige Projekte waren:
Orth–Groß Enzersdorf 12 km
Der Bahn wurde nur lokale Bedeutung beigemessen, das Ansuchen um Staatsbeitrag wurde abgelehnt; die Interessenten konnten nicht einmal 20 % aufbringen, daher sollten 10 % von der Gemeinde Wien kommen

Gänserndorf–Siebenbrunn 13 km
Landesgarantie 70 %, keine Probleme, Zuckerfabrik

Stammersdorf–Jedlersdorf 4 km
Hier drang man auf eine rasche Lösung, da die Gemeinde Wien die Strecke elektrifizieren wollte; hinzu kam der Umbau der Station Stammersdorf und der Anschluss an das Landesbahnnetz; spätestens 1912 sollte dieses Projekt beendet werden.

So verwundert es nicht, dass es vor dem Hintergrund dieser Zahlen zu einer Debatte über den Sinn oder Unsinn solcher Investitionen kam, die keinen Gewinn abwarfen. Das 17 Seiten umfassende Protokoll vermerkt ganz zum Schluss: *»Dividenden haben diese Stammaktien bisher nicht abgeworfen.«*[11]

Trotzdem konnten die NÖLB auch in der folgenden Zeit neue Strecken fertig stellen:

Zistersdorf–Dobermannsdorf	1909
Retz–Drosendorf	1910
Pyrawarth–Zistersdorf	1911
Wien–Hainburg–Pressburg	1914

2.6 Die Personalstruktur der NÖLB

Im Amtsblatt der N.-Ö. Landeseisenbahnverwaltung, Jahrgang XVII Nr.6/7, vom 19.Februar 1921 wird unter Punkt 29 der *»Erlaß Zl.:100-19 aus 1921, betreffend Änderungen der Besoldungsordnung [...]* abgehandelt.

Die Organisation der n.ö. Landesbahnen im Jahr 1913, aufgezeigt am Beispiel einer Linie

Als Grundlage für die Beschreibung der Organisation einer n.ö. Landesbahn dient eine aus Anlass der Übernahme der Landesbahnstrecke Stammersdorf–Groß Schweinbarth handschriftlich korrigierte Vorlage des Erlasses Z.4676 aus 1913:

»Die Organisation des exekutiven Betriebsdienstes wird wie folgt geregelt:

1.) Als oberste Dienststelle des lokalen Betriebsdienstes wird die Betriebsleitung Mistelbach bestimmt, welcher die unmittelbare Leitung und Überwachung des gesamten lokalen Betriebsdienstes auf der genannten Lokalbahnstrecke analog den übrigen Linien des Marchfeldes obliegt.
Diese Betriebsleitung bzw. die ihr untergeordnete Bahnerhaltungssektion sowie die Werkstätten- und Heizhausleitung in Mistelbach hat als Vorratsrechnungsleger für die bezüglichen Dienstzweige zu fungieren.
Die Stationsleiter von Stammersdorf und Groß Schweinbarth werden hinsichtlich des Zugförderungsdienstes als Subrechnungsleger der Heizhaus- und Werkstättenleitung Mistelbach bestimmt.

Der Betriebsleitung Mistelbach werden außerhalb des allgemeinen instruktionsmäßigen Wirkungskreises noch nachstehende Befugnisse eingeräumt:
a.) Die Disposition über die der Lokalbahn Stammersdorf - Groß Schweinbarth zugewiesenen Maschinen und Fahrbetriebsmittel sowie die Dirigierung und Evidenz derselben;
b.) Die Aufstellung und Vorlage der Diensteinteilungen [...] sowie die Überwachung der Einhaltung der Diensteinteilungen;
c.) Die Erhebung von Bahnunfällen, soferne selbe in einzelnen Fällen nicht durch die Direktion vorgenommen werden.
d.) Die Prüfung und interimistische Anweisung der Lohnlisten und sonstiger Zahlungsbelege des Verkehrs- und Zugförderungsdienstes inklusive der »fa?? Agentenabrechnungen« sowie der Arbeitsbücher des Bahnerhaltungsdienstes.
e.) Die Skontrierung sämtlicher Kassen und Magazine, die Vornahme der Stationsrevisionen.
f.) Die Vornahme von Stations- und sonstigen Übergaben
g.) Die Stundenpassrevision (Fahrberichte/Stundenabrechnung des Zugpersonals)
Weiters obliegt der Betriebsleitung die Erhaltung des ihr zugewiesenen Fahrparks, die Vornahme der laufenden Reparaturen und vorgeschriebenen Revisionen an Lokomotiven und Wagen und die Erhaltung der Wasserstationsanlagen
Die von den Straßenbahnen übernommenen Wagen werden von der Verwaltung derselben auf Kosten der Lokalbahn erhalten.
Wagen für den Güterverkehr nach und von Stationen der Straßenbahnen werden von der Verwaltung derselben beigestellt. Solche Wagen dürfen jedoch in Groß Schweinbarth auf die Marchfeldbahn nicht übergehen.

2.) Alle Berichte und Eingaben der Stationen der Lokalbahnstrecke Stammersdorf - Groß Schweinbarth an die Direktion sowie die gesamte Dienstkorrespondenz der letzteren an die Stationen sind durch die Betriebsleitung Mistelbach zu senden.
Der Vorstand der Betriebsleitung ist ermächtigt, Parteieingaben in Angelegenheit der Lokalbahn zur Weiterleitung an die Direktion entgegenzunehmen.«

Die Zahlen zeigen nur die normierten Posten auf, es gab außerdem etwa sechs freie und einige »überhängende « Posten wie z.B. »Lebensmittelausgaben«.

Die NÖLB versuchte vor der Übergabe des Personals an die BBÖ noch einige höherwertige Posten zu normieren und auch neu zu besetzen, daher gibt es Differenzen zur Standesmeldung. In den Handkommentaren, die ein Mitarbeiter damals an die Seitenränder der Standesmeldung zu einzelnen Dienstposten hineinschrieb, ersieht man, dass man sich

Die NÖLB wies 1921 folgende Personalstandsmeldung vor:

2145	NÖLB
94	NEWAG
51	Landeseisenbahnbauamt
insgesamt	2290

NÖLB Direktion

Direktionsvorstand = Direktor, Direktorstv., Hilfsdienste	3
Abteilung I Allg. Personalangelegenheiten	17
Abteilung II Verwaltung	26
Abteilung III Bauabteilung	16
Abteilung IV Maschinendienst	16
Abteilung IVa Materialdienst »noch 2 einstellen«	14
Abteilung V Betriebsdienst	17
Abteilung VI Transportabteilung	18
Abteilung VII Kommerzieller Dienst	26
Abteilung VIII Finanzdienst »Referentenposten ist auszuschreiben«	26
Hausdruckerei	21

Nach Strecken (Betriebsleitungen) geordnet sah der Personalstand so aus:

LWP	446
Mariazellerbahn	708
Gmünd	214
Mistelbach	576
Retz	68
Siebenbrunn	60
Neunkirchen	30

Insgesamt 2102 Mitarbeiter

Die Lokalbahn Freiland–Türnitz taucht in den NÖLB Statistiken nicht auf.

Im Zusammenhang mit der NÖLB ist auch das Landeseisenbahnamt und die NEWAG (siehe Mariazellerbahn) zu nennen.

N.-ö Landeseisenbahnbauamt	3
Abt. für Grundeinlösungen	6
Abt. für Wasserbauten	12
Abt. für Lokalbahnprojektierung	12
Bauhilfsdienst	15

Das Landeseisenbahnamt sowie die NEWAG (Landesbeamte) wählten nicht das Landesdienstrecht, sondern das der Eisenbahn.

Anmerkung: Eine Kontrollrechnung war nicht möglich, da sich einige Zahlen in den verschiedenen Dokumenten wiedersprechen. Dies kommt von unbesetzten Dienstposten und Überhängen: Einmal wird die normierte Postenzahl angegeben, dann wieder die tatsächliche Besetzung. Auch Wünsche, die man noch schnell vor Übernahme durch die BBÖ realisieren wollte, waren an einigen Stellen bereits eingearbeitet!

schon 1910 zu diesem Thema Gedanken gemacht hatte.

2.7 Auswirkungen des Staatsvertrages von St. Germain auf die NÖLB

Österreich unterzeichnet am 10. September 1919 in dem Pariser Vorort St. Germain-en-Laye den Staatsvertrag von St. Germain.

Der Verlust der in Böhmen gelegenen Kohlequellen führte zu einem totalen Zusammenbruch der »restösterreichischen Eisenbahn« und in weiterer Folge auch zum Zusammenbruch der NÖLB. Dazu kam eine diktatorische Aufteilung des rollenden Materials, die eine bereits erfolgte »Kriegsbeute« ausklammerte.

Ein VEF Sonderzug hält Anfang der 70er-Jahre in Mistelbach Staatsbahnhof und wird sich bald in Richtung Laa a.d. Thaya in Bewegung setzen. Die Personenwagen, noch ausgerüstet mit Ganzfenstern, haben anstelle der Dampfheizung eine Webastoheizung. Sie waren für die Dieseltriebwagen vorgesehen und hatten daher den eleganten Anstrich.

Der VEF Sonderzug bezwingt den »Mollmansdorfer Berg« auf der Stecke Korneuburg–Ernstbrunn. Der Lokführer fährt Volldampf um Feuer und damit dann Dampf und damit Kraft für die bereits sichtbare 27 Promille Steigung zu machen.

Fotos: Prof. Figlhuber

Ein Blick auf die Station Hohenau Staatsbahnhof: Rechts am unteren Bildrand wartet wieder der VEF Sonderzug, nach der Sperre des Lokalbahnhofes nun am Lokalbahnsteig des Staatsbahnhofs. Das dazwischen liegende freie Gleis ist das Richtungsgleis nach Wien Nord und wird durch ein Schiebegitter gegen unerlaubtes Überschreiten der Geleise gesichert. Hinter der Lok der Reihe 52 steht eine 77er mit Giesl-Ejektor.

In Hohenau Lokalbahnhof war an das Heizhaus der Wasserturm angebaut; dahinter stand das Heizhausbüro mit dem Übernachtungsraum. Umweltauflagen in der Urform. Das nichtvorhandene aber nun vorgeschriebene »Ölkammerl« wird durch einen abgesattelten Güterwagen ersetzt. Von Mistelbach L.B. fährt eine R 52 in den Bahnhofsbereich ein; im Vordergrund eine frisch bekohlte und ausgerüstete R 93.

Der VEF Sonderzug in Ernstbrunn, dem größten Bahnhof auf der Strecke Korneuburg–Mistelbach.

Ein Personenzug mit einer R 52 auf den Weg nach Retz in Zellerndorf. Aufgrund des Wagenmangels und zur Hebung des Fahrgastkomforts und wegen der noch funktionierenden Dampfheizung wurden die Personenzüge mit den damals modernen vierachsigen Schnellzugwagen (E36) geführt. Der erste Vierachser hat noch die »Ganzfenster«.

Fotos: Prof. Figlhuber

R 93 1367 fährt mit einem klassischen Lokalbahnzug in den Bahnhof Korneuburg ein. Der fünffenstrige Bi ist ein ehemaliger NÖLB-Umbauwagen. Deutlich ist der längere Achsstand des BD zu sehen. Durch den langen Radstand der entgegen der Angaben in den Achs-/Meterlast-tafeln eingesetzten »langen« Wagen kam es vermehrt zu Achs-lenker/Achsaufhän-gungsbrüchen.

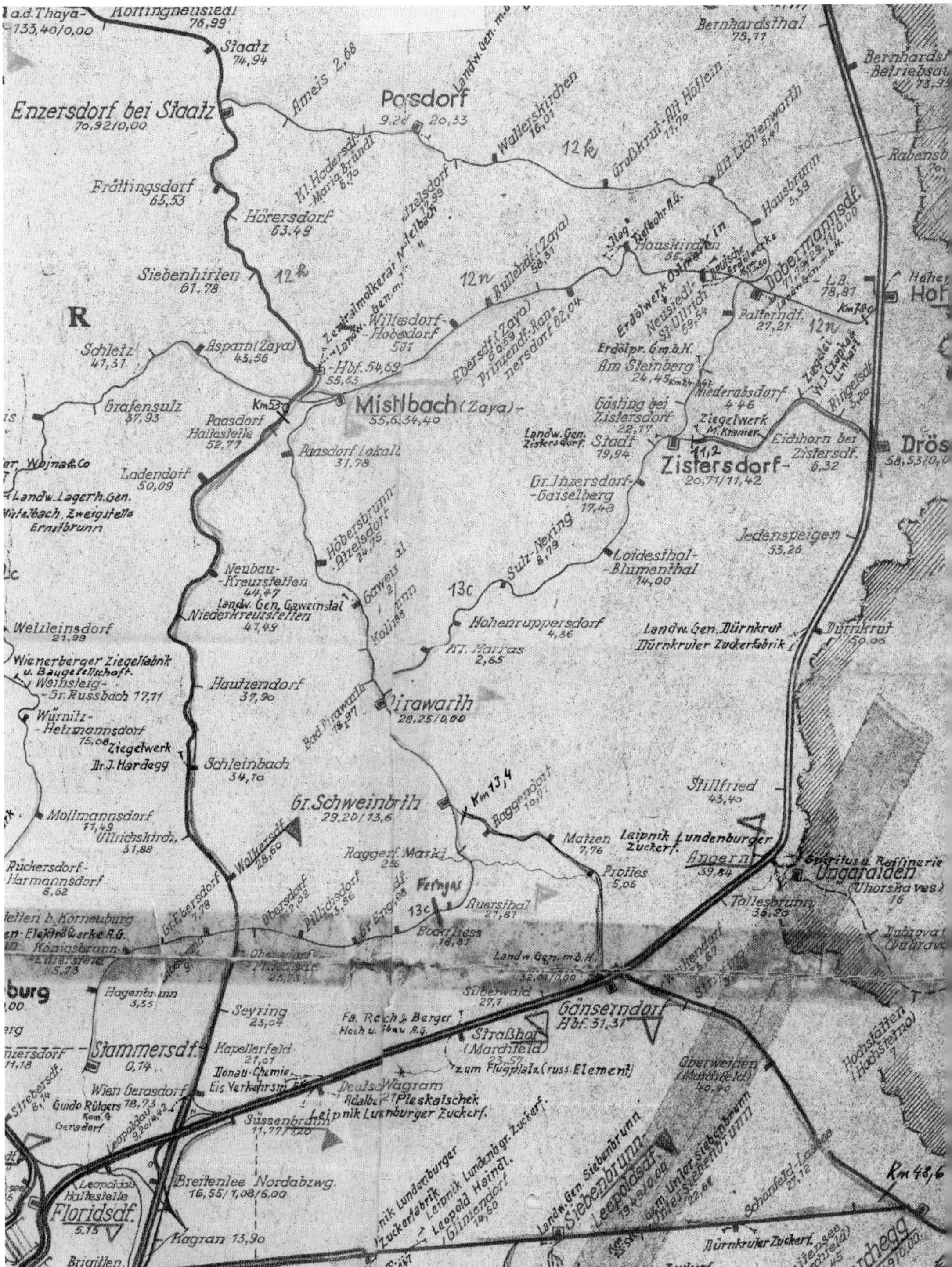

Nördliches Netz

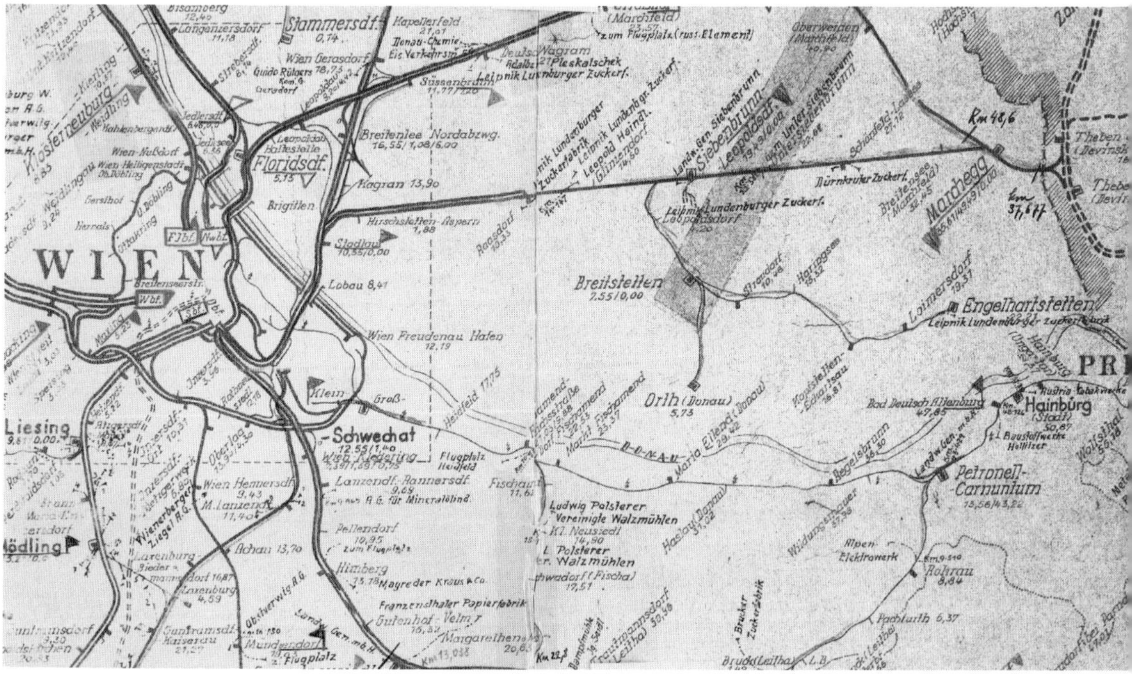

Die Lokalbahn Siebenbrunn–Engelhartstetten/–Orth

Die Lokalbahn Retz–Drosendorf

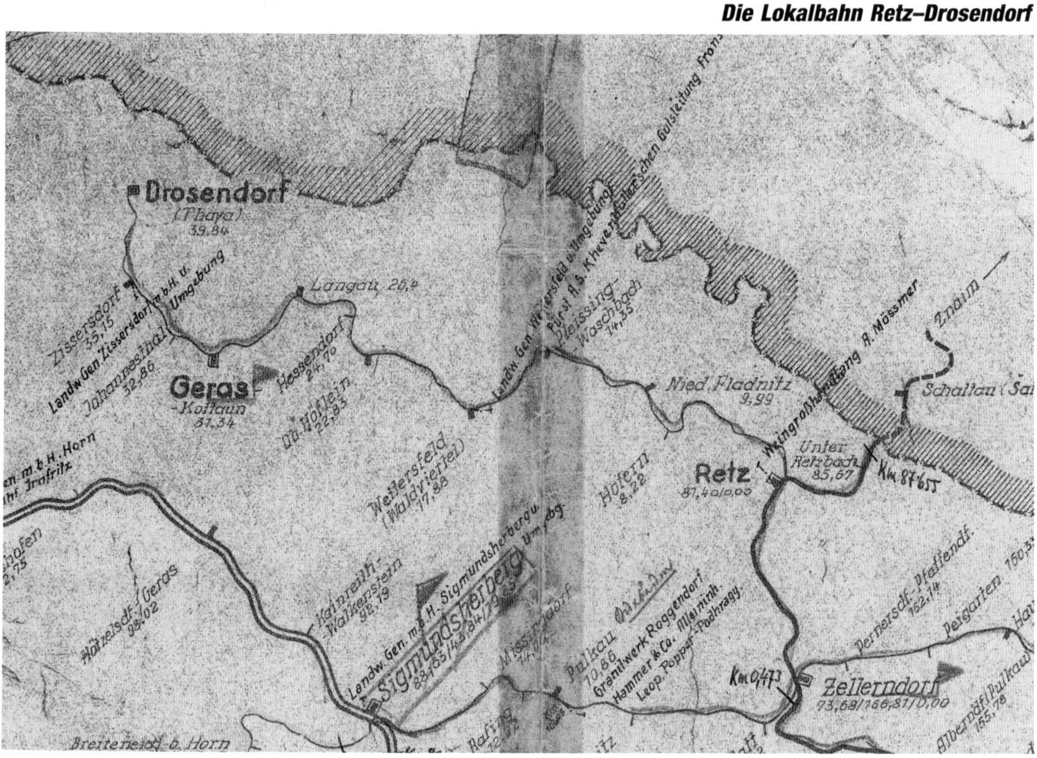

Das Netz der Waldviertelbahn

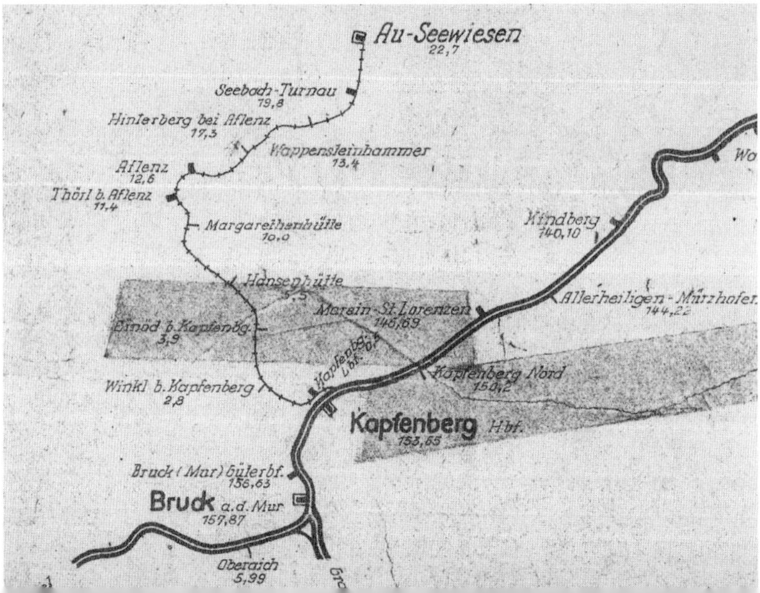

Steiermärkische Lokalbahn Kopfenberg–Auseewiesen. Verlängerung / Verbindung nach Gusswerk geplant.

199

Amtsblatt

des

österr. Bundesministeriums für Verkehrswesen.

Herausgegeben vom Bundesministerium für Verkehrswesen.

Erscheint nach Bedarf, in der Regel einmal wöchentlich.

38. Stück. Wien, 27. September 1922. Jahrgang 1922.

Inhalt: Amtliche Anordnungen und Kundmachungen: 105. Dienstanweisung, betreffend: Auflösung der Direktion der Niederösterreichischen Landesbahnen.
Personalverfügungen: Ernennung.
Nachrichten: Freie Stellen. — Kassendienst.

Amtliche Anordnungen und Kundmachungen.

105.

Dienstanweisung des Bundesministers für Verkehrswesen vom 22. September 1922, Z. 2012/B. M. V betreffend die Auflösung der Direktion der Niederösterreichischen Landesbahnen.

Da die mit Dienstanweisung vom 5. Juli 1922, Z. 1431/B. M. V. (verlautbart im Amtsblatte des Bundesministeriums für Verkehrswesen, 28. Stück aus 1922, unter Nr. 65), angeordneten Vorarbeiten für die endgültige Übergabe aller Geschäfte der bisherigen Verwaltung der Niederösterreichischen Landesbahnen an die Bundesbahnverwaltung abgeschlossen sind, verfüge ich, daß die Direktion der Niederösterreichischen Landesbahnen ihre Tätigkeit am 30. September 1922 abzuschließen hat und mit diesem Tage aufgelöst wird.

Die Dienststellen der vormaligen Niederösterreichischen Landesbahnen haben sich daher ab 1. Oktober 1922 in allen Angelegenheiten des dienstlichen Verkehres, in denen sie bisher an die Direktion der Niederösterreichischen Landesbahnen gewiesen waren, an jene der beiden Wiener Bundesbahndirektionen zu wenden, der sie inzwischen zugeteilt worden sind.

Odehnal.

Das Amtsblatt vom September 1922 zeigt das Ende der NÖLB an. Abbildung: Slg. Hufnagl

Die »neuen österreichischen« (= »nichtdeutschen«) Staaten hatten in den letzten Kriegstagen noch schnell rollendes Material auf ihr Gebiet abgefahren und es danach als Kriegsbeute bezeichnet.

Außerdem schrieb der Friedensvertrag von Saint Germain fest, dass Österreich bis 1925 von der in der Monarchie bewährten Saugluftbremse auf die schlechtere ausländische »Westinghouse« Druckluftbremse umzurüsten habe. Diese Bestimmung traf auch die NÖLB, doch für die teure Umrüstung war hatte das Land Niederösterreich kein Geld.

Schließlich führte die wirtschaftliche Bedrängnis, in die die NÖLB geraten waren, dazu, dass der österreichische Staat das Unternehmen rückwirkend zum 1. Januar 1921 vorerst pachtete.

Interessant ist, dass bei den im Vertrag aufgezählten Bahnlinien aus unbekannten Gründen die Lokalbahnen der Firma Stern & Hafferl fehlten. Daher steht bei diesem Unternehmen bis heute die bewährten Saugluftbremsen im Einsatz.

Unter Privatbahnen niederer Ordnung wurden nun von den BBÖ nach amtlichen Unterlagen folgende ehemalige NÖLB Bahnen geführt:

Lokalbahn Ernstbrunn–Hohenau–Poysdorf–Gaunersdorf (Gaweinsthal)
Rechnung Bund
82.780 km
Sitz in Wien 1, Herrengasse 13
Konzessionäre Länder Wien und Niederösterreich
Betriebsführung BB Dion Wien Nordost
Heizhausleitung Mistelbach (auch Ernstbrunn–Naglern Simonsfeld)
Streckenleitung Mistelbach L.B.
Streckenleitung Mistelbach (Dobermannsdorf–Povsdorf)

Lokalbahn Freiland–Türnitz
Rechnung Bund
9.242 km
Sitz in Wien
Geschäftsführung Wien 18., Anton Frank Gasse 16
Betriebsführung BB Dion Wien-Südwest
Heizhausleitung Hainfeld
Streckenleitung St. Pölten

Lokalbahn Gänserndorf–Gaunersdorf (Gaweinsthal)
Rechnung Bund
22.214 km
Sitz in Wien
Geschäftsführung Wien 18., Anton Frank Gasse 16
Betriebsführung BB Dion Wien Nordwest
Heizhausleitung Mistelbach
Streckenleitung Mistelbach(!)

Lokalbahn Korneuburg–Ernstbrunn
Rechnung Bund
29.883 km
Sitz in Wien
Geschäftsführung Wien 18., Anton Frank Gasse 16
Betriebsführung BB Dion Wien Nordost
Heizhausleitung Mistelbach
Streckenleitung Wien Nordwest (Korneuburg–Naglern Simonsfeld)

Niederösterreichisch-steirische Alpenbahn
Rechnung Bund
St. Pölten–Gusswerk 91.372 km
Obergrafendorf–Ruprechtshofen 26.561 km
Sitz in St. Pölten
Geschäftsführung Wien 18., Anton Frank Gasse 16
Betriebsführung BB Dion Wien Südwest
Zugförderungsleitung St. Pölten Alp.Bf
Streckenleitung St. Pölten II

Niederösterreichische Waldviertelbahn
Rechnung Bund
Gmünd -Groß Gerungs 42.497 km
Gmünd–Litschau 27.244 km
Alt-Nagelberg–Heidenreichstein 12.847 km
Sitz in Wien
Geschäftsführung Wien 18., Anton Lang Gasse 16
Betriebsführung BB Dion Wien Südwest
Betriebsleitung Gmünd L.B.
Betriebsleitung Gmünd

Lokalbahn Retz–Drosendorf
Rechnung Bund
39.835 km
Sitz in Wien
Geschäftsführung Wien 18., Anton Lang Gasse 16
Betriebsführung BB Dion Wien Nordost
Heizhausleitung Wien Nord Nebenstelle Zellerndorf
Streckenleitung Oberhollabrunn

Lokalbahn Siebenbrunn /Leopoldsdorf–Engelhartstetten–Orth
Rechnung Bund
27.936 km

Auszug aus dem Entwurf einer Nebenbahnverordnung

»Leistungsauftrag bedeutet, daß die ÖBB per Verfassung (= 2/3 Mehrheit im Parlament; Anm. d. Autors) beauftragt werden, den Betrieb von unwirtschaftlichen Strecken aufrechtzuerhalten. Dafür erhalten die ÖBB Abgeltungen, die in der Trennungsrechnung (Hauptbahnen und Nebenbahnen sowie Nebenbahnen gem. Leistungsauftrag - Anm. d. Autors) ausgewiesen sind und monatlich überwiesen werden.
Für die Nebenbahnen mit 5 und 15 jährigem Leistungsauftrag bedeutet die Aufhebung des seit 1968 bestehenden »Baustopps« die Möglichkeit einer seit langem von der Gewerkschaft der ÖBB geforderten Revitalisierung [...] denn die Nebenbahnen sind die »Arme und Beine« der »Neuen Bahn«[...].«

Sitz in Wien
Geschäftsführung Wien 18., Anton Lange Gasse 16
Betriebsführung BB Dion Wien Nordost
Heizhausleitung Wien Ost, Nebenstelle Stadlau
Streckenleitung Wien Ost I.

Lokalbahn Stammersdorf–Auersthal
Rechnung Bund
58.461 km
(Stammersdorf–Auersthal–Pyrawart–Dobermannsdorf)
Sitz in Wien
Geschäftsführung Wien 18., Anton Lange Gasse 16
Betriebsführung BB Dion Wien Nordost
Heizhausleitung Mistelbach
Streckenleitung Mistelbach L.B

Elektrische Lokalbahn Wien Landesgrenze nächst Hainburg
Rechnung Bund
80.775 km
Sitz in Wien
Geschäftsführung Wien 18., Anton Lange Gasse 16
Betriebsführung BB Dion Wien Nordost
Zugförderungsleitung Groß-Schwechat
Bahnmeister Groß-Schwechat

Lokalbahn Willendorf–Neunkirchen
Rechnung Bund
12,166 km (mit Verbindungsgleis zur Südbahn)
Sitz in Wien
Geschäftsführung Wien 18., Anton Lange Gasse 16
Betriebsführung BB Dion Wien Südwest
Heizhausleitung Wiener Neustadt
Streckenleitung Gloggnitz

(Drösing–Zistersdorf) ÖBB
11,133 km
Heizhausleitung Mistelbach
Streckenleitung Gänserndorf

Außerdem sorgte Grenzziehung für einige Betriebsprobleme: So mussten die deutschsprechenden österreichischen »Randgebiete« mit den Eisenbahnknoten Gmünd (mit einem Stück Strecke der Schmalspurbahn), Znaim, Eisgrub und Lundenburg an die Tschechoslowakei abgetreten werden. Dies hatte für Österreich gravierende Eisenbahn-Betriebsprobleme zur Folge, denn nur diese großen Bahnhöfe besaßen Drehscheiben. Die österreichischen Schlepptenderlokomotiven durften mit ihren dreiachsigen Steifrahmentendern in Richtung »Tender voraus« nur höchstens 50 km/h fahren und mussten daher für die Rükkfahrt auf der Drehscheibe gewendet werden. Die neuen tschechischen Eigentümer verlangten hohe Gebühren für das Wenden der österreichischen Lokomotiven und natürlich auch für die Benützung der nun auf tschechischem Staatsgebiet liegenden Schmalspurstrecke, die dann auch deshalb auf österreichisches Staatsgebiet verlegt wurde. Um den teuren Wendegebühren zu entgehen, ließen die BBÖ die starken Tenderlokomotiven der Reihen 629 (77) und 729 (78) entwickeln.

Bei der Übernahme durch BBÖ im Jahr 1921 betrug die Streckenlänge der NÖLB: Normalspur: 351,223 km (7,492 km POHEV); Schmalspur: 200,455 km, davon 91,465 km elektrischer Betrieb mit 6600 V, 25 Hz.

Zum 1. April 1921[12] wurden die »Österreichischen Staatsbahnen« in »Österreichische Bundesbahnen« umbenannt. Das Defizit betrug zu diesem Zeitpunkt 124 Mio. Goldkronen »durch die übermäßige Zahl von Angestellten und die zu niederen Tarife«, wie es in den Unterlagen hieß.

Am 15. Juli 1922 erhielt Österreich vom »Völkerbund« einen Kredit, die so genannte Völkerbundanleihe, von 650 Mio. Goldkronen zu 10% Zinsen und konnte damit auch die »Eisenbahnauflagen« des Friedensvertrages von St. Germain bezahlen. Die Republik Österreich schloss mit den Ländern Wien und Niederösterreich einen Vertrag ab, bei dem die BBÖ rückwirkend ab 1. Januar 1921 alle Strecken der NÖLB in den Pachtbetrieb übernehmen musste. Dazu gehörten auch die Lokalbahnen, für die die NÖLB noch rückwirkend die Kosten für noch durchzuführende »Umbauten« hätte übernehmen müssen, wenn nicht »rückwirkend« dieser Vertrag abgeschlossen worden wäre.[13]

Bereits zum 30. September 1922 löste man die NÖLB-Direktion auf. Die Auflösung erfolgte aber vorerst nur auf dem Papier, da die BBÖ den bestens eingespielten »Apparat« für die Weiterführung des ungewohnt einfachen aber effizienten Betrieb benötigte.[14]

Erst 1925 erfolgte die »Umnummerierung der Lokomotiven, Tender und Triebwagen der ehemaligen Südbahn=Gesellschaft und der ehemaligen Niederösterreichischen Landes-

Verordnung der Bundesregierung vom 2. Juni 1987 über gemeinwirtschaftliche Leistungen der ÖBB auf Nebenbahnen, Nebenbahnverordnung

Zl.: GS/2-2211-29-1987 22. Juni 1987
Voraussichtliche Einstellung von Nebenbahnen

Auf Grund des §2 Abs.4 des Bundesbahngesetzes BGBl.Nr.137/1969 zuletzt geändert mit dem Bundesgesetz BGBl.Nr.137/1984 wird im Einvernehmen mit dem Hauptausschuß des Nationalrates verordnet:
§1.) Die ÖBB haben [...].einzustellen:

Mit 31.Dez.1988
Güterverkehr
Schwarzenbach a.d. Pielach - Mariazell 45 km

Personenverkehr
Poysdorf - Dobermannsdorf 20 km
Mistelbach - Hohenau LB 28 km
Korneuburg - Mistelbach LB 49 km

Gesamtverkehr
Stammersdorf - Obersdorf 20 km
Groß Schweinbarth - Dobermannsdorf 34 km
Pirawarth - Mistelbach LB 16 km
Mariazell - Gusswerk 8 km

Mit 11.Dezember 1991
Personenverkehr
Gmünd - Groß Gerungs 44 km
Ober Grafendorf - Gresten 64 km

Gesamtverkehr
Drösing - Zistersdorf 11 km
Groß Schweinbarth - Gänserndorf 13 km
Obersdorf - Groß Schweinbarth 18 km
Alt Nagelberg - Heidenreichstein 13 km
Gaweinsthal - Groß Schweinbarth 8 km

Gesamtverkehr mit 31.Dezember 2001
Retz - Drosendorf 41km
Siebenbrunn - Leopoldsdorf - Engelhartstetten 23 km

Abzw. Aspangbf - Wolfsthal 45 km
St. Pölten - Schwarzenbach a.d. Pielach 39 km
Schwarzenbach a.d. Pielach - Mariazell 45 km
Gmünd - Litschau 25 km
Breitstetten - Orth a.d. Donau 6 km
Poysdorf - Dobermannsdorf 20 km
Mistelbach LB - Hohenau 28 km
Korneuburg - Mistelbach 49 km
[...]

§3(1) auf den einzelnen Strecken und Streckenteilen sind die angebotenen Beförderungsleistungen grundsätzlich im gegenwärtigen Umfang weiterzuführen. Die gemeinwirtschaftlichen Leistungsaufträge nach dieser Verordnung umfassen aber auch Anpassungen der angebotenen Beförderungsleistungen.

bahnen«.[15]

Im Jahr darauf war die NÖLB bereits in die BBÖ integriert worden. Die Organisation sah auf dem Papier so aus:

Für die Lokalbahnen in Gmünd, die ehemalige Waldviertelbahn, gab es eine eigene Betriebsleitung der BBÖ.[16] Alle anderen ehemaligen Betriebsleitungen der NÖLB gingen in den Aufgabenbereich der Bahnhofsvorstände der jeweiligen BBÖ Bahnhöfe bzw. Anschlussbahnhöfe an ehemaligen NÖLB-Strecken über. Zum größten Teil arbeitete hier das alte und unkündbare NÖLB-Personal weiter. Auch ehemalige Beamte der NÖLB-Verwaltung mussten oder durften als Bahnhofsvorstände auf der Strecke Dienst versehen. Dies war am Dienstrang »Offizial« erkennbar. Weshalb der gute Mann da hinausversetzt wurde, konnte man daraus erkennen, dass er seinen alten (Verwaltungs-) Dienstrang weiterbehielt. Wenn er die vorgeschriebene BBÖ-Prüfung gemacht hätte, wäre er nämlich ein »Revident« geworden und nicht in der Provinz gelandet.

1927 betrug die Streckenlänge der Eisenbahnen auf österreichischem Staatsgebiet 7.105 km. Im selben Jahr wurde eine weitere Strecke aus den ehemaligen NÖLB -Planungen fertiggestellt: Ruprechtshofen–Gresten.

Am 12. März 1938 marschierten deutsche Truppen in Österreich ein. Bereits sechs Tage später, am 18. März 1938, wurde der Wirtschaftskörper »Österreichische Bundesbahnen« aufgelöst. Die Führung des Betriebes, der bisher von den BBÖ betriebenen Eisenbahnen und sämtlicher Nebenbetriebe ging auf die Deutsche Reichsbahn (DR) über. Aber nicht einmal die Reichsbahn schaffte es, die Spuren der NÖLB zu eliminieren. Zu den ehrgeizigen Zielen der DR gehörte es, alle schmalspurigen Bahnen auf Normalspur umzubauen.

In den 60er-Jahren wurden einige ehemalige NÖLB-Strecken betriebswirtschaftlich untersucht.[17] Zwanzig Jahre später untersuchte man ihre Wirtschaftlichkeit erneut (siehe hierzu die beiden Kästen mit Auszügen aus einem Entwurf und der Nebenbahnverordnung von 1987).

[1] Dies kam auch bei einer Besprechung im Tariferstellungs- und Abrechnungsbüro der k.k. österr. Staatsbahnen am 14. März 1912 zur Geltung; vgl. Zl.: 20575/T.A.B v. 7. Sept 1912.
[2] Vgl. auch die Verordnung des Handelsministeriums vom 29. Mai 1880 bezüglich der Erleichterungen für Lokalbahnen (Durchführungsbestimmungen).
»Weitere Erfordernis von 7.311.783 K als Teilbetrag für das Landes - Elektrizitätswerk und ferner 2.708.000 K als Erfordernis für den Landesfahrpark [...].«
[3] L. G. Bl Nr. 32
[4] Vgl. Beilage LXXXVI/Verw.A.1903 Z.444.Präs.: »Organisationsstatut des niederösterreichischen Landeseisenbahnamtes [...].
Das niederösterreichische Landeseisenbahnamt ist eine Amtsstelle des Landes [...].«
[5] Vgl. Instruktion für das niederösterreichische Landeseisenbahnamt L.A.Zl.: 16334 ex 1895 und Organisationsstatut für das niederösterreichische Landeseisenbahnamt L.A.Zl.: 43776 ex 1901, besonders die Wandlung »Bedienstete des Landeseisenbahnamtes«.
[6] Vgl. Dienstverordnungen der Direktion des n.ö. Landeseisenbahnamtes ex 1905 und Direktion der n.ö. Landesbahnen (zl.481-XVII 288h-1905).
[7] R. G. Bl. Nr. 149
[8] Beilage 50 /290 ex 1910
[9] Beschluss 4. Januar 1907, Gesetz 18. Mai 1907 LB/B. Bl Nr. 79
[10] Beschluss vom 13. Juni 1907, Gesetz 14.12.1907 LG/BBl Nr.165
[11] Vgl. Sten. Protokolle des niederösterreichischen Landtages, X. Wahlperiode, II. Session, Beilage 9, Seite 3.
Da das finanzielle Ergebnis der Bahnen jedes Jahr dem Landtag vorgelegt werden musste, kann man sich die Nöte des Landes und auch den wirtschaftspolitischen Druck auf das Land vorstellen, um den notwendigen Bahnbau irgendwie zu realisieren. Im Wissen um diese dem Landtage bekannten finanziellen Details ist es mir schleierhaft, wie manche Autoren von finanziellen »Erfolgen« der Bahnen schreiben konnten. Richtigerweise schreibt jedoch Horst Felsinger in seinen Büchern über die Mariazellerbahn von einem »geplanten defizitären Bahnbau«.
[12] Vgl. B.G.B. Nr. 182
[13] Amtsblatt des österr. Bundesministeriums für Verkehrswesen, Jahrgang 1922, 28. Stück Juli 1922 Amtliche Anordnungen und Kundmachungen: Punkt 65.
Dienstanweisung des B.M.V Zl.:1431/B.M.V. vom 5.Juli 1922 betreffend die Übernahme der Niederösterreichischen Landesbahnen in den Pachtbetrieb der Bundesbahnverwaltung.
[14] Amtsblatt der österr. Bundesbahndirektion Wien-Nordost, 42. Stück, Jahrgang 1922 vom 2.Oktober 1922.
[15] Vgl. GDNbl. 32.Stück,1925; G.D.Z.14197 (Ziff.187)
[16] Strecke Gmünd Stadt Lokalbahnhof – Groß Gerungs, Gmünd L.B u. Gmünd L.B.–Litschau, Altnagelberg, Heidenreichstein; Vorstand war Oberbaurat Ing. Franz Bedenig.
[17] Zu den untersuchten Nebenbahnen gehörten u. a.:
- 15 Enzersdorf bei Staatz - Dobermannsdorf, 26. März 1966, Zl.: 1148-66
- 16 Gänserndorf - Mistelbach LB,18. Mai 1967, Zl.: 147-67
- 17 Stammersdorf - Dobermannsdorf,19. April 1967, Zl.: 148-67
- 18 Drösing - Zistersdorf, 26. März 1966, Zl.: 1151-66
- 19 Korneuburg - Mistelbach LB, 27. Okt.1966, Zl.; 1153/66
- 19a Mistelbach LB - Hohenau,11. Mai1967, Zl.:1193-67

3. Uniform

Die Uniformen der österreichischen Eisenbahner gehen auf die Uniformen der k.k. Marine zurück. Deshalb sei an dieser Stelle kurz auf die Ränge und Uniformen des österreichischen Militärs eingegangen.

3.1 Ränge und Uniformen der k.k. Armee

1848 führte die k.k. Armee Uniformen im heutigen Sinne mit Rangabzeichen ein. Es wurde das aus Ungarn stammende Drei-Sterne-System verwendet. Pro Organisationseinheit gab es drei Sterne: Chargen, Unteroffiziere[1] und Offiziere. Die gemeinen Soldaten besaßen keine Distinktionen.

Bei der k.k. Armee und in der ersten Republik waren Offizierstellvertreter, Vizeleutnant und Fähnrich Portepeeunteroffiziere. Der Titel Vizeleutnant kommt aus dem Ersten Weltkrieg, da nach dem Verlust der meisten Truppenoffiziere (»ein Offizier deckt nicht«) für die Einheiten neue Führer gebraucht wurden. Nach österreichischer Denkweise und Organisation führt aber nur ein Offizier, daher wurde der Rang »Vizeleutnant « eingeführt. Der Rang »Offizierstellvertreter« war meist ein den Offizier in Verwaltungsaufgaben zugeteilter Soldat (Schirrmeister, Zahlmeister etc.) und hatte keine direkte Befehlsgewalt über die Truppe, da er der Stellvertreter des Offiziers war.

3.2 Uniformen bei der Eisenbahn

Nach diesem kurzen Ausflug zum Militär seien nun die Eisenbahndienstränge vorgestellt: In der Donaumonarchie hatte jeder Staatsbeamte eine seine Zugehörigkeit, Tätigkeit und Stellung bezeichnende Uniform: Grüner Rock und schwarze Hose, dazu eine »Waffenfarbe« – das galt auch für die Eisenbahn.

Die Farbe »Gelb« war noch im 18. Jahrhun-

Jede Organisationseinheit hatte drei Sterne; hier einige Beispiele:

Gefreiter (militärischer Gruppenkommandant, siehe Oberbau): ein weißer Tuchstern auf schwarzer Tuchunterlage;
Korporal (in Deutschland »Unteroffizier«): zwei weiße Tuchsterne;
Zugsführer: drei weiße Tuchsterne;
Feldwebel / Wachtmeister: ein Stern (am Anfang drei Sterne und Borte) auf einer abgewinkelten Borte; diese Borte wechselte ihre goldene oder silberne Farbe über die Jahrzehnte;
Stabswachtmeister: Wechselte die Distinktionsform je nach Aufgabenbereich; in der Spätform zwei silberne Sterne;
Offiziersstellvertreter: in der Spätform drei silberne Sterne;
Vizeleutnant: ein goldener Offiziersstern, der durch silberne »Zutaten« abgewertet wurde, zuletzt durch eine weißsilberne Unterlage;
Fähnrich: ein goldener Stern, der durch Offiziersattribute (Goldborte) abgewertet wurde.

Offiziere
Leutnant: ein Goldstern;
Oberleutnant: zwei Goldsterne;
Hauptmann: drei Goldsterne, letzter Truppenoffizier;
Major (Meier, Maier): ein silberner Stern auf Goldwinkel, erster »Stabsoffizier«;
Oberstleutnant: zwei Silbersterne auf Goldwinkel;
Oberst: drei Silbersterne auf Goldwinkel;
Generaloberst: ein Silberstern auf breiter Goldborte;
Generalmajor
Generalleutnant
General

dert schwer herzustellen und daher nur dem Kaiser vorbehalten. Da die Post dem Kaiser unterstand, hatte sie daher die gelbe Farbe.Alle gängigen Farben waren für das Militär und die Ministerien vergeben, nur »Gelb« nicht. Gelb durfte auch nicht verwendet werden, daher wurde ein bisschen rot dazugegeben und nun hatte die Eisenbahn eine eigene den »k.k. Privilegien« auch entsprechende Farbe, nämlich Gelbrot/Blutorange etc.

Das der k.k. Marine entlehnte Uniform- und Rangschema wurde 1839 mit der »Waffenfarbe« gelbrot eingeführt. Der Eisenbahner hatte daher nicht den gewöhnlichen Säbel, sondern den Degen der Marine.

Am 19. Mai 1848 wurde ein Ministerium für öffentliche Arbeiten geschaffen , dessen erste Sektion für die Staatseisenbahnen zuständig war. Dieses neue Ministerium brauchte wie alle anderen Ministerien natürlich auch eine »Waffenfarbe«. Da aber bereits alle möglichen Farben vergeben waren und das neue Ministerium auch die »Oberhoheit« (Sektion I) über die Eisenbahn hatte, wählte man die Farbe der Eisenbahn: Gelbrot. Das bereitete zunächst keine Probleme, aber dann wurde aus der Sektion I heraus das Eisenbahnministerium gegründet, das wieder eine eigene »Waffenfarbe« benötigte. Jetzt war guter Rat teuer. Man fand eine Lösung in der Kombination einer Farbe und eines Zeichens analog der neu geschaffenen k.u.k. Eisenbahn- und Telegraphentruppe. Das Zeichen für Schnelligkeit – und daher auch damals für Post und Bahn signifikant – waren die Helmflügel des Götterboten Merkur. Zur Unterscheidung von den Postflügeln und dem Signalhorn (Posthorn) erhielt der »Eisenbahnflügel« ein Rad. So entstand die Idee, den neuen Beamten des Eisenbahnministeriums die gelbrote »Waffenfarbe« und ein »Flügelrad« zu geben, natürlich in der jeweiligen Abstufung Gold, Silber und Blech.[2]

Daher hatten die Eisenbahnuniformen auch zur Unterscheidung von den sonst zumindest ähnlichen Uniformen der Marine das Flügelrad. Die k.k. Telegraphen und Eisenbahntruppe trug zwar Armeeuniformen, hatte aber ebenfalls das Flügelrad in den jeweiligen Abstufungen auf den Aufschlägen.

Ein wesentlicher Punkt sei auch hier dokumentiert. Alle Eisenbahner sind im Gegenzug zu den Ministerialbeamten auch heute noch keine Staatsbeamten, sondern beamtete, d.h. fixangestellte oder »lohnbedienstete« Mitarbeiter der jeweiligen Eisenbahngesellschaft. Daher hatte jeder Eisenbahner bis etwa 1996 einen privatrechtlichen Vertrag mit seinem Arbeitgeber, der jeweiligen Eisenbahn. Daher kann auch nicht durch einfache Gesetze in diesen Vertrag eingegriffen werden. Die Bezeichnung »Beamter« ist in diesem Fall keine Stellung, sondern zeigt an, dass der Mitarbeiter keinen gesonderten Diensttitel hat, aber im Gegensatz zu den anderen gleichwertigen Mitarbeitern »beamtet«, d.h. festangestellt, ist. Daher wird er zur Unterscheidung als »Beamter« bezeichnet. Alle anderen Tätigkeitsbezeichnungen, wie die der »Unterbeamten«, führen eine Stellungs-/Rangbezeichnung, z.B. Triebfahrzeugführer, Kondukteur und Werkmeister; bei den »Beamten« entspricht dies den Bezeichnungen Assistent, Adjunkt etc.

3.2.1 Uniform

Mit dem Reichs Gesetz Blatt XVIII/1857 vom 3. April 1857 wurde erstmals eine »einheitliche« Uniform und Dienstkleider für Diener der Eisenbahner (Staats- und Privatbahn) eingeführt:

»[...] Seine k.k. Apostolische Majestät haben mit der Allerhöchsten Entschließung vom 14. März 1857 die vom Handelsministerium (das zu dieser Zeit für die Eisenbahn zuständig war; Anm. d. Autors), im Einvernehmen mit dem Ministerium des Innern, dem Armee=Ober=Kommando und der obersten Polizei=behörde entworfene Vorschrift über die Uniformierung der Beamten und die Dienstkleidung der Diener der Privateisenbahngesellschaften und concessionierten Staats=Eisenbahn=Betriebsunternehmungen genehmigt [...].«

Die allgemeine Farbe der Beamten war damals grüner Rock und schwarze Hose mit so genannten »Egalisierungsstreifen«. Polizei, Gendarmerie, Ministerien/Verwaltung trugen alle grün/schwarz.

Die Eisenbahnen wählten – als sichtbares Zeichen ihrer Stellung – natürlich die edelsten Uniformsorten und Farben: Von der Marine kam die blaue Rockfarbe; die Hose war schwarz mit orangen (später blutorangen) Passepoies. Daher hatte der Eisenbahner natürlich auch die von der Marine entlehnten Zweispitz und Degen sowie Epauletten auf der Galauniform. Generell zur Uniform wurden im Bürodienst die Ärmelschoner, auch »Ellbogenschoner« genannt, getragen.

Noch in den 1960ern hatten die ÖBB Uniformhosen und u.a. Passepoies.

Das Kennzeichen der Verkehrsbeamten der Fahrdienstleiter, Bahnhofsvorstände und ihrer Stellvertreter war der schwarze (Offiziers-) Samtkragen auf den Mänteln und Pelerinen sowie die »Paroli« mit der Egalisierungsfarbe, dem Samtaufschlag und dem goldenen Knopf (= »Offizier«).

Nach Abschaffung der Rangabzeichen Anfang der 1970er-Jahre verschwand aber auch der Uniformmantel mit den »Statusabzeichen«. Plötzlich gab es eine riesige Nachfrage auf den Regenumhang (»Phanthom/Fledermaus«) mit seinem Samtkragen und den »Paroli«. Selbst wenn die Sonne hoch am Himmel stand, theoretisch bestand immer die Möglichkeit eines überraschenden Regenschauers. Erst als man die ÖBB 1994 den neuen Schutzbestimmungen anpaßte, wurden aus den Uniformen »Schutzkleider«. Seit 1878 wurde der österreichische Eisenbahner, da er kein »Staatsbeamter« war und ist, auf die Monarchie und später auf die Republik Österreich vereidigt. Eisenbahnaufsichtsorgane, wie die Polizei, gleich zwei Mal. Mit dem Bundesbahngesetz von 1994 endete diese Ära und der Eisenbahner wurde echter Privatangestellter. Es musste auch das Dienstsiegel mit dem Hoheitsadler abgegeben werden. Eine »Enteidigung« erfolgte nicht.

3.2.2 Uniformen der NÖLB

Die NÖLB führte, wie alle anderen Bahnen in der Monarchie auch, die einheitliche allgemeine und gleiche Eisenbahneruniform. Unterscheidungszeichen gegenüber den anderen Eisenbahngesellschaften und Staatseisenbahner war die mit den jeweiligen Logo versehenen Uniform-Knöpfe und Kappenrosetten sowie das kleinere Flügelrad. Der k.k. Staatsbahn war das große Kappenflügelrad vorbehalten.

Nichtuniformträger waren Agenten und weibliche Bedienstete. Sie trugen eine gelbe Armbinde mit einem Flügelrad als Erkennungszeichen. Diese Armbinde wurde im Ersten Weltkrieg generell von den Nichtuniformträgern aller Eisenbahnen getragen.

[1] In Deutschland ein Rang, in Österreich eine Ranggruppe: Wachtmeister (= Feldwebel), Stabswachtmeister, Offizierstellvertreter, Vizeleutnant.

[2] Letzteres bot den Ursprung für das feinsinnige Sprichwort bei der Eisenbahn: »Du redest Blech (= Blödsinn)!«

Das Türzeremoniell

Ebenfalls aus längst vergangenen Zeiten stammte das noch 1964 in der Generaldirektion für den Herrn Betriebsdirektor Kepnik gewünschte und daher auch von mir gelernte und getätigte – da Untergebener – Türöffnungszeremoniell:
Der den ZVÜ* Dienstraum betretende hat normalerweise zu grüßen. Er sollte beim erstmaligen Eintreten die Hand zum Gruße reichen. Ein Ranghöherer gibt einem Rangniederen aber nicht die Hand. Um jetzt dem eintretenden Vorgesetzten nicht zur Handreichung zu nötigen, steht der Rangniedere auf, geht zur vom Ranghöheren geöffneten und darin verharrenden Türe und hält mit der rechten Hand (= Grußhand) in devoter Stellung den Türgriff und die Tür offen. Daher kann der Eintretende und in der Türöffnung stehende Vorgesetzte nicht die Hand zum Gruß geben: Kaiserliches Türsteherreglement in Reinkultur!
Ebenfalls aus grauer Vor- und Militärzeit stammt die vorgeschriebene Regelung, beim Eintreten eines Höheren aufzustehen und eine entsprechende »korrekte«Haltung anzunehmen. Noch 1992 meldete ich mich als Bahnhofvorstand beim Eintreffen des Abteilungsvorstandes S. in der Fahrdienstleitung mit: »Herr Abteilungsvorstand ich melde: Bahnhof Korneuburg, keine Besonderheiten, Gleisbesetzung etc.« Jovial meinte dann immer der AV (Abteilungsvorstand = höchster Verkehrsbediensteter) zu mir: »Das braucht Du nicht mehr, aber es ist schön und ich bin es so gewohnt«. und stimmte ihn Milde.

***ZVÜ = Zentrale Verkehrs-Überwachung (für ganz Österreich)**

Rang und später die Gehaltsgruppen I bis IX sowie der Aspirant

Nach 1956 wurde für die Gehaltsgruppen II-IX die Untergruppe a und b geschaffen (ausgenommen GGr. VIII) und daher in jeweils a und b unterteilt.

Eisenbahn-Beamte: Beamte blaue (Fdl /Expeditient rote) Tuchkappe mit goldenem Sturmband und goldenem NÖLB Zeichen und gestickten Flugrad. Später Rosette aus Goldgespinst mit rot weiß roter Kokade (längs und nicht kreisrund). Gestickte Goldrosetten (»Semmeln«) mit goldenem gestickten Flügelrad für die GGr IV bis VI,, oder gestickte silberne Rosetten« mit silbernem gesticktem Flügelrad auf Goldborte. (GGr VII, VIII, und IX);

Direktor, Präsident, Direktorstellvertreter, Vizepräsident: keine Uniform;

Zentralinspektor: Kein NÖLB-Rang, da eine Zentralstelle fehlte; eine Zentralstelle leitete mindestens zwei untergeordnete Organisationseinheiten (Direktion, Amt, o.ä.)

Oberinspektor: drei silberne Sterne, silbernes Flügelrad auf abgewinkelter Goldborte; das ganze auf gelbrot eingefasster Samtunterlage;

Inspektor: wie vorher, jedoch nur zwei silberne Rosetten;

Oberrevident: wie vorher, jedoch nur eine Rosette

Revident/Offizial/Kommissär: drei goldene Rosetten, goldenes Flügelrad auf »blutorange eingefasster Samtunterlage.

Nach der Zusammenlegung der verschiedenen Verwendungsgruppen (Unterbeamte, Beamte) hatte die nun in VIa und VIb geteilte Gehaltsgruppe VIb (erste von den ehemaligen Unterbeamten aufgrund oder trotz einer »Automatik« damals nicht zu erreichende Gehaltsgruppe) als Kennzeichen neben der gelbroten Einfassung eine Goldborte als Einfassung.

Adjunkt: wie vorher, jedoch zwei Goldrosetten, goldenes gesticktes Flügelrad;

Assistent: wie vorher, jedoch eine Goldrosette goldenes gesticktes Flügelrad;

Aspirant: nur goldenes gesticktes Flugrad auf schwarzer/ rot eingefasster Samtunterlage.

Verwaltungsbeamte trugen den schwarzgrauen »Kanzleirock«, auch später dann in etwas anderer Form »Glattmantel« genannt. Aufgrund der glatten Beschaffenheit blieb kein Staub an dem Mantel haften.
Als Wetterschutz diente der leichtere Umhang (Pelerine) oder der Stulpenwintermantel. Diese Ärmelstulpen waren praktisch, da man als Fahrdienstleiter darin Befehle etc. verstauen und somit vor der Witterung schützen konnte.
Am Samtkragen des Mantels und des Umhanges (Pelerine) war links und rechts eine gelbrote eingefasste schwarze »Samt-Paroli« mit Goldknopf angebracht. Dazu trug der Beamte in der kalten Jahreszeit graue Rehlederhandschuhe. Diese dünnen ungefütterten Rauh-Rehlederhandschuhe zeigten bei geringster Belastung bereits Spiegelstellen und dienten daher zum sichtbaren Nachweis nichts schweres zu tätigen.

Unterbeamte (später, nach Zusammenlegung der Gruppen Unterbeamte und Beamte Gehaltsgruppe IV bis V)
Blaue Tuchkappe mit schwarzer Einfassung und schwarz/goldenem Sturmband;
Oberlokführer/Oberkondukteur/Oberbahnmeister etc. drei silbergestickte Rosetten auf schwarzer Samtunterlage, gelbrot eingefasst.
Lokführer/Kondukteur/Bahnmeister etc. wie vorher, jedoch nur zwei silbergestickte Rosetten;
Unterlokführer: wie vorher, jedoch nur eine silbergestickte Rosette;
Unterbeamte trugen den Mikado, einen Kurzmantel, und schwarze Handschuhe;

Angestellte/Diener/Arbeiter etc. (Gehaltsgruppe I-III)

Drei, zwei oder ein silberfarbener Blechstern (viereckig) auf schwarzem Tuch.
Für je 10 Jahre Dienst ein metallener 10er-Balken darunter.
blaue»Flanellkappe« mit *** =silbernes Sturmband
später unterteilt in Silber (IIIb) und schwarz/ Silber (niederer =IIIa)
** schwarzem Kordel-Sturmband
* schwarzem Lacksturmband

Der »Nichtverkehrsdienst« trug auch eine Winterkappe und ebenfalls den Mikado. Auch bestimmte Bahnhofbedienstete wie Weichensteller, Wagenbeamte etc. trugen den Mikado. Das Tfz Personal trug einen selbststehenden Lederkurzmantel (»Joschi«) und eine Lederschirmkappe.

Mit der 5.Teilnovelle zur BO 1947 wurde 1956 die Untergehaltsgruppen a und b eingeführt.

GGr I Beamter Blech * Kappe schwarzes Lackband
lia ** schwarze Kordel
IIb ** schwarze Kordel
IIIa *** silberschwarze Kordel
IIIb *** silberne Kordel

IVa Assistent * Gold schwarzgoldene Kordel (ehemalige Unterbeamte)
IVb schwarzgoldene Kordel (Beamte Gold)
Fahrdienstleiter (Einstiegsposition IVb) immer goldene Kordel
Va Adjunkt ** schwarzgoldene Kordel
Vb. schwarzgoldene Kordel (Beamte Gold) bishieher ehemalige Unterbeamte) (Beamte Gold)
Via Revident ***
VIb *** Aufschlag mit Goldborteneinfassung
VIIa Ober Revident *Silber auf Goldborte
VIIb
VIII Inspektor **
IXa Ober Inspektor ***
IXb Zentral Inspektor *** (gleich wie Oberinspektor)
X Verwendungstitel wie Direktor, Präsident etc. keine Uniform
1974 wurden die Distinktionen abgeschafft.

100 Jahre Franz Josefs Bahn: Ein aktiver Fahrdienstleiter (Revident: drei Goldsterne) versieht in der k.k. Uniform Dienst. Der Degen wurde aber nur zur Gala-Uniform mit Zweispitz getragen.

Der Autor als Brückenwaagenmechaniker auf »Eichtour«. Damals (1962) durfte man noch auf der Ladefläche mitfahren. Auf der Ladefläche die 50 kg Eichgewichte, insgesamt 4.000 kg. Als Lohnbediensteter durfte man als Facharbeiter bereits den Flanellhut mit schwarz-silberner Kordel tragen.

Gepäckarbeiter beim Stückgutentladen. Die Gepäckarbeiter tragen eine Segeltuch-Arbeitsbluse und die Kappe mit dem schwarzen Lackband der GGr I. Typische Landesprodukte werden versendet.

Der Autor als Fahrdienstleiternachwuchskraft: Goldhut, goldenes Flügelrad (= Aspirant) und Handschuhe.

Winteradjustierung: Links ein Revident, rechts der Autor als Assistent mit schwarzer Keilhose und Stiefeln in Wien Nord Gbf.

Der Autor als Assistent mit einer Fahrdienstleiternachwuchskraft im Bf Korneuburg.

Rangabzeichen rechts oben: GGr IIa/b, daneben GGr IIIa/b. Von rechts nach links: GGr VIb mit drei Goldrosetten Flügelrad und Goldborte (dieser Rang konnte nur von einem »Beamtenwertigen« erreicht werden); GGr VIa mit drei Goldrosetten (der Rang konnte aufgrund der »Automatik« auch von einem »Unterbeamtenwertigen« erreicht werden); Adjunkt zwei Goldrosetten und goldenes Flügelrad; Assistent eine Goldrosette und goldenes Flügelrad.

Links der Autor, Adjunkt (GGrVb) bei der Einschulung als Fdl III (VIa), rechts ein Revident als Einschulungsfahrdienstleiter (GGr VIa).

Von Oben: Hochgeschlossene Kammgarnbluse mit Speckkragen, dem Rangabzeichen der Gehaltsgruppe Via. Darüber hängt die Pelerine mit den Samtparoli blutorange eingefaßt und dem Samtkragen. Darunter leicht ramponiert die»Eierspeise«: Goldunterlage, Silberrosette und Silber-flügelrad (GGr VIIa/b). Die Sterne und das Flügelrad waren nur noch geklebt.

»Goldhut« der Gehaltsgruppen IVa bis Vb mit schwarzgoldenem Sturmband.

So sah die Kopfbedeckung eines Fahrdienstleiters nach 25 Jahren Dienst im Güterbahnhof aus. Auf einem Personenbahnhof war so eine Kappe strengstens verboten!

Die »Abfertigungswerkzeuge« (von rechts nach links): Befehlsstab (im Einsatz 1930 bis etwa 1960), Alupracker und der Plastiksignalstab. Die Winkerkelle für den Zugführer und nach den Problemen mit ihr, die handliche noch heute in Verwendung stehende Signalscheibe des Zugführers, im Jargon der Eisenbahner auch »Ping Pong Schläger« genannt.

So zeigt es die V3 aus dem Jahr 1930: Ein Fahrdienstleiter (Revident) nach der Abfertigung in der vorgeschriebenen »Vorbeifahrt« Haltung. Er trug die Marineuniformkappe und hielt den Befehlstab mit zwei Fingern unter dem Arm abwärts eingeklemmt.

4. Besoldung

Bereits 1890 wurde in der österreichischen Doppelmonarchie eine für alle Eisenbahner gültige »grundsätzliche Dienstordnung« eingeführt, deren Bestimmungen über das Besoldungsrecht, Disziplinarrecht sowie die Regelung der Arbeitszeit in ihren Ansätzen noch heute gelten. Sie galt nach der Gründung der NÖLB selbstverständlich auch für die Landesbahner.

Ab 1916 wurde generell ein vierprozentiger Pensionsbeitrag für die neuen Pensionskassen einbehalten, Unterbeamte hatten mit 4,45 Prozent einen höheren Pensionsbeitrag zu leisten. Dies hatte einen einfachen Grund: Zu den Unterbeamten zählten auch die Lokführer, Zugführer etc., die aufgrund ihrer höheren Belastung durch den anstrengenden Fahrdienst früher in Pension gehen konnten und daher mehr einzahlen mussten. Diese neuen Kassen waren notwendig geworden, da die vorherigen »Institute« wegen dubioser Geldanlagen in obskuren Aktien etc. zahlungsunfähig geworden waren.

Noch Ende 1918, gleich nach dem Ende des Ersten Weltkriegs, wurden die Pensionsregelungen generell neu aufgebaut. Es wurde das »Pensionsinstitut für Beamte und Unterbeamte der k.k. österr. Eisenbahner«, das »Provisionsinstitut für Diener u. Hilfsbedienstete der k.k. österr Staatsbahnen« und die »Krankenkasse für das Personal der k.k. Staatsbahnen« gegründet.

4.1 Ortsklasse

Die Eisenbahn stellte das Gehalt eines Eisenbahners den finanziellen Belastungen der jeweiligen Stadt oder Ortschaft in einem Berechnungsschlüssel gegenüber.

Der Gehaltstarif teilte sich in vier Ortsklassen ein. Wien, als Stadt mit den höchsten Lebenshaltungskosten, bildete die Basis (= 100 Prozent) der Berechnung; Klasse eins hatte 80 Prozent, Klasse zwei 70 Prozent, Klasse drei 60 Prozent, Klasse vier 50 Prozent. Jeder Dienstort war mit einer »Klasse« bewertet. Mit dieser Regelung konnte das Gehalt an die verschiedenen Regionen angepasst werden. St. Pölten gehörte z.B. zur Klasse eins, Mariazell und Gmünd dagegen zu Klasse drei. Für berufsbedingte Umzüge gab es Zuschüsse.

Am 6. Juli 1925 wurden bei der Eisenbahn generell 19 Gehaltsgruppen und 17 Gehaltsstufen eingeführt. Lokführer und Zugführer usw. gehörten wie bisher zum »Begünstigten Dienst« und konnten bereits nach 24 Dienstjahren in Pension gehen, der »gewöhnliche« Eisenbahner erst nach 35 Jahren. Die Lebenserwartung der »Begünstigten« lag wegen der Berufskrankheiten durch den anstrengenden Dienst (offene Führerstände, kaltes Essen etc.) bei 54 Jahren.

Gleich nach dem Ende des Zweiten Weltkrieges wurde 1945 bei der Eisenbahn wieder das alte k.k. Dienstrecht fast unverändert eingeführt.[1]

[1] Das Besoldungsrecht wurde durch die Besoldungsordnung 1947 (BO 1947) BGBl. Nr. 262 -1947 in Kraft gesetzt und gestaltete sich wie folgt: Gehaltsgruppe (GGr) I-X; die alten unteren Gehaltsgruppen 1-9 wurden aufgelassen, eine Neubewertung durchgeführt und somit eine Besserstellung der »kleinen« Eisenbahner erreicht. Die ehemaligen Unterbeamten erhielten die GGr IV (Lokführer, Zugführer etc.) und GGr V: Oberlokführer, Oberzugführer etc.

Feinheiten der Gehaltsgruppen

Seit 1890 gab es generell für »Dienstreisende« (allgemeine Beamte, Militärs, Eisenbahner) drei vorgeschriebene Wagenklassen. Der Diener (Charge) fuhr in der 3.Klasse, der Unterbeamte (Unteroffizier) in der 2. Klasse und der Beamte (Offizier) in der 1. Klasse.
So hielt man es bis 1956. Danach fuhren alle Mitarbeiter (Eisenbahner etc.) bis zur GGr Vb in der 2. Klasse und ab der GGr VIa in der 1. Klasse. Nationalräte, Regierungsmitglieder, Journalisten etc. fuhren mit einem eigenen blauen Ausweis (Status »wichtig«, heute würde man VIP sagen) immer in der 1. Klasse.
Diese generelle Neuerung hatte aber Auswirkungen. Da nach der alten und auch nach der neuen Regelung bestimmte Dienstgruppen nicht mehr als die Gehaltsgruppe Vb (später mit Bezugszuerkennung VIa) erreichen konnten, änderte sich auch nichts bei den »Klasseneinteilungen«. Jetzt aber wurde die Bezugszuerkennung in eine Beförderung umgewandelt. Damit erhielt der Mitarbeiter der GGr Vb nun nach einer bestimmten Zeit die Gehaltsgruppe VIa und fuhr 1. Klasse. Ein Oberzugführer hatte z.B. die GGr Vb mit den Ansätzen (= Bezugszuerkennung der nächsthöheren GGr oder Gehaltsstufe) der GGr VIa. Mit der »Besoldungsordnungsnovelle« wurde aus der Bezugszuerkennung nun eine Beförderung. Finanziell war da kein Unterschied, aber jetzt erhielt der ehemalige *Oberzgf* (= GGr Vb) das Gehalt der GGr VIa. Da er befördert worden war, trug er nun die drei goldenen Sterne (Revident). Ein der Profession nach Unterbeamter konnte aber nicht höher als in die GGr VIa kommen. Ein sichtbarer Unterschied musste jedoch kommen. Daher hatte die GGr VIb eine Goldbortenumfassung und kennzeichnete einen »Revidenten« der alten Prägung.
Diese »Beförderung« hatte aber noch etwas mit sich gebracht. Der ehemalige Beamte etc. Schaffner (GGr IIIb = drei silberne Blechsterne) erhielt nun den »goldenen Stern« und den »Beamtenhut«, da er nun die GGr IVa hatte. Gemäß dem vorliegenden Schema waren aber die Rangabzeichen der GGr IVa und IV b gleich, nämlich Tuchkappe und ein goldener Stern.
Jetzt war es nicht mehr möglich, den Schaffner vom »Herrn Zugführer« zu unterscheiden. Interessant war es, wenn Zugführer und »Erster« (»Erster« ist der »Erste« Schaffner einer »Partie« nach dem Zugführer. Er durfte die schwere Zugführertasche tragen und bereits – je nach Können – dem Zgf Arbeiten abnehmen) in die Fahrdienstleitung kamen, und der neue uneingeweihte Fahrdienstleiter dem »Ersten« die Verschubarbeiten erläuterte (Aufgabe nur des Zugführers) und der dabeistehende nicht angesprochene Zugführer – beide hatten einen Stern – mit keiner Wimper zuckte und ging. Verspätungsbegründung: »(...) Mangelhafter Verschubauftrag durch den Fdl (...) zu behandeln gemäß Dienststrafordnung! (...)«
Noch 1969, ich war Fahrdienstleiter (Assistent = ein goldener Stern), sagte mir ein im Dienst ergrauter »Herr Oberzugführer« (Adjunkt = zwei goldene Sterne), mit dem Zeigefinger auf meinen einzigen Stern zeigend: »Ich möge (...), denn er sei (...).«
In ihrer »Sterne-Not« griffen die Zugführer zu einer List: Man wollte die Sterne sowieso nicht mehr, ein jeder wusste ja, was er zu tun hatte – wozu also Vorgesetzte? Der Zugführer entfernte die ganze Platte und trug nun ein »neutrales« Uniformsakko. Jetzt war es wieder einfach. Der mit dem »Goldhut« und Stern war Schaffner und der »ohne« war Zugführer. Aus diesen Sitten wurde dann die »Zivil-Uniform« ohne Rangabzeichen.
Diese Automatik brachte aber auch den Angehörigen der untersten Gehaltsgruppen, der GGr I und II (Rangbezeichnung »Beamte«) durch begleitende Maßnahmen wenigstens die Gehaltsgruppe IIIa als Endgehalt.

5. Der Eisenbahner

5.1 Personal

Wie bei einigen anderen Kapiteln reicht der Zeitraum von der Gründung der Eisenbahnen in Österreich bis ins Jahr 2003. Daher werden auch die einzelnen von den damals verschiedenen Bahnen erstellten Vorschriften vorgestellt. Sie hatten alle einiges gemeinsam: den Ursprung, den Tätigkeitsbereich, die damals soziale Komponente, das bis heute geltende harte Militär-Dienststrafrecht und die Altersversorgung.

Die NÖLB griff auf die bestehenden Regelungen der k.k. Staatsbahnen sowie anderer Privatbahnen zurück. Die je nach der »Eigenartigkeit« des speziellen Betriebes gesonderten/abweichenden Vorschriften und Bestimmungen werden gesondert angeführt und in Auszügen im Originalwortlaut wiedergegeben. Weiterhin wurden wegen der verschiedenen zeitlichen Überschneidungen keine dezidierten Datumsangaben gemacht, sondern nur die Zeiträume und die Auswirkungen genannt (Gesamtverzeichnis der NÖLB Vorschriften im Anhang).

Das Dienstreglement der Eisenbahnen richtete sich nach dem in Jahrhunderten bewährten und immer wieder angepassten Dienstreglement der Armee und Marine, von dort stammten ja auch schon die Uniformen und Dienstränge. Allerdings griff man bei der Eisenbahn auf das bodenständige einfachere Reglement der k.k. Landwehr zurück, das in weiten Bereichen noch bis 1996 offen oder versteckt Gültigkeit hatte. Viele Begriffe sind auch heute noch erkennbar bzw. werden – ohne Wissen um ihren Ursprung und Bedeutung – weiterhin gepflegt und auch in den Vorschriften vorgeschrieben.

5.2 Ausbildung bei den NÖLB

Die NÖLB orientierten sich an der allgemein vorgeschriebenen österreichischen Eisenbahnausbildung. Der Vorschriftenumfang und Inhalt war dem einer Privatbahn angepasst und führte bei der Übernahme durch die BBÖ im Jahr 1922 zu mancher Ernüchterung, da die Landesbahner aufgrund von Wissenslücken so genannte »Ergänzungsprüfungen« ablegen mussten, um von den BBÖ und später von den ÖBB übernommen werden zu können. Einzelne Landesbahner schafften es, ohne Ergänzungsprüfungen bis in die ÖBB zu kommen. Dies auch deshalb, weil für sie wegen der bescheidenen Tätigkeiten und Bezahlung an ihren angestammten Dienstsitzen in all den Jahren kein Ersatz gefunden werden konnte oder dieser aus sozialen Gründen gar nicht erst gesucht wurde. Daher kamen auch bei den BBÖ/ÖBB dann die Bezeichnungen »Dienstbesorger«, »Geschäftsführer mit/ohne Verkehrsbefugnis«, »Bahnhofleiter« (Leiter war ein Titel der NÖLB). »Du Landesbahner!« war ein geflügeltes und manchmal abwertend gebrauchtes Wort in der rauen aber herzlichen Eisenbahnersprache.

Besonders stark war diese Prüfungsdiskrepanz bei den Beamten der Aspangbahn, die von den BBÖ mit den nicht BBÖ-konform gehenden einfachen Aspangbahn-Prüfungen und Titeln ohne Ergänzungen übernommen werden mussten. Das führte zu viel bösem Blut. Nach 1945 gab es wieder Probleme mit den »RAS« (= Reichsbahn-Assistenten), die eine Ergänzungsprüfung machen sollten, um den ÖBB Anforderungen zu entsprechen.

5.3 Ausbildung der Beamte

Entgegen den Usancen beim Staatsbeamten kennt der Eisenbahner seit Beginn an keine »Matura« als Postenkriterium. Es zählen einzig die Fachprüfungen. Schon das Reglement der Landwehr bestimmte: *»[...] der BaonsKdt kann ausgesuchte Unteroffiziere zu Offizieren (in eigenen Schulen) heranbilden. [...]«*.

Befehl - Abgabe Stellwerker Befehlsempfang
Schriftlicher Befehl A,B ,V Sammel etc.
Revisionsbuch = Rapportbuch
Meldebuch beim Fdl = Wachbuch
Meldung, schriftliche Meldung
Am Platz = Wache
Rechte Hand an den Rand des Kappenschirmes = Salutieren
Haltung annehmen (u.a. Rauchen) bei Anwesenheit von Vorgesetzten = Strammstehen Befehlsabgabefeld - Fahrdienstleiter gibt einen Befehl mittels einer el. Einrichtung (Block)
Kaserne
Rangabzeichen (Gold, Silber, Blech)
Schaffnertasche = Kartusche, umgehängte Patronentasche
Kaserne - Unterkunft für Mitarbeiter im Dienst
Kasernenwärter (KvD, in Deutschland GvD)

Fachprüfungen

Der »Lehrling« (Aspirant) durfte am Anfang auf eigene Kosten die Ausbildung »konsumieren«. Später bekam er, da noch nicht »beamtet«, ein »Adjunktum« von 50fl und kein Gehalt; Hintereinander legte er die

- **Telegraphenprüfung**
- **Verkehrsprüfung, danach je nach Dienstzweig die**
- **bautechnische Fachprüfung**
- **maschinentechnische Fachprüfung**
- **kommerzielle Fachprüfung ab. Nach längerer Dienstzeit konnte der**
- **besondere Befähigungsnachweis (Lehrer = Schulbeamter) abgelegt werden.**

Später kamen zur Weiterbildung »Seminare« dazu wie Verkaufsseminar, Marketing, Leiterseminar etc. dazu.

Bei der Eisenbahn wurde für die Fahrdienstleiterlaufbahn – alle Wege zum Beamten führten über diese Laufbahn – eine geeignete Vorverwendung sowie der Befähigungsstufe 2 (= abgeschlossene Schulbildung verlangt. Umfang etwa Hauptschule A-Zug) für Fachprüfungen verlangt. Nach einer »Einberufung« (militärische Bezeichnung) begann die Fahrdienstleiterlaufbahn: drei Jahre Ausbildung vom unteren Bahnhofdienst (Kohlenschaufeln, Gepäckdienst, Weichenschmieren etc.) über den Weichensteller, Verschieber usw.

Maturanten wurde in Form eines Sondervertrages diese etwa ein Jahr dauernde praktische Ausbildung erlassen, sie hatten daher die drei Fachprüfungen innerhalb von zwei Jahren abzulegen. Das bedeutete generell: nach der Telegraphenfachprüfung Dienst als einem Fahrdienstleiter beigegebenen Fernschreiber, etwa drei Monate Verkehrskurs, danach drei Monate Einschulung als Fahrdienstleiter ohne verantwortliche Dienstleistung. Es folgten Verkehrsfachprüfung, Einschulung als Fahrdienstleiter und gleichzeitig »Kasseneinschulung«, da ja die meisten »Quetschn« (= kleine Bahnhöfe) eine vom Fahrdienstleiter zu führende Kasse hatten. Es schloss sich an der Verwaltungsteil im Selbststudium und nach Ablegung dieser Prüfung der beliebte kommerzielle Fachkurs, der wiederum drei Monate dauerte und mit der kommerziellen Fachprüfung beendet wurde. Insgesamt etwa 70 kg Vorschriften, Umfang und Inhalt entsprachen etwa der 2. Staatsprüfung Jus. Nach der Verkehrsprüfung wurde man »Aspirant« (goldenes Flugrad), nach der letzten (kommerziellen) Fachprüfung »Assistent« (goldenes Flugrad und ein Stern). Erst dann erfolgte die provisorische »Anstellung«.

Nach der kommerziellen Fachprüfung durfte der Fahrdienstleiter einmal drei Wochen (nach etwa vier Wochen Einschulung) selbstständig Güterkassendienst machen. Am Verrechnungswesen interessierte Fahrdienstleiter konnten unter Anleitung bereits erfahrener Fahrdienstleiter von anderen Bahnhöfen dem durch die Einschulung genervten Güterkassier bereits einen Frachtbrief um einen Bagatellebetrag verderben, aber diesen Betrag in seinem Rechnungswerk (Gutschrift) 6 Monate lang »verankern«. So konnten sich noch mache »Kommerzialisten« sehr lange an »ihre« Fahrdienstleiter erinnern.

Da auch Verwaltungsbeamte (Baudienst, Maschinendienst etc) verkehrsdienstliche Aufgaben haben könnten, musste hier die Verkehrsfachprüfung nur als »Erfüllungsprüfung« (ohne praktische Dienstleistung, jedoch mit 240 Stunden »praktischer Einschulung«) abgelegt werden. Von der Verwaltung benötigte

Beamte wechselten nach kurzer Dienstleistung als Fahrdienstleiter auf kleinsten Bahnhöfen in die Verwaltung, da sie noch nicht vom Betriebdienst verdorben waren.

Als Beispiel ist der Postenbeschreibungsaufbau seit 170 Jahren in der Verwaltung durch Anfügen eines neuen Kriteriums z. B. so formuliert:

Fachbeamter (GGr. VIIa) in gehobener Position (GGr. VIIb) mit erweitertem Wirkungskreis (GGr. VIII) auf einzelnen besonders genannten schwierigen Positionen (GGr. IXa).

Ein Bahnhofvorstand hat je nach Leistungsumfang seines Bahnhofes – ermittelt durch ein Punktesystem – einen Rang ab Adjunkt (ehemalige NÖLB Beamte auf bestimmten Bahnhöfen ab Assistent), z.B. am kleinsten Kopfbahnhof Österreichs in Stammersdorf (Bf VI) und Oberinspektor am Bahnhof Wien Westbahnhof (Bf I).

Die Wertigkeit eines Fahrdienstleiters richtet sich nach dem Aufgabenumfang, nicht nach den Kompetenzen. Der Rang (GGr) reicht vom Assistent bis zum Oberrevident (GGr IVb=Fdl VI, GGR VIIa = Fdl I). Der österreichische Fahrdienstleiter hatte bis zur Aufteilung in Geschäftsbereiche 1996 in Abwesenheit des Bahnhofvorstandes die Gesamtverantwortung und Anordnungsbefugnis über den gesamten Bahnhof und dessen Geschäftsumfang und konnte auch in erster Instanz dafür verantwortlich unterschreiben.

In der Regel ist der Rang des Fahrdienstleiters eine Gehaltsgruppe niedriger als die des Bahnhofvorstandes. Auf kleinen Stationen oder Bahnhöfen muss der Bf. Vorstand eine bestimmte Anzahl von Stunden oder überhaupt im »Turnus« mit Verkehrsdienst machen, er ist »einrolliert«.[1]

5.3 Der Landesbahner

Tätigkeiten bei der NÖLB und das vorgeschriebene »Vorschriftenwissen«

Gleichlautende Vorschriftenbezeichnungen der k.k. Staatsbahnen und der NÖLB müssen nicht den gleichen Inhaltsumfang haben. Aufgrund der für die Dienstesausübung vorgeschriebenen Vorschriften kann man den Aufgaben/Tätigkeitsbereich des jeweiligen NÖLB Mitarbeiters ersehen.

Zusätzlich kommen noch jeweils hier nicht genannte besondere Kenntnisse (besondere Dienstpostenbeschreibung, Bahnhofsdienstordnung).

Die Dienstränge, Diensttitel, nicht aber die abzulegenden Prüfungen und die daraus abgeleiteten Gehaltsgruppen orientierten sich an denen der Staatseisenbahnen.

Tätigkeit und Titel/Rang bei Eisenbahn und Militär

Aspirant =Fähnrich
Assistent =der Assistierende (der Helfende)
Leutnant =der Beigegebene
Adjunkt =er hat das Adjunktum (Berechtigung, Vollmacht)
Revident =der Revidierende Hauptmann
Offizial =offiziell (Verwaltung)
Oberrevident/Oberoffizial = Leiter der Revidierenden etc.
Oberoffizial = Leiter einer Verwaltungseinheit, hat mehrere Revidenten/Offiziale (im Ursprung meist Kassenführer/Rechnungsleger) untergeordnet Major, Meier (Leiter eines Gutshofes = Meierei)
Inspektor (Direktion) = der inspizierende Leiter eines Geschäftsbereiches
Oberst = der Oberste einer »Einheit«
Ober Inspektor (Dion, Gen.Dion/Ministerium) »kleiner General« = GO, GM, FM-Inspektor etc., inspiziert Dionen, Leiter eines Geschäftszweiges, selbstständiges Arbeitsgebiet
Zentralinspektor Ministerium = General (Generalinspektor), inspiziert Zentralstellen

5.4 Gehaltsgruppen der einzelnen Verwendungen

Die Gehaltsgruppen waren nicht vollzählig, denn auf einzelnen Dienstposten konnten Sonderbewertungen je nach speziellen Anforderungen, z.B. Transit, durchgeführt werden: »sehr groß, besonders schwierig, sehr schwierig, schwierig, in Verbindung mit groß, mittel – aber mit..., klein... etc.« Durch diesen Zusatz wurde die Besoldung definiert und begründet.

Die bei Tätigkeiten variierende Gehaltsgruppe leitete sich von der Qualität und dem Umfang der örtlichen Tätigkeit ab. Aspiranten erhielten kein Gehalt, sondern ein »Adjunktum« von 50 fl.

Angestellte und Unterbeamte

Nicht vollständige Aufzählung der Eisenbahner-Tätigkeiten:
Stationsmeister
Telegraphist
Bahnmeister, Oberbahnmeister
Bahnaufseher
Kondukteur, Oberkondukteur (Zugrevisor, trägt keine Distinktionen, aber Beamtenmantel/Pelerine)
Werkstättenmeister
Magazinmeister
Verschubmeister
Maschinenmeister
Oberlokführer, Lokführer
Signalmeister
Telegraphenmeister
Kanzlist
Gasmeister
Wagenmeister (techn. Beamter)
etc.

Angestellte/Arbeiter/Hilfskräfte/Diener (Taglöhner) legten nur Verwendungsprüfungen ab.

Die »Angestellten« wurden später »beamtet«, sie wurden Beamte (GGR I - III); ihr Diensttitel war generell »Beamter«.
Nicht vollständige Aufzählung der Tätigkeiten:
Bahnrichter (= mil. Zugsführer), Vorarbeiter (Schichtführer = mil. Gruppenkommandant) Verschieber, Personenzugschaffner, Güterzugschaffner, Schlussschaffner, Bremser, Werkmann, angelernter Werkmann, Lampist, Heizer, Unterlokomotivführer (war auch bei einigen Bahnen, wenn er zum vollwertigen Lokführer ausgebildet wurde »Unterbeamter«), Maschinenaufseher, Werksgehilfe, Oberwerkmann, Stationsaufseher, Magazinsaufseher, Wächter, Vorarbeiter, Stationsdiener, Magazinsgehilfe, Bremser, Kondukteur, Heizer (Stabilkessel), Revisionsschlosser (Wagenuntersucher), Rosshaarkrempler an ortsfesten Maschinen.

5.5 Die Polizeiaufsicht

Die österreichische Eisenbahnbetriebsordnung vom 16. November 1851 sah bereits vor, dass die Bahn dem Staat den Mehraufwand für die eigentliche Polizeiaufsicht über die Bahn zu ersetzen hat.

Die bahnpolizeiliche Befehls- und Zwangsgewalt äußert sich auch in der Erlassung von bahnpolizeilichen Verwaltungsakten (Verbote, Erlaubniserteilungen, Befehle usw.) oder auch in der unmittelbaren Ausübung des Zwanges.

Bahnpolizeibeamte im weitesten Sinne kann man alle Organe nenne, die mit der Ausübung als Eisenbahnaufsichtsorgane betraut sind. Auf die k.k. Monarchie bzw. den Kaiser (Republik Österreich) vereidigte Eisenbahnaufsichtsorgane ab 1878 waren und sind u.a.:
Leitende und beaufsichtigende Beamte
Bahnkontrolle, Bahnhofvorstände
Fahrdienstleiter
Bahnmeister
Rottenführer, Weichensteller,
Block-, Bahn- und Schrankenwärter,
Zugbegleiter
Wächter

Das österreichische Strafgesetzbuch unterstellt die Bahnpolizeibeamten dem besonderen Rechtsschutz, nachzulesen im Bahnpolizeigesetz vom 18.2.1878. Mit diesem Bahnpolizeigesetz verschwand der Berufszweig Bahnwächter. Die Stellenbeschreibung für einen Bahnwächter lautete: *[...] In Österreich müssen Bahnwächter mindestens 4 Monate als Oberbauarbeiter tätig gewesen sein und den Erfolg dieser Probedienstleistung durch eine Prüfung nachweisen [...] soweit die Stellen nicht von vorzugsberechtigten Militäranwärtern begehrt werden [...].*

[...] müssen die Bahnwächter, falls ihnen kein Wächterhaus zugewiesen werden konnte, in jenem Orte Quartier nehmen (Wohnung), der ihnen vom unmittelbaren Vorgesetzten bezeichnet wird [...]. Er darf kein Gewerbe ausüben, keinen Handel treiben und keine geistigen Getränke ausschenken. [...]. Besondere Weisungen erhält er vom Bahnmeister [...] auch von höheren Beamten. Der Bahnwächterdienst erfordert zwar nur ein bescheidenes Maß an Wissen, dagegen ein hohes Maß an Pflichttreue, Pünktlichkeit, Zuverlässigkeit, Aufmerksamkeit, Entschlossenheit und Geistesgegenwart [...]. Der Bahnwärter ist in der Regel mit einer Dienstkleidung auszustatten und trägt ein Dienstabzeichen.«

Vorschriftenkenntnisse der einzelnen NÖLB Tätigkeitsgruppen:

Die Herren Betriebsleiter erhielten auch die Instruktionen für den Zugförderungs- und Bahnerhaltungsdienst.
Bahnärzte die Instruktionen Nr. I, III, IV, V, XVII, XXVI.
Beamte des administrativen und des Verkehrsdienstes
Betriebsreglement, Betriebsordnung und Instruktionen (siehe Vorschriften) Nr.: I II III IV IX X XI XII XIII XIV XV XVI XVII XVIII XXIII XXIV XXIVa Teil 1-5 XXVI XXVIII
Beamte des Zugförderungsdienstes
Betriebsreglement und Instruktionen Nr.:
I II III IV IX X XI XII XVI XVII XVIII XXVI XXVIII XXIX XXX XXXIV
Beamte des Bau- und Bahnerhaltungsdienstes
Betriebsordnung und Instruktionen Nr.:
I II III IV IX X XI XII XVI XVII XVIII XXVI XXVIII XXIX XXX XXXIV
Die Beamten des administrativen und des Verwaltungsdienstes erhielten weiters die Instruktionen V, VI und XX, die des Hauptkassendienstes Instruktion Nr. XXII, die des Kanzleidienstes Instruktion Nr. XL
Hilfsbeamte wurden wie Beamte beteilt
Manipulantinnen
Instruktion Nr.: I, II, III, IV, XVI, XVII, XXVI und je nach Verwendung die Fachinstruktionen des kommerziellen oder des Kanzleidienstes
Zugbegleiter und Aushilfszugbegleiter
Instruktionen Nr.: I, II, III, IX, X, XI, XIII, XVI, XVII, XXIV, XXIVa. Teil 1, 2, 4, XXVI.
Weichenwärter, Streckenwächter, Oberbauvorarbeiter als ambulante Wächter, Verschieber, Lampisten und Nachtwächter mit den Instruktionen: I, II, III, IX, XI, XIV, XVI, XVII,XXVI.
Stationsdiener und Hilfsstationsdiener
Instruktionen Nr. I, II, III, IV, X, XI, XIV, XVI, XVII, XXVI,
Wächterfrauen
Instruktionen Nr.: I, III, IX, X, XI, XIV, XVI, XVII, XXVI.
Werksgehilfen und Aushilfswerksgehilfen
Instruktion Nr.: I, II, III, IX, XI, XVI, XVII, XXVI, XXXII,
Magazins- und Stationsmeister, Magazins- und Stationsaufseher, Kanzlisten und Kanzleigehilfen mit Betriebsreglement und den
Instruktionen Nr.: I, II, III, IV, IX,X; XI, XII, XV, XVI; XVII; XXIXa, Teil 1-5, XXVI, XXVIII;
Bahnmeister, Block- und Telegraphenmeister mit Betriebsordnung und den Instruktionen Nr.: I, II, III, IV, IX, X, XI, XIV, XVI, XVII, XXVI, XXX, XXXIV;
Lokomotivführer und Heizer
Instruktionen Nr.: I, II, III, IX, XI, XVI, XVII, XXVI, XXXII;
Kanzleidiener der Direktion
Instruktionen Nr.: I, II, III, IV, IX, X, XI, XIII, XVI, XVII, XXIV, XXVI;
Sonstige Arbeiter und Hilfskräfte
Instruktionen Nr.: III, XI, XVI, XVII, XVX.

Aufgabenteile des Bahnwärters übernahm in späterer Zeit der »Streckengeher«. Noch nach 1955 war in der Dienstordnung der Passus zu finden: »Die bevorzugte Einstellung altgedienter Unteroffiziere« [...].

5.6 Dienstzeit

Alle Eisenbahner haben bis 2003 etwa die gleichen Dienstzeitregeln. Analog dem Militär Dienst rund um die Uhr, eine Siebentagewoche ohne Samstags- und Sonntagsregelungen, daher zu Silvester oder Weihnachten genauso Dienst wie an allen anderen Tagen. Keine Unterscheidung von Tag- und Nachtdienstzeiten, daher keinerlei Sa/So oder Nachtdienstzulagen. Die in den 1960er-Jahren eingeführte Sonntags- und Nachtdienstzulage ist nur eine Entschädigung für das eventuelle »auswärtige Essen« und ist auch finanziell so gehalten.

Der Eisenbahner unterliegt nicht dem allgemeinen Arbeitnehmerschutz, sondern »das Ministerium erlässt hiezu geeignete Bestimmungen«! Analog dem Militär mit seinem ebenfalls rund um die Uhr gehenden Dienst hat er nur 35 Arbeitsjahre für die Pension zu erbringen, was wiederum dem allgemein gültigen Schichtarbeitergesetz entspricht. Der Eisenbahner ist in diesem Gesetz als einer der anerkannten »Schichtarbeiter« genannt. In den 1970er-Jahren schaffte es die Gewerkschaft, den »nichtbegünstigten Dienst« (Verwaltungsdienst), dem »begünstigten Dienst« (Fahrdienst) gleichzustellen. Das zündende Argument der Gewerkschaft war damals, dass von den etwa 62.000 Eisenbahnern ohnehin nur ca. 4.000 Mitarbeiter Verwaltungsdienst machen und für diese 4.000 kein eigenes Dienstrecht geschaffen werden sollte.

Aufgrund der Nichtunterscheidung von Arbeitszeiten (Tag/Nacht, Samstag, Sonntag) wird wiederum vom alten k.k. Militärschema ausgegangen, dem »Dreierradl«. Eine Dienstschicht dauert hier grundsätzlich zwölf Stunden. Am ersten Tag zwölf Stunden Tagdienst, danach 24 Stunden Ruhe, darauf folgt ein zwölfstündiger Nachtdienst. Auf diese Art müssen (ab etwa 1970) in einem Monat etwa 171 Stunden erbracht werden. Der »Mehrbetrag« sind Plusstunden, die innerhalb von 2 Monaten durch »Minderstunden« ausgeglichen werden sollten. So die Bestimmungen. Diese etwa 171 Stunden wurden dann nach einem Ausnützungsgrad/ Schlüssel auf 168-175 Stunden variiert.

Eine Dienstschicht konnte auf einzelnen Bahnhöfen mit Zustimmung der Personalvertretung (Gewerkschaft) bis zu 19 Stunden dauern. Bei besonderen Umständen auch noch länger. Bei einer plötzlich im Dienst auftretenden Erkrankung musste auf eine »eingeschulte« Ablöse gewartet werden, auch wenn es 24 Stunden dauerte. Wenn dies nicht möglich war, wurde der Dienst mit einem nichteingeschulten, aber für die allgemeine Verkehrssicherheit »verantwortlichen« Fahrdienstleiter weitergeführt, der sich auf die Anweisungen des erkrankten und am Dienstplatz verbleibenden Fahrdienstleiter stützen konnte (so geschehen z.B.1973 im Bf. Inzersdorf Ort)[2]. Hier zeigte sich immer wieder die militärische Befehlsgebung und die umfassende Ausbildung aller Mitarbeiter in ihrem jeweiligen Tätigkeitsbereich. Andererseits wurden diese nicht der Regel entsprechenden Tätigkeiten sehr wohl festgehalten. Dies sei hier vermerkt, um darauf hinzuweisen, dass ein österreichischer Fahrdienstleiter aufgrund seiner umfassenden Ausbildung in der Lage sein musste, überall jedweden Dienst zu versehen.

Auch für die Vorstandslaufbahn gab es keine weiteren ergänzenden Prüfungen, mit drei Fachprüfungen war gemäß Prüfungsordnung und Postenbesetzungsvorschrift alles erledigt. Nicht zu vergessen: Bei einer Postenbewerbung musste dann erst eine Einschulung auf dem neuen Dienstposten gemacht werden. Diese überstanden viele Kollegen nicht. Nach der Einschulung wurde eine Verwendungsprüfung durch den Bf. Vorstand schriftlich getätigt, der dann auch nach drei Monaten eine schriftliche Beurteilung verfasste. Wenn diese positiv war, bekam man dann den in der Regel höheren und mit einer höheren Bezahlung verbundenen Posten.

Im Zugbegleitdienst wurde mit der Gehaltsgruppe
8 Revisor
7 Zugführer (Kondukteur)
6 Personenzugschaffner
4 Ortszugschaffner (»Erster«)
4 Zugbegleiter bei Güterzügen geführt.

Verschubdienst
7 Verschubmeister Leiter einer oder mehrerer »Reserve(n)«
6 Verschubleiterdienst (Gruppenkommandant) teilt die Verschieberarbeit ein und beaufsichtigt
4 Verschubdienst Kuppler/Entkuppler, »Stangenmann«, entkuppelt Verschubteile Bremser/Hemmschuhleger, bremst abgerolltete Wagen Bremsenkuppler, »Schläuchler«, er verbindet die Bremsschläuche der zusammengestellten Verschubteile und bereitet die Bremsprobe vor.
2 Verschieber-Ablöser

Maschinendienst
8 Lokführer, Maschinenmeister
6 Triebwagenführer (el)
5 Elektrolokomotivbegleiter, Heizer, Remisenaufseher
3 Anbrenner

Die nach der Fahrdienstleiterausbildung längste Ausbildung erfährt der Triebfahrzeugführer. Seine Ausbildung dauert etwa 20 Monate, zu manchen Zeiten zwei ganze Jahre.

Als Vorbedingung gilt ein erlerntes und abgeschlossenes einschlägiges Handwerk, wie z.B. Schlosser, Elektriker usw. Nach einer Eignungsuntersuchung macht der angehende

Tätigkeitsgruppen bei der NÖLB

Insgesamt 19 Abstufungen einzelner Tätigkeitsgruppen ergaben sich aus der speziellen Arbeitsplatzbeschreibung.

Gehaltsgruppe

19 Direktor
18 Direktorstellvertreter
16 Dienst des Vorstandes (Streckenleitung)
14 Ingenieur unter bes. schwierigen Bedingungen
13 Leitung eines großen Bahnstationsamtes Dienst eines Vorstandes einer größeren Station
11 Leitung eines mittleren Bahnstationsamtes Schul/Erhebungsbeamter, Beamter f. kommerzielle Angelegenheiten, Wagendienst einer großen Betriebsleitung
11,10, 8, Rechnungsführer, fachtechnischer Dienst, Maschinenmeister
10 Frachtrechnungsdienst (Transit)
9 Bahnmeister , Signalmeister für die gesamte Strecke, Verwaltungsdienst, Maschinenmeister unter schwierigen .Bedingungen., Werkmeister unter schwierigen Verhältnissen, Leitung kleiner Heizhausnebenstellen unter schwierigen Bedingungen, Verkehrsaufsicht (Platzmeister), Fahrdienstleitung einer mittleren Station in Verbindung mit anderen Arbeiten
8 Vertretungsbahnmeister, Werkmeister Wagenwerkstätte, Lokomotivführer, Zugsrevisor, Güterschuppenführer (leitend)
7 Signalschlosser, Wagenuntersuchungsdienst, Heizer, Elektrolokomotivenbegleiter, Führung einer Gruppe von Handwerkern (ÖBB Werkführer), Verschubmeister , Zugführer Abfertigungs- und Verrechnungsdienst in einfachen Verhältnissen, Leitung eines kleinen Bahnstationsamtes mit Zugsabfertigung (ÖBB= Vorstand mit Verkehrsdienst »einrolliert«, Rolle= Diensteinteilung, kommt vom Militär)
6 Bahnrichter, gelernte Handwerker, Verwaltungshilfsdienst, Triebwagenführer (el), Maschinenwartung, Personen- und Gepäckkassendienst unter einfachen Verhältnissen Personenzugschaffner, Verschubleiterdienst
5 angelernte Arbeiter, Elektrolokomotivbegleiter, Heizer (Gmünd)
4 Ortszugschaffner (»Erster« beim Güterzug), Verschubdienst
3 Vorarbeiter (Führer einer Gruppe Hilfsarbeiter), Anbrenner, Weichenstellerdienst und Stellwerksdienst bei ununterbrochenem Zugs- und Verschubverkehr
2 Hilfsdienste, Streckenwärter, Streckenbegeher, Leitung von Bahnwagenfahrten und höher zu bewertende Bahnerhaltungsarbeiten, Wagenschmierer, Ablöser der Blocksignaldiener und Verschieber, auch Kanzleihilfsdienst, Weichenstellerdienst und Stellwerksdienst in einfachen Verhältnissen (Blocksignaldiener), Hilfsdienst bei der Gepäck- (Güter-) auf- und abgabe Fernschreib/Fernsprechdienst in einfachen
Verhältnissen
1 gewöhnliche Bau- und Bahnerhaltungsarbeiten, Nachtwächter, Wachdienst, gewöhnliche Hilfsarbeiten, Verladearbeiten, Waggonreinigungsfrau, Lampist, Kanzleihilfsdienst, Bahnhofshilfsdienst, Schreiberdienst, Agenten hatten einen Dienstvertrag, Stationsbesorger (z.B. Gastwirt) hatten einen Vertrag.

Gehaltsgruppen im Verkehrs/Stationsdienst

16 Vorstand einer größten Betriebsleitung (Mistelbach)
15 Vorstand einer größeren Betriebsleitung bei Vereinigung aller Dienstzweige (Gmünd)
14 Vorstand einer kleinen Betriebsleitung (Retz)
14 Vorstand eines Bahnbetriebsamtes (Siebenbrunn, Neunkirchen)
11 Schul/Erhebungsbeamter
9 Verwaltungsdienst
14 Stationsvorstand einer größten Station
10 ausschließlich Fahrdienstleitung
13 Leitung eines großen Bahnstationsamtes .
10 Fahrdienstleiter mit Verrichtungen des Stationsdienstes
11 Bahnhofkassenführer
7 Güterschuppenführung
11 Leitung eines mittleren Bahnstationsamtes
9 Fahrdienstleitung in mittleren Stationen in Verbindung mit anderen Verrichtungen des

	Stationsdienstes
11	**Leitung eines mittleren Bahnstationsamtes mit geringerem Geschäftsumfang keine Fahrdienstleiter, nur Weichensteller**
9	**Leitung eines Bahnstationsamtes mit geringem Geschäftsumfang**
8	**Leitung eines kleinen Bahnstationsamtes**
7	**Leitung eines kleinen Bahnstationsamtes mit Zugabfertigung**
6	**Leitung eines kleinen Bahnstationsamtes ohne Zugabfertigung**
7	**Leitung eines kleinsten Stationsamtes mit Zugabfertigung**
6	**Leitung eines kleinsten Stationsamt ohne Zugabfertigung**
11	**Güterkassen u. Verrechnungsdienst unter schwierigen Verhältnissen, Kassenführer,**
7	**Güterschuppenführung**
6	**Personen- und Gepäckkassendienst unter einfachen Verhältnissen**
3	**Verwaltungshilfsdienst unter Aufsicht und Leitung**
2	**Fernschreib/Fernsprechdienst in einfachen Verhältnissen, Wagenaufschreiberdienst,**
2	**Weichenstellerdienst und Stellwerksdienst in einfachen Verhältnissen**
1	**Lampist, Reinigungsdienst**
1	**Bahnhofshilfsdienst, Verladearbeiter, Nachtwächter, Bedienung der Fernsprechwerke in kleinen Schaltungsstellen, Weichenwächter, Weichensteller stellt Weichen, in der Regel dem Wächter untergeordnet**

Bahnwärter Verkehrsbediensteter (stellt Signale, gibt Zugmeldungen, Schranken etc) Stations/Wärterhaus mit Dienst/Wohnraum Bahnwächter (Bahnpolizei) Bediensteter des Bahnmeisters für die Sicherheit der Strecke (Oberbau) Bahnpolizei = Sicherheit, Wächterhaus mit Wachstube (siehe Wohnung).

Triebfahrzeugführer zuerst die jeweilige staatliche Prüfung, etwa mit einem Führerschein zu vergleichen. Mit dieser »Staatlichen« darf er bereits ein Triebfahrzeug bedienen, aber nicht den Bahnhof verlassen. Dazu braucht er noch die Dienstprüfung. Dann ist er der »Herr Lokführer«. Aufgrund seiner umfassenden technischen Ausbildung gilt seine Entscheidung in technischen Dingen. Er ist z.B. gegenüber dem deutschen Lokführer schon von der Ausbildung und den technischen Möglichkeiten her (verschiedene Bremseinrichtungen auf österreichischen Lokomotiven) befähigt, Material und fahrtechnisch schonend zu fahren. Außerdem besteht zwischen Fahrdienstleiter und Lokführer ein auch durch die Vorschriften geregeltes Vertrauensverhältnis (Befehlsverhältnis = A,B,V etc. Befehle), denn auch auf nur einen mündlich gegebenen »Abfahrtsauftrag« hat er seinen Zug, auch wenn alle Signale auf Halt stehen, in Bewegung zu setzen

[1] Der Begriff »einrolliert« kommt von der militärischen »Standesrolle« = auch die Bezeichnung der Diensteinteilung für Unteroffiziere.

[2] Im Jahr 1981 musste ich über Anordnung der Dion Wien auf einem 7 Jahre vorher von mir verlassenen Bahnhof nach einer spontanen zweistündigen Einschulung sofort verantwortlich Dienst machen, da nur mehr zwei Fahrdienstleiter dienstfähig waren, alle anderen waren krank. Zufällig war auf dieser vierfachen Abzweigung /Befehlsbahnhof vor kurzem die gesamte Sicherungsanlage wegen größerer Umbauarbeiten außer Kraft gesetzt worden. Auch der Schnellbahnverkehr wurde nur mit Wortlauten/mündlichen Anordnungen sicher und den Vorschriften entsprechend durchgeführt!

Anekdoten und besondere Betriebsformen

Eine »anekdotenhafte« Beschreibung einzelner Tätigkeiten auch aus der Vergangenheit:
Der »Herr« (Kondukteur) Zugführer sowie der respektheischende und auch ausübende Herr Oberzugführer führen die Zugspapiere, den Stundenpass, Aufschreibungen über die Lokmannschaft. Sie sind »Chef« und Herr beim Zug und beim Aufenthalt in bestimmten Stationen und fertigen auch anstelle des Fahrdienstleiters für das Publikum sichtbar den Zug ab.
In den 80ern erhielt der Zugführer (auch bei den Privatbahnen) zur Unterscheidung vom Schaffner eine rote »Banderole« auf der Kappe. Auf den meisten Strecken fertigt der Zgf heute wieder den Zug ab.
Er hatte die einzige auf der Strecke gültige Uhr, fertigte den Zug ab, war bei Agenten bzw. Stationsleitern im Bahnhof deren Vorgesetzter. Er hatte auch im Dienstwagen die Telefonkassette und konnte über die Streckenfernsprechleitung »S« jederzeit – natürlich wenn der Zug angehalten hatte – mit den beiden Stationen Verbindung aufnehmen (um 1910 eine Novität). Er war bei betrieblichen Dispositionen und Telefonaten in Stationen ohne Verkehrsbefugnis »Zeuge«.
Worte meines mich in den ersten selbstständigen Touren zwecks einer folgenden schriftlichen Beurteilung beobachtenden Vorstandes, »Schurli«, 1970 zu mir (Jung-Fahrdienstleiter), als sich jeden Tag in Groß Schweinbarth in der 13 .Stunde 2 Güterzüge und 2 GmP (Güterzug mit Personenbeförderung, meist benützt von Schülern) kreuzten und gegenseitig Fracht wechselten: »Wennst jetzt ein Wort sagst, gehört die ganze Arbeit (Einteilen der Verschubbewegungen, richtige Reihung der Wagen für die in der Folge zu bedienenden Stationen etc.) dir«. In der Fahrdienstleitung waren zu diesem Zeitpunkt der gestrenge Herr Vorstand, ich als verantwortlicher und die Verschubarbeit einzuteilender Fahrdienstleiter, die 4 Zugführer und die 4 »Ersten« sowie die zwei Weichensteller (jeder für eine Bahnhofseite - mit Schranken), die sich in der »Weinviertler« Mundart und im »Landesbahnjargon« alles untereinander »ausmachten«. Dann gingen die vier »Ersten« auf den Platz, und mit Hilfe der Weichensteller »schupfte« man sich gegenseitig die Wagen zu. Vorschriften? Ja natürlich, aber die nicht mehr geltenden aber gelebten ehemaligen Vorschriften der Landesbahnen. Das »Wissen« um diese war für eine sichere und unfallfreie Tätigkeit »überlebenswichtig«.
Ebenso kam es zu interessanten aber natürlich verbotenen jedoch anscheinend althergebrachten und daher funktionierenden Lösungen, wenn es galt, in der Frühgruppe (8. Stunde) mit vier Personenzügen »signalmäßig« aus nur drei Hauptgleisen auszufahren. Wegen ihrer beharrlichen von den Normen abweichenden und eingelebten Dienstesausübung sagte man noch 1979 (Verschiebebahnhof Stadlau) zu den »Siebenbrunnern« liebevoll »Landesbahner«. Ebenso gab es den geläufigen Begriff »Landesbahner« noch bis in die 80er-Jahre in Wien Nord, wohin die »Weinviertler« und »Retzer« Zugbegleiter personalsparend umbeheimatet wurden.

Englischer Verschub

Viele Stationen hatten nur ein Stumpfgleis (eine Weiche) mit Magazin und Rampe. Wenn der Zug mit der Lok voraus (Richtung Prellbock) stand, konnte der »hinten« angehängte Wagen nicht auf das Stumpfgleis gestellt werden. Die Lok konnte mangels Weiche nicht mehr auf das durchgehende Gleis fahren. Für diesen Fall gab es den »englischen Verschub«.
Der Begriff kommt von den einfachsten Betriebsverhältnissen in England: Richtungsgleise, kein Vorfahren und Kreuzen (dies ist nur in den großen Zwischenstationen möglich), nur in einer Richtung zu befahrende Streckengleise (»Catchpoints«). Viergleisig deshalb, da Güterzüge auf den äußeren Gleisen fuhren, Personenzüge auf den inneren Gleisen (schneller). Man sparte (wie auch bei den Eisenbahnen generell) und baute nur ein Stumpfgleis in den Stationen. Auch deshalb, um den nur im Fahrkartenverkauf geschulten Stationsmeister nicht zu irgendwelchen nicht vorgesehenen betrieblichen Maßnahmen zu verleiten.
Die V3 vom 15. Mai 1930 beschreibt diese Verschubart unter Punkt 199 trocken so:
»Erfolgt der Verschub derart, daß die von der Lokomotive gezogenen Fahrzeuge während der Fahrt abgekuppelt werden und sodann die Lokomotive und nach erfolgter Weichenstellung die Fahrzeuge auf verschiedene Gleise rollen, [...]«
Ist nicht ganz klar, aber jeder kannte damals diese gängige Art des Verschubes.

Die V3 Ausgabe 1962 (es gab ja noch immer diese Stumpfgleise) beschrieb es schon etwas besser:
Pkt 102: Beim englischen Verschub werden gezogene Wagen während der Fahrt abgekuppelt, um die zwei hintereinanderrollenden Verschubteile auf verschiedene Gleise einzulassen. Das Tfz erhöht nach dem Abkuppeln die Geschwindigkeit , um den zum Umstellen der Weiche notwendigen Abstand zwischen beiden Verschubteilen zu erreichen.
Die Kupplung darf nur von der Plattform eines Fahrzeuges oder vom Tfz aus mit Aushängestangen oder anderen Hilfsmitteln getrennt werden.
Die DB Fahrdienstvorschrift DV 408 Ausgabe 1972 schreibt unter §81 (34) kryptisch :»Es ist verboten, während der Fahrt abzukuppeln, mit dem vorderen Teil der Rangierabteilung vorzufahren und zwischen ihm und dem nachfolgenden Teil eine Weiche umzustellen. Die Direktion kann Ausnahmen zulassen (Bahnhofsbuch).«
Die Problematik bei dieser englischen Verschubart bestand darin, dass der ziehende (Lok) Verschubteil innerhalb kürzester Zeit/Wegstrecke – auf der Mariazellerbahn und anderen Lokalbahnen begann meist nach der Weiche bereits das »Gefälle« – auch wieder zum Stehen gebracht werden musste. Der beherzte Weichensteller musste rasch reagieren und, da die Weichen früher aus Kostengründen keine Spitzenverschlüsse hatten, auf das Weichengewicht steigen und dieses so in der Endlage niederhalten. Warum wurde etwas verboten, wenn es das nicht gibt?

Aus der Arbeitsordnung für das im Stations- und Fahrdienste beschäftigte Personal der k.k. Staatsbahnen von 1912, die auch für die NÖLB galt:

»[...]
Personal § 1
Im Stations- und Fahrdienste werden beschäftigt
A.) Statusmäßig eingereihte Bedienstete [...] soweit es sich um das in den Status der k.k. österreichischen Staatsbahnen nicht eingereihte Personal [...] von (verstaatlichten) Privatbahnen handelt.
[...]
§ 35(1) Die tägliche Arbeitszeit beträgt in der Regel 9 1/2 Arbeitsstunden ohne Einrechnung der Arbeitspausen [...].
(3) In der Zeit zwischen 1/2 12 Uhr und 1/2 2 Uhr nachmittags wird eine eineinhalbstündige Mittagspause [...] im Bedarfsfalle können Arbeitsleistungen über die Arbeitszeit hinaus [...].
Das Personal ist mit Anstand und Ruhe zu behandeln

Ordnungsstrafen §9
3.) [...] .vor der Verhängung einer Ordnungsstrafe ist dem Arbeiter Gelegenheit zu geben, das ihm zur Last gelegte Dienstvergehen zu verantworten.
[...]
5.) Gegen die Strafverfügung kann vom Arbeiter binnen 14 Tagen die Berufung [...]
6.)Sämtliche Strafgelder werden der Krankenkasse für das Personal [...].
Die gerechte und verantwortliche Handhabung des Personal-, Prüfungs- und Dienststrafwesens war eine wesentliche Befähigung des Bahnhofsvorstandes zu allen Zeiten [...]
[...]
Urlaub §14
1.) [...] den ständigen Arbeitern wird bei zufriedenstellender Dienstleistung [...] Erholungsurlaub gewährt. Dessen Dauer bei 3 bis 10-jähriger Gesamtdienstzeit [...] mit drei (3) Tagen [...] mehr als 10 Jahren sechs (6) Tagen..«

Stationen der NÖLB

Alle in dieser Liste aus dem Jahr 1926 genannten Stationen der ehemaligen NÖLB waren Bahnhöfe, ausgenommen die gesondert bezeichneten, z.B. mit dem Vermerk »Hst« (= Haltestelle), versehenen Stationen. Personell waren sie bereits auf die BBÖ umgestellt, bei einigen Stationen waren noch keine Beamte bestimmt oder vorgesehen. Die Tabelle zeigt auch den Wandel der Bedeutung der einzelnen Stationen.

Alt Nagelberg Kapistan Josef, Ass., Vorstand
Alt Weitra Geschäftsführer
Ameis Geschäftsführer
Annaberg Bonta Anton, Ass., Vorstand
Auersthal Steiner Karl, Adj., Vorstand
Asparn a.d. Zaya Bednarik Eduard, Adj., Vorstand
Bad Pirawarth Hst. unbesetzt
Bockfließ Kainz Ferdinand, Ass., Vorstand
Breitstetten Bonta Heinrich, Adj., Vorstand
Dobermannsdorf Tröstl Franz, Adj., Vorstand
Hochmeister Johann, Ass.
Rauscher Heinrich
Kaiser Johann, Ass
Mößl Matthias, Ass
Schrott Franz
Drösing Hasitschka Rudolf, Insp., Vorstand
Drosendorf Weber Leo, Offizial, Vorstand
Aufgrund des NÖLB Verwaltungsranges nur für diesen (seinen ehemaligen) Posten übernommen (keine BBÖ Prüfungen, Übergangsbestimmungen)
Eibesbrunn Romstorfer Franz, Vorstand
Engelhartstetten Bruder Karl, Ass., Vorstand (betraut)
Rehak Franz
Kitzler Josef
Enzersdorf b. Staaz Bitterle Rudolf, Offizial, Vorstand
Ernstbrunn Holzmann Johann, Adj., Vorstand
Riedl Josef, Adj
Gröger Eduard, Ass.
Fischamend Reichsstraße Schell Franz, Ass.
Freiland Hirnschall Friedrich, ORev., Vorstand
Bachtrod Franz
Gänserndorf Hosach Karl, Insp., Vorstand
Linke Ferdinand, ORev
Freilach Marie, Ass.
Gaweinstal Brunner Martin, Ass
Gmünd Böhmzeil Hronek Anton, Adj., Vorstand
Fürnsinn Johann
Gösing Poißl Heinrich, Adj., Vorstand
Klepp Josef
Großengersdorf Ableitinger Dominik, Ass., Vorstand
Großgerungs Dörfler Johann, Adj.
Starkl Ludwig
Großschwechat Pruzek Arnold, O.Rev., Vorstand
Gusswerk Quirgist Josef, Ass., Vorstand
Hagenbrunn Geschäftsführer
Haringsee ?
Haslau a.d. Donau Hst. (?)
Hausbrunn Pinkster Gustav, Adj.
Hauskirchen Kopp Matthias, Adj., Vorstand
Swoboda Karl
Heidenreichstein Pichler Karl, Adj., Vorstand
Höbersbrunn-Atzelsdorf Lengauer Josef, Adj., Vorstand
Hofstetten-Grünau Zischka Emil, Adj., Bf.Leiter
Hoh(e)nruppersdorf Geschäftsführer
Karnabrunn Fröhlich Rudolf, Ass., Vorstand
Kilb Geschäftsführer
Kirchberg a.d. Pielach Marek Heinrich, Ob.Rev., Vorstand
Kittsee Schießling Leopold, Rev., Vorstand
Klangen Wentner Anton, Adj., Vorstand
Kleinharras Dendl Matthias, Ass., Vorstand
Königsbrunn-Enzersfeld Bauer Anton, Ass., Vorstand
Korneuburg BBÖ Röder Raimund, Inspektor, Vorstand
Meergans Josef, Rev.
Laubenbachmühle Swoboda Ferdinand, Ob.Rev., Vorstand
Fluch Sebastian, Weghuber Leopold
Litschau Koppensteiner Johann, Ass., Vorstand
Mank Ziegler Rudolf, Adj., Vorstand
Maria-Schnee Haltestelle (?)
Mariazell Krebs Max, Ob.Rev., Vorstand
Kudernacek, Rev.
Markt Fischamend Wallnberger Robert, Ass., Vorstand
Matzen Pohn Josef, Adj., Vorstand
Mistelbach Lb. Pawlik Franz, Rev., Vorstand
Marek Josef, Rev.
Mollmannsdorf Hahn Josef, Adj., Vorstand

Neunagelberg Pilsinger Josef, Ass., Vorstand
Neunkirchen L.B der Bf.Leitung Neunkirchen unterstellt

Neusiedl St Ulrich Gaida Josef, Ass., Vorstand
Niederleis Schneider Kajetan, Ass., Vorstand
Nieder Fladnitz (?)
Obergrafendorf Winkler Franz, Ob.Rev., Vorstand
Dinter Johann, Ruck Johann, Steueregger Oskar
Oberhöflein Kurzreiter Leopold, Bf.Leiter
Paasdorf L.B. Hu.Lst (?)
Palterndorf Konetschny Hans
Pillichsdorf Reingruber Franz, Ass., Vorstand
Post-Rendevouz Hst. (?)
Poysdorf Brantner Karl, Ob.Rev., Vorstand
Prottes Settik Josef, Ass., Vorstand
Puchenstuben Gruber Alois, Ass. (?)
Pyrawarth Mikula Heinrich, Offizial, Vorstand
Aufgrund des NÖLB Ranges vermutlich nur auf seinen(ehemaligen) Dienstposten übernommen (keine BBÖ Prüfung, Übergangsbestimmungen)
Schilling Karl, Ass (!)
Raggendorf Hölbinger Anton, Vorstand
Raggendorf Markt Hast (?)
Regelsbrunn Bichler Georg, Adj., Vorstand
RingelsdorfHst (?)
Siebenbrunn Leopoldsdorf Reinwein Ferdinand, Ob.Rev., Vorstand
Stammersdorf Taxa Erwin, Rev., Vorstand
Madelburger Leopold, Ass.
Mattula Eduard, Ass.
Stetten Geschäftsführer
Sulz Nexing Brunner Josef, Adj., Vorstand
Würnitz-Hetzmannsdorf Lehner Leopold, Ass., Vorstand

Offizial war der NÖLB Rang weiterhin, wenn der Mitarbeiter die vorgesehene Ergänzungsprüfung, wie auch immer, nicht ablegte.

6. Die Instruktionen

6.1 Vorschriften der NÖLB und in weiterer Folge deren Weg in die BBÖ, DR und ÖBB

»Was gut ist, währet lang.«

Für die NÖLB als Teil der Landesverwaltung musste natürlich eine Landesregierungs-Geschäftsordnung und damit eine Regelung für »Abläufe« durch den Landtag geschaffen werden.

Die NÖLB Dienst-Vorschriften berücksichtigten die Eigenartigkeit des NÖLB Betriebes. Aufgrund der einfachen Betriebsverhältnisse kam man Anfangs mit »nichts« aus. Durch betriebliche Vorfälle bedingt, mussten Regelungen und damit Vorschriften geschaffen werden. Wesentliche Grundzüge des NÖLB-Betriebes waren, dass es keine Übergangsverkehre von Reisenden und Gütern auf andere Bahnen gab. Auf den Übergangsbahnhöfen wurde von besonders ausgebildeten NÖLB-Beamten weiterexpediert und weiter oder neu verrechnet.

Die NÖLB verwendeten z.B. für die Überlandstrecke der LWP die Staatsbahnvorschriften, da hier ein Gemeinschaftsbetrieb abgewickelt wurde. Daher gab es für diesen Bereich keine NÖLB-Vorschriften, nur eine für die Stadtstrecken.

Im Betrieb war es eine bis in die 1970er-Jahre geltende Besonderheit in den ÖBB Vorschriften, dass auf bestimmten Strecken (Bahnhof-Dienstordnung) bis zehn Minuten vor Ankunft eines Zuges in der Station über die Verschubhaltetafel in Richtung des zufahrenden Zuges verschoben werden durfte. Nach den klassischen Verkehrsvorschriften war dies aber eine klassische »Besetzte Fahrt«. Aufgrund der geringen Geschwindigkeit, der langen Fahrzeiten und guten Sicht kam man aber zu diesen Bestimmungen.

Generell wurden die Vorschriften vom »Land« herausgegeben, denn die NÖLB oder die Vorgängerbahnen waren eng mit dem Land Niederösterreich verbunden. Aus diesem Grund ist der jeweilige Herausgeber genannt.

6.2 Am Anfang war eine »Geschäftsordnung«

Die verschiedenen Etappen der Entwikklung der NÖLB lassen sich sehr einfach anhand der Instruktionen und Organisationsstatuten nachvollziehen. Der »Instruktion für das niederösterreichische Landeseisenbahnamt L.A.Zl.:16334« von 1895 folgte 1901 das »Organisationsstatut für das niederösterreichische Landeseisenbahnamt L.A.Zl.: 43776« mit dem Anhang »Bedienstete des Landeseisenbahnamtes«. Rund sieben Jahre später erschien am 1. Jänner 1908 *»Organisationsstatut für die niederösterreichische Landes-Eisenbahnverwaltung« und am 1. Dezember 1909 veröffentlichte die Verwaltung schließlich das Organisationsstatut der Niederösterreichischen Landesbahnen.«*

Am Anfang kam man mit »Grundsätzen« in sehr dünnen Heftchen aus. Durch Ereignisse und Organisationsreglementierungen sowie durch die Übernahme weiterer Linien wurden immer weitreichendere Normierungen, Reglementierungen und Vorschriften notwendig. Dazu trug auch ein »Mischbetrieb« mit anderen Bahnen bei. In etwa einheitliche, wenn auch vereinfachte Vorschriften mussten geschaffen werden.

Die erste Welle an einheitlichen Vorschriften fand 1906 statt, die nächste 1909. Mit 1. Oktober 1906 kamen neue Vorschriften heraus, die bereits vom Inhalt her umfassend waren

Bei den Verwaltungsvorschriften z.B. wurde ein neues Anforderungssystem als Vorschrift eingeführt, um den vermutlich ausufernden »Handeinkauf « zu stoppen. Bei den Verkehrsvorschriften hatte fast jedes »außergewöhnliche Ereignis« einen Niederschlag in den Verkehrsvorschriften.[1]

1909 war das Jahr, in dem die NÖLB ihre moderne und bleibende Struktur erreichte. Alle Vorschriften wurden durchforstet und ein modernes einheitliches, den österreichischen Eisenbahnen und auch der k.k. Staatsbahn angepasstes Reglement geschaffen. Dieses Reglement war den tatsächlichen Betriebserfordernissen angepasst und bewährte sich hervorragend . Noch in der V3 1962 waren bestimmte *»Nebenbahnbestimmungen«* vorgeschrieben, die aus der Zeit der NÖLB und nicht der anderen Privatbahnen stammten.

Die Forderungen zeigen im Umkehrschluss, was denn da vorher so alles möglich war und vermutlich auch gemacht wurde.

Im Anhang dieses Buches sind die von der »NÖLB« herausgegebenen Vorschriften aufgelistet. Wenn eine Vorschrift mehrmals genannt wird, so ist das Ausgabedatum und damit eine Neufassung zu beachten.

Die »Bauvorschriften« sowie »allgemeine und kommerzielle Vorschriften« sind die der österreichischen Eisenbahnen und nur die Ausnahmen sind in den Konzessionen und den Protokollen der politischen Begehung angeführt und von der Bahn in Form von Dienstanweisungen herausgegeben.

[1] Ein bezeichnendes Licht auf die damalig ausgeübten »Modalitäten« zeigt der anlässlich der Übernahme des Eisenbahnreferates mit dem »Fachreferenten« für das Eisenbahnwesen im Landesausschusse herausgegebene Erlass vom 30. März 1909, Z.1154 II716 Bes.La.Präs.

7. Oberbau

7.1 Schienen und Schwellen

Der Oberbau besteht aus dem Erddamm, dem Schotterbett, den Schwellen mit dem Kleineisen und den Schienen. Mit anderen Worten: Er ist die »Eisenbahn«.

Die Lokalbahngesellschaften bauten ihre »Linien« sparsamst. Vorgeschrieben war meist der Oberbau der k.k. Staatsbahn Type XX. Diese Schienenform hatte etwa 20 kg Gewicht auf einen Meter Länge. Daher die Bezeichnung XX = 20. Ab 1898 wurde dann der schwerere Oberbau, k.k. Staatsbahn Type XXIV mit einem breiteren Schienenfuß, und nachfolgend die verbesserte Form in Strecken die Landesbahnen eingebaut.

Kurz danach verwendete man wiederum die Type XXIV, nun jedoch mit 26 kg pro Laufmeter. Diesmal war der Schienensteg etwas höher. Als Material für die Schienen verwendete man Fluss-Stahl. In den Bauvorschriften stand wohl die Type, aber nicht, ob altes oder neues Material zu verwenden sei. So mussten bei einigen Linien bald nach Betriebsbeginn wiederum die Schienen, diesmal gegen neue und daher teuere, ausgewechselt werden.

Es gibt vier Schienenlagen:
alte Schienen, alte Schwellen = Altlage
alte Schienen, neue Schwellen = Altneulage
neue Schienen, alte Schwellen = Neualtlage
und letztlich die beste Art, die Neulage. Hier wurden neue Schienen mit neuen Schwellen verwendet.

Die Schienenlänge betrug neun Meter. Der Schienenstoß war »schwebend«, d.h. die Schienenverbinder waren schwebend zwischen zwei Schwellen situiert und damit billigster Art. Diese 9-Meter-Schienen mussten auf mindestens 13 Schwellen, geringster Schwellenmittelabstand 72 cm, liegen.

Die Schwellen konnten an allen vier Längsseiten bearbeitet sein (beste Art) oder auf nur der Ober- und Unterseite bearbeitet sein, dies ist die billigste zulässige Art. Die Mindestmaße für diesen Oberbau-Schwellen waren als Basismaß (Schotterseitig) 20 cm, Schienenseitig 15 cm und beide Schrägseiten auch mindestens 15 cm. Durch diese Maße konnte man bereits die Baumrundung ausnützen. Das Schwellenholz musste vom k.k. Eisenbahnministerium genehmigt werden.

Die Körnung für den Gleisschotter war ebenso wie die mindeste Schotterhöhe von 25 cm vorgeschrieben.

Der Schotter dient zum fixieren der Schwellen und auch zum »Federn«. Der Schotter darf nicht mit Sand oder Unkraut vermengt sein, weil dann der »Federeffekt« verloren geht. Das Entfernen des Unkrautes wurde früher durch besprühen mit Unkrautvernichtungsmitteln aus dem Unkrautvertilgungszug bewerkstelligt. Heute freut man sich über das »Bahnbiotop« und noch lieblicher ist es für die besorgten Umweltschützer, wenn Bisamratten oder anderes liebliche Getier in den Bahndämme ihre heimeligen Unterkünfte baut und die Dämme dadurch zerstört oder schwer beschädigt.

Bettungsbreite waren mindestens 2,25 Meter, in Bahnhöfen musste von Gleismitte zu Gleismitte 4,5 Meter Abstand eingehalten werden. Bei Wasserkränen betrug der Gleisachsabstand 4,75 Meter.

Das Lichtraumprofil entsprach dem der Hauptbahn, die Schmalspurbahn hatte natürlich ein kleineres Lichtraumprofil mit einer Unterscheidung für den »Rollbockbetrieb«.

7.2 Sicherungsanlagen und Einrichtungen

Sicherheit ist das oberste Gebot im Eisenbahnbetrieb. Sie wird durch Sicherungsanlagen in Verbindung mit der Signal- und Verkehrsvorschrift (V3 und V2) erreicht. Sicherungsanlagen haben den Zweck, die Sicherheit des Betriebes zu erhöhen und seine Abwicklung zu beschleunigen. Dies wird dadurch erreicht, dass bestimmte Sicherungseinrichtungen in Anhängigkeit gebracht werden und so eine Folgehandlung erzwingen. Sicherungsanlagen sind teuer und daher wurde auf den Lokalbahnen nur das eingebaut, was das Eisenbahnministerium zwingend vorschrieb.

Abhängigkeiten sind z.B.: Zuerst die Weiche stellen und dann das Signal freistellen, der so genannte Folgezwang.

Auf den Landesbahnen (NÖLB) wurde das einfachste und billigste Sicherungssystem angewendet – das Schlüsselbrett. Wie in den einzelnen Streckenbeschreibungen angeführt, mussten nur die »Hauptstränge« bei Zugfahrten gesperrt sein. Das geschah generell mit »Weichenschlössern« der österreichischen Bauart GÖTZ.

Urform der Weiche war die mit einer Verbindungsstange verbundenen Weichenzungen und einer Stellvorrichtung. Diese Weichenzungen wurden gleichzeitig über eine Stange mit einem Gewicht verbunden, dass durch das »Weichengewicht« die Zungen in der jeweiligen Endlage niederdrückte (Kennzeichen später der rote Eckanstrich, rot = Achtung/Halt). Dies reichte für Geschwindigkeiten bis etwa 30 km/h mit leichten Fahrzeugen aus. Um die Weichenzungen in der »anliegenden« und auch »abstehenden« Position fixieren zu können, wurden Spitzenverschlüsse entwickelt, die je nach Denkart, ein anderes Verriegelungssystem (österreichische oder später deutsche Bauart) hatten. Es war dies bei den NÖLB der österreichische Klammerspitzenverschluss. Indem die Schieberstange durch die Stellstange verschoben wird, werden nacheinander über die Klammern die beiden Weichenzungen in die Endlage gebracht und hier festgehalten. Die DR führte das Schubriegelschloss ein, mit dem die abstehende Weichenzunge und damit auch zwangsläufig die »anliegende« Weichenzunge gesperrt wird. Der Nachteil ist, dass bei einer Weichenschneidung nicht das massive Schubriegelschloss, sondern die Weichenspitze beschädigt wird. Dieses Schubriegelschloss kann nur an bestimmten Punkten der Weiche, wo die Bohrungen bereits im Schienensteg vorhanden sind, montiert werden. Ebenfalls aus Deutschland stammt der Hakenverschluss.

Das Weichenschloss Bauart »Götz« hat einen Sperrbügel, der die anliegende Zunge festhält. In dieser »versperrten« Lage kann der Weichenschlüssel abgezogen und dann auf ein Schlüsselbrett gehängt werden. Wenn in dieser versperrten Lage die Weiche (Wechsel) »aufgeschnitten« wird, bricht der Sperrbügel ab und die »Sicherheit ist nicht mehr gegeben, obwohl der Schlüssel am Brett hängt. Wenn der Schlüssel am Brett hängt, hat man die »Sicherheit« dass die Weiche in einer bestimmten Lage »gesperrt« ist. Auch durch Kombination von Schlössern können »Abhängigkeiten«, z.B. mit einem Gleissperrschuh, hergestellt werden. Sogenannte A-B oder A-C (Zwangs)Abhängigkeiten. A-C Abhängigkeit besagt, dass zuerst der Gleissperrschuh mit dem mitgebrachten Gleissperrschlüssel aufgesperrt werden muss. Der Schlüssel ist nun im Schloss fixiert und der Schlossriegel entriegelt ein zweites Schloss, in dem der Weichenschlüssel steckt. Nach dem Ablegen des Gleissperrschuhes wird der zweite Schlüssel, der Weichenschlüssel freigegeben, mit dem nun die Weiche aufgesperrt und umgestellt werden kann. Mit dieser Kombination ist eine »Schlüsselabhängigkeit« hergestellt worden, Diese Zwangsabhängigkeit verhindert, dass zuerst die Weiche, und dann auf den Gleissperrschuh vergessen wird. Im Gegenzug wird verhindert, dass der Gleissperrschuh abgelegt wird und der Wagen in die noch versperrte Weiche fährt.

Wenn nun der Weg Weiche - Gleissperrschuh größer ist, kommt die A-B Abhängigkeit zum tragen. Hier wird zuerst die Weiche aufgesperrt, ein zweiter Schlüssel freigegeben und dieser sperrt dann (oder auch nicht, es besteht kein Zwang) den Gleissperrschuh auf. Der Schlüsselträger kann mit dem Verschubteil zum Gleissperrschuh mitfahren.

Die Schlüsselgriffe haben zur Unterscheidung zwei Formen: der viereckige Griff, der Schlüssel dient zur Sperrung in der Grundstellung (nicht in der Geraden); dreieckig = der Schlüssel dient zur Sperrung entgegen der Grundstellung.

Wenn nun alle Schlüssel mit den aufgemalten Symbolen am Schlüsselbrett übereinstimmen, nimmt der Zugsexpedient den Signalschlüssel, sperrt das Signal am Signalbock auf und stellt es frei. Nachdem der Zug »grenz-

Eine Schiene der Form XX. Etwa alle drei Meter ist an dem Schienensteg der Hersteller eingewalzt, hier Donawitz 1918. MST ist die Abkürzung für den damals nur in Österreich nach dem »Martin« Verfahren erzeugte Martinstahl.

Abbildung: Slg. Hufnagl

Hier wurde eine schlecht geschweißte Schienenverbindung behelfsmäßig repariert und kann nun mit reduzierter Geschwindigkeit kurzzeitig weiterbefahren werden. Deutlich ist der abgeplattete (Innengrat!) und abgesprungene Schienenkopf – wahrscheinlich ein Härtefehler – zu sehen. Vermutliche Ursache war ein geschweißter schwebender Schienenstoß. Solche »Schienenbrüche« bedeuteten häufig das »Aus« für eine Nebenbahn.

Fotos: Hufnagl

Oberbau der Form XXIV mit einem schwebend geschraubten Schienenstoß. Wegen der starken Belastung wurden bereits steifere Metallschwellen eingebaut und stärkere, den Schienenfuß umgreifende Schienenverbinder verwendet.

Foto: Hufnagl

Drei Schienenverbinder: Oben einer der Form XX, darunter ein Schienenverbinder (Lasche), der den Übergang von der Form XX auf die Form XXIVa ermöglicht und darunter ein zweiter Schienenverbinder XX/XXIVa.

Ein alter Wurfhebelweichenantrieb der »Billigbauart«. Das Umstellgewicht beschädigte meist den Auflagedorn, das führte zu weiteren Problemen. Das Signalbild ist einfachster, bei den BBÖ/ÖBB nicht verwendeter »Blechbauart«. Die Weiche hat keinen Zungenverschluss und der Oberbau ist noch in seiner Ursprungsform.

Fotos: Hufnagl

Bei diesem Standardweichenantrieb wird die Weiche nur durch das Eigengewicht des Stellgewichtes in der Endlage gehalten. Beim Befahren der Weiche muss der Bediener dieses Gewicht mit dem Fuß (Körpergewicht) niederhalten. Der Signalkörper ist eine Bauart der Deutschen Reichsbahn, die von den ÖBB weiterverwendet wurde. Er besitzt jedoch schon Rückstrahler. Beim Nichtgebrauch der Weiche werden die beiden Weichenzungen mit dem links von der Schubstange sichtbaren Zungenfestlegeschloss in der Grundstellung gesichert und gesperrt.

frei« eingefahren ist, stellt er das Signal zurück und gibt eine »Rückmeldung«.

7.3 Gleissperrbaum und Gleissperrschuh

Diese Einrichtung verhindert ein ungewolltes Bewegen eines Fahrzeugs über den durch den Gleissperrschuh/-baum fixierten Punkt hinaus. Damit verhindert er, dass ein Fahrzeug in den Hauptstrang rollt. Wenn der Wagen den Gleissperrschuh überrollt, wird er aus den Schienen gehoben und seitlich weggedrückt, er entgleist und kommt zum Stillstand. Einfach, aber wirkungsvoll.

Diese Schlüsselgesperrten Einrichtungen sind so aufgebaut, dass sie im gesperrten Zustand nicht abmontiert werden können. Beim Vorstand/Zugsexpedienten ist ein Satz plombierter Zweitschlüssel vorhanden, wenn einer dieser Zweitschlüssel verwendet wird, ist die Signalabhängigkeit aufgehoben und der Zug fährt mit verminderter Geschwindigkeit.

7.4 Signale

Es kommen auf den Landesbahnen in der Regel nur auf wichtigen Stationen Distanzsignale zur Anwendung. Meistens sind dies Abzweigbahnhöfe (Groß Schweinbart, Dobermannsdorf etc.) oder sie dienen der Zugfahrtenregelung zwischen den »Hauptbahnhöfen« und den »Landesbahnhöfen«.

Artikel 19 der Instruktion für den Verkehrsdienst (1903) lautet: *»Wenn keine Distanzsignale vorhanden sind und der Zug in die Station nicht einfahren darf, ist er aber in entsprechender Entfernung vor der Station mittels Handsignale (Signalfahne, Scheibe oder Laterne) anzuhalten.«*

Beim Erwarten eines Zuges sollten grundsätzlich Verschiebungen mindestens zehn Minuten vor Ankunft des anderen Zuges eingestellt werden. Dieser Punkt war noch in der V2 1962 vorhanden und war im Hauptbahnbetrieb eine klassische »Besetzte«, da hier der Zug in einem mit Fahrzeugen besetzten Raumabschnitt abgefertigt wurde. Auf den Nebenbahnen rechnete man mit der geringen Geschwindigkeit und der Einhaltung der genehmigten Verschubzeiten.

Der Hemmschuh dient zum Bremsen des abgerollten Verschubteiles/-wagens und ist ein lang erprobtes Bremsmittel. Er funktioniert ganz einfach, aber anders als man denkt: Das Rad läuft auf die Lasche des Hemmschuhes auf, wird durch den Bock aufgehalten und kommt auf der Lasche Stillstand. Gebremst wird durch das Gewicht des Wagens auf die Lasche, auf deren Unterseite (Schienenauflage) eine Reibfläche ist, mittels derer die Reibung Lasche/Schiene großflächig hergestellt wird. Gebremst wird nicht durch das andere zwangsläufig stehende Achsrad. Je nach Schienenform besteht eine andere Breite. Durch verschiedene Farben können die Hemmschuhe den verschiedenen Oberbauarten (Verschubgleise/Ladegleise etc.) zugeordnet werden.

7.5 Unterlagskeil

Dient zum sichern abgestellter Wagen. Später wurde der sperrbare Klemmkeil dann verwendet, wenn verhindert werden musste, dass ein Unbefugter den Keil entfernt und eventuell den Wagen in Bewegung setzt. Das geschah meistens zu bestimmten Zeiten unbesetzten Halte und Ladestellen mit einem öffentlichen Ladegleis. Auch hier war wieder der vorhandene Schlüssel eine Sicherheit dafür, dass der sperrbare Klemmkeil angelegt war. Der Schlüsselgriff hatte eine Fahnenform.

Fotos: Hufnagl

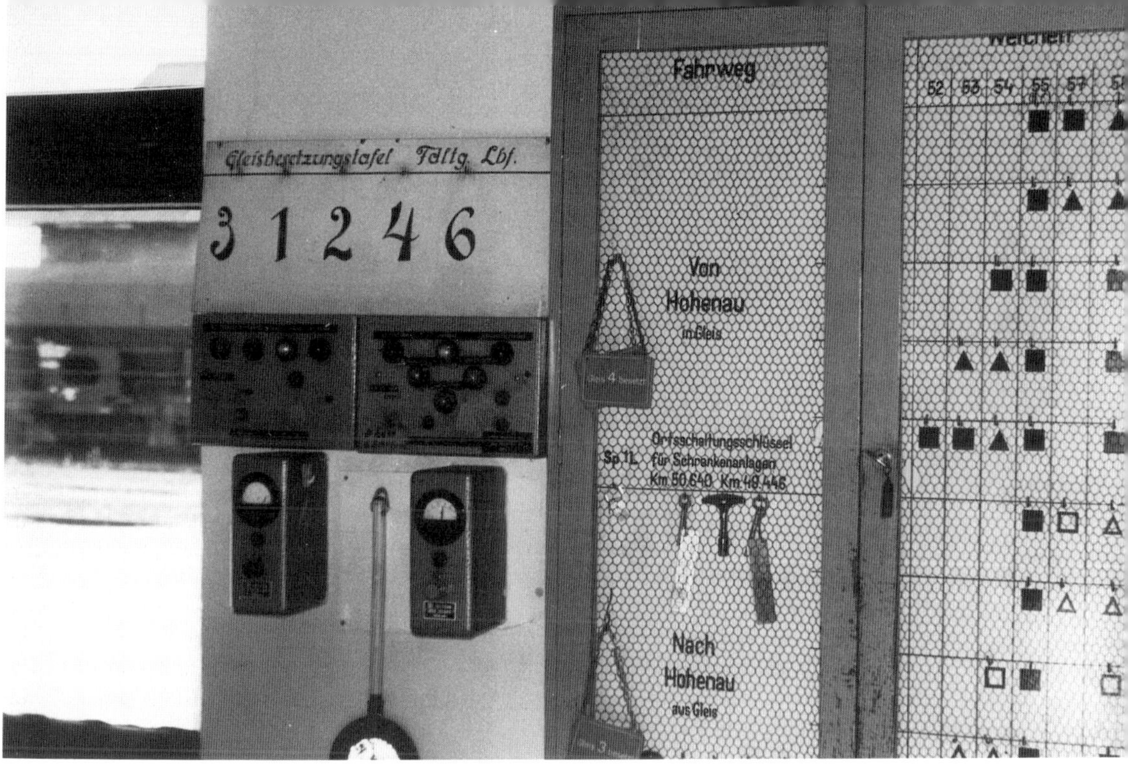

Die Sicherungsanlage des Bahnhofes Mistelbach LB: das »Schlüsselbrett«. So wird z.B. für den Fahrweg von Mistelbach in Gleis 1 (lotrechte Spalte) nur ein Weichenschlüssel (eckiger Griff = Grundstellung) benötigt. Wenn der Schlüssel am Brett hängt, kann der die waagrechte Spalte beendende Signalschlüssel entfernt und damit das zugehörige Signal in die »Freistellung« gebracht werden. Da auf diesem Bahnhof mehrere Bedienstete (Weichensteller etc.) ihren Dienst versehen, ist der Zugriff zu den Schlüsseln durch das Gitter versperrt. Wenn der Fahrdienstleiter »am Platz« war, musste das Schlüsselbrett abgesperrt sein. Das nicht ausgefüllte Schlüsselsymbol besagt, dass die nach der Spitze befahrene Weiche in der dargestellten Lage sein soll, aber nicht abgesperrt sein muss. Oder wie es in der Sprache der Eisenbahner heißt: »Die Weiche winkt mit zu, wenn sie nicht richtig steht«

Die für jeden Verkehrsdienstposten seit dem Bestehen der Bahnen vorgeschriebene »Merktafel« hat ihren Platz im Dienstraum. Auf ihr werden alle Abweichungen vom Regelbetrieb sowie Besonderheiten jedweder Art festgehalten. Sie dient u.a. der Information für jeden Bediensteten, der die Berechtigung zum Betreten dieses Dienstraumes hat. Am 11.1.2001 verkehrte in der Strecke Mistelbach LB_Hohenau der vom Fahrdienstleiter Mistelbach und Hohenau »eingeleitete« Bedarfszug Zug 61093 mit der Ankunft um 7.00 Uhr und der Bedarfszug 69902 mit der Abfahrt um 9.12 Uhr.

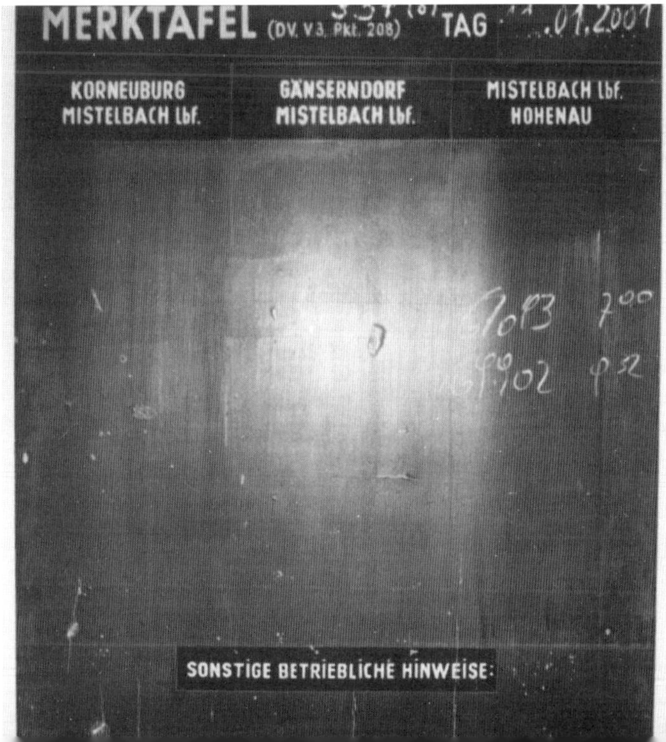

8. Hochbau

8.1 Bauen nach Normen

Bei jeder Eisenbahnstrecke, die errichtet wird, besteht neben dem Gleisbau auch ein Bedarf an entsprechenden Hochbauten. In diesen Gebäuden werden Diensträume, Wohnräume und Räume für Reisende geschaffen und auch von den Aufsichtsbehörden verlangt.

Die Gebäude werden je vorhandener Geldmittel und auch nach vorhandenen Auflagen durch den Staat gestaltet, wie sie in Niederösterreich das Lokalbahngesetz von 1880 bestimmte.

Die n.ö. Landesbahnen bauten ihre Stationsgebäude nach einem Baukastensystem. Kopfbahnhöfe wurden meistens nach dem Muster der Hauptbahn errichtet, sie dienten ja der Repräsentation. Ansonsten bildete sich, basierend auf den ersten zweckmäßigen Bauten bei den Schmalspurbahnen, ein jederzeit verwendbares Baukastensystem heraus:

Type A
Type A1(»1« steht für einstöckig)
Type B ohne Anbau
Type B mit Anbau
Type B1 ohne / mit Anbau
Wartehalle Type 7a
Lokomotivremise Type 20

Eine weitere Bereicherung erfuhr das jeweilige Gebäude, in dem man den Anbau einmal links und ein anderes Mal rechts anbaute. Jede Station hatte einen Hausbrunnen. Freistehende Passagier-Aborte der Type 26 sorgten für eine gewisse Hygiene. Die Güterschuppen waren in Längen von sechs und acht Metern genormt; die dazugehörigen Verladerampen waren zehn und 15 Meter lang. Jede Station war mit einer Kehrichtgrube ausgestattet. Kohleschuppen der Type 19 a und b dienten für den Hausbrand. Für die warme Jahreszeit waren in der Nähe der Hochbauten freistehende Keller situiert.

8.2 Baustile

Die Bahnbauer stellten ihre notwendigen Gebäude auch nach dem Bedarf und natürlich auch nach der Landschaft her. In Gebirgsgegenden herrschten Steinbauten vor, in ländlichen Gegenden wurde der bodenständige Stil gepflegt. Dazu kamen noch Stileinflüsse der jeweiligen Zeitrichtung. Bis etwa 1890 baute man im Historismus, dann kam der von Otto Wagner geprägte Jugendstil. Ab etwa 1910 wurde der Heimatstil bevorzugt.

Neben der Ortsklasse bei der Bezahlung wurden auch die Zweckbauten den örtlichen Gegebenheiten angepasst. Aber eine Klasseneinteilung der Bahnhöfe im Sinne der Objektgröße gab es nicht. Wenn nämlich ein Grundherr im Ort wohnhaft war, wurde noch in der kleinsten »Quetschn« ein Warteraum erster Klasse eingerichtet. Andererseits waren Betriebsgebäude auf nicht von Reisenden stark frequentierten Bahnhöfen sehr einfach ausgestattet. Es gab jedoch eine Bahnhofeinteilung in die Klassen I und II, die sich jedoch auf das Militär bezog. Auf einem Bahnhof der Klasse I konnte ein genormter Militärzug mit 100 Achsen kreuzen, auf einer Station der Klasse II nur ein Militärzug mit 60 Achsen. Auf den Landesbahnen wurden überhaupt diesbezüglich keine Bestimmungen erlassen denn hier wurden die Gleislängen den jeweiligen Betriebserfordernissen angepasst, wobei natürlich Preis und Leistung eine Rolle spielten.

Außerdem gab es Gemeinden die ein repräsentatives Bahnhofsgebäude haben wollten und auch bezahlten. Bis vor einigen Jahren finanzierte sogar ein Kurort den ÖBB in der nähe Wiens für eine Haltestelle einen eigenen Fahrdienstleiter: Wer hier zum Kuren mit der Eisenbahn ankam, sollte einen vollgeprüften »Rotkappler« am Bahnsteig sehen.

Auf den Landesbahnen wurde größtenteils nach den einfachsten Gesichtspunkten aber zweckmäßig gebaut. Funktionalität war gefragt.

Zu den Stationsgebäuden kamen noch Heizhäuser, Pumpenhäuser, Warenmagazine, Schuppen, Toiletten etc. hinzu. Die Lokalbahnen wählten als kleinste Einheit ein Gebäude mit Betriebs- und Wohn- und Nebenräumen. In der kleinsten Ausführung hieß dies: eine Wohnung und ein Dienstraum. Mehr brauchte man für diesen Zweckbau nicht. Je nach Größe der Station kamen weitere Zweckgebäude hinzu. Die Landesbahnen wählten eine einfache Ausführung, die aus verputzten Außenwänden, teilweise in den Sockelregionen aus Putz angedeuteten Quadersteinen und ein wenig Schnitzwerk bestand. Letzteres in den Gratpunkten des Giebelbereiches mit dem durchbrochenen Zeichen der NÖLB. Aus den Schmalspurbahnen wurden in noch sparsamerer Bauweise Dienstgebäude und Magazin zusammengelegt. Bei den Magazinen und Haltestellen – auch für deren Diensträume – wurde die einfache Riegelbauweise angewendet. Diese zugigen Riegeldiensträume wurden in späterer Zeit mit Ziegelwänden ummauert.

Die Diensträume waren von der Gleisseite her zugänglich, die Verwaltungsräume und späteren Wohnräume wurden, damals sehr modern, von der Straßenseite her betreten. Damit wurde verhindert, dass sich ein Reisender in den Verwaltungsbereich verirrte. Das Gelände war ja noch mit hölzernen Zäunen abgeteilt. Äußerst modern war auch die Ausstattung mit Toiletten. Die Personenwagen besaßen keinen Abort, fallweise bereits der Dienstwagen, daher erledigten die Reisenden ihre menschlichen Bedürfnisse bei den jeweiligen Aufenthalten.

Bereits vor 150 Jahren schaffte man es, Toiletten zu bauen, die auch in der größten Hitze keine Geruchsbelästigung darstellten. Man verwendete dazu zwei schräge Flächen, die den Geruch nach hinten ablenkten und zur Bindung ein Torfgemisch – einfach und biologisch abbaubar!

Jede Station oder Haltestelle, auch unbesetzte Haltestellen, mussten einen Trinkwasserbrunnen haben.

Wiederum bereits vor 150 Jahren sorgte man für eine Klimatisierung der Betriebs- und Wohnräume. Zu diesem Zweck wurden Kastanien oder eine andere Baumsorte so gesetzt, dass ab 13 Uhr der Schatten dieser Bäume auf die Fenster der Diensträume fiel. Noch in den 60er-Jahre spritzte der Bahnhelfer in Stadlau die Kastanienbäume »mittags« mit Wasser an und auf einmal war es in der Fahrdienstleitung kühl, auch bei über 30 Grad im Schatten. Wegen dieser Zweckbestimmung befinden sich manchmal diese Bäume nicht am Bahnsteig, sondern in bestimmten, dem vorgesehenen Zweck dienenden Positionen. Heute kennt man diesen Zweck nicht mehr und sägt sie häufig ab. Eine ewig ziehende Klimaanlage tut es dann auch.

Auch durch das verwendete Ziegelmaterial (Lehmziegel) und die damals geforderten Mauerstärken konnte eine »Klimatisierung« erreicht werden. Die Bahnbauer folgten nicht einem Trend, sondern planten diese Techniken bewusst im Wissen um ihre Funktion mit ein.

Neben den Bahnhofsgebäuden wurden bei Bedarf Wohnhäuser errichtet, die wiederum nach den geplanten Bewohnern ausgestattet wurden. Beamten-Wohnhäuser, Dienerhäuser, Ledigenkasernen etc. Für Übernachtungen des Personals am Dienstort waren eigene Zimmer oder Schlafsäle vorhanden. Die kleinen Landesbahnheizhäuser oder Lokschuppen hatten einen kleinen Anbau, wo das Personal übernachten musste. Die Lok durfte ja nicht kalt werden und erforderte daher eine Betreuung des Triebfahrzeuges. Auch wurde die Stehzeit im Heizhaus zum Pulsometrieren benutzt und dabei mussten ebenfalls die Lokomotive und die Dampfpumpe beaufsichtigt werden. Entgegen der für die Bahnhofsbauten verwendete Ziegelbauweise wurde für Lokschuppen/Werkstätten die Fachwerkbauweise bevorzugt. Fachwerkbauten konnten in der Wandstärke wesentlich schmäler gehalten werden und waren auch in der Herstellung wesentlich billiger.

Bekannte Architekten wie Plank, Grosser, Grund und Unger bevorzugten oder übten zumindest ihren Einfluss auf die Bahnbauer aus. Architekt Dachler baute auf der Nordbahn die Gebäude, die bald als Richtlinie oder Vorbild übernommen wurden wie z.B. Hohenau / Hohenau L.B.

8.3 Das Bahnwärterhaus

Einer, der dauerhaft in seinem Dienstgebäude mit der Familie wohnte, war der Bahn-

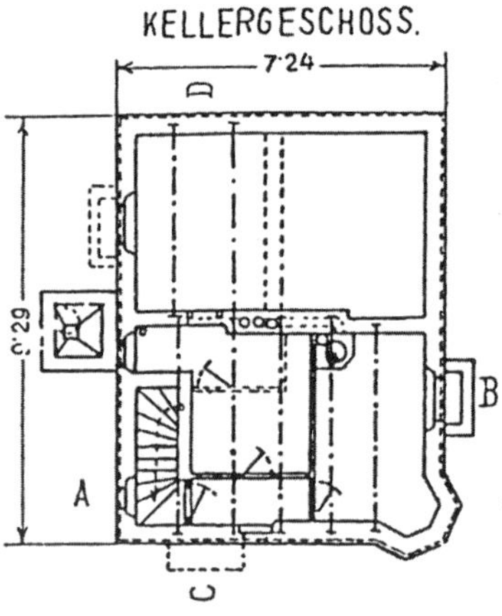

Abb. 273.

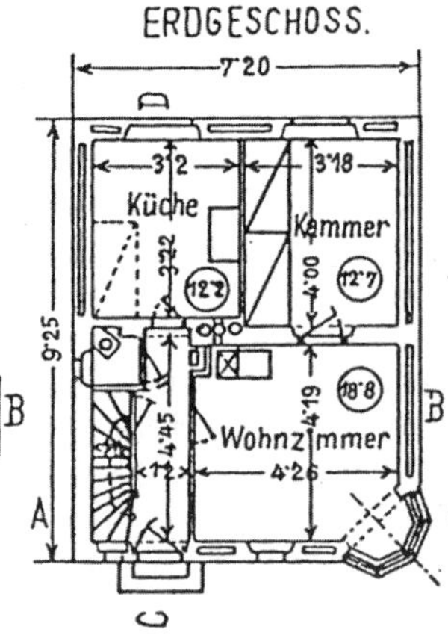

Abb. 274.

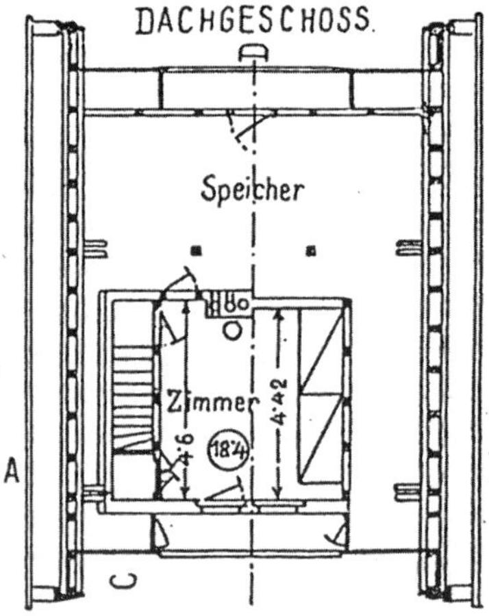

Abb. 275.

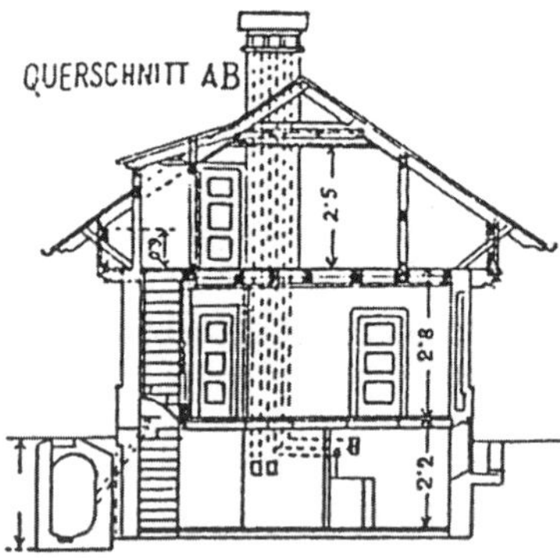

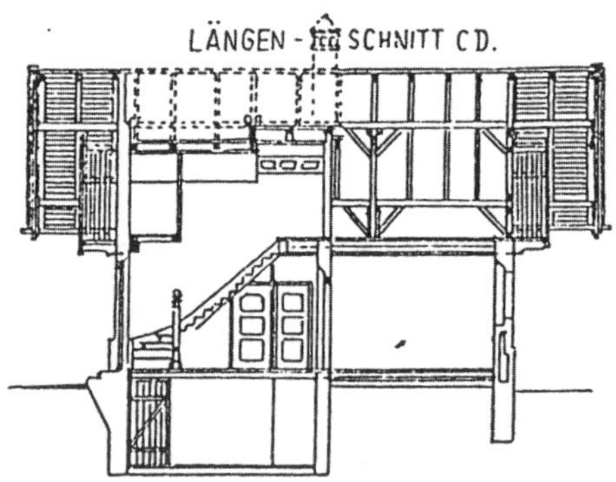

Abbildung: Slg. Hufnagl

Grund- und Seitenriss eines Bahnwärterhauses

wärter. Dienst- und Wohngebäude bildeten eine Einheit. Daher machte man sich bereits vor 150 Jahren über die Zweckmäßigkeit dieses Hauses Gedanken. Diese Gedanken galten damals als fortschrittlich:

»Beschreibung eines Bahnwärterhauses

Was die Größe und Anzahl der Wohnräume anbelangt, so werden, da sich die Bahnwärter aus dem Stande der Arbeiter ergänzen, die Wohnräume im allgemeinen in solcher Größe und Anordnung ausgeführt, wie es den landesüblichen Anschauungen über den Wohnungsbedarf der arbeitenden Bevölkerung entspricht. Hierbei sind baupolizeiliche Vorschriften zu beachten und die Forderungen der Hygiene und Wohnungspolizei zu tragen.

Der meist bedeutende Kindersegen der Wärterfamilien ergibt die Notwendigkeit, die Wohn- und Schlafräume, wenigstens bei der Mehrzahl der Wärter(wohn)Häuser, so auszuführen, dass eine Trennung der Schlafräume der heranwachsenden Kinder nach dem Geschlechte und von den Schlafräumen der Eltern möglich ist und eine Überfüllung der Schlafräume nicht statt hat.

Diesen Bedingungen entsprechend sollten B. mit nur einer Wohnung [...] wenigstens folgende Räume enthalten: Eine Küche von 10-15 m², eine Wohnstube, zugleich Schlafstube der Eltern von 20-30 m², zwei Kammern als Schlafräume der Kinder (getrennt nach Geschlecht) von je 12-15 m², einen Keller (= Eiskasten), einen Abort! Und ein Nebengebäude, entweder freistehend oder an das Wärterhaus angebaut, bei hoher Aufdämmung (Terrasse) etwa auch in dem unteren Geschosse untergebracht, mit Stallung für ein Paar Zie-

gen, Futterkammer, Holzlege und Werkzeugkammer. [...]«

Diese Vorschriftenerläuterung belegt, dass man sich bereits vor 150 Jahren bei der Eisenbahn Gedanken um seine Mitarbeiter machte. Sozialer Wohnbau, etc. waren aber auch bei sieben Tagen Dienst notwendig. Folgende Bedingungen mussten beim Bau eines Bahnwärterhauses außerdem erfüllt sein:

- ausreichender Wohnraum;
- zum Trinkwasserbrunnen nur 100 Schritte (= 75 Meter);
- 60 m² Gemüsegarten;
- Sonneneinstrahlung von 9-15 Uhr;
- Baumpflanzung, die mit ihrem Schatten ab 14.00 Uhr die Verkehrsräume klimatisiert.

Einen besonderen Grund hatte die von Dienstwegen zu haltenden Ziegen: Im Lande herrschte die Tuberkulose. Ziegenmilch besitzt wirksame Bestandteile gegen Tuberkulose. In Verbindung mit dem frischen Gemüse – längs der Bahn gepflanzt und somit für den Bahnarzt bei einer Streckenbereisung leicht sichtbar – garantierte ein gesundes und »dienstwohlfeiles« Leben.

Aber trotz all dieser Maßnahmen beträgt auch heute noch das durchschnittliche Lebensalter eines Eisenbahners – bedingt durch den harten Schichtdienst – nur 62 Jahre.

8.4 Das Bahnwächterhaus

Das Bahnwächterhaus war den Aufgaben seines Bewohners, nämlich Sicherung des Oberbaues auf Schäden und auch bahnpolizeiliche Aufgaben, entsprechend angepasst: *»Keine Wohnräume, ein Wachlokal [...] muss so groß bemessen sein, dass mindestens ein Ofen, Stuhl, Tisch etwa auch eine Pritsche darin untergebracht werden kann.«*

Die Schrankenwärter und Weichenstellerbuden waren absichtlich so klein bemessen, dass darin keine Pritsche oder auch ein Laden waagrecht untergebracht werden konnte. Die Grundfläche betrug 5 x 5 Fuß, also etwa 1,5 m x 1,5 m.

8.5 Läden und andere Schlafhölzer

Seit es eine Eisenbahn gibt, gibt es den Turnusdienst. Dieser Turnusdienst wird seit jeher im so genannten »Dreier-Radl« ausgeführt, das bedeutet zwölf Stunden Dienst, 24 Stunden frei. Dann wieder zwölf Stunden Dienst, 24 Stunden frei. Daher wird jede zweite Schicht in der Nacht durchgeführt. In der verkehrsarmen Zeit werden Vorschriften studiert, Rapporte geschrieben etc. Bei einem »Gesamtdienst«, d.h. Fahrdienstleiterdienst mit Kassendienst, wird auch die Personal- und Güterkasse gemacht.

Als erstes lernt man beim Militär unauffällig zu sein und in der Nacht, wo immer es geht, zu schlafen. Man lernt sogar, auf einem Besenstiel zu schlafen.

Dieses Wissen schlug sich auch bei der Eisenbahn nieder. Alle Möglichen und unmöglichen Erfindungen wurden getätigt, um in der verkehrsarmen Zeit schlafen zu können und bei einer Kontrolle die Liegeeinrichtung sofort verschwinden lassen zu können oder einer zweckdienlichen Verwendung zuführen zu können.

Der besonders beim Triebfahrzeugdienst beliebte »Laden« – gemeint ist ein etwa 180 cm langes und etwa 50 cm breites Holzbrett –

Wohnungszins pro Quadratmeter für die Wohnungen (Naturalwohnungen)

Im Personalwohnhause	**St. Pölten 45 Heller**	**Gmünd 40 Heller**
Im Stationsgebäude	**St. Pölten 35 Heller**	**Gmünd 35 Heller**
In allen anderen Stationsgebäuden ex Mariazell	**25 Heller**	
Stationsgebäude Mariazell	**33 Heller**	
Personalwohnhaus Mariazell	**30 Heller; alle anderen 30 Heller**	
In allen anderen Stationen	**30 Heller**	

Im Personalwohnhaus Mistelbach und den AG Mistelbach, Korneuburg, Hohenau Gänserndorf 45 Heller

Gemäß Grundbuchblatt ist der Betrag auf eine Krone aufzurunden.

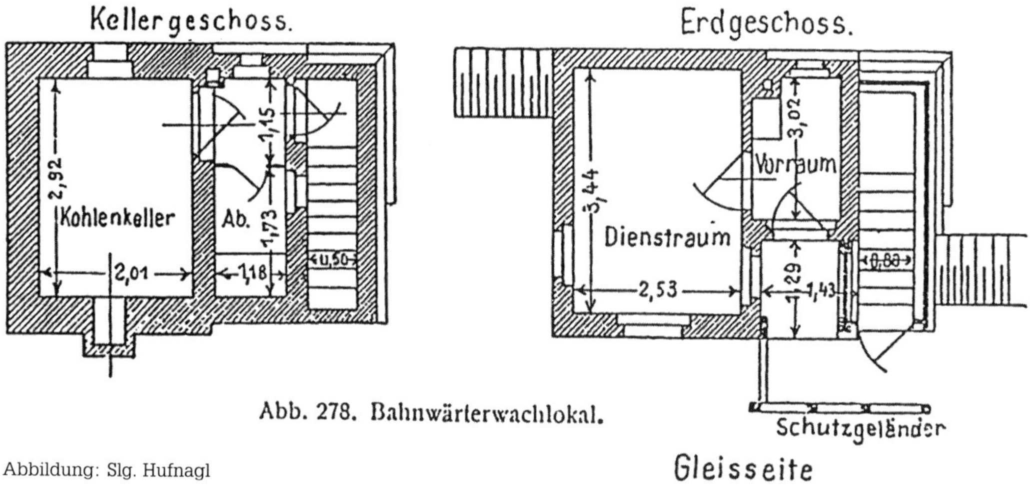

Abb. 278. Bahnwärterwachlokal.

Abbildung: Slg. Hufnagl

Das Bahnwärterwachlokal hatte nur einen Dienstraum und keine Wohnräume, es war ein nach militärischen Gesichtspunkten gebautes Wachlokal. Die Wachlokale an den Eingangstoren von Kasernen entstanden nach den gleichen Grundrissen.

fehlte auf keiner Lokomotive. Die Reihe 52 hatte bei der DR zwei Hängematten im Führerhaus. Über den offiziellen Zweck dieses Holzgerätes sind Bände geschrieben worden, aber den eigentlichen Zweck, dem Personal etwas Ruhe zu gönnen, schrieb niemand. Aber ein »Laden«, auch »Schlafholz« genannt, das war und ist Standard bei der Bahn. Um das Holz nicht so sehr zu spüren, legt man eine in Längsrichtung viermal gefaltete Decke darauf; man muss es probiert haben, um es richtig beschreiben zu können.

Ein interessantes Möbel war der bis in die 70er-Jahre in Diensträumen stehende Diwan. Seit alters her steht in jeder Dienstvorschrift, dass in der verkehrsarmen Zeit geruht nicht jedoch geschlafen werden darf. Der Diwan hatte auf der Kopfseite und auf der Wandseite ein hohes Brett, die Lehne. Die gesamte Liegefläche war 160 cm lang (inklusive Kopfkeil). Wenn man jetzt darauf schlafen wollte, konnte man das nicht, denn die Füße hingen hinunter. Daher war meistens, auch noch in Diensträumen mit Heizung, die Kohlenkiste ein begehrtes Mobiliar.

Ein weiteres beliebtes Mobiliar, da »zweckentfremdbar« und ruhetauglich, war die Vorschriften-Laden-Kommode. Der wuchtige Schrank war zwei Meter breit und sehr schwer. Die drei Laden waren daher mindestens 1,95 Meter lang. Nun füllte man die unterste Lade mit den natürlich benötigten Vorschriften, Unterlagen etc. randvoll auf und, damit diese geschützt werden, deckte man sie mit einer Decke ab. Im Fachjargon hieß das: »Schlafst in der Lad«. In einem Bahnhof ruhte ich in der in der Garderobe aufbewahrten Tragbahre. Die letzte, unverfänglichste und einfachste Form des Kopfpolsters ist seit 100 Jahren die Uniformkappe. In der Kappe ist immer ein Federband eingearbeitet, damit die Kante und der Deckel schön glatt und gespannt sind. Wenn man nun dieses Federband gegen ein stärkeres austauscht, ist der Deckel stärker gespannt. Nun hat man ein »Kopfpolster«. Im Fachjargon heißt das: »Schlafst im Kappl?«

Fotos: Hufnagl

Blick auf den Bahnhof Mistelbach LB in Richtung »Hohenau«. Links vom Mast liegt das Einfahrgleis von Korneuburg, rechts davon das Einfahrgleis von Stammersdorf. Im Bild ganz rechts sind das Verwaltungsgebäude der Zugförderungsleitung und dahinter das zweigleisige Heizhaus zu erkennen. Zwischen dem Werkstättenwagen und dem Aufnahmsgebäude (AG, links im Bild) ist das Personalwohnhaus. Die Mittagssonne kommt von links, daher sind die schattenspendenden Bäume links vom AG.

Das Aufnahmsgebäude Hohenau Lokalbahnhof von der Streckenseite mit Blick nach Norden mit den Gleisenden. Unter der Dachkante ist im Jahr 2003 noch immer der Stationsname »Hohenau-Lokalbahn« angebracht. Im Bild nicht sichtbar, »rechts«, der Bahnhof der Nordbahn, dem der Lokalbahnhof stilistisch angepasst ist.

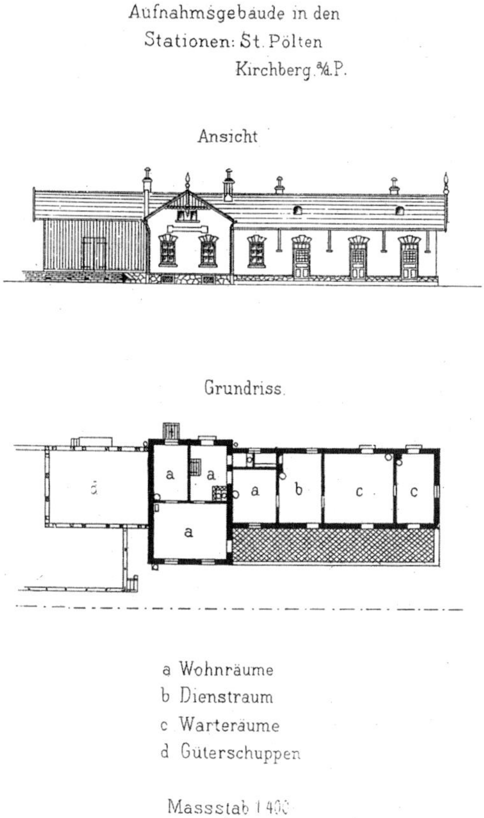

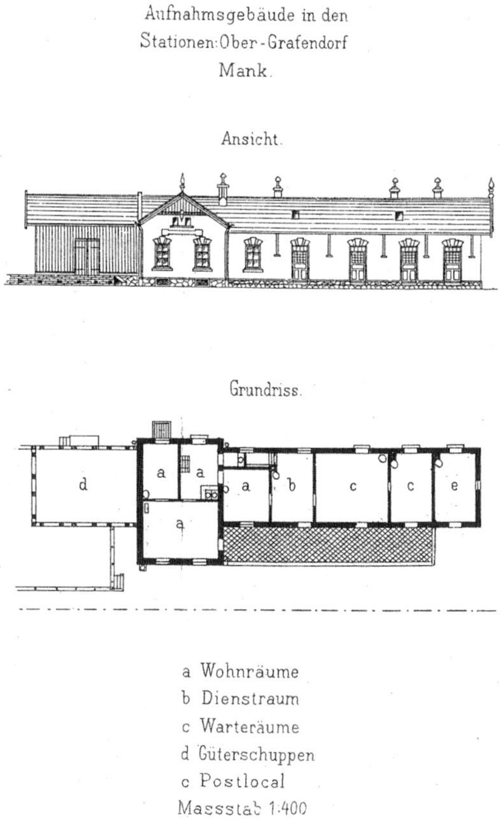

Grund- und Seitenriss vom Bahnhofsgebäude Typ I

Grund- und Seitenriss vom Bahnhofsgebäude Typ II

Abbildungen: Slg. Hufnagl

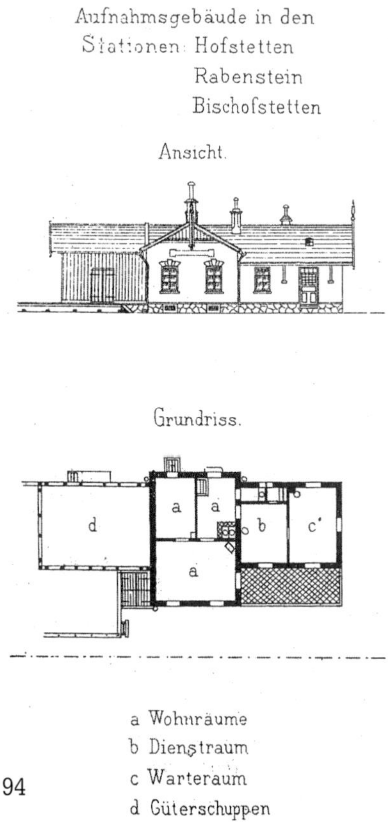

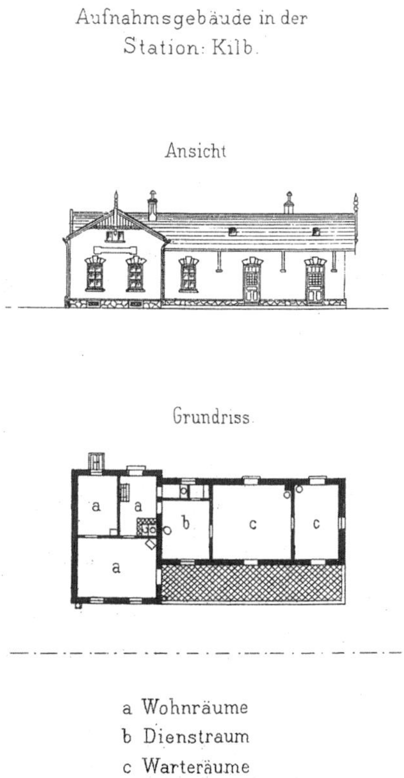

Fotos: Hufnagl

Das Bahnhofsgebäude Type A von Pillichsdorf mit linksseitigem Anbau, daneben schwach sichtbar das WC.

Der »8 Meter« Güterschuppen in Würniz-Hetzmannsdorf.

Die Station Klein Harras im Jugendstil.

Das Heizhaus Type 20 in Stammersdorf.

Fotos: Hufnagl

Das Heizhaus in Groß Gerungs. Im Anbau dahinter das Übernachtungszimmer und die Pulsometriereinrichtung.

Der Kohlenkran der Schmalspurbahn in Gmund.

9. Fahrzeuge

Das folgende Kapitel gibt eine Übersicht über die Fahrzeuge, die auf den Strecken der Niederösterreichischen Landesbahnen eingesetzt wurden. Die genauen Daten finden sich in den Fahrzeuglisten im Anhang.

Dampflokomotiven Normalspur

1897	B-n2t	NÖLB 1.01-09	BBÖ 184.01-09
1904	C-n2t	2.01-02	BBÖ 296
1908-1913	1C-h2t	102.01-10	BBÖ 199[1]
1909	1C-h2t	202.01-03	BBÖ 399[2]

[1] 102.04 als Naturalausgleich an die k.k. Staatsbahnen für die Strecke Freiland Türnitz, dort als k.k.StB R199.07; Betriebsführung der Linie durch die NÖLB.
[2] Zwillingstriebwerk. Weitere Bestellungen unterblieben wegen der für »Landesbahnwerkstätten« zu aufwendigen Wartung. +1960 (191.01-02)

9.1 Motortriebwagen Normalspur

Die folgende chronologische Übersicht zeigt die Entwicklung der Triebwagen hauptsächlich für die Nebenbahnen. Aufgrund ihrer modernen Erscheinung wurden die entsprechenden Fahrzeuge für den teuren (= »blauen«) Zuschlagverkehr verwendet.

9.1.1 Dampftriebwagen

3071.1-20
1`B1 343 PS
Aufgrund der Ölfeuerung ohne Heizer gefahren. Dienstabteil für den Conducteur »hinten«, das so genannte »Lachkabinett«; Rückbau auf Kohlefeuerung, da jeder Lokführer (Partie) seinen eigener Heizer hatte. Einmal fuhr die (Lokalbahn-) Partie auf einer 93er (Lok und Heizer), dann auf einem 3071er und dann wieder auf einer 52er. Was hätte der Heizer bei der Tour seines Lokführers mit der ölgefeuerten 3071er machen sollen?

Der fertiggestellte Wagenkasten des Motorwagens Nr. 20 wurde auf einem Behelfsfahrgestell zur weiteren Montage transportiert. Abbildung: Slg. Helles

Fotos: Zell, Slg. Töpelmann, Archiv transpress

Bei den Österreichischen Bundesbahnen erhielt die ehemalige NÖLB-Lok 1.05 die Nummer 184.5 und bei der Deutschen Reichsbahn die Nummer 88 003.

Der Nassdampfdreikuppler 296.01 der Österreichischen Bundesbahnen trug bei der NÖLB die Nummer 2.01.

Die Reihe U bewährte sich auf vielen Schmalspurbahnen Österreichs in all ihren Varianten.

Fotos: Zell, Slg. Töpelmann, Archiv transpress

Hinter der Lok mit der Reichsbahnnummer 98 1354 verbirgt sich die ehemalige NÖLB-Lok 102.03; auch die BBÖ-Nummer 199.23 ist noch zu erkennen.

Die ehemalige NÖLB-Maschine 202.03 lief bei den BBÖ als 399.03.

Die BBÖ-Lokomotiven mit den Nummern 178.295-304 waren ursprünglich für die NÖLB als 104.01-08 gebaut worden. Hier die ehmalige 104.07 als 178.303. Foto: Bellingrodt, Slg. Töpelmann, Archiv transpress

Für den Fotografen brachte das Personal 184.05 auf der Drehscheibe in Position. Foto: Zell, Slg. Töpelmann, Archiv transpress

Nach 1960 entgegen dem Ursprungszweck auf den »Nebenbahnen« eingesetzt. Dort wurde die ansonsten gute und schnelle Maschine systematisch verbraucht. Aufgrund der wechselnden Zugleistungen Einsatz immer mit Dienstwagen, auch weil das Lachkabinett immer noch den Ölgeruch vom ehemaligen Öltank hatte. 3071.07 als betriebsfähiges Museumsfahrzeug erhalten.

9.1.2 Diesel- (Benzin-)Triebwagen

VT 30.01

Durch Fross Büssing 50 PS-Motor 1924 Umbau aus einem »Stadtbahnwagen Cu« mit Benzinmotor auf derselben Plattform mit der Achsfolge A1. Weiterer Umbau 1927; am Dach ein Schlangenrohrkühler anstelle des Flachkühlers. Übernahme durch BBÖ, eingesetzt auf den ehemaligen NÖLB-Strecken von Mistelbach aus. Die Deutsche Reichsbahn musterte ihn als CivT 721 im Jahr 1939 aus.

VT 10

Die Firma Warchalowski baute 1925 einen zweiachsigen Triebwagen, der sich in seiner Konstruktion an den Bau von Straßenbahnfahrzeugen anlehnte. Er war mit einem NAG-Motor (Nationale Automobil Gesellschaft Oberschönewald) mit einer Leistung von 75 PS ausgerüstet; 1939 nach einem Brandschaden ausgemustert.

VT 11 01-02

Baujahr 1927; ausgerüstet mit 100 PS starkem Warchalowsky-Benzinmotor T 31 mit vier Zylindern (später Diesel) bm/dm; 70 (3+2) Plätze; Achsfolge 1 A. Später erfolgte ein Umbau des VT 11.02 auf 55 Plätze (2+2 und Toilette), der die Nummer 5029.01 erhielt. Offener Führerstand, die Motorleistung wurde über ein Handrad gesteuert. Der Lokführer und späterer Maschinenmeister S. zeigte in den 60er-Jahren auf der Landesbahn Siebenbrunn–Engelhartstetten bewundernden Damen, wie schwierig es ist, mit dem kleinen Lenkrad immer auf den Schienen zu bleiben und machte dabei immer kleine Lenkbewegungen mit dem »Lenkrad«;

1968 ausgemustert.

VT 12 01-03

Gebaut bei Warchalowsky im Jahr 1927 (diverse Umbauten); ausgerüstet mit Warchalowsky T31 Benzinmotor 6 Zylinder mit 150 PS bm; Achsfolge 1A A1.

VT 12.03

Der VT 12 konnte etwa vier leichte »Lokalbahnwagen« auf einer zehn Promille-Steigung mit 26 km/h befördern; 1952 Umbau in einen Triebwagenanhänger.

VT 21

Beim VT 21 handelte es sich um ein Hauptbahnfahrzeug, das nie auf Nebenbahnen eingesetzt wurde.

VT 22.01

Baujahr 1927 (Graz); Achsfolge 1A A1; ausgerüstet mit 150 PS bm; ähnlich dem VT 12 mit Toilette und Dienstabteil; 1945 Tschechoslowakei.

VT 23.01

Baujahr 1927 (Graz); Achsfolge 1A; 100 PS bm, zweiachsige Ausführung des VT 22.01 mit Toilette; 1945 Tschechoslowakei.

VT 31.01

Entstand 1927 durch Umbau aus Ci 29 270 bei Fross Büssing. Achsfolge A1; ausgerüstet mit 88 kW starkem Benzinmotor, der in einem Hilfsrahmen unter dem Wagenboden zwischen den Achsen aufgehängt war; Einsatz auf der NÖLB/Mistelbach.

VT 40.01

Baujahr 1929 (Simmering); Benzinmotor DWK T IV; erster benzinelektrischer Antrieb auf beide Achsen (Achsfolge Bo); 1936 Umbau in der HW St. Pölten (1945+?).

VT 50

Baujahr 1929 (Renault), Motor von Renault/Gräf & Stift mit einer Leistung von 80/88 kW B`2`(1940+?).

VT 60.01-04

Baujahr 1932 (Perl/HW St. Pölten); Benzinmotor 8/T 829 85 PS A1; Umbau aus LOBEG Autobussen des Typs L8. 27 Sitzplätze und 20 Stehplätze; ÖBB VT 60.01-01 (+1947), 03 und 04 +1948. Auch eingesetzt als Ersatz-Zeitungstriebwagen bei Ausfall des VT 160.

VT 61
Diese Reihe wurde niemals auf Nebenbahnen eingesetzt.

VT 62.01-06
Baujahr 1933; zwei Benzinmotoren AD 640 mit einer Leistung von 2 x 80 PS; Achsfolge Bo, der Antrieb erfolgte hydrodynamisch; Erstmals Anstrich »blau -elfenbein« (siehe Waggonfarben). Die Triebwagen wurden versuchsweise auf der Strecke Retz–Drosendorf eingesetzt. Bei Überlastung, z.B. an Steigungen bestand Brandgefahr. Hinzu kamen noch sechs fast baugleiche Beiwagen.

VT 41
5041.01-10
Baujahr 1933 mit der Achsfolge 2`Bo. Der Antrieb erfolgte diesel-elektrisch mit einer Leistung von 160 PS b(d)e. Das «große« Drehgestell trug den Motor, das kleine Drehgestell die beiden Elektromotoren. Die Fahrzeuge wurden 1977 bis auf 5041.05 ausgemustert, der als betriebsfähiges Museumsfahrzeug erhalten blieb. Einer wurde zum Beiwagen umgebaut.

5042.01-15
Baujahr 1935-1937 (SGP), Antrieb durch R8 2 x 210 PS, Achsfolge A´1 1A. Aufgrund der starken Lärmentwicklung durch den Motor wurde (verbotenerweise) gerne nur mit der »hinteren« Maschinenanlage gefahren. 5042.14 betriebsfähiges Museumsfahrzeug, systemgleich mit dem Elektrotriebwagen 4042 und dem damals universell einsetzbaren Steuerwagen 7042.
VT 5042.04 bis 1955 Sondertriebwagen der US-Armee in Österreich (USTC-A). Die Ledersofas wurden 1986 bei einem » Tag der offenen Tür« in der HW St. Pölten »entsorgt« und sind noch »irgendwo«.

5043
Baujahr 1936, Versuchsausführung 5044 und Erprobung der Antriebsanlage für den 5042; Achsfolge A1'A (ein Motordrehgestell des 5042 und die 3. Achse hatten auch einen elektrischen Antrieb. Umbau 1962 mit Teilen des ausgebrannten Kastens vom 5042.07 in den 5042.15

5044/5144
Baujahr 1938-1940 (Nachbauten1950/51 5144.01-05); Achsfolge `Bo`2`dh; die Maschinenanlage leistete 420 PS. Die Fahrzeuge wurden 1993 ausgemustert, 5044.06 blieb als betriebsfähiger Museumstriebwagen.
Bei den 5144 handelte es sich um Umbauten aus Steuerwagen, die für eine eventuelle Motorisierung bereits vorbereitet waren; das Dienst-/Gepäckabteil war an der zukünftigen »Motorseite« untergebracht.

5045.01-12
Baujahr 1952-57; 5045.01-13 SGP; Antrieb durch S12a mit einer Leistung von 500 PS; Achsfolge `B`2hy; diverse Umbauten, geplant als Doppelstocktriebwagen. 5145.01-12 Umbau aus 5045.01-12; die Fahrzeuge 13-16 (Baujahr 1956) waren ursprünglich Neubauten für Jugoslawien, wurden aber nicht übernommen (u.a. nach Bau von neuen Zwischenwagen für Vindobona 13+14 und 15+16, zwei Umlauftage). Häufiger Umbau wegen zu großen Motorlärms (Arbeitnehmerschutz).

5046.1-17
Baujahr ab 1954/55 (SGP); Antrieb durch S12a mit einer Leistung von 500 PS; Achsfolge B`2; Dampfheizkesse.
5146.01-08 (Baujahr 1959-61) eingesetzt im Nahverkehr Wien FJBf–Tulln (Stadt). Häufiger Umbau wegen zu großem Motorlärms.

SGP 5047.01 (Firmenbezeichnung)
Baujahr 1960 (SGP); verschiedene Umbauten bis 1966. Die ÖBB waren an dem Fahrzeug mit der Achsfolge B´B´ nicht interessiert, da die Diesellokomotiven der Reihe 2043/2143 bereits im »Kommen« waren, die bei den »Personenzugwenden« samt Personal für Güterzüge verwendet werden konnten. 1964 Verkauf an die bulgarischen Staatsbahnen, die ihn als Salontriebwagen einsetzten.

5047.01-06, 07-100
Baujahr 1987-1995; die Maschinenanlage des Fahrzeugs mit der Achsfolge 2`B` besitzt eine Leistung von jeweils 419 kW und stammt von MTU. Sechs Uerdinger Beiwagen 7081 wurden zu 7047 umgebaut, aus Sicherheitsgründen ist jedoch ein Zugbegleiter vorgesehen.

5147.01-020
Zwei Triebwagen = ein Doppeltriebwagen. Beide Teile sind alleine fahrbar.

5047.500, 501,
ROEE

5080.01-02
Baujahr 1954 (SGP), 5080.01-02 ausgerüstet mit Dieselmotor 58B mit einer Leistung von 200 kW; Achsfolge A1; zwei Beiwagen. Ausgerüstet mit Scharfenbergkupplung! Musste 1956 nach »Misserfolgen« auf der GKB von den ÖBB übernommen werden. 1973 nach vielen »Fehlstarts« mit nur 500.000 Laufkilometern ausgemustert.

5081.01-03
Baujahr 1964, besser bekannt als »Uerdinger«, Motorleistung 220 kW B0;

5081.11-22, Jenbacherwerke Baujahr 1965; 2 x 150 PS dm.

5081.51-65 (SGP Lizenz): Baujahr 1965-67 (mussten erst »Nachbauen«). Alle Triebwagen wurden bis 1994 ausgemustert.

9.1.3 Gepäcktriebwagen

VT 160
Gütertriebwagen mit dem Baujahr 1933; Umbau aus Perl LKW L6 durch HW St. Pölten mit einer Motorleistung von 32kW und der Achsfolge A1; nicht auf Nebenbahnen eingesetzt (+1939 als PwvT 728).

VT 70, 5070.01-09
Baujahr 1933 (GANZ) mit der Achsfolge Bo` (Systemgleich mit der Schmalspurlok 2093.01); angetrieben durch SH 250/6 mit 300 PS (+1960).

Durch das Gepäckabteil war kein eigener Gepäckwagen für den Herrn Condukteur notwendig und der Triebwagen konnte »einmännig« – man schrieb das Jahr 1933! – gefahren werden. Der »Motorlokführer« brauchte keine staatliche Kesselwärterprüfung und war daher preiswerter als der »Dampflokführer«. Das Einsatzgebiet waren vorwiegend Lokalbahnen in Kärnten.

9.2 Elektrofahrzeuge Normalspur

EWP 1-6, 7-8 1072
Achsfolge 1`B1 (Baujahre 1913/1916); Belastungsmöglichkeit waren 110 t mit V_{max} von 60 km/h in der Ebene und V_{max} 30 km/h auf 30-Promille-Rampen. In den Rahmenabschnitten war ein Anhalten und damit eine »Kraftreserve« nicht vorgesehen.

Ewl 1-3 1060
Achsfolge 1`C, 1912 für die Karwendelbahn gebaut. Drei Lokomotiven mit veränderter Bremsausrüstung 1914 für die LWP.

Motorturmwagen
MTW Nr.5 X 531.05
Baujahr 1920; Warchalowski-Antrieb mit einer Leistung von 85kW, Achsfolge 1A. Nicht nur einmal fungierte der 531.05 auf seiner Heimatstrecke, der »Pressburgerbahn« als Retter in der Not: verbotenerweise – man kannte sich ja – diente er als Nachschiebetriebfahrzeug für die überlastete 1072. Der MTW gab das Signal »Bremsen los« und schob helfend an.

9.3 Dieseltriebfahrzeuge Normalspur

2041
1961 von SGP gebaut und ab 1962 von den ÖBB gemietet, um die Nebenbahnen kostengünstig zu verdieseln. Natürlich nur »einmännig« zu fahren. Außerdem besaß die Lok noch eine personalsparende 1000 V Zugheizung. Die Maschine war 1961 eine nicht gewollte Zukunftsvision und ihrer Zeit 20 Jahre voraus, denn ihr Konzept und ihre Einsatzgrundlagen bewährten sich augenscheinlich mit der Reihe 2048 (V 100). 1968 erwarben die ÖBB die Lok, um sie nach schweren Achsschäden bereits 1974 auszumustern.

2043.501
Baujahr 1961,1963 von den ÖBB gekauft. Im Original bis 1967 in der Farbe »blau-creme« im Einsatz.

2043.01-76
Jenbacher Werke (ab 1964); Motor LM 1500 ventilloser Zweitakt-Dieselmotor mit ehrlichen 1500 PS, daher auch eine stärkere Belastungstafel als die »baugleiche« 2143, das zeigte sich besonders auf Steigungsstrecken.

2143.01-77
SGP (ab 1965). Galt als »rotes« Pendant zur »schwarzen« 2043.[1] Als Antrieb diente die

Maschinenanlage vom Typ SGP T 12c, die ihre Leistung von 1110 kW nur mit einem Turbolader erreichte. Durch die eingebauten Überhitzungsschutzeinrichtungen schaltete sich bei stärkerer Belastung die Maschine selbsttätig ab. Ein »Überlasten« wie bei der 2043 war nicht möglich. Durch den relativ steifen Antrieb mit Kardanwellen neigte sie auf den engen Kurven der Lokalbahnen, für die sie ja eigentlich gebaut wurde, bei starker Belastung (z.B. Mollmansdorfer Berg) zum »Aufsteigen«. Für einen Umbau auf die elektronische Vielfachsteuerung verlangte die dafür zuständige HW überschlagsmäßig den Preis einer halben neuen Diesellok. Die Gründe waren eine verlangte Gesamtmodernisierung mit Klimaanlage, goldverspiegelten Fenstern etc. Traktionsmäßig sollte nichts geändert werden. Für das von mir geplante Einsatzkonzept wurde dann die 2016 entwickelt.

2045.01-20

Gebaut ab 1952; die 2045 besaß zwei getrennte Anlagen, daher zwei Motoren des Typs SGP S 12 a mit je 370 kW, Abgasturbolader (eingebaut im 5045) mit dieselelektrischem Antrieb, daher die Achsfolge Bo´Bo´.

SGP hatte damals keinen stärkeren Motor auf Lager, die Entwicklung dieses Motors/Antriebskonzeptes ging auf den Bedarf für einen Großkampfpanzer der Deutschen Wehrmacht zurück.

Wegen der damals üblichen Dampfheizung hatte die Lok im Führerhaus einen Dampfkessel, der auch zum Vorwärmen des Kühlerkreislaufes diente. Wenn nun dieser Kessel nicht in Betrieb war und man zum Vorwärmen warmes Wasser brauchte, bediente man sich eines kleinen, unter der Lok angebrachten kohlegefeuerten Öfchens. Der TfZ-Führer brauchte daher die staatliche Kesselwärterprüfung und einen Beimann.

U = Unzmarkt ab 1897 6 Stück, C1.
Uv = Unzmarkt Verbund 1902 Uv1 und Uv2 für die Waldviertelbahnen; 1905 Uv3
Uh = Unzmarkt Heißdampf 1905 Uh; eine Maschine für St.Pölten–Kirchberg–Laubenbachmühle; hierbei handelte es sich um eine U mit Schmitt Überhitzer, erste Heißdampflokomotive der Monarchie (Uv01-Uv06)

9.4 Dampflok Schmalspur

Mh

Mh (= Mariazell Heißdampf Zwilling); aufgrund der guten Betriebserfahrungen mit der Reihe Uh (Bh der BBÖ = Bregenz Heißdampf) wurde auch diese Reihe mit einem Schmitt Überhitzer ausgestattet. Durch die Bauart »Stütztender« konnten größere Betriebsvorräte ohne Überschreitung der Achs / Meterlast mitgenommen werden. Beschafft als Mh 01-06.

Mv

Mv (= Mariazell Verbund); im Jahr 1907 für Vergleichszwecke bestellte Nassdampfvariante der Mh, die sich nicht bewährte. Beschafft als Mv 01 und 02.

9.5 Elektrische Triebfahrzeuge Schmalspur

E 1-14 (15, 16)

Baujahr 1910 (E 15-16 1914); Achsfolge C´C´, Antriebsleistung 420 kW.

Motorturmwagen (NEWAG)
X 532/s 01,02

Baujahr 1964 für die Fahrleitungserhaltung der Mariazellerbahn EVN (ehemals NEWAG); Motor JW 100 74kW Bo (ohne Kupplungen).

9.6 Dieseltriebfahrzeuge Schmalspur

2090.01

Baujahr 1930, Antrieb des Herstellers Warchalowsky mit einer Leistung von 88 kW, Achsfolge Bo.

2190.01-03

Baujahr 1934, Antrieb durch SGP SV8 mit einer Leitung von 86 kW; Achsfolge Bo.

2091.01-12

Baujahr 1936-1940, Antrieb durch SGP R8 mit einer Leitung von 155 kW; Achsfolge 1Bo1.

2092.01-04

Heeresfeldbahn 130 01 und 02; hergestellt bei Gmeiner; 101,102 bei Windhoff (nach Einbau eines Voith Getriebes erhielten sie die Nummern 03 und 04).

2093.01
1927 (BBÖ 1930) SGP R8 150kW. System gleich mit VT 5070.

2095.01-15
Baujahr 1958-1962, Morot vom SGP S12a mit einer Leistung von 440 kW; die Nummern 01-03 sind mit Dampfheizkessel ausgerüstet.

9.6 Motorbahnwagen

X/S 614.900
Angetrieben durch JW35 der Werke Wörth mit einer Leistung von 35 PS; Umbau aus normalspurigen X614.

9.7 Triebwagen Schmalspur

4090.001-003
Elektrischer Triebwagen (Baujahr 1994); Leistung: 320 kW. Hinzu kamen noch drei Zwischenwagen und ein Steuerwagen. Aus diesen Einheiten konnte eine dreiteilige TWG+ZW+StW und eine vierteilige TW+Zw+Zw+TW Garnitur gebildet werden.
0/0 Betrieb möglich (!).

5090.001-017
Elektrischer Triebwagen Baujahr 1986–1995, angetrieben durch MAN mit einer Leistung von 235 kW und der Achsfolge B'B'. Probleme bereitete der Einbau eines WC's, da das Fallrohr genau auf den Motor zeigte und das Werkstättenpersonal leicht ungehalten war; mehrere Umbauten.

9.8 Der Nebenbahntriebwagen 5047 und 5147

Die Versuche, die Betriebskosten auf den Nebenbahnen durch den Einsatz von Triebwagen, welcher Art auch immer, zu senken, sind Geschichte und kläglich gescheitert. Sowohl von der Technik als auch vom Einsatzkonzept her. Wesentlich für die »Kosten« waren schon immer die Personalkosten und die »Einsatzmodalitäten«. Gemeint ist die Zugbesetzung mit Zugführer, Schaffner und ev. sogar einem »Manipulanten«. Dazu kamen aus der Dampflokzeit übernommene Ansichten und Regelungen.

Einen neuen Anlauf zur Kostensenkung brachten die Erfolge der DB mit dem Uerdinger Schienenbus. In Österreich war der Proporz auch auf dem Eisenbahnsektor vorhanden. Die Firma SGP war den Sozialisten nahestehend und die Firma »Jenbacher« den Christlichen. Daher kam es schon beim 5081 zu einer »Splittung « der Aufträge. Besonders vor Wahlen wurden über Druck der Regierung Fahrzeugprojekte vergeben, die dann in der harten Eisenbahnpraxis erst dem Betrieb angepasst werden mussten. Hier ist die Geschichte der »Nebenbahndiesellok« am signifikantesten.

Die ÖBB wollte eine 2041 (ähnlich der V100) mit Mittelführerstand, es kam jedoch die 2043/2143 mit Endführerstand. Zwei komplett verschiedene Typen deshalb, da zuerst die Fa. Jenbacher (christlich) eine Diesellok mit einem echten 1500 PS 2Takt Dieselmotor griffbereit hatte, und, da sie funktionierte, die ÖBB diese Lok goutierte. Flugs entwickelte SGP (den Sozialisten nahestehend) ebenfalls eine ähnliche Diesellok mit einem -da kein geeigneter Motor vorhanden- aufgeladenen 4 Takt SGP Dieselmotor. SGP baute 77 Dieselloks der Reihe 2143 und Jenbach 76 der Reihe 3043. (Sie hatte ja bereits die 2043.01 = 2043.501, den Prototyp. Die Jenbacher, sie funktionierte, ging auch in den Export). Zurück zu den Nebenbahnen. In Deutschland feierte das VT 95 und spätere VT 98 System Erfolge. Flugs baute SGP einen Nebenbahntriebwagen, den 5080, der mangels eines wirtschaftlichen Einsatzkonzeptes sowie wegen technischer Mängel ein »Flop« wurde. Man fuhr nämlich wie in der guten alten Dampflokzeit mit Tfz - Führer und ZgF / Schaffner. Markiger Ausspruch der mächtigen (Zugsbegleiter) Personalvertretung damals: »Wie kann denn ein....Lokführer so etwas Wichtiges wie eine Fahrkarte berechnen und auch dann noch verkaufen?« Daher wurde eine Tarif- und Vorschriften-Systemänderung nicht durchgeführt und der 5081 mit Beiwagen / Steuerwagen auch in Eilzugeinsätzen im Linzer Raum »verbraucht«. Durch den Dieselbetrieb (nur TfzF) ersparte man sich immerhin den Heizer.

Nach vielen Kostenrechnungen und sonstigen Widerständen sowie politischen Eingriffen in die Fahrplangestaltung (»Macht's doch was für mich!«) sann die ÖBB auf Abhilfe. Gefahren wurde auf den Nebenbahnen bis zum Ende der Dampflokära (1969) weiterhin mit der Reihe 93 und einem BDi und einem Bi. mit doch schon 60 km/h, personalmäßig mit einem TfzF, einem Heizer, einem Zugführer (mit eventuell Dienstpost / Postmanipulation = eigener versperrbarer Raum) und einem Schaffner. Beförderungskapazität je nach eingesetztem Wagenmaterial etwa 68 Plätze.

Durch den schon früher angelaufenen Einsatz von Triebwagen (3071 = Dampftriebwagen, 5041 etc.) konnten in Begleitung von Fahrplankorrekturen und besseren Anschlüssen Verbesserungen auf den Nebenbahnen geschaffen werden. Der Einsatz von Triebwagen verlangte jedoch den Umbau von Personenwagen, da diese eine »Webasto« Heizung -mangels Dampfspender-benötigten. Der Triebwagen 5046.1 erhielt aus diesem Grund einen eigenen automatischen Dampfheizkessel (TfZ-Führer mit Kesselwärterprüfung) Nach dem »Einbruch« der echten Dieseltfzf.(ohne Dampfprüfung) in den Nebenbahnbetrieb wurden die Dampfkessel auch bei der R 2045 ausgebaut (stillgelegt) und alles auf Webasto umgestellt.

Die DB baute den VT 628. Der Einsatz in Deutschland funktionierte. Um die die ÖBB wirtschaftlich (finanziell) wie eh und je stark belastenden Nebenbahnen trotz Rufen nach moderner Betriebsführung sichtbar »loszuwerden«, wurde der Nebenbahntriebwagen 5047 geschaffen. Er sollte auf den Nebenbahnen – nun generell aus gebunt für V_{max}/60 km/h – mit bis zu 80 km/h Betriebsgeschwindigkeit verkehren. Für die eventuell notwendige Überstellung auf Hauptbahnen wurde ein Wandlergetriebe mit 2 Stufen (0-80/80-120 km/h) mit V 120 km/h eingebaut. Er erhielt – zur Beförderung eines etwaigen Güterwagens – normale Zugvorrichtungen und weiters ein Post / Gepäckabteil für den Zugführer. Im Fahrgastteil bot er 72 Reisenden bequem Platz. Bei der Besichtigung/ Pressefahrt meinte der damalige GD:»...aber die Farb is..« Die Firma Jenbacher baute 6 Triebwagen. Die Vorstellungsfahrt, die ich mit den Jenbacher Werken auf der Franz Josefs - Bahn nach Rosenburg (Kamptal) organisierte, war etwas »Neues«. Der neue Triebwagen wurde erstmals nicht auf der ehemaligen 1er Bahn (Westbahn; die Westbahn hatte früher immer das Kursbuchbild 1) durchgeführt sondern auf meiner »Heimatstrecke«, der Franz Josefs - Bahn. Der am Freitag zugefahrene 5047.01 hatte einige kleine Probleme, die interessanterweise von den nicht eingeschulten Werkstättlern in der Zfltg Wien FJB behoben werden konnten. Dank meiner Kenntnisse um die Strecke konnte auch etwaigen betrieblichen Problemen durch nicht näher genannte Hilfestellungen vorgebeugt werden. Ich möchte mich auch noch heute bei den Mitarbeitern des Betriebs und des Zfltg-Dienstes bedanken, denn die Fahrt nach Rosenburg wurde ein voller Erfolg

An mehr als einen durch die 6 Fahrzeuge vorgegebenen begrenzten Einsatz (»irgendwo«) war nicht gedacht, daher stimmte auch die Personalvertretung im Wissen darum dem personalreduzierenden und kostengünstigen 0/0 Betrieb generell (ohne Zugführer) zu. Durch kommerzielle Anpassungen konnte nun der TfzF auch Fahrkarten (»Pappendeckel«) verkaufen.

Durch Presseberichte (1986/87) in der NÖN / Gänserndorf wurde erstmals ein Bedarf an 5047 im Raume Groß Schweinbarth aufgezeigt. Von der GD/ÖM (Öffentlichkeitsarbeit und Medien/Marketing)wurde ein Einsatzkonzept ausgearbeitet und von der BB Dion Wien durchgeführt. Es wurden gravierende Neuerungen mit den Fachdiensten ausgehandelt und auch umgesetzt. Der Tfzf verkaufte Fahrkarten, kein Zugführer an »Bord«. Daher nur ein Mann am Triebwagen. Einfachster V5 Zugleitbetrieb. Die Forderung nach dem Einbau eines »Schnellbahnfunks« wurde zuerst mitleidig belächelt, dann nach Kennen der Gründe sofort realisiert. Der VT 5047 TfzF konnte sich damals über Funk (Schnellbahnfunk) über den Zuglauf auf der Schnellbahn erkundigen und bei etwaigen Verspätungen in der unbesetzten Haltestelle/Umsteigstelle Obersdorf-Pilichsdorf »zuwarten«. Durch ausgesuchte Lokführer mit einem Dienstsitz in Groß Schweinbarth, die teilweise sogar Verkaufswettbewerbe durchführten, weiters durch personalsparende und betriebliche Maßnahmen ist diesem »Schweinbarther Kreuz« ein bis heute anhaltender Erfolg beschieden, denn bereits ab etwa 180 Fahrgästen pro Tag »rechnet« sich das System. Daraufhin wurden insgesamt 100 Stück 5047 und 10 (20) Stück 5147 von Jenbach gekauft. Auch andere Bahnen wie z.B. die RÖE beschafften für das von mir entwickelte Burgenland-Verkehrssystem (»Burgenlandvertrag«) diesen Triebwagen als

5047.501 (Jenbach 1995/96), 5047. 502 (Jenbach 1996/96) und als Doppeltriebwagen den 5147 511/512 (1996/96). Die Abnahme erfolgte nach ÖBB Modalitäten - damit waren sie erstmals auch ohne »Wenn und Aber« auf ÖBB Strecken (Kilometerausgleich) universell einsetzbar. Erstmals wurden auch für die ÖBB »Ersatztriebwagenköpfe« von Jenbach gefertigt und gelagert. Bei den vielen Unfällen auf den unabgeschrankten Eisenbahnkreuzungen war mit Beschädigungen der Frontpartien der Triebwagen zu rechnen. Daher konnten mit diesen »Reparaturteilen« die Standzeiten und damit auch die Kosten wesentlich gekürzt werden - eine neue und in der Folge nachrechenbare Praxis, die sich bewährte.

In dem nun fast 17-jährigen erfolgreichen Einsatz des 5047 kann ich nur abschließend sagen: »Der Erfolg hat viele Väter«.

Die Beiwagenfrage konnte aufgrund der von Jenbach geforderten hohen Kosten von etwa 22 Mio ATS (Triebwagen etwa 27 Mio ATS) nicht realisiert werden. Statt dessen baute man gleich den Doppeltriebwagen 5147, der aus zwei getrennt angetriebenen auch allein fahrenden 5047 ohne einen zweiten Führerstand auf der Kuppelseite besteht. Für den Fall der Fälle - man glaubt es kaum, denn es gab auch hohe Frequenzen - wurden vielerlei Behelfslösungen gebastelt. Beiwagen 5081, Schlierenwagen mit automatischer Türsteuerung. Ansonsten wurde viel Papier verbraucht.

Verschiedene Initiativen, auf »geringsten« Strecken noch irgendwie »rechnend« fahren zu können und dafür noch kostengünstigere ausländische Triebwagen einzusetzen, scheiterten bis jetzt (Sommer 2002) an verschiedensten Einsprüchen der Behörde, wie:

- der Führerstand hat keine Trennwand zum Fahrgastteil wie einst der 5029
- Klimaanlage, da Sonneneinstrahlung vorhanden
- die Führerstandfenster-Sonnenschutz...usw.
- die Sitze sind....
- da hängt was runter...
- kann er auch bei 300 Promille bei Nässe auf Meter stehen bleiben?
- und überhaupt......

Der 700 000 ATS teure Triebwagen hatte dann bereits 3,5 Mio ATS gekostet.

Interessant ist, dass 15 Jahre später bei einer neuerlichen Probefahrt mit derselben Type nun die eingebaute Trennwand Führerstand/Fahrgastteil als hinderlich betrachtet wurde. Ja so ändern sich halt die Zeiten.

[1] SGP war sozialistisch dominiert, die Jenbacher Werke gehörten zur Einflusssphäre der Österreichischen Volkspartei (ÖVP). Da Jenbach bereits die 2043.501 und 76 Exemplare der 2043 bauen durfte, erhielt SGP natürlich den Auftrag für 77 Lokomotiven, denn Österreich hatte zu diesem Zeitpunkt eine rot-schwarze Koalition.

Lok 32 erhielt den Namen Auersthal, Lok 31 Stammevsdorf Foto: Slg. Hufnagl

75 724 mit sowjetischen »Beutezeichen« im Ausflugsverkehr auf der Lokalbahn Siebenbrunn–Engelhartstetten. Am Bildrand rechts ist das abgelegene, typische WC-Häuschen der NÖLB zu sehen. Die altösterreichischen Tenderlokomotiven durften mit dem Tender voraus nur 50 Km/h fahren, daher erfreuten sich mangels Drehscheiben die Tenderloks der Reihe 75, wie auch die späteren Reihen 77,78 und 93 größter Beliebtheit.

Foto: Slg. Hufnagl

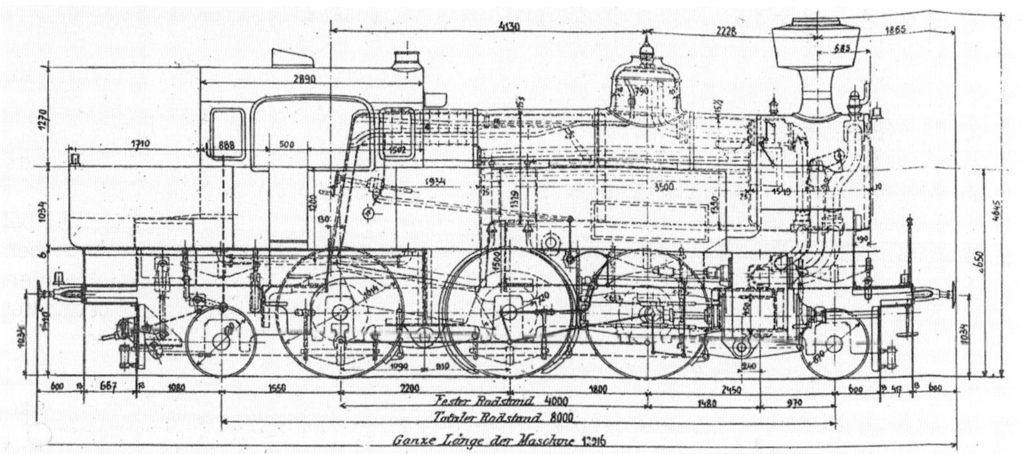

Risszeichnung der auch auf den Nebenbahnen eingesetzten Reihe 75. Abbildung: Slg. Hufnagl

Auf der Parade der Bahn in Strasshof zum Jubiläum 150 Jahre Eisenbahnen in Österreich rollte auch dieser Zug an den Zuschauern vorbei: Lok 91 107 mit einem nicht NÖLB-gerechten (zu langer Radstand) Dienstwagen. Foto: Slg. Hufnagl

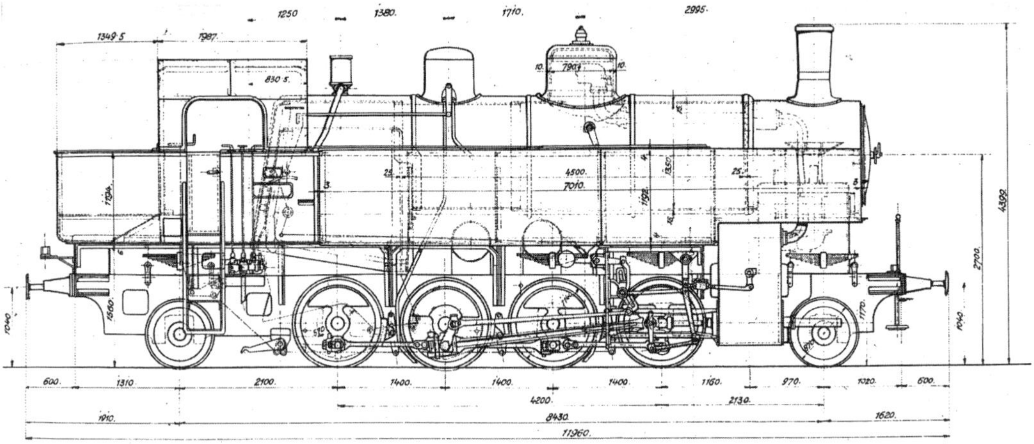

Diese Risszeichnung zeigt das Arbeitspferd der Nebenbahnen, die Reihe 93. Ihre Treibradkonfiguration stammte noch von der Reihe 73 und durfte aus militärischen Gründen (Ersatzteilhaltung) nicht geändert werden. Die Reihen 73, 55, 91, 92, 93, 392 etc. hatten alle die gleichen Radsatzmaße.

Abbildungen: Slg. Hufnagl

Bei der Jubiläumsparade der Bahn erinnerte diese Garnitur an den »Stammersdorfer«. Leider waren keine kurzen Bi mehr vorhanden, daher die falschen »Langen«. Der Milchwagen zeigte symbolhaft eine Transportvariante an. Die Milchbehälter wurden mittels eines Kranes entladen und dann mit einem LKW zur Molkerei im 20. Wiener Gemeindebezirk gebracht.

Fotos: Slg. Hufnagl

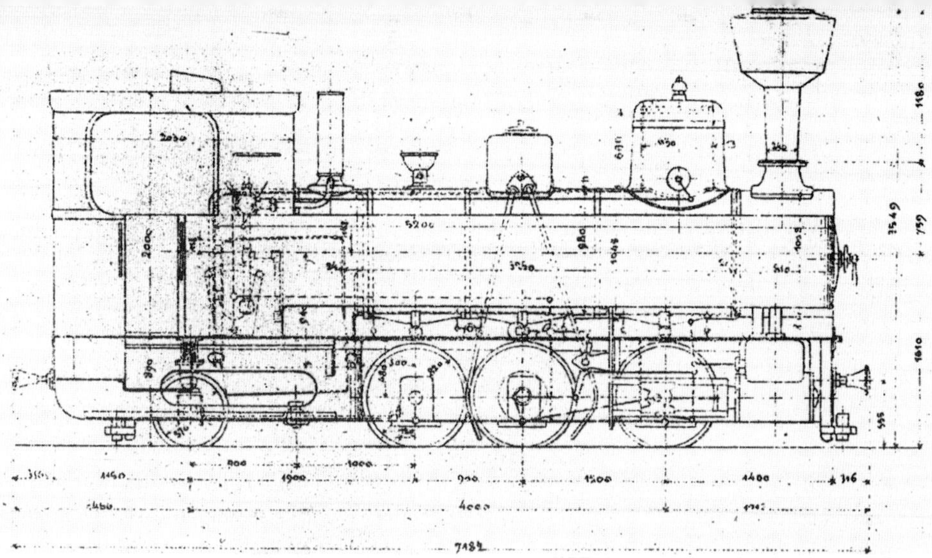

Risszeichnung der Reihe U: Mit ihren Varianten war sie aufgrund ihrer Achsformel C`1 und der damit verbundenen guten Kurvengängigkeit die Standardlok auf den Schmalspurbahnen.

Diese beiden letzten vorhandenen Gmünder Schmalspurhaubendachwagen in Originalausführung wurden infolge eines Lesefehlers eines Mitarbeiters verkauft und dann am Handelskai in Wien als Unterkunft benutzt.

Ebenfalls bei Parade der Bahn war dieser typische Nordbahneilzug mit der Reihe 78 (mit kleinem DR Führerhaus) und N28 Umbau-Halbfensterwagen zu sehen.

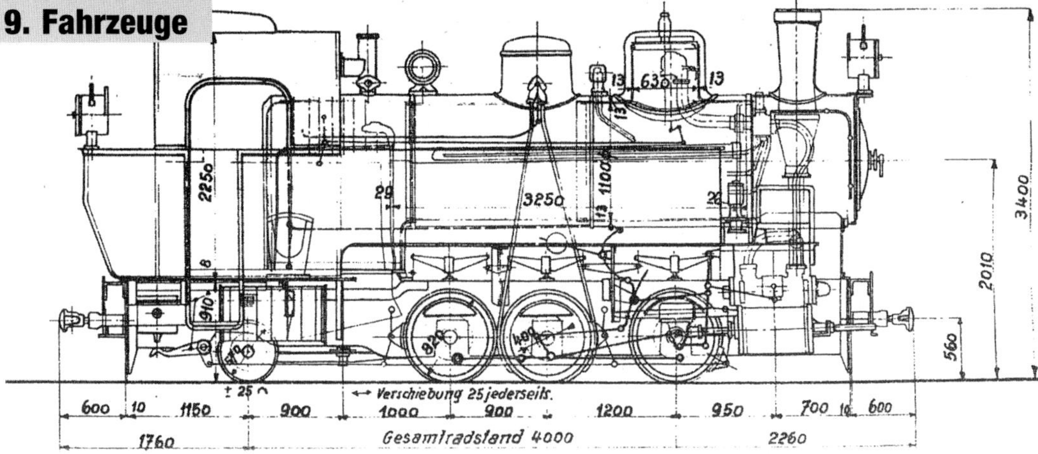

Risszeichnung der Reihe 498

Die Pressefahrt mit dem fabrikneuen 5047.01 führte nach Rosenburg (vgl. S. 107).

Eine Lok der Reihe 298 in Gmünd

Fotos: Slg. Hufnagl

Eine E-Lok der Reihe 1072 in der Ursprungsausführung.

1099.011 der Mariazellerbahn im Bahnhof Mariazell Richtung St. Pölten.

Vierachsige elektrische Lokomotive für die Lokalbahn Feldbach–Bad Gleichenberg.

Elektrotriebwagen mit Akku

Elektrotriebwagen mit Akku

Fotos: Slg. Hufnagl

Nie auf der NÖLB im einsatz, aber dennoch eine echte Lokalbahntype: Reihe 2020-01; ähnlich der Reihe 2093.

2041.01 am 22.6.73 mit 72 851 in bei der Durchfahrt in Bf Inzersdorf Ort Richtung Oberloa.

2143.03

2045.20 mit einem Eilzug

Fotos: Slg. Hufnagl

2050.02 fährt aus dem Bahnhof Gopfritz in Richtung Gmund aus.

2050.02 mit einem Zug des Bundesheeres bei der Parade der Bahn zum 150-jährigen Jubiläum der Bahn. Die 2050.02 war die einzige Lok dieser Reihe mit einer später eingebauten Zugheizung. Der Dampfheizkessel war ausgebaut worden, womit die Lok nur noch Güterzugfähig war.

2091.07 in Gmund
Achsfolge 1' Bo 1'

2070.001 im
Lokalbahnhof
Mistelbach.

2095.12 in Gmund

Fotos: Slg. Hufnagl

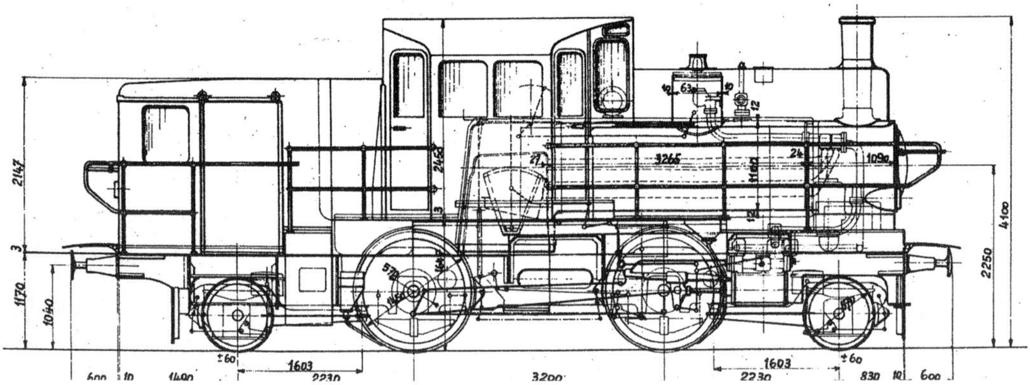

Zeichnung Reihe 3071: Hinten befindet sich das »Lachkabinett«. Abbildung: Slg. Hufnagl

Die Neubautriebwagen 4090 001 und 4090 002 im Bahnhof Mariazell.

VT 11.02, später 5029 in Wien Ost: Der VT 11 02/5029.01 hatte keinen vom Fahrgastraum getrennten Führerstand. Hausstrecke war in den 70er-Jahren Siebenbrunn-L.–Orth–Engelhartsteten.

Fotos: Slg. Hufnagl

5029.01 kurz vor seiner Verschrottung in Wien Süd. Im Hintergrund eine Halle der ehemaligen »Südbahnwerke«.

Werksaufnahme des VT 22.01

Werksaufnahme des VT 23.01

Werksaufnahme des VT 40.01

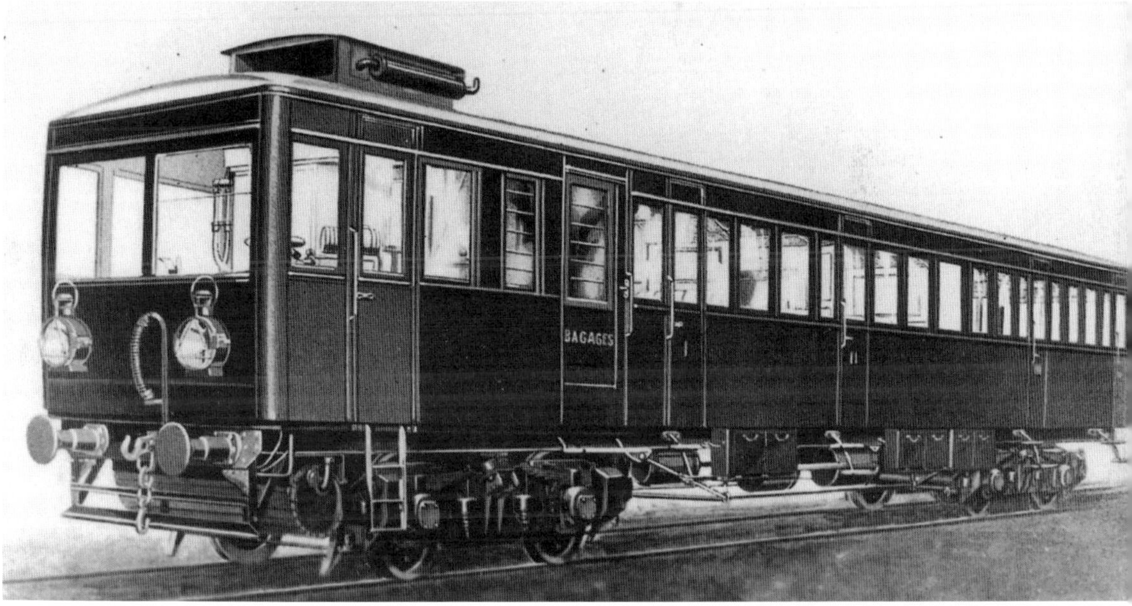

Werksaufnahme des VT 50.01

VT 41.03 bei der Parade zum 150-jährigen Jubiläum der Eisenbahn in Österreich in Strasshof. Gemäß der »alten« V 3 BBÖ wurden die Verschubsignale nicht nach der Richtung sondern nach der Fahrzeugstellung angewendet. Triebwagen und Elloks hatten deshalb ein »V« für vorne und ein »H« für hinten.

Der Mangel an Beiwagen zwang zu ungewöhnlichen Lösungen: ex 7041.01 umgebaut zum Beiwagen 1976 in Wien Nord.

Stirnansicht des 5041.03 mit »Übergang«

5042 bei der Parade zum Jubiläum 150 Jahre Eisenbahn in Österreich.

Die Lichtbildstelle der Generaldirektion präsentierte den fabrikneuen VT 43.01 vor einer eindrucksvollen Alpenkulisse.

Fotos: Slg. Hufnagl

Beim VT 43.01 lagerte die Antriebsanlage in einem Drehgestell, während der Dampfkessel für die Heizung über der hinteren Antriebsachse seinen Platz hatte.

Eintriebwagen der Reihe 5044 verkehrte am 2. Juni 1969 als Regionalzug 2325 mit Kurswagen nach Warschau.

5044.06 mit einem Beiwagen 7058, einem ehemaligen DR Lazarettwagen.

Auch der legendäre »Blaue Blitz« – hier VT 5045 – war nach dem Ende seine Schnellzugkarriere auf den Strecken der ehemaligen Landesbahnen im Einsatz.

5046 als Regionalzug 2509 am 5. September 1979. Der Zug führt einen Kurswagen.

Fotos: Slg. Hufnagl

Z 3014 in Tulln: Neben dem Triebwagen steht ein zweiflügeliges Ausfahrsignal der k.k. Normbauart.

Triebwagen 5090.005 wartet in Gmund auf seinen nächsten Einsatz.

Der Uerdinger Schienenbus wurde in Deutschland entwickelt, wo er als »Retter der Nebenbahnen« bekannt wurde. In Österreich wurde er in Lizenz gebaut: VT 5081, VB 7081 und VS 6081.

10. Wagenpark der NÖLB

10.1 Normalspur

Der normalspurige Wagenpark der NÖLB entstand 1904 nach Zeichnungen von kkStB Lokalbahnwagen in Verbindung mit den 1899 vom E.M. ausgegebenen Normalien für den Bau von Eisenbahnwagen der österreich-ungarischen Doppel-Monarchie und damit verbunden Untergestelle mit entsprechenden Profilen. Hauptunterschied zu den kkStB Lokalbahnwagen war die Verwendung der normalen Zug- und Stoßvorrichtung. Radsätze der Norm 1899, das geteilte Lager N/1899 und 9lagige Blattfedern anstatt der leichten Lokalbahnausführung (N 1905) bildeten das Laufwerk. Über ein Ausgleichsbremsgestänge wirkten die einfache Vakuumbremse und die Spindel-Handbremse. Für die 5,60 m langen Wagenkasten mit offenen Plattformen ergaben sich sowohl bei den 2./3. Klasse als auch den 3. Klasse Wagen vier (fiktive) Abteile mit jeweils einem dazugehörigen Seitenwandfenster. Der aus Kanthölzern geformte Wagenkasten mit Flachdach wurde mit einer senkrechten Holzlattenverkleidung versehen. Die Inneneinrichtung zeigte gepolsterte 2. Klasse Sitze und Holzbänke in der 3. Klasse. Einfache Heizzylinder der Hochdruckdampfheizung und Öllampen ergänzten die »Komfort« Ausstattung.

Ähnlich im Aufbau wurden ein BDF (2. Klasse, Gepäck- und Postabteil) und ein CD-Wagen gestaltet(100-103).

Die Farbgebung und Beschriftung wurden nach den damals bereits stark vereinfachten kkStB Lackierungsvorschriften in Moosgrün für den Wagenkasten und Schwarz für das Untergestell und einem hellgrauen, fast weißen Dach ausgeführt. Die Beschriftung in Weiß und der hellgrüne bzw. rote Schatten bei der Klassenbezeichnung II/III. vervollständigen das Bild.

1908 erfolgte eine Nachbestellung, jedoch kam hier bereits die »umschaltbare Vakuum-Schnellbremse« zum Einbau.

Als Ersatz für die alten von der seinerzeitigen NÖSWB stammenden um 1910 von den kkStB gekauften Personenwagen wurden 1914 neue Fahrzeuge bei der Simmeringer Waggonfabrik bestellt.

Nach überlieferten Typenplänen wären die Wagen mit 6,00m (5 m Achsstand war der Höchststand bei der NÖLB!) Radstand,11,57 m Wagenlänge über Puffer und mit 58 Sitzplätzen wesentlich größer geworden. Zur Ausführung kam jedoch eine mit 4,50 Radstand aber mit 7,38m langem Wagenkasten und somit um ein Abteil vergrößerte Type. Im Technischen Bericht des Eisenbahnministerium wurde angemerkt: »Die Wagen sind im allgemeinen den Wagen der kkStB Serie BCi, Ci mit 8,0m nachgebildet und nur entsprechend kürzer gehalten.« Mit dem Tonnendach mit eingezogenen Enden und einer Blechverschalung hatten diese in 4 BC, 12 C gebauten Wagen ein völlig anderes Aussehen und keine vergleichbaren Einheiten bei Österreichs Bahnen. Ob die Wagen allerdings jene am Typenblatt angegebene Gestaltung mit Zierleisten und neuer Beschriftung hatten, ist leider nicht überliefert, da bislang weder eine Werksaufnahme noch eine Betriebsaufnahme aus den Anfangsjahren bekannt ist.

Nach der Übernahme durch die BBÖ wurden alle Wagen der Wagengruppe Ib zugeordnet. Dem Sinn dieser Gruppenbezeichnung sollte sie allerdings NÖLB (Ib) lauten, doch dies wurde erst nach dem Zweiten Weltkrieg erkannt, um die im Aufbau doch völlig anders gestalteten von den übrigen Wagen der Bauart Ib zu trennen.

Von wenigen Ausnahmen abgesehen wurden bei den Güterwagen die Standardbauarten der kkStB beschafft. Durch die Ereignisse des 1. Weltkrieges wurden ähnlich den Staats-

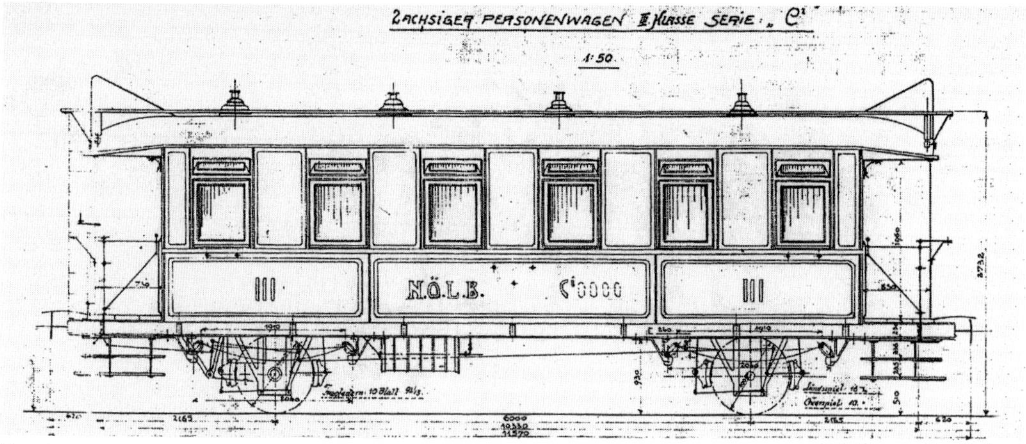

Zweiachsiger Personenwagen III. Klasse der Serie C

Abbildung: Slg. Hufnagl

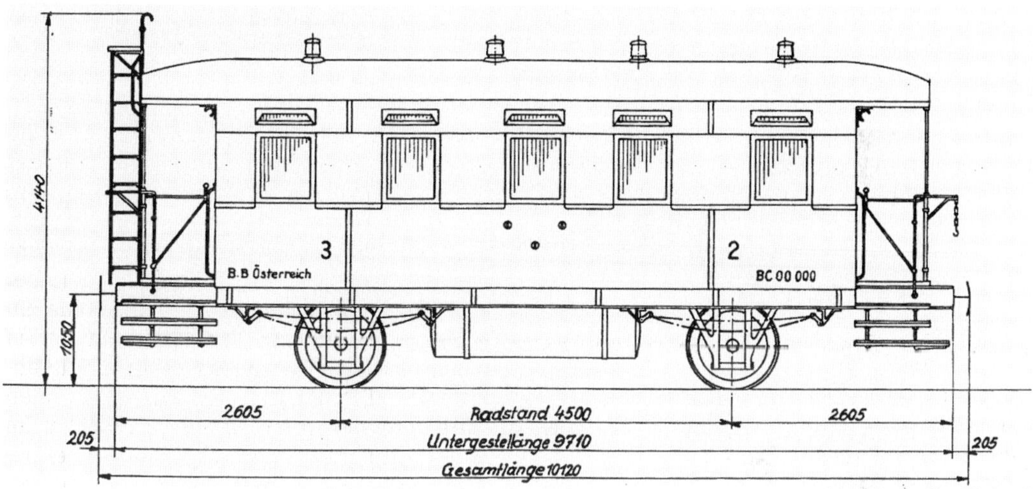

Zweiachsiger Personenwagen der Reihe BC

Abbildung: Slg. Hufnagl

bahnwagen Abgaben an Italien und Rumänien (Beuteanspruch!) geleistet und daher der Bestand vermindert.

In der Folge verblieben die Personenwagen infolge ihrer Bauart (geringes Platzangebot, schlechte Laufeigenschaften bereits bei geringfügig höherer Geschwinigkeit, fehlende Bremsen, etc.) überwiegend im Bereich der ehemaligen NÖLB und die Güterwagen fanden als BBÖ Bestand des freien Verkehrs eine normale Verwendung. Mit der 1938 erfolgten Übernahme durch die DRB änderte sich vorerst wenig, doch im Laufe der Jahre wurde neben Umschichtungen im nördlichen Niederösterreich (Nieder-Donau) ein Teil dem Bahnhof Wien Süd und südlicheren Bahnhöfen zugewiesen. Nach 1945 fanden sich von den Güterwagen nur mehr einzelne Exemplare, bei den Personenwagen war wenigstens noch 1/3 des Bestandes von 1938 vorhanden. Die doch schon betagten Wagen blieben im Betrieb auf den niederösterreichischen Nebenbahnen noch relative lange im Einsatz, doch 1960 kam das endgültige »Aus« im Personenverkehr.

Eine völlig andere Bauart waren die Wagen der Lokalbahn »Wien–Pressburg«. Auch die geschichtliche Entwicklung nahm einen anderen Verlauf. Diese Wagen verkehrten weiterhin auf der Stammstrecke bis zur Staatsgrenze nächst Berg (NÖ). Nach dem 2. Weltkrieg konnte die Stadtstrecke nicht mehr befahren werden und die Züge fuhren über Klein Schwechat und über die Verbindung zur Aspangbahn nach Wien–Hauptzollamt. Hier kamen die »Pressburgerwagen« bis 1962 zum Einsatz. Der Hauptteil konnte noch an Stern & Hafferl verkauft werden, einige wurden noch als Bahndienstwagen verwendet. Über weite-

Fotos: Slg. H. Heless

Ehemaliger III. Klasse-Wagen der NÖLB mit der Nummer 30 328. Das Fahrzeug besaß nur eine Handbremse.

BC-Wagen 23 047 in der DR-Ära: Auf der Dachkante ist noch der Rest des Bemsersitzes zu erkennen. Die Aufstiegsleiter und das Fußbrett sind bereits dem nachträglich eingebauten Übergang zum Opfer gefallen.

re Details wurde in der Literatur ausführlich berichtet und es wird auf die entsprechenden Werke verwiesen.

10.2 Schmalspurwagen

Die schmalspurigen Wagen der NÖLB Bahnen waren weitestgehend den von der Grazer Waggonfabrik seit 1893 gefertigten Bauarten gleich. Je nach Lieferjahr kamen damit Standardteile wie jene von den kkStB betriebenen Bahnen (Murtal, Ybbstal, Pinzgau, Bregenzerwald Bahn) zum Einbau. Die zweiachsigen mit 3.70m Radstand und senkrechter Holzlattenverkleidung ausgeführten 8 fenstrigen Wagenkasten mit Flachdach boten 12/15 Plätze in der 2./3. und 32 Plätze in der 3. Klasse. Ein beachtlicher Luxus war die Verwendung der vielen Fenster; dabei ergab sich mit den kleinen Fensterstützen ein sehr filigran aussehender Wagenkasten. Eine Besonderheit bildeten die Wagen der n.ö.–steir. Alpenbahnen, der »Mariazellerbahn«. Für die Eröffnung der Bahn bis in die Steiermark nach Mariazell wurden 1908 vierachsige Wagen verschiedener Klassen beschafft. Vermutlich als Bahn mit Ausflugscharakter kamen Bauarten mit großzügiger Aussicht zur Ausführung. Die 1., 1./2 Klasse Wagen mit großen Fenstern und die übrigen Wagen ähnlich den Zweiachsern mit vielen (12 bzw.14) Seitenwandfenstern hatten 6 bzw. 7 (fiktive) Abteile. Besonders ausgeführte Dachformen waren ein weiteres Charakteristikum dieser Wagen.

Die bei der Simmeringer Waggonfabrik 1913 für den stark gestiegenen Verkehr gelieferten Wagen zeigten eine neue Bauform mit 1m breiten in Metallrahmen gefassten Fenstern und einem Tonnendach. Waren die 1908 gelieferten Wagen mit naturbelassener Teakholzverkleidung versehen, wurde das hölzerne Kastengerippe nun einfach mit großen Eisenblechen versehen. Vermutlich durch die Teak- Wagen bestimmt erhielten die blechverkleideten Wagen einen farblich angepassten Anstrich, der sich als »Mariazellerbraun« bis in die heutigen Tage erhalten hat. Für weitere Details sei auch hier auf die reichhaltige Literatur über diese Bahn verwiesen.

Die Entwicklung der Güterwagen verlief anfangs noch strenger als die der Personenwagen nach den Standards der in der k u k Monarchie für andere Schmalspurbahnen gebauter Fahrzeuge. Mit der Aufnahme des elektrischen Betriebes konnte umgedacht werden und so entstanden einige Bauarten mit größerem Fassungsvermögen, erst als Zweiachser und später als Dreiachser. Eine Besonderheit waren die seit 1908 für den Erztransport beschafften Spezialwagen zur Aufnahme von Sonderbehältern. Die Ereignisse des ersten Weltkrieges brachten es mit sich, dass eine ungewöhnlich große Anzahl von Güterwagen an Heeresdienststellen der oft weit entfernten Kriegsschauplätze abgegeben werden musste, die danach nicht mehr zurückkehrten.

Eine Lieferung im Jahr 1920, teils als Privatwagen eingestellt, brachte hier einen Ausgleich. 1924 und 1926 erfolgten Neubauten von drei- und vierachsigen Güterwagen, sie modernisierten die Einheiten für den Güterverkehr sowohl auf der Mariazellerbahn als auch für die Waldviertelbahnen. Mit der Aufnahme des Rollbockbetriebes ergab sich eine neue Betriebsabwicklung und Anpassung der Wagenbauarten.

In der zeitlichen Abfolge (Mitte/Ende der Zwanzigerjahre des vergangenen Jahrhunderts) soll an den zwischenzeitlich in die Jahre gekommenen Personenwagenpark erinnert werden. Diese Wagen verlangten nach einer Hauptrevision wegen eines meist erneuerungsbedürftigen Kastenaufbaues.

Die ab 1924 neu gebauten Zweiachser verfolgten die Grundprinzipien der bisherigen Typen, wurden jedoch pro Abteil mit einem etwas größeren anstatt zwei Fenstern gebaut. Ein Tonnendach mit eingezogenen Enden (von Eisenbahnfreunden als Haubendach bezeichnet) wurde ihnen aufgesetzt. Die Kastenverkleidung wurde weiterhin mit den senkrecht montierten Holzlatten ausgeführt. In gleicher Weise wurde ab etwa 1930 bei den vierachsigen Mariazellerbahnwagen bei Hauptrevisionen vorgegangen. Ob die Festigkeitsgründe ausschlaggebend waren, wie oft gehört, ist nicht geklärt. Sie werden es nicht gewesen sein, wohl eher der geringere Aufwand beim Bau und der Instandhaltung der auf die Hälfte reduzierten Fensteranzahl. Eine weitere Vereinfachung kam dann je nach Situation mit der Kastenverkleidung aus Blech.

Während des zweiten Weltkrieges waren wieder Wagen abzugeben, es kamen jedoch völlig neue und mit größerer Tragkraft gebaute, vom Waggonbau Bautzen gefertigte Wagen zum Einsatz. Durch verschiedene Verschiebungen zwischen den einzelnen Schmalspurbahnen kam der eine oder andere Typ auf die hier besprochenen Bahnen, und der eine oder andere in der Monarchie für die kkStB Lokalbahnen Neuhaus–Neu Bistritz und Röwersdorf–Hotzenplotz gebaute Typ blieb in Österreich. Der durch die Kriegsereignisse nur gering revidierte Wagenpark erforderte ehestens eine friedensmäßige Aufarbeitung. Ähnlich den Überlegungen beim Normalspur–Wagenpark kam auch hier die »Spantenbauweise« zur Anwendung. Mit Hilfe standardisierter Spanten, welche auf die aufgearbeiteten Untergestelle aufgesetzt wurden, kamen nach

Überwindung der ärgsten Schäden ab 1954 die ältesten Zwei- wie Vierachser zum Umbau. Die Wagen erhielten in Alu-Rahmen gefasste Fallfenster und standardisierte Holzlattenbänke. Ab 1957 wurden mit grünem Kunstleder überzogene Polstersitze eingebaut und bei den anderen Wagen nach und nach getauscht. Ab 1963 war es auch für die jüngeren Vierachser nötig, neue Wagenkasten zu fertigen. Mit der zwischenzeitlich perfektionierten Stumpfschweißtechnik wurden die Untergestelle um 1m verlängert und nach Feststellung des problemlosen Verbreiterns des Wagenkastens auf 2500 mm eine komfortablere Wagengröße geschaffen. Mit dem Bau von Personenwagen mit Gepäckabteil und Zugführerplatz kam auch bei der Schmalspur diese Bauart zur Anwendung. Das Aussehen der Umbauwagen bekam mit der Verwendung der VWM Übersetzfenster einen anderen Charakter und fand nicht immer die Zustimmung der Reisenden. Wirtschaftliche Überlegungen rechtfertigten diese Ausführung und es kam auch bei nahezu allen anderen bisherigen Umbauten zu einem Tausch der im Betrieb aufwändigen Fallfenster. Mit dem absehbaren Ende der Dampftraktion wurde für die nicht elektrifizierten Strekken die Heizungsfrage aktuell, die mit dem Einbau von »Webasto« Geräten verwirklicht wurde. Weitere Neu- oder wesentliche Umbauten wurden in den Folgejahren nicht durchgeführt, einzig eine neue Farbgebung kam ähnlich wie beim übrigen Fahrpark der ÖBB zur Anwendung. Eine detaillierte Angabe wie auch manch anderes Detail würde aber den Rahmen dieser Übersicht übersteigen.

10.3 Technische Ausrüstung

Wagenheizung

Vorerst hatten die zweiachsigen Wagen einen kleinen Kohlenofen. Die Betreuung erfolgte durch das Zugbegleitpersonal (1970 noch im Bregenzerwald).
Später dann eine (vorgeschriebene) Dampfheizung z.B. »Stammersdorfer« (Hochdruckdampfheizung) und el. Heizung (Mariazellerbahn, EWP)

Elektrische Zugheizung

Stufe A für niedere Spannung
Über 0 Grad, höchstens 10 Wagen.
Pro Wagenkupplung 150 A, zwei Kupplungen je Wagen vorhanden (= 300 A).
Jeder Wagen verbraucht etwa 30 A.
Stufe B für höhere Spannung
Unter 0 Grad, höchstens 8 Wagen
Jeder Wagen verbraucht etwa 35 A, daher nur 8 Wagen (= 280 A)

Beleuchtung

Öllampen, keine Gaslampen
el. Lampen

Sanitätsdienst

Vierachsige Personenwagen waren mit je einem Verbandschrank ausgerüstet. Jeder personenbefördernde Zug hatte einen kleinen Rettungskasten, bei Zügen ohne Dienstwagen und bei Güterzügen führten die Zugführer generell ein Verbandpäckchen mit (»Pfiffikus«).

10.4 Farbgebung

Auf Anregung des Eisenbahnreferenten der n.ö. Landesregierung, Professor Sturm, wurden »Farbversuche« durchgeführt.
Die Personenwagen der österreichischen Eisenbahnen wurden nach einem einheitlichen Farbschema, das von dem dazu »verpflichteten« österreichischen Architekten Otto Wagner nach wissenschaftlichen und auch empirischen Versuchen vervollständigt wurde, lakkiert.

Jede Farbe hatte einen bestimmten Zweck.

- **Grün** ist die einzige Farbe, zu der man immer, trotz diverser Nuancen, immer nur »Grün« sagt. Daher wurden die Personenwagen grundsätzlich »Grün« gestrichen. Die Farbvarianten »grün-rußig« oder »grün-verwaschen« (= hell) wurden immer nur als »grün« beschrieben. Andere Farben signalisierten höheren Komfort.

Besonderheiten:

- **Grün/Creme** war ein Sonderanstrich und kennzeichnete Salonwagen und Gepäck/Raucher Wagen z.B. auf der Nordbahn bis nach dem ersten Weltkrieg (Wien–Warschau).
- **Braun** signalisierte die teure Teakholzverkleidung der »Luxus/Speisewagen«. Braun waren die Wagen der Wiener Stadtbahn, man wollte mit der Farbe die rußfreie »Koksfeuerung« der Stadtbahn-Dampfloks herausheben. Ebenfalls braun gestrichen waren die Wagen der Pressburgerbahn und der »Mariazellerbahn«, da beide Strecken rußfrei und umwelt-

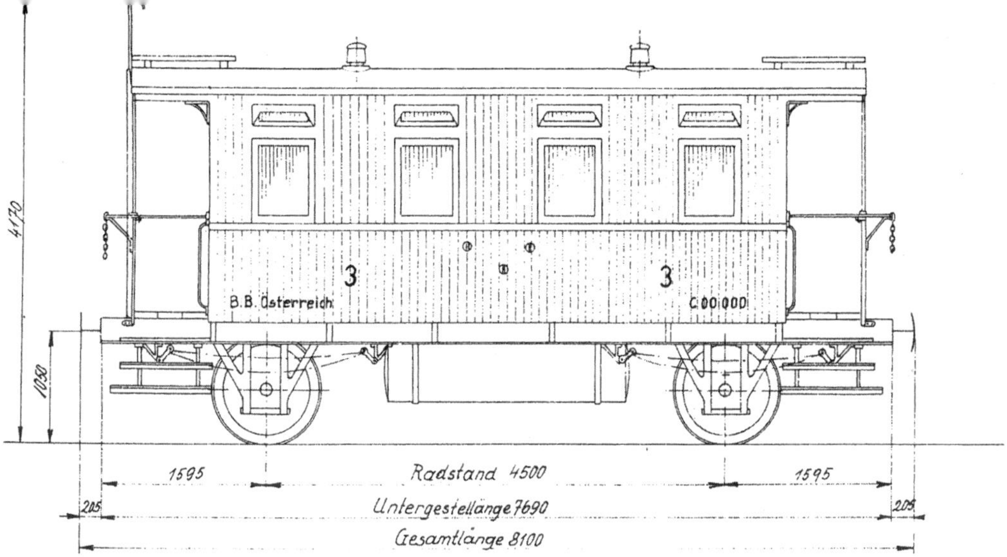

Zweiachsiger Personenwagen der Reihe C mit kurzem Radstand, Aufstiegshaltegriff, keine Bremse!

Zeichnung: Slg. Hufnagl

freundlich, nämlich elektrisch, betrieben wurde. Ab der Fensterunterkante wurde bei den Pressburgerbahnwagen ein »elfenbeinfarbiger« Fensterstreifen verwendet, der die »Sauberkeit« auch sichtbar machte.

■ **»Blue Royal«** bis zur Fensterunterkante drückte »Luxus pur« aus. Ab dem VT 60 (1932) war dies die farbliche Kennzeichnung der Triebwagentraktion bei der BBÖ/ÖBB. Als Kennzeichnung, dass der Wagen außen auch gewaschen war, man dies auch sah und sich daher auch aus dem Fenster lehnen konnte, ohne schmutzig zu werden, wurde ein von den »braunen Wagen« übernommener elfenbeinfarbiger Farbstreifen verwendet. Er indizierte subjektiv »gewaschen = rein«!

■ **Gelb** (»Kaisergelb«) war den kaiserlichen Gebäuden – »Massaverwaltung« genannt – vorbehalten. Aus diesem Grund und aus Gründen der weiten Sichtbarkeit hatte die »kaiserliche« Post die Farbkombination »Gelb/Schwarz«. In diesem Zusammenhang sei z.B. nur an die gelb/schwarzen Absperrbänder erinnert.

■ **Signalrot** wurden ab 1954 die Schmalspurlokomotiven zur besseren »Sichtbarkeit« (= Signal an die Autofahrer) und Creme zur Kontrastierung lackiert.

■ **Blutorange** (RAL 2002) kreierte man 1969; mit dieser Farbe, besser bekannt als »Jaffaorange«, wurden auch die Waggons »angemalt«.1990 stieg man auf das schöne »Verkehrsrot« RAL 3020 um.[1]

Die Bahnhofschilder sowie sonstige Tafeln waren in der Farbgebung genormt: Weißer Untergrund mit schwarzer Schrift und schwarzer Umrahmung. Diese Art wählte man, da sich in langen Versuchen die beste Sichtbarkeit dieser Form bestätigt hatte.

Bei diesen Versuchen sei noch auf eine »Besonderheit« hingewiesen. Die Waggontreppen hatten damals vier bequeme Stufen, mit deren Hilfe man problemlos ein- und aussteigen konnte. Die unterste Treppe stand fast bis zur Pufferhöhe vor, so dass der Condukteur bequem zum nächsten Wagen übersteigen konnte. Den Treppen in den Eisenbahnstationen (z.B. bei der Wiener Stadtbahn) widmete Otto Wagner sein besonderes Augenmerk. In langen praktischen Versuchen mussten seine Mitarbeiter (Architekten) in seinem Büro über hölzerne »Versuchstreppen« rennen oder gehen. Er ermittelte »empirisch« die goldenen Treppenmaße, über die man auch heute noch laufen (zwei Stufen auf einmal) oder gemütlich eine Stufe steigen kann.

Über die heutigen, meist bedeutungslosen und dem jeweiligen Geschmack eines Architekten oder »Leitenden« entsprechenden Farbgebungen soll hier nicht näher nachgedacht werden (»Jaffa-Orange«, weiße Bauchbinde etc.). Erwähnt werden soll jedoch die Farbe Grau. In den Dienstgebäuden und -räumen waren die Wände in dieser Farbe gestrichen, denn Grau beruhigt die Nerven...

[1] Für alle, die es nicht wussten: RAL ist die Abkürzung für »Reichsausschuss Lacke« aus lange vergangenen Zeiten.

11. Lokalbahn Wien–Pressburg

»Pressburgerbahn«
11.1 Gründe für den Bahnbau

Die Lokalbahn Wien–Pressburg (LWP) wurde zur Verbindung der Kaiserstadt Wien mit der ungarischen Komitatsstadt Pozsony (später Pressburg und tschechisch, jetzt Bratislava und slowakisch) und der Anschließung der entlang der Donau liegenden Dörfer bereits erstmals 1898 geplant. Da die dafür geplante STEG Strecke aus topographischen Gründen aber weiter südöstlich verlief, baute die Steg zwei Stichbahnen in dieses Industriegebiet: Eine von Klein Schwechat (Schottergruben) über Fischamend nach Mannersdorf (Zement), die zweite von Bruck a.d. Leitha über Petronell nach Hainburg. Dies genügte aber nicht. Man fuhr abends ins Theater nach Wien, die Wiener abends nach Pressburg, um billig zu essen oder sich zu amüsieren, man lebte. Die Geschichtsschreiber erwähnen einen wesentlichen Grund für den Bahnbau aber nicht: Das in Wien beschäftigte »rote« (= sozialistische) und bereits organisierte Arbeiter- und Dienstbotenpersonal war in der Freizeit, so sie welche hatte, ein Problem. Die Leute stammten im Wesentlichen aus der nächsten und nahen ungarischen Reichshälfte (Grenze von Wien etwa 40 Kilometer) und der näheren und weiteren Umgebung Wiens (siehe dazu die Notiz im Aktienbericht: »Verarmung oder Auswanderung«). So war es für die Wiener Arbeitgeber wichtig und beruhigend, diese Leute bei Nichtbedarf nicht in Wien sondern in ihrer Heimat zu wissen. Ein weiterer Grund war die eingeführte »Dienstbotensteuer« des Hugo Breitner, auch »Breitnersteuer« genannt, die zu einem Rückgang der auch an ihrem Dienstort wohnenden Dienstboten führte. Dies galt natürlich auch für die »Stammersdorfer« und andere Lokalbahnen. Daher war eine rasche Verbindung (»Abschub« im Polizeijargon) mit Pozsony auch für die »Sicherheitslage« Wiens sehr interessant. Durch die Möglichkeit, nach der Arbeit nach Hause zu fahren, entfiel der unerwünschte und vielleicht sogar »unruhefördernde« Aufenthalt in Wien. Wie auch bei den anderen Lokalbahnen war der rasche und billige Lebensmitteltransport nach Wien ein weiteres wesentliches Kriterium.

Um 1910 kam der Gedanke auf, diese geplante »Städteschnellverbindung« zu »elektrisieren« und damit in einer Krisenlage vom Kohlenachschub unabhängig zu machen (Arbeiter!). Dass das »Aussehen« und der Betrieb der Bahn modern wurden, entsprach dem neuen Zeitgeist, nicht aber dem ursprünglichen, aber nicht kolportierten Sinn der Bahn! In der Kriegs- und Nachkriegszeit war die LWP eine echte »Hamsterbahn« für die Wiener.

11.2 Etappen des Bahnbaus

»In der Sitzung des Abgeordnetenhauses vom 10. Juni 1901 erklärte der Eisenbahnminister [...] nachdem eine Reihe von Vorfragen wegen der Mitbenützung fremder Bahnstrekken [...] eine günstige Lösung gefunden hatten [...].«[1]

Am 12.11.1904 übernahm der n.ö. Landtag eine Zinsgarantie einer Prioritätsanleihe von 10.700.000 Kronen.[2] Dieses Datum wird intern als »Werdetag« der Bahn bezeichnet. Mit selbigem Datum wurde dem Vorkonzessionär Dipl.-Ing. Tauber ein Betrag von 43.000 K für Vorplanungen refundiert.

Mit dem Gesetz vom 18. Juli 1905 kam es

schließlich zur Subventionierung der Bahn durch Übernahme von Stammaktien im Wert von 600.000 K zum vollen Nennwert. Damit war vorerst die Grundlagen der Finanzierung des Unternehmens gegeben.

Da die Bahn durch das österreichische und das ungarische Staatsgebiet führte, war es von vornherein aussichtslos, dass ein österreichisches Unternehmen die Konzession für die ungarische Teilstrecke erlangen würde. Aus diesem Grunde musste sich in Ungarn eine eigene Aktiengesellschaft bilden, deren Konstituierung am 23. Dezember 1909 unter dem Namen *Elektrische Lokaleisenbahn-Aktiengesellschaft Pozsony–Landesgrenze* – ungarisch Pozsony Orszaghatarszeli Hely Erdekü Villamos Vasut (POHEV) – erfolgte. Die erforderliche Zusammenarbeit beider Unternehmen regelte ein Betriebsvertrag, der die Einheitlichkeit in der Betriebsführung, für welche die österreichische Seite sorgte, gewährleistete.

Der niederösterreichische Landesausschuss übernahm es nunmehr, die Konzession für die Lokalbahn von Wien zur Landesgrenze zu erwerben und die Aktiengesellschaft zu konstituieren.

Die ersten Bauverträge hatte man am 24. Juli 1909 abgeschlossen. Weitere Verträge folgten am 13. Mai 1911 mit der Baufirma Brüder Redlich & Berger sowie der AEG Union Elektrizitätsgesellschaft, als Entgelt erhielten beide Unternehmen das gesamte Prioritätenkapital.

Am 3. Juni 1911 erteilte das k.k. Eisenbahnministerium den »bedingten Baukonsens«. Damit konnten die Bauarbeiten teilweise aufgenommen werden, wobei der Spatenstich am 4. Juni 1911 in Hainburg erfolgte.

Mit dem Gesetz vom 24.6.1912[4] wurde die Konzessionsurkunde veröffentlicht. Aufgrund verschiedener Interpretationen wurde sie jedoch erst am 5. September 1913 genehmigt, obwohl längst im Gesetz verlautbart! Die Urkunde ermächtigte den Landesausschuss zu Bau und Betrieb der Lokalbahn. Am 28. Oktober 1913 erfolgte die »Handelsgerichtliche Eintragung«. Ein ausführliches Vertragswerk zwischen dem Landesausschuss des Erzherzogtumes Österreich unter der Enns und der Aktiengesellschaft »elektrische Lokalbahn Wien nächst Hainburg« regelte die Einzelheiten zu Bau und Betrieb (siehe Kasten auf Seite 134). Bereits am 13. Mai 1913 hatte ein Vertrag die AEG-Union zum Generalunternehmer über die Lieferung aller elektrischen Einrichtungen gemacht. Anfang des Jahres 1914 veröffentlichte das Amtsblatt schließlich die ausführlichen Bestimmungen über den Betriebsdienst (siehe Kasten auf Seite 136).

NÖ. Landesbahnen Zl 83/14
Wien Pressb.
Direktiven über den Revisionsdienst der Straßenbahnkondukteure!

IRRIG MARKIERTE KARTEN DÜRFEN AN REISENDE NICHT AUSGEGEBEN WERDEN SONDERN SIND SOFORT VOM SCHAFFNER ZU VERNICHTEN UND DER ENTFALLENDE BETRAG VON IHM ZU ERSETZEN!

11.3 Die Strecke

Die Strecke begann im 3. Wiener Gemeindebezirk, neben dem Bahnhof Hauptzollamt und den Markthallen. Dieses Gebiet war auch der ehemalige Hafen des Wiener Neustädter Kanals. Noch heute sieht man in einem kurzen Streckenteil der »Schnellbahn« zwischen Landstraße und Rennweg eine ehemalige Schleuse dieses Kanals, dessen Trasse u. a. für die der Schnellbahn mitverwendet wurde. Ab Klein Schwechat wurde bis Fischamend die STEG Strecke nach Mannersdorf mitbenützt In Groß Schwechat erfolgte der Traktionswechsel, der Bahnhof war größtenteils mit 15kV überspannt. Die »Straßenbahnfahrzeuge« hatten eine Batterie, mit der sie bei gesenktem Stromabnehmer weiterhin 600 Volt Gleichstrom zur Verfügung hatten. Ab Fischamend folgte die »Neubaustrecke« wiederum der Reichsstraße (Bundesstraße 9).

Ab Petronell wurde die bereits bestehende STEG Strecke nach Hainburg weiterbenützt. Nach Hainburg, damals bereits ungarisches Staatsgebiet, wurde Kopczeny erreicht, wobei der Bahnhof mit der ungarischen Betriebsleitung sowie der Zugförderungsanlagen auf ungarischem Gebiet lag, die Ortschaft Kittsee aber in Österreich. Hier wurde wieder »umgespannt« und danach wieder mit 600 Volt »straßenbahnmäßig« zum Krönungsplatz gefahren..

Vertrag Zl.369-1913

Abgeschlossen zwischen dem Landesausschusse des Erzherzogtumes Österreich unter der Enns und der Aktiengesellschaft »elektrische Lokalbahn Wien nächst Hainburg«

§1 Gegenstand des Vertrages:

Der Landesausschuss [...] übernimmt und besorgt den Betrieb, die Instandhaltung, die Ergänzungs- und Neubauten der normalspurigen mit elektrischer Energie betriebenen Lokalbahn von Wien Großmarkthalle über Hainburg zur Landesgrenze gegen Pressburg einschließlich der gegenwärtig bzw. in der Folge von dieser Lokalbahn etwa abzweigenden Schleppbahnen und zwar bezüglich der Peagestrecken von km 0.610 bis km 10.390 der Linie Schwechat–Mannersdorf und von km 13.414 bis km 21.650 der Linie Bruck a.d. Leitha Hainburg der k.k. Direktion für die Linien der STEG in dem [...] abgeschlossenen Peagevertrag [...].

Die Betriebsführung erfolgt gem. [...] Konzessionsurkunde vom 24. Juni 1912 R.G.Bl. Nr. 125 und der vom k.k. Eisenbahnministerium aufgestellten Konzessionsbedingnisse.

[...]

Bezüglich der Betriebsführung auf der ungarischen Anschluß - Strecke Landesgrenze Pozsony, die von der österreichischen Gesellschaft gleichfalls dem Landesausschusse des Erzherzogtums Österreich unter der Enns übertragen wurde, ist ein besonderes Übereinkommen getroffen worden.

§2

Die Lokalbahn ist in einem guten betriebsfähigen Zustand und mit allen [...] der Direktion der n.ö. Landesbahnen zu übergeben [...]

Die Betriebsausgaben, das sind die vor dem Eröffnungstage auflaufenden Kosten für vorgenommene Probefahrten, Personale, Übersiedelungen derselben, Einschulungen [...] von der Gesellschaft zu vergüten.

Das [...] Personal wird vom Landesausschuß beigestellt und ist diesem untergeordnet.

Der Stand des Personales (Gehaltsgruppen etc.) [...] nach dem Gebührennormale für die Bediensteten der n.ö. Landesbahnen bestimmt [...]

Die Bezüge des eigenen Personales sowie die von der Gesellschaft zu leistenden Beiträge zur Alters- und Invaliditätsversorgung und zur Kranken- und Unfallsversicherung werden der Gesellschaft nach [...] angelastet.

[...]

B. Beschaffung des Fahrparks

A) für den Verkehr auf der Wiener Tramwaystrecke:

4 Gleichstrom - Lokomotiven (für Akkumulatoren - Betrieb geeignet) mit je 2 Achsen und 2 Motoren der Serie Eg1-4 (E=Elektro, g=Gleichstrom)

10 zweiachsige Gleichstrom Motorwagen mit je 2 Motoren Serie CMg Nr. 1600-1609 mit Bremse (C = 3.Klasse, M = Motor; g=Gleichstrom)

9 zweiachsige Anhängewagen Serie C Nr.1525-1533 mit Bremse

15 zweiachsige gedeckte Spezialgüterwagen Serie Gvl 428 - 442 mit Bremse,

2 Montagewagen

B.) für den Verkehr auf der Fernstrecke:

5 Wechselstrom Personenzuglokomotiven, Anordnung 1B1, ein Motor,, Serie Ewp 1-Ewp5 EWP 6 war buchmäßig bei der POHEV geführt.

3 Wechselstrom Güterzuglokomotiven Anordnung 1C, ein Motor, Serie Ewl 1-Ewl 3

14 vierachsige Personenwagen

3.Serie: 7 BCa 1200-1206

4 BCD a 1300-1303

3 BCDFa 1400-1402

25 zweiachsige Güterwagen

5. Serie: 3 Gg mit Bremse 700-702

12 Gg ohne Bremse 751-762

4 Jkg ohne Bremse 850-853

2 Jk mit Bremse 900-901

4 Jk ohne Bremse 950-953

2 Montagewagen

5 aufstellbare Schneepflüge

C.) für den Bahnerhaltungsdienst 1 Draisine und 9 Bahnwagen

[...]

§18 Besondere Rechte der niederösterreichischen Landes-Eisenbahnverwaltung

Insolange die Landesgarantie tatsächlich in Anspruch genommen wird, oder als [...] Garantievorschüsse [...] ungetilgt aushaften, bleibt der Landeseisenbahnverwaltung die Errichtung des Betriebes, der Feststellung der Fahrordnung und der Tarife [...] sowie die Warenklassifikation [...] dann die Leistungen des Bahnunternehmers für den öffentlichen Dienst vorbehalten. **Mit diesem § 18 war die Gesellschaft praktisch entmündigt und unterstand praktisch dem Land NÖ, denn die LWP war ja wirklich nie aktiv.**

Kilometer Besonderheiten

0.0 Wien Großmarkthalle L.B Anfangspunkt, Disposition für den Stadtverkehr
0.658 Abzweigung Radezkybrücke
1.400 Ausweiche Krieglergasse
2.100 Ausweiche Sofienbrücke, Rotundenbrücke
3.400 Ausweiche Stadionbrücke
4.700 Ausweiche Gassteg
5.855 Ausweiche E-Werk Simmering
7.100 Ausweiche Teerfabrik
(8,4 Haltestelle Holzmarkt)
9.770 Kaiser Ebersdorf Landesbahn, Artilleriekaserne (Ausweiche Neusimmering)
10.2 Haltestelle Zinnergasse
11.4 Haltestelle Dreherstraße
11.772 Abzweigung Groß Schwechat zur STEG Strecke
12.00 Haltestelle Paul Schiff Gasse
12.553 Station Groß Schwechat. Der Stationsdienst erfolgt durch Bedienstete der k.k. StB., dazu eine Platzinspektion der NÖLB, tel. Rufzeichen »GS«. Traktionswechsel,
Betriebsleitung »A« (Administrationsbüro),
Remise »RI«,
Werkstätte »WS«, Bahnerhaltung, Desinfektionsstation, Revisionsschlosser. Sammelstelle für Fundgegenstände, Erhaltung der gesamten(!) Strecke, auch die elektrische Ausrüstung erfolgt durch die B.E.S (Bahnerhaltungssektion) Telegraphen- und Telefonkontrollstation (die einzelnen Rufzeichen der Stationen sind in (» «)

14.7 Haltestelle Mannswörth (Bediensteter der k.k. StB.)
15.063 Anschlussbahn Danubia Petrochemie
17.370/18.050 Anschlussbahn Haagen
(18.575 Haltestelle Heidfeld) (Flughafen Schwechat)
21.033 Fischamend Reichsstraße,,,,,,,,(Bedienstete der k.k. StB, Abzw. nach Mannersdorf), »F«
22.5 Haltestelle Fischamend Dorf, später +
23.366 Station Markt Fischamend, Bahnmeister, »S«
29.421 Halte- und Ladestelle Maria Ellend a.d. Donau, »M«
31.016 Haltestelle Kroatisch Haslau (Haslau a.d. Donau)
36.305 Station Regelsbrunn (Gemeinschaftsstation, NÖLB Bedienstete), »R«
37.985 Haltestelle Wildungsmauer
43.218 Station Petronell, Bahnmeister (Bedienstete der k.k. StB.), »PL«
47.840 Station Deutsch Altenburg (Bedienstete der k.k. StB.), »DA«
50.185 Station Hainburg a.d. Donau, Güterbahnhof (Bedienstete der (k.k. StB) Bahnmeister, »HB«
50.870 Hainburg Personenhaltestelle, »HG«
51.314 Anschlussbahn Austria Tabakwerke A.G, Deckungssignal, Beleuchtung und Reinigung durch Wärter Hainburg Ungartor.
51.574 Haltestelle Hainburg Ungartor
56.181 Station Wolfsthal
60.684 Halte- und Ladestelle Berg. NÖ (beschränkter Güterverkehr, Wärter!), »B«
60.810 Staatsgrenze Österreich / Ungarn
62.1 Bf Köpcseny (Kittsee), Telegraphen- und Telefonkontrollstation, »K«
63.2 Ausweiche Ligetfalu gyartelep (Engerau Fabrik)
63.7 Haltestelle Ligetfalu felsö megallohely (Engerau, obere Halterstelle)
64.4 Haltestelle Becsi orszagut (Wiener Reichsstraße)
64.9 Ausweiche Ligetfalu (Petrzalka Engerau), »T«
65.6 Haltestelle Hajos egylet (Ruderverein)
66.8 Ausweiche Liget (Aukaffee), »A«
67.2 Haltestelle Arena
68.1 Haltestelle Hadtest parancsnosag (Korpskommando)
Mitbenützung der Franz Josefs-Straßenbrücke Peagebetrieb mit der Pressburger Straßenbahn (Meterspur und Dreischienengleis) auf 1639,3 Meter..
Ausweiche Justi Sor mit Betriebsgebäude / Betriebsleitung »Y«, Revisionsschlosser, Sammelstelle für Fundgegenstände
Pozsony koronazasi dombter Endstation (»ungarisiert«: Pressburg Krönungshügelplatz; d.A.)

Der BEH Gr. Schwechat unterstehen auch die Wärter (Streckenbegehungs)posten 1-11 sowie der den in km 6.7/8 des in Ungarn liegenden Zugschranken zu bedienenden Wärterposten 12(Berg i.Nöe.)
Rufzeichen für das jeweilige Wärterhaus »1,3,4,5,6,8,7,11-E« und für »2,7,10- A«. Privatdepeschen sind verboten [...]

3. Jänner 1914
1.W.Präs. 2.1.1914 »Zur Aufnahme in das Amtsblatt« (Handkorrektur) Betreff: Wien Gr. Markthalle–Pozsony.

Organisation des Betriebsdienstes

»Im Laufe des Monats Jänner 1914 (voraussichtlich am 26.1.1914) erfolgt die Betriebseröffnung der normalspurigen 68,3 km langen elektrisch betriebenen Lokalbahn [...] für die ungarische Teilstrecke wird eine eigene Betriebsleitung mit dem Sitze in Pozsony [...]

Mit Betriebseröffnung gelangen die bereits in Betrieb stehenden k.k.St.B Stationen Gr.Schwechat, Petronell, Deutsch Altenburg und Hainburg Güterbahnhof sowie die neu errichtete Station Fischamend Reichsstraße zur Mitbenützung als Gemeinschaftsstationen und werden die neu errichteten Stationen Markt-Fischamend, Regelsbrunn und Wolfsthal für den gesamten Personen-, Gepäck- und Güterverkehr, die Haltestelle Maria - Ellend für den Personen-,Gepäck- und beschränkten Güterverkehr sowie die Ladestelle Kaiser Ebersdorf Landesbahn für den beschränkten Güterverkehr, endlich die neu errichteten Halte- und Ladestellen bzw. Personenhaltestellen Radetzkybrücke, Krieglergasse, Sofienbrücke, Kaiser Josefsbrücke, Gassteg, Elektrizitätswerk Simmering, Teerfabrik, Kaiser Ebersdorf, Zinnergasse, Drehergasse, Linienamt, Kl. Schwechat, Paul Schiffgasse, Dorf Fischamend, Kroatisch Haslau, Wildungsmauer, Hainburg Ungartor, Berg in N.Ö. Landesbahn, Ligetfalu gyartelep, Liget und Pozsony Kd.t. für den beschränkten Gepäckverkehr eröffnet, weiters gelangen auch die bestehenden Haltestellen der k.k. St.B. Mannswörth und Hainburg für den Personen- und beschränkten Gepäckverkehr zur Mitbenützung.
Köpcseny forgalmi-kiterö ist lediglich Lokomotiv-Wechselstation, ohne Personen-Gepäck- oder Güterdienst.
Als Telegraphen- und Telefonkontrollstationen werden Gr.Schwechat und Kocseny f.k. bestimmt.
Für die Zugs- und Gleisnummerierung hat die Station Wien Großmarkthalle als Anfangspunkt zu gelten
Desinfektionswagen sind [...] Gr. Schwechat zu überstellen.

Folgende Dienstbehelfe werden ausgegeben:
Dienstfahrordnung Wien–Pozsony (= Fahrplan) sowie Lokalzugsfahrordnung
Anhang und Ergänzungsheft hiezu
Bildfahrplan Blatt 5
Kundmachung betreffend die Betriebseröffnung
Einlageheft zum Einführungszirkulare für die Winterfahrordnung 1913/1914
Beförderungsvorschriften und Tarife für die Lokalzüge der Strecke Wien Gr. Markthalle L.B.–Groß Schwechat.
Personen- und Gepäcktarif Teil II Heft 2 für die elektrische Lokalbahn Wien Großmarkthalle L.B Landesgrenze nächst Hainburg.
Lokalgütertarif Teil II

Erwähnenswert ist auch, dass das gesamte Zugpersonal ebenfalls je Strecke gewechselt wurde. Das Stadtpersonal, bestehend aus dem Triebwagenführer und Schaffner der Stadtstrecke, wurde am »Umspannbahnhof« gegen den Lokführer und Condukteur auf der Uberlandstrecke gewechselt. So vermied man, das besser geprüfte und daher teurere »Überlandpersonal« zweckentfremdet einzusetzen!

Die gesamte Streckenlänge betrug 69,1 km, die Landesgrenze nach Ungarn wurde formlos im km 60,8 überfahren (weitere Besonderheiten siehe Kasten).

Die Stadtstrecke war mit einer Gleichstromfahrleitung von 600 Volt ausgerüstet, die der Überlandstrecke mit der Wechselspannung von 15 000 Volt bei 16 2/3 Hertz. Letzteres ist das Stromsystem, das noch heute in Österreich auf Hauptbahnen verwendet wird. Die genaue Aufteilung sah folgendermaßen aus:

Wien Großmarkthalle -Groß Schwechat (12,5 km): 600 Volt Gleichstrom
Groß Schwechat–Köpczeny (Kittsee) (50,5 km): 15 000 Volt 16 2/3 Hertz
Köpczeny–Pressburg Krönungsplatz (6,1 km): 600 Volt Gleichstrom
Sämtliche Stationen der Peagestrecken sowie die der eigenen Stationen waren mit Weichensicherungsanlagen ausgestattet. Die Bedie-

Lokalgütetarif Teil III Heft 2 für obige Lokalbahn
Personen- und Gepäcktarif Teil II
Vorschriften für die Ausübung des Dienstes in Wien Großmarkthalle L.B und Groß Schwechat (2. Teil)
Instruktion über die Bestimmungen der Motorwagen und Gleichstromlokomotiven (Teil 1)

Alle, sowohl die eigenen als auch die gemeinschaftlich benützten Stationen sind mit verantwortlichen Verkehrsorganen besetzt (keine Agenten!), in den Gemeinschaftsstationen Gr.Schwechat, Fischamend Reichsstraße, Petronell, Deutsch Altenburg und Hainburg Güterbahnhof sowie in der Personenhaltestelle besorgen die Bediensteten der k.k. Direktion für die Linien der Staatseisenbahngesellschaft den Dienst für die Lokalbahn im Rahmen der bezüglichen (NÖLB) Dienstordnung. Die Haltestelle Berg i. NÖe Landesbahn ist nur mit einem Wärter besetzt und dürfen in dieser Haltestelle Zugskreuzungen und oder Vorfahren nicht bewirkt werden, doch sind von den Bediensteten dieser Halte- und Ladestelle die Rückmeldungen nach Wolfsthal bzw. Köpcseny f.k. abzugeben. In den Lokalstrecken einerseits zwischen Wien Großmarkthalle L.B. und Gr.Schwechat, andererseits zwischen Köpcseny f.k. bez. Liget-falu gyartelep und Pozsony verkehren sowohl die Fernzüge als auch die Lokalzüge in den in den Vorschriften für die Ausübung des Dienstes Wien Großmarkthalle L.B–Groß Schwechat (2. Teil) bestimmten Raumabstand, zwischen Gr.Schwechat und Köpcseny jedoch im Stationsabstand. Die Abfertigung der Fernzüge hat in den beiden Zugausgangsstationen durch den jeweilig diensthabenden Zugsexpedienten (nicht durch den Conducteur!) persönlich zu erfolgen, wogegen die Abfertigung der Lokalzüge (gestrichen, durch Tramway ersetzt; d.A.) […] durch ein Klingelzeichen erfolgt. Der Tramwayfahrer durfte nicht […] wegen der niederen Prüfung einen »Zug« führen.

Die Betriebsform sah für beide Städte einen dichten Straßenbahnverkehr vor, bei dem auch Kurswagen, meistens ohne Halt in der Stadtstrecke, über die Fernstrecke in die jeweils andere Stadt fuhren. Durch diese Form des Betriebes konnte bis fast in das Herz der Städte gefahren werden. Fernzüge auf der Stadtstrecke dürfen nur 2 Wagen haben (später nach Umbau der Stationen 3),

Wärterhäuser 1-11 haben zu beiden Nachbarstationen eine gesonderte Telephonverbindung, das Wärterhaus 12 (Berg i.Nöe) ist in die Betriebslinie einbezogen.

Die Betriebsleitung Gr. Schwechat ist »Gesamtleiter«(siehe Betriebsleitung Mistelbach)

4 Bahnmeisterbezirke:
Gr. Schwechat, Markt Fischamend, Petronell, Hainburg.

Bahnärztlicher Dienst:
Die Bediensteten der Station Wien Großmarkthalle L.B werden denen einer Zentraldienststelle gleichgesetzt […].«

nung der Weichen erfolgte lokal, die Verriegelung wie auch die von den Weichen abhängigen Signale zentral. Für die Ortsbedienung und daher auch »augenscheinlich« war ein Weichenwärter in jeder der mit dieser Art von Sicherungsanlagen ausgerüsteten Stationen beheimatet.

Fischamend hatte nur Einfahrsignale, da hier alle Züge wegen der Bremsprobe unbedingt anhalten mussten. In der Haltestelle Berg standen die Signale in der Grundstellung auf »Frei«.

Die Abzweigung zur STEG Strecke in Gr. Schwechat stand mit Gr. Schwechat durch einen »Südbahnblock« der späteren Einheitsbauart 5007 in elektrischer Abhängigkeit. Die Abzweigung Tabakfabrik war mit der Station Hainburg Güterbahnhof mit einer »Industrieanlage« gesichert.

Bei den Probefahrten schleiften in der Pressburger Rosengasse die Trittbretter der Fernzugbeiwagen an den Stufen des Stadttheaters. Dies machte relativ aufwendige Umbauarbeiten an den damals breiten Trittbrettern notwendig.

Die technisch-polizeiliche Prüfung der Motor- und Beiwagen für die Stadtstrecke erfolgte am 20. Januar 1914. Der öffentliche Verkehr für die Fernzüge auf der Strecke Wien–Pressburg wurde am 5. Februar 1914 aufgenommen. Der Tramwayverkehr auf der Ortsstrecke Wien–Groß Schwechat begann am 13. April 1914, auf der Pressburger Ortsstrekke am 15. November 1914.

Im selben Jahr erschien eine neue Vorschrift, die die Ausübung des Verkehrs-Dienstes auf der Lokalstrecke Wien-Großmarkthalle L.B. und Groß Schwechat regelte. Grund für diese neue Vorschrift war u.a. die aus mehreren Gründen notwendig gewordene »Signalisierung« auf der Stadtstrecke. Gemäß der damaligen Rechtslage war der Unterschied zwischen einem Motorwagenführer und einem Lokführer, dass der Motorwagenführer (= Straßenbahner) keine Signale kannte und auch nicht die Bremstechniken des Lokführers beherrschte. Die Motorwagenführer erhielten aber auch jetzt, obwohl sie nun »Signale« beachten mussten, nicht mehr Gehalt.

Gleich im ersten Betriebsjahr kam es beim Einsatz der Fahrzeuge zu einer betrieblichen Besonderheit: Da an Sonn- und Feiertagen wegen des großen Fahrgastandrangs auf der Hauptstrecke die Waggons knapp wurden, setzte man kurzerhand die Straßenbahnfahrzeuge im Fernverkehr zwischen Pressburg und Wien ein. Das führte natürlich zu verschiedenen Problemen, die aber kurzfristig per Erlass geregelt wurden (siehe Kasten).

Infolge des unerwartet starken Verkehrs mussten 1915 der Maschinen- und Wagenpark vermehrt werden. Außerdem wechselte man die Weichen und Gleise in Petronell, Deutsch Altenburg und Hainburg aus und verlängerte die Ausweichen in der Wiener Ortsstrecke von 60 Meter auf 100 Meter nutzbare Länge als Folge der Führung von Dreiwagenzügen an Stelle von Zweiwagenzügen. Die Kosten schlugen mit insgesamt 1.400.000 Kronen zu Buche.

Das hohe Verkehrsaufkommen spiegelte auch der Fahrplan wieder: Im Jahr 1915 verkehrten auf der Stadtstrecke in Wien 33 Zugpaare mit einigen Einschränkungen, gefolgt von 10 Zugpaaren und zwei »beschleunigten« Zugpaaren mit Halten nur in Groß Schwechat, Fischamend und Hainburg auf der »Fernstrecke« und dann wieder auf der Stadtstrecke in Pressburg, 25 Zugpaare geführt mit in Kopczeny beheimateten ungarischem Personal; nach 1919 stammte dieses aus der Tschechoslowakei.

Mit 28. Mai 1915 wurde aus der LWP eine »

Fahrzeugpark der Pressburger Bahn im Jahr 1914

Überlandstrecke (15 kV/16 2/3 Hz Wechselstrom)
6 Personenzuglokomotiven EWP 1-6, 7-8, Achsfolge: 1´B1
Lokomotiven 1913 gebaut;1916 kamen noch 2 Stück dazu.

3 Güterzuglokomotiven EWL 1-3; Achsfolge 1´C

Wiener Stadtstrecke (600 Volt Gleichstrom)
10 Triebwagen CMg 1600 - 1609; Achsfolge Bo´ und 9 Beiwagen Ch 1525-1533
Eg 1-4

Kittsee–Pressburg (600 Volt Gleichstrom)
4 Triebwagen CMg 1610 -1613; Achsfolge Bo´ und 3 Beiwagen Ch 1534-1536
Eg 5,6 (7,8 Baujahr 1916)

Landeseisenbahn«, sie durfte daher die Benennung »Niederösterreichische Landesbahnen« führen.[5]

11.4 Der erste Geschäftsbericht

Das hohe Verkehrsaufkommen spiegelte auch der »Geschäftsbericht für das erste Geschäftsjahr« wieder, den die Elektrische Lokalbahn Wien–Landesgrenze der Generalversammlung am 10. August 1916 vorlegte.[6] Während sich auf der österreichischen Strecke ein Betriebsüberschuss von 107.976,24 K für das Jahr 1914 und von 335.588,13 K für das Jahr 1915 ergab, wies die ungarische Teilstrecke einen »Betriebsabgang« (= Defizit) von 23.641,06 K (1914) und 14.967,18 K (1915) auf.

Da aber der Betriebsüberschuss für den Schuldendienst nicht die entsprechende Deckung bot, musste nach Abzug des Betriebsüberschusses noch die Garantie des Landes Niederösterreich in Anspruch genommen werden, und zwar für
1914 307.353,36 K
1915 137.691,90 K.

Zusätzlich musste das Defizit der ungarischen Pachtbahn in Höhe von 38.608,24 K für 1914 und 1915, für dessen Deckung die Landesgarantie nicht aufkam, als schwebende

6. Mai 1914 Zl.3168/IIS
Verwendung der Wagen der Strassenbahntype auf der Fernstrecke!

Im Nachhange zu Erlass vom 1.4.1914, Zl. 3168

Die Verwendung der Motor- und Anhängewagen der Strassenbahntype auf der Fernstrecke an Tagen besonderen Verkehres wird bis auf Weiteres gegen Einhaltung der mit obangeführtem Erlasse unter Post Nr.1,2,4,6 bis 12 bekannt gegebenen Vorschreibungen und unter nachfolgenden weiteren Bedingungen gestattet:
[...] die in der Beilage [...] unter Punkt 3 angeführte Beistellung von besonderen Laternen zur Beleuchtung des Wageninneren ist trotz eingeführter elektrischer Beleuchtung (für Wechselstromanschluß) durchzuführen, da die Wagen dermalen während der Manipulation in Gr. Schwechat unbeleuchtet stehen [...] für die Einführung der Wechselstrombeleuchtung ist die Genehmigung des k.k. Eisenbahnministeriums einzuholen.

Die im Punkte 5 der erwähnten Beilage provisorisch geregelten Frage des Plattformabschlusses, der für die Fernstrecke nicht geeignet ist, [...] ist auf Grund eines dem k.k. Eisenbahnministerium vorliegenden Projektes ungesäumt definitiv ungesäumt zu regeln und so zwar, daß tunlichst bald nur mehr Fahrbetriebsmittel mit den genehmigten, neuen Abschlußvorrichtungen für den Verkehr auf der Fernstrecke herangezogen werden [...] in den Stationen der Fernstrecke mitfahrenden Bremser nicht zur Bedienung der Plattformabschlüsse herangezogen werden [...] die Plattformstehplätze dürfen auch auf der Fernstrecke nicht überschritten werden, so daß der Bremser seiner Arbeit ungestört nachkommen kann, dazu ist die Türe zur Plattform abzusperren. (Anmerkung des Autors: Die »Straßenbahnwagen« waren handgebremst und der Schaffner zog auf das Signal des Triebwagenführers »Bremsen fest« oder »Bremsen mäßig fest« die Handbremse an!)
Der Schlußbremser (Sicherheit bei Zugtrennungen) kann auf der vorderen Plattform des Wagens Platz nehmen.

Stellungnahme zum Ansuchen vom 23. April 1914, Zl.: 1278 betreffend den Verkehr von »Ortszügen« mit je 9 Wagen der Straßenbahntype in der Strecke Gr. Schwechat–Maria-Ellend
Dazu wird am 27.4.1914 unter Zl.: 1725 mitgeteilt, dass Fahrversuche mit einem derartigen Zug durchgeführt werden.
Schließlich findet sich auf dem Geschäftsstück der handschriftliche Vermerk vom 29.4.1914: »Zl.: 1794.a.a.= zum Akt / abgelehnt«.

Schuld ins Bilanzkonto übertragen werden. Außerdem wurde gemäß Betriebsvertrag an die ungarische Strecke der Betrag von 30.371,71 K für 1914 und 1915 überwiesen, welcher ebenfalls als schwebende Schuld ausgewiesen wurde.

Daher musste bereits vom ersten Tag des Betriebes an die »Landesgarantie« in beachtlicher Höhe in Anspruch genommen werden. Von einer Gesamtrentabilität war weit und breit keine Rede, jedoch von einem wichtigen Verkehrskonzept, das das Land in seiner politischen Verantwortung auch richtigerweise durchsetzte.

Um für eine Bahn ein aussagerichtiges finanzielles Ergebnis zu erhalten, müssen nach Betriebseinnahmen, Betriebsausgaben natürlich auch die Schuldendienste für das aufgenommene Kapital berechnet werden. Und da schaut es bei vielen Bahnlinien gleich aus: Ein- und Ausgaben etwa im Plus, mit dem Zinsendienst weit im Minus. So war es und so ist es. Damals war der Staat gefordert und ist es heute noch immer – das ist Verkehrs- und Strukturpolitik!

11.5 Nach dem Ersten Weltkrieg

Das Ende der Donaumonarchie brachte auch für die Pressburgerbahn starke Veränderungen. So wurde ab 18. Dezember 1919 der Verkehr auf Österreich beschränkt, denn Pressburg, nun Bratislava genannt, lag jetzt auf tschechischem Territorium. Aus diesem Grund wurde auf österreichischem Gebiet ein neuer »Endbahnhof« gebaut, die Station Berg-Landesgrenze.

1921 war der Personalstand der LWP folgender:

Es wurde bereits nach dem BBÖ System in verschiedene selbstständige Dienstzweige unterschieden.
Elektrostreckenleitung Groß Schwechat 28
Streckenleitung Groß Schwechat 127
Zugförderungs- und Werkstättendienst 150
Materialmagazin 6

Betriebsleitung Groß-Schwechat 122

Stationen:
Wien Großmarkthalle
Leitung eines mittleren Bahnstationsamtes 15
1 Leiter
3 Fahrdienstleiter
2 Personen- und Gepäckkassen, einfacher Diensttag
1 Güterkassen- und Rechnungsdienst
1Verwaltungshilfsdienst unter Aufsicht und Leitung (Güterkasse)
1 Güterschuppenführung
4 Hilfsdienste (Güter Auf- und Abgabe)
1 Bahnhofshilfsdienst
1 Garderobefrau

Gleiskreuzung Erdbergerlände
1 Weichensteller

Mark Fischamend
1 Leitung eines kleinen Bahnstationsamtes
1 Fahrdienstleitung in einer kleinen Station
2 Bahnhofhilfsdienst 4

Maria Ellend 4

Regelsbrunn 4

Wolfsthal 4

Betriebsleitung Pressburg 8
1Betriebsleiter mit besonderem Dienstvertrag
7 Ortszugschaffner

Pressburg 1
Zugförderungspersonal Pressburg 8

Köpczeny 9
1 Leitung eines mittleren Bahnstationamtes
2 Fahrdienstleitung
1 Personen Gepäckkasse einfachen Dienstes
1 Hilfsdienst
3 Verschubdienst
1 Bahnhofhilfsdienst (Wagenputzer)

Ab 1. November 1920 war wieder ein durchgehender Verkehr möglich, jedoch nur mehr mit Kurswagen, denn die nun tschechische Strecke war inzwischen auf 550 Volt umgebaut worden. Betrieblich wurde jetzt bis Berg gefahren, die Kurswagen wurden nach dem »Umsetzen« der Lok in den nun tschechischen Bahnhof Kopcan umgesetzt.

Wie alle anderen Lokalbahnen wurde die LWP rückwirkend mit 1.1.1921 von den BBÖ übernommen. Der Streckenabschnitt Fischamend–Wolfsthal wurde vom 4.-14. August 2003 auf »Zugleitbetrieb« umgestellt. Die alten Formsignale und Sicherheitseinrichtungen werden auf der ehemaligen NÖLB strecke Stammersdorf–Obersdorf aufgestellt.

[1] Vgl. Sten. Protokoll des n.ö. Landtages 1901 XXXV VII. 35
[2] Vgl. L.G. u.V.Bl. Nr.23 ex 1905
[3] Vgl. Gesetz vom 18. Juli 1905, R.G.Bl. Nr. 124, k.k. Staatsverwaltung
[4] 24.6.1912 R.G.Bl. Nr. 125
[5] Vgl. Zl.481 vom 27.V.1915; Bezug dazu auch Zl.:11436-1912 und 2323 W.Tr.-1914; vgl. dazu außerdem das handschriftliche Konzept zu Zl.481.
[6] Vgl. Geschäftsbericht für das erste Geschäftsjahr vom 28. Oktober 1913 (handelsgerichtliche Eintragung) bis 31. Dezember 1915, erstattet in der ersten ordentlichen Generalversammlung am 10. August 1916. Selbstverlag der Elektrischen Lokalbahn Wien -Landesgrenze nächst Hainburg.

Zeichnungen: Slg. Hufnagl

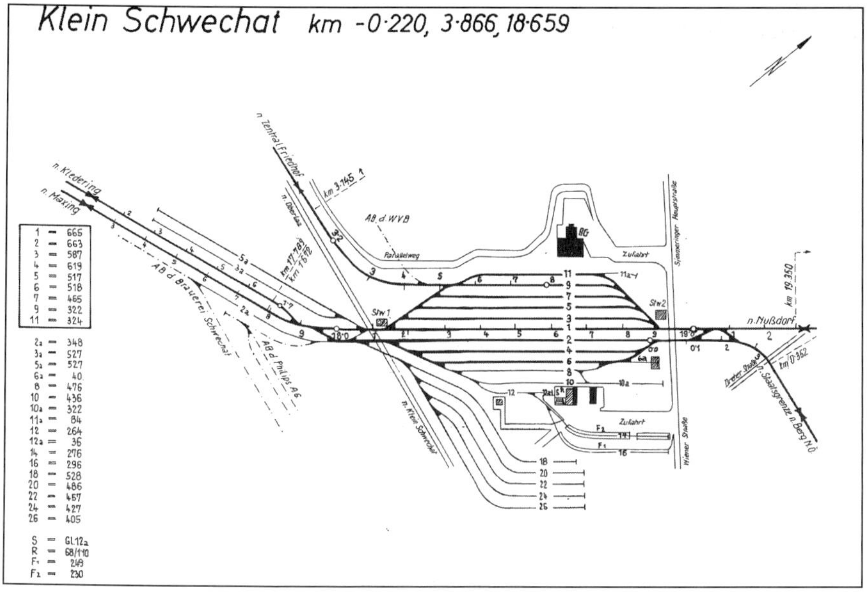

Gleisplanskizze der »Pressburgerbahn«

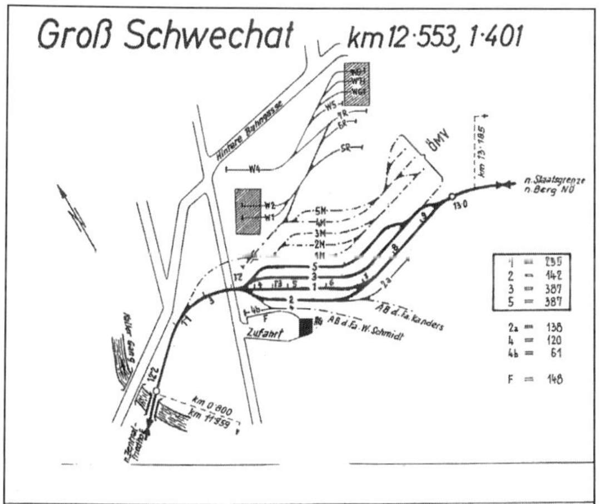

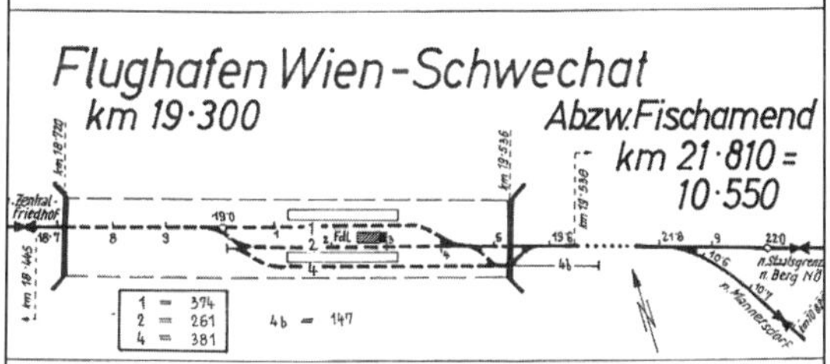

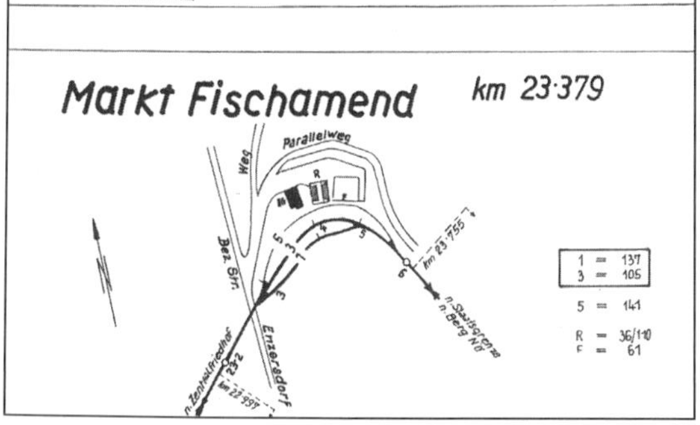

Gleisplanskizzen der »Pressburgerbahn«

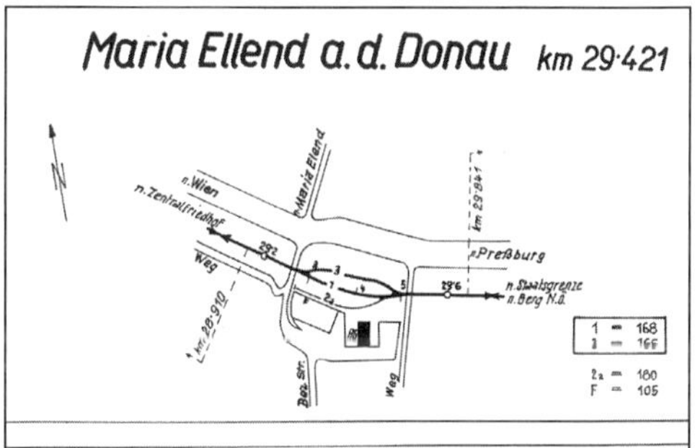

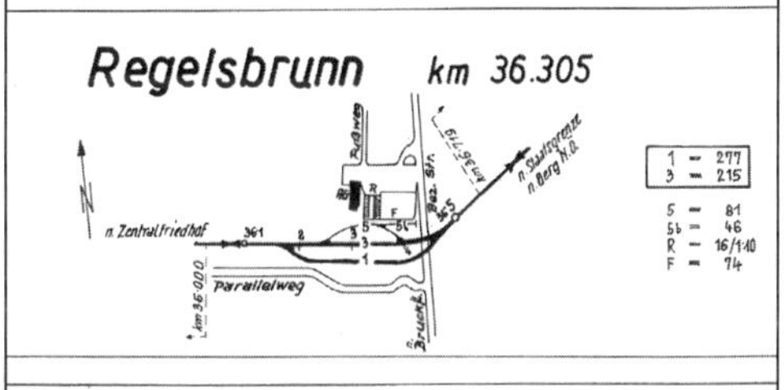

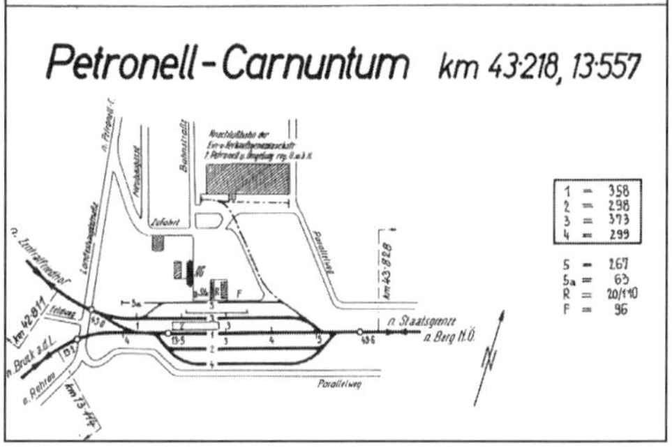

Gleisplanskizze der »Pressburgerbahn«

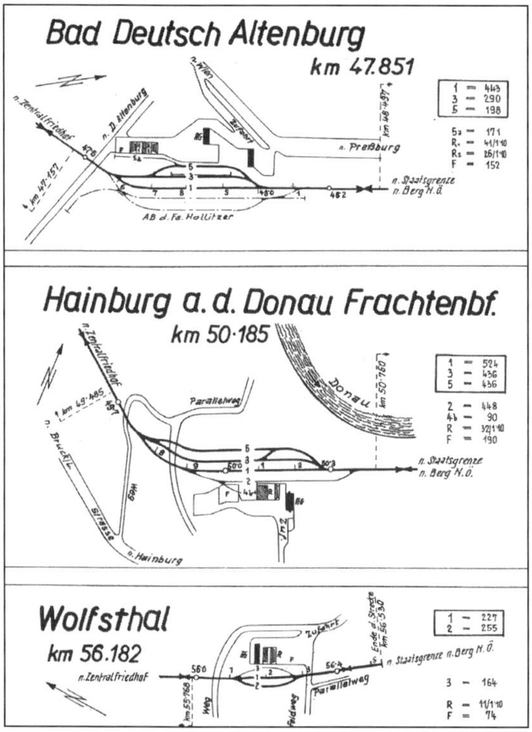

Gleisplanskizze der »Pressburgerbahn«

Zeichnung: Slg. Hufnagl

Ein Triebwagen der CMg der Stadtstrecke nach Groß Schwechat

Ein Zug der »Pressburgerbahn«, wie er um 1970 verkehrte, bei der Jubiläumsparade 150 Jahre Eisenbahn in Österreich.

Foto: Slg. Hufnagl

Milchwagen – später dann Salzwagen

Foto: Slg. Steinmann

Foto: Archiv Steinmann

Turmwagen X 531.05 in Deutsch Altenburg

Foto: Slg. Steinmann

Am 19. Dezember 1966 kreuzen im Bahnhof Fischamend Reichsstraße die Züge 4820 und 4823, die von 1072.05 bzw. 4060.02 gezogen wurden. Im NHintergrund ein k.k. Hauptsignal (AS 2,4) 1 Flügel »Frei«, 2 Flügel »Frei mit Geschwingigkeitsbeschränkung«

Foto: Archiv Steinmann

Verschub am Bahnhof Wien Nord 1964 Foto: Slg. Hufnagl

1072.05 in Wien Nord 1964 Foto: Slg. Hufnagl

Dieser Gol besitzt die Kupplungssysteme von Eisen- und Straßenbahn. Foto: Archiv Steinmann

Luftaufnahme des Bahnhofs Maria Ellend etwa 1937.
Am Freiladegleis wird ein LKW beladen. Foto: Slg. Hufnagl

12. St. Pölten–Kirchberg a.d. Pielach–Mariazell–Gusswerk (Ober Grafendorf–Ruprechtshofen–Mank)

»Mariazellerbahn«

12.1Von St. Pölten nach Kirchberg a.d. Pielach

Bereits seit 1858 gab es verschiedene Projekte, St. Pölten und den beliebten Wallfahrtsort Mariazell auf dem Schienenweg zu verbinden. Unter anderem gab es die Idee, von Wien aus eine Überlandstraßenbahn oder eine Kleinbahn zu bauen.[1] Doch erst 1896 wurde die Konzessionsurkunde für eine neue Bahnlinie von St. Pölten nach Kirchberg a.d. Pielach ausgestellt, die eine Spurweite von 760 mm haben sollte.[2]

Die Strecke war insgesamt in sechs Baulose eingeteilt:

Baulos 1: St. Pölten bis km 8.550, Bauführer Johann Stiaßny, St. Pölten

Baulos 2 bis km 16.809, Bauführer Ottokar Blaschek, Obergrafendorf

Baulos 3 bis km 25.176 Bauführer Isidor Foramitti, Rabenstein

Baulos 4 bis Kirchberg a.d. Pielach, Bauführer Remigius Zobl, Kirchberg

Baulos 1 Obergrafendorf bis km 9.527, Unterbauführer Friedrich Reitmeyer, Obergrafendorf

Baulos 2 bis Mank, Unterbauführer Wilhelm Kühnel = Zeiler, Kilb

Besonders schwierig gestaltete sich der Grunderwerb. Viele Eigentümer hatten unverhältnismäßig hohe Forderungen, so dass der Kauf der erforderlichen Grundstücke nicht im gütlichen Wege erzielt werden konnte. Bei etwa 60 Prozent der benötigten Grundstücke musste der Gerichtsweg beschritten werden.[3]

Aus diesem Grund musste die für 1896 geplante Bauvergabe bis 1898 hinausgeschoben werden. Als erschwerend kamen von »Interessenten« eingebrachte Einwände dazu, die eine Verlegung der Bahn (auch in Mariazell) vom Ortsmittelpunkt um mindestens 1/4 Wiener Meile verlangten, damit den örtlichen Fuhrwerkern ihre Konzession erhalten wurde.

12.2 Verlängerung nach Mariazell

Langwierig gestalteten sich die Verhandlungen über die Verlängerung der Strecke nach Mariazell, da die aufwändige Streckenführung hohe Kosten verursachen würde. Außerdem erwog man den Anschluss an die Ybbstalbahn (siehe Kasten).

Aus den Anträgen geht eindeutig hervor, dass die Mariazellerbahn von vornherein – auch wenn man die optimistischsten Berechnungen des Landes zugrunde legt – stark defizitär geplant war.

Die gesamte Planung führte das n.ö. Landeseisenbahnamt durch, das auch die Projektarbeiten anfertigte. Schließlich wurde am 14. Mai 1901 dem Antrag auf »Weiterbau« nach Mariazell zugestimmt.[4]

Doch am 12. Februar 1902 teilte das Eisenbahnministerium der Aktiengesellschaft mit, dass für das vom niederösterreichischen Landtag beschlossene Bahnprojekt nach Mariazell eine finanzielle Betheiligung des Staates nicht in Aussicht genommen werden könne.[5]

Die Berechnungen der Rentabilität gingen

unterdessen weiter, und so musste der Landtag wiederum einem Antrag auf Erhöhung der Reinertragsgarantie für die Localbahn von Kirchberg a.d. Pielach nach Mariazell von 268.000,00 K auf 344.000,00 K zustimmen.

Für diese Berechnungen hatte man den Normaltarif herangezogen, jedoch sollte den künftigen Kalkulationen ein »sehr ermäßigter Frachttarif« zugrunde gelegt werden. In diesem Antrag steckte somit bereits eine »schöngefärbte« Kalkulation, die wissentlich falsch war, denn man gab so nebenbei zu, dass der später *nicht* anzuwendende Normaltarif die Berechnungsgrundlage bildete.

Diese Manipulationen zeigen deutlich, wie stark der Druck auf das Land Niederösterreich war, um den Bahnbau durchzubringen. Es zeigt aber auch, wie schlecht die gesamten wirtschaftlichen Verhältnisse und die der Bevölkerung in dieser Region bzw. in ganz Niederösterreich waren und welche starken wirtschaftlichen Impulse sich die politisch Verantwortlichen von dieser Bahnlinie erwarteten, wenn sie den Bau mit solchen Tricks durchzusetzen suchten.

Gleichzeitig hatte das Land Steiermark für die Verlängerung der Strecke von Mariazell nach Gusswerk einen Zuschuss in Höhe von 700.000,00 K in Aussicht gestellt. Doch die Steiermark zahlte nicht, und so musste der n.ö. Landtag 1903 ein weiteres Gesetz beschießen, mit dem er auch die Haftung für die Kosten der Strecke Mariazell–Gusswerk übernahm.

Der nebenstehende Auszug zeigt mit aller Deutlichkeit die für den Bahnbau erforderlichen hohen finanziellen Zuwendungen und auch die in der Folge genehmigten und vom Staate zu bezahlenden Ertragsgarantien des Landes Niederösterreich für und an die Bahnbauer. Ohne ein gravierendes Interesse des Landes Niederösterreich – also des Staates – an einer »Erschließung« des wirtschaftlich daniederliegenden Gebietes und der daraus resultierenden finanziellen Garantien des Landes Niederösterreich und in weiterer Folge des Staates wäre ein Bahnbau auch in dieser einfachen Form in dieser Gebirgsregion nicht finanzierbar gewesen.

(Beilagen zu den sten. Protokollen des n.ö. Landtages IX Wahlperiode
Nr. XCIV 1903 Eisenbahn Z 306 Präs.

Antrag des Eisenbahnausschusses über den Bericht und Antrag der für die Lokalbahn Kirchberg an der Pielach–Mariazell gewährten Reinertragsgarantie per 344.000,00K auf die Fortsetzung der Linie bis Gusswerk.
Der hohe Landtag wolle beschließen:
1.) Dem nachstehenden Gesetzentwurfe, betreffend die finanzielle Sicherstellung einer schmalspurigen Lokalbahn von der Station Kirchberg an der Pielach der bestehenden Lokalbahn St. Pölten–Kirchberg an der Pielach–Mank nach Mariazell und Gusswerk wird die verfassungsgemäße Genehmigung erteilt.
2.) Die Bestimmungen der Punkte,3, 4 und 5 des Beschlusses des hohen niederösterreichischen Landtages vom 17.Juli 1902, betreffend die finanzielle Sicherstellung der schmalspurigen Lokalbahn Kirchberg a. d. Pielach–Mariazell bleiben aufrecht.
3.) Der niederösterreichische Landtag wird beauftragt, für den nachstehenden Gesetzentwurf die Allerhöchste Sanktion zu erwirken.

Beilage:
Gesetz vom [...]
§1.a [...] vom Lande übernommene Reinertragsgarantie hinsichtlich der Verzinsung und Tilgung einer Prioritätenanleihe im Höchstbetrage von 8.100.000,00K zur Bestreitung
[...]

12.3 Bau und Betrieb der Strecke St. Pölten Bbf–Mariazell–Gusswerk

Vor dem Hintergrund dieser aufwändigen Verhandlungen über die Finanzierung überrascht es nicht, dass sich der Bahnbau über mehr als ein Jahrzehnt hinzog, wie die folgende Zeittafel zeigt:

4. Juli 1898: Aufnahme des Betriebes St. Pölten Bbf–Kirchberg a.d. Pielach
1904: Weiterbau nach Gusswerk
6. August 1905: Betriebsaufnahme Kirchberg a.d. Pielach–Laubenbachmühle
2. Mai 1907: Aufnahme des Gesamtbetriebes bis Mariazell
15. Juli 1907: Verlängerung Mariazell bis

Nr. XXVIII L.A.1900 ohne Zahl

Bericht und Antrag des niederösterreichischen Landesausschusses betreffend die Erbauung einer schmalspurigen Bahnlinie nach Mariazell.

Hoher Landtag
»Dem hohen Landtage wurden in der abgelaufenen Session von einer Reihe von Gemeinden Petitionen für den Ausbau der schmalspurigen Lokalbahn St. Pölten–Kirchberg an der Pielach–Mank, von Kirchberg a d P ausgehend über Frankenfels nach Mariazell unterbreitet, über welche der hohe Landtag in seiner Sitzung vom 11. April 1899 den Beschluß gefaßt hat [...] diese hochwichtige Frage des Weiterbaues [...] Bericht zu erstatten und definitiv Anträge zu stellen [...].
[...] hat das Landeseisenbahnamt [...] und welche eine Verbindung mit der Ybbstalbahn vermitteln würden [...].

Zum Anschluss an die Ybbstalbahn wurden drei Trassen näher untersucht:
1.) eine Linie nördlich des Ötschers, Erlaufsee–Zellereiner Sattel–Neuhaus–Lunz
Wasserscheide 1000 Meter, technisch schwierigste, aber kürzeste [...].

2.) Abzw. Wienerbrückel–nördl. Ötscher–Lackenhof–Lunz.
3.) Abzw. Winterbach–Kienberg Gaming [...].
[...] die letztgenannte wäre die billigste und technisch einfachste [...] niedrigste Wasserscheide (610 Meter) [...] ohne Tunnel [...] würde aber für den Verkehr von Mariazell nach Waidhofen an der Ybbs einen bedeutenden Umweg involvieren.
Bei der eminenten und allseits anerkannten Wichtigkeit, welche die Erschließung von Mariazell und des Gebietes der nö - steirischen Grenze innewohnt [...] empfehlen sollen [...] das von der Regierung dem hohen Reichsrathe vorgelegte Investitionsprogramm bis 1904 resp. 1908 den Ausbau einer Bahnverbindung nach Mariazell nicht enthält [...] so erscheint das Eingreifen des Landes (NÖ) um so zeitgemäßer, als die Regierung nach dem erwähnten Programme vor dem Jahre 1904 resp. 1908 an eine Lösung dieser Frage nicht zu denken scheint.
[...]
In Erwägung, [...] daß der Niedergang der Industrie in dem Grenzgebiete zwischen [unleserlich] und Niederösterreich einer dringenden Aktion zur Wiederbelebung bedarf, sowie der Erwägung [...] steigende Verkehr nach Mariazell [...] beauftragt den Landesausschuß, in kürzester Zeit eine Sicherstellung dieser Bahn betreffende Vorlage einzubringen.
Der Landesausschuß wird beauftragt, mit der Regierung, dem Lande Steiermark und den Interessenten wegen Zusicherung entsprechender Beträge in Verhandlung zu treten und alle Maßnahmen für eine baldige Realisierung der Bahn zu ergreifen.
März 1900
Richter f. d. n.ö. Landesausschuß

Nächster Bericht und Antrag
Nachdem die Erhebungen über den eventuellen Ausbau einer Bahnverbindung von Mank bis Wieselburg insoferne ein negatives Resultat ergeben haben, als die diesbezüglichen Berechnungen den

Gusswerk, eingestellt am 28.Mai 1988

Die Spurweite der Bahnlinie betrug 760 mm, kleinster Krümmungshalbmesser waren 80 m und die Gesamtlänge belieߟ sich auf 91,4 km.

Im Jahr 1909 begann die Elektrifizierung der Strecke. Als erstes Teilstück wurde am 27. März 1911 der Abschnitt Laubenbachmühle–Wienerbruck eröffnet; am 7.Oktober 1911 folgte schließlich die Gesamtstrecke St. Pölten Bbf–Gusswerk. Als System hatten die Ingenieure einphasigen Wechselstrom mit 6500 Volt Betriebsspannung und 25 Hertz gewählt. Den Strom lieferte das Wasserkraftwerk der Newag in Wienerbruck mit einem direktem Speisepunkt in km 72.8 und einem Unterwerk der Newag in km 12.0 (Ober Grafendorf) und km 31.26 (Kirchberg a.d. Pielach). Die Zentrale II wurde in Trübenbach errichtet.

Die Fahrdrahthöhe betrug im Kleinen Eisbergtunnel, Großen Eisbergtunnel, Weißenburgtunnel, Schönautunnel, Ratterstunnel und Kerlsteintunnel (4,47 m hoch), im Steinbachtunnel, Meierbergtunnel, Stettenriegltunnel, Beinriegeltunnel und Florkogeltunnel (4,05 m hoch) jeweils nur 3,75 Meter.

Nachweis erbrachten [...] eine angemessene Verzinsung des investieren Capitals wegen der [...] Ablenkung des Verkehres, der Unmöglichkeit von Transittransporten, [...] Verschiedenheit der Tarife und der hohen Betriebskosten nicht zu erwarten ist, hat der Landesausschuß [...] die Frage des Ausbaues der Theilstrecke -Mank–St. Leonhard am Forst–Ruprechtshofen in nähere Erwägung gezogen [...] da diese Theilstrecke ohne wesentliche Inanspruchnahme der Landesfinanzen auszuführen möglich ist.
Der Landesausschuß gibt sich keiner Täuschung darüber hin, daß die Vortheile dieser Bahnverbindung [...] keine durchaus befriedigenden sind [...]. Da aber neben den directen ökonomischen Vortheilen [...] glaubt der Landesausschuß umsomehr empfehlen zu können, als die das Land treffenden Opfer auch schon im ersten Jahr keine so bedeutenden sind und die Bevölkerung [...] die gebotenen Vortheile immerhin von nicht zu unterschätzender Bedeutung sind.
Die Fortsetzungsstrecke müßte jedenfalls in ein Unternehmen bereinigt werden [...], daß die vom Lande zu übernehmende Garantie [...] in eine einheitliche Garantierechnung zusammengefaß ist.

Der Landesausschuß wird ermächtigt [...] Zusicherung der Landesgarantie [...] vorschußweise aus den Landesmitteln zu bestreiten.
Richter März 1900

Anhang »Rentabilitätsberechnung«

23. Sitzung am 3.Mai 1900 [...] in Erwägung, daß die Regierung [...] nicht [...] daß der Niedergang der Industrie [...] die Schaffung einer Bahnverbindung nach Mariazell dringend erheischt [...] in kürzester Zeit eine Vorlage betreffend dem Bahnbau einzubringen [...]
Außer der Linie nach Mariazell wurden noch die Verbindungen von Kernhof und von Freiland Türnitz nach Mariazell in Erwägung gezogen.
Erstere krankt an dem Übelstande, daß sie nur ca. 8 km auf niederösterreichischem Gebiete führt [..] ohne irgend welchen Localinteressen in Niederösterreich zugute kommt. Scheitert an den technischen Schwierigkeiten [...] diese jedenfalls normalspurig auszuführende Strecke [...] unverhältnismäßig hohe Anlagekosten. [...] So scheitert dieselbe an den bedeutenden technischen Schwierigkeiten [...] sowie aus der Höhe des Anlagecapitals, [...] welche, selbst wenn die Strecke schmalspurig ausgeführt werden würde, beträchtlich höher wäre als die Linie Kirchberg–Mariazell.
Die Linie Kirchberg–Mariazell hat den Vortheil [...] sechs größere Gemeinden mit ca. 6000Einwohnern,350 Quadratkilometern Fläche [...] Fremdenverkehr und wegen des großen Reichthums an Naturprodukten [...] bedeutende Frachtquantitäten der Bahn [...].

Der Landtag wolle beschließen:
1.) sobald der Nachweis erbracht wird, daß 30% des vom k.k. Eisenbahnministerium im Einvernehmen mit dem Landesausschusse festgesetzten Nominalanlagecapitales..von den Interessenten mit Beihilfe des Staates [...] die Nominale nicht ausreichen sollte, [...] übernimmt das Land NÖ [...] innerhalb 75 Jahren sich ergebende Abgang aus Landesmitteln vorschußweise gedeckt wird!

12.4 Betriebliche Vorschriften

Die zulässige Höchstgeschwindigkeit betrug 25 km/h. Im Jahr 1901 konnten Zugkreuzungen nur in den Stationen St. Pölten Lokalbahn, Obergrafendorf, Hofstetten und Kirchberg a.d. Pielach stattfinden. Seit 1902 diente St. Pölten Localbf. als Dispositionsstation.

Es gab keinen Nachschiebedienst. Auf dem Abschnitt Mariazell–Gusswerk waren acht Achsen als Nachlaufer (ungebremst!) zugelassen. Wenn im Zuge aufgeschemelte Vollspurwagen rollten, durften bei personenführenden und bei Güterzügen höchstens drei Wagenpaare und zwei Vollspurwagen, oder zwei Wagenpaare und drei Vollspurwagen befördert werden.

Im kleinen Eisbergtunnel, im großen Eisbergtunnel und in Gösing mussten alle Züge auch bei Tag ein beleuchtetes Zugspitzensignal (Zugschluss unbeleuchtet!) führen.

In den Strecken St. Pölten Bbf–St. Pölten Alpenbf. und Loich–Erlaufklause mussten die Handsignallaternen der Zugbegleiter ohne Rücksicht auf die Fahrtdauer durch die einzelnen Tunnels auch bei Tag beleuchtet sein.

Auf dem Abschnitt St. Pölten Bbf–St. Pölten Alpenbahnhof waren Läutesignale vorgeschrieben, zwischen St. Pölten Bbf (Bbf = Betriebsbahnhof) und St. Pölten Alpenbf gab es eine Läutesignaleinrichtung, Bahnwärterfernsprecheinrichtung, Zugmeldefernsprechleitung und erinnerte betrieblich an eine Hauptbahn.

Sonst gesamte Strecke besaß eine Fernsprechleitung (FS). Im km 63.290 (links der Bahn) war in den Wintermonaten eine Sprechstelle eingeschaltet. Im km 65.846 (links der Bahn) gab es eine »Sprechstelle» in der großen Tunnelnische. Die Rückmeldung der Züge erfolgte fernschriftlich.

Der »englische Verschub« war auf der gesamten Strecke verboten, ausgenommen die Bfe Ober Grafendorf (Ri. St. Pölten), Laubenbachmühle (Ri2) und Mariazell (Ri1).

Gleiswaagen gab es in St. Pölen Alpenbf, Kirchberg a.d. Pielach, Annaberg, Mariazell und Gusswerk.

Vor dem unbeschrankten Wegübergang im km 66.770 (Gösing) mussten alle Züge anhalten.

In den Bahnhöfen St. Pölten Localbahn, später Alpenbf, und Laubenbachmühle lagerten Notbeleuchtungseinrichtungen (Laternen, Paraffinpatronen etc.)

Die technische Untersuchung führte ein Wagenmeister in St. Pölten Alpenbahnhof und Mariazell durch. Wagenausbesserungen erfolgten bei kleinen und mittleren Schäden in der ZfLtg. St. Pölten Alpenbf und Ober Grafendorf.

Bahnärzte waren in St. Pölten Bbf, St. Pölten Alpenbf, Ober Grafendorf, Rabenstein, Frankenfels, Annaberg und Mariazell stationiert. Der Bahnhof St. Pölten Bbf hatte einen großen Rettungskasten.

Die Bahnhöfe Annaberg (Melderstelle Tirolerkogel), Puchenstuben, Mitterbach und Mariazell (Melderstelle Bürgeralpe) meldeten die »Schneeberichte« an den Bf St. Pölten Alpenbahnhof zur Weiterleitung.

In der Betriebsausweiche Ober-Buchberg und in der Haltestelle Erlaufklause durften Zugkreuzungen nur im gegenseitigen Einvernehmen der beiderseitigen Nachbarstationen stattfinden. Dabei war folgender Vorgang einzuhalten:

»[...] Schlüssel [sind] nachweislich im Stundenpaß zu übergeben.

[...] Der Zug hat vor dem Einfahrtswechsel [...] stehenzubleiben [...] und nach Umstellung einzufahren. Nach Eintreffen des Gegenzuges hat der Zugsführer des erstgenannten Zuges den Wechsel für die Ausfahrt zu stellen und sodann die Fahrt fortzusetzen.

Beide Schlüssel [...] nach Richtigstellung abgezogen und gegen Eintragung im Stundenpaß wieder abgegeben.«

Weitere betriebliche Besonderheiten finden sich im nebenstehenden Kasten.

12.5 N.ö. Landeselektrizitätswerke

Die vorerst nur für die »Mariazellerbahn« geschaffenen Landeselektrizitätswerke forderten sofort ein Dienstrecht/Besoldung nach dem auch i.e. für die NÖLB geltenden besseren Bestimmungen.

Das Personal musste/muss auch über die jeweils geltenden »Eisenbahnvorschriften « bei der Eisenbahn eine Prüfung (V2, V3, El42 usw.) ablegen. Dies gilt auch noch im Jahr 2003.

[1] In der Folge werden die Beilagen zu den stenographischen Protokollen des niederösterreichischen Landtages in der VIII. Wahlperiode zitiert. In dieser Form deshalb, um die Tragweite der Entscheidungen kommentarlos und im Originaltext, wenn auch teilweise verkürzt, wiedergeben zu können. In diesem Zusammenhang sei aber auch auf die drei Bücher über die Mariazellerbahn von Horst Felsinger hingewiesen.

[2] Concessionsurkunde vom 11. Juli 1896, R.G.Bl Nr.124, ergänzt durch die Kundmachung vom 10. Jänner 1898.

[3] In den Unterlagen ließt sich das folgendermaßen: *»Trassenrevision für die Linie St. Pölten–Kirchberg a.d. Pielach am 5. und 6. Juli 1895, und jene für die Linie Obergrafendorf–Mank am 18. December 1896 [...] die Stationscommission, politische Begehung, Enteignungsverhandlung, [...] für die Linie St. Pölten–Kirchberg a.d. Pielach hat in der Zeit vom 8. bis 13. Juni 1896, für die Linie Obergrafendorf–Mank in der Zeit vom 3. bis 7. Mai 1897 stattgefunden.«*

[4] Vgl. Zl.:19653/2 vom 14. Mai 1901

[5] Vgl. Zl.: 5069/2 vom 12. Februar 1902

Personal bestand Niederösterreichisch-steirische Alpenbahn im Jahr 1921

Streckenleitung St. Pölten 110
Vereinigte Heizhaus- (Remisen-) und Werkstättenleitung in St. Pölten und Ober-Grafendorf 228

Betriebsleitung St. Pölten 24
Stationen:
St. Pölten 124
Schwadorf 1
Materialmagazin Ober- Grafendorf 6
Ober-Grafendorf 7
Klangen 2
1 Leitung eines kleinen Bahnstationsamtes
1 Hilfsdienst

Hofstetten Grünau 2
Rabenstein 2
Steinschal-Tradigist 2
Kirchberg a.d. Pielach 5
Leitung eines mittleren Bahnstationsamtes
2 Fahrdienstleiter
2 Hilfsdienst

Loich 2
Schwarzenbach a.d. Pielach 2
Frankenfels 2
Laubenbachmühle 5
Ober-Buchberg
Leitung eines kleinsten Bahnstationsamtes mit Zugabfertigung 1

Winterbach 2
Puchenstuben 2
Gösing 2
Annaberg 2
Wienerbruck - Josefsberg 2
Erlaufklause 1
Mitterbach 2
Mariazell 29
Heizhausexpositur Mariazell 4
Streckenleitung Mariazell 73
Gusswerk 3
1 Leitung eines mittleren Bahnstationsamtes mit geringerem Geschäftsumfang
2 Bahnhofshilfsdienst

Bischofstetten 1
Leitung eines kleinen Bahnstationsamtes ohne Zugabfertigung 1
Kilb 2
Mank 4
St. Leonhard am Forst
Leitung eines kleinen Bahnstationsamtes ohne Zugabfertigung 1
Ruprechtshofen 2

Die Beschäftigten der N.ö. Landeselektrizitätswerke

Zentraldienst	13
Magazinsverwaltung	4
Außendienst	
Betriebsleitung St. Pölten	14
Werksbetrieb St. Pölten	14
Werkstätte St. Pölten	6
Werksbetrieb Wienerbruck	8
Installations- und Fahrleitungsinstandhaltung	35
4 Bahnmeister	
2 Obermonteure	
2 Monteure	
7 Leitungsaufseher mit größerer Verantwortung	
8 Leitungsaufseher	
6 Leitungsaufseher mit größerer Verantwortung	
6 Leitungsaufsehergehilfen	

Anmerkungen zur Strecke

St. Pölten Bbf

Khittelstraße (Hast) Bis 19 .August in »Gesamtbetrieb«, dann nur mehr für die »Einfahrten«! (+1945)

St. Pölten k.k. St.B Ab 20. August 1909 Abfahrt aller Züge auf der neugestalteten Gleisanlage neben dem Gleis der Strecke St. Pölten - Leobersdorf.

St.Pölten Alpenbf (St.Pölten L.B.) Befehlsbahnhof St. Pölten Bbf - Laubenbachmühle

Weichen wurden lokal gestellt und zentral verriegelt.
Die Sicherungsanlage dürfte jedoch nicht die beste gewesen sein, denn:

Zl.: 3055/19 ex 1909....falls die Einfahrt zweier Züge aus entgegengesetzten Richtungen derart erfolgt, daß unter Umständen eine Kollision stattfinden würde, ist einer der beiden Züge vor dem (natürlich freizeigenden!; d.A.) Einfahrsignal zum Halten zu bringen (Art.122 der Instruktion XII)

Verschubpflock (Einfahrsignal mit Fernsprecher): Alle Kleinwagen müssen anhalten!

Für die Einfahrten in St. Pölten Bbf galten bei untauglichem Einfahrsignal folgende Bestimmungen:

Der Schrankenwä rter hat so weit in den Tunnel zu gehen, daß er das Einfahrsignal sehen kann und daß seine Handsignale von dem sich dem Einfahrsignal nähernden Zug wahrgenommen werden können. Er hat dem Zug unter fortwährender Abgabe des Signals »Vorwärts« bis zum Tunnelausgang vorauszugehen. Der Zug hat ihm im Schritt zu folgen. Die volle Geschwindigkeit darf erst wieder außerhalb des Tunnels aufgenommen werden. (Der Tunnel war (ist) zu »eng«).

Verkehrstellen:
Bis km 2.725 Bedienung durch St. Pölten Alpenbf. eigene Bedienungszüge (Krümmungshalbm. 75m)

Schwadorf

Ober Grafendorf

Km 14.8 Schleppgleis der Fa. Arnoldi

Klangen

Km 17.265/ Km 17.380 Schleppgleis der Fa. Schrantz
Bedienung durch Bf Klangen, Züge des allgem. Verkehrs (+ 1974)

Hofstetten Grünau

Km 22.843 /km 22.9544 (Mainburg) Schleppgleis der Fa. Pivonka (1908- 1928)

Km 23.440 Schleppgleis der Fa. Hartl (+9.5.1921)

Rabenstein Schleppgleis zur Farbenfirma Gleitsmann

Km 27.400 (Steinklamm)
Schleppgleis Garn & Zwirnfabrik Krupp, Brass & Co.
Bedienung durch Bf. Steinschal - Tradigist mit Zügen des allg. Verkehrs

Das Streckenende in Mariazell in Richtung Gußwerk gesehen. Foto: Slg. Hufnagl

40 m Krümmungshalbmesser
(1923?) wurde aus der Firma eine Lungenheilanstalt (1971)

Steinschal -Tradigist (Haltestelle) Personen und/ Wagenladungsdienst)
600mm Rollbahn (etwa 2km) zur Zementfabrik Max Reiche

Kirchberg a. d. Pielach

Loich

Km 37.089 Schleppgleis Schotterwerk Jahn Bedienung durch Bf Loich, eigene und Züge des allg. Verkehrs

Schwarzenbach a. d. Pielach

Frankenfels Telegraphenwerkstätte

Boding

Laubenbachmühle Befehlsbahnhof St. Pölten Alpenbahnhof - Mariazell

Unter Buchberg Haltestelle (mit Ladestutzgleis), Weichenschlüssel im Bf Winterbach
Abstellen von Wagen nur mit Richtung gegen Laubenbachmühle verkehrenden Zügen (kein »englischer Verschub» gestattet!)

Ober Buchberg (Betriebsausweiche mit Sandstutzen - für entrollte Wagen)
Weichenschlüssel in Winterbach; Meldung der »grenzfreien Einfahrt« durch Zuruf von Mann zu Mann an den Fdl.

Winterbach

Puchenstuben

Gösing

Km 68.600 Schleppgleis der Gewerkschaft Annaberg (+1928?)

Annaberg

Wienerbruck - Josefsberg

Erlaufklause (Haltestelle) Weichenschlüssel in Mitterbach (Stutzgleis)

Zl.: 114/1 XVIII ex 1909 »[...] Der Schlüssel zum Weichenschloß darf unter keiner Bedingung dem Stationswärter ausgefolgt werden [...] muß vom Zugführer in Verwahrung genommen werden.«

Mitterbach

Mariazell Befehlsbahnhof Laubenbachmühle - Gusswerk

Rasing - St. Sebastian Hu Ab 1.5.1909 Fahrkarten beim Gasthaus Johann Sampl

Gusswerk

Besonderheiten:
Die Zuglänge einschließlich der Lok durfte schon ab Gösing keinesfalls größer sein als 180 Meter. In Gösing waren zur Feststellung der Zuglänge zwei rot gestrichene Pflöcke rechts der Bahn aufgestellt.

Hilfsbremsfahrzeuge
In St. Pölten Alpenbahnhof waren zwei Or/s für die Strecke nach Ruprechtshofen und
In Wieselburg a. d. Erlauf ein Or/s für die Strecke nach Gresten stationiert.

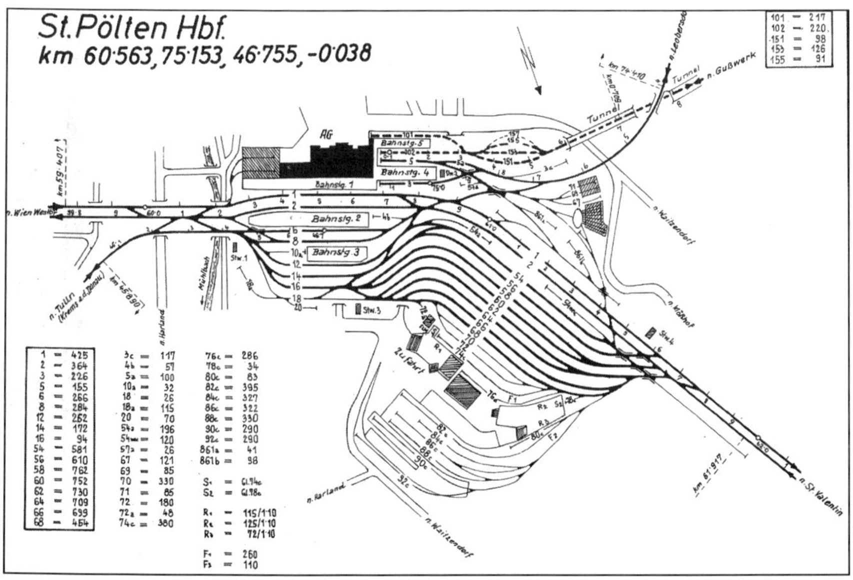

Gleisplanskizze des Bahnhofs St. Pölten Hbf. Neben dem AG der Schmalspurbahnhof St. Pölten Bbf.

Abbildung: Slg. Hufnagl

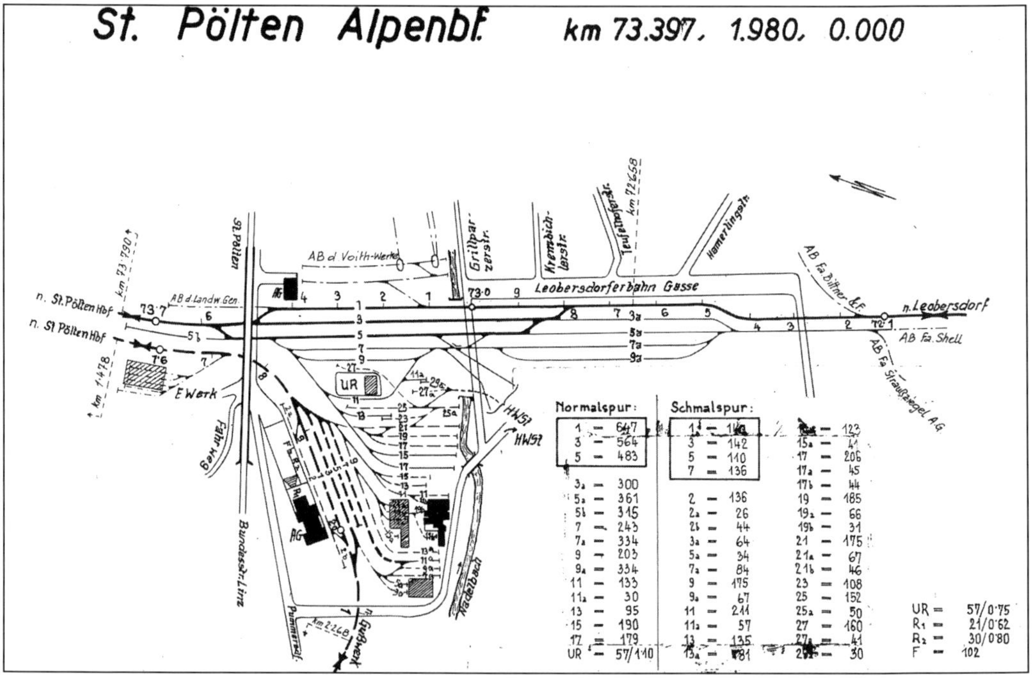

Gleisplanskizze des Bahnhofs St. Pölten Alpenbahnhof

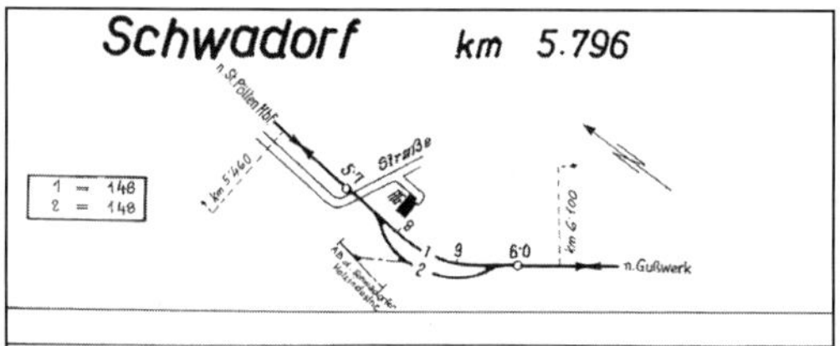

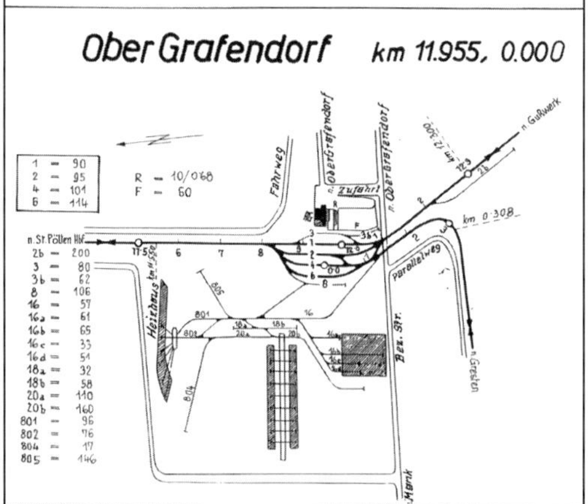

Gleisplanskizzen der Mariazellerbahn

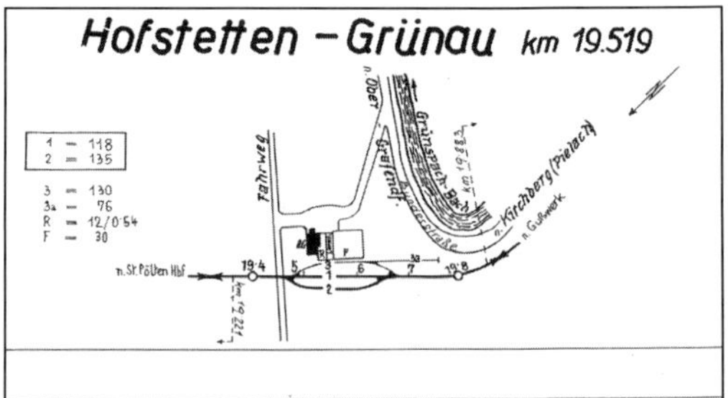

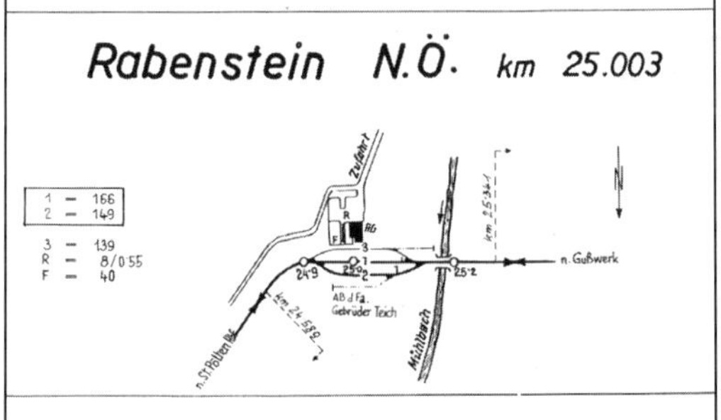

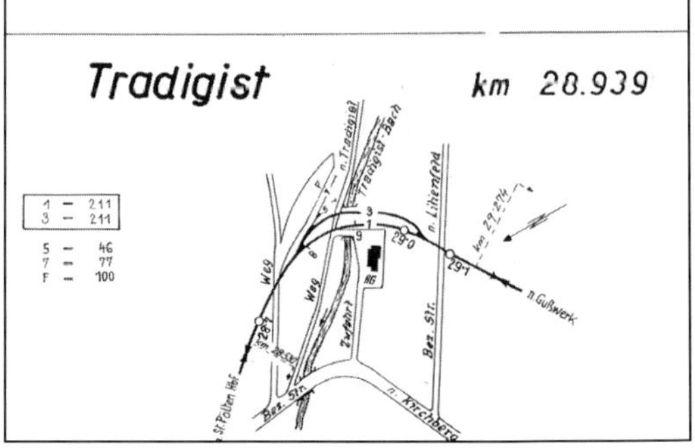

Gleisplanskizzen der Mariazellerbahn

Abbildungen: Slg. Hufnagl

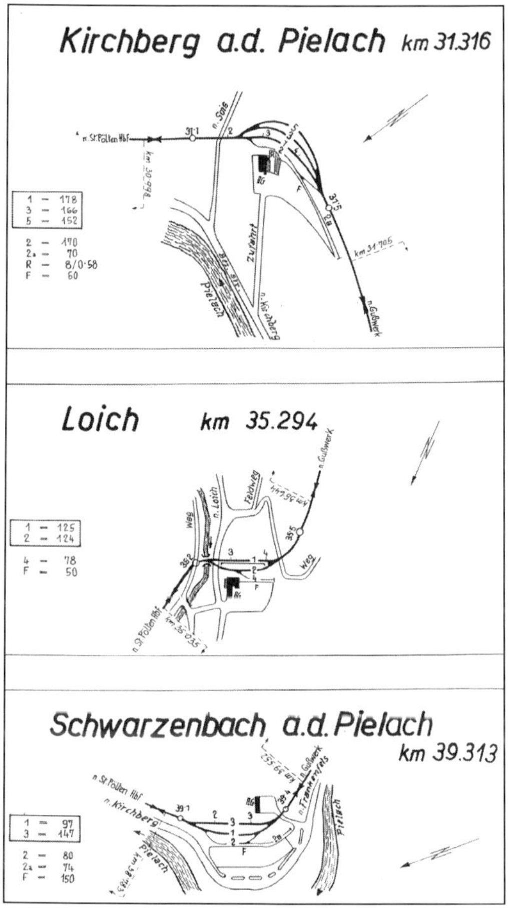

Gleisplanskizzen der Mariazellerbahn

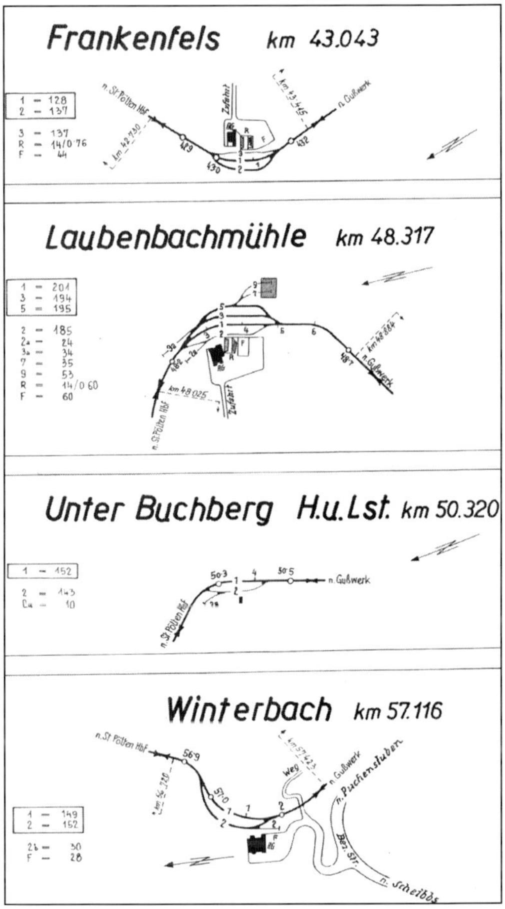

Gleisplanskizzen der Mariazellerbahn

Abbildungen: Slg. Hufnagl

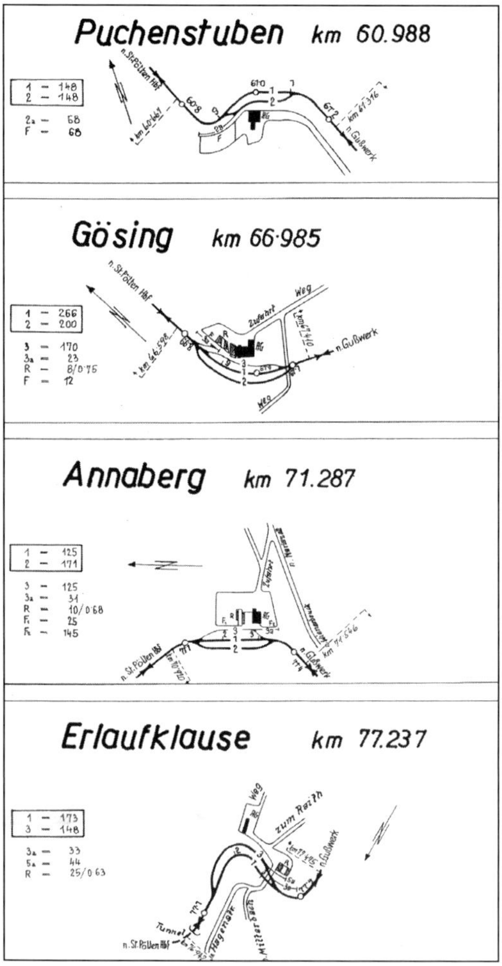

Gleisplanskizzen der Mariazellerbahn

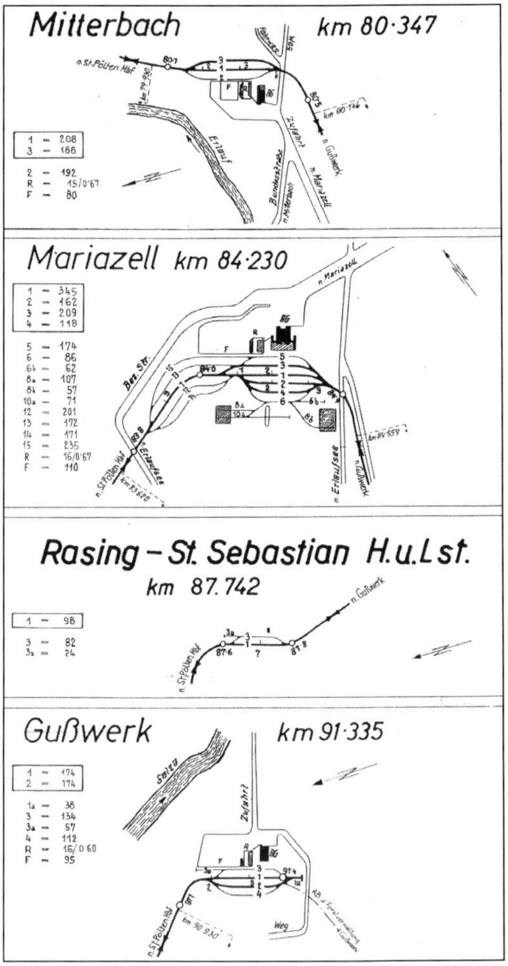

Gleisplanskizzen der Mariazellerbahn

Im Bahnhof Mariazell. Zwei Züge aufgestellt für St. Pölten. Foto: Hufnagl

13. Ober-Grafendorf–Ruprechtshofen–Gresten

Der Bau dieser Bahn vollzog sich in Etappen:
Ober-Grafendorf–Mank, eröffnet am 27.7.1898
Mank–Ruprechtshofen, eröffnet am 6.8.1905

Die Spurweite betrug 760 mm, der kleinster Krümmungshalbmesser 100 m.

Im Jahr 1908 begann schließlich nach längeren Verhandlungen die Planung der Streckenverlängerung nach Gresten (siehe Kasten). Am 5. März 1913 wurde schließlich die Konzession erteilt.

Als der Erste Weltkrieg 1914 ausbrach, wurde bereits gebaut. Wegen Schienenmangels – es sollten die »gebrauchten« von Stammersdorf–Auersthal wiederverwendet werden – wurde der Bahnbau am 20. August 1914 eingestellt. Der Schmalspurbahnhof Wieselburg sowie etwa 1200 Meter Strecke waren bereits fertig.

Für die Versorgung eines »kriegswichtigen« Kriegsgefangenenlagers wurde die Strecke von Wieselburg aus nach Ruprechtshofen 1,2 km lang ausgebaut und am 9. Januar 1915 polizeilich abgenommen. Das Lager wurde angeschlossen und die »feldbahnmäßig« verlegten Gleise nur »händisch« befahren. Der Streckentorso wurde wieder abgetragen. Der Fußgängerübergang Wieselburg Hbf - Wieselburg L.B. wurde nach 1918 abgetragen und bei der Hietzinger Hauptstraße (Donauländebahn) in Wien wieder aufgebaut.

Im Jahr 1901 konnten Zugkreuzungen nur in den Stationen Kilb, Mank sowie in der Haltestelle Steinschal-Tradigist stattfinden. 1902 wurde St. Pölten Localbf. zur Dispositionsstation bestimmt. Auf der Strecke gab es keinen Nachschiebedienst. Wenn im Zuge aufgeschemelte Vollspurwagen rollten, durften bei personenführenden und bei Güterzügen höchstens drei Wagenpaare und zwei Vollspurwagen oder zwei Wagenpaare und drei Vollspurwagen befördert werden.

Der Betriebsdienst auf der Strecke Ober-Grafendorf–Gresten erfolgte bei den BBÖ/ÖBB nach der Dienstvorschrift V28 und in den Bahnhöfen St. Leonhard a. Forst, Wang und Randegg-Franzensreith nach der in der Bahnhofdienstordnung festgelegten besonderen Bestimmungen. Die technische Untersuchung erfolgte in Ober-Grafendorf und Wieselburg a.d. Erlauf durch den Lokführer. Alle Wagenschäden wurden in Ober - Grafendorf repariert. Bahnärzte waren in Ruprechtshofen und Wieselburg a. d. Erlauf. Vor den unübersichtlichen Wegkreuzungen in km 7.593 (Bischofstetten), 12.905 (Kilb), 18.007 (Mank), 25.576 (St. Leonhard a. Forst), 26.561 (Ruprechtshofen), 48.063 (Steinakirchen am Forst), 51.190 (Wang) und 57.561 (Randegg-Franzensreith musste jeder Zug anhalten. Die gesamte Strecke war mit einer Fernsprechleitung (FS) ausgerüstet (Fernschriftliche Rückmeldung, Signal 10 auf der Fernsprechlinie). Der englische Verschub war auf der gesamten Strecke ausgenommen Ober-Grafendorf Ri St. Pölten, Ruprechtshofen Ri 2 und Gresten Ri 2 verboten. Gleiswaagen gab es in Mank und Wieselburg a.d. Erlauf.

Am 3. Oktober 1924 wurde die Konzession für die Strecke zurückgegeben, jedoch bereits wieder am 15.4. 1927 erteilt. 1985 wurde für das Eisenwerk Welser vor Gresten eine neue Anschlussbahn gebaut. Am 31. Mai1992 stellten die ÖBB den Personenverkehr auf dem Streckenabschnitt Wieselburg a.d. Erlauf–Gresten ein. Ab 12. September 1997 erfolgte schließlich die Umspurung auf 1435 mm.

1901 erfolgte eine Petition für den Ausbau der Strecke Wieselburg–Gresten.

Handnotitz

»Der naturgemäß längere Gang der Verhandlungen, [...] scheint aber bei einem Theile der Einwohner des von der künftigen Bahnlinie durchzogenen Gebietes die Anschauung erweckt zu haben, dass die Ausführungschancen [...] geschwunden seien. Dazu gesellten sich, anscheinend hervorgerufen durch Meinungsverschiedenheiten über die Situierung der Endstation St.Leonhard–Ruprechtshofen, Differenzen zwischen den Localinteressenten [...] durch Zurückziehung der ursprünglichen Zeichnungen von 100 000,- K [...] als auch von Gemeinden nur mehr ca. 45 000,- K in Kraft waren.
Ein Grund waren die zu erwartenden Einschränkungen der örtlichen Fuhrwerkskonzessionen. Unter solchen Umständen mussten natürlich alle Schritte zur weiteren Verfolgung der Angelegenheit sistiert werden.«

Protokoll des n.ö. Landtages VIII Wahlperiode Nr. XXVII/L.A. 1902
Bericht und Antrag des niederösterreichischen Landesausschusses betreffend die Erbauung einer schmalspurigen Localbahn von Wieselburg nach Gresten.

»Hoher Landtag!
Während durch die im Laufe der letzten Jahre erfolgte Eröffnung der Pielach- und der Ybbstalbahn nunmehr sämtliche Thalgebiete der aus den niederösterreichischen Voralpen gegen die Donau strömenden Flüsse mit Bahnlinien versehen sind, entbehrt das Thal der kleinen Erlach nach wie vor eines modernen Verkehrsmittels [...].
Das Aktionsgebiet der ca. 26 km langen Lokalbahn [...] erstreckt sich auf 188 km² mit 9000 Einwohnern [...] die ausgedehnten Waldkomplexe [...] versorgen überdies die Industrien mit der nötigen Holzkohle [...] und ist berufen, den Hauptfrachtartikel der künftigen Lokalbahn zu bilden. Namentlich sind die Eisenwerke und Hämmer in Randegg und Perwarth zu erwähnen, deren Produktion zwar gegenwärtig eine geringe ist, [...] eines Aufschwunges fähig ist [...], während auch gleichzeitig die Entstehung neuer Industriezweige ermöglicht erscheint. An einigen Stellen tritt vortrefflicher feinkörniger Sandstein zutage, doch sind die Brüche derzeit nur zum Theile in Betrieb. Für den Abtransport von landwirtschaftlichen Produkten kommen hauptsächlich die kaiserlichen Familienfondsgüter Weinzierl–Wolfpassing und Wang in Betracht, deren Meierhöfe bedeutende Mengen von Milch, Getreide etc. zum Export bringen und aus der Erbauung der Bahn größten Vortheil ziehen werden.

Personenverkehr
Trotz der ungünstigen Communication ist dieselbe heute schon von Belang [...] ist für die Rentabilitätsrechnung nur eine Zahl von 50 000 Fahrten mit einer mittleren Länge von 16 Kilometern angenommen [...] bei einem Tarifsatze von 4h für die dritte Wagenklasse [...], so daß der Personenverkehr die Summe von 34 000 K abwirft.

Güterverkehr
[...] für die Einfuhr kommt in erster Linie Kohle in Betracht, [...] ferner Stahl, Getreide, Ziegel, Vieh und Consumationsartikel [...] da die Betriebe derzeit in sehr reduziertem Umfange arbeiten [...] Wiederbelebung erfahrungsgemäß einen längeren Zeitraum in Anspruch nimmt [...] eine Leistung von 280 000 Tonnenkilometern erhält man 33.600 K pro Jahr [...] Manipulationsgebühr zuzuschlagen insgesamt 42 000 K.

Einnahmen:
Vergütung der Postbeförderung 3500 K
Personenverkehr 34 000 K
Güterverkehr 42 000 K
Div. 3000 K

Summe 82 500 K
Das ist 3200 K pro Kilometer

Ausgaben
Betriebskosten 53 000 K (äußerst niedrig, da n.ö. LB Betrieb)«

13. Ober-Grafendorf–Ruprechtshofen–Gresten

Ober - Grafendorf
Befehlsbahnhof für die Srecke
Ober-Grafendorf - Wieselburg a.d. Erlauf

Rammersdorf Haltestelle, nur Personenverkehr

Bischofstetten Personen/Güterabfertigung

Teufelsdorf H

Kilb Personen/Güterabfertigung

Heinrichsberg H

Mank Personen/Güterabfertigung

Lehenleiten H

St. Leonhard am Forst

Ruprechtshofen

Grabenegg-Rainberg Halte- und Ladestelle

Reisenhof-Lehen H

Breiteneich H

Wieselburg a d Erlauf Befehlsbahnhof
Ober - Grafendorf - Gresten

Bodensdorf-Edelmühle H

Marbach a. d. Erlauf H

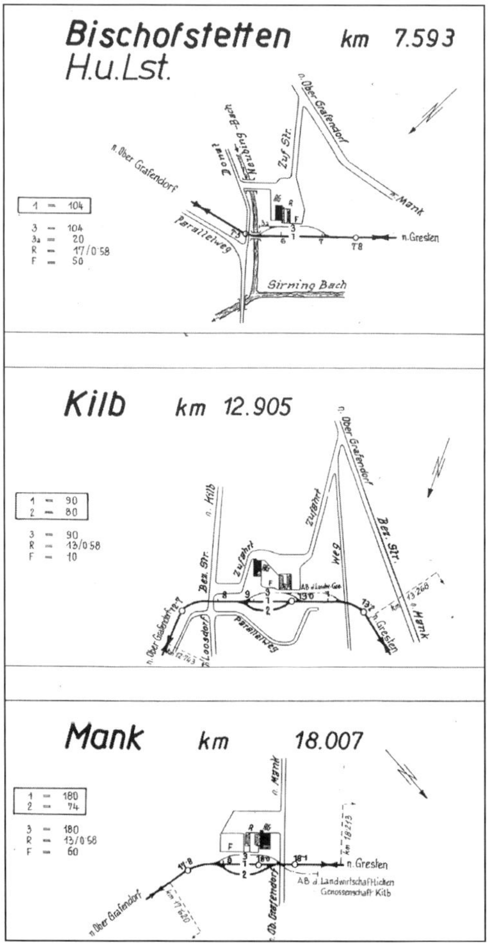

Gleisplanskizzen der Bahnhöfe Bischofstetten, Kilb und Mank

Gleisplanskizzen der Bahnhöfe St. Leonhard, Ruprechtshofen, Grabenegg-Rainberg

Abbildungen: Slg. Hufnagl

Zarnsdorf H

Wolfpassing Halte- und Ladestelle

Steinakirchen a. Forst

Wang H

Perwarth Halte- und Ladestelle

Randegg - Franzensreith

Hörhag H

Gresten
Befehlsbahnhof für die Strecke Gresten - Wieselburg a.d. Erlauf

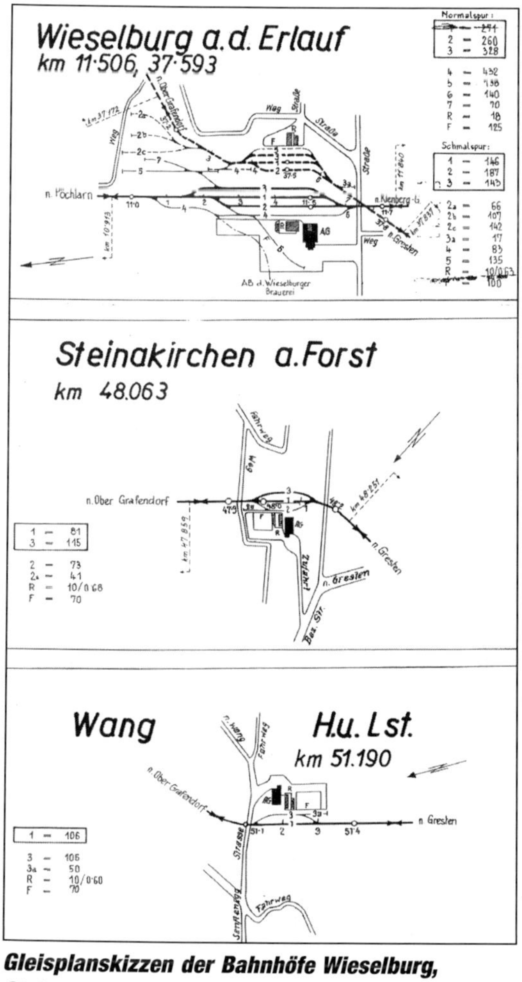

Gleisplanskizzen der Bahnhöfe Wieselburg, Steinakirchen und Wang

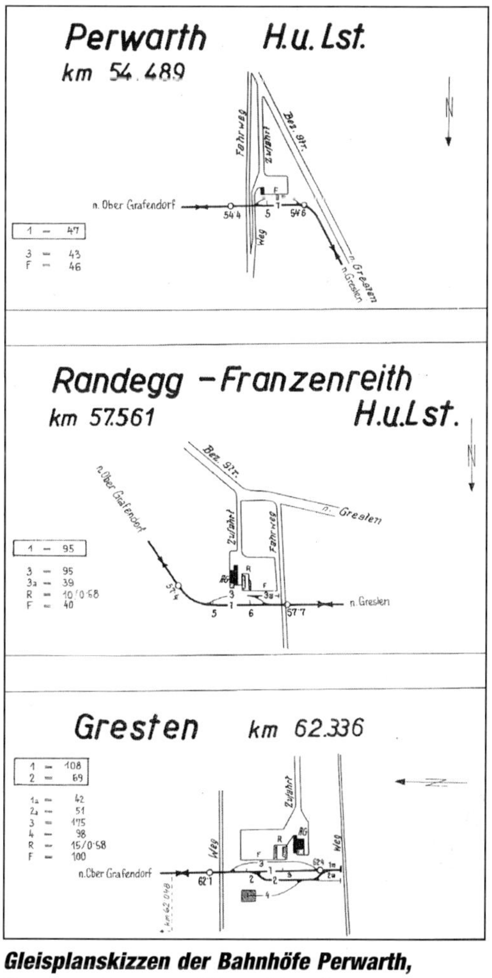

Gleisplanskizzen der Bahnhöfe Perwarth, Randegg-Franzenreith und Gresten.

Mh. 6 in Steinakirchen a. Forst.

Innenansicht der Wagenhalle St. Pölten am 3. Dezember 1970.

Fotos: Slg. Hufnagl

Die Wagenhalle St. Pölten am 3. Dezember 1970 von außen: Ganz rechts im Bild ist das Streckengleis nach St. Pölten Betriebsbahnhof zu sehen. Die Remisenausfahrt wird durch einen Gleissperrschuh (beidseitig auswerfend) gesichert. Da die Weiche keinen Verschluss besitzt, ist eine Ecke des Stellgewichts rot gestrichen.

14. Freiland–Türnitz

Die Vorkonzession für diese Bahnlinie erteilte die Aufsichtsbehörde am 27. August 1901. Bereits in den Monaten Oktober und November des Jahres 1901 erfolgte die Terrainaufnahmen für die ca. 10 km lange Strecke, unter Berücksichtigung einer Strecke Kirchberg–Mariazell. Am 6. November 1903 übernahm der Landtag eine Reinertragsgarantie für die geplante Bahnlinie (vergleiche hierzu auch den nebenstehenden Kasten).

Die Strecke wurde am 24. Oktober 1908 eröffnet. In seiner Sitzung vom 6. November 1909 übernahm der Landesausschuss schließlich einer Garantie von 840 000, - K, wenn *»sich in einem Geschäftsjahre ein Betriebsabgang ergeben sollte [...] welche in gleicher Weise wie die Garantievorschüsse zu verrechnen sind.«*[2]

Rückwirkend zum 1. Januar 1921 wurde die Strecke den BBÖ übergeben.

[1] Vgl.: Zl.:37288/2, Vorkonzession vom 27. August 1901
[2] Zl.: 3926-XVIII/312-1909 /St Ia (Akt der Staatsbahn)

Sten Protokoll des n.ö. Landtages XXX VIII Wahlperiode

Nr.XXX/L.A. 1902
Bericht und Antrag des niederösterreichischen Landesausschusses betreffend die Erbauung einer normalspurigen Localbahn von Freiland nach Türnitz.

»In der 12. Sitzung der V. Session, das ist am 10. Juli 1901,hat der niederösterreichische Landtag den Landesausschuss beauftragt, wegen Herstellung einer Bahnverbindung von Freiland nach Türnitz sich mit den Interessenten und der k.k. Regierung ins Einvernehmen zu setzen und in der nächsten Session zu berichten, eventuell entsprechende Anträge zu stellen.
In Befolgung dieser Weisung hat der niederösterreichische Landesausschuss zunächst die Ausarbeitung eines generellen Projektes durch das niederösterreichische Landes=Eisenbahnamt in Angriff nehmen lassen [...].
Die gegenständliche Localbahn, welche einen Flügel der Staatsbahnlinie Scheibmühl–Kernhof bildet, mit einer Länge von 10 Kilometern und durchzieht ihrem Verlaufe nach das größtenteils enge, stark gewundene, von äußerst steilen, felsigen Lehnen begrenzte Traisental. Die zu überwindenden Bauschwierigkeiten sind demnach beträchtlich [...] also mit 1 200 000.- K bemessen werden.
Das Einflussgebiet der Projektlinie erstreckt sich auf die zur Gemeinde Türnitz gehörigen zahlreichen Ortschaften, von welchen insbesonders der gleichnamige Hauptort einst ein wichtiger und äußerst lebhaft Stützpunkt des Verkehres nach Mariazell war, sowie Teile der Gemeinde Annaberg [...] mit Rücksicht auf die ungünstigen Verkehrsverhältnisse ist indessen die gegenwärtige Entwicklung eher bescheiden, wie denn überhaupt seit der Eröffnung der Bahnlinie nach Kertnhof diese Gegend in wirtschaftlicher Hinsicht einem empfindlichen Rückgange verfallen ist [...].
Der Landesausschuss wird ermächtigt, so als die normalspurige Lokalbahn von Freiland nach Türnitz als unter unmittelbarer Ingerenz des Staates zur Durchführung gelangend, beziehungsweise als Staatsbahnlinie sichergestellt ist, namens des Landes Niederösterreich einen in Aktien zu refundierenden Betrag in der Höhe von 150 000.- K eventuell einen Beitrag a fond perdu in gleicher Höhe definitiv zuzusichern.
Die Einzahlung dieses Betrages wird mit dem Tage der Betriebseröffnung der Linie fällig.«

Abbildungen: Slg. Hufnagl

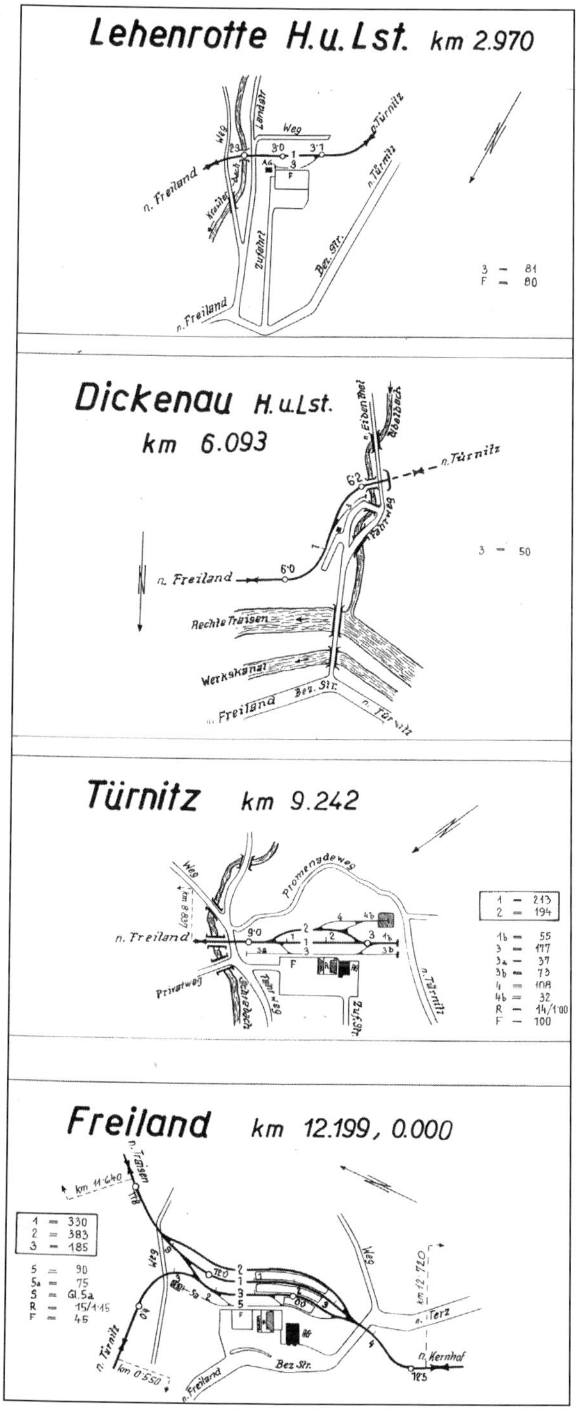

Gleisplanskizzen

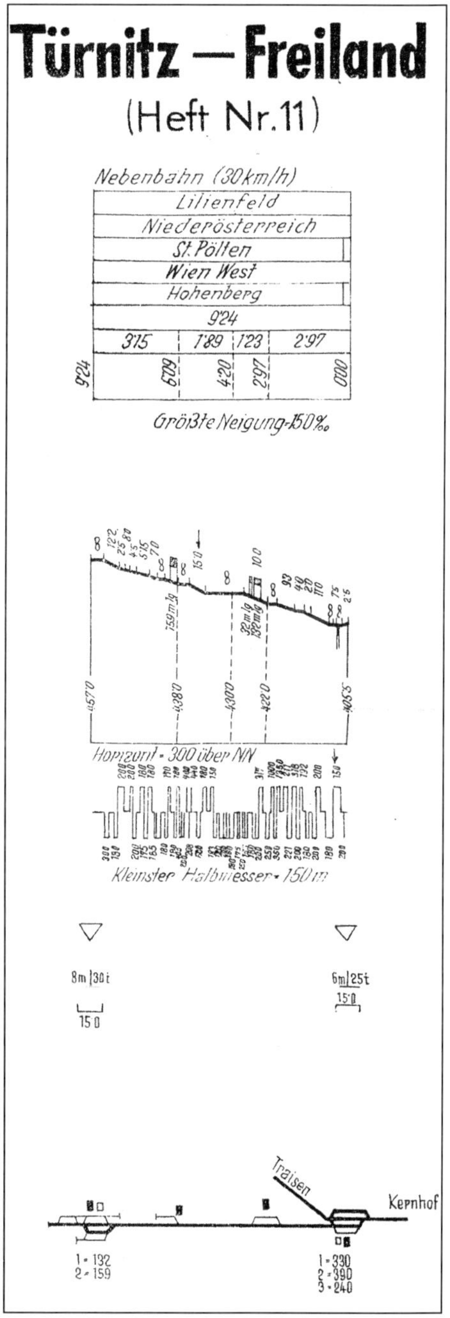

Beilage zum Bildfahrplan.

15. Lokalbahn Korneuburg–Ernstbrunn

Die Lokalbahn Korneuburg–Ernstbrunn (LKE) verband die beiden Bezirksstädte Korneuburg und Mistelbach.

Bereits 1885 gab es ein »Generalprojekt« über eine Linie Korneuburg–Ernstbrunn. Doch es sollte noch fast zwei Jahrzehnte dauern, bis der erste Zug über diese Strecke rollen sollte, weil man sich nicht über die Trassenführung einigen konnte. Am 4. April 1899 hieß es in einem Handprotokoll niederösterreichischen Landtages: *»[...] trotz der Bemühungen der Interessenten konnte das Kapital von 520 000.- K nicht aufgebracht werden, weil neuerlich bezüglich der Traceführung unter den Interessenten tiefgehende Differenzen zutage traten, deren Behebung bis heute nicht gelungen ist [...] es war infolgedessen nicht möglich, noch im Jahre 1901 mit der Einleitung der Concessionsverhandlungen zu beginnen.«*

Am 6. und 7. Juli 1900 fand die erste Trassenrevision der vom niederösterreichischen Landeseisenbahnamt projektierten Strecke Korneuburg–Leobendorf–Ernstbrunn statt. Nach Einspruch mehrerer Gemeinden (Stetten, Harmannsorf, Rückersdorf, Ernstbrunn) gegen die geplante »ortsnahe« Streckenführung musste eine weitere Streckenbegehung im Oktober 1902 durchgeführt werden. Die Gemeinden fürchteten um die Konzessionen ihrer Fuhrwerker, wenn die Strecke vom Bahnhof zum Ort zu kurz gewesen wäre.

Am 1. Juli 1901 erging ein Gesetz, das den Staatsbeitrag von 200 000,- Kronen garantierte. Doch erst am 27. März 1903 beschloss der Landtag den Bau einer Lokalbahn von Ernstbrunn über Mistelbach nach Hohenau und der Abzweigung von Dobermannsdorf nach Poysdorf.

Gegen die Absichten der Österreichischen Nordwestbahn (ÖNWB) musste in Korneuburg ein eigener Lokalbahnhof errichtet werden, der aber entgegen den Usuancen der »Hauptbahn«ein direktes Verbindungsgleis in den ÖNWB Bahnhof hatte. Grund für diese Abweichung war, dass auf der Lokalbahn ein Pionierlager , »Pionierpark« genannt, war und man sich das zeit- und personalaufwändige Verschieben der Militärzüge in Korneuburg ersparen wollte.

Schon in den Monaten August und September des Jahres 1901 lag die Detailplanung vor und das Landes-Eisenbahnamt begann mit ersten »Feldarbeiten«.

Ebenfalls 1901 bot die Aktiengesellschaft für elektrotechnische Unternehmungen in München in einem dem n.ö. Landesausschuss die Übernahme von Bau und Betrieb, inklusive einer Finanzierungsbeteiligung an. Eine Anhörung erfolgte in der Sitzung vom 6. September 1901 im Landtag. Aufgrund dieser Anhörung wurde der AG am 22. Januar 1902 ein Bedingnisheft übermittelt.

Doch die Ausfertigung der Konzessionsurkunde sollte noch bis zum 18. Juni 1904 dauern (siehe Kasten).

Betreffend des Anschlusses des Bahnhofes Korneuburg und der Schleppbahn zur niederösterreichischen Landes-Zwangsarbeiter- und Besserungsanstalt nächst Korneuburg wurde am 18.11.1904 ein Vertrag mit der ÖNWB abgeschlossen. Die technisch-polizeiliche Prüfung erfolgte am 24. November 1904, die Betriebseröffnung am 27.11.1904.

Der Weiterbau nach Mistelbach LB wurde zügig fortgeführt und die Strecke am 15. Oktober 1906 eröffnet.

Auszug aus der Konzessionsurkunde für die Lokalbahn Korneuburg–Ernstbrunn vom 18.6.1904 (R.G.Bl 67):

»Konzessionsmäßige Bedingnisse für die normalspurige Lokalbahn mit Dampfbetrieb von Korneuburg nach Ernstbrunn
[...] Bögen Halbmesser von 180 Metern, größte Neigung 23 Promille [...]
[...] an Fahrbetriebsmitteln sind mindestens anzuschaffen:
2 Tenderlokomotiven
6 Personenwagen
2 Dienstwagen (Post-, Gepäck- und Kondukteurswagen)
12 Güterwagen verschiedener Gattungen, 50% mit Handbremse
[...].«
Außerdem gab es noch ein »Protokoll vom 7.5.1904 betreffend der Konzessionsbedingnisse«, das u.a. festlegte:
»[...] Die für den Betrieb der Lokalbahn erforderlichen Betriebsmittel samt Reservebestandteilen und Ausrüstung sind von der Gesellschaft beizustellen, insoweit nicht etwa die leihweise Beistellung von Landesfahrbetriebsmitteln nach Punkt E dieses Paragraphen erfolgt. [...]«

Am 15. Dezember 1906 schloss die Lokalbahn mit dem Land einen Vertrag über die Gewährung einer Reinertragsgarantie.

Gemäß Erlass vom 23. Juli 1907 errichtete die k.u.k. Eisenbahn- und Telegraphentruppe zwei Abzw. in km 2.4 bzw. 3.8 der Lokalbahn Korneuburg–Ernstbrunn zu einem Lokomotivfeldbahndepot.

Schließlich übernahmen im Jahr 1914 die NÖLB den Betrieb der Lokalbahn (siehe Kasten).

Wie auch bei den anderen Strecken der NÖLB übernahm nach dem Ersten Weltkrieg die BBÖ die Lokalbahn. Der Vertrag über die Betriebsübernahme wurde allerdings erst am 24. September 1924 abgeschlossen.[1] Allerdings übernahm die BBÖ die Führung des Betriebes rückwirkend zum 1. Januar 1921 auf

27.2.1914 Zl.: 24.62 ex 1914 Schreiben an die Landesbahn betreffend die Betriebsübernahme durch die niederösterreichischen Landesbahnen

»[...]

§15 Einnahmen
Die Transporteinnahmen einschließlich der Schleppbahngebühren und die »verschiedenen Einnahmen« werden nach Maßgabe des Kontrierungsschemas der niederösterreichischen Landesbahnen verrechnet.

§16 Ausgaben
Die aus der Betriebsführung der Lokalbahn und aus der gesellschaftlichen Verwaltung erwachsenden Selbstkosten werden der Gesellschaft nach dem Kontrierungsschema der niederösterreichischen Landesbahnen und nach Maßgabe der folgenden Bestimmungen angelastet.

A. Eigentliche Betriebsausgaben
Die Auslagen für die Bahnaufsicht (Bahnpolizei) und Bahnerhaltung, für den Verkehrs- und kommerziellen Dienst sowie für den Zugsförderungsdienst werden lokalisiert verrechnet. Der Anteil der Lokalbahn an den Kosten der Betriebsleitung Mistelbach, dem Materialmagazin Mistelbach und der den Zugförderungsdienst überwachenden Heizhausleitung Mistelbach wird nach dem Schlüssel X=V72 (b/B+a/A) berechnet, wobei x die auf die Lokalbahn entfallende Quote der für die oben genannten Lokaldienststellen auflaufenden Gesamtkosten, V, b und a die auf der Lokalbahn geleisteten Bruttotonnen, B und A die auf sämtlichen den oben genannten Lokaldienststellen zugewiesenen Strecken geleisteten Bruttotonnen, respektive Achskilometer in einem Jahre bedeuten.
Sonstige zu den eigentlichen Betriebsausgaben nicht gehörige Auslagen
[...] Miet und Pachtzinse aller Art, Feuerversicherung, Zuschüsse zu Pensionsinstitutionen.... nach §4 zu leistende Pauschale (Materialvorrat) [...]«

die Dauer der Konzession, die bis zum 1. August 1978 erteilt war.

Die Unternehmung »Österreichische Bundesbahnen« und die Aktiengesellschaft »Lokalbahn Korneuburg–Ernstbrunn« kamen überein, dass der Betrieb, der bisher von der niederösterreichischen Landes-Eisenbahnverwaltung aufgrund des Vertrages vom 27. Februar 1914 geführt wurde, *»für den Bund, für Rechnung der Unternehmung Österreichische Bundesbahnen, gegen Entrichtung einer Pachtrente geführt wird.«*

Rund zehn Jahre später kam es zum 1. Januar 1935 zur »Konzessionsmäßigen Einlösung«. Die Kosten der Liquidation sollten von der Gesellschaft und, wenn diese nicht hinreichen, vom Bunde getragen werden.[2]

Eine Besonderheit stellten am 16. Und 17. November 1934 die technisch-polizeiliche Abnahmefahrten mit dem Austro Daimler-Leichttriebwagen dar, der für eine Höchstgeschwindigkeit von 70 km/h zugelassen war.

Weitere Streckengeschichte

Die Strecke hatte »Gebirgsbahncharakter«, da sie Steigungen bis zu 27 Promille aufwies (»Mollmansdorfer Berg«). Tiefe Einschnitte führten oft zu Verwehungen, wobei 1970 ein Zug (R 93 und 2 Bi) zwei Tage eingeschneit war.[3]

In den Rückzugskämpfen im April 1945 wurden zahlreiche Streckenabschnitte und Bauten gesprengt, so dass erst am 14. Mai 1946 wieder der durchgehende Verkehr aufgenommen werden konnte. Die Strecke Korneuburg–Ernstbrunn wurde im Jahre 1993 für den von mir geplanten und durchgeführten *V5 »live« Schulungsbetrieb* (dann in Verbindung mit der Zentralschule der ÖBB) für Mitarbeiter der Bahnerhaltung (Bahnmeister etc.) vom BM Ernstbrunn wieder hergerichtet. Welcher Bahnmeister lässt sich schon gern von seinen Kollegen sagen, er hat einen spürbar schlechten Oberbau, denn es wurde mit einem frisch aufgearbeiteten, aber hart gefederten »dauergeschnorrten« JW 100 gefahren.

Nach den Erfolgen dieser »Liveschulung« wurden die folgenden Kursteilnehmer (ca. 100 im Monat) dem Bahnhof Kronenburg für die Dauer des Kurses zugeteilt. Die Aktivierung (Akquisition) dieser Lokalbahn führte dazu, dass bereits wieder direkte Kartoffelzüge auf der Landesbahn bis Gmünd geführt wurden, wobei während dieser Zeit die Disposition in Korneuburg bei Bedarf von einem eigenen »Kartoffelkönig« durchgeführt wurde. Ab Fahrplanwechsel 1994 wurde Ernstbrunn wieder mit einem eigenen Güterschnellzug angefahren sowie vormittags und nachmittags von je einem eigenen Güterzug. Die Strecke war nachweislich (Leistungsausweise: Steigerung

Stationen und betriebliche Besonderheiten

Korneuburg L.B
Abfahrt und Ankunft der Züge im Lokalbahnhof
Die Sitte des verbotenen Gleisüberschreitens aus der Richtung des ehemaligen Lokalbahnhofes hielt sich bis 1994, dann wurde aus Sicherheitsgründen (Durchfahrzüge mit einer Höchstgeschwindigkeit von 120 km/h!) ein Trennzaun gebaut der den Unmut der »Wanderer« erregte. Sicherheit – wozu?
Km 2.557 Schleppbahn des Eisenbahn- und Telegraphenregimentes. (»Pionierpark«)
Km 3.700 Abzw. Schleppbahn k.k. Eisenbahn und Telegraphenregiment
Korneuburg L.B. Heizhaus, Betriebsleitung
Rückersdorf Station, 200 Meter lang, Gesamtverkehr
Mollmannsdorf Halte- und Ladestelle, 200 Meter lang, beschränkter Verkehr
Hetzmannsdorf Station, 235 Meter lang, Gesamtverkehr
Weinsteig Haltestelle
Karnabrunn Halte- u. Ladestelle, 200 Meter lang, beschränkter Verkehr
Wetzleinsdorf Halte- und Ladestelle,160 Meter lang, beschränkter Verkehr
Naglern Halte- und Ladestelle, 185 Meter lang, beschränkter Verkehr
Ernstbrunn Station, 285 Meter lang, Gesamtverkehr
Thomasl Haltestelle
Niederleis Station
Grafensulz Haltestelle
Schletz Haltestelle
Asparn a. d. Zaya Station
Hüttendorf Haltestelle
Mistelbach L.B. Station

um 2200 Punkte auf 4400 Punkte!) bei getätigter Akquisition lebensfähig. Mit dem drei Jahre erfolgreich selbst entwickelten und durchgeführten Schulprojekt (im Jahr etwa 1600 Schüler) »Das Kind von Heute, der Kunde von Morgen« erhielt der Bahnhof 1993 für diese Arbeit den einzigen *innovationspreis*, der je an die ÖBB vergeben wurde. 1993 wurde der Nachbarbahnhof Jedlersdorf aufgelöst und die besetzte Haltestelle (ehemals Bahnhof) Langenzersdorf sowie die Strecke außerhalb Wiens dem Bahnhof Korneuburg unterstellt. Für 1994 war die Übernahme des vom Bahnhof Mistelbach geführten Bahnhofes Ernstbrunn durch Korneuburg vorbereitet.

Durch die engen Bögen, die noch dazu in teilweise 27 Promille Steigungen liegen, war die immer mit letzter Kraft fahrende Reihe 2143 wegen der auf dieser Strecke gezeigten Entgleisungsfreudigkeit bei den schweren Güterzügen nicht beliebt. Durch den steifen Kardanachsantrieb kletterte das führende Drehgestell immer aus dem Gleis. Die wesentlich schwerere 2050 mit ihrem elastischen Marinedieselmotor und elektrischem Antrieb zog alles den Berg rauf und runter. Betrieblich und nach Umbau des Bremssystems auf österreichische Bremstechniken war die gebraucht erworbene Reihe 2048 (V 100 der DB) für diese Strecken besonders gut geeignet.

Die Einstellung des Personenverkehrs auf der Gesamtstrecke erfolgte am 28. Mai 1988, die Einstellung des Güterverkehrs Ernstbrunn(a)–Mistelbach am 30.5.1999. Kurz danach wurde der Streckenabschnitt Mistelbach–Asparn a.d. Zaya gesperrt.

[1] Vgl. hierzu die Verhandlungsschrift über die Festsetzung der Bedingungen zur Betriebsübernahme durch die BBÖ; 3.10.1924 Zl.31090-41 Kundmachung betr. Konzessionsänderung.

[2] 31.10.1934 Zl. 49.237-17/1934

[3] Im März 1994 musste der Autor bei strahlendem Sonnenschein im Wiener Becken eine vorerst belächelte Schneeräumfahrt anfordern: In »Würnitz « war die Strecke bis zu 1,5 Meter Höhe durch Schneeverwehungen verlegt!

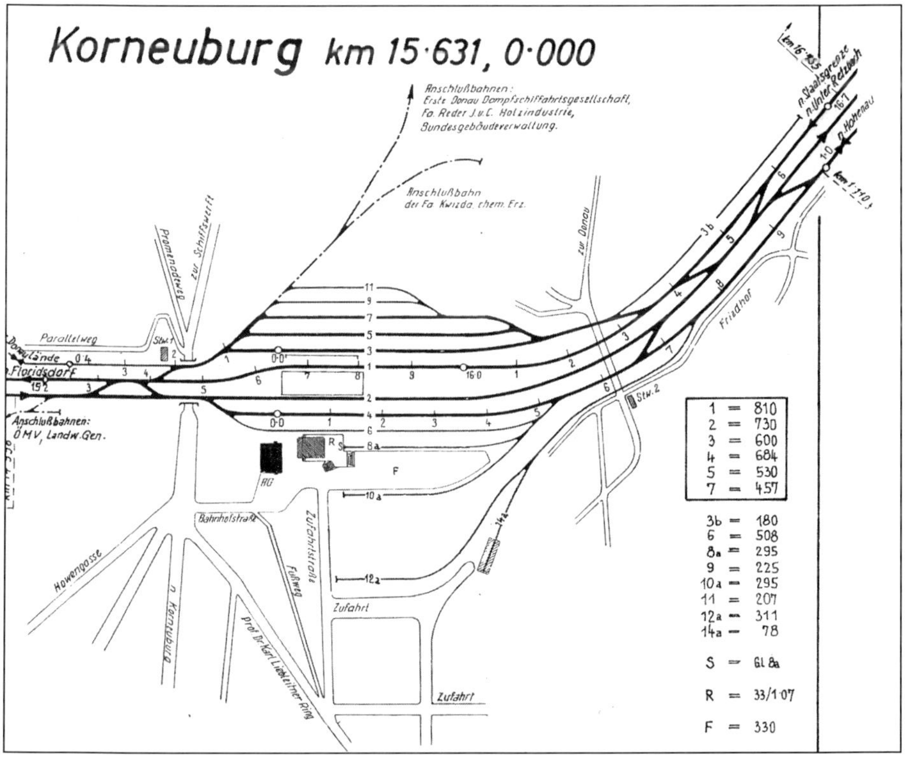

Gleisplanskizzen
Im Bereich der heutigen Gleise 10a und 12a lag der Landesbahnhof. Am Ende des Gleis 14a war das Heizhaus.

Abbildung: Slg. Hufnagl

Der Bahnhof Stetten bereits ohne Aufnahmsgebäude um das Jahr 1970. Foto: Slg. Hufnagl

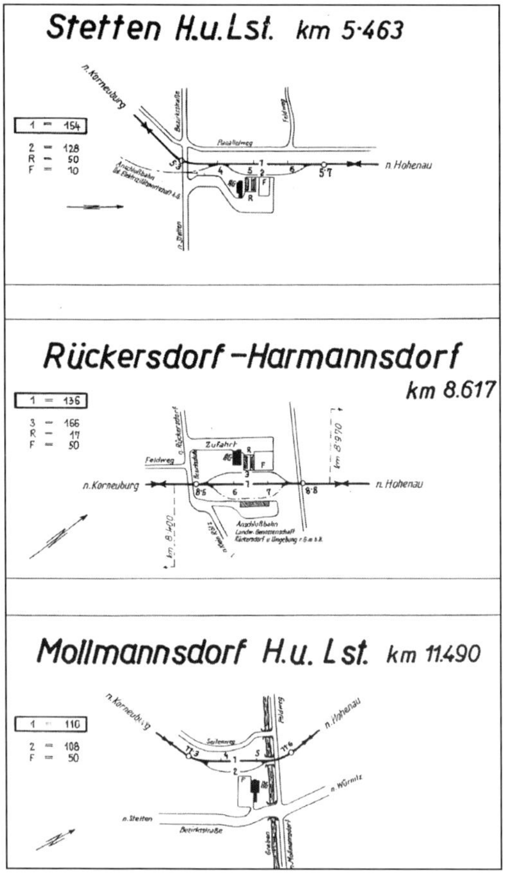

Gleisplanskizzen

Abbildung: Slg. Hufnagl

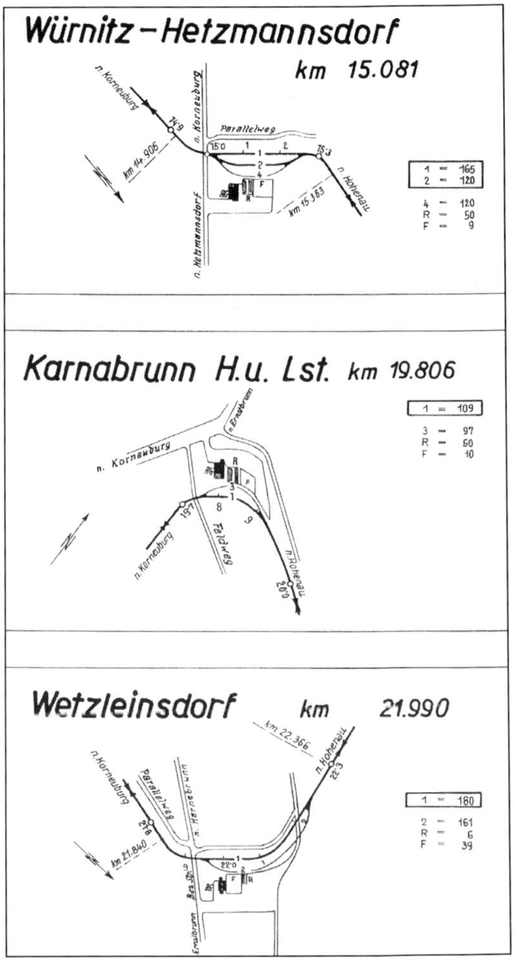

Gleisplanskizzen

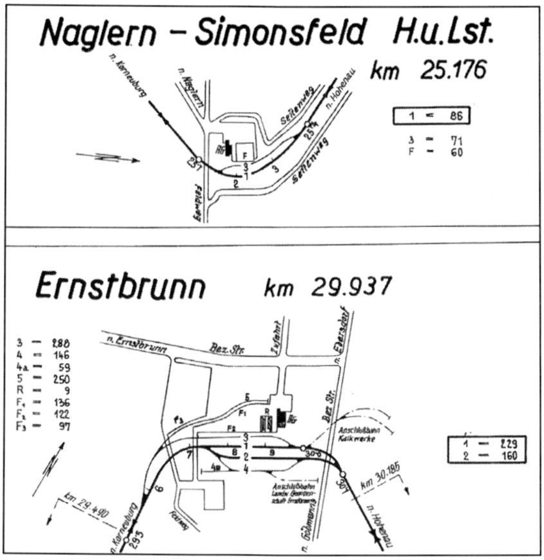

Gleisplanskizzen Abbildung: Slg. Hufnagl

Die Haltestelle Gr. Rußbach nach der Schneeräumfahrt. Im Hintergrund die etwa 1,5 Meter hohe Verwehung.
Foto: Slg. Hufnagl

Der normalspurige Dampftriebwagen mit der Nummer 30 wurde zuerst für die Lokalbahn Korneuburg–Ernstbrunn geliefert. Abbildung: Slg. Hufnagl

16. Ernstbrunn–Mistelbach–Dobermannsdorf–Hohenau Poysdorf–Dobermannsdorf–Mistelbach–Gaunersdorf

Die Geschichte dieser Bahnlinie beginnt mit einem Handvermerk in den Akten: *»Die Marktgemeinden Böhmischkrut, Altlichtenwarth und Hausbrunn sind bemüht, eine nördlichere Linienführung unter unmittelbarer Anfahrung der genannten Orte zu erwirken, welchen Bestreben wiederum die Gemeinden des Zayathales entgegentreten.*

Sache der nunmehr anzustellenden Studien wird es sein, unter Berücksichtigung aller in Betracht kommenden technischen und wirtschaftlichen Momente die günstigste Linie [...] Indessen sprechen gewichtige Gründe für die Linie durch das Zayathal [...] Transitverkehr und günstige Trassenverhältnisse. Den Verkehrsbedürfnissen von Böhmischkrut und Umgebung dürfte [...] eine Verlängerung des Flügels [...] von Enzersdorf nach Poysdorf [...] genügen.«

Projektiert wurde eine Lokalbahn Ernstbrunn–Mistelbach und Poisdorf (in den Unterlagen mit »i« geschrieben)–Rannersdorf. In Verbindung mit den anderen Linien sollten sie ein zusammenhängendes Netz bilden.

Ernstbrunn–Mistelbach–Hohenau

Der Antrag für die Erbauung einer normalspurigen Localbahn von Mistelbach nach Hohenau (beziehungsweise Nieder-Absdorf) wurde 1901 gestellte.[1] Darin hieß es unter anderem: *»Die Betriebsausgaben dürften sich bei Anwendung des vereinfachten Betriebssystemes und mit Rücksicht auf die denkbar günstigsten technischen Betriebsverhältnisse [...] also ein Betriebsüberschuß von 48 000 K resultiert.«*

Allerdings dauerte es noch rund fünf Jahre, bis die Strecke am 15.November 1906 eröffnet wurde.

Das wirtschaftliche Ergebnis des ersten Geschäftsjahres gestaltete sich wie folgt:

Einnahmen:	278.130,53 K
Ausgaben:	485.444.74 K
Betriebsnettoabgang:	223.299,29 K
Erfordernis aus Landesgarantie:	461.537,52 K

Einzelne Ausgabenkosten:
Kosten der Betriebsleitung

Bezüge des Personals:	5185,30 K
Dienstkleider:	147 K
Erhaltung der Kanzleieinrichtungen:	6,09 K

In den folgenden Jahren erhöhte sich die Landesgarantie.

Rückwirkend mit 1. Januar 1921 wurde der Betrieb von den BBÖ übernommen (siehe Personalbestand im nebenstehenden Kasten).

[1] XXVI/L.A. 1901

Stationen und betriebliche Besonderheiten

Stationen
Ernstbrunn Station
Niederleis Station
Grafensulz Haltestelle
Schletz Haltestelle
Asparn a.d. Zaya Station
Mistelbach Station
Wilfersdorf Hobersdorf Station
Bullendorf Station
Ebersdorf Haltestelle
Prinzendorf-Rannersdorf
Hauskirchen Station
Neusiedl-St. Ulrich Station
Dobermannsdorf Station Heizhaus Wasserstation
Hohenau Station seit 20. Oktober 1944 neue »Gerade« Einfahrt in den Hauptbahnhof. Entfall der »Sägefahrten«. Grund dieser Vereinfachung waren die Öltransporte.
Poysdorf L.B. Station
Ketzelsdorf Haltestelle
Walterskirchen Station
Böhmischkrut-Alt Höflein Station
Alt-lichtenwarth Station
Hausbrunn Station
Paasdorf L.B. Station
Höbersdorf-Atzelsdorf Station
Gaunersdorf Station

Personalstand 1921

Betriebsleitung Mistelbach
Mistelbach
Streckenleitung Mistelbach 203
Heizhaus u. Wekstättenleitung 133
In Stammersdorf eingeteilt 3
In Dobermannsdorf eingeteilt 3
In Poysdorf eingeteilt 1
In Schweinbarth eingeteilt 1
In Korneuburg eingeteilt 2

Materialmagazin Mistelbach 5
Betriebsleitung Mistelbach
Dienst des Vorstandes einer größten Betriebsleitung 19

(Ernstbrunn siehe Ko-E)
Niederleis 1
Asparn a.d.Zaya 2
Mistelbach 67
Wilfersdorf Hobersdorf 2
Bullendorf 1
Prinzendorf-Rannersdorf 2
Hauskirchen 1
Neusiedl St Ulrich 1
Dobermannsdorf 24
Hohenau (keine Angabe)

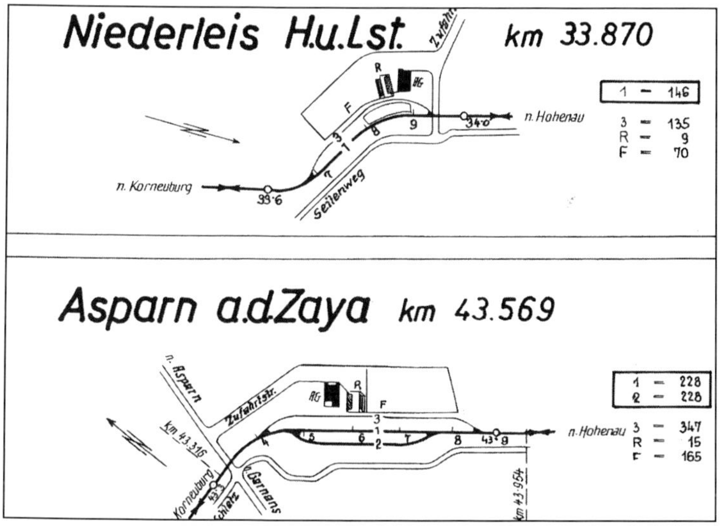

Gleisplanskizzen
Abbildung: Slg. Hufnagl

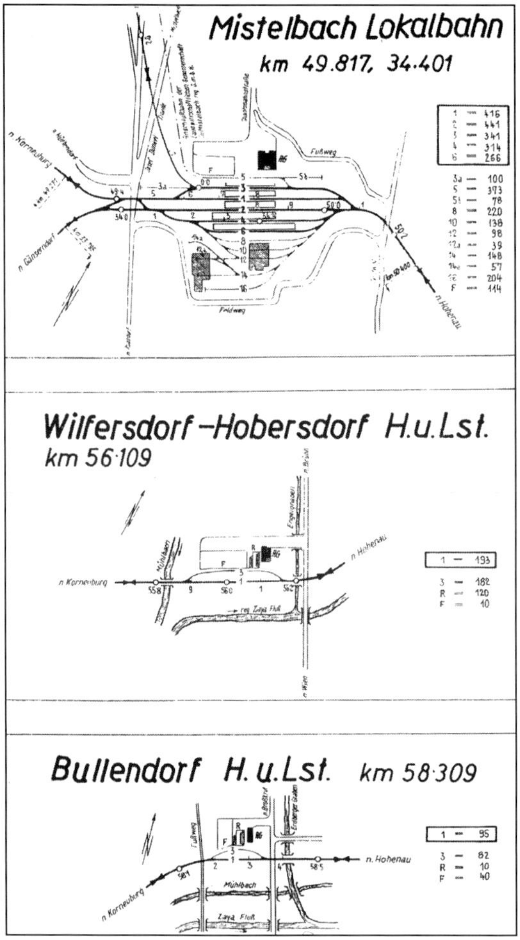

Gleisplanskizzen

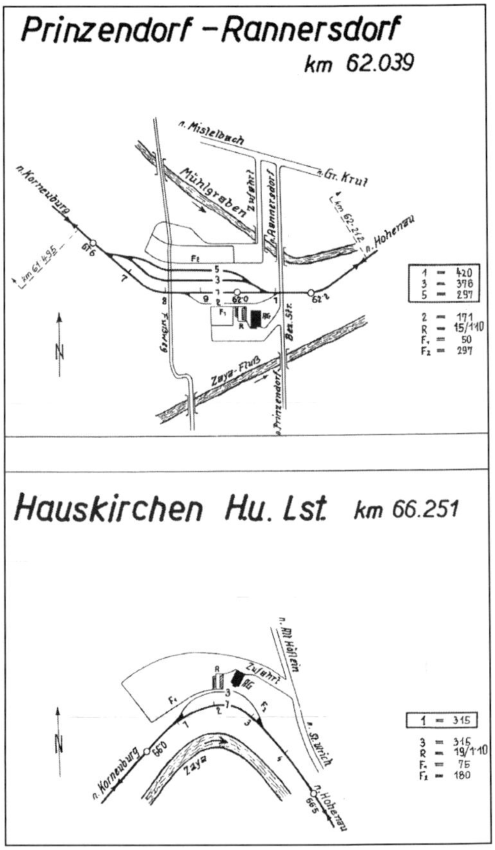

Gleisplanskizzen

Abbildungen: Slg. Hufnagl

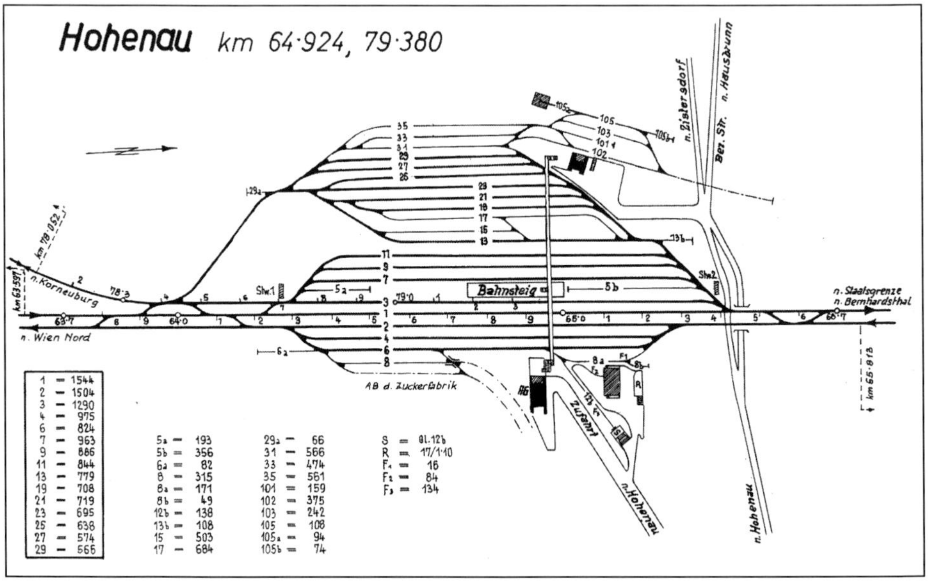

Gleisplanskizzen

Streckenbereisung anno 1991 mit einer Diesellok R 2067. Einfahrt in den Bf Würnitz - Hetzmannsdorf Richtung Mistelbach LB. Gleisplan Seite 170.
Foto: Slg. Hufnagl

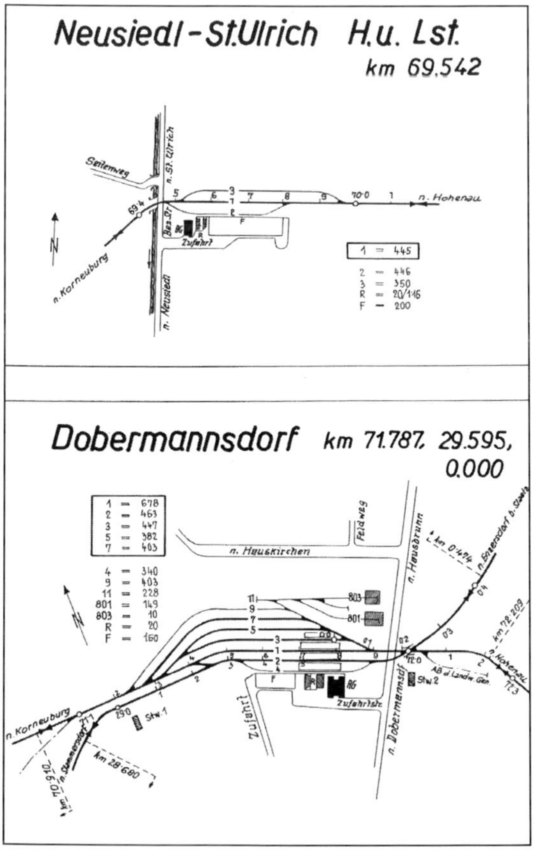

Gleisplanskizzen

17. Enzersdorf bei Staatz–Dobermannsdorf

Die Lokalbahn Enzersdorf bei Staatz–Dobermannsdorf gehörte eigentlich nicht zur NÖLB. Da sie aber seit 1907 mit ihrem Netz verbunden war, wird sie hier der Vollständigkeit halber aufgeführt.

Die wichtige Staatseisenbahnlinie von Wien nach Brünn wurde zielgerichtet nach Brünn gebaut, an den Anschluss diverser Orte war nicht gedacht. Aus diesem Grund plante die Österreich-Ungarische Staatseisenbahn-Gesellschaft (StEG), den aufstrebenden Ort Poysdorf (Wein, Naturprodukte) mit einer Lokalbahn an ihr Netz anzuschließen.

Die Länge der am 6. September 1888 eröffneten Strecke betrug 9,1 km. Sie hatte vier Stationen:

Poysdorf Station
Kl. Hadersdorf Maria Bründl
Ameis Halte u Ladestelle
Enzersdorf b Staatz, Bahnhof

Knapp 19 Jahre nach ihrer Eröffnung wurde die Lokalbahn am 8. Mai1907 mit der NÖLB-Strecke Mistelbach–Dobermannsdorf-Poysdorf verbunden. Doch bereits am 1. Januar 1908 verstaatlichte man die StEG und damit auch der Lokalbahn.

Im Jahr 1927 wurde der alte XXer Oberbau gegen den Oberbau der Bauart XXIVa mit (26 kg) ausgewechselt und die Streckenhöchstgeschwindigkeit von 30 km/h auf 50 km/h angehoben.

Ein halbes Jahrhundert später, am 8. August 1977, wurde aufgrund brüchiger Schwellen zwischen Ameis und Poysdorf trotz bereits beschaffter neuer Schwellen mangels politischem Interesse der Verkehr eingestellt.

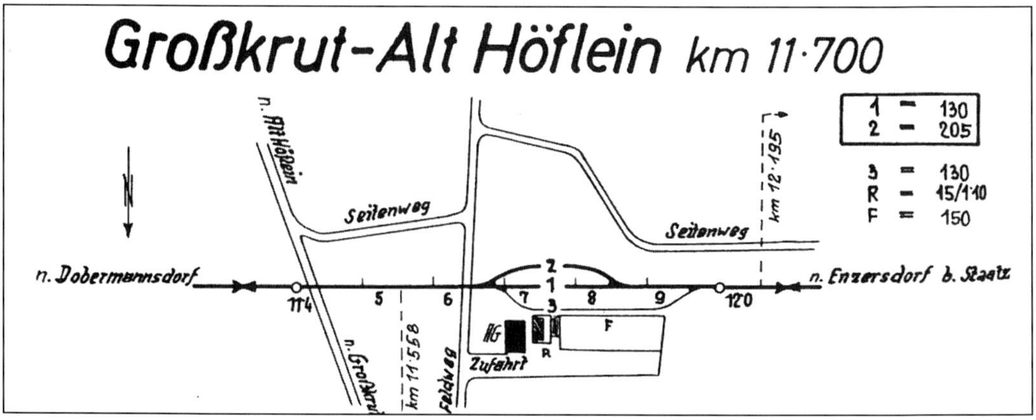

Gleisplanskizzen

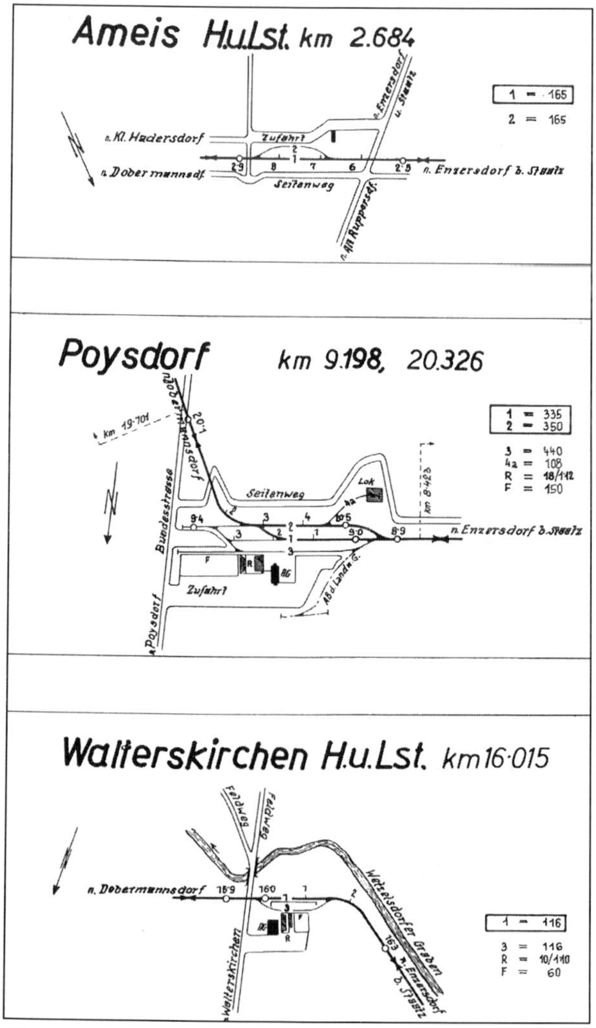

Abbildungen: Slg. Hufnagl

Gleisplanskizzen

18. Pyrawarth–Dobermannsdorf

Diese Bahnlinie ist in Verbindung mit den anderen Weinviertler Strecken zu betrachten. Sie wurde in zwei Abschnitten errichtet. Als erster Teil wurde am 15. August 1909 die Verbindung von Zistersdorf nach Dobermannsdorf eröffnet. Die Reststrecke Pyrawarth–Zistersdorf wurde am 16.Juli 1911 in Betrieb genommen und damit der Gesamtverkehr Pyrawarh–Dobermannsdorf hergestellt. Die Lokalbahn hatte zehn Stationen:
Pyrawarth Station
Klein Harras Haltestelle
Hohenruppersdorf Station
Sulz Nexing Station
Loidesthal Blumenthal Hu. Lst.
Groß Inzersdorf Gaiselberg
Zistersdorf Stadt H.u
Gösting Haltestelle
Palterndorf Hu. Lst.
Dobermannsdorf Station

Der Übergangs- und Zugbildebahnhof war immer Groß Schweinbarth an der NÖLB-Strecke Gänserndorf–Gaunersdorf. Die Betriebsleitung saß im Bahnhof Mistelbach LB.

Wie alle anderen Strecken wurde auch diese NÖLB-Bahnlinie rückwirkend zum 1. Januar 1921 von den BBÖ übernommen.

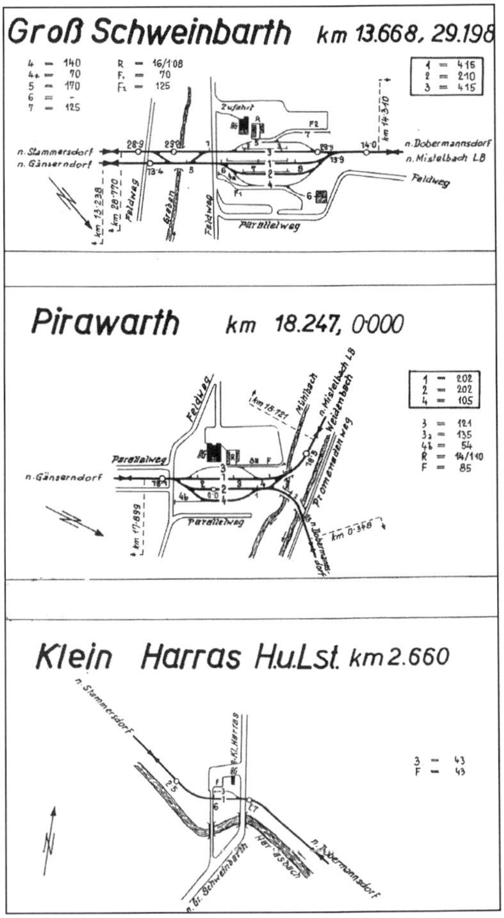

Gleisplanskizzen

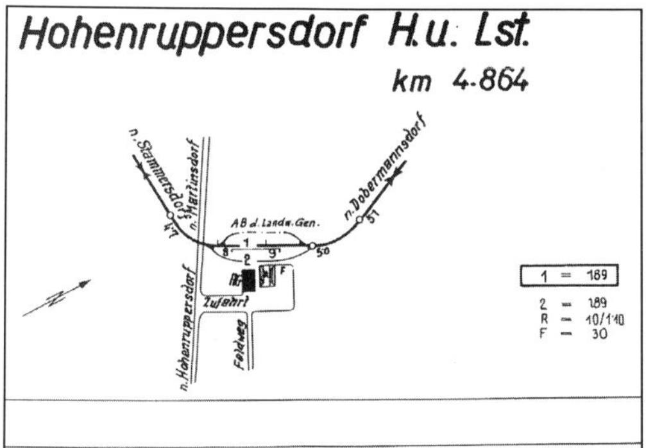

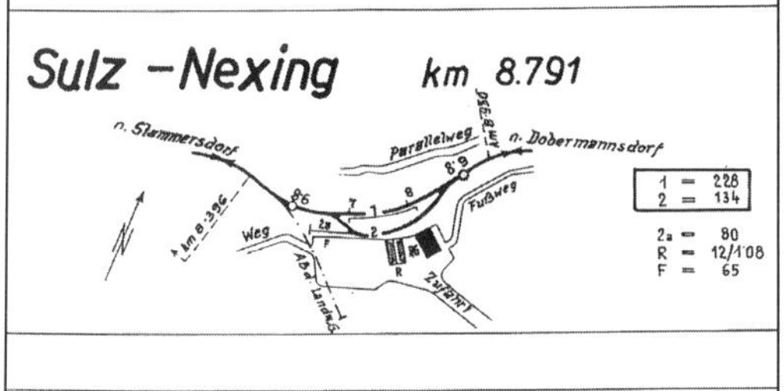

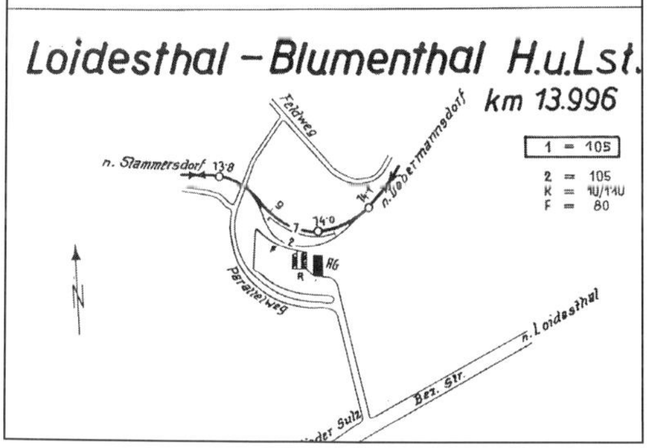

Gleisplanskizzen

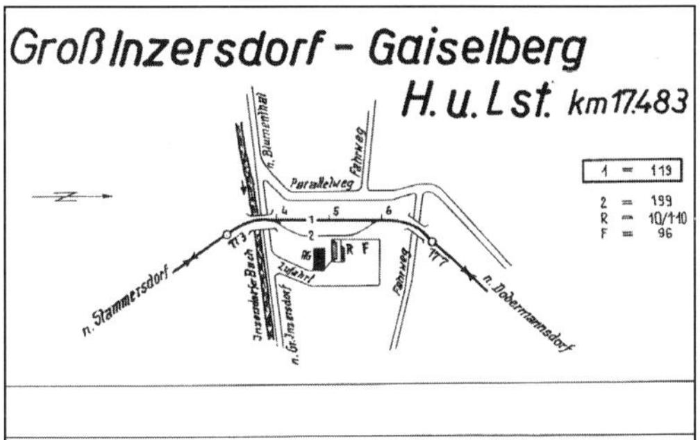

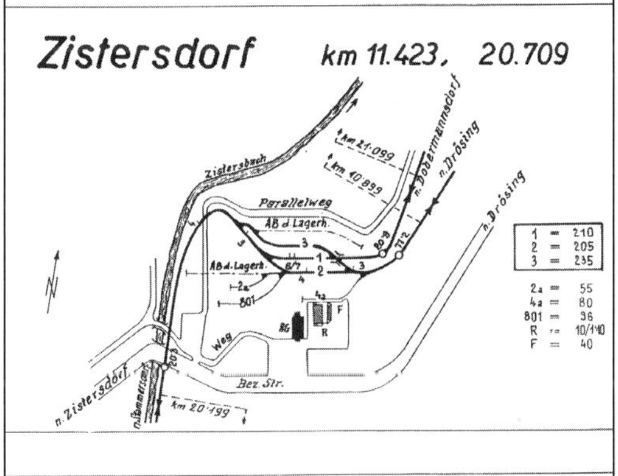

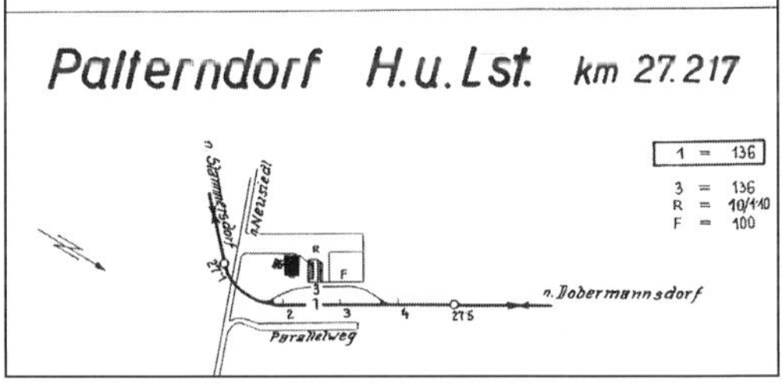

Gleisplanskizzen

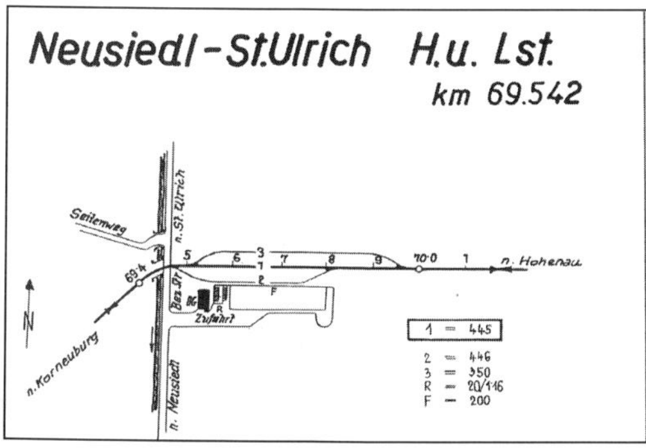

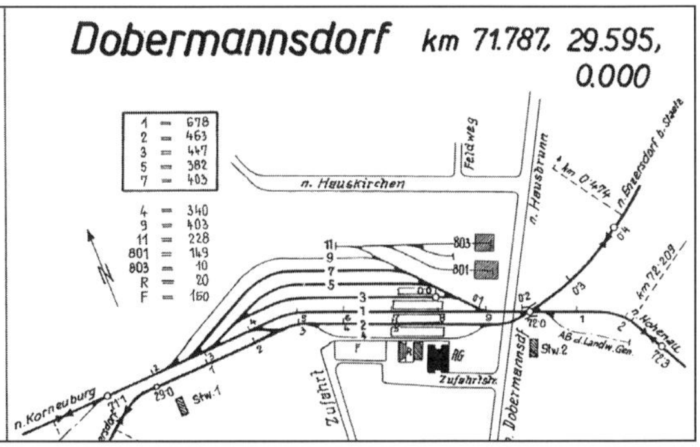

Gleisplanskizzen

19. Drösing–Zistersdorf

Auch diese Strecke ist eigentlich keine Lokalbahn der NÖLB, doch bestand in Zistersdorf ein Gemeinschaftsbahnhof. Es war vielmehr die private Nordbahn, die Zistersdorf als lohnendes Ziel einer Stichbahn erkannt hatte. Die Eröffnung der 11,4 km langen Bahnlinie von Drösing nach Zistersdorf erfolgte am 1. Oktober 1889. Die Betriebsführung lag bei der k.k. Nordbahn, die aber zum 1. Januar 1906 verstaatlicht wurde. Daher kam auch die Lokalbahn zur Staatsbahn. Die Strecke hatte fünf Stationen:

Drösing k.k. Nordbahn Gemeinschafts-station
Ringelsdorf Haltestelle
Absdorf Haltestelle
Eichhorn Haltestelle
Zistersdorf k.k.Nordbahn Gemeinschafts station

Betriebsführung Zistersdorf

Die Betriebsführung im Gemeinschaftsbahnhof Zistersdorf war genau geregelt. Die Spezialinstruktion mit der Nummer 194 der k.k. Nordbahndirektion vom 23. September 1911 gibt darüber Auskunft (siehe Kasten).

Die Auszüge aus der Spezialinstruktion zeigen außerdem folgende kommerzielle Verfahren der NÖLB auf:

Es gab keine durchgehende Personen- und Güter-Abfertigung, schon alleine wegen der fehlenden Prüfungen des Personales, daher mussten die Güter immer neu aufgegeben werden. Aus dieser Verfahrensart kommen auch die für viele in der DV K 10 (1960) genannten »Kontrollverwiegungsbestimmungen«. Kurz gesagt: Wer beim Gewicht schummelte, musste Nebengebühren – Wiegegebühren – zahlen. Das »Gewicht« war ja Grundlage der Frachtberechnungen, denn es bestand ein Gewichtstarif. Die Bezeichnung »linker Agent« kommt von diesen »Wiegemethoden«. Der NÖLB-Agent war an den Einnahmen, natürlich auch den Gewichtseinnahmen seiner Station, prozentual beteiligt. Zur Güterverwiegung hatte die Landesbahn ein eigenes Mobilar: Ein Stehpult mit einem vom Agenten aus links gesehenen Ansatz, auf dem die Dezimalwaage stand. Der Agent schrieb mit der rechten Hand den Frachtschein, sah dem Kunden tief ins Auge und mit der linken Hand drückte er den Waagebalken der Dezimalwaage etwas nach unten und die Waage zeigte ein etwas höheres Gewicht an. Dieses verrechnete er natürlich dem Kunden. Bei der Neuaufgabe des Gutes in der »Übergabestation« wurde das Gut »kontrollverwogen«, wenn die Differenz augenscheinlich war, wurde die Wiegegebühr sowie die Frachtdifferenz dem Agenten angelastet. Daher meinten alte Eisenbahner, wenn ein Mitarbeiter nicht ganz korrekt arbeitete: »Du linker Agent«. Auch noch in den 90er-Jahren des vergangenen Jahrhunderts lebte so die NÖLB bei alten Kollegen weiter.

Durch die Entdeckung der Zistersdorfer und Matzener Ölfelder stieg die Bedeutung der Bahn rasch an. Erster Öltransport am 16. Februar 1933. Aufgrund der starken Belastung musste Mitte der 30er-Jahre der alte Oberbau der Bauart XX von den BBÖ erneuert werden. Daher konnte ab 11. Mai 1937 auch die Streckenhöchstgeschwindigkeit von 30 km/h auf 50 km/h angehoben werden.

Nach dem Zweiten Weltkrieg diente das Öl aus diesen Ölfeldern als Entschädigung für die russische Unterschrift zum Staatsvertrag. Mit dem 20. August 1958 hatte Österreich seine »Schuld« beglichen.

Nach Einstellung des Personenverkehres wurde auf der Strecke Pyrawarth–Dobermannsdorf am 29. Mai 1988 wurde auf der »Rumpfstrecke« Drösing–Zistersdorf ein »Taktverkehr« eingerichtet, der sich jedoch bis zur Einstellung bewährte.

23. September 1911
k.k. Nordbahndirektion a.d.Z. 56535/10
Spezialinstruktion Nr. 194

Dienstordnung für die Ausführung des Gesamtdienstes in der Gemeinschaftsstation Zistersdorf
Als Grundlage der Dienstordnung dienen die zwischen der niederösterreichischen Landesbahn [...] und der k.k. Nordbahndirektion namens der k.k. Staatseisenbahnverwaltung sub D.Z.2./ad 139522 ex 1910 getroffenen Vereinbarungen.

Die Dienstordnung gilt auch nach Aufnahme des Betriebes auf der Gesamtstrecke der bezeichneten Lokalbahn, von welcher gegenwärtig blos die Teilstrecke Dobermannsdorf–Zistersdorf im Betrieb steht.
Die Gemeinschaftsstation umfasst 5 Verkehrs, 2 Stutz- 1 Magazins-,1 Lokomotivgleis [...].
Die Verkehrsgleise 2,4,6, sowie das Stutzgleise a-b sind Eigentum der Landesbahn [...] die übrigen Gleise sind Eigentum der k.k. österreichischen Staatsbahn nicht der Nordbahn.

Sämtliche Wechsel in Zistersdorf sind für die Handbedienung eingerichtet, die Wechsel [...] sind mit Sperren »System Götz« versehen. Die Schlüssel zu den Sperrvorrichtungen hat der diensttuende Zugsexpedient in persönlicher Verwahrung und unter Verschluss zu halten.
Die Vornahme von »Überstellungen« ist an die Zustimmung des Zugsexpedienten gebunden [...].

Disziplinarverhältnisse
Während des Aufenthaltes der Züge der Landesbahn in Zistersdorf untersteht das Lokomotiv- und Zugsbegleitpersonale dieser Züge in disziplinärer Beziehung dem Vorstande des k.k. Bahnstationsamtes Zistersdorf [...].

Dienstesausübung
Die k.k. Nordbahn besorgt den gesamten Stationsdienst in Zistersdorf durch ihre Organe [...].
Die Landesbahn besorgt die Zusammenstellung ihrer Züge mit ihren Lokomotiven, Beleuchtung, Beheizung und Reinigung ihrer Züge, die Beistellung der Fahrkarten für den Personenverkehr und die Verrechnungsdrucksorten für den Regiegüterverkehr ihrer Linie.
Der Verkehrsdienst wird nach den Vorschriften der k.k. Staatsbahn abgewickelt.
Die Züge der Landesbahnen verkehren im Stationsabstande. Die Ansage und Rückmeldung geschieht telefonisch bzw. nach der Nachbarstation.
Die Güter werden »faktisch« übergeben [...]. Die Begleitpapiere sind mit einem Übergabestempel zu versehen [...].

Eine direkte Abfertigung von Personen und Reisegepäck bzw. direkte Kartierung von Eil und Frachtgütern über Zistersdorf hinaus findet nicht statt.
Die Kassaführung und Rechnungslegung findet [...] nach den Bestimmungen der k.k. österreichischen Staatsbahnen statt [...].

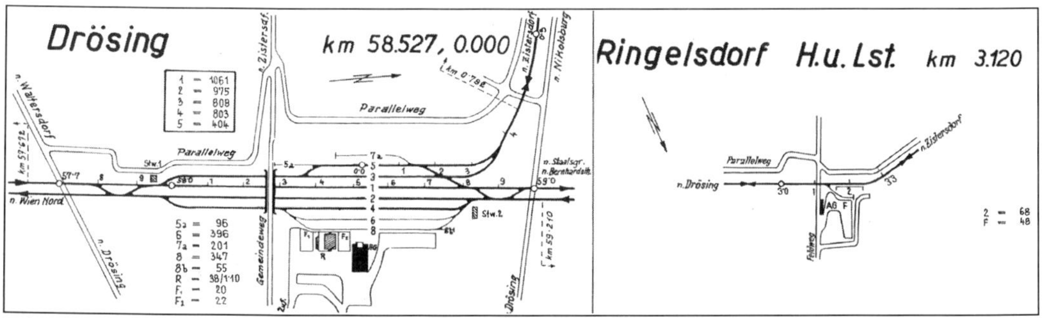

Gleisplanskizzen
Gleisplan Bf Zistersdorf Seite 179

Abbildung: Slg. Hufnagl

20. Stammersdorf–Auersthal–Groß Schweinbarth

Nach der Schleifung der Wiener Stadtmauern (Ringstraße) und Linienwälle (Gürtel) planten ab 1869 verschiedene Vincialbahnen die verschiedensten Lokalbahnen in der nahen und näheren Umgebung der Donaumetropole.[1]

20.1 Dampftramway Krauss & Comp.

Erbauer und erster Betreiber war die »Dampftramway Krauss & Comp.« (DTKC). Sie erhielt am 30. Juli 1882 die Konzession für eine normalspurige (= 1440 mm) Dampftramway von Hietzing (Wien) nach Perchtoldsdorf, die so genannte **Südliche Linie**, die am 27. Oktober 1883 eröffnet wurde.

Als weitaus langwieriger erwiesen sich dagegen Planung und Bau der **Nördlichen Linie**, die aus den folgenden Abschnitten bestand:

Wien-Stefaniebrücke–Floridsdorf–Stammersdorf
Floridsdorf–Groß Enzersdorf
Stammersdorf–Auersthal
Auersthal–Groß Schweinbarth

Bereits am 10. Dezember 1881 wurde eine *Vorconcession* für die Linie Wien Kagran–Groß-Enzersdorf und Kagran–Floridsdorf erteilt.[3] Rund zweieinhalb Jahre später, am 3. April 1884, erhielt die DTKC die Konzession u.a. für die Strecke Salztorbrücke (Stefaniebrücke)–Stammersdorf und von Floridsdorf nach Groß-Enzersdorf mit Fortsetzung nach Orth, wo später die NÖLB Strecke nach Siebenbrunn-Engelgartstetten beginnen sollte. Die Konzessionsurkunde gewährte u.a. folgende Vergünstigungen (siehe auch Kasten):

»§2.a.ff.)Befreiung von Stempeln, Gebühren für alle Urkunden (auch Grundbücher, Kredite etc)

§2.d [...] Befreiung von der Einkommens- und Erwerbssteuer [...] und von jeder neuen Steuer, welche etwa durch künftige Gesetze eingeführt werden sollte auf die Dauer von 30 Jahren, vom heutigen Tage an gerechnet.«

Schon am 7. Juni 1884 wurden die Dampftramwaystrecken Wien Salztorbrücke(Stefaniebrücke)–Stammersdorf und Floridsdorf–Groß Enzersdorf eröffnet. Die Spurweite betrug 1440 mm, entsprechend der Normalspur 1435 mm bei der Eisenbahn.

Zwei Jahre später, am 15. Juni 1886, nahm die DTKC Güterverkehr auf der Gesamtstreck auf. Dies ermöglichte eine Gleisverbindung vom dem Bahnhof Jedlersee[5] der Nordwestbahn zum 500 Meter entfernt liegenden DTKC-Bahnhof Floridsdorf.

Mit dem 27. August 1888 erhielt die Gesellschaft neue Statuten und firmierte nun unter dem Namen. »Dampftramway Gesellschaft, vormals Krauss & Comp.« Direktor war bis zur Übernahme durch die Gemeinde Wien der bekannte Ing. Hallama.

Als besonders langwierig erwiesen sich die Verhandlungen für den Bau der Verbindung Stammersdorf–Auersthal mit 1440 mm Spurweite (= Straßenbahnschienen). Erstmals am 2. Dezember 1897 empfahl der niederösterreichische Landesausschuss dem Landtag den Bau einer Lokalbahn von Stammersdorf nach Auersthal (siehe Kasten).

Knapp ein Jahr später, am 4. September 1898 lag der »Technische Bericht« für das Projekt einer normalspurigen Lokalbahn Stammersdorf–Auersthal – jetzt mit einer Spurweite von 1435 mm! – vor. Als Stationen waren Stammersdorf, Eibesbrunn H, Pillichsdorf, Groß Enzersdorf HL und Bockflüss vorgesehen.

Doch erst Ende des Jahres 1901 verzeichnete das Protokoll des niederösterreichischen Landtages:

Warum eine Spurweite von 1440 mm?

Grund für die in diesem Kapitel immer wieder angegebene Spurweite von 1440 mm ist die Straßenbahn selber. Die Tram durchfährt enge Radien und besitzt eine waagerechte Schienenoberfläche. Letzteres sorgt bei dem geforderten leichten Achsdruck für die notwendige Auflagefläche, die wiederum für die notwendige Reibung sorgt. Durch die flache Radlauffläche fällt aber der »Zentriereffekt« weg, für den bei Eisenbahnfahrzeugen eine kegelförmige Lauffläche sorgt. In den Kurven wird das Rad nach »außen« gedrückt und durch den Spurkranz begrenzt. Damit hat die äußere Lauffläche einen größeren Umfang als die innere und fährt somit, wenn das Zusammenspiel der Faktoren Überhöhung, Geschwindigkeit, Fliehkraft, Wagengewicht und Spurerweiterung stimmt, problemlos um die Kurve.

Bei der Straßenbahn fehlen wesentliche dieser Kriterien. Daher muss die »Lenkung« durch die »Rillenschiene« erfolgen. Das Problem der flachen Lauffläche merkt man auch bei höherer Geschwindigkeit, da hier das Straßenbahnfahrzeug zu »pendeln« oder »schlingern« beginnt. Die Innenmaße der Radscheiben/Spurkränze sind durch die kleineren Spurkränze etwas weiter als die der Eisenbahnräder. Daher sind die Abstände zwischen Radlenker und Weichenherz/-spitze anders konfiguriert und das kleinere Straßenbahnrad kann »einfädeln«. Das Problem wurde bei den »Niederflurwagen« der rollenden Landstraße so gelöst, dass man mehrachsige Drehgestelle einbaute, die durch ihren gesamten Achsstand sowie durch die Form der Räder ein problemloses Befahren von Weichen ermöglichen. Die »Stammersdorfer Weichen« waren nur mit 10 km/h befahrbar, und im Bereich des Freilaufes im Weichenherz fuhr das »Rad« auf dem Spurkranz und fiel damit nicht in das Weichenherz. Deshalb gab es das generelle Problem des Fahrzeugüberganges und der Weichen bei der »Stammersdorfer» Bahn.

Die Fertigung einer Konzession lautete damals so:

»Indem Wir Jedermann ernstlich verwarnen, den Bestimmungen dieser Concession entgegen zu handeln und dem Concessionär das Recht einräumen, wegen des erweislichen Schadens vor Unseren Gerichten auf Ersatz zu dringen, ertheilen Wir sämmtlichen Behörden, die es betrifft, den gemessenen Befehl, über die Concession und alle darin enthaltenen Bestimmungen strenge und sorgfältig zu wachen.

Zu Urkund dessen erlassen Wir diesen Brief, besiegelt mit Unserem großen Insiegel in Unserer Reichshaupt=und Residenzstadt Wien am dritten Tage des Monats April im Jahre des Heiles Eintausendachthundertachzigvier, Unserer Reiche im Sechsundreißigsten.

Franz Joseph m.p..«

»Nachdem [...] für diese Linie wegen ihrer lokalen Bedeutung ein Staatsbeitrag nicht zu erzielen war, die Interessenten trotz [...] größtmöglicher Opferwilligkeit nicht allein Aufbringen konnten, [...] die vom Landes-Eisenbahn-Amte geführten langwierigen Verhandlungen [...] Betriebsführung und Verrechnung [...] einer günstigen Lösung zuzuführen war [...] ist die Annahme 26. August 1901 die Verträge abgeschlossen und am 5. December 1901 genehmigt.

Danach übernimmt die Dampftramwaygesellschaft 200 000,- K Stammaktien der zu bildenden Actiengesellschaft Stammersdorf - Auersthal zum vollen Nennwerte.«[5]

Am 7. Dezember 1901 wurden in einer Verordnung die Bedingungen für die Erteilung einer Konzession veröffentlicht (siehe Kasten).

Endlich, im August 1902, begann in Regie des niederösterreichischen Landes-Eisenbahnamtes der Bau. Die technisch-polizeiliche Abnahme erfolgte am 15. April 1903.[7] Keine vierzehn Tage später, am 26. April 1903 wurde die Strecke eröffnet. Die Bahnstrecke war ein Erfolg, das zeigte sich spätestens am um die Jahreswende 1903/04, als in einem techni-

Protokoll (Beilage des niederösterr. Landtages LXXXI) December 1897.

Bericht des niederösterreichischen Landesausschusses betreffend die Erbauung einer Localbahn von Stammersdorf nach Auersthal.

»[...] Die am Nordrande des Marchfeldes gelegenen Ortschaften Eibesbrunn, Pillichsdorf, Engersdorf, Obersdorf und Bockflüß haben beim Auftreten des Bahnprojectes Gänserndorf–Pyrawarth beziehungsweise Mistelbach eine lebhafte Agitation dafür eingeleitet, daß die genannte Bahnlinie ihren Ausgangspunkt nicht in Gänserndorf, sondern in Deutsch-Wagram nehme, und die Trace so gewählt werden möge, daß diese Gemeinden thunlichst an den Vortheilen der Bahn participieren können [...] hingegen haben die Erhebungen ergeben [...], daß das Gebiet ungemein produktiv ist neben Acker-, Wein- und Gemüseanbau [...] und ein lebhafter Verkehr nach Floridsdorf besteht, Dünger aus Wien bezogen wird [...], dieser Transport bei einem geeigneteren Transportmittel sich ansehnlich steigern würde.

Das dem Lande im Interesse des Zustandekommens des in Frage stehenden Bahnprojectes durch Übernahme der vorgenannten Garantie erwachsende finanzielle Risiko besteht darin, dass dem Unternehmen die Differenz zwischen dem Erfordernisse für die vierprozentige Verzinsung und Tilgung des Prioritätencapitals und dem Betriebsüberschusse jährlich als verzinslicher Vorschuss vorzustrecken wäre.

Nachdem zur vierprozentigen Verzinsung und Tilgung eines Betrages von 560.000 fl binnen 75 Jahren eine Annuität von rund 23.700 fl erforderlich ist, die Reineinnahmen der Bahn jedoch bloß 17.700 fl betragen dürften wäre dem Unternehmen von Seite des Landesfonds in den ersten Betriebsjahren ein unverzinslicher Betrag von 6000 fl zu leisten, der mit Zunahme des Verkehres und der Einnahmen sich verringert, beziehungsweise ganz aufhört, worauf die Rückzahlung an den Landesfonds zu erfolgen haben wird [...].

Mit Rücksicht auf die Vortheile [...] Schaffung eines geeigneten Verkehrsmittels [...] und das nicht unbedeutende Risico des Landes [...] Antrag:

Die Concession zum Baue und Betriebe der Localbahn zu erwirken.

[...] die bis zur Begehung [...] auflaufenden Kosten, [...] Vorschußweise aus Landesmitteln zu bestreiten.«

schen Bericht die Anschaffung einer starken Dampflokomotive für die Strecke Stammersdorf–Auersthal gefordert wurde.[8] Auch ein zweiter Wagen für den Milchtransport war vonnöten (siehe Kasten Seite 186).

Nur wenige Monate später, am 16. April 1904 konnte die technisch-polizeiliche Prüfung der Dampflokomotive 31 »Stammersdorf«, einer 3/3 gekuppelten Maschine, erfolgen.[9] Als besondere Einrichtungen waren ein Rauchverzehrer »Marek«,2 Sandindikatorenapparate links/rechts für eine Vor/Rückwärtsfahrt, eine Dampfheizeinrichtung (pulsometrieren), eine Schmierpresse und letztlich zur Dampfpfeife auch eine Signalglocke vorhanden. Im Bericht über die Abnahmefahrt hieß es u.a.:

»Bei der am 16. April 1904 unternommenen Probefahrt wurden in a) richtiger und b) verkehrter Stellung auf der 9,7 km langen Strecke Stammersdorf–Eibesbrunn und zurück der Lokalbahn Stammersdorf–Auersthal als maximal/mittlere Geschwindigkeit a) 55/39 und b) 55/36 km/h genannt.

Gem. Kommissionsbeschluß: Die Lokomotive zeigt selbst bei der erreichten größten Geschwindigkeit einen ruhigen und sicheren Gang, so daß es keinem Anstande unterliegt, diese Lokomotive mit Inventarnr. 31 »Stammersdorf«, und der Fabriksnummer 5099 zu verwenden. Hievon wurde die Direktion der Dampftramway = Gesellschaft vorm. Krauss u. Comp. durch Ausfolgung [...] in Kenntnis gebracht. Prof. Kober Technische Hochschule Wien«

Am selben Tag wurde auch die baugleiche Dampflokomotive Nr. 32 »Auersthal« (Fabr. Nr. 5100) abgenommen.

Einen Wandel in den Eigentumsverhältnissen gab es am 31. Dezember 1907, als die Gemeinde Wien das gesamte Unternehmen nebst Konzession rückwirkend zum 1. Januar 1907 übernahm.[10]

7.12.1901
Verordnungs-Blatt für Eisenbahnen und Schiffahrt

Nr.142 vom 7.December 1901 XIV Jahrgang

»Concessionsbedingnisse für die normalspurige Localbahn mit Dampfbetrieb von Stammersdorf nach Auersthal.
Spurweite von 1435 mm gem. VO Nr.87 ex 1892.
Normalprofil der öst. Eisenbahnen.
Halbmesser nicht geringer als 150 Meter
Größte Neigung nicht mehr als 25 Permille
Oberbau Bauart XX der k.k. Staatsbahn mit Flußstahlschienen von 23 kg/m 13 Schwellen auf 9 Meter Länge (Variante des Oberbau XX)
Die Bahn ist mit einer Telephonleitung zu versehen [...] Weichen in den Hauptsträngen sind mit Sperrvorrichtungen zu versehen [...] gem. Signalordnung (der Eisenbahn, nicht der k.k. Staatsbahn; Anmk. des Autors)

An Fahrbetriebsmitteln sind nach Maßgabe des Bedarfes anzuschaffen:
2 Tenderlocomotiven mit 2 gekuppelten Achsen, 3 Personenwagen II/III Classe, 3 Personenwagen III Classe, 3 combinierte Post- u. Condukteuerwagen, 9 Güterwagen verschiedener Gattungen
Der Achsdruck darf bei voll ausgerüsteter Lokomotive 11 Tonnen nicht überschreiten (11t Achsdruck waren die militärische Norm für Lokalbahnen; Anmk. des Autors)
Die Lokomotiven erhalten eine Luftsaugbremse sowie eine Handbremse [...] an beiden Stirnseiten abnehmbare Schneepflüge [...].
[...] alle Personen/Conducteurwagen sind mit Dampfheizung zu versehen [...].
13.) Alle für den Bau erforderlichen Materialien, darunter auch die Oberbaumaterialien [...] Brücken [...] müssen aus inländischen (NÖ) Quellen entstammen.
[...]
Die Tarife für den Personen- und Gütertransport, die Warenclassifikation und alle auf den Frachttransport bezüglichen Nebenbestimmungen unterliegen der Genehmigung des k.k. Eisenbahnministeriums, wobei einerseits auf die öffentlichen Rücksichten, andererseits auf eine ausreichende Rentabilität des Bahnunternehmens Bedacht genommen werden soll [...].
(Anmk. des Autors: Mit dieser Bedingung zeigte der Staat sein verkehrspolitisches und sein wirtschaftliches Interesse, das er durch eine bestimmte Tarifpolitik geregelt sehen wollte.)

Nothstandstarife
In Fällen eines Nothstandes und außergewöhnlicher Teuerung (TEURO?!) von Lebensmitteln für Menschen und Nutztiere.. ist das Eisenbahnministerium berechtigt, nach Erfordernisse die einschlägigen Frachtpreise (nicht Personenfahrpreise!) herabzumindern [...].
5.) unentgeltliche Beförderung von Staatsbediensteten auf Dienstreisen [...] Staatsbeamte, Angestellte und Diener (militärisch : Offiziere, Unteroffiziere und Gemeine!) [...].
§12
Die Staatsverwaltung behält sich das Recht vor, die concessionierte Bahn nach deren Vollendung und Inbetriebsetzung jederzeit unter den nachstehenden Bedingungen einzulösen [...].

2.) Trasse
[...] die zu erbauende circa 22 km lange Localbahn nimmt ihren Anfangspunkt in der Endstation Stammersdorf [...] und führt anfänglich entlang der Wien-Brünner Reichsstraße (Planum vorhanden, daher keine Kosten; Anmk. des Autors) [...] zieht sodann in östlicher Richtung am Rande der von Eibesbrunn [...] führenden Straße [...].
[...]
Die Bahn ist mit einer Telefonleitung zu versehen, in welche sämtliche Stationen und permanent besetzte Haltestellen einzuschalten sind (FS =S Haken)
Die in den Hauptgleisen der Stationen liegenden Weichen sind.. mit Sperrvorrichtungen zu versehen.
[...]«

27. Jänner 1904
Nr.3355/G.I.Z. 2464/04 wurde ein technischer Bericht über den Milchtransport auf der Strecke Wien–Auersthal erstellt.

»Die Zunahme des Milchtransportes auf der Strecke Wien - Auersthal bedingt bei manchen Zügen die Beigabe eines Lastwagens, in welchem Milch verfrachtet wird. Nachdem wir derzeit nur einen für solchen Transport adjustierten Güterwagen haben, ist die Anschaffung eines zweiten Wagens notwendig.
Der einzuführende gedeckte Lastwagen ist analog den auf unserer nördlichen Linie in Verwendung stehenden Güterwagen konstruiert. Das Materiale der Achsen ist Martinstahl, und sind die Radreifen mittels Tyresschrauben (Tyre = Rad; Anm.d.Autors) befestigt.
Die für den Wagen in Verwendung kommenden Räderpaare wurden unserem Vorrate an Reserveradsätzen entnommen, sohin sind dieselben den in Verwendung stehenden Rädern vollkommen gleich. Der Wagen erhält freie Lenkachsen, achtklötzige Spindelbremsen und wird eine Leitung für Heizung und automatische Vacuumbremse ausgestattet. Der Innenraum wird durch eine Petroleumlampe, analog unseren Lampen in den Personenwagen beleuchtet.
Der Wagen wird ausschließlich für Milchtransport verwendet. Die Stützen für die Anschlaglaternen sind genau in der bei uns üblichen Weise am Wagendach angeordnet. Das Wagengewicht beträgt 4500 kg.
Derzeit ist beabsichtigt, einen solchen Wagen anzuschaffen und wird die Maschinen- und Waggonbaufabriks-Aktiengesellschaft vormals J.Weitzer in Graz mit der Herstellung betraut.
31.Dec.1903
gez. Hallama«

Doch trotz der steigenden Fahrgastzahlen blieb der wirtschaftliche Erfolg des »Stammersdorfers« aus. So wies der Geschäftsbericht des Jahres 1910 einen Landeszuschuss von fast 130.000 Kronen aus (siehe Kasten). Aus dieser Perspektive blieb die Bahn eine reine Infrastrukturmaßnahme!

(Geschäftsbericht aus dem Jahre 1910

Betriebseinnahmen:	164.387,59 Kronen
Betriebsausgaben:	167.193,08 Kronen
Gesamtbetriebsausgaben:	209.676,46 Kronen
Zuschuss aus Landesmitteln:	127.046,70 Kronen
Weitere Kosten	
Bezüge der Bahnagenten:	6290,62 Kronen
Kosten des Gemeinschaftsdienstes in Auersthal:	1902,57 Kronen

20.2 Auersthal–Gross=Schweinbarth

Die Konzessionsurkunde für den Abschnitt Auersthal - Groß Schweinbarth wurde am 6. Januar 1908 erteilt.[11] Anderthalb Jahre später, am 9. August 1909 konnte die Verlängerung der Strecke von Auersthal nach Groß Schweinbartheröffnet werden.

Im Jahr 1911 begannen die Planungen für die Elektrifizierung der Lokalbahn von Jedlersdorf nach Stammersdorf.[12] Dazu gehörte auch der Umbau des Bahnhofes Stammersdorf, bei dem zweierlei berücksichtigt werden musste: Die Wiener Straßenbahn wollte die Strecke Floridsdorf–Stammersdorf elektrifizieren und der Bahnhof Stammerdorf musste auf Spezialweichen umgebaut werden, die den gemeinsamen Betrieb von Tram und Eisenbahn ermöglichten. Letzteres geschah unter großem Zeitdruck, weshalb man die kurzerhand an anderer Stelle ausbaute (siehe Kasten).

Anfang des Jahres 1912 führte das n.ö. Eisenbahnamt eine »Trassenrevision von der k.k. Staatsbahn Station Jedlersdorf zur Station Stammersdorf der Wiener städtischen Straßenbahnlinie Floridsdorf - Stammersdorf« durch. Darin ging es unter anderem um die Straßenüberquerungen:

»[...] ad 4. Es wird ersucht, das Begehren der Gemeinde Stammersdorf, die Bezirksstraße Groß Jedlersdorf–Strebersdorf [...] vermittels Überfahrten zu ersetzen, abzuweisen, da hiedurch nicht nur die Baukosten bedeutend erhöht [werden], [...].«

[...] ad 7. Es wird ersucht, den allgemein gehaltenen Protest gegen das Bahnprojekt abzuweisen [...].

GZ.: 1963 Umbau der Station Stammersdorf

An die k.k. Generalinspektion der österr. Eisenbahnen in Wien.
Das gefertigte n.ö. Landes Eisenbahn-Bauamt erlaubt sich bekanntzugeben, daß dasselbe mit dem Umbau der Lokalbahnstation Stammersdorf Montag den 4. Dezember 1911 beginnen wird. Die Trassenrevision, polit. Begehung und Enteignungsverhandlung des Projektes des Umbaues der Station Stammersdorf der Lokalbahn JEDLERSDORF-STAMMERSDORF wurde am 18. Oktober 1911 durchgeführt und erteilt hiebei die Kommission im Sinne der Ermächtigung des k.k. Eisenbahnministeriums in dessen Namen den Baukonsens ecx. commissione (St. Z.VI-5129/G vom 18. Oktober).

Die Direktion der städtischen Straßenbahn beabsichtigt den elektrischen Betrieb auf der Strecke Floridsdorf - Stammersdorf demnächst aufzunehmen und erscheint es behufs ungestörter Aufrechterhaltung des direkten Zugverkehrs von Wien Augartenbrücke über Stammersdorf und Auersthal nach Groß Schweinbarth dringendst geboten, den Umbau der Station Stammersdorf mit der tunlichsten Beschleunigung durchzuführen. Zu diesem Zwecke müssen in der neuen Gleisanlage vier Weichen mit Spezialherzstück (Aufkeilweite der Straßenbahn hat anderes Maß; Anm. d. Autors) welche sowohl von den Fahrbetriebsmitteln der Wr. städtischen Straßenbahnen (ehemaliger Fahrpark der Dampftramway Krauss u. Co.) als auch von normalspurigen Lokomotiven befahrbar sind, eingelegt werden.
Nachdem aber derzeit die Lokalbahn Stammersdorf - Auersthal nicht im Besitze von 4 Stück Spezialweichen ist und diese erst in Bestellung gebracht werden, die neuen Gleisanlagen in der Station Stammersdorf aber wie vorangehend ausgeführt, noch im Laufe des Monats Dezember 1911 ausgeführt werden müssen, beabsichtigt das n.ö. Landes-Eisenbahn-Bauamt von den derzeit in den Stationen Hagenbrunn, Enzersfeld und Auersthal eingebauten Weichen je 1 Stück und die in der kurrenden Strecke in km 12.4/5 liegende Weiche (Abzweigung zu den Schottergrubengleisen) diesem Zweck dienbar zu machen, und werden diese Weichen nach Einlangen der die Bestellung zu bringenden neuen Weichen wieder ihrer dermaligen Bestimmung zugeführt.
Das n.ö. Landes-Eisenbahn-Bauamt hat in dieser Angelegenheit wohl mit der Direktion der Wr. städtischen Straßenbahnen als auch mit der Direktion der n.ö. Landesbahnen das Einvernehmen gepflogen und stellt das diensthöfliche Ansuchen, die nur auf eine kurze Zeit (Wintermonate) beschränkte leihweise Überlassung der vorerwähnten Weichen (Bauart XXIVa/Spezial, allgemeine Schienen System Bauart XX; Anm. d. Autors) genehmigend zur Kenntnis nehmen zu wollen.
30. Nov.1911.

[...] Das Begehren der Gemeinde Wien, sämtliche durch die Bahn berührte Straßen mittels Über- oder Unterfahrten zu kreuzen, wird ersucht, mit Hinweis auf das ad 4 Gesagte, abzuweisen [...].«[13] *Der handschriftliche Vermerk des Protokollführers: A.A. (= Akt zur Ablage!)*

Ab 30. Dezember 1911 wurde dann die Reststrecke der ehemaligen Dampftramwaylinie über Groß-Jedlersdorf nach Stammersdorf elektrisch befahren.

Übernahme durch NÖLB

Zum 1. Mai 1913 übernahmen die Landesbahnen den Betrieb auf der 29,2 km langen Lokalbahn Stammersdorf–Groß Schweinbarth. Zu diesem Zweck wurden ausführliche Bestimmungen erlassen (siehe Kasten).[14]

Der Geschäftsbericht von 1914 wies für diese Bahn folgende Zahlen aus: Die Betriebseinnahmen betrugen in diesem Jahr 419.384,99 Kronen. Dem standen Betriebsausgaben von 511.307,58 Kronen gegenüber. Die Landesgarantie betrug 306 919,07 Kronen.

Zum Fahrzeugpark gehörten folgende Lokomotiven: Lok 102.03, 102.05, 102.07, 102.08, 102.09, 102.10, 202.03; 1913 von der Wr.st. St.B übernommen: 6.01, 6.02.

4168 Personenzüge und 1011 gemischte Züge wurden in diesem Jahr gefahren. 436.334 Reisende reisten durchschnittlich 11,4 km mit der Lokalbahn.

Wie alle NÖLB Strecken rückwirkend mit 1. Januar 1921 von den BBÖ übernommen.

Erlaß Zl.4676 ex 1913 betreffend die Organisation des Betriebsdienstes auf der Lokalbahn Stammersdorf-Gross=Schweinbarth

»Als Oberste Dienststelle des lokalen Betriebsdienstes wird die Betriebsleitung Mistelbach bestimmt, welcher die unmittelbare Leitung und Überwachung des gesamten lokalen Betriebsdienstes auf der genannten Lokalbahnstrecke analog den übrigen Linien des Marchfeldes obliegt.
Diese Betriebsleitung bzw. die ihr untergeordnete Bahnerhaltungssektion sowie die Werkstätten- und Heizhausleitung in Mistelbach hat als Vorratsrechnungsleger für die bezüglichen Dienstzweige zu fungieren.
Die Stationsleiter von Stammersdorf und Gross=Schweinbarth werden hinsichtlich des Zugförderungsdienstes als Subrechnungsleger der Heizhaus- und Werkstättenleitung Mistelbach bestimmt.

Der Betriebsleitung Mistelbach werden ausserhalb des allgemeinen instruktionsmäßigen Wirkungskreises noch nachstehende Befugnisse eingeräumt:
a.) Die Disposition über die der Lokalbahn Stammersdorf - Gross=Schweinbarth zugewiesenen Maschinen und Fahrbetriebsmittel sowie die Dirigierung und Evidenz derselben;
b.) Die Aufstellung und Vorlage(!) der Diensteintheilungen [...] sowie die Überwachung der Einhaltung der Diensteintheilungen
c.) Die Erhebung von Bahnunfällen, soferne selbe in einzelnen Fällen nicht durch die Direktion vorgenommen werden.
d.) Die Prüfung und interimistische Anweisung der Lohnlisten und sonstigen Zahlungsbelege des Verkehrs- und Zugförderungsdienstes inklusive der »Agentenabrechnungen« sowie der Arbeitsbücher des Bahnerhaltungsdienstes.
e.) Die Skontierung sämtlicher Kassen und Magazine, die Vornahme der Stationsrevisionen
f.) Die Vornahme von Stations- und sonstigen Übergaben
g.) Die Stundenpassrevision (= Fahrberichte/Stundenabrechnung des Zugspersonals; d. Autor)
Weiters obliegt der Betriebsleitung die Erhaltung des ihr zugewiesenen Fahrparkes, die Vornahme der laufenden Reparaturen und vorgeschriebenen Revisionen an Lokomotiven und Wagen und die Erhaltung der Wasserstationsanlagen.

2.) Alle Berichte und Eingaben der Stationen der Lokalbahnstrecke Stammersdorf - Gross=Schweinbarth an die Direktion sowie die gesamte Dienstkorrespondenz der letzteren an die Stationen sind durch die Betriebsleitung Mistelbach zu senden.
Der Vorstand der Betriebsleitung ist ermächtigt Parteieingaben in Angelegenheit der Lokalbahn zur Weiterleitung an die Direktion entgegenzunehmen (Anm. d. Autors: Er war nur Postkastl!)[...].

Die von den Strassenbahnen übernommenen Wagen werden von der Verwaltung derselben auf Kosten der Lokalbahn erhalten.
Wagen für den Güterverkehr nach und von Stationen der Strassenbahn werden von der Verwaltung derselben beigestellt. Solche Wagen dürfen jedoch in Gross=Schweinbarth auf die Marchfeldbahn nicht übergehen. Wagen mit Zentralpufferung können nicht auf die Marchfeldbahnen und normalspurige Wagen nicht auf die Strassenbahn übergehen.
Bei allen Anlässen ist anzugeben ob es sich um einen Normalspurwagen (n) oder um einen Strassenbahnwagen (z) handelt.

In den mit verantwortlichen Verkehrsorganen besetzten Stationen sind die Schlüssel zu den gesperrten Weichen durch die Agenten und Stationsbesorger in Verwahrung zu halten, dieselben haben die richtige Weichenstellung vorzunehmen und bleiben für die richtige Stellung der Weichen in erster Linie verantwortlich.
Bei Dispositionen, den Zugverkehr betreffend, hat in den Agentenstationen der bezügliche Zugsführer das telephonische Gespräch zu führen, bei Kreuzungs- oder Vorfahrverlegung hat überdies ein zweiter Lokführer mitzuhören und dies im Zugsprotokoll zu bestätigen

Zugsverkehr
Täglich regelmäßig verkehren im Sommerdienst die Züge
Richtung Groß=Schweinbarth 611, 613, 615, 617, 619, 621 und 681 (Güterzug)

Richtung Stammersdorf 612, 614, 616, 618, 620, 622, und 682 (Güterzug)
Bestimmungen für die postalische Benutzung folgen

Die Lokalbahn Stammersdorf - Groß=Schweinbarth ist mit einer Telefonlinie ausgestattet, die bisherigen Rufzeichen werden bis auf Weiteres beibehalten. Bei erforderlichen Gesprächen der Stationen dieser Linie, mit Sprechstellen des übrigen Liniennetzes und umgekehrt, ist die Station Geoß=Schweinbarth zum Umschalten aufzufordern.
Die Stationen der Strecke Stammersdorf - Groß=Schweinbarth sind zur Annahme und Aufgabe von Privatkorrespondenzen nicht ermächtigt.

Die Erhaltung der Telefonleitung Stammersdorf - Groß=Schweinbarth besorgt bis auf weiteres noch die k.k. Post- und Telegraphendirektion Wien, während die Erhaltung der Telephonapparate ab 1. Mai 1913 dem Signalmeister Mistelbach L.B. obliegt.
[...]
die Hauptreinigung der Personenwagen ist in Stammersdorf, die Nebenreinigung in Groß=Schweinbarth vorzunehmen.
Neuer Bahnmeister in Pillichsdorf, die Strecke Auersthal (exkl.)-Groß=Schweinbarth wird zu einer Bahnmeisterstrecke mit dem Sitze in Groß=Schweinbarth vereinigt.

Die Abwicklung des Zugförderungs- und Werkstättendienstes erfolgt durch die Heizhaus- und Werkstättenleitung in Mistelbach nach den einschlägigen Instruktionen der n.ö. Landesbahnen.

In Stammersdorf und Groß=Schweinbarth wird je ein Heizhausarbeiter stationiert, welche auch die Bedienung der Heissluftmotoren zu besorgen haben [...]. Das Lokomotivpersonale hat rechtzeitig Fahrten auf der Lok 31 und 32 mitzumachen, um sich die nötigen Kenntnisse über den Gang und die Eigenschaften dieser Lokomotiven anzueignen [...].
Im Falle des Untauglichwerdens einer der Lokomotiven 31 oder 32 ist die Hilfslokomotive von Mistelbach anzufordern und ist in diesem Falle der Einschaltwagen zu verwenden (= Verbindung von Mittelpufferkupplung und normaler Zug- und Stoßvorrichtung). Dieser Wagen hat dauernd im Depot der Station Groß=Schweinbarth zu stehen!
[...].
Wagendienst > Betriebsleitung Mistelbach
Bahnerhaltung > Mistelbach L.B (neu Domizilort Pillichsdorf, Groß Schweinbarth)
Desinfektion der Wagen, wenn es sich um fremde Wagen handelt, je nach ihrem Übergang in Mistelbach LB oder Gänserndorf LB
Wagendirigierung auf den neu eröffneten Strecken der n.ö. Landesbahnen:
Mit Rücksicht auf die eröffneten und zu eröffnenden Linien der n.ö. Landesbahnen und zwar:
Marchfeldbahnen, ohne Streckenbezeichnung
Siebenbrunn-Engelhartstetten - Orth
Willendorf - Neunkirchen
Retz - Drosendorf
Wird aufmerksam gemacht, dass die Wagen räumlich getrennten Linien der n.ö. Landesbahnen stehts auf die betreffende Heimatlinie zu dirigieren sind [...]
»Anmerkung« nicht hierhergehörig [...] damit seitens der Wagenkontrolle von der ablenkenden schuldigen Verwaltung das Pönale beansprucht werden kann.
[...]
Im übrigen finden auf der Strecke Stammersdorf - Gross=Schweinbarth ab 1. Mai 1913 die auf den n.ö. Landesbahnen gültigen kommerziellen Instruktionen und Vorschriften Anwendung.
Der Dienst in der Station Stammersdorf wird mit seperatem Erlasse geregelt.«

Personal auf der Strecke Stammersdorf–Auersthal im Jahr 1921

Zuständig ist die Betriebsleitung Mistelbach

Stammersdorf	
Leitung eines großen Bahnstationsamtes	**18**
Hagenbrunn	**1**
Königsbrunn-Enzesfeld	**1**
Groß-Ebersdorf	**1**
Eibesbrunn	**1**
Pillichsdorf	**1**
Groß-Engersdorf	**1**
Bockflüß	**2**
Auersthal	**2**
Summe	**28 Mitarbeiter**

[1] Die Schreibweise von Orts- und Straßennamen in den Zitaten entspricht dem jeweiligen Original.
[2] Vgl. R.G.Bl. Nr. 118
[3] Eisenbahn (Jahr)buch1881 - XVIII/842
[4] Vgl. R.G.Bl. Nr. 59
[5] Der in manchen Publikationen(u.a. Bahn im Bild 95) genannte Bahnhof Jedlersdorf ist Abzweigbahnhof zur Verbindung zum Bahnhof Floridsdorf der Nordbahn, jetzt Schnellbahnstrecke Floridsdorf–Stockerau.
[6] Vgl. Sten. Protokoll des n.ö. Landtages VIII.23 1901
[7] Protokoll G.I.Z 11981 -1903, aufgenommen am 15. April 1903 in Bockfliess (nicht mehr Bockflüss! Anm. d. Autors)
Gegenstand ist die mit dem Erlass vom 6. April 1903 Zl.: L5409 angeordnete technische/polizeiliche Überprüfung der normalspurigen 1440 mm (Straßenbahn) Spurweite Lokalbahn Stammersdorf–Auersthal.
[8] Vgl.19. Dezember 1903 DTKC Zl.: 3683 gem. Mit Erlaß 57340 vom 5. Jänner 1904.
[9] Ein Vermerk lautete: »Type genehmigt mit Zl.:51557 vom 11. December 1903«.
[10] Vgl. Handelsregister Wien Band XXXIV
[11] Vgl. Konzessionsurkunde RGBl VI vom 22.1.1908
[12] Vgl. Protokoll (Zl.:VI-3911 1911) aufgenommen von der k.k. nö Statthalterei am 18. Oktober 1911 in Stammersdorf und mit Zl.: VI-5129/6 genehmigt. Gegenstand: Erlass (9. Juli 1911 Zl.: 30242) über ein Projekt einer Lokalbahn Jedlersdorf - Stammersdorf.
[13] Vgl. Zl.: 50.295/3 vom 20. Februar 1912
[14] Vgl. Erlass Z.4676 vom April 1913: *»Ab 1. Mai d.J. wird der Betrieb auf der 29,2 km langen Lokalbahnstrecke Stammersdorf–Gross=Schweinbarth [...] übernommen. [...].«*

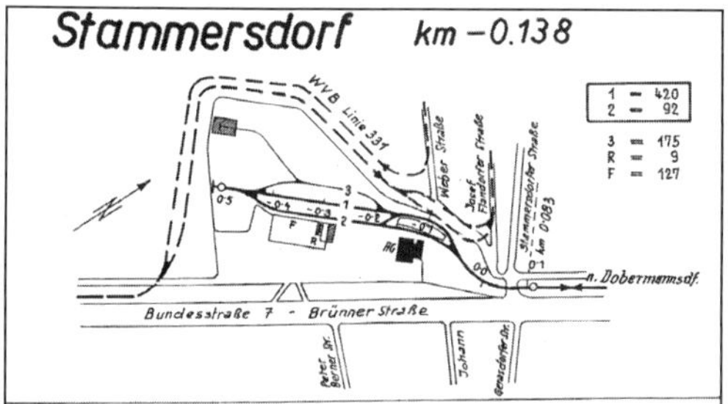

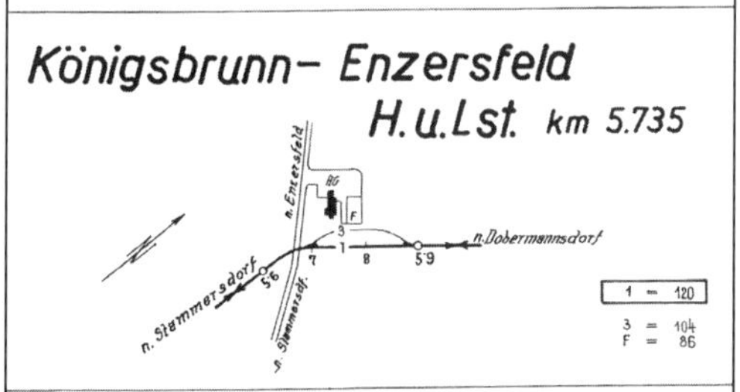

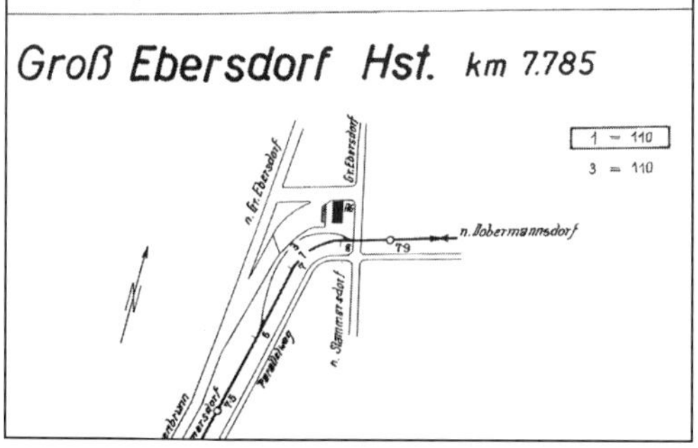

Gleisplanskizzen

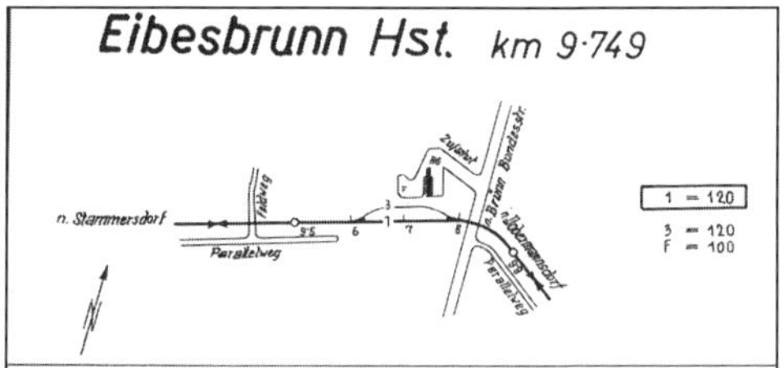

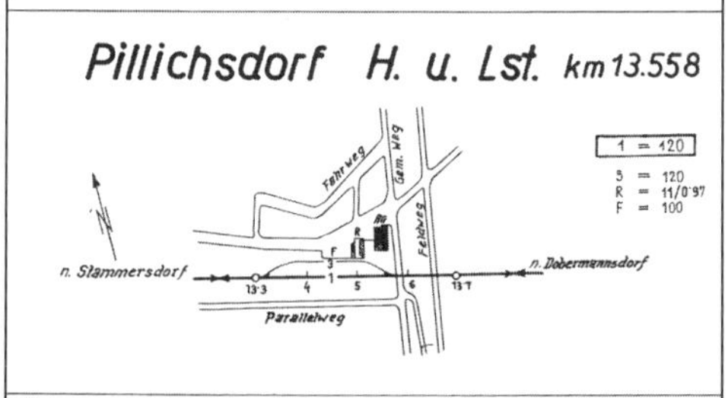

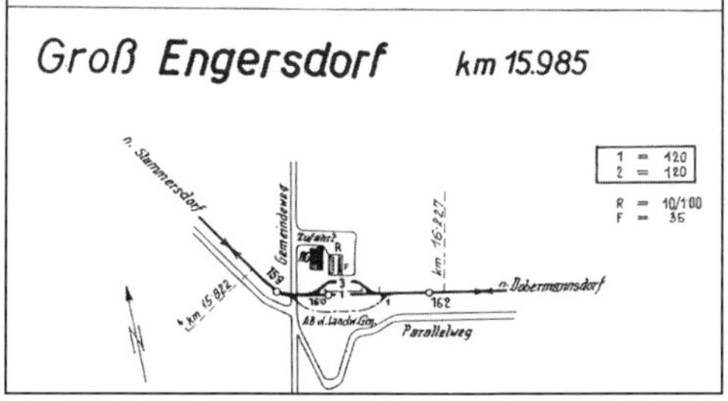

Gleisplanskizzen

Abbildungen: Slg. Hufnagl

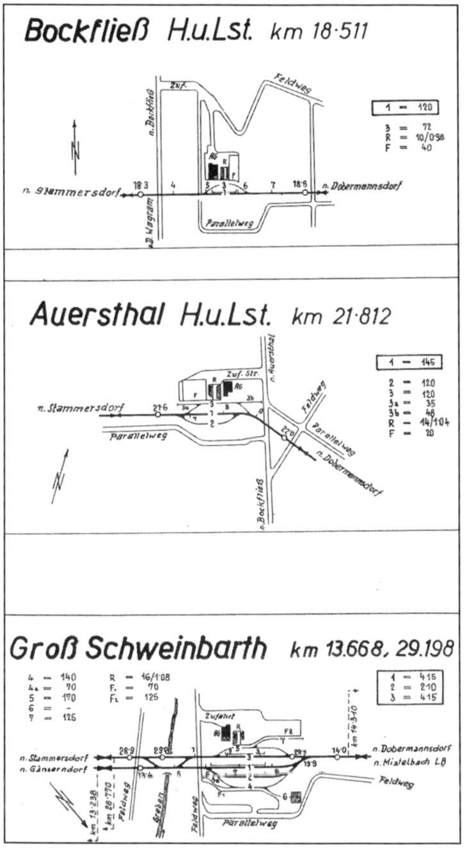

Gleisplanskizzen

Zug 4414 hatte montags bis freitags eine Vorspannlok. Die zusätzliche Lokomotive war eigentlich nicht notwendig, diente aber der Zuführung für den »unpaarigen« 4415 im Endbahnhof Stammersdorf.

Foto: Slg. Hufnagl

Ein Lokalbahnzug bei Eibensbrunn. Die Fuhre besteht aus einer R 93, zwei mittellangen Bi, einem ehemaligen DR-Dienstwagen und einem Güterwagen.

Foto: Slg. Hufnagl

21. Lokalbahn Gänserndorf–Gaunersdorf (später Gaweinstal)

Ein Bericht des niederösterreichischen Landesausschusses aus dem Jahr 1897, der den Bau einer normalspurigen Lokalbahn von Gänserndorf nach Pyrawarth und Gaunersdorf betraf (siehe Kasten), macht deutlich, wie realistisch die Landesbeamten die Sachlage einschätzten. Er zeigt aber auch, dass sie gleichzeitig davon überzeugt waren, dieses Gebiet erschließen zu müssen. Mit anderen Worten: Es gab keine entsprechenden Verkehrswege.

Vom 28. September 1898 datiert ein technischer Bericht zur geplanten Lokalbahnstrecke. Danach sollte beim Unterbau die Kronenbreite mindestens vier Meter betragen. Für den Oberbau sollten Flussstahlschienen der Form XXIV der k.k. Staatsbahnen mit einem Metergewicht von 26 kg verwendet werden und 13 Schwellen auf neun Meter Schienenlänge. Der Abstand der 2,4 m langen Schwellen durfte nicht breiter als 72 cm sein. Tannen- und Fichtenholz waren als Material ausgeschlossen, ansonsten war Genehmigung durch das k.k. Eisenbahnministerium einzuholen. Außerdem sollte die Strecke eine Telephonleitung erhalten.

Wiederum fast zwei Jahre später, am 25. Juni 1901, genehmigte die zuständige Kommission den Gesamtbau. Einen Monat später fand zwischen dem 23. und dem 28. Juli 1900 eine »Kommissionelle Begehung« der geplanten Strecke statt, bei der keine Einigung bezüglich der Trasse im Orte Pyrawarth erzielt wurde. Schließlich wurde am 1. Juli 1901 endlich das Gesetz verabschiedet, das die Ausgabe von Stammaktien im Wert von 180.000,- K ermöglichte. Zwischenzeitlich hatte man auch eine Lösung des Problems Pyrawarth gefunden, so dass das Landeseisenbahnamt das Projekt ausgearbeitet hatte.

Das Ansuchen um die Konzession ging am 14. August 1901 mit Beilagen an das k.k. Eisenbahministerium.[2] Das Ministerium erteilte die Konzession am 15. März 1902.[3] Über den Fahrzeugpark heißt es darin unter Punkt 12:

»An Fahrbetriebsmitteln sind mindestens anzuschaffen:
2 Tenderlocomotiven
8 Personenwagen
2 Dienstwagen (Post, Gepäck-, Condukteurswagen
18 Güterwagen verschiedener Gattungen
Der Achsdruck der voll ausgerüsteten Lokomotiven darf 14 Tonnen nicht überschreiten.«[4]

Diese Vorgabe wurde seitens der Lokalbahn nicht genau eingehalten. Denn im Protokoll über die technisch-polizeiliche Prüfung der Lokalbahn am 20. August 1903[5] heißt es unter »Fahrbetriebsmittel«:

»2 Lokomotiven
2 Motorwagen, gem. Erlass Zl.L36923/23 für den Personenverkehr zugelassen, noch nicht geliefert.
5 Personen-Wagen(Ci), hievon drei mit Vaccum und Spindelbremse, die zwei übrigen mit Vaccumleitung ausgerüstet,
12 Güterwagen, wovon sechs mit Spindelbremseausgerüstet sind.«

Weiter ist dort zu lesen:

»Die Betriebsführung erfolgt durch das n.ö. Landes-Eisenbahn-Amt. In Gänserndorf LB

Sten. Protokoll des n.ö. Landtages LXXXI-VIII.21 aus dem Jahre 1897

Beilage E:
Bericht des niederösterreichischen Landesausschusses betreffend der Erbauung einer normalspurigen Localbahn von Gänserndorf nach Pyrawarth, Gaunersdorf.

»In Berichte des niederösterreichischen Landes=Eisenbahnamtes über den Stand der Lokalbahnaktion des Landes mit Ende des Jahres 1895 wurde erwähnt, dass über Einschreiten der Stadtgemeinde Mistelbach bezüglich eines Projektes einer normalspurigen Bahnverbindung von Gänserndorf nach Mistelbach Erhebungen gepflogen worden sind, welche zunächst dahin geführt haben, dass der Lokalverkehr allein zur Alimentierung dieser Linie nicht ausreichen würde, dass jedoch die Wegkürzung in der Relation Marchegg-Mistelbach und darüber hinaus eine bedeutende wäre, dass eine Participation an dem ungarisch (Marchegg-Übergang) böhmischen (Mistelbach-Laa Th.-Znaim) und darüber hinaus eine so bedeutende wäre [...] als gerechtfertigt angesehen werden könnte.

[...]

[...] mit Rücksicht darauf, dass die Erschließung der sehr productiven Gegend entlang des Weiden und Waldbaches ebenso im localen als auch im Interesse des Landes gelegen erscheint, und die Vorbedingungen für eine in Gemäßheit des Landesgesetzes vom 28. Mai 1895 zu gewährende Landessubvention selbst bei rigorosester Einschätzung [...].

Die Bahnlinie ist als normalspurige Lokalbahn mit den einfachsten Anlageverhältnissen und unter Hinweglassung aller über das augenblickliche Verkehrsbedürfnis hinausgehenden Herstellungen gedacht und ist beabsichtigt, die Tracse so zu führen, dass der Markt Matzen, welcher als Sitz des k.k. Bezirksgerichtes ein lokales Verkehrscentrum bildet, möglichst berührt wird.

Gaunersdorf verlangt einen Endpunkt [...], der eine Verlängerung [...] um ca. 1,5 km bedingen würde und umso mehr in die Waagschale fällt, als der commercielle Wert der Bahn durch die Verlängerung sich nur unbedeutend erhöht, während die Ausführung dieses Bahnstückes mit Schwierigkeiten und großen Kosten verbunden ist.
Nachdem eine Erhöhung des Landesbeitrages [...] nicht in Aussicht genommen werden kann [...] müsste die Gemeinde Gaunersdorf [...] für das Anlagekapital aufkommen.
[...]
Die Berechnungen ergeben bei optimalster [...] 44 420 Reisende und 18 800 Tonnen pro Jahr.
[...]
Sobald der Nachweis erbracht wird, dass 30% des vom k.k. Eisenbahnministerium im einvernehmen mit dem Landesausschusse [...] durch Übernahme von Stammaktien zum vollen Nennwert [...] aufgebracht werden, übernimmt das Land Niederösterreich die Reinertragsgarantie [...].«

Sitz des Betriebsleiters, die Stationen, mit Ausnahme von Gänserndorf LB und Gaunersdorf sind mit Bahn-Agenten besetzt. Es werden zwei Lokführer angestellt, wovon einer auch Maschinmeister ist. Für den Bahnerhaltungsdienst ist ein Bahnmeister mit Dienstsitz in Raggendorf, wo auch seine Dienstwohnung ist, vorgesehen. Der Sanitätsdienst wird vom k.k. Bezirksarzt besorgt.«

Und weiter heißt es in den Akten: *»Am 9. September erfolgte eine Probefahrt auf der Strecke Gänserndorf L.B.–Gaunersdorf mit einer Lokomotive und zwei Plattformwagen, einem Gesamtzugsgewicht von 20 Tonnen.*

Am 10. September wurde ein Kommissionszug in Verkehr gesetzt, der aus einer Lokomotive, einem Gepäck und fünf Personenwagen, Gesamtzuggewicht 50 Tonnen, mit einer der Konzession entsprechenden Höchstgeschwindigkeit von 25 km/h.«

Schon in ihren Anfangsjahren blieb die Lokalbahn ein Zuschussgeschäft für das Land, wie ein Blick in die Geschäftsberichte zeigt (siehe Tabelle). So verwundert es nicht, dass im Februar 1914 die Landesbahnen den Betrieb übernahmen.

Nach dem Ersten Weltkrieg verlief die Entwicklung wie bei den anderen NÖLB Strec-

Geschäftsberichte der Lokalbahn Gänserndorf–Gaunersdorf

	1903	1904	1905	1906	1914	1915
Einnahmen (Kronen)	28.517,94	106.394,42	124.071,62	146.614,87	187.667,58	133.119,36
Ausgabe (Kronen)	14.206,28	86.777,13	80.516,39	72.692,85	204.456,72	256.813,54

Abzüglich Zinsen und Tilgung der Kredite und Anleihen ergibt sich ein Gesamtertrag von

	1903	1904	1905	1906	1914	1915
	+40,67	-32.773,12	-13.195,87	-16.834,53	-76.986,22	-91.077,85

(Die Beträge mit einem negativen Vorzeichen sind die jeweiligen Zuschüsse des Landes; d. Autor.)

Beschreibung der Strecke

Entfernung zwischen d. Stationen

wirklich	Tarifkilometer	
Km 0.0	-	Gänserndorf Lokalbahnhof, Wasserstation 10 m³ (Dampfpumpe), Lokschuppen für Gesamtverkehr
Km 5.00	7	Prottes Halte- und Ladestelle
Km 7.7	9	Matzen Station
Km 10.7	12	Raggendorf Halte und Ladestelle
Km 13.6	15	Schweinbarth, Groß Schweinbarth, Wasserstation 10 m³ (Dampfspumpe) Station
Km 18,2	20	Pyrawarth Station
Km 18,9	21	Bad Pyrawarth Haltestelle
Km 19,8	22	Kollnbrunn Haltestelle Station
Km 21,7	23	Gaunersdorf ab 1917 Gaweinstal Wasserstation 10 m³ (Dampfpumpe),

2 Übernachtungszimmer für Personal

ken: Am 24. September 1924 wurde ein Vertrag abgeschlossen, in dem die im Schluß und Gegenschlußbrief vom 27. und 28. Februar 1914 geregelte Betriebsführung der Lokalbahn Gänserndorf–Gaunersdorf durch die n.ö. Landes-Eisenbahnverwaltung (ab 1. Januar 1921 außer Kraft gesetzt), durch die Österreichischen Bundesbahnen übernommen wurden.

21.1 Lokalbahn Gaunersdorf–Mistelbach (LB 16-b)

Im Jahr 1903 verzeichnet das Protokoll des n.ö. Landtages erstmals einen Antrag des Eisenbahnausschusses der sich mit der Erbauung einer normalspurigen Lokalbahn, die Gaunersdorf mit Mistelbach verbinden sollte, befasste. Allerdings sprach man in diesem Zusammenhang von einer Lokalbahn Gänserndorf–Mistelbach.[6] Die Konzession wurde schließlich am 12. September 1906 erteilt. Dor war unter Paragraph 4 zulesen:

»Im übrigen ist die eingangs bezeichnete Lokalbahn als integrierender Bestandteil des den Gegenstand der Konzessionsurkunde vom 15.Februar 1906 R.G.Bl. Nr 34, bildenden Unternehmens der Lokalbahn von Ernstbrunn über Mistelbach nach Hohenau mit einer Abzweigung nach Poysdorf zu behandeln und haben daher die §4 bis einschließlich §15 der eben genannten Konzessionsurkunde auch auf die eingangs bezeichnete Lokalbahn sinngemäß Anwendung zu finden.«

Zwei Monate nach Erteilung der Konzession erfolgte am 12. November 1906 bereits

Gaunersdorf–Mistelbach

Gleislänge 12.639 Meter

Km 0.0	**Tarifkilometer**	
Km 21.7626	**23**	**Gaunersdorf (Gaweinstal)**
Km 24.7535	**26**	**Höbersbrunn-Atzelsdorf**
Km 31.7813	**34**	**Paasdorf**
Km 34.4014	**36**	**Mistelbach Lokalbahn**

Personalbestand der Lokalbahn Gänserndorf–Gau-Mistelbach Standesmeldung der NÖLB von 1921

Betriebsleitung Mistelbach (LB)

Paasdorf (LB)	**1**
Höbersbrunn-Atzelsdorf	**1**
Gaweinstal	**3**
Pyrawarth	**4**
Groß-Schweinbarth	**8**
Raggendorf	**1**
Matzen	**1**
Prottes	**1**
Gänserndorf (LB)	**6**

die technisch-polizeiliche Überprüfung der Lokalbahn von Gaunersdorf nach Mistelbach.[7]

Drei Tage nach der Abnahme, am 15. November 1906 rollte der erste Zug über die Strecke. Auch diese 9,7 km lange Bahnlinie wurde rückwirkend zum 1. Januar 1921 von den BBÖ übernommen.

[1] Vgl. Erlass des k.k. Eisenbahnminsteriums Zl.: 39036 ex 01.

[2] Das Protokoll über die Festsetzung der Konzession ist auf den 13. Oktober 1901 datiert.

[3] Vgl. Konzession der normalspurigen Lokalbahn Gänserndorf-Gaunersdorf (Protokoll Zl.: 56.624 resp1901), R.G.Bl Nr.57 aus 1902

[4] Ebd.

[5] Vgl. Protokoll über die technisch-polizeiliche Prüfung der Lokalbahn am 20. August 1903 Zl.:16735-1903

[6] Vgl. Protokoll des n.ö. Landtages XCVI/1903 Eisenbahn A.

[7] Vgl. Protokoll über die technisch polizeiliche Überprüfung der Lokalbahn Gaunersdorf-Mistelbach gem. Zl.: 27626 am 12.11.1906. Die Betriebsführung sollte gem. Protokoll der Linie Ernstbrunn–Hohenau erfolgen. Das Protokoll wurde von der Hilfsämterdirektion der k.k.Generalinspektion der österreichischen Eisenbahnen unter Zl.: 28022 vom 20.11.1906 genehmigt.

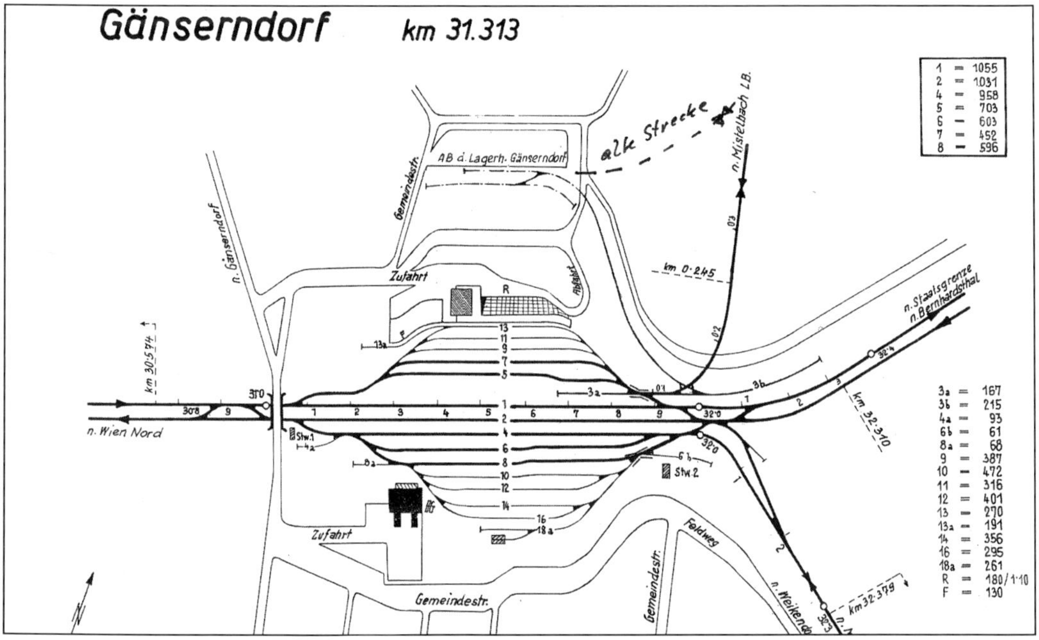

Gleisplanskizze

Abbildung: Slg. Hufnagl

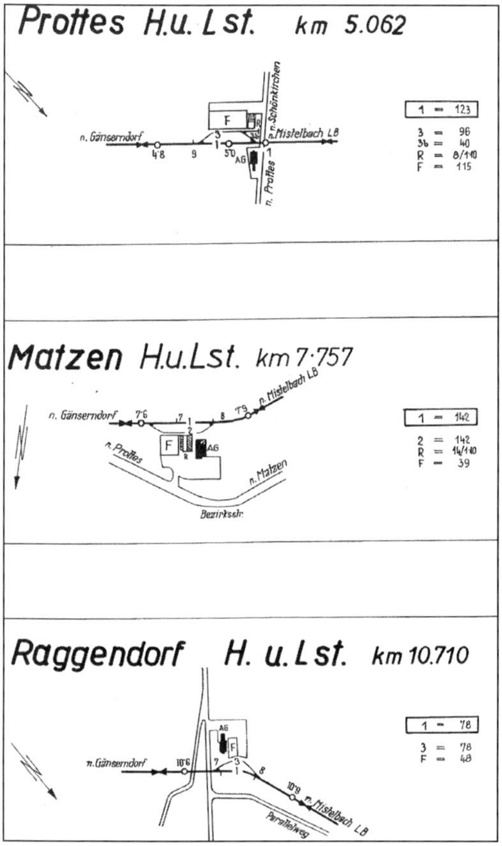

Gleisplanskizzen

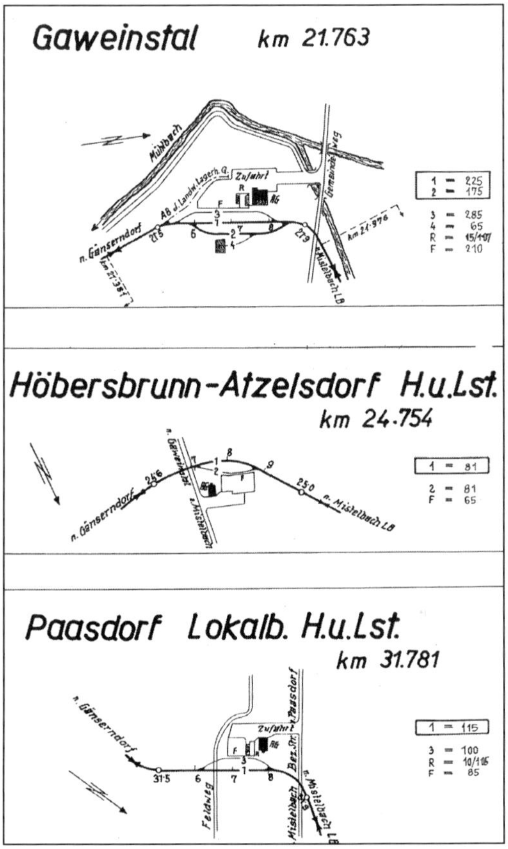

Gleisplanskizzen

Abbildungen: Slg. Hufnagl

Der »Motorwagenzug« auf der Lokalbahn Gänserndorf–Gaunersdorf Abbildung: Slg. Hufnagl

22. Siebenbrunn–Engelhartstetten /–Orth a.d. Donau (13g)

Das Marchfeld zählte zu den Kornkammern der Monarchie. Naturprodukte jeder Art wurden auf großen Gutshöfen produziert. Mit der Einführung der Zuckerrübenproduktion wurden bessere Transportbedingungen benötigt. Im Jahr 1902 wurde die Zuckerfabrik in Leopoldsdorf gebaut. Ihre Anfangskapazität waren 450 Tonnen Zuckerrüben pro Tag.

So überrascht es nicht, dass man sich schon im April 1902 im niederösterreichischen Landtag mit dem Bau einer Lokalbahn befasste (siehe Kasten).

Im September des Jahres 1902 entschied man sich für den Bau einer normalspurigen Lokalbahn, das »N. ö. Landes=Eisenbahn=Amt« projektieren sollte.[1]

Doch sollten noch einige Jahre ins Land ziehen, denn erst am 27. Juni 1908 wurde die Konzession für die Lokalbahn erteilt.[2] Außerdem legte eine Verordnung die Beschaffenheit des Oberbaus und den Fahrzeugpark fest (siehe Kasten).

Die Baulänge der Lokalbahn betrug:

Siebenbrunn–Engelhartstetten	22,81120 km
Breitstetten–Orth	5,85650 km

Per Erlass genehmigte die k.k. General-Inspektion am 25. November 1908[3] den provisorischen Lokomotivbetrieb. Allerdings wurde dieser erst am 16. Dezember 1908 aufgenommen.[4] Die technisch-polizeiliche Prüfung erfolgte erst am 18. Juni 1909, gleichzeitig erprobte man die Brückenkonstruktionen mit einem »zufriedenstellenden« Ergebnis.[5]

Bei den Kommissionsfahrten wurde eine Geschwindigkeit von 35 km/h erreicht und genehmigt. Der Mindestradius betrug 200 Meter und die höchste Steigung fünf Promille. Der Oberbau hatte die Bauart XXL, allerdings stand das L für Lokalbahn, womit der Protokollführer eigenmächtig den leichteren 21.8 kg/m-Oberbau bezeichnete. Auf kurzen Streckenstücken hatte man den schwereren Oberbau Type XXIVa eingebaut.[6]

Zur Eröffnung der Linie sollten beschafft werden:[7]

2 Lokomotiven
1 Motorwagen
2 Dienstwagen Df
6 Personenwagen (2 Bci, 4 Ci)

Die Betriebsführung der Lokalbahn besorgte die Direktion der Landesbahnen in Wien. Außerdem vermerkte das Protokoll: *»Zur unmittelbaren Leitung des Verkehrs und Zugförderungsdienstes wird die Betriebsleitung in Siebenbrunn zugewiesen. Die konzessionierte Höchstgeschwindigkeit beträgt 30 km/h.«*[8]

Bereits im Jahr 1909 sorgte die Rübenkampagne dafür, dass per Verfügung die Zuglasten erhöht wurden: *»Mit Rücksicht auf den in der bevorstehenden Rübenkampagne zu gewärtigen größeren Frachtenandrang wird die Maximalbelastung für Personen und Gemischte Züge auf der Linie Siebenbrunn–L. Engelhartstetten auf 170 to erhöht [...].*

Da voraussichtlich im Bereiche der Linie größere Rübentransporte [durchgeführt werden] [...] wird das Bahnbetriebsamt Sieben-

Beilage zu den sten. Protokollen des n.ö. Landtages

Nr.XXIII/L.A. 1902

Bericht und Antrag des niederösterreichischen Landesausschusses betreffend die Erbauung einer normalspurigen Localbahn von Siebenbrunn - Leopoldsdorf nach Engelhartstetten mit einem Flügel von Breitstetten oder Straudorf nach Orth an der Donau [...].
Für die Herstellung der Strecke als normalspurige Localbahn genügt, da keinerlei Terrainhindernisse zu überwinden sind und der Fahrpark mit Rücksicht auf die geringe Verkehrsdichte auf ein Minimum reduciert werden kann, ein Betrag von 60 000.- Kronen pro Kilometer [...] Summe von 1.500.000,- Kronen.
Im Falle indessen der Rübenanbau in dem erwähnten Umfange aktiviert werden sollte [...] sind 1 800 000.-Kronen erforderlich.
Aufgrund der Nähe der Großstadt und der zuströmenden Frachtmengen rechnete man mit einem Betriebsüberschuss von 26 500.- Kronen.
Mit Rücksicht auf die günstigen Neigungsverhältnisse der Linie, sowie auf die beabsichtigte Einführung des Motorwagenbetriebes können die Ausgaben sehr gering bemessen werden [...] Der sonach verbleibende Betriebsüberschuss von 26 500,- Kronen genügt zur geforderten Mindestverzinsung [...] [und] wäre also im Rahmen des Landesgesetzes realisierbar.
A.) eine wesentliche Beeinflussung desselben [Personenverkehres] ist nicht zu erwarten und bleibt also der früher berechnete Betrag aufrecht.
B.) Güterverkehr [...] verringern sich und treten an Stelle der früher transportierten Landesmittel [...] verbleibt der Localbahn nur ein Quantum von voraussichtlich 52 000Tonnen [...].
C.) Man rechnete insgesamt (Personen, Güterverkehrs und diverse Einnahmen) mit 106 500 Kronen Einnahmen pro Jahr.
D.) Die Betriebsausgaben erfahren naturgemäß eine bedeutende Erhöhung, namentlich wegen der ungleichmäßigen Verkehrsabwicklung [...].

Der Hohe Landtag wolle beschließen:
Sobald der Nachweis erbracht wird, dass 30 Prozent des vom k.k. Eisenbahnministerium [...] festgesetzten Nominales übernimmt das Land Niederösterreich die Reinertragsgarantie [...].
Die Ausführung der Bahn, beziehungsweise die Vergebung des Baues und der Lieferungen hat unbeschadet der gesetzlichen Ingerenz der Staatsverwaltung für Rechnung des Unternehmens durch den Landesausschuss zu erfolgen [...].

Verordnungsblatt für Eisenbahn und Schiffart Konzessionsbedingnisse;

Oberbau
Oberbausystem XX der k.k. Staatsbahnen mit Flußstahlschienen von 23 kg Nominalgewicht für das laufende Meter und 13 Schwellen auf eine Schienenlänge von 9 Metern oder mit Flußstahlschienen von 21.8 kg Metergewicht mit 14 Schwellen auf einer Schienenlänge von 10 Metern auszuführen.
Die Schwellen müssen mindestens 2,4 Meter Länge, 15 cm obere, 20 cm untere Breite und 14 cm Höhe besitzen.
In Abweichung von dem letztbezeichneten Oberbaunormale wird gestattet, dass anstatt des daselbst vorgeschriebenen Plattenbelages aller Schwellen in geraden Strecken sowie in Bögen mit größeren als 248 Metern Halbmesser die Anzahl der Unterlagsplatten und Nägel per Schienenlänge eine Verminderung erfahren kann [...].
Der Schotterkörper [...] [ist] mindestens 3 Meter breit und [...] 25 cm stark [...], die Bahn ist mit einer Telephonleitung zu versehen.
Die in den Hauptgleisen liegenden Weichen sind zu versperren [...].
An Fahrberiebsmitteln sind mindestens anzuschaffen:
3 Tenderlokomotiven mit je 2 gekuppelten Achsen,
6 Personenwagen
2 Dienst und Postwagen
10 Güterwagen verschiedener Gattungen
Der Achsdruck der voll ausgerüsteten Lokomotiven darf 10 Tonnen nicht überschreiten [...].

Stationen und Haltestellen der Lokalbahn Siebenbrunn-Leopoldsdorf–Engelhartstetten

Siebenbrunn-Leopoldsdorf Station	**Betriebsleitung, Wasserstation, Lokschuppen mit Pulsometriereinrichtung**
Leopoldsdorf Ort	**Halte und Ladestelle**
Breitstetten	**Abzweigstation (in Richtung Orth)**
Straudorf Station	
Haringsee Station	
Kopfstetten-Eckartsau Station (ab 1908 geplant)	
Loimersdorf Station	
Engelhartstetten Station	**Wasserstation, Lokschuppen mit Pulsometriereinrichtung**
Breitstetten Abzweigstation	
Orth a/d Donau Station	**Wasserstation, Lokschuppen mit Pulsometriereinrichtung**

Im Jahr 1910 waren an Fahrbetriebsmitteln vorhanden:

Lokomotive 1.07, 1.08 (280 PS)
1 Motorwagen III Klasse Serie 20 F.X. Komarek (80 PS) von der Landesbahn Gänserndorf–Gaunersdorf gekauft anstelle der dritten Lokomotive[1]
2 Schneepflüge
6 Personenwagen (2 BCi und 4 Ci)
20 Lastwagen
5 Bahnwagen
1 Draisine mit 10 Plätzen
1Draisine mit 1 Platz, beide von der Leobersdorfer M.F.A.G 1908 gebaut.

1 Zl. 42155 vom 17. September 1910

brunn–L. ermächtigt angegebene Maximalbelastung der Serie 1 von 200 t auf 300 t zu Erhöhen, wobei die Grundgeschwindigkeit auf 15 km/h zu vermindern ist […].«

22.1 Rechnungsabschluss für das Jahr 1910

Die Betriebseinnahmen betrugen im Jahr 1910 genau 242.141,02 Kronen und die Ausgaben 163.997,09 Kronen. Der Landeszuschuss hatte eine Höhe von 15.542,20 Kronen.

Interessant ist, dass der Motorwagen im Jahr 1910 insgesamt 3265 Fahrten unternahm. Damit wurde fast der gesamte Personenverkehr mit diesem Fahrzeug abgewickelt; insgesamt beförderte man 99.008 Personen (= 271 pro Tag). Im Schnitt fuhren die Reisenden 11,65 km, der Durchschnitterlös je Fahrgast betrug 0,51 K. Bereits nach Betriebsbeginn griff man schnell auf den kostengünstigen 80 PS starken Dampftriebwagen zurück, um das Defizit durch diese Maßnahme möglichst klein zu halten. Von einer häufig zu lesenden »Nichtbewährung« des Dampftriebwagens kann bei etwa zehn Fahrten pro Tag nicht die Rede sein. Auch sind die 35 Sitzplätze sicherlich nicht immer alle besetzt gewesen.

Der Triebwagen war für diese ebene Strecke ideal, denn seine Leistung war so schwach, dass er bereits nach einem mehrmaligen Pfeifen mit der Dampfpfeife »Dampfsammeln« musste. Seine Erststrecke Gänserndorf–Gaunersdorf hatte bis zu 21 Promille Steigung[10], für die seine Leistung nicht ausgereicht hatte. Aus diesem Grund wurde er in die Ebene versetzt, wo er sich bewährte.

Der Rechnungsabschluss für das Jahr 1915 zeigte die ersten Auswirkungen des Krieges. So betrug die Betriebseinnahme 185.040,28 Kronen und die Ausgabe 166.717,96 Kronen. Der Landeszuschuss hatte sich gegenüber dem Jahr 1910 mit 45.416,37 Kronen fast verdreifacht. Auch der Dampftriebwagen war

Personalstandesmeldung Siebenbrunn-Leopoldsdorf–Engelhartstetten von 1921

Bahnbetriebsamt Siebenbrunn	
	15 (inkl. der Stationsbediensteten)
Streckenleitungdienst des Bahnbetriebsamtes	
Siebenbrunn	**21**
Zugförderungsdienst	**13**
Strecke:	
Siebenbrunn-Leopoldsdorf	
Leopoldsdorf H	
Breitstetten	**2**
Straudorf	**1 (ohne Zugabfertigung)**
Haringsee	
Kopfstetten-Eckartsau	**1 (ohne Zugabfertigung)**
Loimersdorf	**1 (ohne Zugabfertigung)**
Engelhartstetten	**3**
Orth	**2**

wieder stark beansprucht gewesen. Der Rechnungsabschluss verzeichnet 1523 Motorpersonenzüge und außerdem 885 Güterzugkilometer. Insgesamt wurden 64.850 Personen befördert, die im Schnitt 12,1 km zurücklegten. Die Bahn war somit immer defizitär. Ab 15. Juli 1921 übernahmen die BBÖ rückwirkend zum 1. Januar 1921 den Betrieb.

Im Jahr 1935 wurde der Oberbau verstärkt und der Achsdruck auf 16 t angehoben. Grund waren die vermehrten Zuckerrübentransporte. Ab 10. Juli 1936 stand der VT 60.04 auf der Lokalbahn im Einsatz. Zum 1. Januar 1937 stellten die BBÖ den Gesamtverkehr Breitstetten–Orth ein. Am 21. Juni 1938 nahm die Deutsche Reichbahn wieder den Güterverkehr auf.

Lange Jahre war auf dieser Strecke das Triebwagen-Einzelstück 5029.01 im Einsatz. Analog dem Dampftriebwagen Nr. 20 bewältigte er, fallweise mit einem BD im Schlepp, den Gesamtverkehr. Der 5029 hatte einen offenen Führerstand, d.h. die Reisenden konnten in den 60er-Jahren dem geschickten Triebfahrzeugführer (und späteren Maschinenmeister) S. zusehen, wie er kunstvoll versuchte mit dem von ihm so bezeichneten »Lenkrad« (= Fahrschalter) durch kleine »Lenkbewegungen« auf den Schienen zu bleiben. Manchmal durfte auch eine zarte Frauenhand mitlenken. Dass der Fahrschalter schon etwas ausgeschlagen war, wusste nur die Eisenbahner.

Einzelne durch die Medien verstärkte Aktivitäten zur Belebung des Reiseverkehres auf dieser Nebenbahn scheiterten in den 80er- und 90er-Jahren immer daran, dass viele Leute bei Demonstrationen lautstark ihre »Absicht«, mit der Bahn zu fahren, bekundeten, aber dann niemand mitfuhr, wenn von mir zur Bestätigung Zählkarten verteilt wurden, so geschehen 1995.

Auch wenn viele Bürgermeister in politischer Bedrängnis es nicht einsehen wollen, ohne Reisende geht es nicht. Daher sorgte auch das Ende des Personenverkehres auf dieser Bahnlinie im Jahr 2003 für Aufhebens.

1 Vgl. E.M.Z. 6368/903
Ein Projekt blieb die Verlängerung der Dampftramway von Groß-Enzersdorf nach Orth. Wegen der bereits in Stammersdorf bestehenden Probleme der zwei Oberbausysteme wurde in Groß Enzersdorf ein »Übergabebahnhof« mit zwei getrennten Gleisanlagen geplant. Auch hier machte der Erste Weltkrieg dem Bahnbau ein Ende.

2 Vgl. Reichsgesetzblatt LXII Stück 15. Juli 1908; Pkt. 132:
Konzessionsurkunde vom 27. Juni 1908 für die Lokalbahn von Siebenbrunn-Leopoldsdorf nach Engelhartstetten mit einer Abzweigung nach Orth.
Die Pläne der Stationen Breitstetten und Orth wurden unter E.M.Z 14127/3 vom 25. April 1908 genehmigt, und die der Stationen Haringsee, Kopfstetten-Eckartsau, Engelhartstetten und Loimersdorf mit E.M.Z 30710/3 vom 15. Juni 1908. Der Plan der Ausgangsstation Siebenbrunn-Leopoldsdorf wurde mit E.M.Z.3221 1909 genehmigt.

3 Erlaß der k.k.General-Inspektion der öst. Eisenbahnen Zl.: 19378 vom 25. November 1908

4 Mitteilung der n.ö. Landes=Eisenbahn=Baudirektion Zl.: 1066/6 301g/8

5 Vgl. Zl.:9345 vom 18. Juni 1909

6 Vgl. E.M.Z.31449/909; Protokoll aufgenommen in Leopoldsdorf am 27. Juni 1909

7 ebd.

8 ebd.

9 Zl.: 3984.XVIII ex 1909

10 Der Höchstlast am »Raggendorfer Berg« betrug für die Reihe 52 genau 450 t und 380 t für die Reihe 93.

22. Siebenbrunn–Engelhartstetten /–Orth a.d. Donau (13g)

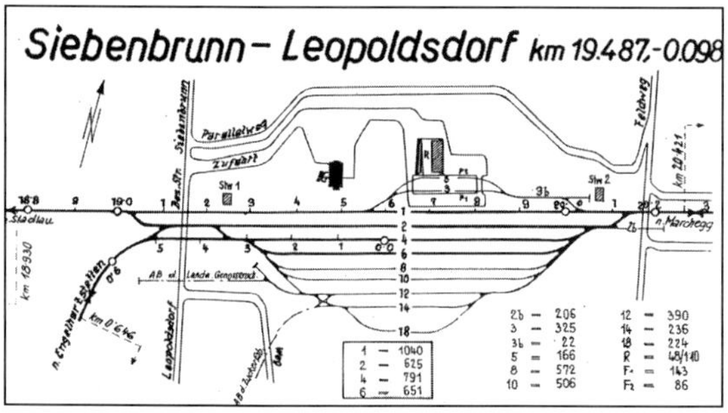

Gleisplanskizzen

Die Ausfahrtgleise des Bahnhofes Breitstetten: Links geht's nach Orth/Donau, rechts nach Engelhartstetten.

Foto: Slg. Hufnagl

Die Reste des Bahnhofes Orth/Donau im Jahr 2002: Neben den zugewachsenen Gleisen steht noch der genormte Kohlenschuppen.

Foto: Slg. Hufnagl

Abbildungen: Slg. Hufnagl

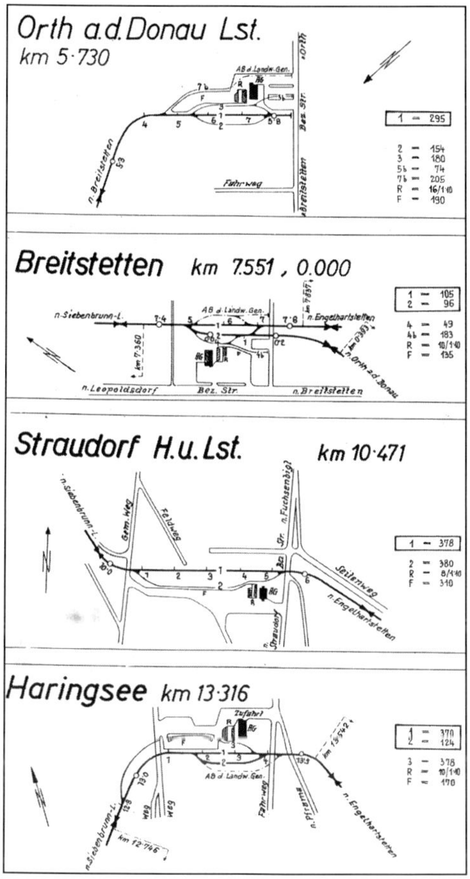

Gleisplanskizzen

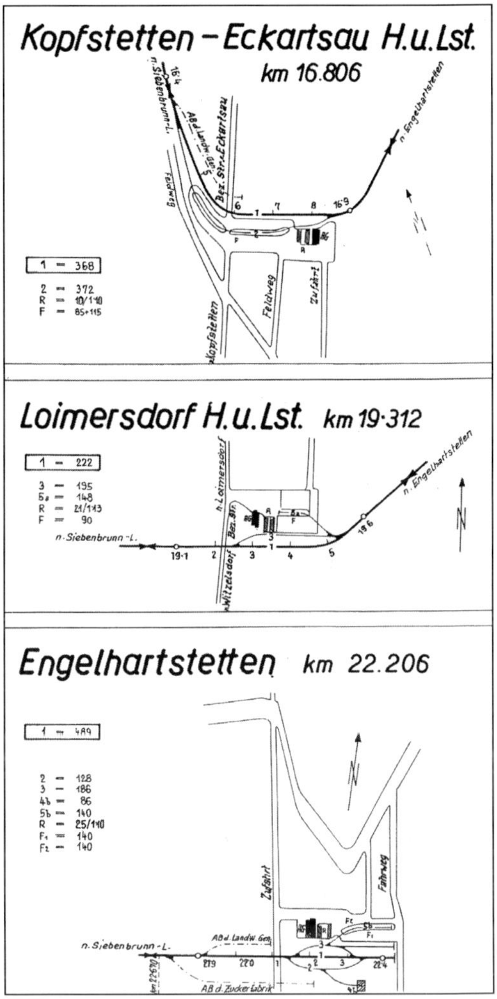

Gleisplanskizzen

23. Retz–Drosendorf

Mehrere Projekte bilden die Vorgeschichte zum Bau der Lokalbahn von Retz nach Drosendorf. Im Jahr 1897 wurde eine Vorkonzession für eine schmalspurige Lokalbahn von Frain über Drosendorf nach Raabs erteilt. Das Jahr 1900 brachte Planungen für eine elektrische Kleinbahn Dobersderg–Karlstein–Drosendorf. Ein Jahr später folgte endlich die Vorkonzession für die Lokalbahn Retz–Drosendorf.[1]

Am 7. und 8. Oktober 1901 fand die Trassenrevision für eine normalspurige Lokalbahn von Retz nach Drosendorf statt, wobei die vier Kilometer kürzere Trasse im Abschnitt Langau–Drosendorf nicht genehmigt wurde.

Über den Streckenverlauf gab es auch weiterhin Diskussionen. So gab es wegen unterschiedlicher lokaler Interessen Meinungsverschiedenheiten wegen der Führung über Kottaun und Geras. Außerdem setzte eine heftige Agitation für den Anschluss der Lokalbahn in Zellerndorf ein. Doch gegen den Anschluss in Zellerndorf sprachen die hohen Kosten und technische Probleme.[2]

Im April 1902 erstattete der niederösterreichische Landesausschuss dem Landtag Bericht und brachte gleichzeitig einen »Antrag betreffend einer Erbauung einer normalspurigen Lokalbahn von Retz nach Drosendorf«.[3]

Doch erst vier Jahre später, im Juli 1906 verzeichnen die Akten die »Verhandlung über die Festsetzung der Konzessionsbedingungen«.[4] Doch es gingen wiederum zwei Jahre ins Land, bis endlich am 27. Juni 1908 für 90 Jahre eine Konzession erteilt wurde.[5] Die Bewilligung zum Bau erging am 23. Oktober 1908. Für den 7. Juli 1910 verzeichnen die Akten die »Genehmigung der mechanischen Einrichtung/Reservoire der Wasserstationen (Pulsometriereinrichtungen)«. Am 6. August 1910 erfolgte die Brückenprüfung und am 16. August 1910 fand die polizeiliche Prüfungsfahrt statt.

Der eigentliche Betrieb begann am 21. August 1910.[6] Erster Zug war der gemischte Zug 751 von Retz (ab 9.23 Uhr) nach Drosendorf (an 11.34 Uhr) mit der Lok 202.02, geführt von Lokführer Johann Ratzky und Heizer Gerhard Klabecek. Der Zug bestand aus sieben Personenwagen. Auch über die Anzahl der Fahrgäste geben die Akten Auskunft: *»5 Reisende II Klasse, 54 Gesamtreisende und 31 Reisende in Drosendorf in der III Klasse.«*

Der Geschäftsbericht für den Abrechnungszeitraum 20. August 1910 bis 31. Dezember 1911 verzeichnet Einnahmen in Höhe von 202.108,90 Kronen und Ausgaben in Höhe von 167.674,70 Kronen. Somit verzeichnete der Rechnungsabschluss einen Betriebsnettoertrag 34.434,20 Kronen. Auch in den Jahren 1912 bis 1915 war der Rechnungsabschluss positiv (siehe Tabelle).

Allerdings war der positive Rechnungsabschluss nur die halbe Wahrheit. In den Geschäftsberichten für die Jahre 1912 bis 1915, die jeweils in der zweiten, dritten und dann vierten ordentlichen Generalversammlung vorgelegt wurden, fanden sich folgende Zahlen:

Betriebskostenabgang 1912: 4.643,97 Kronen
Betriebsnettoertrag 1913: 932,84 Kronen
Betriebsnettoertrag 1914: 9.343,67 Kronen
Betriebsnettoertrag 1915: 52.188,52 Kronen

Doch dieses vordergründig positive Rechnungsergebnis wurde aber schon in der jeweils nächsten Zeile des betreffenden Rechnungsabschlusses wieder zerstört, denn dort stand jeweils zu lesen:

»Aus dem Titel der Landesgarantie erhielt die Lokalbahn ab 1912
1912: 119 045,04 Kronen
1913: 106 663,27 Kronen
1914: 99.727,67 Kronen
1915: 61.831,33 Kronen«

Der Zuschuss aus der Landesgarantie war

Lokalbahn Retz–Drosendorf

Km 81.397 der Nordbahn
0.0 Retz Lokalbahnhof, Heizhaus, Betriebsleitung
7 Hölzelmühle *21.10.1910, ab 8.11.1927Bedarfshaltestelle (B)

	Tarifkilometer	
Km 8.225	12	Hofern H
Km 9.999	14	Nieder Fladnitz
Km 14.353	19	Pleissing-Waschbach 1936-1943 HLSt ab 1978 Hu
Km17.881	24	Weitersfeld 1912 Weitersfeld in Niederösterreich Lokalbahn, ab 1938 Weitersfeld (Niederösterreich) Lokalbf, ab1938 Weitersfeld (Waldviertel),1946 Weitersfeld NÖ
Km 22.823	30	Oberhöflein, 1914(?) Ober Höflein, 1943(?) Halte und Ladest,, 1951 Hu.
Km 24.300	32	Hessendorf H
Km 26.488	34	Langau 1949-1964 Kohlebergwerk, umfangreiche Lade/Gleisanlagen
Km 31.349	40	Geras Kottaun
Km 32.861	42	Johannesthal H. 1932-1933 aufgelassen, 1994 aufgelassen
Km 35.153	45	Zissersdorf
Km k.A. 47	Maria Schnee Bedarf 1938-1944 aufgelassen	
Km 39.835	51	Drosendorf

Anmerkung: Die zweite Zahl nach der Kilometrierung ist der BBÖ / ÖBB »Tarifkilometer«. Mit diesem System der »Tarifkilometer« versuchte man die Rentabilität der Strecke etwas zu verbessern. Der Fahrpreis wird nach dem Kilometerzeiger errechnet. Die Kilometer der benutzten Strecken werden zusammengezählt und ergeben den Fahrpreis. Nachdem aber die Gesamtkilometer gewisse »Sprünge« machen, kann bereits ein Kilometer »mehr« den Fahrpreis in die nächste natürlich erwünschte teurere Stufe springen lassen.

Rechnungsabschlüsse (RA) der Lokalbahn Retz–Drosendorf

	RA 1912	RA 1913	RA 1914	RA 1915
Einnahmen (Kronen)	154.021,30 K	163.358,82 K	163.358,82 K	200.222,85 K
Ausgaben (Kronen)	144.212,34 K	147.382,77 K	153.689,79 K	148.034,33 K
Landeszuschuss	119.045,40 K	106.663,27 K	99.727,67 K	61.831,33 K

notwendig geworden, da zu den Betriebskosten natürlich noch die Kosten/Zinsen der Bauvorschüsse und Entschädigungen der versuchten und auch getätigten »Billigbauweise« (unerlaubte Schottergewinnung, unerlaubte Grundbenützung etc.) und Bauvorschüsse (Kredite, Anleihen etc.) kamen. Entscheidend für einen wirtschaftlichen Betrieb sind aber die Gesamtkosten und nicht nur die Betriebskosten.

Per Schluss- und Gegenschlussbrief wurden am 27. Februar 1914 die Bedingungen vereinbart, *»unter denen der Landesausschuss des Erzherzogtumes Österreich unter der Enns vorbehaltlich der Genehmigung des k.k. Eisenbahnministeriums bereit ist, den Betrieb auf der gesellschaftlichen Linie zu führen.«*

Da zu diesem Zeitpunkt der erste Rechnungsabschluss vorlag (siehe oben), versuchte das Land Niederösterreich, durch massiven Eingriff in die Geschäfte der Aktiengesellschaft den Schaden zu verringern (siehe Kasten). Die Aktiengesellschaft akzeptierte zwangsläufig die Bedingungen des Landes und übertrug die Betriebsführung.

Erst mit der Übernahme der Lokalbahn durch die BBÖ zum 1. Januar 1921 wurde dieser Vertrag außer Kraft gesetzt.

Fahrpark der Lokalbahn Retz–Drosendorf im Jahr 1911

Lokomotiven
102.06 (1C 1908 Krauss & Cie),
202.01 (1C 1910 Krauss & Cie),
202.02(1C 1910 Krauss & Cie) sowie
drei Schneepflugscharen, an der Lokomotive anschraubbar.

2 Personenwagen (2 Achsen) II und III Klasse
BCi mit jeweils 12/29 Plätzen und Bremse
Simmeringer Waggonfabrik

3 Personenwagen (2 Achsen) III Klasse Ci mit jeweils 48 Plätzen und Bremse
Simmeringer Waggonfabrik

1 Personenwagen Ci (2 Achsen) III Klasse Ci und 44 Plätzen und Bremse
Simmeringer Waggonfabrik

Gesamtplätze: 270

Lastwagen
2 Post und Gepäckwagen (2 Achsen) DF mit Bremse
Simmeringer Waggonfabrik

2 gedeckte Lastwagen (2 Achsen) G mit Bremse
13.125 Tonnen Tragfähigkeit
4 offene Lastwagen (2 Achsen) Jko mit Bremse
15.75 Tonnen Tragfähigkeit
3 offene Lastwagen (2 Achsen) K mit Bremse
15.75 Tonnen Tragfähigkeit
alle Lastwagen wurden von der Simmeringer Waggonfabrik geliefert.

Betriebsleistungen (1911):
13.909 Tonnen Güter aller Art.
133 to Gepäck
378 Hunde

Von den 13.909 to beförderter Gesamtkapazität wurden nur 15,94 Prozent berechenbare Nettolast befördert. Der Rest oder der Grossteil der Tonnen waren »Leertonnen«. Dieses Missverhältnis, für eine kleine Bahn signifikant, entstand dadurch, dass für die Ortsfracht, auch wenn sie nur eine Tonne schwer war, natürlich ein eigener Güterwagen gestellt werden musste.

Personenleistungen in der
II. Klasse 2728 mit 27.82 km Reise im Durchschnitt
III. Klasse 108 008 mit 19.52 km
Militär 341 mit 25.12 km

Im genannten Zeitraum wurden 2902 Züge befördert und insgesamt 110.544 km zurückgelegt. Die Triebfahrzeuge waren 4436 Stunden im Rangierdienst und 2572 Stunden im Reservedienst eingesetzt.
(Rangierdienst ist »Plandienst« gegenüber dem für die sichere Betriebsabwicklung (Dampfbetrieb) auch notwendigen »Reservedienst«; Anmk. des Autors)

Mit dem 24. September 1924 ging die Lokalbahn in den Besitz des Bundesbahn über. Paragraph 2 legte fest, dass die Bundesbahnverwaltung »sofort nach Inkrafttreten dieses Vertrages in die tatsächliche Innehabung der Bahnlinie in dem Zustande, wie sie liegt und steht, einschließlich des etwa nicht im Eisenbahnbuche eingetragenen Grundbesitzes treten [wird].«

Der Vertrag trat auf Grund des Beschlusses der außerordentlichen Generalversammlung vom 11. Juni 1924 gemäß Erlass vom 3. Oktober 1924[7] in Kraft und reichte bis zum 1. Januar 1921 zurück.

Diese sonst nicht üblichen Vertragsklauseln bzgl. der Eintragungen des Grundbesitzes im Bahnbuch zeigen die vermutlich getätigten Praktiken der Aktiengesellschaft auf. Sonst wären nicht diese unmissverständlichen Bestimmungen in den Vertrag hineingekommen und von der AG unterschrieben worden.

Mit 31. Oktober 1927 wurde der vorläufige Vertrag in einen definitiven Vertrag umgewandelt und genehmigt.[8] Liquidierung der AG war schließlich am 20. Februar 1936 abgeschlossen.

Am 10. Juni 2001 wurde der Personenverkehr auf der Gesamtstrecke Retz–Drosendorf eingestellt. Güterverkehr bestand weiterhin zwischen Retz und Weitersfeld.

Zl.:13.888 ex 1914

»[...]
§ 3 Beistellung des Personales
Das für die Besorgung der Agenden erforderliche Personal wird vom Landesausschuss beigestellt und ist diesem untergeordnet [...].
[...]
§18 Abs. 4.2
Die Gesellschaft ist, insolange die angegebenen Voraussetzungen zutreffen (gemeint ist die Landesgarantie = Zuschuss; Anmk. d. Autors), nur zur Stellung von Anträgen über die Einrichtung des Zugverkehres und über die Einführung, Abänderung oder Aufhebung von Tarifen berechtigt.
§18 Abs. 4.3
Für den Fall und zu dem Zeitpunkte, als die Landesgarantie nicht mehr in Anspruch genommen wird, [...] wird sowohl die Festsetzung der Fahrordnung als auch der Tarife im Einvernehmen mit der Gesellschaft erfolgen.

Personalstand der Lokalbahn Retz–Drosendorf im Jahr 1921

Betriebsleitung Retz	**12**
Streckenleitungsdienst der Retzer Betriebsleitung	**36**
Zugförderungsdienst	**8**
Stationen:	
Nieder-Fladnitz	**1 ohne Zugabfertigung**
Pleissing-Waschbach	**1 ohne Zugabfertigung**
Weitersfeld in N.-Ö	**2**
Ober-Höflein	**1 ohne Zugabfertigung**
Langau	**2**
Geras Kottaun	**1 ohne Zugabfertigung**
Zissersdorf	**1 ohne Zugabfertigung**
Drosendorf	**3**

Ein weiteres Kapitel in der Geschichte der Bahn wurde am 18. Oktober 2002 geschrieben. Mit Genehmigung des Ministeriums wurde eine »Erkundungsfahrt« als Lp 96741/96742 Satov–Retz–Drosendorf–Retz–Satov mit einem CD-Triebwagen der Reihe 810 durchgeführt. Sinn dieser Fahrt war es, den defizitären Autobusersatzverkehr durch den kostengünstigeren Triebwagen zu ersetzen und Letzteren dafür zu testen. Vor rund zwölf Jahren hatten aus dem selben Grund »Probefahrten« mit einem CSD-Triebwagen der Reihe 810 im Gmünder Raum stattgefunden. Damals wurde u.a. von den Sachverständigen der »freie«, für die Reisenden zugängliche Arbeitsplatz im Einstiegsraum bemängelt. Diesmal wurde von anderen Sachverständigen der vom Einstiegsraum vermutlich in der Folge der früheren Beanstandung mit einer Wand vom Einstiegsraum getrennte und daher enge Arbeitsplatz des Triebfahrzeugführers bemängelt.

[1] Vgl. R.G.Bl. Nr. 166 vom 9. Okt.1901
[2] Vgl. 27. Jänner 1902 Zl.: 50458/3 ex 1901; im April 1902 erschien außerdem eine »Denkschrift zu der von Viktor Freiherrn von Offermann in Schrattental und Consorten, zur Trassen-Revision am 29. April 1902 eingereichten Alternativ-Projekte Zellerndorf–Weitersfeld der Lokalbahn Drosendorf–Retz«.
[3] Vgl. Sten. Protokoll des niederösterreichischen Landtages VIII. Wahlperiode Nr. XXV/L.A.1902.
[4] Vgl. Zl.: 42.933/06 vom 26. Juli 1906.
[5] Vgl. R.G.Bl. Nr.175 vom 27.6.1908. Bereits am 11.5.1908 waren die Bedingungen für die Konzession festgelegt worden.
[6] Planbetrieb. gem. Departement 1a, Zl. LB R 27/20
[7] Zl.:31.083-41/1924
[8] Zl.: 51.812-17/1927

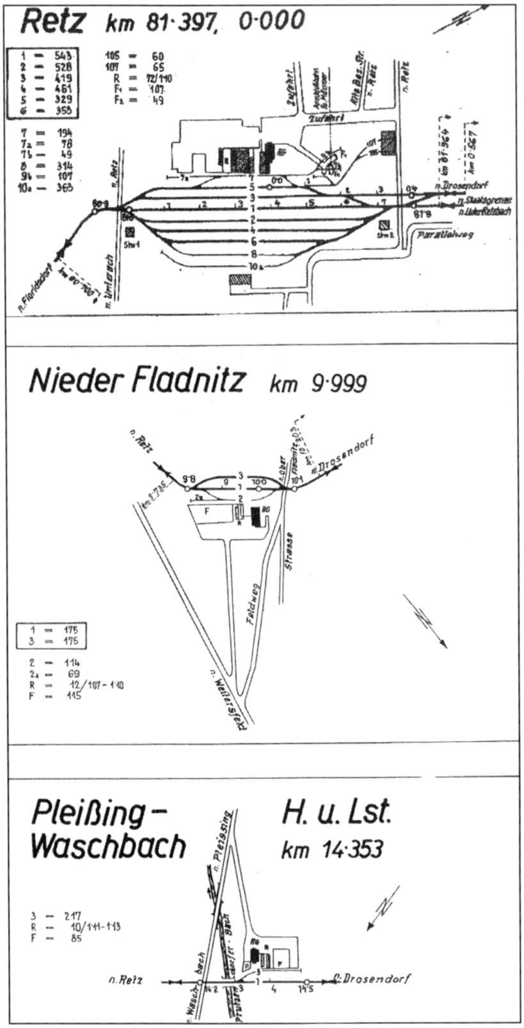

Gleisplanskizzen

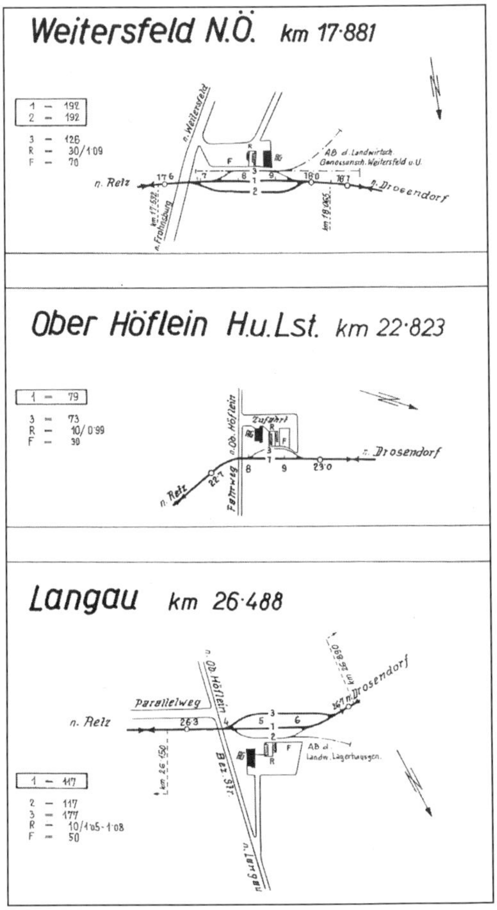

Gleisplanskizzen

Abbildungen: Slg. Hufnagl

Im Jahr 1970 wartet 52 7065 im Heizhaus Retz auf ihren nächsten Einsatz. Abbildung: Slg. Hufnagl

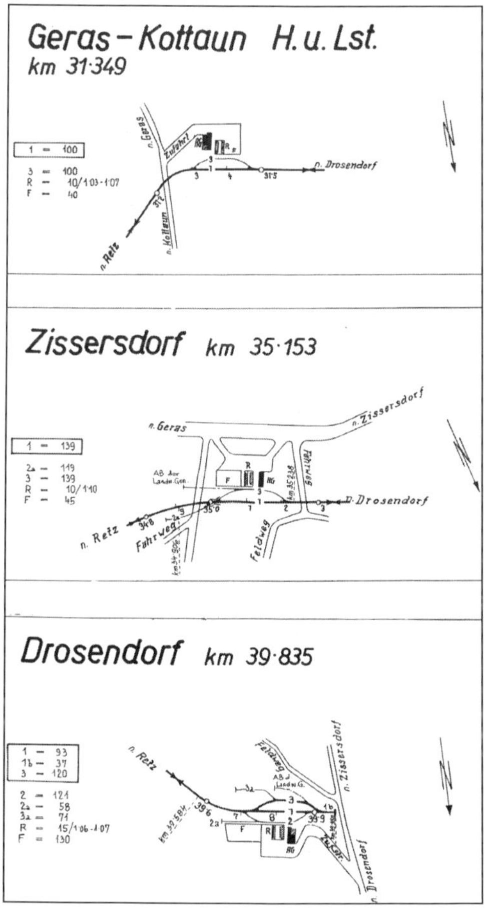

Gleisplanskizzen

Das ehemalige Gebäude der Betriebsleitung in Retz trug auch im Jahr 2002 noch den Schriftzug der NÖ Landesbahnen.

Foto: Hufnagl

Auf der Erkundungsfahrt mit einem Triebwagen der Tschechischen Staatsbahn Reihe 810 kam man auch an der Kirche von Weitersfeld vorbei.

Foto: Hufnagl

24. Gmünd–Litschau / –Heidenreichstein Gmünd–Groß Gerungs

Das Waldviertel, auch »Viertel Ober dem Mannhartsberg« genannt, war eines der rückständigsten Gebiete Niederösterreichs. Bis in 1848/49 herrschte hier die Leibeigenschaft, die den Bauern mit dem von ihren bearbeiteten Boden zum Eigentum des Grundherrn machte, dem auch die Blutgerichtsbarkeit oblag. Zum Zeichen der Leibeigenschaft wurde den jungen Männern das Kopfhaar abgeschnitten. Oder auch landläufig genannt »abgeschert«. Nach der Aufhebung und Verlust der Arbeit wanderten die »Gescherten« nach Wien und dies führte zur Bezeichnung »Gscherter« für Nichtwiener durch die Wiener. Die Leibeigenen durften sich vom Wohnsitz/Ort nur eine 1/4 Stunde weit entfernen. Daher sind alle Anbauflächen im Waldviertel i.e. kreisförmig um den Ort und vom Wald begrenzt denn der Wald war herrschaftliches Jagdgebiet und durfte nicht vom Leibeigenen betreten werden.

Straßen und Wege waren fast nicht vorhanden, eine einzige Reichsstraße führte von Wien nach Brünn. Um dieses wirtschaftlich rückständige Gebiet mit seiner armen Bevölkerung besser zu erschließen, aber auch, um die Naturprodukte abzuführen, baute man unter den einfachen Bedingungen Lokalbahnen gebaut. Aufgrund der schwierigen Topographie in diesem Gebiet war dies ein nicht immer leichtes Unterfangen. Daher musste auch hier, wo kein Gewinn aus dem Bahnbetrieb zu erwarten war, der Staat oder das Land Niederösterreich finanziell einspringen, um den Bahnbau zu ermöglichen.

24.1 Gmünd–Litschau / –Heidenreichstein

Im Jahr 1898 erstattete der Eisenbahnausschuss dem Landtag zum Bau einer Lokalbahn von Gmünd nach Litschau und Heidenreichstein Bericht. Darin hieß es: *»Aus der beiliegenden, durch das Landes-Eisenbahnamt aufgrund gepflogener Erhebungen aufgestellten Rentabilitätsberechnung ist zu entnehmen, daß auf eine Betriebseinnahme von 84 000 Heller mit Sicherheit gerechnet werden kann.*

[...]

Die Bahn durchzieht einen relativ dicht bevölkerten Theil des Viertels ober dem Manhartsberges und berührt die Stadt Weitra, sowie die Märkte Langschlag und Groß-Gerungs, welche Orte von Bedeutung für den Verkehr sind. Insgesamt 24 676 Personen entlang der Bahn,602 Personen pro Kilometer.«[1]

Noch im selben Jahr beschloss der Landtag den Bau einer schmalspurigen Bahn von Gmünd nach Litschau mit einer Abzweigung nach Heidenreichstein.[2] Baubeginn war am 13. Mai 1899. Die Statuten der niederösterreichischen Waldviertelbahn genehmigte die Aufsichtsbehörde am 25. Mai 1899. Rund ein Jahr später, am 3. Mai 1900, beschloss der Landtag, für alle Strecken eine gemeinschaftliche Betriebs- und Garantierechnung zu führen. Man wollte damit die auf einmal zu erwartenden »Negativkosten« der neu zu bauenden Strecke in die leidlich defizitären Strecken Gmünd–Litschau und Heidenreichstein hineinrechnen.

Am 2. Juli 1900 erfolgte die technisch-poli-

Stationen der Lokalbahn Gmünd–Groß Gerungs

Gmünd L.B Station Heizhaus, Personalwohnhaus, Wasserstation
Gmünd k.k.St.B
Gmünd Böhmzeil Haltestelle
Breitensee Haltestelle
Neu Nagelberg Station Bahnmeister
Alt Nagelberg Station Wasserstation
Langegg Haltestelle
Aalfang Station Bahnmeister
Heidenreichstein Station Heizhaus Wasserstation

(Alt Nagelberg)
Brand Halte und Ladestelle Bahnmeister
Gopprechts Haltestelle
Schönau H
Litschau Station Heizhaus Wasserstation

Gmünd L.B
Dietmanns Haltestelle
Eichberg Haltestelle
Alt-Weitra Station
Weitra Station
Langfeld Haltestelle
St.Martin bei Weitra Station
Steinbach=Gr.-Pertholz Station
Abschlag Haltestelle
Bruderndorf Haltestelle
Langschlag Station
Harruk Haltestelle
Gr.Gerungs Station Heizhaus Wasserstation

Die Frauen der drei Bahnmeister mussten Stationsdienst versehen.
Die Wasserstationen hatten Dampfstrahlpumpen. Jedoch auch hier »pulsometrieren«.

zeiliche Prüfung der neuen Bahnlinie. Einen Tag später eröffnete man die Strecke Gmünd–Litschau und Alt Nagelberg–Heidenreichstein. Zugkreuzungen konnten zunächst nur in den Stationen Gmünd Lokalbahn, alt Nagelberg, Litschau und Heidenreichstein stattfinden, mit anderen Worten fast ausschließlich an den Endpunkten. Dispositionsstation war Gmünd Lokalbahn.

Allerdings war auch nach der Eröffnung

Fahrzeugbestand 1906

Vorhandene Lokomotiven
Nr. 1, 2, 3, 4, 20, 21; alle mit der Achsfolge 1C
Personenwagen BCi/s4 und Ci 6
Anzahl der Motorwagen 2achsig: 3
(Hersteller: Komarek)
Anzahl der Motorwagen 5achsig: 1
(Hersteller: Komarek)
insgesamt 67 Lastwagen
Im Jahr 1906 wurden insgesamt 7799 Gemischte Züge und 226 Güterzüge geführt.
Es wurden keine reinen Personenzüge geführt.
Davon 2033 Motorpersonenzüge.

noch lange nicht die Finanzierung gesichert. Erst rund ein Jahr nach der Eröffnung verzeichnete das Protokoll des niederösterreichischen Landtages:

»Im Jahre 1901 ist nach langwierigen Verhandlungen die finanzielle Sicherstellung dieser Linie erfolgt, leider war dies nur durch eine abermalige Herabsetzung des ohnehin schon sehr knapp bemessenen Kostenvoranschlages, respective durch Erhöhung der Interessentenbeiträge auf den Betrag von 470 000.- K [möglich] respective [...] der angesuchten Subvention aus Staatsmitteln in der Höhe von 530 000.- K mit Gesetz vom 1. Juli 1901, R.G.Bl. XLII 11. Juli 1901.«[3]

Aufgrund der Verhandlungen über die Konzession wurde schließlich am 9. Oktober 1901 die Aktiengesellschaft »Niederösterreichische Waldviertelbahn« gegründet.

24.2 Gmünd–Groß Gerungs

Für die Lokalbahn von Gmünd nach Groß Gerungs erging die Provisorische Baugenehmigung am 21. April 1901, nachdem der Erwerb der notwendigen Grundstücke abgeschlossen war.[4] Keine zwei Wochen später, am 1. Mai 1901, begann man mit dem Bau, zunächst jedoch nur zwischen km 24 und 32. Vom 13. bis 19. Mai 1901 fand die Politische Begehung der Strecke Steinbach–Groß-Gerungs statt. Aus Kostengründen arbeitete das Landeseisenbahnamt das Detailprojekt selbst aus. In den Akten ist zu lesen: *»Laut Beschluß der Generalversammlung vom 22. Mai 1901 wird der Bau der Strecke Gmünd–Groß Ge-*

Personalbestand der Waldviertler Lokalbahnen im Jahr 1921

Gmünd	
Betriebsleitung Gmünd	7
Streckenleitungsdienst der Gmünder Betriebsleitung	77
Heizhaus und Werkstättendienst	45
Materialdienst	2
Stationen:	
Gmünd	59
Gmünd-Böhmzeil	2
Neu-Nagelberg	1
Alt Nagelberg	2
Brand	1
Litschau	3
Aalfang	1
Heidenreichstein	3
Alt-Weitra	1
Weitra	3
St.Martin bei Weitra	1
Steinbach Groß-Pertholz	2
Langschlag	2
Gr. Gerungs	2

Antrag des Eisenbahnausschusses über den Antrag des Abgeordneten Jedek und Genossen bezüglich der Fortsetzung der schmalspurigen Lokalbahn Gmünd-Groß Gerungs über Schönbach, Martinsberg, Kottes im Anschlusse an einen geeigneten Punkt zu der erbauenden Donautalbahn Krems - Grein und die Eingabe der Gemeinden Mühldorf, Elsenreith, Zeining, Raxendorf, Trandorf, Elsarn, Gut am Steg und Mühldorfer Graphitwerke.

»Der hohe Landtag wolle beschließen:
1.) Der Fortsetzung der Lokalbahn Gmünd - Groß Gerungs über Kottes und von dort zu der zu erbauenden Donautalbahn wird im Prinzipe zugestimmt.
2.) Der Landesausschuß wird angewiesen, über die Linienführung von Kottes nach Süden, insbesondere über die diesfalls angeregten Varianten Spitz, Krems, Langenlois und Gföhl vergleichende Studien pflegen zu lassen und sowohl in technischer Hinsicht, als auch in betreff des ganzen Komplexes der einschlägigen wirtschaftlichen Fragen hierüber in der nächsten Session zu berichten.
3.) Für die Kosten dieser Studien wird ein Kredit bis zur Höhe von 12.000.00 K eingeräumt.«

(Vgl. XCV 1903 Eisenb. A Z.143 und 334 Präs.)

rungs mit Zustimmung des Landesausschusses in Regie und unter der unmittelbaren Aufsicht des niederösterreichischen Landes-Eisenbahnamtes geführt.«

Ende Mai 1902 erfolgte der Durchschlag des Bruderndorfer Tunnels. Die übrigen Bauarbeiten begannen erst im selben Jahr, so dass die Planer mit der Eröffnung der Strecke nach Groß Gerungs erst im Herbst 1902 rechneten. Diese Schätzungen erwiesen sich als zu optimistisch, denn erst am 6. März 1903 konnte der planmäßige Betrieb auf der Strecke Steinbach–Groß Pertholz–Groß Gerungs aufgenommen werden.

Die Geschäftsbericht für das Jahr 1903 wies für alle drei Strecken zusammen eine Landesgarantie, d.h. einen Zuschuss des Landes, von 80.534,73 Kronen aus. Insgesamt wurden 80.045 Reisende befördert, die durchschnittlich 19 km weit reisten. Drei Jahre später, im Geschäftsbericht für das Jahr 1906, betrug die Landesgarantie bereits 125.605,66 Kronen[5], obwohl sich die Zahl der Fahrgäste auf 108.167 erhöht hatte, die durchschnittlich 23 km mit der Schmalspurbahn zurückgelegt hatten.

Zum 1. Januar 1921 gingen die Waldviertler Lokalbahnen auf die BBÖ über.

1 Vgl. XXII/L.A. 1898
2 Vgl. CXLIV / Eisenbahnabt. 1898 Z. 913 Präs.
3 Vgl. Sten. Protokoll des n.ö. Landtages XXXV - VIII.23
4 Vgl. E.B.M.Zl.13694/3
5 Aufgrund des billigsten Baues mußten bereits »Adaptierungsarbeiten« durchgeführt werden

Abbildungen: Slg. Hufnagl

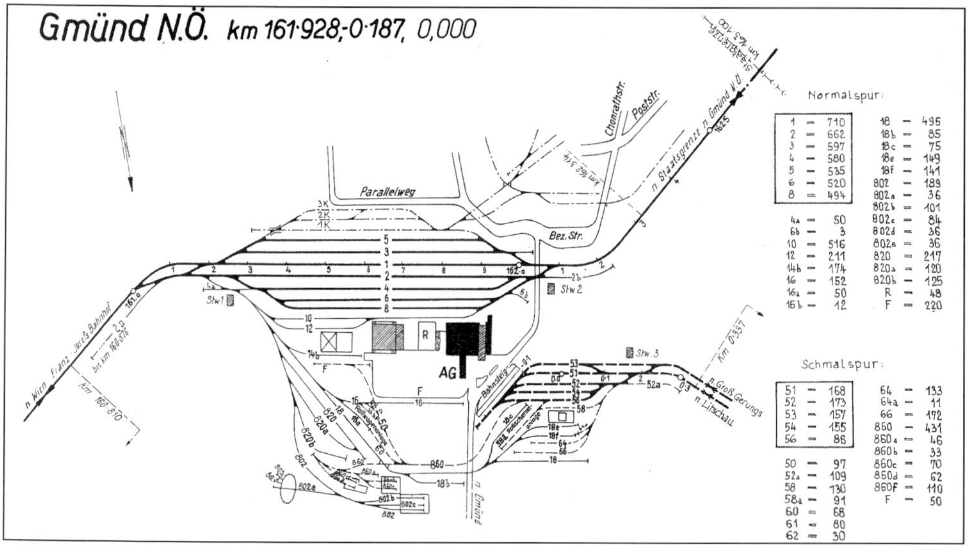

Gleisplanskizzen
Der alte K.K. Bahnhof liegt seit 1918 auf tschechischem Hoheitsgebiet!

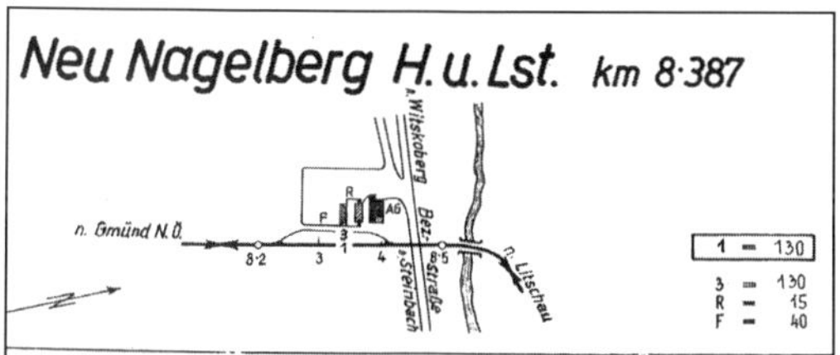

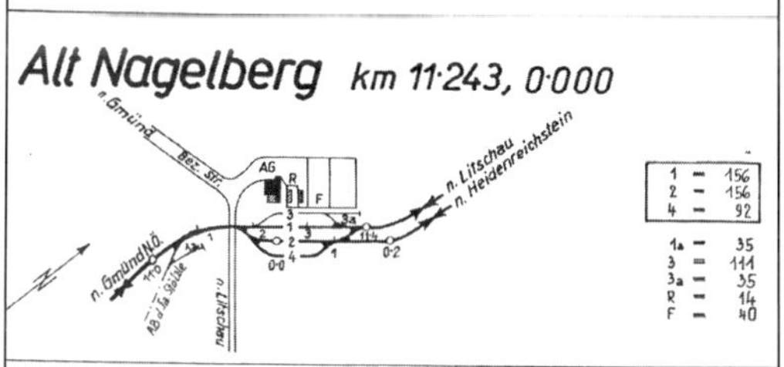

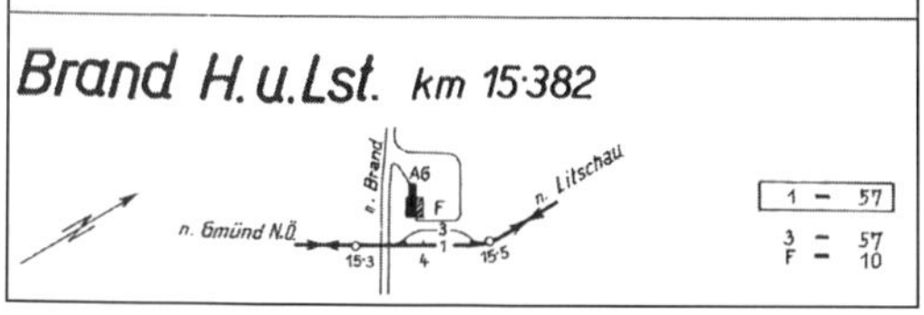

Gleisplanskizzen

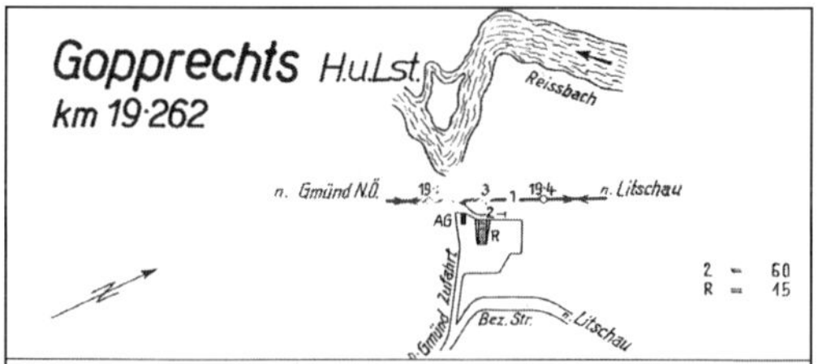

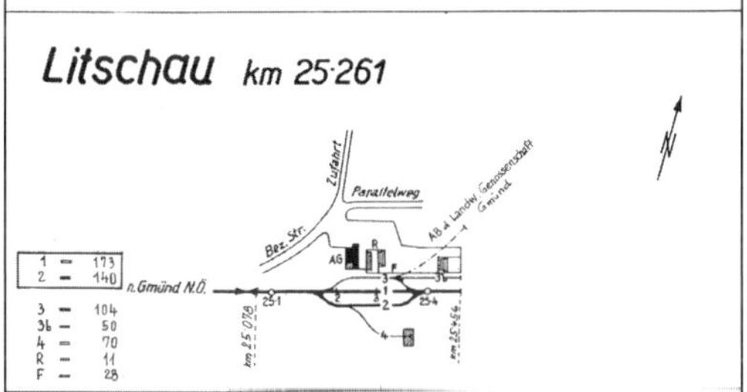

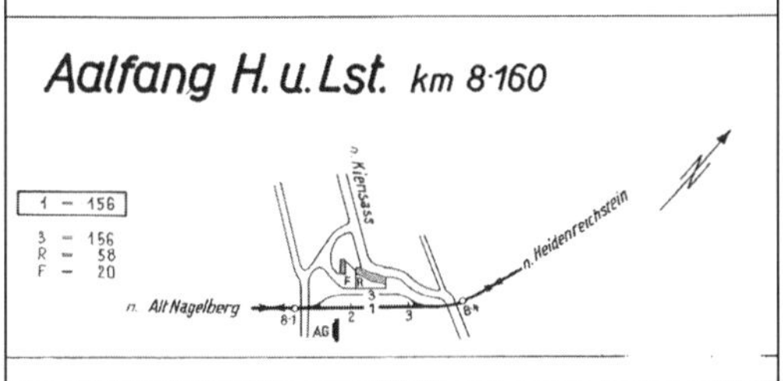

Gleisplanskizzen

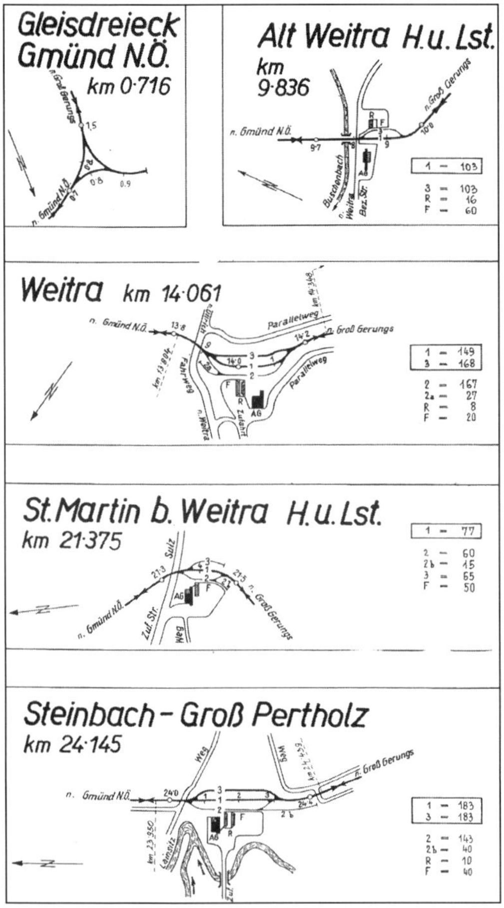

Gleisplanskizzen

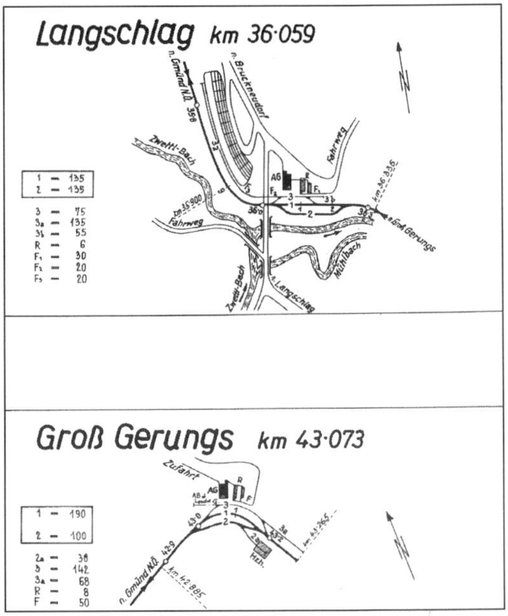

Gleisplanskizzen

Abbildungen: Slg. Hufnagl

2095.012 in der Zfltg Gmünd. Sie ist mit der »Bauchbinde« geschmückt.

Fotos: Hufnagl

In desolatem Zustand war im April 1999 Lok 298.207 in Gmünd abgestellt und wartet auf eine Aufarbeitung.

In den 80er-Jahren konnte man auf der Waldviertelbahn, Bf Heidenreichstein, noch echte Nebenbahnromantik erleben.

25. Willendorf–Neunkirchen

Die finanziellen Grundlagen für diese Bahn legte der niederösterreichische Landtag bereits in den Jahren 1896 und 1898 durch seine Beschlüsse vom 14. Januar 1896 und vom 28. Februar 1898, in denen er einer Garantie für 780 000,- Kronen Prioritätskapital zugestimmt hatte.

Doch die Verhandlungen über die Trassenführung, Anschlussgleise und Tarife zogen sich über mehrer Jahre hin.

So ist im Protokoll der 28. Sitzung des Landtages am 3. November 1903 zulesen: *»[...] die Gemeinde Neunkirchen ist ein wichtiges Industriezentrum Niederösterreichs. Zahlreiche, riesige Steuern und Umlagen zahlende industrielle Etablissements befinden sich daselbst und bedürfen, da die Wasserkräfte weitaus nicht ausreichen, große Mengen von Kohlen von Böhmen, zum Teil aus Ungarn [...].«*

Endlich, am 26. Juni 1907, wurde eine Konzession für die Lokalbahn von Willendorf nach Neunkirchen erteilt.

Über die bevorstehende Eröffnung der Lokalbahn berichtete die Wiener Neustädter Zeitung am 19. Juni 1909:

»Heute, am 19.d.M. wird die vom Lande gebaute Lokalbahn von Willendorf nach Neunkirchen eröffnet werden. Der Betrieb dieser Bahn erfolgt ebenfalls durch die Landeseisenbahnverwaltung. Die Bahn beginnt in der Station Willendorf der k.k. priv. Eisenbahn Wien=Aspang Schneebergbahn. Diese Station wurde anlässlich des Baues der Linie Willendorf - Neunkirchen als Gemeinsamstation ausgestaltet [...]. Nach der Übersetzung des St. Johannbaches erreicht die neue Bahn die Ortschaft Gerasdorf [...].

[...]

[...] zur Lokalbahnstation Neunkirchen. Diese wird behufs Übergabe der Frachten vermittelst einer cirka einen Kilometer langen Verbindungskurve mit der Südbahnstation Neunkirchen verbunden [...]. Ein direkter Übergang von Personen von der Lokalbahn auf die Südbahn findet nicht statt, [...].«

Anlässlich der Eröffnung hielt der Landes=Eisenbahnreferent Landesausschuss Regierungsrat Sturm eine Ansprache, in der auf den Lokalbahnbau allgemein zu sprechen kam: *»[...] als die Partei, deren einer der hervorragensten Führer auch Euer Durchlaucht [der Landmarschall; Anmk. des Autors] sind, die Verwaltung des Landes Niederösterreich im Jahr 1906 übernommen hatte [...], gab es noch keine Bahnen im Betriebe unseres Landes und doch sind wir heute bereits soweit, dass mit der eben jetzt durchfahrenen Strecke und mit den in nächster Zeit noch zu eröffnenden Linien bei 600 Kilometer Bahnen in der Verwaltung unseres Kronlandes stehen werden. Das aber ist ein Beweis dafür, dass die Landesverwaltung wie auf so vielen anderen Gebieten auch auf diesem Gebiete voll und ganz ihre Pflicht erfüllt hat. Die Strecke welche wir soeben durchfahren haben ist kurz, sie durchzieht aber einen schönen Flecken Erde unseres Kronlandes [...].«*

Landmarschall Prinz Liechtenstein erwiderte:

»Die Zivilisation und Kultur der Menschheit hängt im hohem Grade vom Verkehre ab, dem Verkehre der Ideen, Personen und dem Verkehre und Austausch der Waren. Die Landesverwaltung von Niederösterreich hat diesem Umstande stets Rechnung getragen und

Lokalbahn Willendorf–Neunkirchen

Willendorf	**Gemeinschaftsbahnhof mit Heizhaus**

Gerasdorf H.
St.Egyden Lb.H.
Mollram H (Dorf etwa 2 km entfernt)
Neunkirchen L.B Station Betriebsleitung (Gebäude besteht noch immer, ebenfalls das Heizhaus)

in einer kurzen Reihe von Jahren außerordentlich viele und nützliche Bahnen für das Land Niederösterreich gebaut […].«

Der Rechnungsabschluss für das Betriebsjahr 1909/1910 verbuchte Einnahmen in Höhe von 27.952,99 Kronen. Davon stammten 8321,77 Kronen aus dem Personenverkehr und 18.474,35 Kronen aus dem Güterverkehr. Außerdem fanden sich noch Einnahmen in Höhe von 629,28 Kronen unter dem Posten »Verschiedenes« verbucht. Die Ausgaben betrugen im selben Zeitraum 32.952,91 Kronen.

Allerdings betrug der Betriebsnettoabgang bereits im ersten Jahr 5002,01 Kronen. Dazu kamen noch zu deckende Betriebszinsen in Höhe von 21.795,68 K, so dass aus Landesmitteln ein Betrag in Höhe von 37.373,41 Kronen in Anspruch genommen werden musste. Die Rechnungsabschlüsse in den folgenden Jahren sahen auch nicht viel besser aus siehe Kasten.

Nach dem Ersten Weltkrieg lag die Industrie im Neunkirchener Becken wirtschaftlich danieder. Der bescheidene Verkehr richtete sich nach Wiener Neustadt aus und die Bahn hatte einen immer geringeren Stellenwert.

Am 30. April 1933 wurde der Personenverkehr auf der Strecke eingestellt. Im Jahr 1942 wurde die Strecke schließlich überraschend abgetragen und nur etwa 700 Meter Gleis blieben in Willendorf bis in die 70er-Jahre liegen.

Fahrbetriebsmittel der Lokalbahn Willendorf–Neunkirchen im Eröffnungsjahr 1909

Dampflokomotive 102.02, Achsfolge C, Baujahr 1909;
Dampflokomotive 1.09, Achsfolge B, Baujahr 1909 (»ständig dem Landesfahrpark entliehen«);
seit 1913 gehörte Dampflokomotive 1.05, Achsfolge B, Baujahr 1906, von der Lokalbahn Ernstbrunn–Hohenau–Poysdorf–Gänserndorf angekauft.

2 Schneepflüge
1 Personenwagen BCi II/III Klasse mit 12/18 Sitzen mit Bremse Simmering
3 Ci 38 Plätze Simmering
5 Ci 38 Plätze Simmering (»ständig dem n.ö. Landesfahrpark entliehen«)

Lastwagen
1 Gepäckwagen DF
3 Gedeckte Wagen G
2 offene Wagen K
3 offene Wagen Iko alle von Simmering

Rechnungsabschlüsse der Lokalbahn Neunkirchen–Willendorf für die Jahre 1913/14 und 1914/15

Rechnungsabschluss	1913/14	1914/15
Einnahmen	113.903,09	118.982,21
Ausgaben	98.934,71	106.078,63
Landeszuschuss	31.254,72	32.263,42

Personalbestand der NÖLB-Lokalbahn Neunkirchen–Willendorf im Jahr 1921

Bahnbetriebsamt 12
Streckenleitungsdienst des Bahnbetriebsamtes Neunkirchen 10
Zugförderungsdienst 8
Keine Streckenbediensteten
1922 wurden von den ÖBB für diese Strecke folgendes Personal geführt, das vermutlich von den NÖLB stammte:
Bahnhofvorstand in Neunkirchen (LB, ehemaliger Betriebsleiter)
2 Fahrdienstleiter
2 Stationsdiener
1 Zugführer
1 Schaffner
3 Verschieber,
3 Lokführer und
3 Heizer
1 Bahnmeister
6 Arbeiter

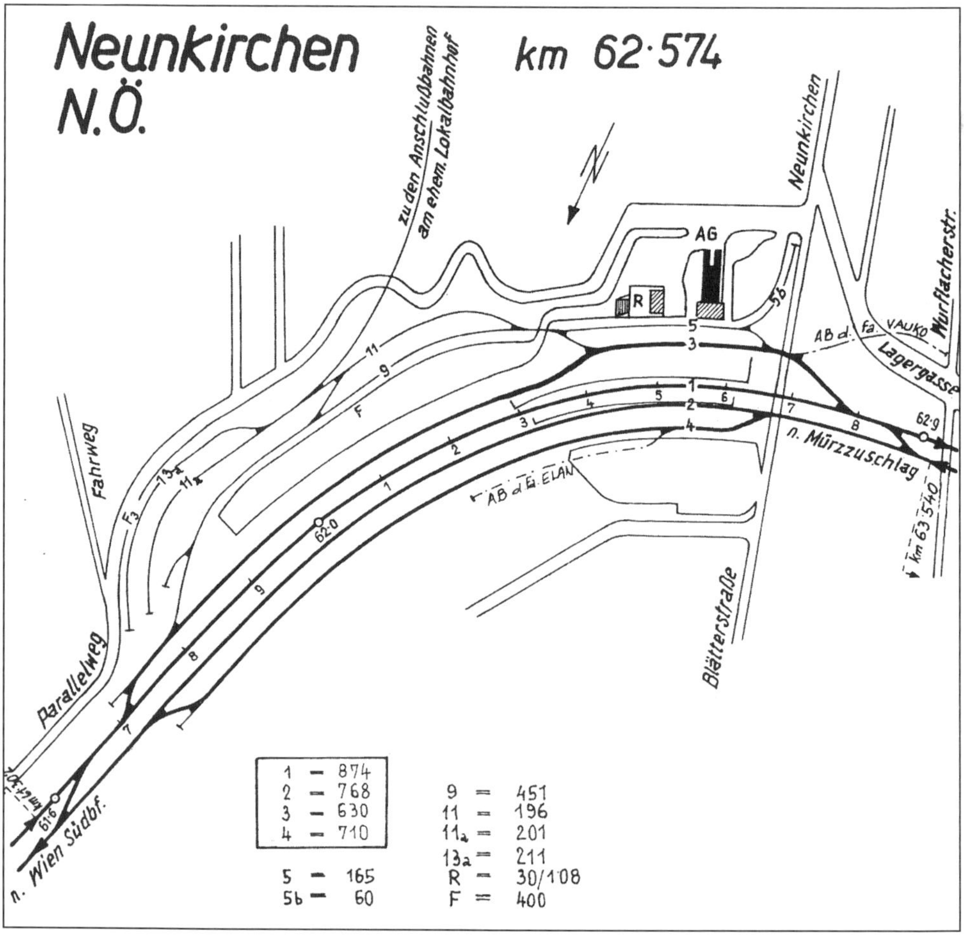

Gleisplanskizzen
Auf dem Gleisplan ist noch heute die »Sägefahrt« zur Südbahn nachzuvolziehen.

Abbildung: Slg. Hufnagl

Fotos: Slg. Hufnagl

Zum obligatorischen Erinnerungsfoto stellten sich alle Passagiere des Eröffnungszuges in Willendorf auf.

Auf der Eröffnungsfahrt von Neunkirchen nach Willendorf am 6. Juni 1909.

Fotos: Slg. Hufnagl

Diese seltene Aufnahme aus den Anfangsjahren zeigt Güterwagen der NÖLB im Bahnhof Willendorf.

Ein Lokalbahnzug verlässt kurz nach der Fertigstellung der Bahn (noch glänzende Puffer des Personenwagens) den Bahnhof St. Egyden. Die Weiche besitzt einen Wurfhebelantrieb ohne Zungenverschluss. Am linken Schienenstrang kommt nach der Schienenlasche der Schutzkasten für das Götz-Weichenschloss, es sperrt die anliegende Weichenzunge.

Foto: Slg. Hufnagl

Erinnerungsfoto anlässlich der Eröffnung im Bahnhof Neunkirchen LB. Die NÖLB-Mitarbeiter tragen die stolz vorgeschriebene Uniform. Der Herr Kondukteur hat seine Signaltröte auf der Schnur hängen und der Herr Vorstand (Bildmitte) trägt »Gala« mit den Orden und »Fliege«. Am Geländer steht griffbereit die vorgeschriebene »Signalscheibe«, deren Verwendung im Text beschrieben wird.
Am Stationsgebäude ist wiederum die kostensparende Bauweise zu sehen: Anstelle der durch die Fensteroberkante angedeuteten geschwungenen (teure) Fensterbauweise wurde die gerade und billigere Variante gewählt.

Wenn alle Züge so gut besetzt gewesen wären, dann wäre der letzte Zug von Willendorf nach Neunkirchen LB mit der Reihe 178 nicht schon am 30. April 1933 gefahren. Die Mitarbeiter tragen nun die BBÖ-Uniform und sind sichtbar älter geworden. Die »Beamten« haben auf der Kappe das schwarze Lacksturmband, den Blechadler und das Blechflügelrad an den Aufschlägen (1. bis 4. von links) Der Heizer (graue Bluse) und die beiden Lokführer (5. u. 6. v.l.) bereits die Lederkappe, wobei der rechte Lokführer stolz seine Uhrenkette zeigt und zu diesem Zweck den Überrock (späteren »Lederjoschi«) verbotenerweise offen trägt. Der Herr Vorstand des ehemaligen Bahnbetriebsamtes ist gegenüber dem obigen Bild etwas runder geworden und trägt die »Pelerine« mit dem Samtkragen. Der Streckenleitungsvorstand ist kein Verkehrsbediensteter und trägt daher nur den allgemeinen Mantel, jedoch mit Samtkragen, in salopper Art, dem Umhang ähnlich. Auch er ist gegenüber dem Bild von der Eröffnung (links noch mit stolzem Samtkragen, Epauletten und Orden) sichtbar gealtert.

26. Stockerau–Joslowitz

Projekt einer normalspurigen Lokalbahn mit Abzweigung Niederhollabrunn= Naglern=Simonsfeld oder Ernstbrunn

Die konkrete Planung dieser Lokalbahn begann am Vorabend das Ersten Weltkriegs: Die Trassenrevision des Vorentwurfes fand vom 15. bis 20. Juli 1914 statt. Die Hauptlinie sollte von Stockerau nach Joslowitz führen, mit einer Zweiglinie von Niederhollabrunn nach Naglern (= Simonsfeld). Außerdem bestand eine zweite Variante für einen Anschluss Maisbirbaum–Ernstbrunn.[1]

Noch bevor es richtig losging kam es zu Diskussionen über den Streckenverlauf; insgesamt gab es 46 Wünsche und Beschwerden. So stritt man z.B. um die östliche Umfahrung von Leitzersdorf. Dort verlangten die Gemeinden Wollmannsberg und Haselbach eine Haltestelle, die aber, wie es in den Akten heißt, »mit Rücksicht auf die dadurch bedingten ungünstigeren Neigungsverhältnisse erheblich größere Baukosten« verursacht hätten.

Anfang des Jahres 1915 dachten die Landesbahnen bereits über die Erweiterung der Station Ernstbrunn nach.

Am 22. Januar 1915 war im Bericht der Betriebskontrolle zu lesen: *»Ohne direkte Führung der Züge nach Wien [...] [ergeben sich] große Schwierigkeiten [...].*

[...] Von einer Gemeinschaftsstation in Pernhofen-Wulzeshofen wäre aufgrund der hohen Gemeinschaftskosten mit der k.k.St.B abzusehen [...]; auf keinem Fall wird mit 5 Gleisen das Auslangen gefunden [...]. Selbstverständlich auch direkte Einfahrt in Ernstbrunn, nicht Peagierung der alten Strecke [...].«

Lokalbahn Stockerau–Joslowitz

Stockerau
Niederhollabrunn
Pernhofen-Wulzeshofen
Joslowitz Markt
Possitz-Joslowitz

Anmerkung: Die geplante Strecke hätte eine Länge von 73 km gehabt.

[1] Vgl. Z.VI-913/11

[2] Vgl.18.1.1915 Z.2587/- 1914 Abt.IV der n.ö. Landesbahnen

Brennstoffausmaßtabellen

für sämtliche Passierungsstrecken der n. ö. Landesbahnen.

Gültig ab 1. März 1908.

Niederösterreichisch-steirische Alpenbahn.

Schmalspurig.

Post-nummer	Maschinengattung	Passierungsstrecke	Zeit-periode	Per Lokomotiv-kilometer	Für je 1000 Bruttotonnen-kilometer	Schmier-material	Putz-material
				Kilogramm Normalkohle		Heller per Kilometer	
1	3/4 gek. Zwillings-Tenderlokomotiven Serie U	St. Pölten—Laubenbachmühle Ober-Grafendorf—Ruprechtshofen	Sommer	8	80	1	0·1
			Winter	9	90	1·1	0·2
		Laubenbachmühle—Gußwerk	Sommer	9·5	95	1	0·1
			Winter	10·5	105	1·1	0·2
2	3/4 gek. Verbund-Tenderlokomotiven Serie Uv	St. Pölten—Laubenbachmühle Ober-Grafendorf—Ruprechtshofen	Sommer	9	90	1·2	0·1
			Winter	10	100	1·6	0·2
		Laubenbachmühle—Gußwerk	Sommer	10·5	105	1·2	0·1
			Winter	11·5	115	1·6	0·2
3	3/4 gek. Zwillings-Heißdampf-Tenderlokomotive Serie Uh	St. Pölten-Laubenbachmühle Ober-Grafendorf—Ruprechtshofen	Sommer	9	90	1·4	0·1
			Winter	10	100	1·8	0·2

Normalspurige Linien.

Post-nummer	Maschinengattung	Passierungsstrecke	Zeit-periode	Per Lokomotiv-kilometer	Für je 1000 Bruttotonnen-kilometer	Schmier-material	Putz-material
				Kilogramm Normalkohle		Heller per Kilometer	
1	2/2 gek. Zwillings-Tenderlokomotiven Serie 1	Korneuburg—Hohenau Mistelbach—Gänserndorf Zistersdorf—Poysdorf Siebenbrunn—Engelhartstetten Breitstetten—Orth Willendorf—Neunkirchen	Sommer	7·5	75	1·3	0·2
			Winter	9	90	1·4	0·2
2	3/4 gek. Compound-Tenderlokomotiven Serie 2		Sommer	10·5	105	1·6	0·2
			Winter	11·5	115	1·7	0·3
3	3/4 gek. Compound-Tenderlokomotive Serie 102		Sommer	10·5	105	1·6	0·2
			Winter	11·5	115	1·7	0·3
4	3/3 gek. Zwillings-Tenderlokomotive Serie 3		Sommer	10·5	105	1·3	0·2
			Winter	11·5	115	1·5	0·3
5	1/2 gek. Compound-Motorwagen Nr. 20—21		Sommer	5·5	55	1·0	0·1
			Winter	6	60	1·1	0·2
6	1/3 gek. Compound-Motorwagen Nr. 30—33		Sommer	7·5	75	1·2	0·1
			Winter	8·5	85	1·3	0·2

Anhang

Allgemeine Vorschriften

Grundzüge für den Bau und die Betriebseinrichtungen für Lokaleisenbahnen

Vertrauliche Vorschrift 1898 (geheim)
Vorschrift für Reisen allerhöchster Herrschaften auf österreichischen Eisenbahnen

Technische Vereinbarungen des Vereines deutscher Eisenbahnverwaltungen
1897

Internationale Bestimmungen für den Übergang beziehungsweise die Übernahme von Wagen nach den Vereinbarungen der internationalen Konferenz in Bern.

Bestimmungen über die zollsichere Einrichtung der Eisenbahnwagen.

Übereinkommen betreffend die gegenseitige Wagenbenutzung im Bereich Deutscher Eisenbahnverwaltungen.(Auch die Monarchie trat diesem Abkommen bei)

Arbeitsordnung

Betriebsreglement für die Eisenbahnen der im Reichsrate vertretenen Königreiche und Länder.

Übereinkommen zum Betriebsreglement für die Eisenbahnen Österreichs, Ungarns, Bosniens und der Hercegovina.

Betriebsreglement des Vereins deutscher Eisenbahnverwaltungen

Internationale Übereinkommen über den Eisenbahnfrachtverkehr

Lehrbuch des Eisenbahntarifwesens mit besonderer Berücksichtigung des Tarifwesens der österreichisch-ungarischen Eisenbahnen (Albert Pauer)

Tarif/Teil I
Bestimmungen für die Beförderung von Personen, Reisegepäck, Expreßgut und Hunden.

Beförderung von Leichen, lebenden Tieren und Gütern im Bereiche der österreichischen, ungarischen und bosnisch hercegovinischen Eisenbahnen

Tarif/Bestimmungen für die Beförderung von Personen, Reisegepäck, Hunden und Expreßgut sowie von Eil- und Frachtgütern auf den n.ö. Landesbahnen

Militärtarif für Eisenbahntransporte

Eisenbahnbetriebsordnung (1851 mit Ergänzungen)

Österreichische Gesetze (Manz Band 17, 1905 erster (Seite -23)und zweiter Abschnitt , Seite167,168)

Landesgesetz über die Herstellung von Eisenbahnzugfahrstraßen in Niederösterreich, Steiermark und Oberösterreich

Die Vorschriften der NÖLB

Herausgeber :
N. Oe. Landes - Eisenbahn - Amt.

Instruction für den Betriebsleiter
Für die Localbahn St. Pölten - Kirchberg a/d. Pielach - Mank
1. Auflage 1898

Instruktion-
Über die Behandlung und Verrechnung des

Personals
Über die Handhabung des Bahnaufsichts- und Bahnerhaltungsdienstes
Über die Handhabung des Zugförderungs- und Werkstättendienstes
Über die Handhabung des Verkehrs- und Transportdienstes
Über die Besorgung des Verrechnungs- und Cassadienstes, sowie der Statistik
Über die Besorgung mit dem Inventar, den Materialien und Drucksorten.
1898

Instruktion für die Bahnmeister.
Für die Localbahn St. Pölten - Kirchberg a/d. Pielach - Mank.
—Auszug aus der Eisenbahnbetriebs-Ordnung vom 16.November 1851.
Betr.: (Bahnpolizei)

Dienstvorschrift für die Bahnagenten
Genehmigt mit Erlaß des k.k. Eisenbahnministeriums vom 8.Juni 1898 Z. 22.985
Für die Localbahn St. Pölten - Kirchberg a/d. Pielach - Mank
Verlag der Direktion der n.ö. Landesbahnen
1.Auflage 1898.

Instruktion für die Manipulation beim Transport von Dienstgut für die Localbahn St. Pölten - Kirchberg a/d. Pielach - Mank

1.Auflage 1898
Verlag der Direktion der n.ö. Landesbahnen

Vorschrift für die Benützung der Rollschemel
Wien 1901
Verlag des n.ö. Landes - Eisenbahn - Amtes.

Herausgeber:
Niederösterr. Landes - Eisenbahnamt
Neue Schreibweise des Namens.

Dienstvorschrift für die Bahnagenten
Instruktion für den Verkehrsdienst
Instruktion für die Bahnmeister
Instruktion für den Betriebsleiter
Dienstvorschrift für die Lokomotivführer und Heizer
Dienstvorschrift für das Zugbegleitpersonal

Signalordnung
Wien 1903
Verlag des niederösterr. Landes - Eisenbahnamtes.

Satzungen des allgemeinen Verbandes der Bediensteten österreichischer Eisenbahnen
Der Verband bezweckt.....eine einmalige Unterstützung für die Hinterbliebenen (spätere »Sterbekasse«).
Auch heute noch zahlt die Gewerkschaft der Eisenbahner einen Sterbekostenbeitrag von zwar geringer Höhe, aber der Ursprung liegt hier!
Herausgeber:
N.ö.Landesbahnen

Organisationsstatut der n. ö. Landes - Eisenbahnverwaltung

Dienstordnung für die Bediensteten der n. ö. Landesbahnen

Gebührennormale für die Bediensteten der n. ö Landesbahnen
1907
Berichtigungsblatt I
Beilagen

Pensionsnormale für die Bediensteten der n. ö .Landesbahnen

Statut der Krankenkasse für die Bediensteten der n .ö. Landesbahnen
1918 Erweitert mit den Satzungen der Krankenkasse für die Bediensteten der städtischen Straßenbahnen in Wien (ehemalige »Straßenbahner« hatten weiter ihre Regelungen!)

Instruktion vom 19.September 1901 L.A. Z 51.389-1901
(Hausordnung - Kommissionszimmer)

Hausordnung für alle
Gattungen von Wohn- , Stations- und Wächterhäusern, Werkstätten, Heizhaus - Gebäuden, Magazinen, Remisen und sonstigen Nebenbauten.
Wien 1906

Verzeichnis der Lokomotiven und Motorwagen der n. ö. Landesbahnen vom Jahre 1909 und 1921, beziehungsweise Güterwagen- und Personenwagenparkverzeichnis.

Instruktion Nr. I Dienstordnung (1906)
Ab 1908 nur mehr »Dienstordnung«

Instruktion Nr. I
Prüfungsvorschrift über die Dienst- und Fachprüfungen für den n. ö. Landes-Eisenbahndienst
1908

Prüfungsvorschrift für den niederen Staatseisenbahndienst vom Juni 1909
Berichtigungsblatter 1-11
Ergänzung: Prüfung aus der Vorschrift für den Militärtransport auf Eisenbahnen .
Wurde für bestimmte NÖLB Bedienstete vorgeschrieben (Lokführer etc.), die NÖLB Züge /Zugteile auf andere Bahnen überstellten, z.B. Gänserndorf L.B - . Gänserndorf!

Instruktion Nr:.II Pensionsnormale (1906)

Instruktion Nr.III. Krankenkassenstatut

Instruktion Nr. IV
Führung der Geschäfte der Krankenkasse

Instruktion Nr.V Sanitätsdienst (1906)

Instruktion Nr.VI Material und Inventarbeschaffung (Ökonomatsdienst) (1906)

Instruktion Nr. VII offen
Instruktion Nr. VIII offen

Instruktion Nr. IX Uniform des Bediensteten

Instruktion Nr. X Telephon und Telegraphendienst(1906)

Instruktion Nr. XI Signalvorschriften
Gültig ab 1.Oktober 1906

Instruktion Nr. XI Signalvorschriften
Gültig ab 15.April 1909
I. Nachtrag
Berichtigungsblatt 1-14
II. Nachtrag

Instruktion Nr. XI »Schulbeamtenvorschrift mit allen Beilagen«
1.Nachtrag
Gültig ab 1.Juli 1911
Berichtigungsblätter Nr. 1 bis 12
2.Nachtrag
gültig ab 1. Dezember 1911

Zl.:11169/11
Erlass betreffend Ergänzungen der Instruktion XI Signalvorschriften (Auflage 1909) hinsichtlich der Signale für den elektrischen Betrieb

Signalordnung des n.ö. Landeseisenbahnamtes
Gen. Erl. des k.k. Eisenbahnministeriums 28.8.1903 Zl.: 36234

Instruktion Nr. XI Signalvorschriften
Gültig ab 1.Mai 1914
E.M.E. Zahl 113.377 ex 1913:
Auf den Strecken:
– St. Pölten - Mariazell
– Gmünd - Litschau - Heidenreichstein - Groß Gerungs
müssen alle Güterzüge durchgehend gebremst sein.
Ausgenommen jene Güterzüge, in denen Rollschemel oder Langholzwagen eingereiht sind.
Auf der Strecke Obergrafendorf - Ruprechtshofen sind nur jene Güterzüge durchgehend zu bremsen, bei denen automatisch bremsbare Lokomotiven verwendet werden.

Intruktion für den Verkehrsdienst 1901
Anhang I betreffend die Lokalbahn St. Pölten - Kirchberg a. d. Pielach (1.April 1901)
Anhang II betreffend die Niederösterreichische Waldviertelbahn (1.April 1901)

Beschreibung und Handhabung der Streckenblockeinrichtungen und Weichensicherungsanlagen 1909
Für die Strecke St. Pölten - St. Pölten L.B (Alpenbahnhof) wurde einfachheitshalber(!) diese Vorschrift bestimmt.

Instruktion Nr. XII Vorschriften für den Verkehrsdienst
Gültig ab 1.Oktober 1906
Nachtrag I

Nachtrag II
Nachtrag III
Die Landesbahnen wurden »hoffähig«, da für die einzelnen Zuggattungen eine der k.k. Staatsbahn entsprechende Rangordnung der Züge eingeführt wurde.

Hofzüge Rang 1 und 2 Nac 1918
später die »Hilfszüge« u.a. auch »Verlegungszüge« der Gendarmeriesondereinheit »Cobra« (siehe Buch »Sondereinheiten der Gendarmerie COBRA« vom Autor)
Schnellzüge 3, 4,
Personenzüge (Motorwagenzüge) 5, 6,
Gemischte Züge (GmP) 7, 8,
Militärzüge 9, 10, (z.B. Korneuburg/Pionierpark ÖNWB)
Güterzüge 11, 12,
Lokomotivzüge 13 und 14,
Arbeitszüge (Materialzüge) 15 und 16.
Nachtrag IV
Berichtigungsblatt I und II

Instruktion Nr. XII Vorschriften für den Verkehrsdienst
1.Oktober 1911
Nachtrag I

Instruktion Nr. XII Vorschriften für den Verkehrsdienst
Gültig vom 1.Mai 1914
Als Grundlage dieser Vorschrift dienen:
Die Eisenbahnbetriebsordnung, die Grundzüge der Vorschriften für den Betrieb auf Hauptbahnen (Mariazellerbahn!)
Die Grundzüge der Vorschriften für den Betrieb auf Lokalbahnen,
die Signalvorschriften.

1912 152/1
Arbeitsordnung für das im Stations- und Fahrdienste beschäftigte Personal

NÖLB Erlaß Zl.:1764 ex 1914 Ausgabe der Neuauflage der Verkehrsvorschriften XII, XIII/1 und XXXII

Instruktion Nr. XII
Gültig ab 1.Mai 1914
Beilage über x und =
Vorgang bei Vereinbarung von = mit nicht verantwortlichen Stationen.

Instruktion Nr. XIII/1 Zugbegleiterdienst
Gültig ab 1.Oktober 1906
Gültig ab 1.April 1913
Teil I
Teil II
Gültig ab 1.Mai 1914

Teil 1(!)
Instruktion Nr. XIV Wächter-, Weichensteller- und Verschubdienst

Instruktion Nr. XIV Wächter-, Weichensteller- und Verschubdienst
Gültig vom 1.November 1906
Anlage I Auszug aus der Eisenbahnbetriebsordnung 1851
Anlage II Auszug aus den Bestimmungen des Strafgesetzes 27.Mai 1852

Instruktion Nr. XV Wagendirigierung(1906)
Evidenzhaltung, Dirigierung und Verwendung von Wagen, Ladungsmittel und Wageneinrichtungen.
Instruktion Nr. XV Vorschriften für den Wagendirigierungsdienst
1.August 1909
Instruktion Nr. XVI Behandlung von Fundgegenständen(1906)

Instruktion Nr. XVII Erste Hilfeleistung (1906)
plötzliche Erkrankungen vor Eintreffen eines Arztes

Instruktion Nr. XVIII Erstattung von Unfallanzeigen (1906)
außergewöhnliche Ereignisse, Erhebung des Tatbestandes.

Instruktion Nr. XIX Wahrung der persönlichen Sicherheit (1906)
(Bahnaufsicht - Exekutivgewalt)

Instruktion Nr. XX Administrativer Rechnungs- und Buchhaltungsdienst (1906)

Instruktion Nr. XX Vorschriften für den Verkehrskontrollor
15. Juni 1909

Instruktion Nr.: XXI offen

Instruktion Nr. XXII Hauptkassendienst (1906)

Instruktion Nr. XXIII Verrechnung der Personen- und Sachtransporte(1906)

Instruktion Nr. XXIV Manipulation beim Personentransport

Instruktion Nr. XXIV Manipulation bei der Beförderung von Personen (1906)
I. Nachtrag
1.November 1906

Instruktion Nr. XXIV a Teil I Manipulation beim Gepäcktransport (1906)
Teil II Manipulation beim Gütertransport
Teil III Aufnahme und Beförderung von lebenden Tieren und tierischen Rohstoffen(1906)
Teil IV Feststellung, Melde- und Nachforschungsverfahren

Teil II Ergänzungen
Güterbeförderung
Wien 1910

Drucksorten

Instruktion Nr. XXIV a
1.Jänner 1910
Nachtrag I

Instruktion Nr. XXV (1906)
Einnahmenkontrolldienst

Instruktion Nr. XXVI Außertarifmäßige Fahrbegünstigungen

Instruktion Nr. XXVII Musterbuch für Fahrlegitimationen
(Fahrkartensammlung)

Instruktion Nr. XXVII Vorschriften für den Bahnwärterdienst
1.März 1914
Im Abschnitt VIII Bestimmungen über den Aufsichtsdienst auf Strecken mit Rillenschienen

Instruktion Nr. XXVIII Regiegütertransporte (1906)

Instruktion Nr. XXIX Bautechnischer Dienst (1906)

Bau- und Bahnerhaltungsdienst

Instruktion Nr. XXX Vorschriften für die Bahnmeister
1.Oktober 1906
Unterstellt sind ihm weiterhin die »Bahnwächter«

Instruktion Nr. XXXI Zugförderungs- und Werkstättendienst

Instruktion für den Zugförderungs- und Werkstättendienst
Abdruck:
Vorschriften über den Wasserförderungsdienst
1.Juli 1908
»Pulsometrieranlagen«

Instruktion Nr. XXXII Lokomotivführer und Lokomotivheizer
1.Oktober 1906
1.Nachtrag
Gültig ab 1.Mai 1914

Instruktion Nr. XXXIII Werkmeister und Werksaufseher
Ständige Überwachung und periodische Untersuchung der Dampfkessel.

Instruktion Nr. XXXIV Evidenz und Ausgabe von Verbrauchsmaterial und deren Verrechnung

Instruktion Nr. XXXV bis Nr. XXXVIII offen

Instruktion Nr. XXXIX Feuerlöschordnung

Instruktion Nr. XL Kanzlei und Expeditdienst

Normen für den Materialverbrauch für Lokomotiven und Motorwagen und den Prämienbezug für Materialersparnisse
Gültig vom 1. März 1908
Berichtigungsblatt I

Ab 1.September 1909 neuer Eilguttarif für Milch nach Wien

Einführung einer Armbinde als Dienstabzeichen für im exekutiven Dienste stehende Manipulantinnen

Vorschriften für die Benützung der Rollschemel
Gültig ab 1Jänner 1910

Vorschriften für die Bedienung der elektrischen Streckenausrüstung der n.ö.-steir. Alpenbahn
Gültig vom 3.Jänner 1912

Vorschriften für die Ausübung des Verkehrs-Dienstes in der Lokalstrecke Wien Großmarkthalle L.B. und Groß Schwechat Pozsony 1914

Vorschriften über die Bedienung der Motorwagen und Gleichstromlokomotiven (Fahrvorschriften Teil I.)

Fahrvorschriften Teil II
Ortsstrecke Wien Großmarkthalle L.B. - Groß Schwechat
1.Mai 1914
A. Wagenordnung
B. Zugbegleitung
C. Fahr- und Verschubordnung
D. Verkehrsordnung
E. Streckenvorschriften
F. Straßenordnung
G. Lokalsignale

Wien 1915
Lager Nr. 38

Verlag der Direktion der n.ö. Landesbahnen
Drucksorten:
Stundenpaß
Nr. 2 Bestätigung über Dampfhalten, Verschieben..
Erfolgt durch den Zugexpedienten, Zugsführer (1906)

Auszüge aus alten Vorschriften
1906 wurden generell neue Vorschriften/ Regelungen geschaffen, u.a.:
Einige Schmankerln aus dem allgemeinen, administrativen und Verwaltungsdienst, die sich aber in ihrem Sinn und der Form bis in das Computerzeitalter hielten:
1906 Nr.4 vom 28.April 1906...... Bestellung von Drucksorten und Kanzleimaterial, um die Bestellung...zu regeln......Drucksorte A Form 1 /Form 1a (=Anforderung!)..im Kopf handschriftlich durch das Wort »Drucksorten« oder »Kanzleimaterial« zu ersetzen.
Die Ausfertigung ..hat derart zu erfolgen, daß im Kopfe der Name des Bestellers und der Feuchtstempel der bestellenden Station, und zwar auf Empfangs-, Gegen- und Lieferschein ersichtlich ist ... (galt bis nach 1994!)
Der Besteller hat stets vor Einsendung den Empfangschein allein mit Tinte zu unterfertigen.....
An Kanzleimaterial gelangt....zur Ausgabe:...
Dextrin in kleinen Säckchen, a 10 dkg (0,1 kg)
Dreiecke, nur für Bahnerhaltungssektionen, Werkstätten bzw. Heizhausleitungen...
Lineale mit Zentimetereinteilung 23,30,40,50,60,70cm nur für ....

Und jetzt kommt der Grund für diese Regelung:
......Die Beschaffung von Kanzleimaterial im Handeinkauf seitens der auswärtigen Dienststellen wird hiemit verboten....

Durch die Übernahme der NÖLB sowie der anderen Privatbahnen musste ein »einheitliches BBÖ Vorschriftenwesen« gestaltet werden. Vorerst ging der Betrieb nach den jeweiligen Vorschriften weiter, und die BBÖ passte die BBÖ - Vorschriften den vorhandenen eingefahrenen und billigen Betriebssystemen durch Schaffung neuer Vorschriften, die auf diese Verhältnisse eingingen, an.
Mit dem Inkrafttreten dieser Vorschriften konnte auch eine »Selektierung« der Mitarbeiter vorgenommen werden. Ergänzungsprüfungen etc. wurden vorgeschrieben und Bedienstete nach ihrem »Können« versetzt. So kam es, dass auf Bahnhöfen »Offiziale« (Kanzleititel) als Vorstände dienten.

BBÖ Vorschriften

A 72 Krankenordnung der Krankenkasse der österreichischen Bundesbahnen vom 1. September 1926
Nicht zu verwechseln mit der schon damals bestehenden und jetzigen Krankenkasse der österreichischen Eisenbahnen.

V3 Verkehrsvorschriften
Ausgabe A für Fahrdienstleiter
Und natürlich die Berichtigungen, Änderungen 15.Mai 1930

V21 Dienstvorschrift für die Verkehrskontrollore 1.Jänner 1927
Die Verkehrskontrollore haben die Ausführung des Verkehrsdienstes in den Bahnhöfen und bei den Zügen ... zu überwachen.
Anhang:
Richtlinien zur Durchführung von Bahnhofüberprüfungen! Diese Richtlinie wurde bei meiner Bahnhofüberprüfung 1992 noch angewendet!

V22 Dienstvorschrift für die leitenden Betriebskontrollore in Mistelbach und St. Pölten 1.Juli 1932
Diese Vorschrift ist der Ersatz der NÖLB Regelungen über die Verkehrskontrollore (NÖLB Direktionsorgan)
Bei den BBÖ in der Expositur St. Pölten und Mistelbach ist je ein leitender Betriebskontrollor installiert.
Der Dienstbereich des leitenden Betriebskontrollors St. Pölten umfasst die Aufsichtsbereiche der Betriebskontrollore :
St. Pölten, St. Pölten Alpenbahnhof (ehem.NÖLB) und Krems a. d. Donau (u.a. Lokalbahnen)

Dienstbereich des leitenden BK Mistelbach: Mistelbach, Mistelbach L.B. (ehemalige NÖLB), Zellerndorf und des Vorstandes?? des Bahnhofes Retz (ehemaliger NÖLB Betriebsleiter Retz)
Aufgaben des leitenden BK:
Überwachung der Ausführung des gesamten Bahnhof- und Fahrdienstes in sachlicher und wirtschaftlicher Beziehung.........
Bei den BBÖ wurde dies dann die V23

Dienstbuch V 28.
Dienstvorschrift für den Verkehrs- und Wagendienst auf Lokalbahnhöfen, die mit Bediensteten ohne Befugnis zur Ausübung des Verkehrsdienstes oder mit Agenten besetzt sind.
Eingeführt mit DA Zl.: 40461 aus 1922
Damit wurde sofort die Dienstbefugnis für die bis jetzt bei den BBÖ nicht vorhandenen Bedienstetengruppen geregelt.

....das Dienstverhältnis der zur Ausübung des Verkehrsdienstes nicht ermächtigten, im folgenden kurz »Leiter« bezeichneten Bediensteten...sind dem übergeordneten Bahnamt (ex NÖLB), der Betriebsleitung (ex NÖLB i.e. V21) und dem Überwachungsbeamten der Bundesbahndirektion ....Personen, die so kurzsichtig, schwerhörig, farbenblind oder mit anderen körperlichen Gebrechen derart behaftet sind, dass ihre Mithilfe(!) im Weichensteller-und Verschubdienst die Verkehrssicherheit, ihre eigene Sicherheit oder die anderer gefährden könnte,... dürfen nicht verwendet werden.
Dies war auch eine Auslese des »mitübernommenen« Personales der NÖLB!
Leiter und Agenten müssen die ihnen(nun von den BBÖ) vorgeschriebenen Prüfungen beherrschen..
1. die vorliegende Vorschrift....
2. die Fahrplanbehelfe (Ergänzungsheft....!)
3. die Instruktionen Nr.: XXXI, XXXV und Vorschriften XXXVI/Z nebst.....(alles NÖLB Vorschriften sowie die BBÖ Ergänzungen!)

V28 Verkehrsvorschriften für den Dienst in Bahnhöfen, die mit Bediensteten oder Vertragsangestellten besetzt sind, denen nur eine beschränkte Befugnis zum Ausführen des Verkehrsdienstes zukommt.
Gültig ab 1. Jänner 1933
Geschäftsführerbahnhöfe sind Bahnhöfe, die mit Geschäftsführern (ex NÖLB) besetzt sind, die nur eine beschränkte Befugnis zum Ausführen des Verkehrsdienstes haben.

Fahrdienstleiterbahnhöfe sind jene Bahnhöfe, die mit Bediensteten (BBÖ) oder Vertragsangestellten (ex NÖLB) mit voller Befugnis zum Ausführen des Verkehrsdienstes besetzt sind.
Unter Zugförderungsstellen sind die Heizhaus- und Zugförderungsleitungen (BBÖ!) sowie deren Nebenstellen bzw. die Betriebsleitungen zu verstehen.

Z 22 Dienstvorschrift für Lokomotivmannschaften (Ausgabe W)
Besonderer Teil für Dampflokomotiven und Triebfahrzeuge mit Verbrennungsmotoren.
1.Juli 1934
Es wird bereits zwischen Vergaser oder Dieselmotoren unterschieden.
Beilage 4: Die am häufigsten auftretenden Fehler und Störungen an Triebfahrzeugen mit Verbrennungsmotoren.

Schneeberichte (Bes. Anhang Tafel B 38/39)

Deutsche Reichbahn Fahrdienstvorschriften FV 408

Besonderer Anhang zu den Fahrplänen der lokalbahnmäßig betriebenen Strecken der Reichsbahndirektion Wien.
Gültig vom 15.Juli 1939 an.
In diesem »Besonderen Anhang« zu den Fahrplänen sind alle Besonderheiten der u. A. nachgenannten Strecken aufgelistet und haben Vorschriftenrang. Aufgrund ihrer Herkunft passen sie nicht in die BBÖ und später DR Vorschriften und sind deshalb in einem »Besonderen Anhang « aufgelistet. Die einzelnen Besonderheiten sind in den Streckenbeschreibungen eingearbeitet.

Strecke:
6 Türnitz - Freiland
10 St. Pölten - Mariazell - Gusswerk (el betrieben)
11 Ober Grafendorf - Ruprechtshofen - Gresten (weiterhin die vereinfachtesten Bestimmungen der NÖLB!)
20 Gmünd - Litschau
21 Alt Nagelberg - Heidenreichstein
22 Gmünd - Groß Gerungs
23 Retz - Drosendorf
24 Drösing - Zistersdorf
25 Korneuburg - Hohenau
26 Gänserndorf - Mistelbach L.B
27 Stammersdorf - Dobermannsdorf
28 Enzersdorf bei Staatz - Dobermannsdorf
29 Siebenbrunn=Leopoldsdorf - Engelhartstetten (schreibweise mit = , aus der NÖLB Anfangsära!)
30 Breitstetten - Orth
31 Wien - Großmarkthalle - Berg i. N.Ö. (elektrisch betrieben)

Aktien

Eine Zusammenstellung der Anleihen, die von den im Buch beschriebenen (NÖLB) Lokalbahnen aufgelegt und soweit bekannt, auch tatsächlich ausgegeben wurden (alle Beträge sind in Kronen angegeben):

Jahr	Wert	Stück
St. Pölten - Kirchberg a. d. Pielach		
1898	100	4050(?)
1898	200	5700
Nö steirische Alpenbahn		
1898	200	5700
1908	200	25850
Nö Waldviertelbahnen		
1901	400	4550
1902	200	5000
1902	400	707
1902	2000	1075

Niederösterreichische Landeseisenbahn

Jahr	Wert	Auflage
1903	200	5000
1903	500	2000
1903	1000	5000
1903	5000	1000
1903	10 000	600
1906	200	50 bekannt (?)
1906	500	?
1906	1000	?
1906	5000	?
1906	10 000	?
1911	476.1(!)	37.800

Lokalbahn Korneuburg - Ernstbrunn

1904	200	3600
1904	?	?

Gesamtwert 990.000 K
Prioritätsanleihe: 1.680.000 K (1,710.000K?)

Stammersdorf - Auersthal

1903	200	2700

LWP

1904 Prioritätsanleihe	?	?	10.700.000K
1905 (Stammaktien)	?	?	600 000K
1913	200	4500	
1914	200	4280	
1914	400	3210	
1914	2000	2140	
1914	4000	1070	

Laut Geschäftsbericht für das Jahr 1915 setzte sich das Aktienkapital wie folgt zusammen:
K 2,455.000 Nominale Prioritätsaktien

K 900.000 Nominale Stammaktien.
K16200 waren uneinbringlich, da die Zeichner die Bezahlung durch Verarmung, Auswanderung oder Nichteinhalten der Zahlungsbedingungen verweigerten!.

Laut Horn »Pressburgerbahn « verteilten sich die (ausgegebenen!) Aktien wie folgt:

Land Niederösterreich	5745 Stück
kk. Staat	3000
Fa. Redlich und Berger	3250
Gemeinden	355 Stück

Summe der »verkauften« Aktien insgesamt nur 12350 Stück.
Gemäß den mir vorliegenden Aktienunterlagen wurden aber insgesamt 23980 Aktien aufgelegt.

Siebenbrunn - Engelhartstetten
1915 200 1935

(Ruprechtshofen - Gresten)
1928 100 86000

Allgemein verwendete Abkürzungen:

Bf	Bahnhof
Bk	Betriebskontrolle
BBÖ	Österreichische Bundesbahnen - für den Zeitraum von 1921 bis 1938

(In der Schweiz gab es bereits eine Privatbahn mit dem Signum ÖBB)

BWB	Bregenzerwaldbahn
CFR	Caile Ferate Romane / Rumänische Eisenbahnen
CSD	Ceskoslovenske Statni Drahy / Tschechoslowakische Staatsbahnen
DRB (DR)	Deutsche Reichsbahn (1938) bis 1945
DV	Dienstvorschrift
FS	Ferrovie dello Stato / Italienische Staatsbahnen
H	Haltestelle besetzt
Hu	Haltestelle unbesetzt
Hw	Hauptwerkstätte
K	Kronen
JDZ	Jugoslovenske Drzavne Zeleznice / Jugoslawische Staatsbahnen
kkStB	Kaiserlich-königliche (österreichische) Staatsbahnen (bis 1921!)
LKE	Lokalbahn Korneuburg - Ernstbrunn
LWP	Lokalbahn Wien - Pressburg
MAV	Magyar Allamvasutak / Ungarische Staatsbahnen
MTM	Mariazeller Museums Tramway
NÖLB	Niederösterreichische Lokalbahnen
ÖBB	Österreichische Bundesbahnen - für den Zeitraum von ab 1947 (alle 4 Besatzungszonen)
ÖGE	Österreichische Gesellschaft für Eisenbahngeschichte
ÖGLB	Österreichische Gesellschaft für Lokalbahnen
ÖStB	Österreichische Staatsbahnen 1945 bis 1947
PKP	Polskie Koleje Panastwowe / Polnische Staatsbahnen
VEF	Verein der Eisenbahnfreunde Wien
WSV	Waldviertler Schmalspur Verein
WTK	Wolfsegg -Traunthaler Kohlenwerks- und Eisenbahn A.G.

Erklärung und Abkürzungen in den NÖLB Wagenlisten und Abkürzungen allgemeiner Art:

A	ausgemustert
AbzwBf/Abzw.	Abzweigbahnhof, Abzweigung(Strecke)
AVK	ausgemustert, Wagen verkauft an
Bf	Bahnhof, in Verbindung mit 0 0. Wagennummer = Bahnhofwagen
BefBf.	Befehlsbahnhof
Hzh.	Heizhaus (Lokschuppen/Remise) u.a. mit Pulsometriereinrichtung
KV	Kriegsverlust nach 1918
KV DRB	Kriegsverlust nach 1945
St&H	Stern & Hafferl
U	Umbau, allgemein
UG	umgestaltet, (Klassenänderung, Einreihung als Bahndienstwagen etc.)
USp	Umbau zu Spantenwagen
UZ	Umzeichnung, Umnummerung
Z	zerstört
Zfltg	Zugförderungsleitung
ZL	zerlegt

Die einzelnen Spaltenüberschriften haben die Bedeutung:

BJ	Baujahr
BA	Bauanstalt

BK Brünn - Königsfelder Maschinen- und Waggonfabrik, vormals Lederer& Porges
Gw Grazer Waggonfabrik, vormals J. Weitzer, auch für Werk Graz der SGP
Gz Ganz, Budapest
He Hernalser Waggonfabriks A.G., (ehemals C. v. Milde & Co.)
Ne Nesselsdorfer Waggonfabrik, vormals Ignaz Schustala
St Staudinger Waggonfabrik
Sw Simmeringer Waggonfabrik, vormals H.D. Schmid, auch für Werk Simmering der SGP
Ri F. Ringhoffer, Praha-Smichov
BA Nr. Herstellernummer, (Fabriksnummer), dabei kNr. bedeutet: keine Nummer vergeben
Serie Serienbezeichnung (Monarchie) entspricht dem heutigen Gattungszeichen
NÖLB Inventar Nummer bei den NÖLB. Für jene Wagen, die später von anderen Bahnen in den Bereich der NÖLB Strecken gelangten, ist in der Folgespalte die Bahn angegeben.
BBÖ Nr. Inventar Nummer des Wagens bei den BBÖ
Nr. eine nach der vorangegangenen Spalte vergebene Inventar Nummer
Pb Zugehörigkeit zur Lokalbahn...bzw. zum Landesfahrpark
UZ Umzeichnung während der BBÖ Zeit
Reihe Reihenbezeichnung bei den BBÖ ab 1930,
BBÖ BBÖ Wagen Nummer ab 1930
Pb dazugehörige Lokalbahnbezeichnung
Jr Jahr der in der nächsten Spalte erfolgten Änderung auf BBÖ 2.Nr.
DRB die ab 1939 vergebene DRB Wagennummer
D´n DRB Direktion mit eventuellem Zusatz der Bahnzugehörigkeit
DRB 2. Nr. in der DRB Zeit vergebene 2. Wagennummer (zu einer anderen Bahn)
D´n dazugehörige Direktionsbezeichnung mit Bahnzugehörigkeit
Hbf bei DRB Beheimatungen während der DRB Zeit
sonst Nr. Wagennummern nach 1924 (außer BBÖ) oder Beute Nummer
an Wagen kam nach der DRB an die Bahn...und erhielt Bezeichnung(en) nach den nächsten Spalten
Nr. dabei erhaltene Wagennummer(n)
Vb Verbleib (Datum in der Folgespalte)

DRB zuletzt die DRB Wagennummer vor der Umschreibung auf erste ÖBB Nummer
ÖBB Nr. Wagennummer nach dem Schema ab1951
Gattung das bzw. die Gattungszeichen bei den ÖBB
ÖBB Nr 1952- Wagennummer ab 1952 bzw. 1954
Jahr, Jahr der Änderung auf andere Nummer, Umbau oder Ausmusterung
U Angabe der Änderung, siehe allgemeine Abkürzungen
ÖBB 3. Nr. eine eventuelle 3. Wagennummer
ÖBB 93-81 Hinweis auf die (1986) erfolgte buchmäßige Umschreibung auf eine 12 stellige Wagennummer. An den Wagen wurde zur Wagennummer nur die Selbstkontrollziffer angefügt.
SK die betreffende Selbstkontrollziffer
Anmerkung weitere Hinweise
Verfügung soweit bekannt Geschäftszahl der Verfügung bei Ausmusterung
fremde Bahn Weiterbestand außerhalb ÖBB
Hbf Heimatbahnhof bzw. Verwendung, siehe auch bei LB
LB Bezeichnung der Lokalbahn z.T. nach den Schlüsselzahlen der BBÖ

Normalspur:
6 Auersthal - Pyrawarth - Dobermannsdorf
7 Ernstbrunn - Hohenau - Poysdor f-Gaweinstal
8 Gänserndorf - Gaweinstal
9 Korneuburg - Ernstbrunn
10 Neunkirchen - Willendorf
11 Retz - Drosendorf
12 Siebenbrunn/Leopoldsdorf - Engelhartstetten - Orth/Donau
13 Stammersdorf - Auersthal
14 Landesfahrpark, auch LF
15 Lokalbahn Wien - Pressburg (LWP)

16 Freiland -Türnitz

90 POHEV - Pozsony orszoghatarszeli helyerdekü villamos vasut, Pressburgerbahn

Schmalspur:

A niederösterreichisch - steirische Alpenbahnen (Mariazellerbahn)
BB BBÖ eigen (das Ö fehlt, da die Wagen nicht ins Ausland übergehen konnten!)
MtB Murtalbahn
Ne Neuhaus - Neubistritz
P Zell am See - Krimml (Pinzgaubahn)
R Ruprechtshofen - Gresten
Rö Röwersdorf - Hotzenplotz
W Niederösterreichische Waldviertelbahn

die BBÖ LB Doppelbuchstaben sagen aus: Einsatzbahn gefolgt von Eigentumsbahn

Abkürzungen der Heimatbahnhöfe bei der DRB (Normalspurwagen):

Ausp Auspitz
Brig Wien Brigittenau
Brl Breitenlee
Dob Dobermannsdorf
Drös Drösing
Fisch Fischau
Ff (Wien) Floridsdorf
Fried Friedberg (Oststmk)
G Graz Hbf
Göpf Göpfritz
Gram Gramtneusiedl
GrS Groß Schwechat
Hoh Hohenau
Hza (Wien) Hauptzollamt
Lund Lundenburg
Mist Mistelbach (Zaya)
No Wien Nordbf
Of Wien Ostbf
Pn St. Pölten Hbf
Prhf Pragerhof
Ratt Rattersdorf-Liebing
Retz
Sieb Siebenbrunn Leopoldsdorf
Sig Sigmundsherberg
Stam (Wein) Stammersdorf
Str Straßhof (Marchfeld)
StV St. Veit /Glan
Türn Türnitz
Wb Wien Südbf
Wf Wien Franz Josefs Bahnhof
Witt Wittmannsdorf (Steinfeld)
Zist Zistersdorf

Literatur- und Quellenhinweis:

Siehe auch das Kapitel Vorschriften

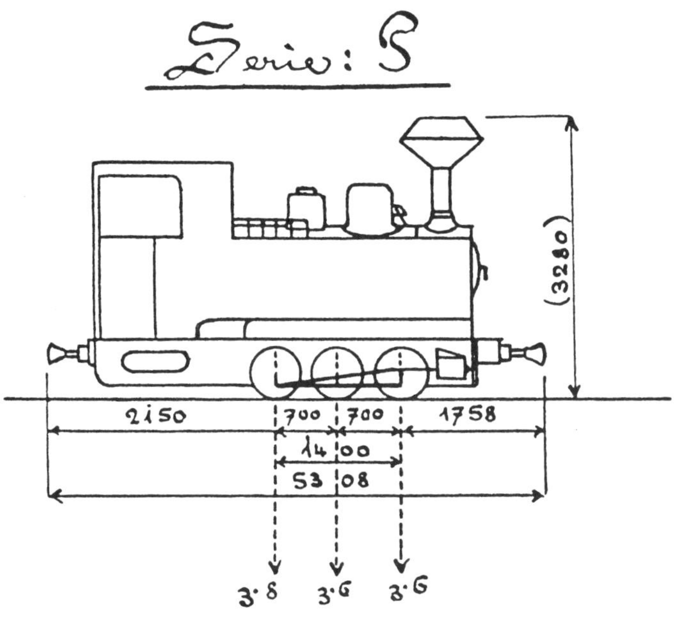

Dienstbehelfe kkStB, BBÖ, DRB, ÖBB:
Verzeichnis der Personen-, Post- und Gepäcks- und Güterwagen der unter k.k. Staatsbahnverwaltung im Betriebe stehenden Bahnlinien, 1903
NÖLB: Verzeichnis der Lokomotiven und Motorwagen der NÖLB und des N.Ö. Landesfahrparks, 1909
V 80: Zuweisung der regel- und schmalspurigen Personen-, Post- und Gepäckwagen der Österreichischen Bundesbahnen, 1926
V 81: Zuweisung der regel- und schmalspurigen Güterwagen der Österreichischen Bundesbahnen, 1927
V 82: Umnummerierungsverzeichnis der Personen-, Post- und Gepäckwagen der Österreichischen Bundesbahnen, 1928
V 83: Umnummerierungsverzeichnis der Güterwagen der Österreichischen Bundesbahnen,
V 86: Verzeichnis der Schmalspurwagen der Österreichischen Bundesbahnen und der von den Österreichischen Bundesbahnen betriebenen Privatbahnen, 1933
DRB:
Umzeichnungsverzeichnis der regelspurigen Güterwagen der ehem Österreichischen Bundesbahnen, Oktober 1938
Verzeichnis des Schmalspurwagenparkes der RBD Linz, August 1941
ÖBB:
DB 808: Umnummerierungsverzeichnis der schmalspurigen Personen-, Post- und Gepäkkwagen (1953)
DB 815: Umnummerierungsverzeichnis der schmalspurigen Güterwagen (1954)
DB 835/1 Verzeichnis der schmalspurigen Personen-, Post- Gepäck- und Güterwagen, 1963
Bestandskarten der Maschinendirektion der ÖBB

Bücher:
Schmalspurig durch Österreich, Krobot/Slezak/ Sternhart
Die Mariazellerbahn, Felsinger/Schober

ÖROK Untersuchungen 1981, 1985, 1992
Betriebswirtschaftliche Untersuchungen 1966, 1967
Veröffentlichungen der Bundesregierung Zl.: Gs/R-2211-29-1987
Div. Protokolle u. Aufzeichnungen (n.a.A.)
Bahnhofrevisionsbücher
Bahnhofdienstordnungen
»Ergänzungen«
Sammlung (Archiv) Hufnagl

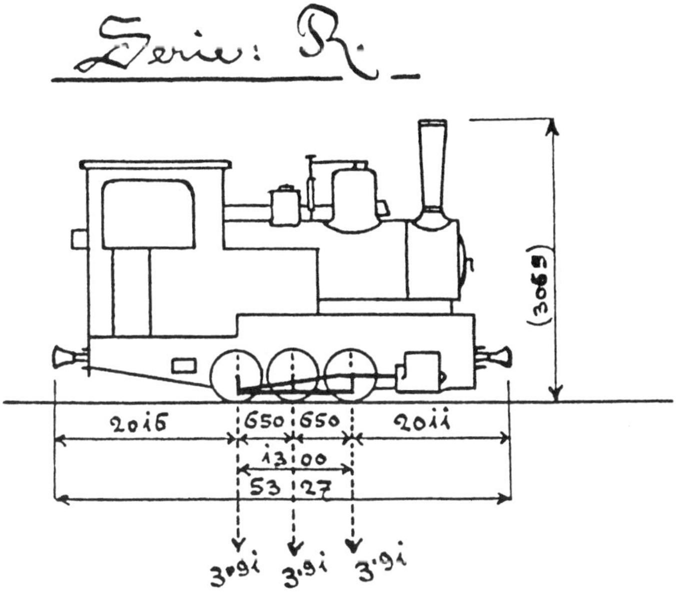

Serie: Ub

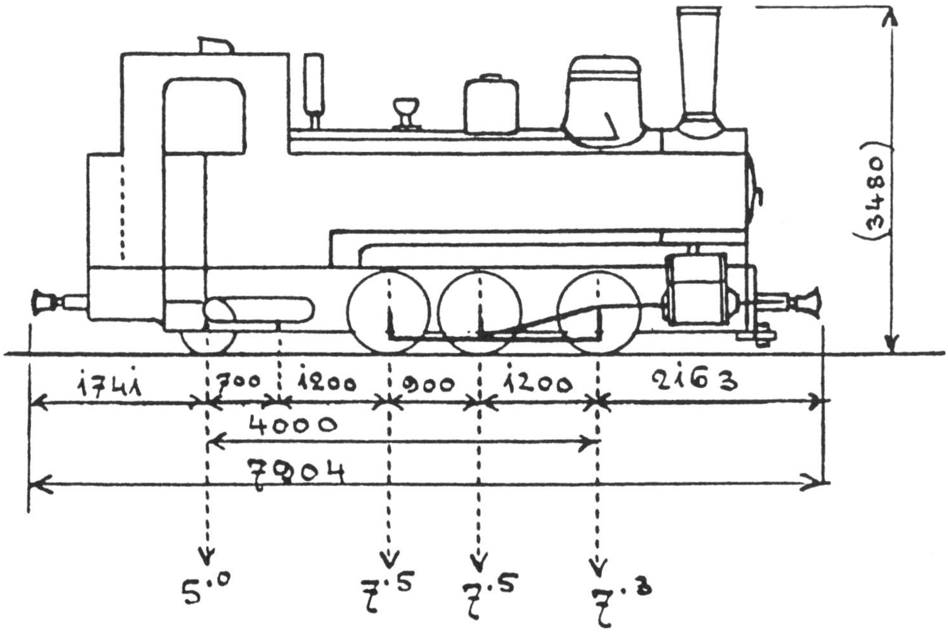

Serie: U.

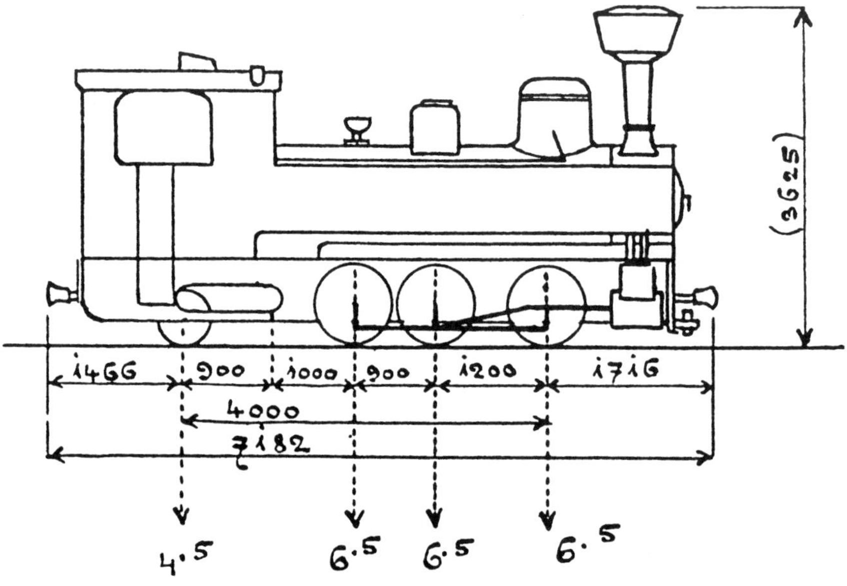

ahrplan, Triebfahrzeugeinsatz und Zugbildung für die Strecken Mistelbach–Hohenau und Dobermannsdorf–Enzersdorf b. taatz, Bf Dobermannsdorf

Jahr 1964 Verk-Zeit/Std	Zug Nr	Verk-Tage	Tfz	Zugbildung
4	4410		93	BDi, Bi (an + = 4Bi)
5	4270		93	Bi, BDi
7	DE 11		93	2Bi, Di (an + = 3Bi)
	4221		93	Di, 2Bi
	4220		93	Di, 2Bi (n+ = 3Bi)
				2Bi, BDi (+ , n+ = 1Bi
	4452	W	93	Di, 2Bi
	4452 a	+	93	Di, 2Bi
	DE 62		93	Di, 2Bi an Fr, + = 3Bi
	8072	Sa , ausg. Sch	93	= V 4222
7/8	4223	W	3071	BDi, Bi
8	4411		93	BDi, 2Bi
	4222		93, V 93 ab Do, Sa ausg. Sch	2Bi, BDi
	8074	Sa, wenn Sch		Nh–Mis
11	DE 13		93	2Bi, Di,(Fr, + = 3Bi)
	4225	+	93	BDi, Bi
	4413		93	an W Bi, BDi, an + 4Bi, BDi, 2Bi ab in Do
12	4254		93, + V93 (aus 4225)	2Bi, Di
	DE 14		93	Di, 2Bi (an Fr = 3Bi)
13	4255		93	BDi, 2Bi
15	4257		93, V 93 an W(Sa) bis Do=4424	Di, 2Bi (an v+ = 3Bi)
	4414		93	BDi, Bi, an W(Sa) (2Bi, BDi) ab in Do = 4424
	DE 15		93	Bi, Di , (an + = 3Bi)
	DE 16		93	Di, 2Bi (an + = 3Bi)
16	4424	W(Sa)	93	2Bi, BDi
17	4425	W(Sa)	93	BDi, 2Bi
	4229		93	Di, 2Bi
18	4416	W(Sa)	93	2Bi, BDi (aus 4425)
	4455 a	+	93	2Bi, Di
	4228		93	Bi, BDi (an Sa = 2Bi)
	4455	W	93	2Bi, Di
19	4231		93	BDi, 2Bi (v+/+ = 1Bi), (BDi, 2Bi) ab in Do = 4418
	DE 67		93	2Bi, Di (+ = 3Bi)
	4418		93	2Bi, BDi
20	4230		3071	2Bi, Di, + (2Bi, BDi)
	DE 18		93	2Bi, Di , (v+ = 3Bi)
22	4417		93	Bi, BDi, (an + = 2Bi)
23	4269		93	BDi, Bi

Jahr 1970 Verk-Zeit/Std	Zug Nr	Verk-Tage	Tfz	Zugbildung
4	4408	W	93	BDi, Bi
	8080	W	5041, n+ 93	BDT Nh–Do–Zd
	8090	W	5041, n+ 93	BDT f. DZ 10, 93 f. 4420
5	4270	W	93	Bi, BDi
	Lz 4261/ 4460	Sa, wenn W	93	f. 4420 Mis–Zd
6	8072	+	5041	BDT Nh–Do–Zd
	8094	+	5041	BDT f. DZ 12
7	DE 11		93	2Bi, Di (an + = 3Bi)
	4221		93	Di, 2Bi
	4220		93	an Sch Di, 5Bi, BDi, an So BDi, Bi, ausg. Sch Di, 4Bi, BDi
	4452	W	93	Di, 2Bi, W(Sa), ausg. Sch = 1Bi
	DE 62		93	Di, 2Bi, (an + = 3Bi)

Jahr 1970 Verk-Zeit/Std	Zug Nr	Verk-Tage	Tfz	Zugbildung
7/8	4223	W	93	BDi, Bi
8	4411		93	BDi, 2Bi
	4222		93	2Bi, BDi
	4410	+	2067	BDT, BT
11	DE 13	W	5041	BDT
	DE 13 a	+	5041	BDT
	4413		93	Bi, BDi , (an + = 2Bi), an W 5041, BDT (Do–Nh)
12	8074	W	5041	f. DE 14 Nh–Do
	4254		93	2Bi, Di
	LzNz 4254	Sa	93	Nh–Mis
	DE 14	W	5041	BDT
13	4255		(Sa) 93, an Sa 2067	an W(Sa) BDi, 2Bi, an Sa BDT, BT
15	8078	+	5041	f. DE 16 Nh–Do
	4257		an W 93, an So 2067	an W Di, 2Bi, an So BT, BDT
	4414		(Sa) 93, Sa 2067	(Sa) BDi, Bi, Sa BDT, BT, an W(Sa) (2Bi, BDi) ab Do = 4424
	DE 15	W	5041	BDT
	DE 16		5041	BDT
15/16	Nu 2	W(Sa)		
16	8086	Sa	93	Nh–Mis v. 4257
	8095	+	93	Zd–Do v. 4315
	8083	+	93	Do–Nh v. 4315
	4424	W(Sa)	93	2Bi, BDi
17	4425	W(Sa)	93	BDi, 2Bi
	4229	W	93	Di, 2Bi
18	4416	w(Sa)	93	2Bi, BDi
	4228		an W 93, an So 2067	an W Bi, BDi, an So BDT, BT
	4455	W(Sa)	93	Di, 2Bi
19	4231		93	(Sa) BDi, 2Bi (an + = 1Bi), (BDi, 2Bi abg.) = 4418, an Sa + = 1Bi
	DE 67		93	2Bi, (an + = 3Bi), Di
	4418		93	2Bi, BDi
20	8087	+	93	f. 4408 Mis–Do
	4230		93	an W 2Bi, Di, an + 2Bi, BDi
20/ 21	DE 18		93	2Bi, Di, (v+ = 3Bi)
22	4417		(Sa) 93, an Sa 2067	(Sa) Bi, BDi, an Sa BT, BDT, an + 2Bi, Di
	8081	(Sa)	93	Do–Nh v. 4417x

Abkürzungen:
Do = Dobermannsdorf, Nh = Hohenau, Mis = Mistelbach Lbf, Zd = Zistersdorf

Fahrplan, Triebfahrzeugeinsatz und Zugbildung für die Strecke Dobermannsdorf–Enzersdorf b.Staatz, Bf Poysdorf

Jahr 1964 Verk-Zeit/Std	Zug Nr	Verk-Tage	Tfz	Zugbildung	Strecke / für Zug
6	DE 11		93	2Bi (an + 3Bi), 1Di	Po–Do / DE 62
7	DE 22		93	1BDi, 1Bi	Po–Ed / DE 23
8	DE 23		93	1Bi, 1BDi	Ed–Po / DE 74/ 76
8/9	DE 62		93	1Di, 2Bi (an Fr und an + = 3Bi), Mk, Sk	Do–Ed / DE 13
10	DE 13		93	2Bi (an Fr und an + = 3Bi), 1Di	Ed–Do / DE 14
13	DE 14		93	1Di, 2Bi (an + = 3Bi)	Do–Ed / DE 15
14	DE 15		93	2Bi (an + = 3Bi), 1Di	Ed–Do / DE 16
15	DE 74	W	93	1BDi, 1Bi	Po–Ed / DE 75
	DE 75	W	93	1Bi, 1BDi	Ed–Po / DE 80
16	DE 80	W	93	1BDI, 1Bi	Po–Ed / DE 83
17	DE 83	W	93	1Bi, 1BDi	Ed–Po / DE 76
16/17	DE 16		93	1Di, 2Bi (an + 3 Bi)	Do–Ed / DE 67

Jahr 1964					
Verk-Zeit/Std	Zug Nr	Verk-Tage	Tfz	Zugbildung	Strecke / für Zug
18	DE 67		93	2 Bi (an + = 3Bi), 1Di, Mk, Sk	Ed–Nh / (8985)/ 4220
19	DE 76		93	1BDi, 1Bi	Po–Ed / DE 27
20	DE 27		93	1Bi, 1BDi	Ed–Po / DE 28/22
21	DE 28	Sommer an +	93	1BDi, 1Bi	Po–Ed / DE 29
	DE 29	Sommer an +	93	1Bi, 1BDi	Ed–Po / DE 22
20/21	DE 18		93	2Bi(v+ = 3Bi), 1Di	Nh–Po (an + bis Ed) / DE 31/11
23	DE 31	+	93	1Di, 2Bi	Ed–Po / DE 11

Jahr 1966					
Verk-Zeit/Std	Zug Nr	Verk-Tage	Tfz	Zugbildung	Strecke / für Zug
6	DE 11		93	2Bi, 1Di	Po–Do / DE 62
7	DE 22		5041	BDT	Po–Ed / DE 23
8	DE 23		5041	BDT	Po–Ed / DE 13 an W/ DE 62 an +
8/9	DE 62	W	93	1Di, 2Bi	Do–Ed / DE 13, Tfz v. 4221
8	8070	+	93	Tfz v. DE 62	Po–Ed / 2432
8/9	DE 62	+	93	1Di, 2Bi	Do–Po , Tfz 8070, Wg DE 67
				VT 5041, BDT	Po–Ed / DE 13 a
10	DE 13	W	93	1Di, 2Bi	Ed–Po / DE 74
				VT 5041, BDT	Po–Do 8077/ 8904, BDT f. DE 14 Sa
	DE 13 a	+	5041	BDT	Ed–Po / LzNz 4413 / 8904, BDT f.DE 16 +
13	DE 14	W	5041	BDT	Do–Ed / DE 15, aus 8074
14	DE 15	W	5041	BDT	Ed–Po / DE 16
15	DE 74	W	93	1Di, 2Bi	Po–Ed / DE 75
	DE 75	W	93	2Bi, 1Di	Ed–Po / DE 80
16	DE 80	W	93	1Di, 2Bi	Po–Ed / DE 83
16/17	DE 16		93	2Bi, 1Di	Po–Ed / DE 67 an W
			5041	BDT	Do–Po / DE 24 / 26 W(Fr, Sa)/ Fr, Sa
			5041	BDT	Do–Ed / DE 67 an +
17	DE 83	W	93	2Bi, 1Di	Ed–Po / DE 16
18	8085	+	93	Tfz f. DE 67	Ed–Po
	DE 67		93	2Bi, 1Di	Ed–Nh / 8985 an W
			5041	BDT	Ed–Po / DE 26 an +
			93	2Bi, 1Di	Po–Nh / 8985 an +
	DE 24	W (Fr,Sa)	5041	BDT	Po–Ed / DE 25
19	DE 25	W (Fr, Sa)	5041	BDT	Ed–Po / DE 22
	DE 26	Fr, Sa , +	5041	BDT	Po–Ed / DE 27
20	DE 27	Fr, Sa, +	5041	BDT	Ed–Po / DE 22
21	DE 18		93	1Di, 2Bi	Do–Po / DE 11

Tfz-Umlauf	
5041 an W	8074 Do–DE 14 / 15 / 16–(24 / 25) nicht Fr, Sa, DE 26 / 27 Fr , Sa–DE 22 / 23 / 13 W / N 4413 /
5041 an +	DE 22 Ed–DE 23 Po–DE 62 Po–Ed–DE 13 a–LzNz 4413
5041 an +	DE 16 Ed–DE 67 Po–DE 26 Ed–DE 27 Po
93 an W	DE 62 Ed–DE 13 Po–an W (DE 74 / 75 / 76 / 80 / 83) / 16 / 67 Do / Sa Nh
93 an +	8085 Ed–Po DE 67 Do , DE 11 Po–Do–DE 62 Po–8070 Ed
93 tgl	DE 18 Po–DE 11 Do

Wagenumlauf	
1Di, 2Bi	DE 18 / 11 / 62 an W/ 13 / 74 / 75 / 80 / 83 / 16 Ed / 67 an W, an + DE 62 Do–Po–DE 67 Po–Nh
BDT	wendet in Do an Sa v. DE 13 auf DE 14, an + v DE 13 a auf DE 16, sonst wie 5041

Jahr 1976					
Verk-Zeit/Std	Zug Nr	Verk-Tage	Tfz	Zugbildung	Strecke / für Zug
6	7460	W	2143	1BDT, 2BT	Po–Do / 71251
			N 2143	(1BDi, 1Bi)	Po–Gh / 7471
	7481	+	2143	2BT, 1BDT	Po–Ed / 71256
7	7462	+		1BDi, 1Bi	Po–Do / 7463
	7471	W	2143	1BDi, 1Bi	Gh–Ed / 7472
8	7472	W	2143	1BDi, 1Bi	Ed–Po / 7464
8/9	71251	W	2143	(2BT, 1BDT)	Do–Ed / 7484
9	7463	+	2143	1BDi, 1Bi	Do–Ed / 7464
10	7484	W	2143	1BDT, 2BT	Ed–Po / 7485, 7487
	7464		2143	1BDi, 1Bi	Po–Do / 7465 W
			2143	1BDi, 1Bi	Ed–Do / 7467 +
	85495	W	2143	Tfz v. 7484	Po–Mis / 71311
13	7465	W	2143	1BDi, 1Bi	Do–Ed / 7466, 7474
	85496	an Sch (Sa)	2062		Ed–Po / 7485
14	7474	Sa, wenn Sch	2143	1Bi, 1BDi	Ed–Po / 7475
	7475	Sa, wenn Sch	2143	1BDi, 1Bi	Po–Ed / 7466
	7466	W	2143	1Bi, 1BDi	Ed–Do / 7467
15	7485	Sch (Sa)	2062	2BT, 1BDT	Po–Ed / 7486
	7486	Sch (Sa)	2062	1BDT, 2BT	Ed–Po / 7487
16	7467		2143	1BDi, 1Bi	Do–Ed / 7476 W
				1BDi, 1Bi	Do–Po / 7477 +
	7476	W	2143	1Bi, 1BDi	Ed–Po / 7479
17	7477	+	2143	1BDi, 1Bi	Po–Ed / 7478
	7478	+	2143	1Bi, 1BDi	Ed–Po / 7479
	7487	W	2143 Sa, 2062 Sch (Sa)	2BT, 1BDT	Po–Ed / 71256
18	71256		2143 Sa, 2062 (Sa)	1BDT, 2BT	Ed–Nh / 7459
19	7479		2143	1BDi, 1Bi	Po–Ed / 7480
20	7480		2143	1Bi, 1BDi	Ed–Po / 7460, 7462
21	7459		2143	2BT, 1BDT	Nh–Po / 7460, 7481

Abkürzungen:
Do = Dobermannsdorf, Ed = Enzersdorf b.Staatz, Gh = Großkrut-Althöflein, Nh = Hohenau, Mis = Mistelbach Lbf, Po = Bf Poysdorf

Fahrplan, Triebfahrzeugeinsatz und Zugbildung für die Strecke Freiland–Türnitz, Bf Türnitz

Jahr 1960			
Verk-Zeit/Std	Zug Nr	Verk-Tage	Tfz Zugbildung
5	FT 11	93	1BDi, 4Bi Tü–Pb
7	FT 10	93	1Di, 2Bi
8	FT 13	93	2Bi, 1Di (Di auf FT 50)
9	FT 50	93	W 1Di,2BT (2BT Kurswg Pb–Tü)
			+ 1BDi, 3Bi (17) Pb–Tü, 1BDi,
			4Bi (15) Pb–Tü
11	FT 15	93	W 2BT, 1Di (2BT Kurswg Tü–Wf), an + 4Bi, BDi Tü–Pb
12	FT 12	93	1Di, 2Bi 1Bi (17) Pb–Tü
13	FT 51	93	2Bi, 1Di
16	FT 14	93	1Di, 2Bi, an Sa , + = 3Bi Pb–Tü
18	FT 17	93	2Bi, 1Di, 1Bi Tü–Pb
			an Sa, + = 3 Bi Tü–Pb, an + 3Bi, 1BDi Tü–Pb
19	FT 16	93	1Di, 2Bi
			(1Di, 5Bi) an + im Sommer und 26.12.-26.3. Pb–Tü
	FT 19	93	2Bi, 1Di
			5Bi, 1Di an + im Sommer und 26.12.-26.3. Tü–Ws
20	FT 18	93	4Bi, 1BDi Pb–Tü

Jahr 1962 (Sommer)				
Verk-Zeit/Std		Zug Nr	Verk-Tage	Tfz Zugbildung
5	FT 11		2065	1BT, 1BDT
7	FT 10		2065	1BDT, 1BT
8	FT 13		2065	1BT, 1BDT (BDT auf FT 50)
9	FT 50		2065	W 1BDT, 1BT, an Sa 1BT Pb–Tü, bei Überlast ohne BDT
				an + 1Di, 5Bi = 15 Pb–Tü
11	FT 15		2065	W 1BT, 1BDT, an Sa (1BT) Tü–Fd, bei Überlast ohne BDT
				an + 5Bi, 1Di Tü–Pb
12	FT 12		2065	1BDT, 1BT
13	FT 51		2065	1BT, 1BDT
16	FT 14		2065	W(Sa) 1BDT, 1BT, Sa, + 1BDi, 3Bi Pb–Tü
18	FT 17		2065	W(Sa) 1BT, 1BDT, Sa, + 3Bi, 1BDi Pb–Tü
	FT 16		2065	W 1BDT, 1BT, an + 1Di, 5Bi Pb–Tü
19	FT 19		2065	W 1BT, 1BDT, an + 5Bi, 1Di Tü–Ws
20	FT 18		2065	1BDT, 1BT

Jahr 1969				
Verk-Zeit/Std		Zug Nr	Verk-Tage	Tfz Zugbildung
5	FT 11	W	2062	1BT, 1BDT
7	FT 10	W	2062	1BDT, 1BT
8	FT 13		2062	1BT, 1BDT, (BDT auf FT 50)
9	FT 50		2062	W 1BDT, 2BT Pb–Tü, an + 3BT, 1BDT Pb–Tü
11	FT 15		2062	W 2BT Tü–Pb, 1BDT, an + 1BDT, 3BT Tü–Pb
12	FT 14		2062	1BDT, 1BT
13	FT 51		2062	1BT, 1BDT
16	FT 22		2062	W 1BDT, 1BT, an + 1BDT, 3BT Pb–Tü
18	FT 17		2062	W 1BT, 1BDT, an + 3BT, 1BDT Tü–Pb
18	FT 16		2062	W 1BDT, 1BT
				1Di, 5Bi an + im Sommer und 26.12–22.3. Pb–Tü
19	FT 19		2062	W 1BT, 1BDT
				5Bi, 1Di an + im Sommer und 26.12.–22.3. Tü–Ws
19	FT 18		2062	1BDT, 1BT

Jahr 1976				
Verk-Zeit/Std		Zug Nr	Verk-Tage	Tfz Zugbildung
5	6741	W	5046	BDi
7	6740	W	5046	BDi
8	6743		5046	2Bi an Sch, BDi, an Sch VT und 2 Bi bis Lf
9	71640		5046	W BDi , (2Bi)Pb–Tü, an + (2Bi, 1BDi) Pb–Tü
10	6700	+ v. 27.12.-20.3.	5046	1Di, 3Bi ab Pb
11	71641		5046	W BDi, (2Bi) Tü–Pb, an + (1BDi, 2Bi) Tü–Pb
12	71642		5046	BDi
13	71643		5046	BDi
15	6744		5046	W BDi, 2Bi an Sch Lf–Tü, an + (BDi, 2Bi) Pb–Tü
17	6701	+ v. 27.12.-20.3.	5046	3Bi, 1Di Tü–Ws
18	6747		5046	W BDi, an + (2Bi, 1BDi)Tü–Pb
	6746	Sommer an + u. v. 26.12.-20.3	5046	BDi, (2Bi) Pb -Tü
19	6749	Sommer an +u. v. 26.12.-20.3	5046	BDi, (2Bi) Tü–Ws
	6748		5046	BDi

Abkürzungen:
Fd = Freiland, Lf = Lilienfeld, Pb = St.Pölten, Tü = Türnitz, Ws = Wien Westbf, Wf = Wien FJBf

Fahrplan, Triebfahrzeugeinsatz, Zugbildung Bf Gmünd NÖ, Schmalspur
Strecken Gmünd(Gm)–Groß Gerungs(G), Gmünd–Alt Nagelberg(A)–Heidenreichstein(H)/Litschau(Li)

Jahr 1956				
Verk-Zeit/Std		Zug-Nr.	Verk-Tage	Tfz Zugbildung
6	GN 69	W	399	
	GG 87	W	399	1 Bi
7	GN 12		2/ 2190	H 1 Di, 2 Bi (n+ 4), Li 3 Bi, 1 DF
	GG 32		298	4 Bi (Sa–Di 5), 1 DF
	GG 63	W	699	
8	GN 61		399	2 Bi, 1 D
8	GG 33		2190	1 DF, 2 Bi
10	GN 68	W	399	
	GN 13		2190	1 DF, 3 Bi (an + 2)
	GG 62	W	699	
11	GG 89	W	399	
	GN 73	W	699	
13	GG 86	W	399	1 Bi
	GN 62		399	1 Di, 2 Bi + 1 G Post an W
	GG 34		2190	3 Bi, 1 DF
14	GN 14		2190	3 BI (an + 2), 1 DF
	GN 53		399	2 Bi (an + 4), 1 D, 1 G Post an W, Sk
	GG 35		2190, V 2190 bis S	1 DF, 3 Bi
	GN 51		399	1 DF, 2 Bi, 1 Sk + Wg S GN 53
16	GN 72	W	699	
	Lz GG 64		2190	
18	GN 52		399	2 Bi, 1 DF(Li), D, 2Bi (an + =4) (H), Sk
	GG 36		2190	1 DF, 2 Bi
19	GN 54		399	Sk
	GG 88	W	399	
	GN 17	W	2/ 2190	1 DF, 3 Bi >Li / 2 Bi, 1 D > H
	GG 37		298	1 DF, 4 Bi (Fr–Mo 5)
20	GN 19	+	2/ 2190	1 DF, 3 Bi > Li, 4 Bi, 1 D> H

Jahr 1969				
Verk-Zeit/Std		Zug-Nr.	Verk-Tage	Tfz Zugbildung
6	GG 87	W	2095	1 G (Sk)
7	GN 12	W	2190	1 B4ip, 1 Di
	GG 32	W	2091	3 Bi (Sa 4), 1 Di
8	GN 16		2091, an + 2190	1 Di, 2 Bi, 1 B4ip an Sch, an + 1Di, 2Bi
	GN 61	W	399	1 Di, 1 Bi
	GG 38	+	2091	3 Bi, 1 Di
9	GG 33		W 2190, + 2095	an W 1 Di, 1 B4ip, an + 1 Di, 3 Bi
11	GG 89	W	399	
13	GG 86	W	2095	1 G (Sk)
	GN 62	W	399	1 Bi, 1 Di, 1 GG an Sa
14	GG 34		W 2190, + 2095	an W 1 B4ip, 1 Di, an + 3 Bi, 1 Di
	GN 53	W	2095	1 Bi, 1 B4ip an Sch, (1 G, Sk Li)
	GG 35		W 2091, + 2095	an W 1 Di, 1 B4ip, an + 1 Di, 5 Bi
	GN 51		W 399, + 2/ 2091	an W 1 Di, 2 Bi, 1 Di, 1 G (Sk H), an + 1 Di, 1 B4ip > Li / 2 Bi, 1 Di >H
18	GN 52		W 399, + 2/ 2091	1 Di, 2 Bi, 1 Di, 1 G Sk an W
	GG 36		W 2091, + 2095	an W 1 B4ip, 1 Di, an + 5 Bi, 1 Di
	GN 54	W	2095	1 Bi, 1 GG (Sa)
19	GG 88	W	399	
	Gn 19		2190 Li, 2091 H	1 Di, 1 B4ip >Li, 2 Bi 1 D >H
	GG 39		2091	3 Bi (Fr 4), 1 Di

Jahr 1971				
Verk-Zeit/Std		Zug-Nr.	Verk-Tage	Tfz Zugbildung
6	GG 87	W	399	1 Di, 1G Sk
7	GN 12	W	2091	1B4ip, 1Di

Jahr 1971				
Verk-Zeit/Std	Zug-Nr.	Verk-Tage	Tfz	Zugbildung
7	GG 32	W	2095	1 Di, 3 Bi (Sa 4)
8	GN 16		2091, + 2/ 2091	an"W 1 Di, 2 Bi , 1 B4ip an Sch, an + 1 B4ip, 1 Di, 2 Bi
	GN 61	W	2095	2 Bi, 1 Di
	GG 38	+	2095	1 Di, 3 Bi
9	GG 33		W 2091, + 2095	an W 1 Di, 1 B4ip, an + 1 Di, 3 Bi
11	GG 89	W	399	1 Di (Bi)
13	GG 86	W	399	1 Di, 1 G Sk
	GN 62	W	2095	1 Di, 2 Bi, 1 GG Sa
14	GG 34		W 2091, + 2095	an W 1 B4ip, 1 Di, an + 3 Bi, 1 Di
	GN 53	W	399	1 Bi, 1 B4ip an SCh, 1 G >Li
14	GG 35		W 2091, + 2095	an W 1 Di, 1 B4ip, an + 1 Di, 5 Bi
	GN 51		W 2095, + 2/ 2091	an W (1 Di, 2 Bi, 1 Di, 1 GG >H, an + (1 Di, 1 B4ip >Li, 2 Bi, 1 Di >H)
18	GN 52		W 2095, + 2/ 2091	an W (1 Di, 2 Bi, 1Di, 1 G), an + (1 Di, 2 Bi, 1 B4ip, 1 Di)
	GG 36		W 2091, + 2095	an W 1 B4ip, 1 Di, an + 5 Bi, 1 Di
	GN 54	W	399	1 Bi, 1 Di, 1 GG (Sa)
19	GG 88	W	399	1 Di, (Bi)
	GN 19		2/ 2091	1 Di, 1 B4ip (Li), 2 Bi, 1 D (H)
	GG 39		2095	3 Bi (Fr = 4), 1 Di

Tfz-Umlauf Gmünd 1971, Schmalspur		
399	W	GG 87 G–GG 86 Gm–GN 53 H–GN 54 Gm
	W	(GN 69 LI–GN 68 Gm) n. B.–GG 89 G–GG 88 Gm
2091	W	GN 12 Gm–GG 33 G–GG 34 Gm–GG 35 G–GG 36 Gm–GN 19/ 29 H
	+	GN 12 Gm GN 51 Li–GN 52 Gm–GN 19/ 29 H
	W	GN 22/ 16 Gm GN 19 Li
	+	GN 26/ 16 Gm GN 51/ 53 H–GN 54/ 52 Gm–GN 19 Li
2095	W	GG 32 Gm–GN 61 H–GN 62 Gm–GN 51 Li–GN 52 Gm–GG 39 G
	+	GG 38 Gm–GG 33 G–GG 34 Gm–GG 35 G–GG 36 Gm–GG 39 G
2092	W	V 6.15–13. 45 Uhr, 14.15–20.00 Uhr

Wagenumlauf Gmünd 1971, Schmalspur			
W	1 B4ip, 1 Di		GN 12–GG 33/ 34/ 35/ 36–GN 19
W	1 Di, 2 Bi		GN 22/ 16–1 Bi, 1 Di GN 51/ 53/ 54/ 52(1 Bi GN 51/52)–1 Di, 2 Bi GN 19/ 29
Sch	1 B4ip		GN 16/ 53 A–Gm–A
W	1 Bi		GN 53 A/ GN 54
	1 Di, 3 Bi		GG 32–1 Di, 2 Bi GN 61 W/ 62 W–1 Di, 3 Bi GG 39
			GG 32 an Sa 4 Bi, GG 39 an Fr 4 Bi
W	1 Di		GG 87/ 86/ 51 52
W	1 Di od. 1 Bi	(GN 69/ 68) n. B./ GG 89/ 88	
	Kurswagen	1 Gw	GG 87/ 86 (Folgetag)
		1 GG	GN 53/ 54 (Sa) (Folgetag)
		1 Gw	GN 51/ 52 (Folgetag)
+	1 Di, 1 B4ip		GN 16/ 51/ 52/ 19
	2 Bi, 1 Di		GN 26/ 51/ 53/ 54/ 52/ 19/ 29
	3 Bi, 1 Di		GG 38/ 33/ 34/ 35/ 36/ 39 , GG 35 /36 zusätzl. 2Bi

Jahr 1983 (Sommer)				
Verk-Zeit/Std	Zug-Nr.	Verk-Tage	Tfz	Zugbildung
6	71441	W	2095	1 Di, Sk
	71430	B		Gm–Li
7	6381	W	2091	1B4ip (oder 2 Bi), 1 Di
	6362	W	2095	3 Bi (Sa 4), 1 Di
8	6383		2091, So 2/2091	2 Bi, 1 Di , 1 B4ip anSch, + 1B4ip(oder2 Bi), 1 Di (Li) an +
	6364	+	2095	3 Bi, 1 Di
	71432	W	2095	1 Di, 2 Bi
9	6363	W	2091 W(Sa), 298 Sa	1 Di, 1 B4ip (oder 2 Bi)
	6371	+	298	1 Di, 4 Bi
10	71431	B		Li–Gm

Jahr 1983 (Sommer)				
Verk-Zeit/Std	Zug-Nr.	Verk-Tage	Tfz	Zugbildung
11	71445	W	2095	1 Di oder Bi
12	6384	+	2/ 2091	1 Di, 1 B4ip >(Li), 2 Bi, 1 Di >(H)
13	71446	W	2095	1 Di, Sk
	71433	W	2095	2 Bi, 1 Di, 1 GG Sa
14	6366		2091 W(Sa), 298 Sa, +	an W 1 B4ip (oder 2 Bi), 1 Di, an + 4 Bi, 1 Di
	71434	W	2095	1 Bi, 1 B4ip Sch, Sk
	6365		2091 W (Sa), 298 Sa, +	an W 1 Di, 1 B4ip (oder 2Bi), an + 1 Di, 5 Bi
	71436	W	2095	1 Di, 2 Bi, 1 Di, Sk
18	71435	W	2095	1 Di, 2 Bi, 1 Di, Sk
	71448	W	2095	1Di oder Bi
	6385	+	2/ 2091	2 Bi, 1 Di >(H), 1 B4ip, 1 Di >(Li)
	6370	+	298	5 Bi, 1 Di
18	71437	W	2095	1 Bi, Sk (Sa)
19	6368	W	2091 W(Sa), 298 Sa	W 1 B4ip (oder 2Bi), 1 Di
	6386		2/ 2091	1 Di, 1 B4ip (oder 2Bi) >(Li), 1 Di, 2 Bi (H)
	6367		2095	1 Di, 3 Bi (Fr 4)

Fahrplan, Triebfahrzeugeinsatz und Zugbildung für die Strecken Stammersdorf/Gänserndorf–Dobermannsdorf/Mistelbach, Bf Groß Schweinbarth

Jahr 1964				
Verk-Zeit, Std	Zug Nr	Verk-Tage	Tfz	Zugbildung
5	4310		93	BDi, 2Bi
5/6	4410		93	anW BDi, Bi + 3 Bi Gs–S, an + BDi, 4Bi
6	4411		93	BDi, Bi
7	4420		93	BDi, Bi, Tfz an W 4350, an + 4351
	4350	W	93 bis Gs	Di, 4Bi, Tfz = 4312
	4311	W	93	2Bi, BDi
9	4452 a	+	93	Di, 2Bi
9/10	4351		93	an W 4Bi, Di, an + 2Bi, BDi
9	4452	W	93	Di, 2Bi, (2Bi, BDi Py–Gs = 4414)
9/10	4413		93	an W Bi, BDi–2Bi ab Gs = 4414, an + 4Bi, BDi
9	4312		93	BDi, Bi
14	4315		93	Bi, BDi
16	4455	W	93	Di, 2Bi
	4455 a	+	93	Di, 2Bi
	4354		93	an W Di, 3Bi, an + Di, 2Bi
	4317		93	2Bi, BDi
16/17	4414		93	an W BDi, Bi, an + BDi, 2Bi, an W(Sa) Vsp 93
				ab Zd bis S = 4415
				Beigabe Gs: W(Sa) 4Bi, BDi = 4417 (2Bi)/4415 (2Bi, BDi) ,
				an Sa 1Bi=4417, an + 2Bi=4417
18	4316		93	BDi, 2Bi
19	4415	W(Sa)	93	BDi, 2Bi Py =(4452), 2Bi ab in Gs =4410
20	4417		93	an W Bi , BDi, an W 1Bi ab in Gs, an Sa 1Bi
			93	an + 2Bi, BDi, 2Bi ab in Gs
	4357		93	anW 3Bi, Di, an + 2Bi, Di
21	4418		93	2Bi, BDi = 4411
	4458	Sa, +	93	2Bi, BDi
24	4459	Sa, +	93	BDi, 2Bi

Jahr 1966					
Verk-Zeit, Std	Zug Nr	Verk-Tage	Tfz	Zugbildung	Verk-Strecke/ f.Zug
5	4310		93	1BDi, 2Bi	Mis–Gä / 4311, 4351
5/6	4410	W	93	BDi, Bi	Do–S / 4413
				3Bi	Gs–S, in S 1Bi = 4417, 2Bi = 44
6	4411		93	1BDi, 2Bi	Gs–Mis / 4222
7	4420		93	1BDi, 1Bi	Zd–Gs / 4312
	8098	+	93	Gs–S f. 4413	

Jahr 1966 Verk-Zeit, Std	Zug Nr	Verk-Tage	Tfz	Zugbildung	Verk-Strecke/ f.Zug
7	4350	W	93		(ab Gs 4312/ 4420 führt 4350 ab Gs)
				1Di, 3Bi	Mis–Gä / 4351
	4311	W	93	2Bi, 1BDi	Gä–Mis /4316,
9/10	4452 a	+	93	Di, 2Bi , (2Bi, BDi Py–Gs) v. 4415 f. 4414	Do–S / 4461
	4452	W	93	Di, 2Bi	Do–S / 4455 W(Sa), 4417 Sa
	4413	W	93	2Bi S–Gs an W, Bi–BDi	S–Nh / 4414
	4351		93	3Bi (an + 2=Bi), 1BDi	Gä–Mis / 4354
9	4312		93	1BDi, 1Bi	Gs–Gä / 4315
				1 Bi	Gs–Gä / 4315 Sa (aus 4413)
12	Lz 4461	+	93		S–Mis v. 4452 a mit Wgs
12/13	Lz 4483	Sa	93		S–Mis v. 4452, ab Gs 8073
14	4315		93	1Bi	Gä–Gs / 4414 Sa
				1Bi, 1BDi	Gä–Zd / 4420
16	4455	W(Sa)	93	Di, 2Bi	S–Do / 4452
	4317	W	93	2Bi, 1BDi	Gä–Mis / 4310
	4354	W(Sa)	93	1Di, 3Bi	Mis–Gä /4357
16/17	4414		93	BDi, Bi	Nh–S / 4417 (Sa)/ 4413 +
			Vsp 93 W(Sa) Zd–S	2Bi, Sa = 1Bi	Gs–S / 4417
				2Bi, BDi an W(Sa)	Gs–S / 4415
18	4316		93	1BDi, 2Bi	Mis–Gä / 4317, 4357
19	4319	W(Sa)	93	2Bi, 1BDi	Gä–Gs / 4318
	4415	W(Sa)	93	BDi, 2Bi	S–Py / (4452)
				2Bi	S–Gs / 4410
20	4357		93	3Bi, 1Di	Gä–Mis / 4350 W, Tfz bis Gs = 4417
				2Bi, 1BDi	Gä–Mis / 4310 +
20	4417		93	1Bi, (+ = 2Bi)	S–Gs / 4410 Sa, +
				1Bi	S–Gs / 4410 W
				1Bi, 1BDi	S–Do / 4410 (Sa)
				2Bi, Di	S–Do / 4452 Sa
	4318	W(Sa)	93	1BDi, 2Bi	Gs–Gä /4317
21	4418		93	2Bi, 1BDi	Do–Gs / 4411

Jahr 1970 Verk-Zeit/Std	Zug Nr	Verk-Tage	Tfz	Zugbildung
5	4310		93	BDi, 2Bi
6/7	4408	W	93	BDi, Bi, bei in Gs 1Bi, 1Bi an Sch (Sa)
6	4411		93	BDi, 2Bi (an Sa, + = 1Bi)
7	Lz 4375	+	93	v. 4310 Gä–Gs f. 8098/ 4413
	4420	W	93	BDi, Bi
	8098	+	93	Gs–S
	4350	W	93	Di, 4Bi (wenn nicht Sch = 2Bi)
	4311	W	93	2Bi, BDi
9/10	4351		93	an W 2Bi, Di, an + 2Bi BDi, an + Tfz f. 4312
	4410	+	2067	BDT, BT
	4452	W	93	Di, 2Bi , an W(Sa) wenn nicht Sch = 1Bi , (Sa) (Bi, BDi) ab in Gs
	8084	+	93	Mis–Gs f. 4351
	4312		93	BDi, Bi
	4413		93	Bi, (an + = 2Bi), BDi, 1Bi an + bis Gs
12	8097 / 8069 +		2067	BT, BDT S–Gs / Gs–Mis
12/13	4483 / 8073 Sa		93	S–Gs / Gs–Mis
14	4315		93	Bi, BDi, an Sch 2Bi bei in Gs
16	4455	W(Sa)	93	Di, 2Bi, (wenn nicht Sch = 1Bi)
	4354	W	93	Di, 2Bi, 2Bi an Sch bei in Gs
	4317	W	93	2Bi (wenn nicht Sch = 1Bi), BDi
16/17	4414		93	(Sa) BDi, Bi an W(Sa), 1Bi, BDi bei in Gs
			2067	Sa BDT, BT, (Bi, BDi) ab in Gs

Jahr 1970				
Verk-Zeit/Std	Zug Nr	Verk-Tage	Tfz	Zugbildung
18	4316		93	BDi, 2Bi (nicht Sch = 1Bi)
19	4415	W(Sa)	93	BDi, Bi, an Sch 2Bi, an nicht Sch 1Bi bis Gs
	4319	W(Sa)	93	2Bi (wenn nicht Sch = 1Bi), BDi
20	4357		93	an W 4Bi (wenn nicht Sch=2Bi), Di, an + 2Bi, BDi
20/21	4417		93 (Sa), 2067 Sa	an W(Sa) BI, BDi, an Sa BT, BDT, an + 2Bi, Di
	4418		93	2Bi (Sa, + = 1Bi), BDi
21	4318	W(Sa)	93	BDi, 2Bi (wenn nicht Sch = 1Bi)

Jahr 1974					
Verk-Zeit/Std	Zug Nr	Verk-Tage	Tfz	Zugbildung	Verk-Strecke/ f.Zug
5	7311	W	93	1BDi, 1Bi	Mis–Gä / 7310
				1Bi	Mis–Gä / 7310 an Sch(Sa)
5/6	7411	W	93	BDi, Bi	Do–S / 7412
				1Bi	Gs–S / (Sa) / = 7406
				1Bi	Gs–S / Sch (Sa) = 71332
6	7420	W	93	1BDi, 1Bi	Gs–Mis / 7223
				1Bi	Gs–Mis / 7223 (Sa)
7	7421	W	93	1BDi, 1Bi	Zd–Gs / 7323
	85413	+	2062	aus 71305	Gs–S / 7412 +
	71305	W	93	4Bi (nicht Sch = 3Bi), 1Di, Sa = 2Bi	Mis–Gä /71308 W/ 7304 Sch
		+	2062 bis Gs, 93 ab Gs	2Bi, BDi,	Mis–Gä / 7312 +
	7310	W	93	1Bi	Gä–Mis / 7311 an Sch
				1Bi, 1BDi	Gä–Mis / 7311
9/10	7312	+	93	2Bi, BDi	Gä–Mis / 7317
	7412	W	93	Bi,BDi	S–Nh / 7415
		+	2062	Di, 2Bi	S–Nh / 7459
	71325	W	93	Di, 2Bi, (an Sch und Sa wenn nicht Sch = 1Bi)	Do–S / 71332 (Sa)/ 7412 So
				(Sa) (2Bi, BDi)	Py–Gs / 7415
	7413	+	2067	BDT, BT	Do–S / 85412
	71308	W	93	1Di, 2Bi	Gä–Mis / 71311
10	7323		93	1BDi, 1Bi	Gs–Gä / 7304
11	85412	+	2067	(BT, BDT)	S–Mis v. 4410
11/12	71330	Sa	93	(1Bi) Zuf. mit 71325 ab Gs	S–Mis, ab als 85414
13	85414	Sa	93	(1Bi)	Gs–Mis v. 71330
14	7304		93	1Bi, 1BDi	Gä–Zd / 7415/ 7421
				2Bi an Sch	Gä–Gs = 71311
16	71332	W(Sa)	93	Bi (an Sch = 2Bi) BDi	S–Do / 71325
				Bi an Sch (Sa)	S–Gs / 71325 an Sch
	71311	W	93	2Bi, 1Di, 2Bi an Sch Gs–Gä	Mis–Gä / 71314/ 7304 Sch
	7314	W	5041	BDT	Gä–Mis / 7317
16/17	7415	W(Sa)	2/ 93	BDi, Bi Nh–S, (2Bi, BDi Gs–S)	Nh–S / 7418 / 7406 W (Sa)
		Sa	2067	BDT, BT	Nh–S / 7418
		So	5145		Nh–S / 7418
18	7317	W	5041	BDT	Mis–Gä / 7326
		+	2067	1BDT, 1BT	Mis–Gä / 71314
19	7406	W(Sa)	93	BDi, 2Bi	S–Mis / 7211
				Bi	S–Gs / 7411
	7326	W(Sa)	5041	BDT	Gä–Gs / 7329
20	71314	W	93	1Di, 4Bi (nicht Sch = 3Bi), Sa = 2Bi	Gä–Mis / 71305 W
		+	2067	1BT, 1BDT	Gä–Mis
	7418	W(Sa)	93	Bi, BDi	S–Do / 7411
		Sa	2067	BT, BDT	S–Do
		So	5145		S–Do
	7429		93	1Bi	Do–Gs / 7420 W
				1Bi, 1BDi	Do–Gs / 7420
21	7329		5041	BDT	Gs–Gä

Jahr 1981					
Verk-Zeit/Std	Zug Nr	Verk-Tage	Tfz	Zugbildung	Verk-Strecke/ f.Zug
5	85410	W(Sa)	5144		Gä–Gs f. 7420
	7311	W	5144, V 5042 Py–Gä Sa		
6	7411	W(Sa)	5042		
	7420	W(Sa)	5144		
7	7421	W(Sa)	5042		
7	7413	Sa, +	5042 an Sa, wenn W, 5145 an +		
	7313	+	5144		
	71305	W	2050	2BT, BDT, N 5042 (Sa) Gs–Gä	
	7310	tgl / W	5144		Gä–Mis
			5145		Gä–Gs an + = 7413
9 / 12	71325	W(Sa)	2143	BDi, 1Bi	
9	7415	+	5145		= 7315 an +
	7412		an W 5042, an + 5145		
9/10	7315	W / tgl	V 2143		Gs–Gä W(Sa)
			2050 W	BDT, BT	
			5145 +		Gs–Gä an +
9/10	71308	W	2050	BDT, 2BT	
	7312	+	5144		
12	85360	W(Sa)	2143		Gä–Gs f. 71325
14	7304		5145		
16	71311	W	2050	2BT, BDT	
	71332	W(Sa)	2143	1Bi, BDi	
	7314	W	5145		
	7417		5042 an W, 5145 an +, 5145 an W(Sa) Zd–S		
18	7317		5145		
19	7406	W(Sa)	5145		
	7326	W(Sa)	5145		
	85419	W(Sa)	5145		v. 7326
20	71314	W	2050	BDT, 2BT	
	7416	W	5042		
	7429	(Sa)	5042		
20/21	7418	+	5145		
	7316	+	5145		

Abkürzungen

Do = Dobermannsdorf, Gä = Gänserndorf, Gs = Groß Schweinbarth, Nh = Hohenau, Mis = Mistelbach Lbf, Py = Pirawarth, S = Stammersdorf, Zd = Zistersdorf

…hrplan, Triebfahrzeugeinsatz und Zugbildung für die Strecken Gänserndorf/Korneuburg–Mistelbach–Hohenau, Mistelbach Lbf

Jahr 1964				
Verk-Zeit/ Std	Zug Nr	Verk-Tage	Tfz	Zugbildung
4	4250		93	an W 2Bi, BDi, an + 1Bi, BDi
	4310		93	BDi, 2Bi
6	4270		93, an W V 93 Er = 4211	Bi, BDi
	4212		W V 93 bis Er, 3071	3Bi (an + = 2Bi), BDi, K stellt Mo-Fr 2 Bi ab > 2298 Nw, Rest 4215
	4221		an W 93, an + 3071	Di, 2Bi
	4350	W	93 bis Gs	Di, 4Bi
7	4223	W	3071	BDi, Bi
	4220		93	Di, 2Bi–n+ = 3Bi (4257)
				2Bi, BDi–+, n+ = 1Bi (4231)
8	4211	W	93	2Bi, BDi
	4311	W	93	2Bi, BDi
	4222		93, V 93 an Sa, wenn nicht Sch	Di, 2Bi
9	8074	Sa, wenn Sch	93	Nh–Mis
10	4253		93	an W BDi, 2Bi
				an + BDi, 3Bi,Di, Bi aus 4250, 2Bi v. 4212

Jahr 1964 Verk-Zeit/ Std	Zug Nr	Verk-Tage	Tfz	Zugbildung
10	4225	+	93	BDi, Bi
11	4351		93	an W: 4Bi, Di, an + 2Bi, BDi
	4281	(So)	93	an Einzelfeiertg.(2Bi, BDi) , n+ 2Bi ab K
12	4255		93	BDi, 2Bi
13	4254		93, an + V 93	2Bi, Di
14	4216		93	BDi, Bi (an Mo = 2Bi)
	4257		93	Di, 2Bi (an v+ = 3Bi)
15	4354	W	93	Di, 3Bi
	4354 a	+	93	Di, 2Bi
	4213		93	Bi (an Mo = 2Bi), BDi
	4215		3071	an W BDi, 1Bi (an Sa = 3Bi)
				an + Sommer: BDi, 5Bi, Winter: BDi, 3Bi
17	4229		93	Di, 2Bi
17	4317		93	2Bi, BDi
	4316		93	BDi, 2Bi
	4286	(Sa)	93	BDi, 2Bi = 4211 ab Er
				an + 2Bi K = (4281)
18	4231		93	BDi, 2Bi (v+, + = 1Bi), (BDi, 2Bi)
18	4218		3071	an W 1Bi (an Sa = 3Bi), BDi
				an + Sommer: BDi, 7Bi, Winter: BDi, 5Bi
19	4228		93	BDi, Bi, an Sa auch (2Bi, BDi)
20	4355	W(Sa)	93	BDi, 2Bi
	4219		3071	an W BDi, 3Bi, an + BDi, 2Bi, an Sa Stellt Mis 1Bi ab f. M
	4357		93	3 Bi (an + = 2Bi), Di
22	4230		3071	2Bi, Di , an + auch (2Bi, BDi)
	4269		93	BDi, Bi

Jahr 1970 Verk-Zeit/ Std	Zug Nr	Verk-Tage	Tfz	Zugbildung
4	4210	W	93	2Bi, BDi
5	4310		93	BDi, 2Bi
	8012	W	93	BDi, 2Bi (an nicht Sch = 1Bi) Mis–Er f. 4209
6	4270	W	93	Bi, BDi
	4212		5042	(So) 2BTl, Sa, wenn nicht Sch = 1BTl
	4221		93	Di, 2Bi
	4350	W	93	Di, 4Bi (ausg. Sch = 2Bi)
7	4223	W	93	BDi, Bi
8	4220	W	93	an W Di, 5Bi (ausg. Sch = 4Bi), BDi
				an So BDi, Bi
	4209	W	93	2Bi, (ausg. Sch =1Bi) BDi
	4311	W	93	2Bi, BDi
	4222		93	2Bi (Sa, + = 1Bi), BDi
9	8084	+	93	Mis–Gs f. 4351
	4211		an W 93, an + 5042	an W BDi, 2Bi, an + BDT, BTl
11	4351		93	2Bi, 1Di
	4281	Di, Do, Sa	93	Güterzug
12	4255		(Sa) 93, Sa 2067	(Sa) BDi, 2Bi, an Sa BDT, BT
13	4254		93	2Bi, Di, Sa Lz Nz 4254 v Be 62 Nh–Mis
	8099	+	2067	(BT, BDT), v. 4410
	8073	Sa	93	v. 4483
14	4216	W	93	BDi, 2Bi (ausg. Sch = 1Bi)
	4257		93	Di, 2Bi, an Sch v+ = 3Bi
15	4354	W	93	Di, 2Bi
	4213	W	93	2Bi (ausg. Sch = 1Bi), BDi
16	4215	W	5042	BDT, an Sch, Fr, Sa 1BTl
	8086	Sa	93	Nh–Mis v. 4257
17	4229	W	93	Di, 2Bi
	4317	W	93	2Bi (ausg. Sch = 1Bi) , BDi
	4316		93	BDi, 2Bi (ausg.Sch = 1Bi)

Jahr 1970				
Verk-Zeit/ Std	Zug Nr	Verk-Tage	Tfz	Zugbildung
17	4286	Mo, Mi, Fr	93	BDi, 2Bi (ausg. Sch = 1Bi)
18	4231		93	BDi, (an Sa, + = 1Bi), 2Bi, (BDi, 2Bi Do) (Sa) abgesp.
	4218		5042	BDT, an Sch, Fr, Sa + zus. 1BTI
19	4228		W 93, So 2067	W Bi, BDi, + BDT, BT
	8087	+	93	Mis–Do
20	4355	W(Sa)	93	BDi, 2Bi
21	4230		93	an W 2Bi, Di, an + 2Bi BDi
	4219		5042	(Sa) 2BTI, an So u. ausg. Sch = 1BTI
	4357		93	4Bi (ausg. Sch = 2Bi), Di
22	4269		93, an + V 93	BDi, Bi

Jahr 1974				
Verk-Zeit/ Std	Zug Nr	Verk-Tage	Tfz	Zugbildung
4	85421	W (n+)	93	Mis–Zd f. 7421
	7211	W	93	BDi, 1Bi, 1Bi(Sa)
5	7311	W	93	BDi, 1Bi, 1Bi an Sch(Sa)
6	7203	+	5042	
	71223	W	93, an n+ N 5145	Bi, BDi
6	7213	W	5042	BT an Sch(Sa), BDT
	7220	W	93	Di, 2Bi
6	85411	W	2062	Mis–Er f. 7210
7	71305		an W 93, an + 2062	1Di, 4Bi (ausg. Sch = Di, 3Bi), Sa Di, 2Bi
	7222	+	(So) 93, an So 5145	(So) Di, 2Bi
	7221	W	93	Di, 2Bi an Sch, Bi, Bi n+, Bi (n+), Bi, BDi
8	7210	W	2062	1Bi an Sch (Sa), 1Bi, BDi
	7310	W	93	1Bi an Sch, 1Bi, 1BDi
	7223	W	93	Bi (Sa), Bi, BDi
9	7225	+	93	Bi, BDi
10	7212	W	93	1Bi (Sa), 1Bi, 1BDi
		+	5042 od. 2067	BT, BDT
	7224	W	93	BDi, Bi
	7312	+	93	2Bi, BDi
11	71308	W	93	2Bi, 1Di
	71242	W	93	K–Mis
12	71228	W	(Sa) 93, Sa 2067	(Sa) BDi, 2Bi, Sa BDT, BT
	7226	+	5145	BDi, Bi (So abg.)
13	71229	W	93	2Bi, Di
14	85423	Sa, wenn W	93	vom 80341
	7229	+	2062	2Bi, Di
	7215	W	93	1BDi, 1Bi K, 1Bi an Sch (Sa) K und R 93–1BDi, 1Bi an Sa bis Er
	7228	W	93	Di, 2Bi, 1Bi v+, Sch
	7230	+	2067	BT, BDT
15	71311	W	93	1Di, 2Bi
	85416	Sa,wenn W	93	Er–Mis
16	7214	W	5042	BDT
17	7234	W	93	Di, 2Bi
	7314	W	93	1Bi an Sch (Sa), 1Bi, BDi oder 5041
	7317		93	BDi, Bi, 1Bi an Sch (Sa), oder 5041
	71249	W(Sa)	93	Mis–K , 1BDi, 1Bi bis Er
18	7235		W 93, an + 2067	an W Bi, BDi, an + BDT, BT
	7236		(Sa) 93, Sa 5145	(Sa) BDi, Bi an W, Bi, (BDi, Bi, Bi abg.)
	7207	+	5042	BDT, BT oder 2067
	7209	W	5042	BDT
19	7406	W(Sa)	93	BDi, 2Bi
	7216	W(Sa)	93	1Bi an Sch, 1Bi, BDi
21	7237		W(Sa) 93	2Bi, Di
			Sa 5145	
			So 2067	BDT, BT

Jahr 1974				
Verk-Zeit/ Std	Zug Nr	Verk-Tage	Tfz	Zugbildung
21	7206	W	5042	BDT, BT an Sch (Fr)
	71314		93	4Bi, Di, ausg. Sch Di, 3Bi,; Sa Di, 2Bi
22	7208	+	5042	
	71236		W 93, an + 2067	BDi, Bi , an + V 93 (Heizzeit BDT, BT)

Fahrplan, Triebfahrzeugeinsatz, Zugbildung Strecke Retz–Drosendorf, Bf Drosendorf

Jahr 1964				
Verk-Zeit/Std	Zug Nr	Verk-Tage	Tfz	Zugbildung
5	RD 28		77	2Bi, 1Di
6	RD 30		77	(Mo, Sa) 2Bi 1BDi, Mo, Sa 2Bi, 1Di
8	RD 27	(Sch)	93	2Bi, 1Di
	RD 29	Sch	93	2Bi, 1Di
10	RD 61	W	93	
11	RD 31		77	1F an W, 1Di, 2Bi
	853	Sommer: +	3071	1BDi, 2Bi
12	RD 32		77	1F an Sa, 1Di, 2Bi
	RD 60	W	93	
15	RD 36	Sch	93	1Di, 2Bi
	RD 63	W	93	
16	RD 35	Sch	93	2Bi, 1Di
	RD 64	W	93	
17	RD 37		77	1Di, 2Bi
18	RD 38		93	1F an W(Sa), 1Di, 2Bi
19	858	Sommer : +	3071	2Bi, 1BDi
23	RD 39		77	(Fr, +) 1BDi, 2Bi, Fr u. + 1Di, 2Bi

Jahr 1966				
Verk-Zeit/Std	Zug Nr	Verk-Tage	Tfz	Zugbildung
6	8171	(So)	5042	W(Sa) 1BDT
	RD 28	(So)	5042	W(Sa) 1BDT
8	RD 27	W (Sch)	5042	1BDT, 1BT
	RD 29	Sch	5042	1BDT, 1BT
9	RD 30	W	5042	1BT, 1BDT
10	RD 61	W	93	
11	RD 31		5042	1BDT, 1Post an W
12	RD 32		5042	1BDT, 1Post an Sa
	RD 60	W	93	
14	RD 63	W	93	(2Bi, 1BDi)
15	RD 36	Sch	93	1BDi, 2Bi
16	RD 35	Sch	93	2Bi, 1BDi
	RD 64	W	93	(1BDi, 2Bi)
17	RD 37		5042	Mo-Fr 1BDT, Sa 1Di, 1BT, + 1BDT, 1BT
18	RD 38		5042	Mo-Fr 1BDT, 1Post W, Sa 1BT, 1Di, + 1BT, 1BDT

Jahr 1977				
Verk-Zeit/Std	Zug Nr	Verk-Tage	Tfz	Zugbildung
6	2209	W	5042	BDT
8	2260	W	5042	1BDT, 1BT
10	2213	W	5042	1BT, 1BDT
	2204	+	2143	1Di, 5Bi
	2202	W	2143	1Post, 1Di, 4Bi, (an Sch = 5Bi), davon 2Bi abgesp.
12	2219		2143	1Post an Sa, 1Di, 4Bi,(an Sch = 5Bi), davon 2Bi abgesp.
14	71346	W	2143	
	2208	W	5145	1BT an Sch
	2223	W	5145	1BT an Sch
15	71357	W(Sa)	2143	
	71355	Sa	2143	

Jahr 1977				
Verk-Zeit/Std	Zug Nr	Verk-Tage	Tfz	Zugbildung
17	2210		5042 W (Fr,Sa)	1BDT
			2143 Fr, Sa, +	1BDi,3Bi
18	2227	W	5042 W (Fr, Sa)	1BDT, 1Post
			2143 Fr, Sa	1BDi, 3Bi
	2229	+	2143	3Bi, 1BDi
23	2226	(vor +)	5042	1BDT

Jahr 1981				
Verk-Zeit/Std	Zug Nr	Verk-Tage	Tfz	Zugbildung
6	2221	W	2143	5Bi, 1BDi, davon (2Bi abgesp.)
8	2260	W	5145	
10	2225	W	5145	
	2204	+	2143	1Di, 2B4
	2202	W	2143	1F4 an W, 1Di, 2B4 (an Sa = 3B4)
12	2229		2143	2B4 (Sa = 3B4), 1Di, 1F4 an Sa
14	71346	W(Sa)	2143	
	2226		5145	
15	2231		5145	
	71355	W(Sa)	2143	
17	2228		2143	1Di, 2B4 (Sa = 3B4, + = 4B4)
18	2207	W	2143	1F4 an W(Sa), 2B4 (Sa = 3B4), 1Di
19	2209	+	2143	4B4, 1Di
23	2236	(vor +)	2143	1BDi, 5B i (2Bi abgesp.)

ahrplan, Triebfahrzeugeinsatz und Zugbildung der Strecke Siebenbrunn-Leopoldsdorf–Engelhartstetten, Bf Engelhartstetten

Jahr 1964					Jahr 1966				
Verk-Zeit, Std	Zug-Nr	Verk-Tage	Tfz	Zugbildung	Verk-Zeit, Std	Zug-Nr	Verk-Tage	Tfz	Zugbildung
5	SB 10		5041	BDT, 1BT W(Sa), Mk	5	SB 10	(So)	5041	BDT, 1BT an W(Sa)
7	SB 11		5041	BDT, 1BT W(Sa)	7	SB 11	W	5041	BDT, 1BT an W(Sa)
	SB 12		5041	BDT, 1BT W(Sa)		SB 12	W	5041	BDT, 1BT an W(Sa)
9	SB 13	W	5041	BDT	9	SB 13	bis 15.10. an W dann tgl.	5041	BDT
	SB 31	+	5041	BDT		SB 31	an + bis 16.10.	5041	BDT
11	SB 14		5041	BDT	11	SB 14		5041	BDT
13	SB 81	W	95, (156, 57)		13	SB 15	an W, wenn Sch	5041	BDT
	SB 15		5041	BDT	14	SB 18	an W, wenn Sch	5041	BDT
	SB 16	+	5041	BDT	15	SB 83	Di, Do, Sa	52, (156)	
14	SB 18	W	5041	BDT	16	SB 17		5041	BDT
	SB 80	W	95, (156, 57)			SB 84	Di, Do, Sa	52, (156)	
16	SB 17		5041	BDT	18	SB 20	W (Sa)	5041	BDT
18	SB 20	W	5041	BDT	19	SB 19	W (Sa)	5041	BDT, 1BT
19	SB 19	W	5041	BDT, 1BT(Sa)	20	SB 22		5041	BDT
20	SB 22		5041	BDT	21	SB 21	(Sa)	5041	BDT,1BT an +
21	SB 21		5041	BDT, 1BTan +, Mk					

Jahr 1970					Jahr 1982				
Verk-Zeit, Std	Zug-Nr	Verk-Tage	Tfz	Zugbildung	Verk-Zeit, Std	Zug-Nr	Verk-Tage	Tfz	Zugbildung
5	SB 10	(So)	5041	BDT, 1BT an W(Sa)	5	2581	W	5144	BDT, BT (Sa)
7	SB 11	W	5041	BDT, 1BT an W(Sa)	7	2580	W	5144	BDT, BT (Sa)
	SB 12	W	5041	BDT, 1BT an W(Sa)		2583		5144	BDT (So), BT an W(Sa)
9	SB 13	W	5041	BDT	9	2582	W	5144	BDT, BT an W(Sa)
	SB 31	+	5041	BDT	10	2584	+	5144	BDT, BT
11	SB 14		5041	BDT		70542	W(Sa)	2050	
13	SB 15	W, Sch	5041	BDT	11	70543	W(Sa)	2050	Fr (1BT)
14	SB 18	W, Sch	5041	BDT		2587		5144	BDT

Jahr 1970				
Verk-Zeit, Std	Zug-Nr	Verk-Tage	Tfz	Zugbildung
15	SB 83	Di, Do, Sa wenn W	52	
16	SB 17		5041	BDT
	SB 84	Di, Do, Sa wenn W	52	
18	SB 20	W(Sa)	5041	BDT
19	SB 19	W(Sa)	5041	BDT, BT
20	SB 22		5041	BDT
21	SB 21	(Sa)	5041	BDT, 1BT an +

Jahr 1982				
Verk-Zeit, Std	Zug-Nr	Verk-Tage	Tfz	Zugbildung
13	2586	W	5144	BDT
	2591	W	5144	BDT
14	2588	+	5144	BDT
16	2590	W	5144	BDT
17	2595	W(Sa)	5144	BDT, BT (Fr)
18	2592	W(Sa)	5144	BDT, BT (Fr)
	85221	W(Sa)	5144	
19	2594	W(Sa)	5144	
20	2599		5144	BDT
21	2598		5144	BDT (Sa)

Fahrplan, Triebfahrzeugeinsatz und Zugbildung auf der Strecke St Pölten–Mariazell–Gußwerk, Bf Mariazell

Jahr 1963				
Verk.Zeit/Std	Zug-Nr.	Verk-Tage	Tfz	Zugbildung
6	4514		1099	5B, 1D
	MG 21	W	1099	BD
8	4581		1099	anW D, B4, Bi, an + D, 2B
	MG 20	W	1099	BD
9	MG 63		1099	BD
	768	23.6.-16.9., So v.22.12.-14.3.	1099	1B, 1AB, BD
10	4511		1099	D Post, 5B
11	761	Sa, +	1099	an Sa BD, 1AB, 5B, an + D, 1AB, 5B
	MG 62		1099	BD
12	763		1099	BD, 1AB, 5B
12	4516		1099	5B, D
	MG 25		1099	BD
	765	B		
	4583	W	1099	1B
13	767	B		
	764	So v. 9.6.-22.9.	1099	5B, 1AB, BD
14	MG 24		1099	BD
	4520		1099	an W(Sa) 5B, D, an Sa,+ 5B, D, Post
	4515		1099	D, 1AB, 4B
15	MG 67		1099	BD
16	MG 66		1099	BD
	762	Sommer an +	1099	5B, 1AB, 1D
	MG 13		1099	BD
17	4522		1099	W(Sa) 4B, 1AB, D, Post , an Sa, + 4B, 1AB, D
	4582	W	1099	1B
	4517		1099	D, 5B
	MG 12		1099	BD
	760		1099	5B, 1AB, BD
18	MG 15		1099	BD
	766	B		
	MG 14		1099	BD
	4580	W	1099	1Bi, 1B4, D
	4524	+	1099	2B, 1D
19	769	22.6.-15.9., Sa v. 21.12.-14.3.	1099	BD, 1AB, 1B
20	MG 17	Sa, + v. 23.6.-8.9.	1099	BD
	MG 16	Sa, + v. 23.6.-8.9.	1099	BD
21	4519	B		
	MG 19	B		
	MG 18	B		
	4521		1099	D, 5B
24	4523	B		

Jahr 1973 Verk.Zeit/Std	Zug-Nr.	Verk-Tage	Tfz	Zugbildung
6	6831	W(Sa)	1099	Di, B
	6802		1099	4B (Sa, So 5B), BD, Dg,
8	71541	W	1099	Dg, D, B (an Sch 2B)
	6830	W(Sa)	1099	B, Di
9	71613	W	1099	Di, B
	960	24.6.-2.9.	1099	B, AB, BD
10	6801	+	1099	BD, 4B
	6833	+	1099	Di, B
	6803	W	1099	Post, BD, 3B (an Sch 4B)
11	71612		1099	B, Di
	961		1099	BD, AB, 3B, (S Sa,+ =5B, Winter W(Sa)=2B)
	6835		1099	Di, B
12	71543		1099	B
	6804		1099	3B, BD (an Sch, + = 4B)
14	6832		1099	B, Di
	6806		1099	3B, BD, (Sa, So = 4B)
	6805		1099	BD, AB, 3B, (an Sa, + = 4B)
	71615		1099	Di, B
16	964	26.12., 6.1., 15.4., 1.5.	1099	BD, AB, 5B
	71614		1099	B, Di
17	6808		1099	Post, 3B, AB, BD (Sa, + = 4B)
	71546	W(Sa)	1099	B
	6807		1099	Dg an W, BD, 4B, (Fr, Sa = 5B)
	6837		1099	Di, B
	966	Winterabschn.	1099	3B, AB, BD, (W(Sa) = 2B)
18	968	Sommerabschn.	1099	3B, AB, BD , (Sa, + = 5B)
	6834		1099	B, Di
18	71548	W	1099	B, D, Dg (an Sch = 2B), 1B Sa aus 71543
20	969	23.6.-1.9.	1099	BD, AB, B
21	6809		1099	BD, 3B, (Fr, Sa =4B)

ıhrplan, Triebfahrzeugeinsatz und Zugbildung der Strecke St.Pölten–Mariazell, Bf St.Pölten (ohne Züge Ober ·afendorf–Ruprechtshofen)

Jahr 1996 Mo–Fr Verk-Zeit/Std	Zug Nr	Verk.-Tage	Tfz	Zugbildung
6	6820	W(Sa)	4090 / 3	
	6822	W	4090 / 4	
	6803	W	1099	F, BD, 1B, (2B), N 1099 bis Lae
7	6824	W	1099	7B, BD
8	6807		1099	BD, AB, 2B (Winter 1B)
9	6800		1099	2B, BD,
	6809		4090 / 4	
10	6828	W	1099	2B
	6821	W	1099	BD, 2B
11	6802		1099	1B, BD
	6811		1099	BD, 2B
12	6823		4090 / 3	
13	6830	W	1099	2B, BD
	6825	W	1099	5B (oder BD, 4B)
14	6804		4090 / 4	
	6813		4090 / 4	
15	6832		4090 / 3	
	6827	W(Sa)	4090 / 3	
16	6815		1099	BD, 2B, bis Lae 1B
17	6806		1099	3B, BD
	6829	W(Sa)	1099	BD, 4B
18	6834	W	4090 / 3	
	6817	W(Sa)	1099	BD, 1B, bis Lae 3B

Jahr 1996 Mo–Fr				
Verk-Zeit/Std	Zug Nr	Verk.-Tage	Tfz	Zugbildung
19	6808		1099	2B (Winter nur 1B), 1AB, 1BD, (BD), F bis Lae
	6831	W(Sa)	4090 / 3	
20	6836	W(Sa)	1099	F, 2B, 1BD, (3B) aus 6817
21	6812	W(Sa)	4090 / 4	
	6835	(Sa)	4090 / 4	
Zugbildung ab 8. 10. 2001				
6	6820	W(Sa)	5090	
	6822	W	4090 / 3	
	6805	W	4090 / 3 und (5090 Lae an W(Sa))	
7	6803	+	4090 / 3	
	6824	W(Sa)	5090	
8	6826		1099 an W	5B, BD
			5090 an +	
	6807		1099	BD, 3B
9	6800	W	1099 W(Sa)	2B, BD
			2 / 5090 an Sa	
	6809		1099	BD, 4B
10	6828		5090 W(Sa)	
			1099 Sa , +	2B (an + = 3B), BD
	6821	W	5090	(bei VT-Mangel 2095 , 2B)
11	6802		1099	3B (an + = 2B), BD
	6811		1099	BD, 3B (an + = 2B)
12	6823		2 / 5090	(bei VT-Mangel 1 / 5090)
13	6830	W	5090	
	6825	W	2095	5B, ausg.Sch = BD, 2B
14	6804		4090 / 3	
	6813		4090 / 3	bis Ogr an Sch N 5090
15	6832		2 / 5090	(bei VT-Mangel 1 / 5090)
16	6815		1099	BD, 2B und 2B W(Fr, Sa) Lae
17	6806		1099	3B (an + = 2B), BD und (5B) N 2095 Lae–Ogr an Sch*
				*) an nicht Sch 2B, BD N 2095 Lae–Apl
	6829	W	1099	BD, 3B
18	6834	W(Sa)	2 / 5090	
	6817		1099	BD, 3B, an + (2B) Lae
19	6808		1099, V 1099 an W	4B, BD und an W (3B, BD)
	6831	W(Sa)	5090	
20	6810		4090 / 3	
	6833	W(Sa)	5090	
	6814	+	1099	3B, BD
	6835		W(v+) 4090 / 3	
			v+ 5090, (5090)	
			+ 4090 / 3, (5090)	

Abkürzungen:
Apl = St.Pölten Alpenbf, Lae = Laubenbachmühle, Ogr = Ober Grafendorf

Fahrplan, Triebfahrzeugeinsatz und Zugbildung und Strecke Stammersdorf–Dobermannsdorf, Bf Stammersdorf

Jahr 1960					
Verk-Zeit/Std	Zug Nr	Verk-Tage	Tfz	Zugbildung	Verkehrsstrecke / f.Zug
7	4410		93	1BPwi, 2Bi	Do–S / 4413 an W
				3Bi	Gs–S / 4413
				2Bi	Gs–S /4413 an So
9	4413		93	3Bi	S–Gs / 4414
				2Bi, 1BPwi	S–Nh / 4414 (an + = 4Bi)
				1F	S–Do / 4414 an W

Jahr 1960					
Verk-Zeit/Std	Zug Nr	Verk-Tage	Tfz	Zugbildung	Verkehrsstrecke / f.Zug
11	4450		93	1Pwi, 2Bi	Do–S / 4455
				3Bi	Gs–S / 4455 n.B.
				Mk, Sk	
15	4455		93	1Pwi, 2Bi	S–Do / 4450
				3Bi	S–Gs / 4414 n.B.
				Mk, Sk	
18	4414		93	1F	Do–S / 4413 an W
				1BPwi, 2Bi	Nh–S / 4417 (an + = 4Bi)
				3Bi	Gs–S / 4417
19	4417		93	3Bi	S–Gs / 4410
				2Bi, 1BPwi	S–Do / 4410 (an + = 4Bi)
22	4458	Sa, +	93	3Bi	Gs–S / 4459 n.B.
				2Bi, 1BPwi	Do–S / 4459
23	4459	Sa, +	93	1BPwi, 2Bi	S–Gs / 4411
				3Bi	S–Gs / 4410 n.B.

Jahr 1966					
Verk-Zeit/Std	Zug Nr	Verk-Tage	Tfz	Zugbildung	Verkehrsstrecke / f.Zug
7	4410	W	93	1BDi, 1Bi	Do–S / 4413
				1Bi	Gs–S / 4417
				2Bi	Gs–S / 4413
8	8098	+	93		Tfz f. 4413
	4413		93	2Bi	S–Gs / 4414 an W
				1Bi, 1BDi	S–Nh / 4414
11	4452	W	93	1Di, 2Bi	Do–S / 4455, an Sa 4417
	4452 a	+	93	1Di, 2Bi	Do–S / 4461 an +
	4461	+	93	(2Bi, 1Di)	S–Mis
12	4483	Sa	93		S–Mis
15	4455	W(Sa)	93	1Di, 2Bi	S–Do / 4452
18	4414		93, an W(Sa) Vsp 93	1BDi, 1Bi	Nh–S / 4417, 4413
				2Bi	Gs–S / 4417 (an Sa = 1Bi)
				2Bi, 1BDi	Gs–S / 4415 an W(Sa)
18	4415	W(Sa)	93	1BDi, 2Bi	S–Py / (4452)
				2Bi	S–Gs / 4410
19	4417		93	1Bi (an + =2Bi)	S–Gs / 4410 an Sa , +
				1Bi	S–Gs / 4410 an W
				1Bi, 1BDi (Sa)	S–Do / 4410
				2Bi, 1Di	S–Do / 4452 an Sa

Jahr 1969					
Verk-Zeit/Std	Zug Nr	Verk-Tage	Tfz	Zugbildung	Verkehrsstrecke / f.Zug
7	4408	W	93	1BDi, 1Bi	Do–S / 4413
				1Bi	Gs–S / 4413 an + / 4415 an W(Sa)
				1Bi	Gs–S / 4415 an Sch (Sa)
8	8098	+	93		Tfz f. 4413
	4413		93	1Bi	S–Gs / 4408 an +
				1Bi (an + = 2Bi), 1BDi (an + Di)	S–Nh / 4414
10	4410	+	2067	Sommer: 1BDi, 1Bi	Do–S / 8097
				Winter: 1BDT, 1BT	Do–S / 8097
11	8097	+	2067	Sommer: 1Bi, 1BDi	S–Mis / 8069
				Winter: 1BT, 1BDT	S–Mis / 8069
	4452	W	93	1Di, (Sch) 1Bi, sonst 2Bi	Do–S / 4455 W(Sa), 4413 an +
12	4483	Sa	93	(1Bi)	S–Mis / 8073 (Zuf. m. 4452)
15	4455	W(Sa)	93	1Di, (Sch) 1Bi sonst 2Bi	S–Do / 4452
17	4414		93	1BDi, 1Bi (an + = 2Bi, Di)	Nh–S / 4417 (Sa)
		W(Sa)	Vsp 93	1Bi, 1BDi	Gs–S / 4415 W(Sa)
			2067	1BDT, 1BT	Nh–S / 4417 Sa

Jahr 1969					
Verk-Zeit/Std	Zug Nr	Verk-Tage	Tfz	Zugbildung	Verkehrsstrecke / f.Zug
18	4415	W(Sa)	93	1BDi, 1Bi	S–Py / (4452)
				1Bi	S–Gs / 4408 an Sch
				1Bi	S–Gs / 4408
19	4417		93 W(Sa)	1Bi, 1BDi	S–Do / 4408 W(Sa)
			93 an +	2Bi, 1Di	S–Do / 4452 an +
			2067 an Sa	1BT, 1BDT	S–Do / 4410 an Sa

Jahr 1974					
Verk-Zeit/Std	Zug Nr	Verk-Tage	Tfz	Zugbildung	Verkehrsstrecke / f.Zug
7	7411	W	93	1BDi, 1Bi	Do–S / 7412
				1Bi	Gs–S / 7406 (Sa)
				1Bi	Gs–S / 71332 Sch (Sa)
8	85413	+	2062		Tfz f. 7412
	7412		93 W	1Bi, 1BDi	S–Nh / 7415 W
			2062 +	1Di, 2Bi	S–Nh / 7415 +
10	7413	+	2067	1BDT, 1BT	Do–S / 85412
	85412	+	2067	1BT, 1BDT	S–Mis
11	71325	W	93	1Di, 1Bi (Sa Wgs = 7412 an +)	Do–S / 71332, 7412
12	71330	Sa	93	(1Bi), Zuf. mit 71325	S–Mis / 85414
15	71332	W(Sa)	93	1Bi	S–Do / 71325 an Sch
				1Bi, 1Di	S–Do / 71325
				1Bi	S–Gs / 7411 an Sch(Sa)
17	7415	W(Sa)	93, Vsp 93	1BDi, 1Bi	Nh–S / 7418 W
				2Bi, 1BDi	Gs–S / 7406 W
		Sa	2067	1BDT, 1BT	Nh–S / 7418
		So	5145		Nh–S / 7418
18	7406	W(Sa)	93	1BDi, 2Bi	S–Mis / 7211
				1Bi	S–Gs / 7411
19	7418		93 W(Sa)	1Bi, 1BDi	S–Do / 7411 W(Sa)
			2067 Sa	1BT, 1BDT	S–Do / 7413 Sa
			5145 So		S–Do

Jahre 1975 + 1976					
Verk-Zeit/Std	Zug Nr	Verk-Tage	Tfz	Zugbildung	Verkehrsstrecke / f.Zug
7	7411	W	5145		Do–S / 7412
8	85413	+	5145		Tfz f. 7412
8	7412		5145		S–Nh / 2340
10	7413	+	5145		Do–S / 85412
11	85412	+	5145		S–Mis
	71325	W	2143	2Bi, 1Di	Do–S / 71332 W(Sa), 71330 Sa
12	71330	Sa	2143	(1Di, 2Bi)	S–Gs / 71314
15	71332	W(Sa)	2143	1Di, 2Bi	S–Do / 71325
17	7415		5145		Zd–S / 7418 W
			5145		Nh–S / 7406 W(Sa), 7418 an Sa, +
18	7406	W(Sa)	5145		S–Mis / 2401
19	7418		5145		S–Do 7411/ 7413

Jahr 1981					
Verk-Zeit/Std	Zug Nr	Verk-Tage	Tfz	Zugbildung	Verkehrsstrecke / f.Zug
6	7411	W(Sa)	5042		Do–S / 7412 W(Sa)
8	7413	Sa, +	5042 Sa		Zd–S / 7412 Sa, wenn W
			5145 +		Gs–S 7412 +
9	7412		5042		S–Nh / 7417 W
			5145		S–Nh / 7417 an +
14	71325	W(Sa)	2143	1BDi, 1Bi	Zd–S / 71332
15	71332	W(Sa)	2143	1Bi, 1BDi	S–Do / 80377
17	7417		5042		Nh–S / 7416 W
			N 5145		Zd–S / 7406 W(Sa)
			5145		Nh–S / 7418 an +

Jahr 1981					
Verk-Zeit/Std	Zug Nr	Verk-Tage	Tfz	Zugbildung	Verkehrsstrecke / f.Zug
18	7406	W(Sa)	5145		S–Mis / N 7220
19	7416	W	5042		S–Do / 85456
20	7418	+	5145		S–Do / 85456

Abkürzungen:
Do = Dobermannsdorf, Gs = Groß Schweinbarth, Mis = Mistelbach Lbf, Nh = Hohenau, Py = Pirawarth,
S = Stammersdorf, Zd = Zistersdorf

'ahrplan, Triebfahrzeugeinsatz, Zugbildung Strecke Wien Nord–Wolfsthal, Bf Groß Schwechat

Jahr 1954				
Verk-Zeit/Std	Zug Nr	Verk-Tage	Tfz	Zugbildung
6	4711		1072	1CPw4ih, 2C4ih
	4803		1072	W1CPw4ih, 2C4ih (n+ = zusätzl.2C4ih ab in Gs)
				+ 1Pwih, 6Cuh
	4800		1072	6Cuh, 1Pwih
7	4712		1072	2C4ih, 1CPw4ih
	4881	Mo, Di, Fr	1080	
	4804		1072	W 6Cuh, 1Pwih (n+ = 8Cuh) an + 2C4ih, 1CPw4ih
	4715	W	1072	2C4iph
8	4807	+	1072	1CPw4iph, 4C4iph
	4716		1072	2C4iph (Sa auf 4808)
	4811		1072	an W 1Pwih, 6Cuh, an + 1Pwih, 8Cuh
9	4808		1072	W(Sa) 2C4ih, 1CPw4ih
				Sa 2C4ih, 1CPw4ih, (+2C4ih) zu in Gs
				an + 6Cuh, 1Pwih
10	4812	+	1072	4C4iph, 1CPw4iph
11	4815		1072	W 1CPw4ih, 2C4ih
				an + 1CPw4ih, 4C4ih
12	4816		1072	W 6Cuh, 1Pwih, an + 8Cuh, 1Pwih
13	4819		1072	(Sa) 1Pwih, 6Cuh, an Sa 1CPw4ih, 2C4ih
15	4823		1072	W(Sa) 1CPw4ih, 2C4ih
				Sa 1CPw4iph, 4C4iph, an + 1Pwih,8Cuh
	4820		1072	W 2C4ih, 1CPw4ih, an + 4C4ih, 1CPw4ih
17	4831		1072	W(Sa) 1CPw4iph, 3C4iph
				Sa 1Pwih, 6Cuh, an + 1CPw4ih, 4C4ih
18	4824		1072	(Sa) 6Cuh, 1Pwih, Sa 2C4ih, 1CPw4ih
	4882	Mo, Di, Fr	1080	
19	4727		1072	1CPw4ih, 2C4ih
	4828		1072	W(Sa) 2C4ih, 1CPw4ih
				Sa 4C4iph, 1CPw4iph, an + 8Cuh, 1Pwih
	4835		1072	1Pwih, 6Cuh
20	4728	W	1072	2C4ih, 1CPw4ih
21	4832	+	1072	2C4ih, 1CPw4ih
	4839		1072	W(Sa) 1Pwih, 6Cuh
				Sa 1CPw4ih, 2C4ih, an + 1Pwih, 8Cuh
21	4836		1072	W(Sa) 3C4iph, 1CPw4iph
				Sa 6Cuh, 1Pwih, an + 4C4ih, 1CPw4ih

Jahr 1965				
Verk-Zeit/Std	Zug Nr	Verk-Tage	Tfz	Zugbildung
6	4800	W	1073	W(Sa) 7Bih, 1BDih, Sa 3 Bih, 1BDih, an + 2Bih, 1BDih
	4803	W	1072	1BDih, 2Bih
7	4713	W	2060	1BDT
	4842	W	1073	8Bih, 1BDih
	4804		2/1072 W(Sa)	8Bih, 1BDih
			1072 Sa, +	Sa 5Bih, 1BDih, an + 2Bih, 1BDih
8	4807	Sommer an +	1072	1BDih, 4Bih
	4716	W	2060	1BDT

Jahr 1965 Verk-Zeit/Std	Zug Nr	Verk-Tage	Tfz	Zugbildung
8	4811		1073	W 1Dih, 3Bih
				Sommer an + 1Dih, 5Bih, Winter an + 1Dih, 4Bih
9	8028	W	2060	
	4883	Mo, Mi, Fr	1073	
	4808		1072 W, 1073 an +	(Sa) 2Bih, 1BDih (an W 1BDT in Gs bei)
				Sa 4Bih, 1BDih
11	4815		1072 W, 1073 an +	W(Sa) 1BDih, 2Bih, Sa 1BDih, 4Bih
				an + Sommer:1BDih, 6Bih, Winter 1BDih, 4Bih
12	4816		1072 W(Sa), 1073 Sa, +	W 3Bih, 1Dih
				an + Sommer: 5Bih, 1Dih, Winter: 4Bih, 1Dih
13	4819		1072 W(Sa),	W(Sa) 1BDih, 3Bih
			1073 Sa, 2/ 1072 an +	Sa, + 1BDih, 4Bih Vsp nur Sommer an +
15	4823		1073	W(Sa) 1BDih, 2Bih, an Sa,+ 1BDih, 4Bih
	4820		1072 W, 1073 +	W(Sa) 2Bih, 1BDih, Sa, + 4Bih, 1BDih
	4886	Mo, Mi, Fr	1073	
18	4824		1073	W(Sa) 3Bih, 1BDih, an Sa, + 4Bih, 1BDih
	4831		2/1072 W(Sa), 1072 Sa, +	W(Sa) 1BDih, 8Bih, an Sa, + 1BDih, 4Bih
	4845		1073 (Sa), 1072 Sa	(Sa) 1BDih, 7Bih, Sa 1BDih, 2Bih
19	4828		1072 W(Sa), 1073 Sa	W(Sa) 2Bih, 1BDih, Sa 4Bih, 1BDih
			2/ 1072 an +	an + Sommer: 6Bih, 1BDih, Winter: 4Bih, 1BDih (Vsp nur Sommer +)
	4835		1073	(Sa) 1BDih, 8Bih, an Sa 1BDih, 2Bih
20	4832	Sommer an +	1072	4Bih, 1BDih
20	4836		1072 (Fr), 2/1072 Fr	Mo-Do 2Bih, 1BDih, Fr 8Bih, 1BDih, Sa, + 4Bih, 1BDih
22	4839		1072 W(Sa), 1073 Sa	(Sa, +) 1BDih, 2Bih, Fr 1BDih, 3Bih
			2/ 1072 an +	an + 1BDih, 8Bih

Jahr 1968 Verk-Zeit/Std	Zug Nr	Verk-Tage	Tfz	Zugbildung
6	4800	(So)	1072	4Bih, 1BDih
	4803	W	1072	1BDih, 2Bih (Sa, wenn Sch = 3Bih)
7	4842	W	1080 (Sa), 1072 Sa	7Bih, 1BDih, (Sa = 4Bih, 1BDih)
	4713	W	2060	1BDT, 1BT an Sch
	4804		4060	W(Sa) 7Bih, Sa 5Bih, an + 2Bih, BDih
8	4844	W(Sa)	1072	4Bih, 1BDih
	4716	W	2060	1BT (an Sch), 1BDT
	4811		1072	W 1Dih, 3Bih, an + 1BDih, 4Bih
	8028	W	2060	1BT Sch, 1BDT
9	4808		1072	2Bih,(Sa, wenn Sch = 3Bih), 1BDih
	4883	Di, Do, Sa	1080	
11	4815		4060	W(Sa) 1BDih, 2Bih, Sa 1BDih, 4Bih, an + 5Bih
12	4816		1072	W 3Bih, 1Dih, an + 4Bih, 1BDih
13	4819	W	1072	(Sa) 1BDih, 3Bih, Sa 1BDih, 4Bih, W(Sa) ausgen. Sch = 2Bih
15	4823		1072 W, 2/1072 an +	W(Sa) 1BDih, 2Bih, Sa, + 1BDih, 4Bih, (1BDih, 4Bih an +)
16	4886	Di, Do, Sa	1080	
17	4824	W	1072	W(Sa) 3Bih, ausg. Sch = 2Bih, 1BDih, Sa 4Bih, 1BDih
18	4845	W(Sa)	1080	1BDih, 7Bih
	4833	W	1072	(Sa) 1BDih, 4Bih, Sa 1BDih, 2Bih
	4835	(Sa)	4060, an + V1072	(Fr) 7Bih, Fr 5Bih
19	4828		1072 W, 2/ 1072 an +	W(Sa) 2Bih, 1BDih, Sa 4Bih, 1BDih, an + 7Bih, 1BDih
	4847		1072 W(Sa), 1080 an+	(Sa)1BDih, 4Bih
			4060/ V1072 an Sa	Sa BDih, 2Bih und (1BDih, 2Bih)
21	4836		1072	(Fr, +) 2Bih, 1BDih, Fr , + 4Bih, 1BDih
	4839	(Sa)	1072 W, 2/ 1072 an +	W 1BDih, 2Bih,,an + 1BDih, 4Bih

ahrplan, Triebfahrzeugeinsatz und Zugbildung für die Strecken Stammersdorf–Dobermannsdorf und Drösing–Zistersdorf, Bf stersdorf

Jahr 1964				
Verk-Zeit/Std	Zug Nr	Verk-Tage	Tfz	Zugbildung
4	4410		93	an W BDi, Bi, an + BDi, 4Bi
5	8090		77	f. DZ 10
	DZ 10		77	BDi, 2Bi
6	4420		93	BDi, Bi
7	DZ 11		77	3Bi, 1BDi an + (1Bi leer)
	4411		93	BDi, 2Bi
	DZ 12		77	BDi, 2Bi, 1Bi an W
7/8	4452	W	93	Di, 2Bi
	4452 a	+	93	Di, 2Bi
8	DZ 13		77	Bi W, 2Bi, BDi
	DZ 52		77	BDi, 2Bi Bi W
10	DZ 51		77	Bi W, 2Bi, BDi
11	4413		93	an W Bi, BDi, an + 4Bi, BDi
14	DZ 14		77	BDi, 2Bi
15	DZ 15		77	2Bi, BDi
	4315		93	Bi, BDi
	4414		93	an W BDi, Bi, an + BDi, 2Bi
	DZ 16		77	BDi, 2Bi
17	4424	W(Sa)	93	2Bi, BDi
	DZ 17		77	2Bi, BDi
	4425	W(Sa)	93	BDi, 2Bi
18	DZ 18		77	BDi, 2Bi
	4455 a	+	93	Di, 2Bi
	4455	W	93	Di, 2Bi
	4416	W(Sa)	93	2Bi, BDi
19	DZ 19		77	2Bi, BDi
	DZ 20		77	BDi, 2Bi
20	4418		93	2Bi, BDi
21	DZ 57		77	2Bi, BDi
	4417		93	an W Bi, BDi, an + 2Bi, BDi
22	DZ 58		77	1Bi

Jahr 1966				
Verk-Zeit/Std	Zug Nr	Verk-Tage	Tfz	Zugbildung
[illegible]	4410	W	93	BDi, 1Bi
[illegible]	8090	W	5041	BDT f. DZ 10
			93 n+	f. 4420
	DZ 10	W	5041	BDT , BT (Sa)
[illegible]	4420		93	BDi, 1Bi
[illegible]	8094	+	5041	BDT f. DZ 12
	DZ 11	W	5041	BDT, BT (Sa)
	4411		93	BDi, 2Bi
[illegible]	DZ 12		5041	BDT, BT an W
7/8	4452	W	93	Di, 2Bi
	4452 a	+	93	Di, 2Bi
[illegible]	DZ 13		5041	BDT, BT an W
	DZ 52		5041	BDT, BT an Sa = DZ 51
0	DZ 51		93 W(Sa)	W(Sa) BDi, Bi , Wgs = DZ 58
			93 Sa	BDT, BT
			5041 +	BDT auf DZ 14
	8068		93 an W, 5041 an +	
1	4413		93	an W Bi, BDi, an + 2Bi, Di
3	Lz DZ 65	Sa	93	f. 4420 an +
	8055		5041	W(Sa) BDT = DZ 14
4	DZ 14		5041	BDT, BT an W
5	DZ 15		5041	BDT, BT an W
	4315		93	Bi, BDi

Jahr 1966				
Verk-Zeit/Std	Zug Nr	Verk-Tage	Tfz	Zugbildung
15	4414		93, W(Sa) Vsp 93 Zd–S	an W BDi, Bi, an + Di, 2Bi
16	8095	V+, +	93	v. 4315 nach Mis
	DZ 16	W	5041	BDT
17	4424	W(Sa)	93	2Bi, BDi
	DZ 17	W	5041	BDT
	4425	W(Sa)	93	BDi, 2Bi
	DZ 18		5041	BDT, BT an W(Sa)
18	4455	W(Sa)	93	1Di, 2Bi
	4416	W(Sa)	93	2Bi, Di
19	DZ 19		5041	BDT, BT W(Sa)
	DZ 20		5041	BDT, BT W(Sa)
	4418		93	2Bi, BDi
21	DZ 57	W(Sa)	93	BT (= DZ 10)
	4417		93	W(Sa) Bi, BDi, an Sa, + 2Bi, Di
			W(Sa) V 93 bis Zd f. 4420	
22	DZ 58	W(Sa)	93	Bi BDi

Tfz-Umlauf Drösing–Zistersdorf	
93 W	Dg–DZ 51 Zd–8068 Dg
93 W(Sa)	Dg–DZ 57 Zd–DZ 58 Dg
93 Sa	Dg–Lz DZ 65 Zd
5041 tgl	8055 Dg–Zd–DZ 14 / 15 / 16 W / 17 W / 18 / 19 / 20 Dg
5041 W	8090 Do–Zd–DZ 10 / 11 / 12 / 13 / 52 Dg
5041 +	8094 Do–Zd–DZ 12 / 13 / 52 / 51 / 8068 Dg

Wagenumlauf Drösing–Zistersdorf			
Mis	1BDi, 1Bi W(Sa)	DZ 51 / 58	
Nw	1BDT		anW(Sa) Dg 8055- Zd/ DZ 14 / 15 / 16 W/ 17 W / 18 / 19 / 20 Dg
			an W Do 8090 Zd / DZ 10 W / 11 W / 8094 + Do–Zd / 12 / 13 / 52 Dg,
			an Sa, + DZ 51 Zd
Nw	1BT		anW(Sa) Zd DZ 10 / 11 / 12 / 13 / 14 / 15 / 18 / 19 / 20 / 57 Zd
			anSa Zd DZ 12 / 13 / 52 / 51 / 14 / 15 Zd

Jahr 1976				
Verk-Zeit/Std	Zug Nr	Verk-Tage	Tfz	Zugbildung
5	85401	W	52	f. 7421
	85451	W	5041	f. 7352
	7352	W	5041	BDT, BT (Sa)
6	7421	W	52	BDi, 2Bi
7	7355	W	5041	BDT, BT (Sa)
	7420	W	2143	Di, 2Bi
	85453	+	5041	f. 7360
	7358	W	5041	BDT, BT an Sch
7/ 8	71325	W	2143	Bi, BDi
8	7360	+	5041	BDT
8	7359	W	5041	BDT, BT an Sch
	7413	+	5145	
	7362	W	5041	BDT
10	71453		2143 an W	1BDi, 1Bi
			5041 +	BDT
	85374		W 2143, an + 5041	(1 Bi, 1BDi) Sa
	7412		5145	(2Bi, BDi) Gs–Zd an Sa
12	7365	W(Sa)	5041	BDT
14	85405	Sa , +	5041	
	7368		5041	BDT, BT an Sch (Sa)
15	7369		5041	BDT, 1BT an Sch (Sa)
	7304		an W 5145, an + 5146	
	7415		5145	

Jahr 1976				
Verk-Zeit/Std	Zug Nr	Verk-Tage	Tfz	Zugbildung
15	7372	W	5041	BDT
16	85454	Sa, +	5145 / 5146	Zd–Do
17	7373	W	5041	BDT
	7435 / 34	W	2143	Di, 2Bi
	7374		5041	BDT, BT (an W(Sa)
18	71332	W(Sa)	2143	BDi, Bi
	7427	W(Sa)	2143	2Bi, Di
	7375	W(Sa)	5041	BDT, BT
	85406	W(Sa)	5041	Zd–Dg f. 7377
19	7377		5041	BDT an Sa, +
	7378		5041	BDT, BT
	85448	W(Sa)	2143	Py–Zd f. 71458
20	7429		an (Sa) 2143, an Sa 5145	(Sa) 2Bi, Di
21	71457	W(Sa)	5041	BDT
	85456	W(Sa)	5041	Zd–Do
	7418		5145	
	71458	W(Sa)	2143	1Bi, 1BDi

Abkürzungen
Dg = Drösing, Do = Dobermannsdorf, Gs = Groß Schweinbarth, Mis = Mistelbach Lbf, Nw = Wien Nord, S = Stammersdorf, Py = Pirawarth, Zd = Zistersdorf

…hrplan, Triebfahrzeugeinsatz und Zugbildung für die Strecke Korneuburg–Mistelbach Lbf, Bf Korneuburg

Jahr 1964					
Verk-Zeit, Std	Zug Nr	Verk-Tage	Tfz	Zugbildung	Verk-Strecke/f. Zug
6	4250		93	2Bi, 1BDi , (an + = 1Bi)	Mis–K / 4253
7	4281	(So)	93		K–Mis
	4212		3071, V 93 Er = 4211	3Bi, 1BDi, (an + = 2Bi)	Mis–K / 4217
	4211	W	93	2Bi, 1BDi	Er–Mis / 4216
8	4253		93	an W 1BDi, 2Bi, an + 1BDi, 3Bi	K–Mis / 4255 W
	4216		93	1BDi, 1Bi, (Mo = 2Bi)	Mis–Er / 4213
	4213		93	1Bi, 1BDi, (Mo = 2Bi)	Er–Mis / 4286
15	4215		3071	1BDi, 1Bi,(Sa = 3Bi)	K–Mis / 4218 W
				Sommer: 1BDi, 5Bi	K–Mis / 4218 +
				Winter: 1BDi, 3Bi	K–Mis
19	4219		3071	1BDi, 3Bi, (an + = 2Bi)	Nw–Mis / 4212
20	4218		3071	1Bi, 1BDi, (an + 1BDi, 2Bi)	Mis–Nw / 4219
				Sommer: 5 Bi, Winter: 3Bi	Mis–Nw
22	4286	(Sa)	93	2 Bi	Mis K / (4281) +
				1BDi, 2Bi	Mis–Er / 4211, 4281

Jahr 1966					
Verk-Zeit, Std	Zug Nr	Verk-Tage	Tfz	Zugbildung	Verk-Strecke/f. Zug
6	4250	W	93	2Bi, 1BDi	Mis–K / 4253
	4281	Di, Do, Sa	93		
7	4212		3071, V 93 Er	3Bi, 1BDi, (Winter: Sa, + = 2Bi)	Mis–K / 4217 (2298)
				(2Bi, 1BDi) Di, Do, Sa	Mis–Er / 4211
7	4211		93	2Bi, 1BDi	Er–Mis / 4216
8	4253		Sommer: 93,	1BDi, 2Bi	K–Mis / 4255 W
			Sommer: 93	1BDi, 4Bi	K–Mis / 4218 +
			Winter: 2067	BDT, 2BTI	K–Mis / 4218 +
	4216	W	93	1BDi, 1Bi, (Mo = 2Bi)	Mis–Er / 4213
	4213	W	93	1Bi, 1BDi, (Mo = 2Bi)	Er–Mis / 4286, (4212)
15	4215	W	Sommer: (Mo) 3071, Mo 93	1BDi, 1Bi , (Sa = 3Bi)	K–Mis / 4218
			Winter: 5042	BDT	K–Mis / 4218
19	4219		3071	1BDi, 3Bi, (Sa, + = 2Bi)	Nw–Mis / 4212
	4218		Sommer: W(Sa) 3071, Sa, + 93	1Bi, 1BDi, zusätzl. Sommer an Sa, + 3Bi	Mis–Nw / 4219

Jahr 1966 Verk-Zeit, Std	Zug Nr	Verk-Tage	Tfz	Zugbildung	Verk-Strecke/f. Zug
20	4218		Winter: W 5042, + 2067	an W BDT, an + BTI, BDT,	Mis–Nw
				3Bi an Sa, +	
22	4286	Mo, Mi, Fr	93	1BDi, 2Bi	Mis–Er / 4211, 4281

Jahr 1975 Verk-Zeit, Std	Zug Nr	Verk-Tage	Tfz	Zugbildung	Verk-Strecke/f. Zug
6	7211	W	5144	2Bi	Mis–K / 7212
	71242	W	2043	(1BDi, 1Bi)	Er–Mis / 71249
7	7203		5042	1BT an Sch (Sa), 1BDT	Mis–Nw / 7206
	85411	W	2062	(1BT) an Sch (Sa), (1BT, 1BDT)	Mis–Er / 7210
	7210		2062	1BT an Sch (Sa), 1BT, 1BDT	Mis–Er / 7210
8	7212		5144	2Bi	K–Mis / 7211 W, 7215
			2067	2BT, 1BDT an +	K–Mis / 7230
15	7214	W	5042	1BDT	K–Mis / 7207 / 7209
16	7215	W / W(Sa)	5144	2Bi	Mis–K / 7216 (Sa)
18	7216	W(Sa)	5144	2Bi	K–Mis / 7211
19	7206	W(Sa)	5042	1BDT, 1BT an Sch (Fr)	Nw–Mis / 7203
20	7207	Sa , +	5042 Sa, 2067 +	1BDT, 2BT an +	Mis–Nw
	7208	Sa , +	5042	(BDT, 1BT vor Sch)	Nw–Mis / 7203
	7209	W(Sa)	5042	1BDT	Mis–Nw / 85226
22	71249	W(Sa)	2043	1BDi, 1Bi	Mis–Er / 71242

Jahr 1981 Verk-Zeit, Std	Zug Nr	Verk-Tage	Tfz	Zugbildung	Verk-Strecke/f. Zug
6	7211	W	5144		Mis–K an W(Sa) Lz Nw (7206)/
					an Sa 7212
7	7203	W	5144	1BDT	Mis–K (Sa bis Nw) / 7212
	7203	+	5042		Mis–Nw
				1BDT	Mis–K / 7212
	71240	W	2143		
	85411	W	2067	1BDT, 1BT	Mis–Er / 7210 n+
7	7210	W	2067	1BT, 1BDT	Er–Mis / (71228)
8	7212	W	5144	1BDT	K–Nh / 7227/15 W
		+	2067	1BT, 1BDT	K–Mis / 7207 +
				1BDT	K–Mis / 7203 + aus 7203
15	7214	W	5042		K–Mis / 7234 W(Sa)
				1BDT	K–Mis / 7207
16	7215	W	5144		Mis–K / 7216 W(Sa), 85418 Sa
				1BDT	Mis–K / 7208, 7216
	85418	Sa, wenn W	5144		K–Mis
18	7216	W(Sa)	5144	1BDT	K–Mis
19	7206	W(Sa)	5144		Nw–Mis / 7220
20	7207	W	5144	1BDT	Mis–Nw / 85228
		+	2067	1BT, 1BDT	Mis–Nw
	7208	Sa	5144	1BDT	Nw–Mis / 7203 Sa
		+	5042		Nw–Mis / 71236 +
22	71249	W(Sa)	2143	1BDT, 1BT	Mis–Er / 7210

Abkürzungen:
Er = Ernstbrunn, K = Korneuburg, Mis = Mistelbach Lbf, Nw = Wien Nord

Übersicht des NÖLB-Fahrparks geordnet nach Strecken

1. Niederösterreichische Waldviertelbahn

Triebfahrzeuge

1909	1921
U 5–U 8	U 5–U 8
Uv 2	Uv 1-3
MTW 2–3	MTW 41
MTW 40–41	

Wagen

BCi	110–111
BCi	112
BCi	113 BBÖ
BCi	160
Ci	248–249 (ab 1912)
Ci	250–253
Ci	259–260 BBÖ
Ci	320–321
DF	520–523
G	738–739 BBÖ
G	740–749
G	790–796
Jk	904–905 BBÖ
Jk	920–925
Jk	990–995
Jky	1040–1047
Jky	1090–1097
Jh	1150–1167
T	1650–1671
Jh	11050 11053 LF ab 1908
Jh	11054–11057 BBÖ (ab 1922 vmtl. NW)

2. Niederösterreichisch-steirische Alpenbahn

Triebfahrzeuge

1909	1921
U 1–U 4	U 1–4
Uv 1 (lw. v. NW)	Uh 1
Uv 3	Mh 1–6 (LF: Mh 5–6)
Uh 1	Mv 1–2
Mh 1–6 (LF: Mh 5–6)	E 1–16 (LF: E 1–14)
Mv 1 -2	-
P 1, R 1	
MTW 10–12	E 1–14
MTW 42–44	

Wagen

Aa	1	G	700–707
Aa	2 LF	G	708–717 BBÖ
Salon	4 ex 26	G	750–759
Bi	26	Gy	800–803
ABa	26–27 (ex 77–78)	Gy	804–813
ABa	28–29	Gy	850–855 LF
Bi	50–58 LF	Jk	900–902
Ba	76–80	Jk	906–907 BBÖ
BCi	100–107	Jk	926–941 BBÖ
BCi	108–109 BBÖ	Jk	950–954
BCa	125–128	Jk	955–957 BBÖ
BCi	150–151	Jk	996–997 BBÖ
Ci	200–229	Jky	1000–1024
Ci	230–249 LF	Jky	1025–1028 LF
Ci	254- 258 BBÖ	Jky	1050–1066
Ci	300–302	Jky	1067–1074 LF
Ca	400–419 LF	Jh	1168–1179
Ca	420–453	Jh	1180–1199 LF
DF	500–502	Ky	1200–1209 LF
DFa	526–528	Ky	1210–1239
DFa	529–534 LF	Kzy	1300–1323 LF
Da	535–538	Jka	1400–1409
Ga	600–603	T	1672–1695
Ga	604–611 LF	T	1696–1709 BBÖ
Ga	612–616	Jh	11050–11053 LF

3. Willendorf–Neunkirchen

Triebfahrzeuge

1910	1921
102.02	1.05
1.09 LF	102.02

Wagen

BCi	2212
Ci	2319
Ci	2321
Ci	2363
DF	6
G	215–216
G	265
K	312
K	362
Jko	414 415
Jko	464

4. Siebenbrunn-Leopoldsdorf – Engelhartstetten-Orth

Triebfahrzeuge

1910	1921
1.07	1.07
1.08	1.08
MTW 20	

Wagen

BCi	2208–2209
Ci	2314–2316
Ci	2362
DF	3–4
G	211–213
G	261–263
K	308–310
K	358–360
Jko	410–412
Jko	460 462

5.a Stammersdorf–Auersthal	
Triebfahrzeuge	
1911	1921
102.03	102.07
102.05	102.08
202.03	102.09
MTW 31	102.10
-	6.01
-	6.02
Wagen	
BCi	2222–2223
Ci	2340–2344
DF	12–13
G	220–223

b. Auersthal–Dobermannsdorf	
Triebfahrzeuge	
	1921
	102.03
	102.05
	102.06
Wagen	
BCi	2206–2207
Ci	2311–2313
Ci	2347
DF	1–2
G	208–210
G	258–260
K	306–307
K	356–357
Jko	408–409
Jko	419
Jko	458–459

6. Gänserndorf–Gaunersdorf	
Triebfahrzuge	
1909	1921
1.01	1.01
1.02	1.02 (lw. FT)
1.06 LF	104.01
MTW 21	104.04
-	104.05
Wagen	
BCi	2200
BCi	2250
Ci	2300–2301
Ci	2345–2346
Ci	2350
Cib	2351–2354
Ci	2373
DF	9
DF	26-27 (ex 100–101)
G	200–201
G	224
G	250–251
G	268
G	272
K	300–301
K	350–351
Jko	400–401
Jko	420
Jko	450–451
Jko	468
K	500–502

7. Ernstbrunn–Hohenau–Poysdorf–Gaunersdorf	
Triebfahrzeuge	
1909	1921
1.04	1.04
1.05	2.03
2.03	104.03
3.01	104.06
MTW 32–33	104.07
Wagen	
Salon	1
ABi	2000–2001
BCi	2203–2205
BCi	2213–2214
BCi	2218–2219
BCi	2251–2252
Ci	2305–2310
Ci	2326–2329
Ci	2336–2339
Ci	2367–2372
DF	11
DF	30–33 (ex 104–107)
G	204–207
G	226–227
G	254–257
G	270–271
K	304–305
K	354–355
Jk	406–407
Jk	422–429
Jk	456–457
Jk	470–478
K	506–509
Kk	602–603
Kk	652–653
G	750

8. Retz–Drosendorf

Triebfahrzeuge	
1911	1921
102.06	202.01
202.01	202.02
202.02	202.03

Wagen	
BCi	2215–2216
Ci	2330–2333
DF	7–8
G	217–219
G	264
G	266–267
K	311
K	313–314
K	361
K	363–364
Jk	413
Jk	416–418
Jk	463
Jk	465–467

9. Freiland–Türnitz

Triebfahrzeuge
1921
1.02
1.06 LF

Wagen	
BCi	2220
BCi	2221
Ci	2317
Ci	2318
Ci	2320
DF	5
Gg	214

10. Koneuburg–Ernstbrunn

Triebfahrzeuge	
1909	1921
1.03	1.03
2.01	2.01
2.02	2.02
2.04 LF	104.02
MTW 30–31	104.06

Wagen	
BCi	2201–2202
Ci	2302–2304
Cib	2356, 2360, 2361
DF	28–29 (ex 102–103)
G	202–203
G	225
G	252–253
G	268
K	302–303
Ke	333–335
K	352–353
Jko	402–405
Jko	421
Jko	452–455
Jko	469
K	503–505
Kk	600–601
Kk	650–651

11. LWP Wien–Landesgrenze n. Hainburg POHEV Landesgrenze–Preßburg

LWP	POHEV

Triebfahrzeuge	
1916	
Ewp 1–5	Ewp 6
Ewp 7–8	
Ewf 1 -3	
Eg 1–4	Eg 5–6
CMg 1600–1601	
CMg 1605–1609	CMg 1610–1613

Wagen	
Ch 1525–1533	Ch 1534–1536
BCah 1200–1211	
BCDah 1300–1303	
BCDFah 1400–1402	
Cah 1500–1504	
CDah 1700–1703	
Gol 428–442	Jk 101–102
Gg 700–702	
Gg 751–755	Gk 201–203
Gg 757–762	
Jkg 850–853	Schneepflug 11201 (756)
Jk 900–901	Salzwagen 11202 (221)
Jk 950–953	

12. Normalspur- Landesfahrpark

Wagen	
BCi	2217
Ci	2322–2325
Ci	2334–2335
Ci	2364–2366
K	510–519
Kk	654–657

Dampflokomotiven (Spurweite 1435 mm)									
NÖLB		Achsfolge	Lieferfa.	Bauj./Fabr.Nr.	BBÖ	DRB	ÖBB	Kass.	Anmerkung
100	1.01	Bt-n2	KrLi	97/3595	184.01			30	
101	1.02	Bt-n2	KrLi	04/5203	184.02	88 001/WL 9	88.001	53	
102	1.03	Bt-n2	KrLi	05/5394	184.03	88.002/WL 2	WL 2	?	NBiK
103	1.04	Bt-n2	KrLi	05/5395	184.04				29 = 1 »Stieglbräu«
104	1.05	Bt-n2	KrLi	05/5396	184.05	88 003/WL	88.01	68	EM Str
105	1.06	Bt-n2	KrLi	05/5397	184.06			29	
	1.07	Bt-n2	KrLi	08/6059	184.07			29	
	1.08	Bt-n2	KrLi	08/6060	184.08			29	
	1.09	Bt-n2	KrLi	08/6127	184.09			29	
200	2.01	1Ct-n2v	KrLi	03/4979	99.70	98 1320	91.70	62	
201	2.02	1Ct-n2v	KrLi	04/5202	99.71	98 1321	91.71	59	
202	2.03	1Ct-n2v	KrLi	06/5571	99.72	98 1322	91.72	63	
	2.04	1Ct-n2v	KrLi	07/5572	99.73	98 1323	91.73	62	
	2.05	1Ct-n2v	KrLi	07/5822	99.74	98 1324	91.74	68	
	102.01	1Ct-n2v	KrLi	08/5926	199.21	98 1352	91.121	60	
	102.02	1Ct-n2v	KrLi	08/6061	199.22	98 1353		60	SMV/ÖMV/ÖBB
	102.03	1Ct-n2v	KrLi	08/6062	199.23	98 1354			> CSD
	102.04	1Ct-n2v	KrLi	08/6024	199.07 *)	98 1331	91.107	73	M VEF *) kkStB/BBÖ
	102.05	1Ct-n2v	KrLi	08/6025	199.24	98 1355		60	SMV/ÖMV/ÖBB
	102.06	!Ct-n2v	KrLi	09/6182	199.25	98 1356	91.125	59	
	102.07	1Ct-n2v	KrLi	13/6841	199.26	98 1357			> CSD
	102.08	1Ct-n2v	KrLi	13/6842	199.27	98 1358		61	SMV/ÖMV
	102.09	1Ct-n2v	KrLi	14/7015	199.28	98 1359		60	SMV/ÖMV/ÖBB
	102.10	1Ct-n2v	KrLi	14/7016	199.29	98 1360			> CSD
	202.01	1Ct-h2	KrLi	10/6183	399.01	98 1401		50	> CSD
	202.02	1Ct-h2	KrLi	09/6184	399.02	98 1402	191.02	60	
	202.03	1Ct-h2	KrLi	09/6366	399.03	98 1403	191.03	60	
Korneuburg	3.01	Ct-n2	KrLi	82/1046					#'20
	104.01	Dt-n2v	KrLi	12/6673	178.300	92 2287	Tb 2287		MPS
	104.02	Dt-n2v	KrLi	12/6674	178.301	92 2288	Tb 2288		
	104.03	Dt-n2v	KrLi	12/6675	178.302	92 2289	92.2289	62	
	104.04	Dt-n2v	KrLi	19/7329	178.295	92 2282	92.2282	68	
	104.05	Dt-n2v	KrLi	19/7330	178.296	92 2283			52-014 >JDZ
	104.06	Dt-n2v	KrLi	19/7331	178.297	92 2284	92.2284	62	
	104.07	Dt-n2v	KrLi	19/7332	178.298	92 2285			422.0504.0111 >CSD
	104.08	Dt-n2v	KrLi	19/7333	178.299	92 2286			>MAV>SSSR-Ind.
2914/ 929.14*)	5.01	C-n2	SiW	69/201					#'20 *) kkStB
2904/ 929.04*)	5.02	C-n2	SiW	68/198					#'20 *)kkstB
Stammersdorf	6.01	Bt-n2	KrLi	04/5099	296.01				#'32 Lamingt.Schb.>MT
Auersthal	6.02	Bt-n2	KrLi	04/5100	296.02				#'33 Lamingtaler Schb.

Dampflokomotiven (Spurweite 760 mm)									
NÖLB		Achsfolge	Lieferfa.	Bauj./Fabr.Nr.	BBÖ	DRB	ÖBB	Kass.	Anmerkung
MZ 50	Mh 1	D2t-h2	KrLi	06/5431	Mh 1	99 1111	399.01	93	E
MZ 51	Mh 2	D2t-h2	KrLi	06/5432	Mh 2	99 1112	399.02	98	E
MZ 52	Mh 3	D2t-h2	KrLi	06/5433	Mh 3	99 1113	399.03	93	E
MZ 53	Mh 4	D2t-h2	KrLi	06/5434	Mh 4	99 1114	399.04	98	E
	Mh 5	D2t-h2	KrLi	08/5924	Mh 5	99 1115	399.05	97	WSV
	Mh 6	D2t-h2	KrLi	08/5925	Mh 6	99 1116	399.06	93	E
MZ 54	Mv 1	D2t-n2v	Krli	07/5435	Mv 1	99 1101	299.01	73	95 = 98 551
MZ 55	Mv 2	D2t-n2v	KrLi	07/5436	Mv 2	99 1102	299.02	64	65 = 98 550
	P 1	Ct-n2	WrN	07/4717					#'13 Oderberg
	R 1	Ct-n2	KrLi	04/5085					#'13 Wien
MZ 5	U 1	C1t-n2	KrLi	98/3709	U 51	99 7817	298.51	82	ÖGLB /NÖLB
MZ 6	U 2	C1t-n2	KrLi	98/3710	U 52	99 7818	298.52	82	ÖGEG
MZ 7	U 3	C1t-n2	Krli	98/3711	U 53	99 7819	298.53	82	ÖGEG
MZ 8	U 4	C1t-n2	KrLi	98/3870	U 54	99 7820	298.54	72	OGr (D)
WB 1	U 5	C1t-n2	KrLi	99/4182	U 55	99 7821	298.55	73	Mittersill (D)

Dampflokomotiven (Spurweite 760 mm)									
NÖLB		Achsfolge	Lieferfa.	Bauj./Fabr.Nr.	BBÖ	DRB	ÖBB	Kass.	Anmerkung
WB 2	U 6	C1t-n2	Flor	00/1354	U 56	99 7822	298.56	82	Club 760
WB 3	U 7	C1t-n2	Flor	00/1355	U 7				> FS
WB 4	U 8	C1t-n2	Flor	00/1356	U 8				> FS
MZ 23	Uh 1	C1t-h2	KrLi	05/5330	Bh 1	99 811	398.01	73	>STLB Ka(D)
WB 20	Uv 1	C1t-n2v	KrLi	02/4785	Uv 5	99 801	298.205	73	ÖGLB/NÖLB
WB 21	Uv 2	C1t-n2v	KrLi	02/4786	Uv 6	99 802	298.206	73	Langschlag (D)
Mz 22	Uv 3	C1t-n2v	KrLi	05/5329	Uv 7	99 803	298.207	98	E

Fahrzeuge der NÖLB

IEektrische Lokomotiven (Spurweite 1435 mm) (LWP : Lokalbahn Wien–Pressburg + POHEV)									
LWP		Achsfolge	Lieferfa.	Bauj./Fabr.Nr.	BBÖ	DRB	ÖBB	Kass.	Anmerkung
	Ewp 1	1B1-el	Graz	13/1331	1005.001	E 72 001	1072.01	74	
	Ewp 2	1B1-el	Graz	13/1332	1005.002	E 72 002	1072.02	73	
	Ewp 3	1B1-el	Graz	13/1333	1005.003	E 72 003		45	
	Ewp 4	1B1-el	Graz	13/1334	1005.004	E 72 004	1072.04	74	M, beschriftet 1072.01
	Ewp 5	1B1-el	Graz	13/1335	1005.005	E 72 005	1072.05	75	M, VEF
(POHEV)	Ewp 6	1B1-el	Graz	13/1336	1005.008	E 72 008	1072.08	73	
	Ewp 7	1B1-el	Graz	16/1337	1005.006	E 72 006	1072.06	73	
	Ewp 8	1B1-el	Graz	16/1338	1005.007	E 72 007		43	
	Ewl 1	1C-el	Flor	13/2083	1060.010			34	1922 > BL Innsbruck
	Ewl 2	1C-el	Flor	13/2084	1060.011	E 60 011	DRB/ÖBB	52	
	Ewl 3	1C-el	Flor	13/2085	1060.012	E 60 112	DRB/ÖBB	40	
	Eg 1	Bo-el	Graz	13/	1085.01	E 171 01	1985.01	59	
	Eg 2	Bo-el	Graz	13/	1085.02	E 171 02	1985.02		56 ELIN, 72 M VEF
	Eg 3	Bo-el	Graz	13/	1085.03	E 171 03	1985.03	59	(47-55) E 20.006 S&H
	Eg 4	Bo-el	Graz	13/	1085.04	E 171 04	DRB/ÖBB	51	
(PÖHEV)	Eg 5	BoBo-el	GzDp	14/	'41 > E 22.003 LLB			94	MTM
(POHEV)	Eg 6	BoBo-el	GzBp	14/	'41 > E 20.004 S&H, E 22.004 LLB				
	Eg 7	BoBo-el	Staud	16/	1478.001	E 172 01	DRB/ÖBB	51	
	Eg 8	BoBo-el	Staud	16/	1478.002	E 172 01	DRB/ÖBB	51	

Elektrische Lokomotiven (Spurweite 760 mm)									
NÖLB		Achsfolge	Lieferfa.	Bauj./Fabr.Nr.	BBÖ	DRB	ÖBB	Kass.	Anmerkung
	E 1	CC-el	KrLi	09/E 8	E 1	E 99 01	1099.01		
	E 2	CC-el	KrLi	09/E 9	E 2	E 99 02	1099.02		
	E 3	CC-el	KrLi	09/E 10	E 3	E 99 03	1099.03		
	E 4	CC-el	KrLi	09/E 11	E 4	E 99 04	1099.04		
	E 5	CC-el	KrLi	09/E 12	E 5	E 99 05	1099.05		
	E 6	CC-el	KrLi	09/E 13	E 6	E 99 06	1099.06		
	E 7	CC-el	KrLi	09/E 14	E 7	E 99 07	1099.07		
	E 8	CC-el	KrLi	10/E 15	E 8	E 99 08	1099.08		
	E 9	CC-el	KrLi	10/E 16	E 9	E 99 09	1099.09		
	E 10	CC-el	KrLi	10/E 17	E 10	E 99 10	1099.10		
	E 11	CC-el	KrLi	10/E 18	E 11	E 99 11	1099.11		
	E 12	CC-el	KrLi	10/E 19	E 12	E 99 12	1099.12		
	E 13	CC-el	KrLi	10/E 20	E 13	E 99 13	1099.13		
	E 14	CC-el	KrLi	10/	E 14	E 99 14	1099.14		
	E 15	CC-el	KrLi	14/E 38	E 15	E 99 15	1099.15	81	
	E 16	CC-el	KrLi	14/E 39	E 16	E 99 16	1099.16		

Dampftriebwagen (Spurweite 1435 mm)					
NÖLB	Achsfolge	Lieferfa.	Bauj./Fabr.Nr.	Kass.	Anmerkung
20	A1dtw-n2v	Koma	03/	#' 18	
21	A1dtw-n2v	Koma	03/	#' 18	
30	1A1dtw-n2v	Koma	05/	#' 20	
31	1A1dtw-n2v	Koma	05/	#' 20	
32	1A1dtw-n2v	Koma	05/ 27	#' 20	
33	1A1dtw-n2v	Koma	06/ 28	#' 19	

Dampftriebwagen (Spurweite 760 mm)					
NÖLB	Achsfolge	Lieferfa.	Bauj./Fabr.Nr.	Kass.	Anmerkung
1	A1dtw-n2v	Koma	03/ 1	8	
2	A1dtw-n2v	Koma	03/ 2	11	
3	A1dtw-n2v	Koma	03/	11	
10	A1dtw-n2v	Koma	04/	#' 18	3 D Strb Oderberg
11	A1dtw-n2v	Koma	04/	#' 11	
12	A1dtw-n2v	Koma	04/	#' 11	
40	(1B)'2'dtw-h2	Koma	06/ 26	#' 21	Feistritztaler Bergbau & Industrie AG, 26 kassiert
41	(1B)'2'dtw-h2	Koma	06/ 29	#' 21	BBÖ, 26 kassiert
42	(1B)'2'dtw-h2	Koma	06/ 30	#' 16	DStrb Oderberg, reco 2'2'-bw
43	(1B)'2'dtw-h2	Koma	06/ 32	#' 16	DStrb Oderberg, reco 2'2'-bw
44	(1B)'2'dtw-h2	Koma	06/ 31	#' 16	DStrb Oderberg, reco 2'2'-bw

Elektrische Triebwagen								
NÖLB	Achsfolge	Lieferfa.	Bauj./Fabr.Nr.	BBÖ	DRB	ÖBB	Kass.	Anmerkung
CMg 1600	Bo-eltw	Staud	12/7556	ET 24.01	CielT 1471/ET 187 21	4924.01	54	
CMg 1601	Bo-eltw	Staud	12/7557	ET 24.02	CielT 1472/ET 187 22		45	Brünn
CMg 1602	Bo-eltw	Staud						#' 15 Strb Brünn
CMg 1603	Bo-eltw	Staud						#' 15 Strb Brünn
CMg 1604	Bo-eltw	Staud						#' 15 Strb Brünn
CMg 1605	Bo-eltw	Staud	12/7561	ET 24.03	CielT 1473/ET 187 23	4924.03	54	
CMg 1606	Bo-eltw	Staud	12/7562	ET 24.04	CielT 1474/ET 187 24		45	Brünn
CMg 1607	Bo-eltw	Staud	12/7563	ET 24-05	CielT 1475/ET 187 25	4924.05	54	MTM
CMg 1608	Bo-eltw	Staud	12/7564	ET 24.06	CielT 1476/ET 187 26		45	Brünn
CMg 1609	Bo-eltw	Staud	12/7565	ET 24.07	CielT 1477/ET 187 27	4924.07	54	
CMg 1610	Bo-eltw	GzBp	13/	'18 POHEV				
CMg 1611	Bo-eltw	GzBp	13/	'18 POHEV				
CMg 1612	Bo-eltw	GzBp	13/	'18 POHEV > ET 20.101, ET 20.104 S&H				
CMg 1613	Bo-eltw	GzBp	13/	'18 POHEV				

Zweiachsige Beiwagen für die Lokalstrecken Wiener Stadtstrecke								
Lieferfa.	Bauj	F.Nr.	LWPR-Nr.	BBÖ	DRB	ÖBB	Kassiert	Anmerkung
St	1913	7566	Ch 1525	Ch 850	CiL 207 661/ EB 187 21	(7024.01)*)	1961	*)7024 UZ nicht durchgeführt
St	1913	7567	Ch 1526	Ch 851	CiL 207 662/ EB 187 22	(7024.02)	1961	
St	1913	7568	Ch 1527	Ch 852	CiL 207 663/ EB 187 23	(7024.03)	1961	
St	1913	7569	Ch 1528	Ch 853	CiL 207 664/ EB 187 24	(7024.04)	1961	
St	1913	7570	Ch 1529	Ch 854	CiL 207 665/ EB 187 25		KV	
St	1913	7571	Ch 1530	Ch 855	CiL 207 666/ EB 187 26	(7024.06)	1961	
St	1913	7572	Ch 1531	Ch 856	CiL 207 667/ EB 187 27		KV	MTM > 1531II
St	1913	7573	Ch 1532	Ch 857	CiL 207 668/ EB 187 28	(7024.08)	1961	
St	1913	7574	Ch 1533	Ch 858	CiL 207 669/ EB 187 29	(7024.09)	1956	Ub 959 001/ X 501.107/MTM

Stadtstrecke Preßburg				
Lieferfa.	Bauj.	F.Nr.	POHEV	Anmerkung
POHEV/Ganz	1913		Ch 1534	>1941 Strb Gmunden GM4 > 1983 MTM
POHEV/ganz	1913		Ch 1535	> Preßburg
POHEV/Ganz	1913		Ch 1536	> Preßburg

Güterwagen mit Mittelpufferkupplung und normaler Zug- und Stoßvorrichtung für POHEV							
Lieferfa.	Bauj.	F.Nr.	POHEV	DRB	ÖBB	Kassiert	Anmerkung
Ganz	1913		Gk 201	Gw 100 084/700 359	970 127-975 990	1965	
Ganz	1913		Gk 202	Gw 100 085/700 360	970 128-975 992	1962	
Ganz	1913		Gk 203	Gw 100 086/702 833	972 106-975 991-997 990	1965	
Ganz	1913		Jk 101	750 126	912 999	1971	EM/ VEF
Ganz	1913		Jk 102				

NÖLB - Dampftramwaywagen 1) 1913 an NÖLB vermietet				
Lieferfa.	Bauj.	F.Nr.	Type	Nr.
Gr	1883		I / II	7
Gr	1883		I / II	16
Gr	1886		II	49
Gr	1886		II	53
Gr	1886		II	54
Gr	1886		II / Gp	82
Gr	1886		II / Gp	83
Gr	1887		II	87
Gr	1887		II	88

2) 1913 an NÖLB verkauft				
Lieferfa.	Bauj.	F.Nr.	Type	Nr.
Gr	1903		II / Gp	134
Gr	1903		II / Gp	135
Gr	1904		II	136
Gr	1904		II	137
Gr	1904		II	138
Gr	1904		II	139
?	?		G	200

Lieferfa.	F.Nr./Bauj.	Achsfolge	NÖLB bis 1908	NÖLB ab 1908	BBÖ ab 1925	DRB ab 1938	ÖBB ab 1953	EDV-Nr. ab 1985	Eins. NWB
KrLi	4182/1899	C1t-n2	NÖLB 1	U 5	U 55	99 7821	298.55		1900–1916
									1921–1925
									1926–1927
Ff	1354/1900	C1t-n2	NÖLB 2	U 6	U 56	99 7822	298.56		1900–1915
									1917–1923
									1931
									1933
									1937–1941
Ff	1355/1900	C1t-n2	NÖLB 3	U 7		KV			1900–07
									1909–17
Ff	1356/1900	C1t-n2	NÖLB 4	U 8		KV			1900–17
KrLi	4785/1902	C1t-n2v	NÖLB 20	Uv 1	Uv 5	99 801	298.205		1902–1909
						U 37 101			1911–1939 *)
KrLi	4786/1902	C1t-n2v	NÖLB 21	Uv 2	Uv 6	99 802	298.206		1902–1947 *)
						U 37 102			
KrLi	5329/1905	C1t-n2v	NÖLB 22	Uv 3	Uv 7	99 803	298.207	0298 207-2	1912–ca.192
									1941–1948
									1963–1999
Kom/Rohrb.	1/1903	A1dtw-n2v	NÖLB DT 1						1904-1908
Kom/Rohrb	2/1903	A1dtw-n2v	NÖLB DT 2						1904–1911
Kom/Rohrb	-/1903	A1dtw-n2v	NÖLB DT 3						1904–1911
Komarek	26/1906	(1B)'2'dtw-h2	NÖLB DT 40						1906–1918
Komarek	29/1906	(1B)'2'dtw-h2	NÖLB DT 41						1906–1918
KrLi	5330/1905	C1t-h2	NÖLB 23	Uh 1	Uh 1 I	99 811	398.01		1920–1923
				ab 1928 Bh 1					1964–1966
KrLi	3805/1898	C1t-n2		U 6	U 6	99 7812	298.06		1950–1957
									1958–1966
KrLi	4678/1902	C1t-n2		U 14	U 14	CSD U 37004	298.14		1938–1944*)
						99 7843			
KrLi	3062/1903	C1t-n2		U 27	U 27	99 7815	298.27		1951–1959
									1960–1965
KrLi	3709/1898	C 1t-n2	NÖLB 5	U 1	U 51	99 7817	298.51		1918–1925
KrLi	3710/1898	C 1t-n2	NÖLB 6	U 2	U 52	99 7818	298.52		1918–1920
									1923–1944
KrLi	3711/1898	C 1t-n2	NÖLB 7	U 3	U 53	99 7819	298.53		1919–1921
									1923–1930
KrLi	1478/1928	C1t-h2			Uh 01 II	99 821	498.01		1948–1955
KrLi	1479/1929	C1t-h2			Uh 02	99 822	498.02		1948–1960
KrLi	1512/1929	C1t-h2			Uh 04	99 824	498.04		1956
KrLi	1520/1930	C1t-h2			Uh 06	99 826	498.06		1947–1957
Ff	3037/1931	C1t-h2			Uh 101	99 827	498.07		1947
KrLi	3357/1896	C2t-n2v		Yv 2	Yv 2	99 902	598.02		1962–1966
KrLi	3358/1896	C2t-n2v		Yv 3	Yv 3	99 903	598.03		1962–1964
KrLi	1466/1927	D1t-h2			P 1	99 1001			ca.1939–194
KrLi	1467/1927	D1t-h2			P 2	99 1002	199.02		1948–1958
KrLi	1468/1927	D1t-h2			P 3	99 1003	199.03		1948–1960
KrLi	5435/1907	D2t-n2v	NÖLB 54	Mv 1	Mv 1	99 1101	299.01		1916
									1923–1961
KrLi	5436/1907	D2t-n2v	NÖLB 55	Mv 2	Mv 2	99 1102	299.02		1924–1961
									1962–1964
KrLi	5431/1906	D2t-h2	NÖLB 50	Mh 1	Mh 1	99 1111	399.01	0399 001-7	1922–1969
									1971–1986
KrLi	5432/1906	D2t-h2	NÖLB 51	Mh 2	Mh 2	99 1112	399.02	0399 002-5	1960–1997
Kr Li	5433/1906	D2t-h2	NÖLB 52	Mh 3	Mh 3	99 1113	399.03	0399 003-3	1927–1969
									1971–1999
KrLi	5434/1906	D2t-h2	NÖLB 53	Mh 4	Mh 4	99 1114	399.04	0399 004-1	1959–

Verbleib
Mittersill(D)
TB Mauterndorf
Wien FJB
FS
FS
ÖGLB/NÖLB
*) 1939–1950 Neuhaus
Langschlag (D)
*) 1940-42, 45 Neuhaus
Ober-Grafendorf E
Birkfeld-Ratten
Club 760>STLB Ka (D)
EUROVAPOR> Öchsle
*)1934–1940 Neuhaus
ÖGLB/NÖLB
ÖGEG
ÖGEG
ÖAM
ÖAM
ÖGEG
St.Veit/Glan (D)
Ober-Grafendorf (D)
Club 598/2002 Waidh. E
Club 598
Neuhaus >Lemberg
KMB
Pragersko (Slo)(D)
1965 = 98 551
1965 = 98 550
Zell/See E
(2002 außer Dienst)
Waidhofen/Y E
(1999 außer Dienst)
Waidhofen/Y, Gmünd E
(2002 außer Dienst)
Gmünd E

Lieferfa.	F.Nr./Bauj.	Achsfolge	NÖLB bis 1908	NÖLB ab 1908	BBÖ ab 1925	DRB ab 1938	ÖBB ab 1953	EDV-Nr. ab 1985	Eins. NWB
KrLi	5924/1908	D2t-h2	NÖLB LF	Mh 5	Mh 5	99 1115	399.05	0399 005-8	1961–1997
KrLi	5925/1908	D2t-h2	NÖLB LF	Mh 6	Mh 6	99 1116	399.06	0399 006-6	1949–1950
									1961–1993
FrBe	2822/1944	D-h2				2822	699.02		1951–1960
FrBe	2821/1944	Dt-h2				2821	699.103		1971
Sw/ÖSSW	65328/1934	Bo-de			2040.01	V 15 901	2190.01		1940–1983
Geb	294								
Sw/ÖSSW	65329/1934	Bo-de			2040.02	V 15 902	2190.02		1940–1949
Geb	295								1950–1976
Sw/ÖSSW	65644/1936	Bo-de			2040.03	V 15 903	2190.03		1944–1945
Geb	343								1949–1970
Sw/ÖSSW	65655/1936	1Bo1-de			2041.01	Pw4VT137 332	2091.01	2091.001-4	1946–1950
Geb	344								
Sw/ÖSSW	65656/1936	1Bo1-de			2041.02	Pw4VT137 333	2091.02	2091.002-2	1972
Geb	345								1973–1997
Sw/ÖSSW	65689/1937	1Bo1-de			2041.03	Pw4VT137 334	2091.03	2091.003-0	1979–1988
Geb	389								
Sw/ÖSSW	65693/1937	1Bo1-de			2041.07	Pw4VT137 338	2091.07	2091.007-1	1967–1968
Geb	393								1996-2000
Sw/SSW	66763/1940	1Bo1-de				Pw4VT137 339	2091.08	2091.008-9	1940–1951
Sw/SSW	66764/1940	1Bo1-de				Pw4VT137 340	2091.09	2091.009-7	1941*)–194
									1968–1990
Sw	66765/1940	1Bo1-de				Pw4VT137 341	2091.10	2091.010-5	1969–1978
Sw	66766/1940	1Bo1-de				Pw4VT137 342	2091.11	2091.011-3	1941–1948
Wh	759/1943	C-dh				2092.102	2092.04		1965–1996
Ff	18150/1961	BB-dh					2095.06	2095 006-9	1970
Ff	18151/1961	BB-dh					2095.07	2095 007-7	1983–1994
									2000–2002
Ff	18152/1961	BB-dh					2095.08	2095 008-5	1999–2000
Ff	18154/1962	BB-dh					2095.10	2095 010-1	1998
Ff	18155/1962	BB-dh					2095.11	2095 011-9	1962–1963
									1998–1999
Ff	18156/1962	BB-dh					2095.12	2095 012-7	1962–1980
									1980–
Ff	18158/1962	BB-dh					2095.14	2095 014-3	1983–*)
Ff	18159/1962	BB-dh					2095.15	2095 015-0	1999–2000
Kn	176367/1986	BoBo-de	BBC 979				5090.01	5090 001-8	1986
Kn	176368/1986	BoBo-de	BBC 980				5090.02	5090 002-6	1986
Kn	176369/1986	BoBo-de	BBC 981				5090.03	5090 003-4	1986
Kn	176370/1986	BoBo-de	BBC 982				5090.04	5090 004-2	1986–199
									2000–200
Kn	176371/1986	BoBo-de	BBC 983				5090.05	5090 005-9	1986–200

Gesamtübersicht der auf der MZB eingesetzten Triebfahrzeuge

Lieferfa.	F.Nr./Bauj.	Achsfolge	NÖLB bis 1908	NÖLB ab 1908	BBÖ ab 1925	DRB ab 1938	ÖBB ab 1953	EDV-Nr. ab 1985	Eins. MZB
KrLi	3709/1898	C1t-n2	NÖLB 5	U 1	U 51	99 7817	298.51		1898–191
KrLi	3710/1898	C1t-n2	NÖLB 6	U 2	U 52	99 7818	298.52		1898–191
									1916–191
KrLi	3711/1898	C1t-n2	NÖLB 7	U 3	U 53	99 7819	298.53		1898–191
									ca.1920–1
									1968–196
KrLi	3870/1898	C1t-n2	NÖLB 8	U 4	U 54	99 7820	298.54		1898–191
									1922–192

Verbleib
WSV
Ober Grafendorf E
ÖGEG
ÖGLB/NÖLB
ÖGLB Ersatzteilsp.
Ober Grafendorf E
ÖGLB (ohne Antrieb)
WSV
zahlr.Aush.
and.Strecken
Club 760 Mauterndorf
1) E dann
2) WSV Heidenreichstein
BWMB
Waidhofen/Y E
*) oder 1943
Döllnitzbahn
Ober Grafendorf E
1962 Ub,
Ober Grafendorf E
*) einge Aushilfen auf
anderen Strecken
*)einige Aushilfen auf
anderen Strecken

Verbleib
ÖGLB/NÖLB
ÖGEG
ÖGEG
Ober Grafendorf (D)

Lieferfa.	F.Nr./Bauj.	Achsfolge	NÖLB bis 1908	NÖLB ab 1908	BBÖ ab 1925	DRB ab 1938	ÖBB ab 1953	EDV-Nr. ab 1985	Eins. MZB
KrLi	4182/1899	C1t-n2	NÖLB 1	U 5	U 55	99 7821	298.55		1927–1928
Ff	1354/1900	C1t-n2	NÖLB 2	U 6	U 56	99 7822	298.56		1915–1917
Kom/Rohrb	1 /1903	A1dtw-n2v	DT 1						1903–1904
Kom/Rohrb	2/1903	A1dtw-n2v	DT 2						1903–1904
Kom/Rohrb	-/1904	A1dtw-n2v	DT 10						1904–1911
Kom/Rohrb	-/1904	A1dtw-n2v	DT 11						1904–1910
Kom/Rohrb	-/1904	A1dtw-n2v	DT 12						1904–1910
KrLi	5185/1904	Ct-n2		P 1					1908?–1913
KrLi	4785/1902	C1t-n2v	NÖLB 20	Uv 1	Uv 5	99 801	298.205		1909–1911
KrLi	5329/1905	C1t-n2v	NÖLB 22	Uv 3	Uv 7	99 803	298.207		1905–1912
									1989
KrLi	5330/1905	C1t-h2	NÖLB 23	Uh 1	Uh 1 I				
					Bh 1	99 811	398.01		1905–1920
									1928–1931
									1963–1964
Kom/Gr	30/1906	(1B)'2'dtw-h2	DT 42 (ursprgl.26)						1906–1911
Kom/Gr	32/1906	(1B)'2'dtw-h2	DT 43 (ursprgl 27)						1906–1911
Kom/Gr	31/1906	(1B)'2'dtw-h2	DT 44						1906–1911
KrLi	5431/1906	D2t-h2	NÖLB 50	Mh 1	Mh 1	99 1111	399.01	0399 001-7	1906–1915
									1916–1917
									1919–1922
KrLi	5432/1906	D2t-h2	NÖLB 51	Mh 2	Mh 2	99 1112	399.02	0399 002-5	1906–1915
									ca.1918–19
KrLi	5433/1906	D2t-h2	NÖLB 52	Mh 3	Mh 3	99 1113	399.03	0399 003-3	1906–1927
KrLi	5434/1906	D2t-h2	NÖLB 53	Mh 4	Mh 4	99 1114	399.04	0399 004-1	1906–1959
KrLi	5924/1908	D2t-h2	NÖLB LF	Mh 5	Mh 5	99 1115	399.05	0399 005-8	1908–1916
									ca.1920–19
									1929–1961
KrLi	5925/1908	D2t-h2	NÖLB LF	Mh 6	Mh 6	99 1116	399.06	0399 006-6	1908–1913
									1919–1920
									ca.1922–19
									1950–1961
									1993-
Sigl/Wr.Neust.	1907	Ct-n2	R 1						1907–1913
KrLi	5435/1907	D2t-n2v	NÖLB 54	Mv 1	Mv 1	99 1101	299.01		1907–1916
									1918–1923
									1961–1963
									1964–1965
KrLi	5436/1907	D2t-n2v	NÖLB 55	Mv 2	Mv 2	99 1102	299.02		1907–1915
									1918–1922
									1923–1924
									1961–1962
Ff	1355/1900	C1t-n2	NÖLB 3	U 7					1907–1908
KrLi	3805/1898	C1t-n2		U 6 *)	U 6	99 7812	298.06		1931–1938
STEG	3062/1903	C1t-n2		U 27*)	U 27	99 7815	298.27		1937–1951
KrLi	1511/1929	C1t-h2			Uh 03	99 823	498.03		1949–1955
KrLi	1512/1929	C1t-h2			Uh 04	99 824	498.04		1951–1958
KrLi	1513/1929	C1t-h2			Uh 05	99 825	498.05		1939–1946
									1948–1960
Ff	3038/1931	C1t-h2			Uh 102	99 828	498.08		1931–1938
He	25701/1941	Bt-n2				16 752	698.01		1945–1962
He	25982/1941	C-n2				25 982	798.101		1956–1958
He	25702/1941	Ct-n2				20 751	898.01		1945–1965
KrLi	1466/1927	D1t-h2			P 1	99 1001			1927–1938
KrLi	1467/1927	D1t-h2			P 2	99 1002	199.02		1927–1948
									*)1939–194
KrLi	1468/1927	D1t-h2			P 3	99 1003	199.03		1927–193
									(1938–193
									1946–194

Verbleib
Mittersill (D)
TB Mauterndorf
ÖGLB/NÖLB
seit 1999 in Ober
Grafendorf E
STLB Kapfenberg (D)
Oderberg
Oderberg
Oderberg
Zell/See E
2002 außer Dienst
Waidhofen/Y E
1999 außer Dienst
Waidhofen/Y, Gmünd E
2002 außer Dienst
Gmünd E
WSV
Ober Grafendorf
MZB E
verkauft
98 551
98 550
FS
*) Ybbstalbahn
*) Bregenzerwaldbahn
ÖGEG
ÖAM
BWMB
Lemberg
Treibach
Pragersko, Slo (D)

Lieferfa.	F.Nr./Bauj.	Achsfolge	NÖLB bis 1908	NÖLB ab 1908	BBÖ ab 1925	DRB ab 1938	ÖBB ab 1953	EDV-Nr. ab 1985	Eins. MZB
KrLi	E 8/1909	CC-w2u		E 1	E 1	E 99 01	1099.01	1099 001-8	1911–
KrLi	E 9/1909	CC-w2u		E 2	E 2	E 99 02	1099.02	1099 002-6	1911–
KrLi	E 10/1909	CC-w2u		E 3	E 3	E 99 03	1099.03	1099 003-4	1911–2001
KrLi	E 11/1909	CC-w2u		E 4	E 4	E 99 04	1099.04	1099 004-2	1911–
KrLi	E 12/1909	CC-w2u		E 5	E 5	E 99 05	1099.05	1099 005-9	1911–2000
KrLi	E 13/1909	CC-w2u		E 6	E 6	E 99 06	1099.06	1099 006-7	1911–2001
KrLi	E 14/1909	CC-w2u		E 7	E 7	E 99 07	1099.07	1099 007-5	1911–
KrLi	E 15/1910	CC-w2u		E 8	E 8	E 99 08	1099.08	1099 008-3	1911–
KrLi	E 16/1910	CC-w2u		E 9	E 9	E 99 09	1099.09	1099 009-1	1912–
KrLi	E 17/1910	CC-w2u		E 10	E 10	E 99 10	1099.10	1099 010-9	1912–
KrLi	E 18/1912	CC-w2u		E 11	E 11	E 99 11	1099.11	1099 011-7	1912–
KrLi	E 19/1912	CC-w2u		E 12	E 12	E 99 12	1099.12	1099 012-5	1912–2000
KrLi	E 20/1912	CC-w2u		E 13	E 13	E 99 13	1099.13	1099 013-3	1912–
KrLi	E 21/1912	CC-w2u		E 14	E 14	E 99 14	1099.14	1099 014-1	1912–
KrLi	E 38/1914	CC-w2u		E 15	E 15	E 99 15	1099.15		1914–1981
KrLi	E 39/1914	CC-w2u		E 16	E 16	E 99 16	1099.16	1099 016-6	1914-
Sw	65328/1934	Bo-de			2040.01	V 15 901	2190.01		1934–1939
	Geb 294								
Sw	65329/1934	Bo-de			2040.02	V 15 902	2190.02		1934–1940
	Geb 295								1976-1982
Sw	65644/1936	Bo-de			2040.03	V 15 903	2190.03	2190 003-0	1936–1944
									1945–1949
									1970-2000
Sw	65655/1936	1Bo1-de			2041.01	Pw4VT137 332	2091.01	2091 001-4	1950–1988
	Geb 344								
Sw	65656/1936	1Bo1-de			2041.02	Pw4VT137 333	2091.02	2091 002-2	1981
	Geb 345								1993
Sw	65689/1937	1Bo1-de			2041.03	Pw4VT137 334	2091.03	2091 003-0	1985
	Geb 389								1988–1990
Sw	65690/1937	1Bo1-de			2041.04	Pw4VT137 335	2091.04	2091 004-8	1961–1995
	Geb 390								
Sw	65691/1937	1Bo1-de			2041.05	Pw4VT137 336	2091.05	2091 005-5	1960–1992
	Geb 391								
Sw	65692/1937	1Bo1-de			2041.06	Pw4VT137 337	2091.06		1946–1947
	Geb 392								1949–1973
Sw	65693/1937	1Bo1-de			2041.07	Pw4VT137 338	2091.07	2091 007-1	1980
	Geb 393								1989, 1990
Sw	66763/1940	1Bo1-de				Pw4VT137 339	2091.08	2091 008-9	1982–1983
Sw	66764/1940	1Bo1-de				Pw4VT137 340	2091.09	2091 009-7	1946–1961
Sw	66765/1940	1Bo1-de				Pw4VT137 341	2091.10	2091 010-5	1980–1981
									1993, 1994
Sw	66766/1940	1Bo1-de				Pw4VT137 342	2091.11	2091 011-5	1948–1950
									1991–1992
									1998-
Sw	66767/1940	1Bo1-de				Pw4VT137 343	2091.12	2091 012-1	1952–1954
									1954–1958
									1958–1960
									1979
									1981–1982
									1984, 1995
Gd	4197/1944	C-dh				13 954	2092.01	2092 001-3	1969
									1980–1995
Gd	4199/1944	C-dh				13 955	2092..02	2092 002-1	1961–1962
									1963–1965
									1971
Wh	756/1943	C-dh			62 Ub aus	2092.101	2092.03	2092 003-9	1965–1982
									1984–1999

Verbleib
ab 2002 wieder
im Einsatz
ÖGLB/NÖLB
ÖGLB (Ersatzteilsp.)
Ober Grafendorf E
*)1970–1974 WL 053
*)1982–1983 BWB
WSV
Club 760 Mauterndorf
*)zw. 1987 90
5mal Ybbstal
BWMB
*) 1979-80 zeitw. verl.
WSV
BWMB
Ybbstalbahn E
Döllnitzb. 199.30
MZB E, Club Mh 6
Döllnitzb. 199.31
Alpengh.
Puchenstuben (D)
Ober Grafendorf E

Lieferfa.	F.Nr./Bauj.	Achsfolge	NÖLB bis 1908	NÖLB ab 1908	BBÖ ab 1925	DRB ab 1938	ÖBB ab 1953	EDV-Nr. ab 1985	Eins. MZB
Wh	759/1943	C-dh			60 Ub aus	2092.102	2092.04	2092 004-7	1962–1963
									1984–1985
									1997–1999
Gr	32848/1928	BoBo-de			2070.01	V 20 901	2093.01	2093 001-2	1961–1991
Sw	77664/1958	BB-dh						2095.01	2095 001-0
Ff	18127/1960	BB-dh						2095.02	2095 002-8
Ff	18128/1960	BB-dh						2095.03	2095 003-6
Ff	18129/1961	BB-dh						2095.04	2095 004-4
Ff	18130/1961	BB-dh						2095.05	2095 005-1
Ff	18150/1961	BB-dh						2095.06	2095 006-9
Ff	18151/1961	BB-dh						2095.07	2095 007-7
Ff	18152/1961	BB-dh						2095.08	2095 008-5
Ff	18153/1961	BB-dh						2095.09	2095 009-3
Ff	18154/1962	BB-dh						2095.10	2095 010-1
Ff	18155/1962	BB-dh						2095.11	2095 011-9
Ff	18156/1962	BB-dh						2095.12	2095 012-7
Ff	18157/1962	BB-dh						2095.13	2095 013-5
Ff	18158/1962	BB-dh						2095.14	2095 014-3
Ff	18159/1962	BB-dh						2095.15	2095 015-0
Sw/Elin	87963/1994	BoBo-w4e						4090.01	4090 001-1
Sw/Elin	87964/1994	BoBo-w4e						4090.02	4090 002-9
Sw/Elin	87965/1994	BoBo-w4e						4090.03	4090 003-7
Kn	176370/1986	BoBo-de						5090.04	5090 004-2
	BBC 982								
Kn	176371/1986	BoBo-de						5090.05	5090 005-9
	BBC 983								
BWS	867H001/1994	BoBo-de						5090.08	5090 008-3
	ABB 1044								
BWS	867H007/1995	BoBo-de						5090.14	5090 014-1
	ABB 1050								
BWS	867H008/1995	BoBo-de						5090.15	5090 015-8
	ABB 1051								
BWS	867H010/1995	BoBo-de						5090.16	5090 016-6
	ABB 1052								
Sw/Elin	87966/1994	B4ES						6090.01	6090 001-6
Sw/Elin	87967/1994	B4Tl						7090.01	7090 001-4
Sw/Elin	87968/1994	B4Tl						7090.02	7090 002-2
Sw/Elin	87969/1994	B4Tl						7090.03	7090 003-C

	Verbleib
	Ober Grafendorf E
	ÖGLB/NÖLB
-1960	
-1996	
-1961	
-1995	
-1962	
-1982	
-1998	
-	
1987	
1990	
-	
-1962	
1986, 1994	
-1962	
1988	
1988,	
1997	
1982–1998,	
1980	
-1981	
1992, 1993	
-1964	
-1999*)	*)1984 lw. Pinzgau

Baujahr	BA	BA-Nr.	NÖLB	Serie	NÖLB	BBÖ	DRB	Hbf DRB
1908	Sw	.	1	DF	1^{II}	54208	208135	Retz>Ausp>Lund
1911	.	.	1	Salon	1^{I}	.	.	.
.	.	.	.	.	.	2	.	
1908	Sw	.	.	DF	2	54209	>	x
1908	Sw	47321	.	DF	3	54241	208137	Sieb>No>Str
1908	Sw	47313	.	DF	4	54242	208138	Mist
1908	Sw	47309	46-157	DF	5	54250	208139	Türn>Pn
1908	Sw	47310	.	DF	6	54233	208136	Gram>No>Prh
1909	Sw	?	.	DF	7	54236	>	x
1909	Sw	47713?	.	DF	8	54237	208140	Retz>No>Str
1913	Sw	49863	.	DF	9	54221	208141	No>Br/L>Of
1913	Sw	49864	.	DF	10	54227	208142	Retz>Br/L>Of
1913	Sw	49865	.	DF	11	54213	208145	GrSchw
1914	Sw	50512	.	DF	12	54245	208143	Dob>No>Neud
1914	Sw	50513	.	DF	13	54246	208144	Göpf>Schw
1903	Sw	42943	100	DF	26	54222	208128	No> Str
1903	Sw	42944	101	DF	27	54223	208129	No>Ff>Wb
1904	Sw	43361	102	DF	28	54228	208130	Zist>No>Str
1904	Sw	43362	103	DF	29	54229	208131	Zist>No>Prh
1906	Sw	45742	106	DF	30	>	>	
1906	Sw	45743	107	DF	31	54214	208132	Göpf>No>Prh
1906	Sw	45740	104	DF	32	54215	208133	Zell>No> Sigm
1906	Sw	45741	105	DF	33	54216	208134	No>Prh
1913	Gz	kNr	.	Jk	101	.	Wn 750126	GrS
1913	Gz	kNr	.	Jk	102	.	.	.
1903	Sw	.	.	G	200	100045	.	.
1913	Gz	kNr	.	Gk	201^{I}	100084	Wn 700359	GrS
1903	Sw		.	G	201^{II}	>	>	.
1913	Gz	kNr	.	Gk	202^{I}	100085	Wn 700360	GrS
1904	Sw	.	.	G	202^{II}	>	>	.
1913	Gz	kNr	.	Gk	203^{I}	100086	Wn 702833	GrS
1904	Sw	.	.	G	203^{II}	100050	100050	.
1906		.	.	G	204	100040	100040	.
1906		.	.	G	205	100041	100041	.
1906		.	.	G	206	100042	100042	.
1906			.	G	207	100043	100043	.
1908	Sw	47162	.	G	208	100035	100035	.
1908	Sw	47163	.	G	209	100036	100036	.
1908	Sw	47164	.	G	210	100037	100037	.
1908	Sw	47165	.	G	211	100065	100065	.
1908	Sw	47166	.	G	212	>	>	.
1908	Sw	47167	.	G	213	100066	100066	.
1908	Sw	47168	36143	G	214	>	>	.
1908	Sw	47169	.	G	215	100055	100055	.
1908	Sw	47170	.	G	216	100056	100056	.
1909		.	.	G	217	100060	100060	.
1909		.	.	G	218	100061	100061	.
1909		.	.	G	219	100062	100062	.
1911	Sw	.	.	G	220	>	>	.
1911	Sw	40025	11202	G	221	>	Wn 710178	.
1911	Sw	.	.	G	222	>	>	.
1911	Sw	.	.	G	223	>	>	.
1912	Sw	49734	.	G	224	100046	100046	.
1912	Sw	49735	.	G	225	100051	100051	.
1913	Sw	49736	.	G	226	100044	100044	.
1912	Sw	49737	.	Gi	227	78000	78000	.
	.	.	.	G	228	>	>	.
1903	Sw	.	.	G	250	>	>	.
1903	Sw	.	.	G	251	100535	100535	.

onst Nr.	Hbf ÖBB	an	Nr.	Nr. II	Vb	Datum	Anmerk:	LB
	x		.	.	.	.		6
	.	.	.	.	A	1926		E
Vn 701 800	.	.	.	.	.	.	?	
	.		.	.	A	1930		6
	x		.	.	.	.		12
	x		.	.	.	.		12
	x	ÖBB	68000	64058	UG	>0217		16
	x		.	.	?JDZ			10
	x		.	.	A	1932 10		11
	x	ÖBB	431407	.	.	.		11
547 849	x		68002	.	A	1955		8
	x			.	.	.		9
547 850	HZA	ÖBB	64056	.	.	.		7
	x			.	.	.		13
407 451	x	ÖBB	68003	439	.	.		13
.DB >G	x	ÖBB	64059	903805	A	1969		8
	x	ÖBB	431900	.	.	.		8
	x	.		.	.	.		9
	x	.		.	?JDZ			9
		.		.	A	? 1927		7
	x	.		.	?JDZ			7
525 686	x	.		.	.	>?		7
	x	.		.	?JDZ			7
	GrS	ÖBB	912999		.	1971	VEF	90
	.	.	.	.	?	.		90
	.	.	.	.	.	.		8
	GrS	ÖBB	970127	975990	A	1965		90
105 849	.	.	.	.	.	.	FS A	8
	GrS	ÖBB	970128	975992	A	1962		90
	.	.	.	.	.	.	FS f. ?KV	9
	GrS	ÖBB	972012	972106	A	1965		90
	.	.	.	.	.	.		9
	.	.	.	.	.	.		7
	.	.	.	.	.	.		7
	.	.	.	.	.	.		7
	.	.	.	.	.	.		7
	.	.	.	.	.	.		6
	.	.	.	.	.	.		6
	.	.	.	.	.	.		6
	.	.	.	.	.	.		12
100 213	.	.	.	.	.	.	FS A	12
	.	.	.	.	.	.		12
	.	.	.	.	.	KV	ob Nr.stimmt?	16
	.	.	.	.	.	.		10
	.	.	.	.	.	.		10
	.	.	.	.	.	.		11
	.	.	.	.	.	.		11
	.	.	.	.	.	.		11
	.	.	.	.	.	.	1)	13
	.	.	.	.	A	1957	1)	1
	.	.	.	.	.	.	1)	13
	.	.	.	.	.	.	1)	13
	.	.	.	.	.	.		8
	.	.	.	.	.	.		9
	.	.	.	.	.	.		7
	.	.	.	.	.	.		7
	.	.	.	.	A	?		
	.	.	.	.	A	?		8
	.	.	.	.	.	.		8

Baujahr	BA	BA-Nr.	NÖLB	Serie	NÖLB	BBÖ	DRB	Hbf DRB
1904	Sw	.	.	G	252	100540	100540	.
1904	Sw	.	.	G	253	100541	100541	.
1906	.	.	.	G	254	100530	100530	.
1906	.	.	.	G	255	100531	100531	.
1906	.	.	.	G	256	>	>	.
1906	.	.	.	G	257	>	>	.
1908	Sw	.	.	G	258	100525	100525	.
1908	Sw	.	.	G	259	100526	100526	.
1908	Sw	.	.	G	260	100527	100527	.
1908	Sw	.	.	G	261	100555	100555	.
1908	Sw	.	.	G	262	100556	100556	.
1908	Sw	.	.	G	263	100557	100557	.
1908	.	.	.	G	264	100550	100550	.
1908	.	.	.	G	265	100545	100545	.
1908	.	.	.	G	266	100551	100551	.
1908	.	.	.	G	267	100552	100552	.
1912	.	.	.	G	268	100536	100536	.
1912	.	.	.	G	269	100542	100542	.
1912	.	.	.	G	270	100532	100532	.
1912	.	.	.	G	271	>	>	.
1903	.	.	.	Gi	272	78500		.
1903	Sw	.	.	K	300	>	>	.
1903	Sw	.	.	K	301	>	>	.
1904	Sw	.	.	K	302	630010	Wü 90005	.
1904	Sw	.	.	K	303	630011	Wü 90006	.
1906	.	.	.	K	304	630005	Wü 90003	.
1906	.	.	.	K	305	630006	Wü 90004	.
1908	Sw	.	.	K	306	630000	Wü 90001	.
1908	Sw	.	.	K	307	630001	Wü 90002	.
1908	Sw	.	.	K	308	630025	Wü 90009	.
1908	Sw	.	.	K	309	630026	Wü 90010	.
1908	Sw	.	.	K	310	630027	Wü 90011	.
1908	.	.	.	K	311	.	.	.
1908	.	.	.	K	312	630015	Wü 90007	.
1909	.	.	.	K	313	630020	Wü 90008	.
1909	.	.	.	K	314	>	>	.
1908	Sw	.	.	Ke	333	>	>	.
1908	Sw	.	.	Ke	334	>	>	.
1908	Sw	.	.	Ke	335	>	>	.
1903	Sw	.	.	K	350	630510	Wü 90016	.
1903	Sw	.	.	K	351	630511	Wü 90017	.
1904	Sw	.	.	K	352	630515	Wü 90018	.
1904	Sw	.	.	K	353	630516	Wü 90019	.
1906	.	.	.	K	354	630505	Wü 90014	.
1906	.	.	.	K	355	630506	Wü 90015	.
1908	Sw	.	.	K	356	630500	Wü 90012	.
1908	Sw	.	.	K	357	630501	Wü 90013	.
1908	Sw	.	.	K	358	630530	Wü 90022	.
1908	Sw	.	.	K	359	>	>	.
1908	Sw	.	.	K	360	630531	Wü 90023	.
1909	.	.	.	K	361	>	>	.
1908	.	.	.	K	362	630520	Wü 90020	.
1909	.	.	.	K	363	630525	Wü 90021	.
1909	.	.	.	K	364	>	>	.
1903	Sw	.	.	Jko	400	430021	Ftm 90606	.
1903	Sw	.	.	Jko	401	430022	Ftm 90607	.
1904	Sw	.	.	Jko	402	>	>	.
1904	Sw	.	.	Jko	403	>	>	.
1904	Sw	.	.	Jko	404	>	>	.
1904	Sw	.	.	Jko	405	430026	Ftm 90608	.

onst Nr.	Hbf ÖBB	an	Nr.	Nr. II	Vb	Datum	Anmerk:	LB
	.	.	.	.	.	.		9
	.	.	.	.	.	.		9
	.	.	.	.	.	.		7
	.	.	.	.	.	.		7
	.	.	.	.	.	.	CFR, KV?	7
	.	.	.	.	.	.	CFR, KV?	7
	.	.	.	.	.	.		6
	.	.	.	.	.	.		6
	.	.	.	.	.	.		6
	.	.	.	.	.	.		12
	.	.	.	.	.	.		12
	.	.	.	.	.	. .		12
	.	.	.	.	.	.		11
	.	.	.	.	.	.		10
	.	.	.	.	.	.		11
	.	.	.	.	.	.		11
	.	.	.	.	.	.		8
	.	.	.	.	.	.		9
	.	.	.	.	.	.		7
	.	.	.	.	.	.	CFR, KV?	7
	.	.	.	.	.	.		8
	.	.	.	.	.	.		8
	.	.	.	.	.	.	CFR, KV?	8
	.	.	.	.	.	.		9
	.	.	.	.	.	.		9
	.	.	.	.	.	.		7
	.	.	.	.	.	.		7
	.	.	.	.	.	.		6
	.	.	.	.	.	.		6
	.	.	.	.	.	.		12
	.	.	.	.	.	.		12
	.	.	.	.	.	.		12
	.	.	.	.	.	.	CFR, KV?	11
	.	.	.	.	.	.		10
	.	.	.	.	.	.		11
	.	.	.	.	A	?		11
	.	.	.	.	?	.		9
	.	.	.	.	?	.		9
	.	.	.	.	?	.		9
	.	.	.	.	.	.		8
	.	.	.	.	.	.		8
	.	.	.	.	.	.		9
	.	.	.	.	.	.		9
	.	.	.	.	.	.		7
	.	.	.	.	.	.		7
	.	.	.	.	.	.		6
	.	.	.	.	.	.		6
	.	.	.	.	.	.		12
	.	.	.	.	?KV			12
	.	.	.	.	.	.		12
	.	.	.	.	A	?		11
	.	.	.	.	.	.		10
	.	.	.	.	.	.		11
	.	.	.	.	A	?		11
	.	.	.	.	.	.		8
	.	.	.	.	.	.		8
	.	.	.	.	.	.	CFR, KV?	9
	.	.	.	.	A	?		9
	.	.	.	.	.	.	CFR, KV?	9
	.	.	.	.	.	.		9

Baujahr	BA	BA-Nr.	NÖLB	Serie	NÖLB	BBÖ	DRB	Hbf DRB
1906	.	.	.	Jko	406	430016	Ftm 90604	.
1906	.	.	.	Jko	407	430017	Ftm 90605	.
1908	Sw	.	.	Jko	408	430005	430005	.
1908	Sw	.	.	Jko	409	430006	430006	.
1908	Sw	.	.	Jko	410	>	>	.
1908	Sw	.	.	Jko	411	430041	Ffm 90612	.
1908	Sw	.	.	Jko	412	430040	430040	.
1908	.	.	.	Jko	413	430035	? 91907	.
1908	.	.	.	Jko	414	430030	430030	.
	.	.	.	Jko	415	>	>	.
1909	.	.	.	Jko	416	430036	Ffm 90609	.
1909	.	.	.	Jko	417	430037	Ffm 90610	.
1909	.	.	.	Jko	418	430038	Ffm 90611	.
1909	Sw	.	.	Jko	419	430007	Ftm 90603	.
1912	.	.	.	Jko	420	430020	430020	.
1912	.	.	.	Jko	421	430025	430025	.
1912	.	.	.	Jko	422	430010		.
1912	.	.	.	Jko	423	430011	430011	.
1912	.	.	.	Jko	424	430012	430012	.
1912	.	.	.	Jko	425	>	>	.
1912	.	.	.	Jko	426	430013	>	.
1912	.	.	.	Jko	427	430014	>	.
1912	.	.	.	Jko	428	>	>	.
1913	St	8201	.	Gol	428	100070	100070	.
1913	St	8202	.	Gol	429	100071	100071	.
1912	.	.	.	Jko	429	430015	430015	.
1913	St	8203	.	Gol	430	100072	100072	.
1913	St	8204	.	Gol	431	100073	100073	.
1913	St	8205	.	Gol	432	100074	100074	.
1913	St	8206	.	Gol	433	100075	100075	.
1913	St	8207	.	Gol	434	100076	100076	.
1913	St	8208	.	Gol	435	100077	100077	.
1913	St	8209	.	Gol	436	100078	100078	.
1913	St	8210	.	Gol	437	100079	100079	.
1913	St	8211	.	Gol	438	.	96100	Wn700302
1913	St	8212	.	Gol	439	100080	100080	.
1913	St	8213	.	Gol	440	100081	100081	.
1913	St	8214	.	Gol	441	100082	100082	.
1908	St	8215	.	Gol	442	100083	100083	.
1903	Sw	.	.	Jko	450	430521	Fft 90 623	.
1903	Sw	.	.	Jko	451	>	>	.
1904	.	.	.	Jko	452	430526	Fft 90 624	.
1904	.	.	.	Jko	453	>	>	.
1904	.	.	.	Jko	454	430527	Fft 90 625	.
1904	.	.	.	Jko	455	430528	Fft 90 626	.
1906	.	.	.	Jko	456	435515	Fft 91 028	.
	.	.	.	Jko	457	>	>	.
1908	Sw	.	.	Jko	458	430505	430505	.
1908	Sw	.	.	Jko	459	>	>	.
1908	Sw	.	.	Jko	460	430540	430540	.
1908	Sw	.	.	Jko	461	430541	430541	.
1908	Sw	.	.	Jko	462	430542	430542	.
1908	.	.	.	Jko	463	430535	Fft 90627	.
1908	.	.	.	Jko	464	430530	430530	.
1909	.	.	.	Jko	465	>	>	.
1909	.	.	.	Jko	466	430536	Fft 90628	.
	.	.	.	Jko	467	>	>	.
1912	.	.	.	Jko	468	430520	430520	.
1912	.	.	.	Jko	469	430525	430525	.
1912	.	.	.	Jko	470	430510	430510	.

sonst Nr.	Hbf ÖBB	an	Nr.	Nr. II	Vb	Datum	Anmerk:	LB
	.	.	.	.	.	.		7
	.	.	.	.	.	.		7
	.	.	.	.	.	.		6
	.	.	.	.	.	.		6
	.	.	.	.	.	.	CFR, KV?	12
	.	.	.	.	.	.		12
	.	.	.	.	.	.		12
	.	.	.	.	.	.		11
	.	.	.	.	.	.		10
	.	.	.	.	A	?		10
	.	.	.	.	.	.		11
	.	.	.	.	.	.		11
	.	.	.	.	.	.		11
	.	.	.	.	.	.		6
	.	.	.	.	.	.		8
	.	.	.	.	.	.		9
	.	.	.	.	A	?		7
	.	.	.	.	.	.		7
	.	.	.	.	.	.		7
401 012	.	.	.	.	.	.	FS f,	7
	.	.	.	.	A	?		7
	.	.	.	.	A	?		7
	.	.	.	.	A	?		7
	.	.	.	.	.	.	KV	15
	.	ÖBB	.	.	A	1953>	Bf 0152>X501.0104	15
	.	.	.	.	A	?		7
	.	ÖBB	102480	102400	A	A196110		15
	.	ÖBB	102481	102401	A	A196110		15
	.	ÖBB	102482	102402	A	A196110		15
	GrS	ÖBB	153	.	A			15
	.	ÖBB	102483	102403	A	A196110		15
	.	ÖBB	.	.	A	1952>	Bf 0137>X501.0105	15
	.	.	.	.	.	.	KV DRB	15
	.	ÖBB	102484	102404	A	A196110		15
	.	ÖBB	.	970126	A	1955>	UZ 102408,A 196110	15
	.	ÖBB	.	.	A	1952>	Bf 0138>X501.0106	15
	.	ÖBB	102485	102405	A	A196110		15
	.	ÖBB	102486	102406	A	A196110		15
	.	ÖBB	102487	102407	A	A196110		15
	.	.	.	.	.	.		8
	.	.	.	.	.	.	KV	8
	.	.	.	.	.	.		9
04 199	.	.	.	.	.	.	FS f	9
	.	.	.	.	.	.	KV DRB	9
	.	.	.	.	.	.	KV DRB	9
	.	ÖBB	.	.	.	.	BBÖ 431 830	7
	.	.	.	.	.	.	CFR	7
	.	.	.	.	.	.	KV DRB	6
	.	.	.	.	.	.	CFR, KV?	6
	.	.	.	.	.	.	KV DRB	12
	.	.	.	.	.	.	KV DRB	12
	.	.	.	.	.	.	KV DRB	12
	.	.	.	.	.	.	KV DRB	11
	.	.	.	.	.	.	KV DRB	10
404 348	.	.	.	.	.	.	FS f	11
	.	.	.	.	.	.	KV DRB	11
	.	.	.	.	.	.	CFR, KV?	11
	.	.	.	.	.	.	KV DRB	8
	.	.	.	.	.	.	KV DRB	9
	.	.	.	.	.	.	KV DRB	7

Baujahr	BA	BA-Nr.	NÖLB	Serie	NÖLB	BBÖ	DRB	Hbf DRB
1912	.	.	.	Jko	471	>	>	.
1912	.	.	.	Jko	472	430511	430511	.
1912	.	.	.	Jko	473	430512	430512	.
1912	.	.	.	Jko	474	430513	430513	.
1912	.	.	.	Jko	475	430514	430514	.
1912	.	.	.	Jko	476	>	>	.
1912	.	.	.	Jko	477	430515	430515	.
1912	.	.	.	Jko	478	430516	Fft 90 622	.
1908	.	.	.	Ke	500	670005		.
1908	.	.	.	Ke	501	>	>	.
1908	.	.	.	Ke	502	670006	Lu 90005	.
1908	.	.	.	Ke	503	670010	Lu 90006	.
1908	.	.	.	Ke	504	670011	.	.
1908	.	.	.	Ke	505	670012	Lu 90007	.
1908	.	.	.	Ke	506	670000	Lu 90001	.
1908	.	.	.	Ke	507	670001	Lu 90002	.
1908	.	.	.	Ke	508	670002	Lu 90003	.
1908	.	.	.	Ke	509	670003	Lu 90004	.
1906	.	.	.	Ke	510	>	.	7 402 027
1906	.	.	.	Ke	511	671050	Lu 90070	.
1906	.	.	.	Ke	512	671051	Lu 90071	.
1906	.	.	.	Ke	513	671052	Lu 90072	.
1906	.	.	.	Ke	514	671053	Lu 90073	.
1906	.	.	.	Ke	515	671054	Lu 90074	.
1906	.	.	.	Ke	516	671055	Lu 90075	.
1906	.	.	.	Ke	517	671056	Lu 90076	.
1906	.	.	.	Ke	518	671057	Lu 90077	.
1906	.	.	.	Ke	519	671058	Lu 90078	.
1904	Sw	43364	.	Kk	600	647005	Wt 90003	.
1904	Sw	43365	.	Kk	601	647006	Wt 90004	.
1906	Sw	.	.	Kk	602	647000	Wt 90001	.
1906	Sw	.	.	Kk	603	647001	Wt 90002	.
1904	Sw	.	.	Kk	650	647505	Wt 90007	.
1904	Sw	.	.	Kk	651	647506	Wt 90008	.
1906	Sw	.	.	Kk	652	647500	Wt 90005	.
1906	Sw	.	.	Kk	653	647501	Wt 90006	.
1908		.	.	Kk	654	647615	Wt 90009	.
1908		.	.	Kk	655	647616	Wt 90010	.
1908		.	.	Kk	656	647617	Wt 90011	.
1908		.	.	Kk	657	647618	Wt 90012	.
1913	St	7423	.	Gg	700	130015	Stn 90007	.
1913	St	7793	.	Gg	701	130016	Stn 90008	.
1913	St	7794	.	Gg	702	130017	Stn 90009	.
1913	.			Gg	750	130515	>	.
1913	St	7424	.	Gg	751	130520	Stn 90635	.
1913	St	7425	.	Gg	752	130521	Stn 90636	.
1913	St	7426	.	Gg	753	130522	Stn 90637	.
1913	St	7427	.	Gg	754	130523	Stn 90638	.
1913	St	7428	.	Gg	755	130524	Stn 90639	.
1913	St	7429	11201	Gg	756	>	Wn 710179	.
1913	St	7430	.	Gg	757	130525	Stn 90640	.
1913	St	7431	.	Gg	758	130526	Stn 90641	.
1913	St	7432	.	Gg	759	130527	Stn 90642	.
1913	St	7433	.	Gg	760	>	>	.
1913	St	7434	.	Gg	761	>	>	.
1913	St	7435	.	Gg	762	130528	Stn 90643	.
1913	St	7866	.	Jkg	850	450,501	Wn 90005	.
1913	St	7867	.	Jkg	851	450,502	Wn 90006	.
1913	St	7868	.	Jkg	852	450,503	Wn 90007	.
1913	St	7869	.	Jkg	853	>	>	.

onst Nr.	Hbf ÖBB	an	Nr.	Nr. II	Vb	Datum	Anmerk:	LB
403 755	.	.	.	.	.	.	FS	7
	.	.	.	.	.	.	KV DRB	7
	.	.	.	.	.	.	KV DRB	7
	.	.	.	.	.	.	KV DRB	7
	.	.	.	.	.	.	KV DRB	7
	.	.	.	.	.	.	KV	7
	.	.	.	.	.	.	KV DRB	7
	.	.	.	.	.	.	KV DRB	7
	.	.	.	.	.	.	KV DRB	8
	.	.	>	.	A	?		8
	.	.	.	.	.	.	KV DRB	8
	.	.	.	.	.	.	KV DRB	9
	.	.	>	.	A	?		9
	.	.	.	.	.	.	KV DRB	9
	.	.	.	.	.	.	KV DRB	7
	.	.	.	.	.	.	KV DRB	7
	.	.	.	.	.	.	KV DRB	7
	.	.	.	.	.	.	KV DRB	7
	.	.	.	.	.	.	FS f	14
	.	.	.	.	.	.	KV DRB	14
	.	.	.	.	.	.	KV DRB	14
	.	.	.	.	.	.	KV DRB	14
	.	.	.	.	.	.	KV DRB	14
	.	.	.	.	.	.	KV DRB	14
	.	.	.	.	.	.	KV DRB	14
	.	.	.	.	.	.	KV DRB	14
	.	.	.	.	.	.	KV DRB	14
	.	.	.	.	.	.	KV DRB	14
		ÖBB	909334	.	.	.		9
	.	.	.	.	.	.	KV DRB	9
	.	.	.	.	.	.	KV DRB	7
	.	.	.	.	.	.	KV DRB	7
	.	.	.	.	.	.	KV DRB	9
	.	.	.	.	.	.	KV DRB	9
	.	.	.	.	.	.	KV DRB	7
	.	.	.	.	.	.	KV DRB	7
	.	.	.	.	.	.	KV DRB	14
	.	.	.	.	.	.	KV DRB	14
	.	.	.	.	.	.	KV DRB	14
	.	.	.	.	.	.	KV DRB	14
	.	.	.	.	.	.	KV DRB	15
	.	.	.	.	.	.	KV DRB	15
	.	.	.	.	.	.	KV DRB	15
	.	.	.	.	A	?		7
	.	.	.	.	.	.	KV DRB	15
	.	.	.	.	.	.	KV DRB	15
	.	.	.	.	.	.	KV DRB	15
	.	.	.	.	.	.	KV DRB	15
	.	.	.	.	.	.	KV DRB	15
	GrS	.	.	.	A	19511222	Schneepflug	15
	.	.	.	.	A	1951		15
	.	.	.	.	.	.	KV DRB	15
	.	.	.	.	.	.	KV DRB	15
	.	.	.	.	.	.	SHS?	15
105 921	.	.	.	.	.	.	FS f	15
	.	.	.	.	.	.	KV DRB	15
	.	.	.	.	.	.	KV DRB	15
	.	.	.	.	.	.	KV DRB	15
	.	.	.	.	.	.	KV DRB	15
	.	.	.	.	.	.	KV	15

Baujahr	BA	BA-Nr.	NÖLB	Serie	NÖLB	BBÖ	DRB	Hbf DRB
1913	St	8672	.	Jk	900	>	>	.
1913	St	8671	.	Jk	901	430015	Fft 91032	.
1913	St	8673	.	Jk	950	435520	Fft 91047	.
1913	St	8674	.	Jk	951	435521	Fft 91048	.
1913	St	8675	.	Jk	952	435522	>	.
1913	St	8676	.	Jk	953	435523	Fft 91049	.
1913	Ri	79082	.	BCa	1200	700	207611	GrS
1913	Ri	79083	.	BCa	1201	701	207612	GrS
1913	Ri	79084	.	BCa	1202	702	207613	GrS
1913	Ri	79085	.	BCa	1203	703	207614	GrS
1913	Ri	79086	.	BCa	1204	704	207615	GrS
1913	Ri	79087	.	BCa	1205	705	207616	GrS
1913	Ri	79088	.	BCa	1206	706	207617	GrS
1916	St	11118	.	BCa	1207	707	207618	GrS
1916	St	11119	.	BCa	1208	708	207619	GrS
1916	St	11120	.	BCa	1209	709	207620	GrS
1916	St	11121	.	BCa	1210	710	207621	GrS
1916	St	11122	.	BCa	1211	711	207622	GrS
1913	Ri	79092	.	BCDa	1300	900	207641	GrS
1913	Ri	79093	.	BCDa	1301	901	207642	GrS
1913	Ri	79094	.	BCDa	1302	902	207643	GrS
1913	Ri	79463	.	BCDa	1303	903	207644	GrS
1913	Ri	79089	.	BCDFa	1400	954	207681	GrS
1913	Ri	79089	.	BCDFa	1400	800	.	.
1913	Ri	79090	.	BCDFa	1401	955	207682	GrS
1913	Ri	79090	.	BCDFa	1401	801	.	.
1913	Ri	79091	.	BCDFa	1402	956	207683	GrS
1913	Ri	79091	.	BCDFa	1402	802	.	.
1916	St	11113	.	Ca	1500	904	207645	GrS
1916	St	11114	.	Ca	1501	905	207646	GrS
1916	St	11115	.	Ca	1502	906	207647	GrS
1916	St	11116	.	Ca	1503	907	207648	GrS
1916	St	11117	.	Ca	1504	908	207649	GrS
1913	St	7566	.	C	1525	850	207661	GrS
1913	St	7567	.	C	1526	851	207662	GrS
1913	St	7568	.	C	1527	852	207663	GrS
1913	St	7569	.	C	1528	853	207664	GrS
1913	St	7570	.	C	1529	854	207665	GrS
1913	St	7571	.	C	1530	855	207666	GrS
1913	St	7572	.	C	1531	856	207667	GrS
1913	St	7573	.	C	1532	857	207668	GrS
1913	St	7574	.	C	1533	858	207669	GrS
1913	Gz	.	.	C	1534		.	.
1913	Gz	.	.	C	1535		.	.
1913	Gz	.	.	C	1536		.	.
1913	St	7556	.	CMg	1600	ET24.01	1471	GrS
1913	St	7557	.	CMg	1601	ET24.02	1472	GrS
1913	St	7558	.	CMg	1602	.	.	.
1913	St	7559	.	CMg	1603	.	.	.
1913	St	7560	.	CMg	1604	.	.	.
1913	St	7561	.	CMg	1605	ET24.03	1473	GrS
1913	St	7562	.	CMg	1606	ET24.04	1474	GrS
1913	St	7563	.	CMg	1607	ET24.05	1475	GrS
1913	St	7564	.	CMg	1608	ET24.06	1476	GrS
1913	St	7565	.	CMg	1609	ET24.07	1477	GrS
1913	Gz		.	CMg	1610	.	.	.
1913	Gz		.	CMg	1611	.	.	.
1913	Gz		.	CMg	1612	.	.	.
1913	Gz		.	CMg	1613	.	.	.
1916	St	11123	.	CDa	1700	950	207684	GrS

onst Nr.	Hbf ÖBB	an	Nr.	Nr. II	Vb	Datum	Anmerk:	LB
403 403	.	.	. .	.	.	.	FS f	15
	.	.	.	.	.	.	KV DRB	15
	.	.	.	.	.	.	KV DRB	15
	.	.	.	.	.	.	KV DRB	15
	.	.	.	.	A	vor 1938		15
	.	.	.	.	.	.	KV DRB	15
	GrS				A	19530421		15
	GrS	.	22980	42950	A	19591222	an St&H	15
	GrS	.	22981	42951	A	19591222	an St&H	15
	GrS	.	32980	42952	A	19591222	an St&H	15
	GrS	.	32981	42953	A	19591222	an St&H	15
	GrS	.			A	19560924		15
	GrS	.	22982	42954	A	19591222	an St&H	15
	GrS	.			A	19561102	>Bf 00192,A196505	15
	GrS	.	22970	42900	A	19611020		15
	GrS	.			A	19560924		15
	GrS	.	32974	42901	A	19610120	an St&H	15
195736	GrS	.			A	1951		15
	GrS	.			A	19610509		15
	GrS	.			A	19610509		15
		.			A	1943		15
	GrS	.			A	19610509		15
	GrS	.	32998	42998	A	19591222	an St&H	15
		.			.	.	siehe 954	15
	GrS	.	32999	42999	A	19591222	an St&H	15
		.			.	.	siehe 955	15
	GrS	.			A	19610509		15
		.			.	.	siehe 956	15
	GrS	.	32970	42902	A	19600629	>Bf 0696	15
	GrS	.	32971	42903	A	19600629	>Bf 0697>VEF	15
	GrS	.	32972	42904	A	19600629	>Bf 0698,ZL1970	15
	.		.	.	A	1946	.	15
	GrS	.	32973	42905	A	19600629	WTK 4	15
	GrS	ÖBB	7024.01		A	19610509	.	15
	GrS	ÖBB	7024.02		A	19610509	.	15
	GrS	ÖBB	7024.03		A	19610509	.	15
	GrS	ÖBB	7024.04		A	19610509	.	15
	.	.	.		A	19610509	.	15
	GrS	ÖBB	7024.06		A	19610509	.	15
	.	.	.		A	19610509	.	15
	GrS	ÖBB	7024.08		A	19610509	.	15
		.	.		U	1959	in Kompressorw 959001	15
		.	.		A	1935	.	90
		.	.		A	1935	.	90
		.	.		A	1935	.	90
	GrS	ÖBB	4924.01		A	19540925	.	15
	.		.		A	1944 an CSD		15
	.		.		.	1915	an Brünn verk.	15
	.		.		.	1915	an Brünn verk.	15
	.		.		.	1915	an Brünn verk.	15
		ÖBB	4924.03		A	19540925	.	15
		.			A	1944 an CSD		15
		ÖBB	4924.05		A	19540925	>VEF >MTM	15
		.			A	1944 an CSD	.	15
		ÖBB	4924.07		A	1954 0925	.	15
	.	.	.	.	A	1935	Strb. Preßbg.	90
	.	.	.	.	A	1935	Strb. Preßbg.	90
	.	.	.	.	A	1941	STH	90
	.	.	.	.	A	1935	Strb. Preßbg.	90
		.			A	1943	.	15

Baujahr	BA	BA-Nr.	NÖLB	Serie	NÖLB	BBÖ	DRB	Hbf DRB
1916	St	11124	.	CDa	1701	951	207685	GrS
1916	St	11125	.	CDa	1702	952	207686	GrS
1916	St	11126	.	CDa	1703	953	207687	GrS
1911			.	ABi	2000	>	>	.
1911			.	ABi	2001	>	>	.
.	.	2)	.	Gg	2065	>	>	.
.	.	2)	.	Gg	2069	>	>	.
.	.	2)	.	Gg	2083	>	>	.
1903	Sw	42894	10	BCi	2200	23030	202566	No
1904	Sw	43356	11	BCi	2201	23032	202572	No
1904	Sw	43357	12	BCi	2202	23033	202573	No>Witt>G
1906	Sw	44068	13	BCi	2203	23020	202574	StV>
1906	Sw	44069	14	BCi	2204	23021	202575	No
1906	Sw	44070	15	BCi	2205	23022	202576	No>Wiitt>Brig
1908	Sw	47315	.	BCi	2206	23015	202587	Li>Urf
1908	Sw	47316	.	BCi	2207	23016	202588	Li>Urf
1908	Sw	47317	.	BCi	2208	23042	202589	No>Fischau>Urf
1908	Sw	47318	.	BCi	2209	23043	202590	No
1909	Sw	47952	.	BCi	2212	23036	205596	No
1909	Sw	47953	.	BCi	2213	23023	202594	No
1909	Sw	47954	.	BCi	2214	23024	202595	No>Brig
1911	Sw	48431	.	BCi	2215	23038	202603	No
1911	Sw	48432	.	BCi	2216	23039	202604	No
1910)			918?	BCi	2217	>	>	
1911)			.	BCi	2218	>	>	
1911)			.	BCi	2219	>	>	
.	.	.	17-463	BCi	2220	23050	202591	Stam>Wb
.	.	.	17-464	BCi	2221	23051	202592	Stam>Wb
1914	Sw	50613	.	BCi	2222	23046	202614	Wb
1914	Sw	50614	.	BCi	2223	23047	202615	Wb
1903	Sw	.		BCi	2250	>	>	.
1911)		.	.	BCi	2251	>	>	.
1911)		.	.	BCi	2252	>	>	.
1903	Sw	42896	30	Ci	2300	30290	205175	No>Zist>Wb
1903	Sw	42897	31	Ci	2301	30291	205176	No>Zist>Wb
1904	Sw	30361	32	Ci	2302	30300	205219	No
1904	Sw	43359	33	Ci	2303	30301	205220	No>Str>No
1904	Sw	43360	34	Ci	2304	30302	205221	No>Brig>No
1906	Sw	46071	35	Ci	2305	30268	205265	No>Hohenau
1906	Sw	46072	36	Ci	2306	30269	205266	No>Drösing
1906	Sw	46073	37	Ci	2307	30270	205267	No>Schw
1906	Sw	46074	38	BCi	2308	30271	205268	No>Pn>Urf
1906	Sw	46075	39	Ci	2309	30272	205269	No>
1906	Sw	46076	40	Ci	2310	30273	205270	No
1908	Sw	47321	.	Ci	2311	30260	205330	No
1908	Sw	47322	.	Ci	2312	30261	205331	No>Ratt>Wb
1908	Sw	47323	.	Ci	2313	30262	205332	No>Hoh>Wb
1908	Sw	47324	.	Ci	2314	30325	205335	Pn
1908	Sw	47325	.	Ci	2315	30326	205336	Pn
1908	Sw	47326	.	Ci	2316	30327	205337	Pn
1908	Sw	47327	9692	Ci	2317	30345	205339	Lund>Wb
1908	Sw	47328	9693	Ci	2318	30346	205340	Lund
1908	Sw	47329	.	Ci	2319	30306	205333	No
1908	Sw	47330	9694	Ci	2320	30347	205341	Lund
1909	Sw	47714	.	Ci	2321	30307	205413	No>Schw
1909	Sw	47715	.	Ci	2322	31240	205415	Wb
1909	Sw	47716	.	Ci	2323	31241	205416	Wb
1909	Sw	47717	.	Ci	2324	31242	205417	Wb
1909	Sw	47718	.	Ci	2325	31243	205418	Wb
1909	Sw	47955	.	Ci	2326	30274	205409	No>Wb

onst Nr.	Hbf ÖBB	an	Nr.	Nr. II	Vb	Datum	Anmerk:	LB
		.			A	1944	.	15
	GrS	.	32995	42990	A	1960 0629	>Bf 0699,ZL1970	15
		.			A	19561102	>Bf 0191,ZL196508	15
	.	.	.	.	A	? 1920		7
	.	.	.	.	A	? 1920		7
	.	.	.	.	.	.	FS A	
201 110	.	.	.	.	.	.	FS A	
	.	.	.	.	.	.	CFR, KV?	
	>	ÖBB	977092	973073	A	1973		8
	>	.		.	A	1940 in Pn		9
	x	.		.	.	.	KV DRB	9
	x	.		.	.	.	KV DRB	7
	x	.		.	.	.	KV DRB	7
	x	.		.	.	.	KV DRB	7
	>	.		.	A	1949		6
	At	ÖBB	46083	.	A	1957		6
	x	.		.	.	.	KV DRB	12
	x	.		.	.	.	KV DRB	12
	x	.		.	.	.	KV DRB	10
	x	.		.	.	.	KV DRB	7
	x	.		.	.	.	KV DRB	7
DB >B	x	.	9......	.	.	.	KV DRB	11
	x	.		.	A	1953		11
		.		.	A	? 1920		14
		.		.	A	? 1920		7
		.		.	A	? 1920		7
	>	.		.	A	1940 in Pn	3)	16)
	Wb	ÖBB	46084	977249	A	1962	3)	16)
	x	ÖBB	990068	.	.	.		13
408 543	x	ÖBB		.	A	1953		13
		.		.	.	.		8
		.		.	A	? 1920		7
				.	A	? 1920		7
	>			.	A	1949		8
	Wf	ÖBB	46080	193	A	1958		8
	x	CSD	47212	.	.	.		9
	x			.	A	1942		9
)B >F	Lz	ÖBB	46082	.	A	1959		9
	x			.	.	.	KV DRB	7
SD 4-0744	x	ÖBB	46082	.	A	1958		7
	x		46087	.	A	1946		7
	Ff	ÖBB	46078	.	A	1959	vorher 46700	7
	x	CSD	44440	.	.	.		7
	x		.	.	.	.	KV DRB	7
	x		.	.	A	1949		6
	x		.	.	>DR			6
	x		.	.	.	.	KV DRB	6
	x		.	.	.	.	KV DRB	12
	x		.	.	.	.	KV DRB	12
527 111	x	ÖBB	.	.	.	.		12
	x		.	.	.	29-730		16
	x		.	.	.	29-731		16
	x		.	.	.	.	KV DRB	10
	x		.	.	.	29-732		16
318 681	x	ÖBB	46089	.	A	1961		10
		.	.	.	.	.	KV DRB	14
		.	.	.	.	.	KV DRB	14
		ÖBB	.	.	A	1949		14
		CSD	47214	.	A	1942Dre		14
	x	CSD	40721	.	.	.	KV DRB	7

Baujahr	BA	BA-Nr.	NÖLB	Serie	NÖLB	BBÖ	DRB	Hbf DRB
1909	Sw	47956	.	Ci	2327	30275	205410	No>Str>Wb>No
1909	Sw	47957	.	Ci	2328	30276	205411	No>Lund>No
1909	Sw	47958	.	Ci	2329	30277	205412	No>Lund>No
1911	Sw	48433	.	Ci	2330	30315	205476	No>Drös>No
1911	Sw	48434	.	Ci	2331	30316	205477	No
1911	Sw	48435	.	Ci	2332	30317	205478	No
1911	Sw	48436	.	Ci	2333	30318	205479	No>Drös>No
1910)			.	Ci	2334	>	>	
1911)			.	Ci	2335	>	>	
1911)			.	Ci	2336	>	>	
1911)			.	Ci	2337	>	>	
1911)			.	Ci	2338	>	>	
1911)			.	Ci	2339	>	>	
1914	Sw	50605	.	Ci	2340	30335	205646	Pn
1914	Sw	50606	.	Ci	2341	30336	205647	Pn
1914	Sw	50607	.	Ci	2342	30337	205648	Pn
1914	Sw	50608	.	Ci	2343	30338	205649	Pn
1914	Sw	50609	.	Ci	2344	30339	205650	Lund
1914	Sw	50610	.	Ci	2345	30292	205644	No>Zist>No
1914	Sw	50611	.	Ci	2346	30293	205645	No>
1914	Sw	50612	.	Ci	2347	30263	205643	No>G
1903	Sw	42898	20?	Ci	2350	30294	205177	No>Str >No
1881	H	.	.	Cib	2351	.	.	.
1881	H	.	.	Cib	2352	.	.	.
1881	H	.	.	Cib	2353	.	.	.
1881	H	.	.	Cib	2354	.	.	.
1881	H	.	.	Cib	2355	.	.	.
1881	H	.	.	Cib	2356	.	.	.
1881	H	.	.	Cib	2360	.	.	.
1881	H	.	.	Cib	2361	.	.	.
1908	Sw	47331	.	Ci	2362	30328	205338	No>Nb
1908	Sw	47332	.	Ci	2363	30308	205334	No>Fried>G
1909	Sw	47719	.	Ci	2364	31244	205419	Wb>
1909	Sw	47720	.	Ci	2365	31245	205420	Wb>
1910)			.	Ci	2366	>	>	
1911)			.	Ci	2367	>	>	
1911)			.	Ci	2368	>	>	
1911)			.	Ci	2369	30286	>	x
1911)			.	Ci	2370	>	>	
1911)			.	Ci	2371	>	>	
1911)			.	Ci	2372	>	>	
1903	Sw	42895	41?	Ci	2373	30295	205178	No>Str >No
.	.	.	2)	Jk	2784	>	>	
	.	.	2)	Jk	4003	>	>	
1908	Sw	47319	7303	.	17-463	23050	202591	Wb
1908	Sw	47320	7304	.	17-464	23051	202592	Wb
01908	Sw	47168	36143	.	58-756	100084	100084	.

Anmerkungen:
1) eingestellt in Wagenpark Auersthal- Ff für Milch
2) als Mietwagen eingestellt
3) vermutlich vorgesehen

onst Nr.	Hbf ÖBB	an	Nr.	Nr. II	Vb	Datum	Anmerk:	LB
	x	.	.	.	.	.	KV DRB	7
	Ws	ÖBB	46085	.	A	1959		7
	x	.	.	.	.	.	KV DRB	7
	x	CSD	40646	.	.	.		11
	x	CSD	41938	.	.	.		11
	x	CSD	40565	.	.	.		11
	x	ÖBB	.	.	Z,A	1948		11
		.	.	.	A	? 1920		14
		.	.	.	A	? 1920		14
		.	.	.	A	? 1920		7
		.	.	.	A	? 1920		7
		.	.	.	A	? 1920		7
		.	.	.	A	? 1920		7
331 947	x	MAV	?	.	.	.		13
	x	.		.	.	.	KV DRB	1
	Lz	ÖBB	46088	977219	.	.		1
525 109	x	ÖBB	46153	977255	.	.		1
	x	.		.	.	.	KV DRB	1
	Wb	ÖBB	46087	46151	A	1959		8
	x	CSD	42447	.	.	.		8
	x	ÖBB	46086	46150	A	1956		6
	x	.		.	.	.	KV DRB	8
	.	.	.	.	A	1905 -		8
	.	.	.	.	A	1905-1911		8
	.	.	.	.	A	1905-1911		8
	.	.	.	.	A	1905-1911		8
	.	.	.	.	A	1905-1911		
	.	.	.	.	?	1905 -		9
	.	.	.	.	A	1905-1911		9
	.	.	.	.	A	1905 -		9
	x	.	.	.	.	.	KV DRB	12
	x	.	.	.	.	.	KV DRB	10
		.	.	.	.	.	KV DRB	14
		.	.	.	A	1949		14
		.	.	.	A	? 1920		14
		.	.	.	A	? 1920		7
		.	.	.	A	? 1920		7
	x	.	.	.	A	1932-2		7
		.	.	.	A	? 1920		7
		.	.	.	A	? 1920		7
		.	.	.	A	? 1920		7
	Mib	ÖBB	46081	977207	.	.		8
		.		.	.	.	CFR, KV?	
403 553				.	.	.		
	>	.		.	A	1940 in Pn		16
	Wb	ÖBB	46084	977249	.	.		16
	.	.	.	.	.	.	angeblich 214 NÖLB	16

BJ	BA	BANr.	Serie	NÖLB		Nr.	Pb	UZ	Rh	BBÖ	Pb	Jr
1908	Gw	kNr	Hofsal/s	1	A	.	.		Sah/s	5	AA	.
1897	Gw	kNr	.	1	CSD	.	.	CSD	BCi/u	241	Ne	.
1908	Gw	kNr	Aa/s	2	A	.	LF	>	Sa/s	10	AP	.
1908	Gw	kNr	Aa/s	2	A	10	.	1938	BCa/s	284	AP	.
1897	Gw	kNr	.	2	CSD	.	.	CSD	BCi/u	242	Ne	.
1898	Gw	kNr	.	3	CSD	.	.	CSD	Ci/u	356	Rö	.
1910	Gw	.	Sa/s	3	MtB	3	.	>	Sa/s	3	A	.
1898	Gw	kNr	Salon/s	4	A	.	.	>	S/s	1	AA	1930
1898	Gw	kNr	.	4	CSD	.	.	CSD	Ci/u	357	Rö	.
1897	Gw	oT	.	4	CSD	.	.	CSD	Ci/u	317	Ne	.
1898	Gw	kNr	Bi/s	4	A	1	AA	1930	C/s	408	AA	.
1898	Gw	kNr		7	CSD	.	.	CSD	Ci/u	325	Rö	.
1898	Gw	kNr	.	8	CSD	.	.	CSD	Ci/u	326	Rö	.
1898	Gw	kNr	ABi/s	26	" A	.	.	>	.	>	.	.
1908	Gw	kNr	ABa/s	26	A	.	.	>	Bah/s	120	AA	.
1908	Gw	kNr	ABa/s	27	A	.	.	>	Bah/s	121	AA	.
1912	Sw	49493	ABa/s	28	A	.	.	>	Bah/s	122	AA	.
1912	Sw	49494	ABa/s	29	A	.	.	>	Bah/s	123	AA	.
1927	Gw	32806	Ci/s	30	R	.	.	>	C/s	310	R	.
1927	Gw	32807	Ci/s	31	R	.	.	>	C/s	311	R	.
1927	Gw	32808	Ci/s	32	R	.	.	>	C/s	312	R	.
1927	Gw	32809	Ci/s	33	R	.	.	>	C/s	313	R	.
1908	Gw	kNr	Bi/s	50	A	.	LF	>	Bh/s	70	AP	.
1927	Gw	32804	DF/s	50	R	.	.	>	DF/s	885	R	.
1908	Gw	kNr	Bi/s	51	A	.	LF	>	Bh/s	71	AP	.
1927	Gw	32805	DF/s	51	R	.	.	>	DF/s	886	R	.
1908	Gw	kNr	Bi/s	52	A	.	LF	>	Bh/s	72	AP	.
1908	Gw	kNr	Bi/s	53	A	.	LF	>	Bh/s	73	AP	.
1908	Gw	kNr	Bi/s	54	A	.	LF	>	Bh/s	74	AP	.
1908	Gw	kNr	Bi/s	55	A	.	LF	>	Bh/s	75	AP	.
1909	Gw	kNr	Bi/s	56	A	.	LF	>		>	.	.
1908	Gw	kNr	Bi/s	57	A	.	LF	>	B/s	76	AP	.
1908	Gw	kNr	Bi/s	58	A	.	LF	>	B/s	77	AP	.
1908	Gw	kNr	Ba/s	76	A	.	.	>	Bah/s	124	AA	.
1908	Gw	kNr	Ba/s	77	A	26	AA	>	Bah/s	120	AA	<
1912	Sw	49499	Ba/s	77	" A	.	.	>	Bah/s	125	AA	.
1908	Gw	kNr	Ba/s	78	A	27	AA	>	Bah/s	121	AA	<
1912	Sw	49500	Ba/s	78	" A	.	.	>	Bah/s	126	AA	.
1912	Sw	49501	Ba/s	79	A	.	.	>	Bah/s	127	AA	.
1912	Sw	49502	Ba/s	80	A	.	.	>	Bah/s	128	AA	.
1898	Gw	kNr	BCi/s	100	A	.	.	>	BCh/s	235	AA	.
1926	Sw	61494	Ga/s	100	R	.	.	>	Gma/s	1860	R	.
1899	Gw	kNr	BCi/s	101	A	.	.	>		>	A	.
1897	Gw	kNr	DF/u	101	CSD	.	.	CSD	DF/u	614	Ne	.
1927	Sw	61495	Ga/s	101	R	.	.	>	Gma/s	1861	R	.
1906	Gw	kNr	BCi/s	102	A	.	.	>	BC/s	236	AA	193
1906	Gw	kNr	BCi/s	102	A	236	AA	1935	C/s	410	AA	.
1927	Sw	61496	Ga/s	102	R	.	.	>	Gma/s	1862	R	.
1906	Gw	kNr	BCi/s	103	A	.	.	>	BC/s	237	WA	.
1926	Sw	61497	Ga/s	103	R	.	.	>	Gma/s	1863	R	.
1906	Gw	kNr	BCi/s	104	A	.	.	>	BC/s	238	AA	193
1906	Gw	kNr	BCi/s	104	A	238	AA	1935	C/s	411	AA	.
1906	Gw	kNr	BCi/s	105	A	.	.	>	BC/s	239	AA	193
1906	Gw	kNr	BCi/s	105	A	239	AA	1935	C/s	412	AA	.
1906	Gw	kNr	BCi/s	106	A	.	.	>	BC/s	240	AA	193
1906	Gw	kNr	BCi/s	106	A	240	AA	193.	C/s	413	AA	.
1906	Gw	kNr	BCi/s	107	A	.	.	>	BC/s	241	AA	193
1906	Gw	kNr	BCi/s	107	A	414	AA	193.	C/s	414	AA	.
1924	Sw	60456	BCi/s	108	A	.	.	>	BC/s	260	AP	

BBÖ	DRB	D´n	.	DRB	D´n		Jahr	U	ÖBB	Anmerkung
	5	Wn	.	.	.	.	1952	UZ	3295	
	241	Wn	.	.	.	.	1952	UZ	3780	DR 202702
	<<	.	.		.	.	1938	UG		
	284	Wn	.		.	.	1952	UZ	3296'	
	319	Wn	.	.	.	.	1952	UZ	3782	DR 202703
	527	Li	St	.	.	.	1952	UZ	4785	DR 211274
	3	Wn	.		.	.	1952	UZ	3095	sollte Nr. 6 werden
08	>	.	.		.	.	<<	UG		vorher ABi 26
	528	Li	St	.	.	.	1952	UZ	4786	DR 211275
	317	Wn	.	.	.	.	1952	UZ	3781	DR 211266
	408	Wn	.		.	.	1952	UZ	3628	
	525	Li	St	.	.	.	1952	UZ	4783	DR 211270
	526	Li	St	.	.	.	1952	UZ	4784	DR 211272
	>	.	.		.	.	1911	UG	.	vorher Bi 1
	120	Wn	.				1952	UZ	3200'	
	121	Wn	.		.	.	1952	UZ	3201'	
	122	Wn	.		.	.	1952	UZ	3000	
	123	Wn	.		.	.	1952	UZ	3001	
	310	Wn	.		.	.	1952	UZ	3733	
	311	Wn	.	.		.	1952	UZ	3734	
	312	Wn	.	.		.	1952	UZ	3735	
	313	Wn	.	.		.	1952	UZ	3736	
	70	Wn	.		.	.	1952	UZ	3691	
	885	Wn	.		.	.	1952	UZ	6420	
	71	Wn	.		.	.	1952	UZ	3692	
	886	Wn	.		.	.	1952	UZ	6421	
	72	Wn	.		.	.	1952	UZ	3693	
	73	Wn	.		.	.	1952	UZ	3694	
	74	Wn	.		.	.	1952	UZ	3695	
	75	Wn	.		.	.	1952	UZ	3696	
	>	.	.	.	.	.	1918)	KV	.	
	76	Wn	.		.	.	1952	UZ	3697	
	77	Wn	.		.	.	1952	UZ	3698	
	124	Wn	.		.	.	1952	UZ	3202I	
	<	.	.		.	.	<<	UG	.	1910 UZ
	125	Wn	.		.	.	1952	UZ	3002	
.	<	.	.		.	.	<<	UG	.	1910 UZ
	126	Wn	.		.	.	1952	UZ	3003	
	127	Wn	.		.	.	1952	UZ	3004	
	128	Wn	.		.	.	1952	UZ	3005	
	235	Wn	.		.	.	1952	UZ	3400	vorher BCi 2
	1860	Wn	.	.	.	.	1954	UZ	15820	
	>	.	.	.	.	.	1927	A	.	vorher BCi 3
	800	Wn	.		.	.	1952	UZ	6497	
	1861	Wn	.	.	.	.	1954	UZ	15821	
0	>	.	.		.	.	<<	UG	.	Zl.51317/1935
	410	Wn	.		.	.	1952	UZ	3674	
	1862	Wn	.	.	.	.	1954	UZ	15822	
	237	Wn	.		.	.	1943	>	NeN	
	1863	Wn	.	.	.	.	1954	UZ	15823	
1	>	.	.		.	.	<<	UG	.	Zl.51317/1935
	411	Wn	.		.	.	1952	UZ	3675	
2	>	.	.		.	.	<<	UG	.	Zl.51317/1935
	412	Wn	.		.	.	1952	UZ	3676	
3	>	.	.		.	.	<<	UG		
	413	Wn	.		.	.	1952	UZ	3677	
4	>	.	.		.	.	<<	UG		
	414	Wn	.		.	.	194.	?		
	260	Wn	.		.	.	1952	UZ	3721	

BJ	BA	BANr.	Serie	NÖLB		Nr.	Pb	UZ	Rh	BBÖ	Pb	Jr
1924	Sw	60457	BCi/s	109	A	.	.	>	BC/s	261	WP	1933
1924	Sw	60457	BCi/s	109	A	261	W,P	1933	C/s	510	WP	
1900	Gw	kNr	BCi/s	110	W	.	.	>	BC/s	225	WW	1935
1900	Gw	kNr	BCi/s	110	W	225	WW	1935	C/s	376	WW	.
1900	Gw	kNr	BCi/s	111	W	.	.	>	BC/s	226	WW	1935
1900	Gw	kNr	BCi/s	111	W	226	WW	1936	C/s	377	WW	.
1902	Gw	kNr	BCi/s	112	W	.	.	>	BC/s	227	WW	1935
1902	Gw	kNr	BCi/s	112	W	227	WW	1936	C/s	378	WW	.
1924	Sw	60458	BCi/s	113	W	.	.	>	BC/s	262	WP	1933
1924	Sw	60458	BCi/s	113	W	262	W,P	1933	C/s	511	WP	
1912	Sw	49495	BCa/s	125	A	.	.	>	BCah/s	280	AA	.
1912	Sw	49496	BCa/s	126	A	.	.	>	BCah/s	281	AA	.
1912	Sw	49497	BCa/s	127	A	.	.	>	BCah/s	282	AA	.
1912	Sw	49498	BCa/s	128	A	.	.	>	BCah/s	283	AA	.
1898	Gw	kNr	BCi/s	150	A	.	.	>	BC/s	242	WA	1933
1898	Gw	kNr	BCi/s	150	A	242	WA	1933	C/s	409	WA	.
1898	Gw	kNr	BCi/s	151	A	.	.	>	BC/s	243	AA	.
1900	Gw	kNr	BCi/s	160	W	.	.	>	BC/s	228	WW	1935
1900	Gw	kNr	BCi/s	160	W	228	WW	1935	C/s	379	WW	.
1898	Gw	kNr	Ci/s	200	A	.	.	>		>	A	.
1927	Sw	61454	Jh/s	200	R	.	.	>	S/s	8510	R	.
1898	Gw	kNr	Ci/s	201	A	.	.	>	C/s	385	WA	.
1898	Gw	kNr	.	201	CSD	.	.	CSD		2029	Ne	.
1927	Sw	61455	Jh/s	201	R	.	.	>	S/s	8511	R	.
1898	Gw	kNr	Ci/s	202	A	.	.	>		>	A	.
1927	Sw	61456	Jh/s	202	R	.	.	>	S/s	8512	R	.
1898	Gw	kNr	Ci/s	203	A	.	.	>	Ch/s	386	AA	.
1927	Sw	61457	Jh/s	203	R	.	.	>	S/s	8513	R	.
1899	Gw	kNr	Ci/s	204	A	.	.	>		>	A	.
1927	Sw	61458	Jh/s	204	R	.	.	>	S/s	8514	R	.
1898	Gw	kNr	Ci/s	205	A	.	.	>	C/s	387	AA	.
1927	Sw	61459	Jh/s	205	R	.	.	>	S/s	8515	R	.
1906	Sw	43914	Ci/s	206	A	.	.	>		>	A	.
1906	Sw	43915	Ci/s	207	A	.	.	>		>	A	.
1896	Gw	kNr	G/s	207	Z	.	.	>	Gw/s	1190	P	.
1906	Sw	43916	Ci/s	208	A	.	.	>	C/s	388	AA	.
1906	Sw	43917	Ci/s	209	A	.	.	>	C/s	389	AA	.
1896	Gw	kNr	G/s	209	Z	.	.	>	Gw/s	1192	P	.
1906	Sw	43918	Ci/s	210	A	.	.	>		>	A	.
1896	Gw	kNr	G/s	210	Z	.	.	>	Gw/s	1193	P	.
1906	Sw	43919	Ci/s	211	A	.	.	>	C/s	390	AA	.
1897	Gw	kNr	.	211	CSD	.	.	CSD	V/u	4002	Ne	.
1906	Sw	43920	Ci/s	212	A	.	.	>	C/s	391	WA	.
1906	Sw	43921	Ci/s	213	A	.	.	>	C/s	392	AA	.
1897	Gw	kNr	.	213	CSD	.	.	CSD	V/u	4003	Ne	.
1906	Sw	43922	Ci/s	214	A	.	.	>	C/s	393	AA	.
1897	Gw	kNr	.	214	CSD	.	.	CSD	V/u	4050	Ne	.
1906	Sw	43923	Ci/s	215	A	.	.	>	C/s	394	AA	.
1906	Sw	43924	Ci/s	216	A	.	.	>	C/s	395	AA	.
1906	Sw	43925	Ci/s	217	A	.	.	>		>	A	.
1906	Sw	43925	Ci/s	218	A	.	.	>	C/s	396	AA	.
1906	Sw	43927	Ci/s	219	A	.	.	>	C/s	397	AA	.
1906	Sw	43928	Ci/s	220	A	.	.	>		>	A	.
1906	Sw	43929	Ci/s	221	A	.	.	>	C/s	398	AA	.
1897	Gw	kNr	.	221	CSD	.	.	CSD	O/u	9085	Ne	.
1906	Sw	43930	Ci/s	222	A	.	.	>	C/s	399	WA	.
1908	Sw	.	.	222	CSD	.	.	CSD	O/u	9155	Ne	.
1906	Sw	43931	Ci/s	223	A	.	.	>	C/s	400	AA	.
1906	Sw	43932	Ci/s	224	A	.	.	>		>	A	.
1906	Sw	43933	Ci/s	225	A	.	.	>	C/s	401	AA	.

BBÖ	DRB	D'n	.	DRB	D'n		Jahr	U	ÖBB	Anmerkung
510	>	.	.				<<	UG		
	510	Wn	.		.	.	1952	UZ	3720	
376	>	.	.		.	.	<<	UG		
	376	Wn	.		.	.	1945	an CSD		
377	>	.	.		.	.	<<	UG		
	377	Wn	.		.	.	1952	UZ	3639	
378	>	.	.		.	.	<<	UG		
	378	Wn	.		.	.	1952	UZ	3650	
511	>	.	.		.	.	<<	UG		
	511	Wn	.		.	.	1945	A		
	280	Wn	.		.	.	1952	UZ	3006	
	281	Wn	.		.	.	1952	UZ	3007	
	282	Wn	.		.	.	1952	UZ	3008	
	283	Wn	.		.	.	1952	UZ	3009	
409	>	.	.		.	.	<<	UG	.	vorher BCi 4
	409	Wn	.		.	.	1945	VS		
	243	Wn	.		.	.	1952	UZ	3401	vorher BCi 5
379	>	.	.		.	.	<<	UG		
	379	Wn	.		.	.	1954	UZ	97003	
	>	.	.	.	.	.	1917	VK	.	vorher Ci 6
	8510	Wn	.	.	.	.	1954	UZ	21049	
	385	Wn	.		.	.	1952	UZ	3626	vorher Ci 7
	2029	Wn	.	.	.	.	1954	UZ	10203	
	8511	Wn	.	.	.	.	1954	UZ	21050	
	>	.	.	.	.	.	1917	VK	.	vorher Ci 8
	8512	Wn	.	.	.	.	1954	UZ	21051	
	386	Wn	.		.	.	1952	UZ	3402	vorher Ci 9
	8513	Wn	.	.	.	.	1954	UZ	21052	
	>	.	.	.	.	.	1917	VK	.	vorher Ci 10
	8514	Wn	.	.	.	.	1954	UZ	21053	
	506	Vi	.	.	.	.	1952	UZ	3662	vorher Ci 11
	8515	Wn	.	.	.	.	1954	UZ	21054	
	>	.	.	.	.	.	1918	KV		
	>	.	.	.	.	.	1918	KV		
	5004	Li Z/Wn	.	.	.	.	1954	UZ	10032	
	388	Wn	.		.	.	1952	UZ	3657	
	389	Wn	.		.	.	1952	UZ	3658	
	5006	Li Z/Wn	.	.	.	.	1954	UZ	10035	
	>	.	.	.	.	.	1918	KV		
	5007	Li Z/Wn	.	.	.	.	1954	UZ	10034	
	390	Wn	.		.	.	1952	UZ	3659	
	4002	Wn	.	.	.	.	1954	UZ	60090	
	391	Wn	.		.	.	1952	UZ	3660	
	392	Wn	.		.	.	1952	UZ	3661	
	4003	Wn	.	.	.	.	1954	UZ	60091	
	507	Vi	.	.	.	.	1952	UZ	3403	
	4050	Wn	.	.	.	.	1954	UZ	60092	
	394	Wn	.		.	.	1952	UZ	3663	
	395	Wn	.		.	.	1941.	>>	Polen	
	>	.	.	.	.	.	1918	KV		
	396	Wn	.		.	.	1952	UZ	3664	
	397	Wn	.		.	.	1952	UZ	3665	
	>	.	.	.	.	.	1908	A	.	Zusammenstoss
	398	Wn	.		.	.	1952	UZ	3666	
	9085	Wn	.	.	.	.	1954	UZ	40045	
	399	Wn	.		.	.	1952	UZ	3667	
	9155	Wn	.	.	.	.	1954	UZ	40047	
	400	Wn	.		.	.	1952	UZ	3668	
	>	.	.	.	.	.	1918	KV		
	508	Vi	.	.	.	.	1952	UZ	3669	

BJ	BA	BANr.	Serie	NÖLB		Nr.	Pb	UZ	Rh	BBÖ	Pb	Jr
1897	Gw	kNr	.	225	CSD	.	.	CSD	O/u	9086	Ne	.
1906	Sw	49434	Ci/s	226	A	.	.	>	C/s	402	WA	.
1906	Sw	43935	Ci/s	227	A	.	.	>	C/s	403	AA	.
1897	Gw	kNr	.	227	CSD	.	.	CSD	O/u	9088	Ne	.
1906	Sw	43936	Ci/s	228	A	.	.	>	C/s	404	AA	.
1906	Sw	43937	Ci/s	229	A	.	.	>	C/s	405	AA	.
1910	Gw	kNr	.	229	CSD	.	.	CSD	Ot/u	9501	Ne	.
1907	Sw	44853	Ci/s	230	A	.	LF	>	C/s	483	AP	.
1907	Sw	44854	Ci/s	231	A	.	LF	>	C/s	484	AP	.
1910	Gw	kNr	.	231	CSD	.	.	CSD	Ot/u	9503	Ne	.
1907	Sw	44855	Ci/s	232	A	.	LF	>	C/s	485	AP	.
1910	Gw	kNr	.	232	CSD	.	.	CSD	Ot/u	9550	Ne	.
1907	Sw	44856	Ci/s	233	A	.	LF	>	C/s	486	AP	.
1907	Sw	44857	Ci/s	234	A	.	LF	>	C/s	487	AP	.
1910	Gw	kNr	.	234	CSD	.	.	CSD	Ot/u	9552	Ne	.
1907	Sw	44858	Ci/s	235	A	.	LF	>	C/s	488	AP	.
1907	Sw	44859	Ci/s	236	A	.	LF	>	C/s	489	AP	.
1907	Sw	44860	Ci/s	237	A	.	LF	>	C/s	490	AP	.
1907	Sw	44861	Ci/s	238	A	.	LF	>	C/s	491	AP	.
1907	Sw	44862	Ci/s	239	A	.	LF	>	C/s	492	AP	.
1907	Sw	44863	Ci/s	240	A	.	LF	>	C/s	493	AP	.
1907	Gw	kNr	Jhny/s	240	Z	.	.	>	Snr/s	8880	AP	.
1907	Sw	44864	Ci/s	241	A	.	LF	>	C/s	494	AP	.
1907	Sw	44865	Ci/s	242	A	.	LF	>	C/s	495	AP	.
1907	Gw	kNr	Jhny/s	242	Z	.	.	>	Snr/s	8881	AP	.
1907	Sw	44866	Ci/s	243	A	.	LF	>	C/s	496	AP	.
1907	Gw	kNr	Jhny/s	243	Z	.	.	>	Snr/s	8882	AP	.
1907	Sw	44867	Ci/s	244	A	.	LF	>	C/s	497	AP	.
1907	Gw	kNr	Jhny/s	244	Z	.	.	>	Snr/s	8883	AP	.
1907	Sw	44868	Ci/s	245	A	.	LF	>	C/s	498	AP	.
1907	Gw	kNr	Jhny/s	245	Z	.	.	>	Snr/s	8884	AP	.
1907	Sw	44869	Ci/s	246	A	.	LF	>	C/s	499	AP	.
1907	Sw	44870	Ci/s	247	A	.	LF	>	C/s	500	AP	.
1907	Gw	kNr	Jhny/s	247	Z	.	.	>	Snr/s	8885	AP	.
1907	Sw	44871	Ci/s	248	A	.	LF	>	C/s	501	WA	.
1907	Sw	44872	Ci/s	249	A	.	LF	>	C/s	502	WA	.
1900	Gw	kNr	Ci/s	250	W	.	.	>	C/s	370	WW	.
1927	Sw	61498	Jhy/s	250	R	.	.	>	Pmlb/s	2310	R	.
1900	Gw	kNr	Ci/s	251	W	.	.	>	C/s	371	WW	.
1927	Sw	61499	Jhy/s	251	R	.	.	>	Pmlb/s	2311	R	.
1900	Gw	kNr	Ci/s	252	W	.	.	>	C/s	372	WW	.
1927	Sw	61500	Jhy/s	252	R	.	.	>	Pmlb/s	2312	R	.
1900	Gw	kNr	Ci/s	253	W	.	.	>	C/s	373	WW	.
1927	Sw	61501	Jhy/s	253	R	.	.	>	Pmlb/s	2313	R	.
1924	Gw	31931	Ci/s	254	A	.	.	>	C/s	503	AP	.
1924	Gw	31932	Ci/s	255	A	.	.	>	C/s	504	AP	.
1924	Gw	31933	Ci/s	256	A	.	.	>	C/s	505	AP	.
1924	Gw	31934	Ci/s	257	A	.	.	>	C/s	506	Y	.
1924	Gw	31935	Ci/s	258	A	.	.	>	C/s	507	Y	.
1924	Gw	31936	Ci/s	259	W	.	.	>	C/s	508	W	.
1924	Gw	31937	Ci/s	260	W	.	.	>	C/s	509	WA	.
1926	Sw	61321	Gy/s	278	A	.	.	>	Gm/s	1820	AP	.
1926	Sw	61322	Gy/s	279	A	.	.	>	Gm/s	1821	AP	.
1926	Sw	61323	Gy/s	280	A	.	.	>	Gm/s	1822	AP	.
1926	Sw	61324	Gy/s	281	A	.	.	>	Gm/s	1823	AP	.
1926	Sw	61325	Gy/s	282	A	.	.	>	Gm/s	1824	AP	.
1926	Sw	61326	Gy/s	283	A	.	.	>	Gm/s	1825	AP	.
1926	Sw	61339	Ga/s	284	A	.	.	>	Gma/s	1930	AP	.
1926	Sw	61340	Ga/s	285	A	.	.	>	Gma/s	1931	AP	.
1926	Sw	61341	Ga/s	286	A	.	.	>	Gma/s	1932	AP	.

BBÖ	DRB	D'n	.	DRB	D'n		Jahr	U	ÖBB	Anmerkung
	9086	Wn	.	.	.	.	1954	UZ	40046	
	402	Wn	.		.	.	1952	UZ	3670	
	403	Wn	.		.	.	1952	UZ	3671	
	9088	Wn	.	.	.	.	1954	UZ	40048	
	404	Wn	.		.	.	1952	UZ	3672	
	405	Wn	.		.	.	1952	UZ	3673	
	9501	Wn	.	.	.	.	1954	UZ	21055	
	483	Wn	.		.	.	1952	UZ	3679	
	484	Wn	.		.	.	1952	UZ	3680	
	9503	Wn	.	.	.	.	1954	UZ	21056	
	485	Wn	.		.	.	1949	UB	DF 897"	U in DF 897"
	9550	Wn	.	.	.	.	1954	UZ	21057	
	486	Wn	.		.	.	1952	UZ	3681	
	487	Wn	.		.	.	1952	UZ	3682	
	9552	Wn	.	.	.	.	1954	UZ	21058	
	488	Wn	.		.	.	1952	UZ	3683	
	489	Wn	.		.	.	1946	UB	DF 898"	U in DF 898"
	490	Wn	.		.	.	1952	UZ	3790	
	510	Vi	.	.	.	.	1952	UZ	3684	
	492	Wn	.		.	.	1952	UZ	3791	
	493	Wn	.		.	.	1952	UZ	3792	
	8880	Wn	.	.	.	.	1954	UZ	31550	
	494	Wn	.		.	.	1952	UZ	3685	
	495	Wn	.		.	.	1952	UZ	4793	
	8881	Wn	.	.	.	.	1954	UZ	31551	
	496	Wn	.		.	.	1952	UZ	3686	
	8882	Wn	.	.	.	.	1954	UZ	31552	
	497	Wn	.		.	.	1952	UZ	3687	
	8883	Wn	.	.	.	.	1954	UZ	31560	
	498	Wn	.		.	.	1952	UZ	3688	
	8884	Wn	.	.	.	.	1954	UZ	31561	
	499	Wn	.				1944	>>	.	Tischnowitz
	500	Wn	.		.	.	1944	>>	.	Tischnowitz
	8885	Wn	.	.	.	.	1954	UZ	31562	
	501	Wn	.		.	.	1952	UZ	3689	
	502	Wn	.		.	.	1952	UZ	3690	
	370	Wn	.		.	.	1952	UZ	6490	
	2310	Wn	.	.	.	.	1954	UZ	34680	
	371	Wn	.		.	.	1952	UZ	3637	
	2311	Wn	.	.	.	.	1954	UZ	34681	
	372	Wn	.		.	.	1952	UZ	3648	
	2312	Wn	.	.	.	.	1954	UZ	34682	
	373	Wn	.		.	.	1952	UZ	3649	
	2313	Wn	.	.	.	.	1954	UZ	34683	
	503	Wn	.		.	.	1952	UZ	3726	
	504	Wn	.		.	.	1952	UZ	3727	
	505	Wn	.		.	.	1952	UZ	3728	
	511	Li	Y		.	.	1952	UZ	3729	
	512	Li	Y		.	.	1952	UZ	3730	
	508	Wn	.		.	.	1952	UZ	3731	
	509	Wn	.		.	.	1952	UZ	3732	
	1820	Wn	.	.	.	.	1954	UZ	14560	
	1821	Wn	.	.	.	.	1954	UZ	14561	
	1822	Wn	.	.	.	.	1954	UZ	14562	
	1823	Wn	.	.	.	.	1954	UZ	14563	
	1824	Wn	.	.	.	.	1954	UZ	14564	
	1825	Wn	.	.	.	.	1954	UZ	14565	
	1930	Wn	.	.	.	.	1954	UZ	15812	
	1931	Wn	.	.	.	.	1954	UZ	15813	
	1932	Wn	.	.	.	.	1954	UZ	15814	

BJ	BA	BANr.	Serie	NÖLB		Nr.	Pb	UZ	Rh	BBÖ	Pb	Jr
1926	Sw	61342	Ga/s	287	A	.	.	>	Gma/s	1933	AP	.
1898	Gw	kNr	Ci/s	300	A	.	.	>		>	A	.
1924	Gw	31902	.	300	BB	.	.	>	Owr/s	3222	WP	.
1898	Gw	kNr	Ci/s	301	A	.	.	>	C/s	406	WA	.
1924	Gw	31903	.	301	BB	.	.	>	Owr/s	3223	WP	.
1898	Gw	kNr	Ci/s	302	A	.	.	>	C/s	407	WA	.
.	.	.	.	306	CSD	.	.	CSD	.	813	Ne	.
1926	Sw	61253	Jkey/s	306	A	.	.	>	Omb/s	5930	AP	.
1926	Sw	61254	Jkey/s	307	A	.	.	>	Omb/s	5931	AP	.
1926	Sw	61255	Jkey/s	308	A	.	.	>	Omb/s	5932	AP	.
1926	Sw	61256	Jkey/s	309	A	.	.	>	Omb/s	5933	AP	.
1926	Sw	61257	Jkey/s	310	A	.	.	>	Omb/s	5934	AP	.
1926	Sw	61258	Jkey/s	311	A	.	.	>	Omb/s	5935	AP	.
1926	Sw	61259	Jkey/s	312	A	.	.	>	Omb/s	5936	AP	.
1926	Sw	61260	Jkey/s	313	A	.	.	>	Omb/s	5937	AP	.
1929	Gw	34563	C/s	314	)R	.	.	>	C/s	314	R	.
1926	Sw	61261	Jkey/s	314	A	.	.	>	Omb/s	5938	AP	.
.	.	.	.	315	CSD	.	.	CSD	.	822	Ne	.
1926	Sw	61262	Jkey/s	315	A	.	.	>	Omb/s	5939	AP	.
1926	Gw	32642	Jkey/s	316	A	.	.	>	Omb/s	5940	AP	.
.	.	.	.	317	CSD	.	.	CSD	.	824	Ne	.
1926	Gw	32643	Jkey/s	317	A	.	.	>	Omb/s	5941	AP	.
1926	Gw	32644	Jkey/s	318	A	.	.	>	Omb/s	5942	AP	.
1926	Gw	32645	Jkey/s	319	A	.	.	>	Omb/s	5943	AP	.
1900	Gw	kNr	Ci/s	320	W	.	.	>	C/s	374	WW	.
1926	Gw	32646	Jkey/s	320	A	.	.	>	Omb/s	5944	AP	.
1900	Gw	.	Ci/s	321	W	.	.	>	C/s	375	WW	.
.	.	.	.	321	CSD	.	.	CSD		828	Ne	.
1926	Gw	32647	Jkey/s	321	A	.	.	>	Omb/s	5945	AP	.
1926	Gw	32648	Jkey/s	322	A	.	.	>	Omb/s	5946	AP	.
1908	Sw	46474	Ca/s	400	A	.	LF	>	Cah/s	700	AP	.
1927	Gw	32810	Kly/s	400	R	.	.	>	Omlr/s	6220	R	.
1923	Sw	60990	.	400	W	.	.	>	T/s	9500	WP	.
1908	Sw	46475	Ca/s	401	A	.	LF	>	Cah/s	701	AP	.
1927	Gw	32811	Kly/s	401	R	.	.	>	Omlr/s	6221	R	.
1923	Sw	60991	.	401	W	.	.	>	T/s	9501	WP	.
1908	Sw	46476	Ca/s	402	A	.	LF	>	Cah/s	702	AP	.
1927	Gw	32812	Kly/s	402	R	.	.	>	Omlr/s	6222	R	.
1927	Gw	32813	Kly/s	403	R	6223	R	1933	Aussicht	1	AR	1938
1927	Gw	32813	Kly/s	403	R	.	.	>	Omlr/s	6223	R	1933
1908	Sw	46477	Ca/s	403	A	.	LF	>	Cah/s	703	AP	.
1927	Gw	32813	Kly/s	403	R	1	R	1938	Omlr/s	6223	R	.
1927	Gw	32814	Kly/s	404	R	6224	R	1933	Aussicht	2	AR	1938
1927	Gw	32814	Kly/s	404	R	.	.	>	Omlr/s	6224	R	1933
1908	Sw	46478	Ca/s	404	A	.	LF	>	Cah/s	704	AP	.
1927	Gw	32814	Kly/s	404	R	2	R	1938	Omlr/s	6224	R	.
1924	Sw	61076	.	404	W	.	.	>	T/s	9504	WP	.
1908	Sw	46479	Ca/s	405	A	.	LF	>	Cah/s	705	AP	.
1927	Gw	32815	Kly/s	405	R	.	.	>	Omlr/s	6225	R	.
1924	Sw	61077	.	405	W	.	.	>	T/s	9505	WP	.
1908	Sw	46480	Ca/s	406	A	.	LF	>	Cah/s	706	AP	.
1908	Sw	46481	Ca/s	407	A	.	LF	>	Cah/s	707	AP	.
1924	Sw	61078	.	407	W	.	.	>	T/s	9507	WP	.
1908	Sw	46482	Ca/s	408	A	.	LF	>	Cah/s	708	AP	.
1924	Sw	61079	.	408	W	.	.	>	T/s	9508	WP	.
1908	Sw	46483	Ca/s	409	A	.	LF	>	Cah/s	709	AP	.
1924	Sw	61080	.	409	W	.	.	>	T/s	9509	WP	.
1908	Sw	46484	Ca/s	410	A	.	LF	>	Cah/s	710	AP	.
1908	Sw	46485	Ca/s	411	A	.	LF	>	Cah/s	711	AP	.
1908	Sw	46487	Ca/s	412	A	.	LF	>	Cah/s	712	AP	.

BBÖ	DRB	D´n	.	DRB	D´n		Jahr	U	ÖBB	Anmerkung
	1933	Wn	.	.	.	.	1954	UZ	15815	
	>	.	.	.	.	.	1908	A	.	vorher Ci 12
	3222	Wn	.	.	.	.	1954	UZ	60280	
	406	Wn	.		.	.	1952	UZ	3627	vorher Ci 13
	3223	Wn	.	.	.	.	1954	UZ	60281	
	407	Wn	.		.	.	1952	UB	6491	vorher Ci 14
	813	Wn	.	.	.	.	1954	UZ	88000	
	5930	Wn	.	.	.	.	1954	UZ	34600	
	5931	Wn	.	.	.	.	1954	UZ	34601	
	5932	Wn	.	.	.	.	1954	UZ	34602	
	5933	Wn	.	.	.	.	1954	UZ	34603	
	5934	Wn	.	.	.	.	1954	UZ	34604	
	5935	Wn	.	.	.	.	1954	UZ	34605	
	5936	Wn	.	.	.	.	1954	UZ	34606	
	5937	Wn	.	.	.	.	1954	UZ	34607	
	314	Wn	.		.	.	1952	UZ	3740	BBÖ Nr..gelief.
	5938	Wn	.	.	.	.	1954	UZ	34608	
	822	Wn	.	.	.	.	1954	UZ	88100	
	5939	Wn	.	.	.	.	1954	UZ	34609	
	5940	Wn	.	.	.	.	1954	UZ	34610	
	824	Wn	.	.	.	.	1954	UZ	88101	
	5941	Wn	.	.	.	.	1954	UZ	34611	
	5942	Wn	.	.	.	.	1954	UZ	34612	
	5943	Wn	.	.	.	.	1954	UZ	34613	
	374	Wn	.		.	.	1952	UZ	3638	
	5944	Wn	.	.	.	.	1954	UZ	34614	
	375	Wn	.	.	.	.	1945	>>		an CSD
	828	Wn	.	.	.	.	1954	UZ	88102	
	5945	Wn	.	.	.	.	1954	UZ	34615	
	5946	Wn	.	.	.	.	1954	UZ	34616	
	700	Wn	.		.	.	1952	UZ	3203'	
	6220	Wn	.	.	.	.	1954	UZ	64615	
	9500	Wn	.	.	.	.	1954	UZ	88223	
	701	Wn	.		.	.	1952	UZ	3204'	
	6221	Wn	.	.	.	.	1954	UZ	64616	
	9501	Wn	.	.	.	.	1954	UZ	88224	
	702	Wn	.		.	.	1952	UZ	3205'	
	6222	Wn	.	.	.	.	1954	UZ	64617	
223	>	.	.		.	.	<<	UG		
	>	.	.	.	.	.	<<	UG		
	703	Wn	.		.	.	1952	UZ	3206'	
	6223	Wn	.	.	.	.	1954	UZ	64618	
224	>	.	.		.	.	<<	UG		
	>	.	.	.	.	.	<<	UG		
	704	Wn	.		.	.	1952	UZ	3207	
	6224	Wn	.	.	.	.	1954	UZ	64619	
	9504	Wn	.	.	.	.	1954	UZ	88225	
	705	Wn	.		.	.	1952	UZ	3208	
	6225	Wn	.	.	.	.	1954	UZ	64620	
	9505	Wn	.	.	.	.	1954	UZ	88226	
	706	Wn	.		.	.	1952	UZ	3209	
	707	Wn	.		.	.	1952	UZ	3210	
	9507	Wn	.	.	.	.	1954	UZ	88227	
	708	Wn	.		.	.	1952	UZ	3211	
	9508	Wn	.	.	.	.	194.	?		
	709	Wn	.		.	.	1952	UZ	3212	
	9509	Wn	.	.	.	.	194.	?		
	710	Wn	.		.	.	1952	UZ	3213	
	711	Wn	.		.	.	1952	UZ	3214	
	712	Wn	.		.	.	1952	UZ	3215	

BJ	BA	BANr.	Serie	NÖLB		Nr.	Pb	UZ	Rh	BBÖ	Pb	Jr
1908	Sw	46486	Ca/s	413	A	.	LF	>	Cah/s	713	AP	.
1908	Sw	46588	Ca/s	414	A	.	LF	>	Cah/s	714	AP	.
1908	Sw	46589	Ca/s	415	A	.	LF	>	Cah/s	715	AP	.
1908	Sw	46590	Ca/s	416	A	.	LF	>	Cah/s	716	AP	.
1908	Sw	46591	Ca/s	417	A	.	LF	>	Cah/s	717	AP	.
1908	Sw	46492	Ca/s	418	A	.	LF	>	Cah/s	718	AP	.
1908	Sw	46493	Ca/s	419	A	.	LF	>	Cah/s	719	AP	.
1912	Sw	49356	Ca/s	420	A	.	.	>	Cah/s	630	AA	.
1912	Sw	49357	Ca/s	421	A	.	.	>	Cah/s	631	AA	.
1912	Sw	49358	Ca/s	422	A	.	.	>	Cah/s	632	AA	.
1912	Sw	49359	Ca/s	423	A	.	.	>	Cah/s	633	AA	.
1912	Sw	49360	Ca/s	424	A	.	.	>	Cah/s	634	AA	.
1912	Sw	49361	Ca/s	425	A	.	.	>	Cah/s	635	AA	.
1912	Sw	49362	Ca/s	426	A	.	.	>	Cah/s	636	AA	.
1912	Sw	49363	Ca/s	427	A	.	.	>	Cah/s	637	AA	.
1912	Sw	49364	Ca/s	428	A	.	.	>	Cah/s	638	AA	.
1912	Sw	49365	Ca/s	429	A	.	.	>	Cah/s	639	AA	.
1912	Sw	49366	Ca/s	430	A	.	.	>	Cah/s	640	AA	.
1912	Sw	49367	Ca/s	431	A	.	.	>	Cah/s	641	AA	.
1912	Sw	49368	Ca/s	432	A	.	.	>	Cah/s	642	AA	.
1912	Sw	49369	Ca/s	433	A	.	.	>	Cah/s	643	AA	.
1912	Sw	49370	Ca/s	434	A	.	.	>	Cah/s	644	AA	.
1912	Sw	49371	Ca/s	435	A	.	.	>	Cah/s	645	AA	.
1912	Sw	49372	Ca/s	436	A	.	.	>	Cah/s	646	AA	.
1912	Sw	49373	Ca/s	437	A	.	.	>	Cah/s	647	AA	.
1912	Sw	49374	Ca/s	438	A	.	.	>	Cah/s	648	AA	.
1912	Sw	49375	Ca/s	439	A	.	.	>	Cah/s	649	AA	.
1912	Sw	49376	Ca/s	440	A	.	.	>	Cah/s	650	AA	.
1912	Sw	49377	Ca/s	441	A	.	.	>	Cah/s	651	AA	.
1912	Sw	49378	Ca/s	442	A	.	.	>	Cah/s	652	AA	.
1912	Sw	49379	Ca/s	443	A	.	.	>	Cah/s	653	AA	.
1912	Sw	49380	Ca/s	444	A	.	.	>	Cah/s	654	AA	.
1912	Sw	49381	Ca/s	445	A	.	.	>	Cah/s	655	AA	.
1912	Sw	49382	Ca/s	446	A	.	.	>	Cah/s	656	AA	.
1912	Sw	49383	Ca/s	447	A	.	.	>	Cah/s	657	AA	.
1912	Sw	49384	Ca/s	448	A	.	.	>	Cah/s	658	AA	.
1912	Sw	49385	Ca/s	449	A	.	.	>	Cah/s	659	AA	.
1912	Sw	49386	Ca/s	450	A	.	.	>	Cah/s	660	AA	.
1912	Sw	49387	Ca/s	451	A	.	.	>	Cah/s	661	AA	.
1912	Sw	49388	Ca/s	452	A	.	.	>	Cah/s	662	AA	.
1912	Sw	49492	Ca/s	453	A	.	.	>	Cah/s	663	AA	.
1898	Gw	kNr	DF/s	500	A	.	.	>	DFh/s	925	AA	.
1898	Gw	kNr	DF/s	501	A	.	.	>	DF/s	926	WA	.
1898	Gw	kNr	DF/s	502	A	.	.	>	DFh/s	927	AA	.
1900	Gw	kNr	DF/s	520	W	.	.	>	DF/s	915	WW	.
1900	Gw	kNr	DF/s	521	W	.	.	>	DF/s	916	WW	.
1900	Gw	kNr	DF/s	522	W	.	.	>	DF/s	917	WW	.
1903	Gw	kNr	DF/s	523	W	.	.	>	DF/s	918	WW	.
1906	Sw	48748	DFGa/s	526	A	.	.	>	DFah/s	944	AA	.
1906	Gw	kNr	DFGa/s	527	A	.	.	>	DFah/s	945	AA	.
1906	Gw	kNr	DFGa/s	528	A	.	.	>	Dah/s	830	AA	1933
1906	Gw	kNr	DFGa/s	528	A	830	AA	1933	Dah/s	840	AA	.
1908	Sw	47098	DFa/s	529	A	.	LF	>	Dah/s	850	AP	.
1908	Sw	47099	DFa/s	530	A	.	LF	>	Dah/s	851	AP	.
1908	Sw	47100	DFa/s	531	A	.	LF	>	Dah/s	852	AP	.
1908	Sw	47101	DFa/s	532	A	.	LF	>	Dah/s	853	AP	.
1908	Sw	47102	DFa/s	533	A	.	LF	>	Dah/s	854	AP	.
1908	Sw	47103	DFa/s	534	A	.	LF	>	Dah/s	855	AP	.
1912	Sw	49659	DFa/s	535	A	.	.	>	DFah/s	946	AA	.
1912	Sw	49660	DFa/s	536	A	.	.	>	DFah/s	947	AA	.

BBÖ	DRB	D´n	.	DRB	D´n		Jahr	U	ÖBB	Anmerkung
	713	Wn	.		.	.	1952	UZ	3216	
	714	Wn	.		.	.	1952	UZ	3217	
	715	Wn	.		.	.	1952	UZ	3218	
	716	Wn	.		.	.	1952	UZ	3219	
	717	Wn	.		.	.	1954	UZ	97200	
	718	Wn	.		.	.	1952	UZ	3220	
	719	Wn	.		.	.	1952	UZ	3221	
	630	Wn	.		.	.	1952	UZ	3010	
	631	Wn	.		.	.	1952	UZ	3011	
	632	Wn	.		.	.	1952	UZ	3012	
	633	Wn	.		.	.	1952	UZ	3013	
	634	Wn	.		.	.	1952	UZ	3014	
	635	Wn	.		.	.	1952	UZ	3015	
	636	Wn	.		.	.	1952	UZ	3016	
	637	Wn	.		.	.	1952	UZ	3017	
	638	Wn	.		.	.	1952	UZ	3018	
	639	Wn	.		.	.	1952	UZ	3019	
	640	Wn	.		.	.	1952	UZ	3020	
	641	Wn	.		.	.	1952	UZ	3021	
	642	Wn	.		.	.	1952	UZ	3022	
	643	Wn	.		.	.	1952	UZ	3023	
	644	Wn	.		.	.	1952	UZ	3024	
	645	Wn	.		.	.	1952	UZ	3025	
	646	Wn	.		.	.	1952	UZ	3026	
	647	Wn	.		.	.	1952	UZ	3027	
	648	Wn	.		.	.	1952	UZ	3028	
	649	Wn	.		.	.	1952	UZ	3029	
	650	Wn	.		.	.	1952	UZ	3030	
	651	Wn	.		.	.	1952	UZ	3031	
	652	Wn	.		.	.	1952	UZ	3032	
	653	Wn	.		.	.	1952	UZ	3033	
	654	Wn	.		.	.	1952	UZ	3034	
	655	Wn	.		.	.	1952	UZ	3035	
	656	Wn	.		.	.	1952	UZ	3036	
	657	Wn	.		.	.	1952	UZ	3037	
	658	Wn	.		.	.	1952	UZ	3038	
	659	Wn	.		.	.	1952	UZ	3039	
	660	Wn	.		.	.	1952	UZ	3040	
	661	Wn	.		.	.	1952	UZ	3041	
	662	Wn	.		.	.	1952	UZ	3042	
	663	Wn	.		.	.	1952	UZ	3043	
	925	Wn	.	.	.	.	1952	UZ	6404	vorher 101
	926	Wn	.	.	.	.	1952	UZ	6405	vorher 102
	927	Wn	.	.	.	.	1952	UZ	6406	vorher 103
	915	Wn	.	.	.	.	1952	UZ	6806	
	916	Wn	.	.	.	.	1952	UZ	6807	
	917	Wn	.	.	.	.	1952	UZ	6808	
	918	Wn	.	.	.	.	1952	UZ	6811	
	944	Wn	.	.	.	.	1952	UZ	6280	vorher 550
	945	Wn	.	.	.	.	1952	UZ	6281	vorher 551
40	>	.	.		.	.	<<	UG	.	vorher 552
	840	Wn	.				1952	UZ	6200	
	850	Wn	.		.	.	1952	UZ	6210	1928 U Da
	851	Wn	.		.	.	1952	UZ	6211	1928 U Da
	852	Wn	.		.	.	1952	UZ	6212	1928 U Da
	853	Wn	.		.	.	1952	UZ	6213	1928 U Da
	854	Wn	.		.	.	1952	UZ	6214	1928 U Da
	855	Wn	.		.	.	1952	UZ	6215	1928 U Da
	946	Wn	.	.	.	.	1952	UZ	6290	
	947	Wn	.	.	.	.	1952	UZ	6291	

BJ	BA	BANr.	Serie	NÖLB		Nr.	Pb	UZ	Rh	BBÖ	Pb	Jr
1912	Sw	49661	DFa/s	537	A	.	.	>	DFah/s	948	AA	.
1912	Sw	49662	DFa/s	538	A	.	.	>	DFah/s	949	AA	.
1898	Gw	kNr	Ga/s	600	A	.	.	>		>	A	.
1898	Gw	kNr	Ga/s	601	A	.	.	>		>	A	.
1912	Sw	49663	Ga/s	602	A	.	.	>		>	A	.
1912	Sw	49664	Ga/s	603	A	.	.	>		>	A	.
1906	Gw	kNr	Ga/s	604	A	.	LF	>		>	A	.
1906	Gw	kNr	Ga/s	605	A	.	LF	>	Gma/s	1934	AP	.
1906	Gw	kNr	Ga/s	606	A	.	LF	>		>	A	.
1906	Gw	kNr	Ga/s	607	A	.	LF	>		>	A	.
1906	Gw	kNr	Ga/s	608	A	.	LF	>	Gma/s	1935	AP	.
1906	Gw	kNr	Ga/s	609	A	.	LF	>		>	A	.
1906	Gw	kNr	Ga/s	610	A	.	LF	>		>	A	.
1906	Gw	kNr	Ga/s	611	A	.	LF	>	Gma/s	1936	AP	.
1912	Sw	49195	Ga/s	612	A	.	.	>		>	.	.
1912	Sw	49196	Ga/s	613	A	.	.	>		>	.	.
1912	Sw	49197	Ga/s	614	A	.	.	>		>	.	.
1912	Sw	49198	Ga/s	615	A	.	.	>		>	.	.
1912	Sw	49199	Ga/s	616	A	.	.	>		>	.	.
1898	Gw	kNr	G/s	700	A	.	.	>		>	.	.
1898	Gw	kNr	G/s	701	A	.	.	>		>	.	.
1898	Gw	kNr	G/s	702	A	.	.	>		>	.	.
1898	Gw	kNr	G/s	703	A	.	.	>		>	.	.
1898	Gw	kNr	G/s	704	A	.	.	>		>	.	.
1898	Gw	kNr	G/s	705	A	.	.	>		>	.	.
1899	Gw	kNr	G/s	706	A	.	.	>		>	.	.
1899	Gw	kNr	G/s	707	A	.	.	>		>	.	.
1924	Sw	60427	G/s	708	A	.	.	>	Gw/s	1201	AP	.
1924	Sw	60428	G/s	709	A	.	.	>	Gw/s	1202	AP	.
1924	Sw	60429	G/s	710	A	.	.	>	Gw/s	1203	AP	.
1924	Sw	60430	G/s	711	A	.	.	>	Gw/s	1204	AP	.
1924	Sw	60431	G/s	712	A	.	.	>	Gw/s	1205	AP	.
1924	Sw	60432	G/s	713	A	.	.	>	Gw/s	1206	AP	.
1924	Sw	60433	G/s	714	A	.	.	>	Gw/s	1207	AP	.
1924	Sw	60434	G/s	715	A	.	.	>	Gw/s	1208	AP	.
1924	Sw	60435	G/s	716	A	.	.	>	Gw/s	1209	AP	.
1924	Sw	60436	G/s	717	A	.	.	>	Gw/s	1210	AP	.
1924	Sw	.	G/s	738	W	.	.	>	Gw/s	1211	WP	.
1924	Sw	.	G/s	739	W	.	.	>	Gw/s	1212	WP	.
1900	Gw	kNr	G/s	740	W	.	.	>	Gw/s	1120	WW	.
1900	Gw	kNr	G/s	741	W	.	.	>	Gw/s	1121	WW	.
1900	Gw	kNr	G/s	742	W	.	.	>	Gw/s	1122	WW	.
1900	Gw	kNr	G/s	743	W	.	.	>	Gw/s	1123	WW	.
1900	Gw	kNr	G/s	744	W	.	.	>	Gw/s	1124	WW	.
1902	Gw	kNr	G/s	745	W	.	.	>	Gw/s	1125	WW	.
1902	Gw	kNr	G/s	746	W	.	.	>	Gw/s	1126	WW	.
1902	Gw	kNr	G/s	747	W	.	.	>	Gw/s	1127	WW	.
1902	Gw	kNr	G/s	748	W	.	.	>	Gw/s	1128	WW	.
1902	Gw	kNr	G/s	749	W	.	.	>	Gw/s	1129	WW	.
1898	Gw	kNr	G/s	750	A	.	.	>		>	.	.
1898	Gw	kNr	G/s	751	A	.	.	>		>	.	.
1898	Gw	kNr	G/s	752	A	.	.	>		>	.	.
1898	Gw	kNr	G/s	753	A	.	.	>	Gw/s	1150	AA	.
1898	Gw	kNr	G/s	754	A	.	.	>		>	.	.
1898	Gw	kNr	G/s	755	A	.	.	>		>	.	.
1898	Gw	kNr	G/s	756	A	.	.	>		>	.	.
1898	Gw	kNr	G/s	757	A	.	.	>		>	.	.
1898	Gw	kNr	G/s	758	A	.	.	>	Gw/s	1151	AA	.
1899	Gw	kNr	G/s	759	A	.	.	>		>	.	.
1900	Gw	kNr	G/s	790	W	.	.	>	Gw/s	1130	WW	.

BÖ	DRB	D´n	.	DRB	D´n		Jahr	U	ÖBB	Anmerkung
	948	Wn	.	.	.	.	1952	UZ	6292	
	949	Wn	.	.	.	.	1952	UZ	6293	
	>	.	.	.	.	.	1918	KV	.	vorher 104
	>	.	.	.	.	.	1918	KV	.	vorher 105
	>	.	.	.	.	.	1918	KV		
	>	.	.	.	.	.	1918	KV		
	>	.	.	.	.	.	1918	KV		
	1934	Wn	.	.	.	.	1954	UZ	15810	
	>	.	.	.	.	.	1918	KV		
	>	.	.	.	.	.	1918	KV		
	1935	Wn	.	.	.	.	1954	UZ	15811	
	>	.	.	.	.	.	1918	KV		
	>	.	.	.	.	.	1918	KV		
	Rett1	Wn	)	.	.	.	1954	UZ	97000	
	>	.	.	.	.	.	1918	KV		
	>	.	.	.	.	.	1918	KV		
	>	.	.	.	.	.	1918	KV		
	>	.	.	.	.	.	1918	KV		
	>	.	.	.	.	.	1918	KV		
	>	.	.	.	.	.	1918	KV	.	vorher 201
	>	.	.	.	.	.	1918	KV	.	vorher 202
	>	.	.	.	.	.	1918	KV	.	vorher 203
	>	.	.	.	.	.	1918	KV	.	vorher 204
	>	.	.	.	.	.	1918	KV	.	vorher 205
	>	.	.	.	.	.	1918	KV	.	vorher 206
	>	.	.	.	.	.	1918	KV	.	vorher 207
	>	.	.	.	.	.	1918	KV	.	vorher 208
	1201	Wn	.	.	.	.	1954	UZ	10212	
	1202	Wn	.	.	.	.	1954	UZ	10213	
	1203	Wn	.	.	.	.	1954	UZ	10214	
	1204	Wn	.	.	.	.	1954	UZ	10215	
	1205	Wn	.	.	.	.	1954	UZ	10216	
	1206	Wn	.	K5040	LiSt	.	1954	UZ	10217	
	1207	Wn	.	.	.	.	1954	UZ	10218	
	1208	Wn	.	.	.	.	1954	UZ	97008	
	1209	Wn	.	.	.	.	1954	UZ	10219	
	1210	Wn	.	.	.	.	1954	UZ	10220	
	1211	Wn	.	.	.	.	1952	UZ	6494	
	1212	Wn	.	.	.	.	1952	UZ	6492	
	1120	Wn	.	.	.	.	1954	UZ	10015	
	1121	Wn	.	.	.	.	1954	UZ	10016	
	1122	Wn	.	.	.	.	1954	UZ	10017	
	1123	Wn	.	.	.	.	1954	UZ	10018	
	1124	Wn	.	.	.	.	1954	UZ	10019	
	1125	Wn	.	.	.	.	1954	UZ	10020	
	1126	Wn	.	.	.	.	1954	UZ	10021	
	1127	Wn	.	.	.	.	1954	UZ	10022	
	1128	Wn	.	.	.	.	1954	UZ	10023	
	1129	Wn	.	.	.	.	1952	UZ	6493	
	>	.	.	.	.	.	1918	KV	.	vorher 251
	>	.	.	.	.	.	1918	KV	.	vorher 252
	>	.	.	.	.	.	1918	KV	.	vorher 253
	1150	Wn	.	.	.	.	1954	UZ	10040	vorher 254
	>	.	.	.	.	.	1918	KV	.	vorher 255
	>	.	.	.	.	.	1918	KV	.	vorher 256
	>	.	.	.	.	.	1918	KV	.	vorher 257
	>	.	.	.	.	.	1918	KV	.	vorher 258
	1151	Wn	.	.	.	.	1954	UZ	10041	vorher 259
	>	.	.	.	.	.	1918	KV	.	vorher 260
	1130	Wn	.	.	.	.	1954	UZ	10036	

BJ	BA	BANr.	Serie	NÖLB		Nr.	Pb	UZ	Rh	BBÖ	Pb	Jr
1902	Gw	kNr	G/s	791	W	.	.	>	Gw/s	1131	WP	.
1900	Gw	kNr	G/s	792	W	.	.	>	Gw/s	1132	WW	.
1900	Gw	kNr	G/s	793	W	.	.	>	Gw/s	1133	WW	.
1902	Gw	kNr	G/s	794	W	.	.	>	Gw/s	1134	WW	.
1902	Gw	kNr	G/s	795	W	.	.	>	Gw/s	1135	WP	.
1902	Gw	kNr	G/s	796	W	.	.	>	Gw/s	1136	WW	.
1908	Sw	44459	Gy/s	800	A	.	.	>	G/s	1540	AP	.
1908	Sw	44460	Gy/s	801	A	.	.	>	G/s	1541	AP	.
1908	Sw	44461	Gy/s	802	A	.	.	>		>	.	.
1908	Sw	44462	Gy/s	803	A	.	.	>		>	.	.
1912	Sw	49168	Gy/s	804	A	.	.	>	G/s	1520	AA	.
1912	Sw	49169	Gy/s	805	A	.	.	>	G/s	1521	AA	.
1912	Sw	49170	Gy/s	806	A	.	.	>	G/s	1522	AA	.
1912	Sw	49171	Gy/s	807	A	.	.	>	G/s	1523	AA	.
1912	Sw	49172	Gy/s	808	A	.	.	>	G/s	1524	AA	.
1912	Sw	49175	Gy/s	809	A	.	.	>	G/s	1525	AA	.
1912	Sw	49176	Gy/s	810	A	.	.	>	G/s	1526	AA	.
1912	Sw	49177	Gy/s	811	A	.	.	>	G/s	1527	AA	.
1912	Sw	49178	Gy/s	812	A	.	.	>	G/s	1528	AA	.
1912	Sw	49179	Gy/s	813	A	.	.	>	G/s	1529	AA	.
1932	Gw	36815	.	814	A	.	.	>	Dyh/s	830	AP	.
1932	Gw	36816	.	815	A	.	.	>	Dyh/s	831	AP	.
1932	Gw	36817	.	816	A	.	.	>	Dyh/s	832	AP	.
1907	Sw	44463	Gy/s	850	A	.	LF	>	.	>	.	.
1907	Sw	44464	Gy/s	851	A	.	LF	>	.	>	.	.
1907	Sw	44465	Gy/s	852	A	.	LF	>	.	>	.	.
1907	Sw	44466	Gy/s	853	A	.	LF	>	.	>	.	.
1907	Sw	44467	Gy/s	854	A	.	LF	>	.	>	.	.
1907	Sw	44468	Gy/s	855	A	.	LF	>	.	>	.	.
1929	Gw	34564	DF/s	887	R	.	.	>	DF/s	887	R	.
1927	Sw	61480	T/s	900	R	.	.	>	T/s	9350	R	.
1898	Gw	kNr	Jk/s	900	A	.	.	>	Owr/s	3170	AA	.
1898	Gw	kNr	Jk/s	901	A	.	.	>		>	.	.
1927	Sw	61481	T/s	901	R	.	.	>	T/s	9351	R	.
1927	Sw	61482	T/s	902	R	.	.	>	T/s	9352	R	.
1898	Gw	kNr	Jk/s	902	A	.	.	>	Owr/s	3171	AA	.
1922	Gw	..	.	903	CSD	.	.	>		903	Ne	.
1927	Sw	61483	T/s	903	R	.	.	>	T/s	9353	R	.
1922	Gw	..	.	904	CSD	.	.	>		904	Ne	.
1924	Gw	31899	Jk/s	904	W	.	.	>	Owr/s	3228	WP	.
1927	Sw	61484	T/s	904	R	.	.	>	T/s	9354	R	.
1924	Gw	31901	Jk/s	905	W	.	.	>	Owr/s	3229	WP	.
1921	Sw	58242	Jkh/s	906	A	.	.	>	Ors/s	4480	AP	.
1927	Sw	61486	T/s	906	R	.	.	>	T/s	9356	R	.
1921	Sw	58243	Jkh/s	907	A	.	.	>	Ors/s	4481	AP	.
1927	Sw	61487	T/s	907	R	.	.	>	T/s	9357	R	.
1927	Sw	61488	T/s	908	R	.	.	>	T/s	9358	R	.
1927	Sw	61489	T/s	909	R	.	.	>	T/s	9359	R	.
1927	Sw	61490	T/s	910	R	.	.	>	T/s	9360	R	.
1927	Sw	61491	T/s	911	R	.	.	>	T/s	9361	R	.
1922	Gw	kNr	.	912	CSD	.	.	CSD	.	912	Ne	.
1900	Gw	kNr	Jk/s	920	W	.	.	>	Owr/s	3140	WW	.
1900	Gw	kNr	Jk/s	921	W	.	.	>	Owr/s	3141	WW	.
1900	Gw	kNr	Jk/s	922	W	.	.	>	Owr/s	3142	WW	.
1901	Gw	kNr	Jk/s	923	W	.	.	>	Owr/s	3143	WW	.
1901	Gw	kNr	Jk/s	924	W	.	.	>	Owr/s	3144	WW	.
1901	Gw	kNr	Jk/s	925	W	.	.	>	Owr/s	3145	WW	.
1920	Sw	58084	Jk/s	926	A	.	.	>	O/s	4330	AP	.
1920	Sw	58085	Jk/s	927	A	.	.	>	O/s	4331	AP	.
1920	Sw	58086	Jk/s	928	A	.	.	>	O/s	4332	AP	.

BBÖ	DRB	D´n	.	DRB	D´n		Jahr	U	ÖBB	Anmerkung
	5002	Li	Z		.	.	1954	UZ	10030	
	1132	Wn	.	.	.	.	1954	UZ	10037	
	1133	Wn	.	.	.	.	1954	UZ	10038	
	1134	Wn	.	.	.	.	1954	UZ	10039	
	5003	Li	Z		.	.	1954	UZ	10031	
	1136	Wn	.	.	.	.	1954	UZ	10046	
	1540	Wn	.	.	.	.	1954	UZ	97001	
	1541	Wn	.	.	.	.	1954	UZ	11650	
	>	.	.	.	.	.	1918	KV		
	>	.	.	.	.	.	1918	KV		
	1520	Wn	.	.	.	.	1954	UZ	11651	
	1521	Wn	.	.	.	.	1954	UZ	11652	
	1522	Wn	.	.	.	.	1954	UZ	11653	
	1523	Wn	.	.	.	.	1954	UZ	11654	
	1524	Wn	.	.	.	.	1954	UZ	11655	
	1525	Wn	.	.	.	.	1954	UZ	11656	
	1526	Wn	.	.	.	.	1954	UZ	11657	
	1527	Wn	.	.	.	.	1954	UZ	11658	
	1528	Wn	.	.	.	.	1954	UZ	11659	
	1529	Wn	.	.	.	.	1954	UZ	11660	
	830	Wn	.		.	.	1952	UZ	6300	830 Zweitbes
	831	Wn	.		.	.	1952	UZ	6301	
	832	Wn	.		.	.	1952	UZ	6302	
	>	.	.	.	.	.	1918	KV		
	>	.	.	.	.	.	1918	KV		
	>	.	.	.	.	.	1918	KV		
	>	.	.	.	.	.	1918	KV		
	>	.	.	.	.	.	1918	KV		
	>	.	.	.	.	.	1918	KV		
	887	Wn	.		.	.	1952	UZ	6422	BBÖ Nr..gelief.
	0350	Wn	.	.	.	.	1954	UZ	88212	
	E11T/3	Wn	.	.	.	.	1954	UZ	96200	
	>	.	.	.	.	.	1918	KV		
	9351	Wn	.	.	.	.	1954	UZ	88213	
	9352	Wn	.	.	.	.	1954	UZ	88214	
	T2	Wn	.	>	.	.	1953	A		1939 U Turmw 2
	903	Wn	.		.	.	1954	UZ	88103	
	9353	Wn	.	.	.	.	1954	UZ	88215	
	904	Wn	.		.	.	1954	UZ	88104	
	3228	Wn	.	.	.	.	1954	UZ	60283	
	9354	Wn	.	.	.	.	1954	UZ	88216	
	3229	Wn	.	.	.	.	1954	UZ	60284	
	4480	Wn	.	.	.	.	1954	UZ	31450	ex 0942
	9356	Wn	.	.	.	.	1954	UZ	88217	
	4481	Wn	.	.	.	.	1954	UZ	31451	ex 0943
	9357	Wn	.	.	.	.	1954	UZ	88218	
	9358	Wn	.	.	.	.	1954	UZ	88219	
	9359	Wn	.	.	.	.	1954	UZ	88220	
	9360	Wn	.	.	.	.	1954	UZ	88221	
	9361	Wn	.	.	.	.	1954	UZ	88222	
	912	Wn	.	.	.	.	1954	UZ	88001	
	3140	Wn	.	.	.	.	1954	UZ	60070	
	3141	Wn	.	.	.	.	1954	UZ	60071	
	3142	Wn	.	.	.	.	1954	UZ	60072	
	K10500	Li	Z		.	.	1954	UZ	60073	
	3144	Wn	.	.	.	.	1954	UZ	60074	
	3145	Wn	.	.	.	.	1954	UZ	60075	
	9200	Wn	.	.	.	.	1954	UZ	98000	vorher 0926
	9201	Wn	.	.	.	.	1954	UZ	98001	vorher 0927
	9202	Wn	.	.	.	.	1954	UZ	98002	vorher 0928

BJ	BA	BANr.	Serie	NÖLB		Nr.	Pb	UZ	Rh	BBÖ	Pb	Jr
1920	Sw	58087	Jk/s	929	A	.	.	>	O/s	4333	AP	.
1920	Sw	58088	Jk/s	930	W	.	.	>	Or/s	4334	WP	.
1920	Sw	58089	Jk/s	931	W	.	.	>	Or/s	4335	WP	.
1920	Sw	58090	Jk/s	932	A	.	.	>	Or/s	4336	Z	.
1920	Sw	58091	Jk/s	933	A	.	.	>	O/s	4337	AP	.
1920	Sw	58092	Jk/s	934	A	.	.	>	O/s	4338	AP	.
1920	Sw	58093	Jk/s	935	A	.	.	>	O/s	4339	AP	.
1920	Sw	58094	Jk/s	936	W	.	.	>	Or/s	4340	WP	.
1920	Sw	58095	Jk/s	937	W	.	.	>	Or/s	4341	WP	.
1920	Sw	58096	Jk/s	938	A	.	.	>	O/s	4342	AP	.
1920	Sw	58097	Jk/s	939	A	.	.	>	O/s	4343	AP	.
1920	Sw	58090	Jk/s	940	A	.	.	>	Or/s	4344	Z	.
1920	Sw	58099	Jk/s	941	A	.	.	>	Or/s	4345	Z	.
1898	Gw	kNr	Jk/s	950	A	.	.	>		>	A	.
1920	Sw	58067	Jk/s	951	W	.	.	>	Or/s	4347	WP	.
1898	Gw	kNr	Jk/s	951	A	.	.	>	Owr/s	3172	AA	.
1898	Gw	kNr	Jk/s	952	A	.	.	>		>	A	.
1898	Gw	kNr	Jk/s	953	A	.	.	>		>	A	.
1898	Gw	kNr	Jk/s	954	A	.	.	>		>	A	.
1920	Sw	58073	Jk/s	957	W	.	.	>	Or/s	4353	WP	.
1901	Gw	kNr	Jk/s	990	W	.	.	>	Owr/s	3146	WW	.
1901	Gw	kNr	Jk/s	991	W	.	.	>	Owr/s	3147	WW	.
1901	Gw	kNr	Jk/s	992	W	.	.	>	Owr/s	3148	WW	.
1901	Gw	kNr	Jk/s	993	W	.	.	>	Owr/s	3149	WW	.
1901	Gw	kNr	Jk/s	994	W	.	.	>	Owr/s	3150	WW	.
1901	Gw	kNr	Jk/s	995	W	.	.	>	Owr/s	3151	WW	.
1924	Gw	31905	Jk/s	996	W	.	.	>	Owr/s	3870	WP	.
1922	Gw	31906	Jk/s	997	W	.	.	>	Owr/s	3871	WP	.
1898	Gw	kNr	Jkhy/s	1000	A	.	.	>		>	.	.
1898	Gw	kNr	Jkhy/s	1001	A	.	.	>		>	.	.
1898	Gw	kNr	Jkhy/s	1002	A	.	.	>		>	.	.
1898	Gw	kNr	Jkhy/s	1003	A	.	.	>	Ob/s	4460	AA	.
1898	Gw	kNr	Jkhy/s	1004	A	.	.	>	Ob/s	4461	AA	.
1898	Gw	kNr	Jkhy/s	1005	A	.	.	>		>	.	.
1898	Gw	kNr	Jkhy/s	1006	A	.	.	>	Ors/s	4982	AA	.
1898	Gw	kNr	Jkhy/s	1007	A	.	.	>	Ors/s	4983	AA	193
1898	Gw	kNr	Jkhy/s	1007	A	.	.	>	Ob/s	4462	AA	.
1905	Sw	43417	Jkhy/s	1008	A	.	.	>	Or/s	4260	AA	.
1905	Sw	43418	Jkhy/s	1009	A	.	.	>		>	.	.
1905	Sw	43419	Jkhy/s	1010	A	.	.	>		>	.	.
1905	Sw	43420	Jkhy/s	1011	A	.	.	>		>	.	.
1905	Sw	43421	Jkhy/s	1012	A	.	.	>		>	.	.
1905	Gw	kiNr	Jkhy/s	1013	A	.	.	>	Or/s	4261	AA	.
1905	Gw	kiNr	Jkhy/s	1014	A	.	.	>		>	.	.
1905	Gw	kiNr	Jkhy/s	1015	A	.	.	>		>	.	.
1905	Gw	kiNr	Jkhy/s	1016	A	.	.	>		>	.	.
1905	Gw	kiNr	Jkhy/s	1017	A	.	.	>	Or/s	4262	AA	.
1905	Gw	kiNr	Jkhy/s	1018	A	.	.	>	Or/s	4263	AA	.
1905	Gw	kiNr	Jkhy/s	1019	A	.	.	>		>	.	.
1905	Gw	kiNr	Jkhy/s	1020	A	.	.	>	Or/s	4264	AA	.
1905	Gw	kiNr	Jkhy/s	1021	A	.	.	>	Or/s	4265	AA	.
1905	Gw	kiNr	Jkhy/s	1022	A	.	.	>		>	.	.
1905	Gw	kiNr	Jkhy/s	1023	A	.	.	>	Or/s	4266	AA	.
1905	Gw	kiNr	Jkhy/s	1024	A	.	.	>		>	.	.
1906	Sw	44455	Jky/s	1025	A	.	LF	>	O/s	4354	AP	.
1905	Sw	44456	Jkhy/s	1026	A	.	LF	>		>	.	.
1905	Sw	44457	Jkhy/s	1027	A	.	LF	>		>	.	.
1906	Sw	44458	Jky/s	1028	A	.	LF	>	O/s	4355	AP	.
1898	Gw	kiNr	Jky/s	1040	W	.	.	>	Or/s	4230	WW	.
1898	Gw	kiNr	Jky/s	1041	W	.	.	>	Or/s	4231	WW	.

BBÖ	DRB	D´n	.	DRB	D´n		Jahr	U	ÖBB	Anmerkung
	9203	Wn	.	.	.	.	1954	UZ	98003	vorher 0929
	4334	Wn	.	.	.	.	1954	UZ	61050	
	4335	Wn	.	.	.	.	1954	UZ	61051	
	10530	Li	Z	10598	Li	St	1954	UZ	61052	
	4337	Wn	.	.	.	.	1954	UZ	96201	vorher 0933
	4338	Wn	.	.	.	.	1954	UZ	61053	vorher 0934
	4339	Wn	.	.	.	.	1954	UZ	61054	vorher 0935
	10531	Li	Z	K10599	Li	St	1954	UZ	61055	
	4341	Wn	.	.	.	.	1954	UZ	61056	
	4342	Wn	.	.	.	.	1954	UZ	61057	vorher 0938
	4343	Wn	.	.	.	.	1954	UZ	61058	vorher 0939
	10532	Li	Z	10560	Li	St	1954	UZ	61059	
	10533	Li	Z	.	.	.	1954	UZ	61060	
	>	.	.	.	.	.	1918	KV		
	>	.	.	.	.	.	193.	A		
	3172	Wn	.	.	.	.	1953?	A		
	>	.	.	.	.	.	1918	KV		
	>	.	.	.	.	.	1918	KV		
	>	.	.	.	.	.	1918	KV		
	10539	Li	Z	K10604	Li	St	1954	UZ	61067	
	3146	Wn	.	.	.	.	1954	UZ	60076	
	K10501	Li	Z		.	.	1954	UZ	60077	
	3148	Wn	.	.	.	.	1954	UZ	60078	
	K10502	Li	Z		.	.	1954	UZ	60079	
	3150	Wn	.	.	.	.	1954	UZ	60080	
	3151	Wn	.	.	.	.	1954	UZ	60081	
	3870	Wn	.	.	.	.	1954	UZ	60313	
	3871	Wn	.	.	.	.	1954	UZ	60314	
	>	.	.	.	.	.	1918	KV		
	>	.	.	.	.	.	1918	KV		
	>	.	.	.	.	.	1918	KV		
	4460	Wn	.	.	.	.	1954	UZ	31650	vorher Ors/s4980
	4461	Wn	.	.	.	.	1954	UZ	31651	vorher Ors/s4981
	>	.	.	.	.	.	1918	KV	.	vorher 309
	>	.	.	.	.	.	1929	A	.	vorher 310
462	>	.	.	.	.	.	<<	UG	.	vorher 311
	4462	Wn	.	.	.	.	1954	UZ	90400	
	4260	Wn	.	.	.	.	1954	UZ	61553	
	>	.	.	.	.	.	1918	KV		
	>	.	.	.	.	.	1918	KV		
	>	.	.	.	.	.	1918	KV		
	>	.	.	.	.	.	1918	KV		
	4261	Wn	.	.	.	.	1954	UZ	61554	
	>	.	.	.	.	.	1918	KV		
	>	.	.	.	.	.	1918	KV		
	>	.	.	.	.	.	1918	KV		
	4262	Wn	.	.	.	.	1954	UZ	61555	
	4263	Wn	.	.	.	.	1954	UZ	61556	
	>	.	.	.	.	.	1918	KV		
	4264	Wn	.	.	.	.	1954	UZ	61557	
	4265	Wn	.	.	.	.	1954	UZ	61558	
	>	.	.	.	.	.	1918	KV		
	4266	Wn	.	.	.	.	1954	UZ	61559	
	>	.	.	.	.	.	1918	KV		
	4354	Wn	.	.	.	.	1954	UZ	61561	
	>	.	.	.	.	.	1918	KV		
	>	.	.	.	.	.	1918	KV		
	4355	Wn	.	.	.	.	1954	UZ	61562	
	4230	Wn	.	.	.	.	1954	UZ	61507	
	4231	Wn	.	.	.	.	1954	UZ	61508	

BJ	BA	BANr.	Serie	NÖLB		Nr.	Pb	UZ	Rh	BBÖ	Pb	Jr
1898	Gw	kiNr	Jky/s	1042	W	.	.	>	Or/s	4232	WW	.
1901	Gw	kiNr	Jky/s	1043	W	.	.	>	Or/s	4233	WW	.
1901	Gw	kiNr	Jky/s	1044	W	.	.	>	Or/s	4234	WW	.
1901	Gw	kiNr	Jky/s	1045	W	.	.	>	Or/s	4235	WW	.
1901	Gw	kiNr	Jky/s	1046	W	.	.	>	Or/s	4236	WW	.
1901	Gw	kiNr	Jky/s	1047	W	.	.	>	Or/s	4237	WW	.
1898	Gw	kiNr	Jkhy/s	1050	A	.	.	>	Or/s	4267	AA	.
1898	Gw	kiNr	Jkhy/s	1051	A	.	.	>		>	.	.
1898	Gw	kiNr	Jkhy/s	1052	A	.	.	>	Or/s	4268	AA	.
1898	Gw	kiNr	Jkhy/s	1053	A	.	.	>	Or/s	4269	AA	.
1898	Gw	kiNr	Jkhy/s	1054	A	.	.	>	Or/s	4270	AA	.
1898	Gw	kiNr	Jkhy/s	1055	A	.	.	>		>	.	.
1898	Gw	kiNr	Jkhy/s	1056	A	.	.	>		>	.	.
1898	Gw	kiNr	Jkhy/s	1057	A	.	.	>	Or/s	4271	AA	.
1898	Gw	kiNr	Jkhy/s	1058	A	.	.	>	Or/s	4272	AA	.
1898	Gw	kiNr	Jkhy/s	1059	A	.	.	>	Or/s	4273	AA	.
1898	Gw	kiNr	Jkhy/s	1060	A	.	.	>		>	.	.
1898	Gw	kiNr	Jkhy/s	1061	A	.	.	>	Or/s	4274	AA	.
1905	Sw	43422	Jkhy/s	1062	A	.	.	>	Or/s	4275	AA	.
1905	Sw	43423	Jkhy/s	1063	A	.	.	>		>	.	.
1905	Sw	43424	Jkhy/s	1064	A	.	.	>		>	.	.
1905	Sw	43425	Jkhy/s	1065	A	.	.	>		>	.	.
1905	Sw	43426	Jkhy/s	1066	A	.	.	>		>	.	.
1906	Sw	44447	Jky/s	1067	A	.	LF	>	O/s	4356	AP	.
1906	Sw	44448	Jky/s	1068	A	.	LF	>		>	.	.
1906	Sw	44449	Jky/s	1069	A	.	LF	>	O/s	4357	AP	.
1906	Sw	44450	Jky/s	1070	A	.	LF	>		>	.	.
1906	Sw	44451	Jky/s	1071	A	.	LF	>		>	.	.
1906	Sw	44452	Jky/s	1072	A	.	LF	>		>	.	.
1906	Sw	44453	Jky/s	1073	A	.	LF	>		>	.	.
1906	Sw	44454	Jky/s	1074	A	.	LF	>		>	.	.
1898	Gw	kiNr	Jky/s	1090	W	.	.	>	Or/s	4238	WW	.
1898	Gw	kiNr	Jky/s	1091	W	.	.	>	Or/s	4239	WW	.
1898	Gw	kiNr	Jky/s	1092	W	.	.	>	Or/s	4240	WW	.
1901	Gw	kiNr	Jky/s	1093	W	.	.	>	Or/s	4241	WW	.
1901	Gw	kiNr	Jky/s	1094	W	.	.	>	Or/s	4242	WW	.
1901	Gw	kiNr	Jky/s	1095	W	.	.	>	Or/s	4243	WW	.
1901	Gw	kiNr	Jky/s	1096	W	.	.	>	Or/s	4244	WW	.
1901	Gw	kiNr	Jky/s	1097	W	.	.	>	Or/s	4245	WW	.
1902	Gw	kNr	Jh/s	1150	W	.	.	>	S/s	8560	WW	.
1902	Gw	kNr	Jh/s	1151	W	.	.	>	S/s	8561	WW	.
1902	Gw	kNr	Jh/s	1152	W	.	.	>	S/s	8562	WW	.
1907	Gw	kNr	Jh/s	1153	W	.	.	>	S/s	8563	AW	.
1903	Röss	oT	Jh/s	1154	W	.	.	>	S/s	8564	WW	.
1903	Röss	oT	Jh/s	1155	W	.	.	>	S/s	8565	WW	.
1903	Röss	kNr	Jh/s	1156	W	.	.	>	S/s	8566	WW	.
1903	Röss	kNr	Jh/s	1157	W	.	.	>	S/s	8567	WW	.
1903	Röss	kNr	Jh/s	1158	W	.	.	>	S/s	8568	WW	.
1903	Röss	kNr	Jh/s	1159	W	.	.	>	S/s	8569	WW	.
1903	Röss	kNr	Jh/s	1160	W	.	.	>	S/s	8570	WW	.
1903	Röss	kNr	Jh/s	1161	W	.	.	>	S/s	8571	WW	.
1903	Röss	kNr	Jh/s	1162	W	.	.	>	S/s	8572	WW	.
1907	Röss	kNr	Jh/s	1163	W	.	.	>	S/s	8573	WW	.
1907	Gw	kNr	Jh/s	1164	W	.	.	>	S/s	8574	AW	.
1902	Gw	kNr	Jh/s	1165	W	.	.	>	S/s	8575	AW	.
1902	Gw	kNr	Jh/s	1166	W	.	.	>	S/s	8576	AW	.
1907	Röss	kNr	Jh/s	1167	W	.	.	>	S/s	8577	WW	.
1906	Röss	kNr	Jh/s	1168	A	.	.	>	S/s	8590	AA	.
1906	Röss	kNr	Jh/s	1169	A	.	.	>	S/s	8591	AA	.
1906	Röss	kNr	Jh/s	1170	A	.	.	>	S/s	8592	AA	.

BÖ	DRB	D′n	.	DRB	D′n		Jahr	U	ÖBB	Anmerkung
	4232	Wn	.	.	.	.	1954	UZ	61509	
	4233	Wn	.	.	.	.	1954	UZ	61600	
	4234	Wn	.	.	.	.	1954	UZ	61601	
	4235	Wn	.	.	.	.	1954	UZ	61602	
	4236	Wn	.	.	.	.	1954	UZ	61603	
	4237	Wn	.	.	.	.	1954	UZ	61604	
	4267	Wn	.	.	.	.	1954	UZ	61500	
	>	.	.	.	.	.	1918	KV		
	4268	Wn	.	.	.	.	1953	A		
	4269	Wn	.	.	.	.	1954	UZ	61501	vorher 359
	4270	Wn	.	.	.	.	1954	UZ	61502	vorher 360
	>	.	.	.	.	.	1918	KV	.	vorher 361
	>	.	.	.	.	.	1918	KV	.	vorher 362
	4271	Wn	.	.	.	.	1954	UZ	61503	vorher 363
	4272	Wn	.	.	.	.	1954	UZ	61504	vorher 364
	4273	Wn	.	.	.	.	1954	UZ	61505	vorher 365
	>	.	.	.	.	.	1908	A		vorher 366
	4274	Wn	.	.	.	.	1954	UZ	61506	vorher 367
	4275	Wn	.	.	.	.	1954	UZ	61560	
	>	.	.	.	.	.	1918	KV		
	>	.	.	.	.	.	1918	KV		
	>	.	.	.	.	.	1918	KV		
	>	.	.	.	.	.	1918	KV		
	4356	Wn	.	.	.	.	1954	UZ	61563	
	>	.	.	.	.	.	1918	KV		
	4357	Wn	.	.	.	.	1954	UZ	61564	
	>	.	.	.	.	.	1918	KV		
	>	.	.	.	.	.	1918	KV		
	>	.	.	.	.	.	1918	KV		
	>	.	.	.	.	.	1918	KV		
	>	.	.	.	.	.	1918	KV		
	4238	Wn	.	.	.	,	1954	UZ	61510	
	4239	Wn	.	.	.	.	1954	UZ	61511	
240	K10529	Li	Z	.	.	.	1954	UZ	61512	
	4241	Wn	.	.	.	.	1954	UZ	61605	
	4242	Wn	.	.	.	.	1954	UZ	61606	
	4243	Wn	.	.	.	.	1954	UZ	61607	
	4244	Wn	.	.	.	.	1954	UZ	61608	
	4245	Wn	.	.	.	.	1954	UZ	61609	
	8560	Wn	.	.	.	.	1954	UZ	21009	
	8561	Wn	.	.	.	.	1954	UZ	21010	
	8562	Wn	.	.	.	.	1954	UZ	21011	
	8563	Wn	.	.	.	.	1954	UZ	92300A	
	8564	Wn	.	.	.	.	1954	UZ	21000	
	8565	Wn	.	.	.	.	1954	UZ	21001	
	8566	Wn	.	.	.	.	1954	UZ	21002	
	8567	Wn	.	.	.	.	1954	UZ	21003	
	8568	Wn	.	.	.	.	1954	UZ	21004	
	8569	Wn	.	.	.	.	1954	UZ	21005	
	8570	Wn	.	.	.	.	1954	UZ	21006	
	8571	Wn	.	.	.	.	1954	UZ	21007	
	8572	Wn	.	.	.	.	1954	UZ	21008	
	8573	Wn	.	.	.	.	194.?	A		
	8574	Wn	.	.	.	.	1954	UZ	92300B	
	8575	Wn	.	.	.	.	1954	UZ	21012	
	8576	Wn	.	.	.	.	1954	UZ	21013	
	8577	Wn	.	.	.	.	1954	UZ	21014	
	8590	Wn	.	.	.	.	1954	UZ	21015	
	8591	Wn	.	.	.	.	1954	UZ	21016	
	8592	Wn	.	.	.	.	1954	UZ	21017	

BJ	BA	BANr.	Serie	NÖLB		Nr.	Pb	UZ	Rh	BBÖ	Pb	Jr
1906	Röss	kNr	Jh/s	1171	A	.	.	>	S/s	8593	AA	.
1906	Röss	kNr	Jh/s	1172	A	.	.	>	S/s	8594	AA	.
1906	Röss	kNr	Jh/s	1173	A	.	.	>	S/s	8595	AA	.
1906	Röss	kNr	Jh/s	1174	A	.	.	>	S/s	8596	AA	.
1906	Röss	kNr	Jh/s	1175	A	.	.	>	S/s	8597	AA	.
1906	Röss	kNr	Jh/s	1176	A	.	.	>	S/s	8598	AA	.
1906	Röss	kNr	Jh/s	1177	A	.	.	>	S/s	8599	AA	.
1906	Röss	kNr	Jh/s	1178	A	.	.	>	S/s	8600	AA	.
1906	Röss	kNr	Jh/s	1179	A	.	.	>	S/s	8601	AA	.
1907	Röss	kNr	Jh/s	1180	A	.	LF	>	S/s	8624	AP	.
1907	Röss	kNr	Jh/s	1181	A	.	LF	>	S/s	8625	AP	.
1907	Röss	kNr	Jh/s	1182	A	.	LF	>	S/s	8626	AP	.
1907	Röss	kNr	Jh/s	1183	A	.	LF	>	S/s	8627	AP	.
1907	Röss	kNr	Jh/s	1184	A	.	LF	>	S/s	8628	AP	.
1907	Röss	kNr	Jh/s	1185	A	.	LF	>	S/s	8629	AP	.
1907	Röss	kNr	Jh/s	1186	A	.	LF	>	S/s	8630	AP	.
1907	Röss	kNr	Jh/s	1187	A	.	LF	>	S/s	8631	AP	.
1907	Röss	kNr	Jh/s	1188	A	.	LF	>	S/s	8632	AP	.
1907	Röss	kNr	Jh/s	1189	A	.	LF	>	S/s	8633	AP	.
1907	Röss	kNr	Jh/s	1190	A	.	LF	>	S/s	8634	AP	.
1907	Röss	kNr	Jh/s	1191	A	.	LF	>	S/s	8635	AP	.
1907	Röss	kNr	Jh/s	1192	A	.	LF	>	S/s	8636	AP	.
1907	Röss	kNr	Jh/s	1193	A	.	LF	>	S/s	8637	AP	.
1907	Röss	kNr	Jh/s	1194	A	.	LF	>	S/s	8638	AP	.
1907	Röss	kNr	Jh/s	1195	A	.	LF	>	S/s	8639	AP	.
1907	Röss	kNr	Jh/s	1196	A	.	LF	>	S/s	8640	AP	.
1907	Röss	kNr	Jh/s	1197	A	.	LF	>	S/s	8641	AP	.
1907	Röss	kNr	Jh/s	1198	A	.	LF	>	S/s	8642	AP	.
1907	Röss	kNr	Jh/s	1199	A	.	LF	>	S/s	8643	AP	.
1907	Gw	kiNr	Kly/s	1200	A	.	LF	>	Kl/s	7480	AP	.
1907	Gw	kiNr	Kly/s	1201	A	.	LF	>	Kl/s	7481	AP	.
1907	Gw	kiNr	Kly/s	1202	A	.	LF	>	Kl/s	7482	AP	.
1907	Gw	kiNr	Kly/s	1203	A	.	LF	>	Kl/s	7483	AP	.
1907	Gw	kiNr	Kly/s	1204	A	.	LF	>	Kl/s	7484	AP	.
1907	Gw	kiNr	Kly/s	1205	A	.	LF	>	Kl/s	7485	AP	.
1907	Gw	kiNr	Kly/s	1206	A	.	LF	>	Kl/s	7486	AP	.
1907	Gw	kiNr	Kly/s	1207	A	.	LF	>	Kl/s	7487	AP	.
1907	Gw	kiNr	Kly/s	1208	A	.	LF	>	Kl/s	7488	AP	.
1907	Gw	kiNr	Kly/s	1209	A	.	LF	>	Kl/s	7489	AP	.
1908	Gw	kiNr	Kly/s	1210	A	.	.	>	Kl/s	7460	AA	.
1908	Gw	kiNr	Kly/s	1211	A	.	.	>	Kl/s	7461	AA	.
1908	Gw	kiNr	Kly/s	1212	A	.	.	>	Kl/s	7462	AA	.
1908	Gw	kiNr	Kly/s	1213	A	.	.	>	Kl/s	7463	AA	.
1908	Gw	kiNr	Kly/s	1214	A	.	.	>	Kl/s	7464	AA	.
1908	Gw	kiNr	Kly/s	1215	A	.	.	>	Kl/s	7465	AA	.
1908	Gw	kiNr	Kly/s	1216	A	.	.	>	Kl/s	7466	AA	.
1908	Gw	kiNr	Kly/s	1217	A	.	.	>	Kl/s	7467	AA	.
1908	Gw	kiNr	Kly/s	1218	A	.	.	>		>	.	.
1908	Gw	kiNr	Kly/s	1219	A	.	.	>	Kl/s	7468	AA	.
1908	Gw	kiNr	Kly/s	1220	A	.	.	>	Kl/s	7469	AA	.
1908	Gw	kiNr	Kly/s	1221	A	.	.	>	Kl/s	7470	AA	.
1908	Gw	kiNr	Kly/s	1222	A	.	.	>	Kl/s	7471	AA	.
1908	Gw	kiNr	Kly/s	1223	A	.	.	>	Kl/s	7472	AA	.
1908	Gw	kiNr	Kly/s	1224	A	.	.	>	Kl/s	7473	AA	.
1912	Sw	49180	Kly/s	1225	A	.	.	>	Olr/s	5485	AA	1932
1912	Sw	49180	Kly/s	1225	A	.	.	>	Omlr/s	6314	AA	.
1912	Sw	49181	Kly/s	1226	A	.	.	>	Omlr/s	6300	AA	.
1912	Sw	49182	Kly/s	1227	A	.	.	>	Omlr/s	6301	AA	.
1912	Sw	49183	Kly/s	1228	A	.	.	>	Omlr/s	6302	AA	.
1912	Sw	49184	Kly/s	1229	A	.	.	>	Omlr/s	6303	AA	.

BBÖ	DRB	D´n	.	DRB	D´n		Jahr	U	ÖBB	Anmerkung
.	8593	Wn	.	.	.	.	1954	UZ	21018	
.	8594	Wn	.	.	.	.	1954	UZ	21019	
.	8595	Wn	.	.	.	.	1954	UZ	21020	
.	8596	Wn	.	.	.	.	1954	UZ	21021	
.	8597	Wn	.	.	.	.	1954	UZ	21022	
.	8598	Wn	.	.	.	.	1954	UZ	21023	
.	8599	Wn	.	.	.	.	1954	UZ	21024	
.	8600	Wn	.	.	.	.	1954	UZ	21025	
.	8601	Wn	.	.	.	.	1954	UZ	21026	
.	>	.	.	.	.	.	1933	A		
.	8625	Wn	.	.	.	.	1954	UZ	21027	
.	>	.	.	.	.	.	1933	A		
.	8627	Wn	.	.	.	.	1954	UZ	21028	
.	8628	Wn	.	.	.	.	1954	UZ	21029	
.	8629	Wn	.	.	.	.	1954	UZ	21030	
.	8630	Wn	.	.	.	.	1954	UZ	21031	
.	8631	Wn	.	.	.	.	1954	UZ	21032	
.	8632	Wn	.	.	.	.	1954	UZ	21033	
	8633	Wn	.	.	.	.	194.	A		
	8634	Wn	.	.	.	.	1954	UZ	21034	
	8635	Wn	.	.	.	.	194.	A		
	8636	Wn	.	.	.	.	1954	UZ	21035	
	8637	Wn	.	.	.	.	1954	UZ	21036	
	8638	Wn	.	.	.	.	1954	UZ	21037	
	8639	Wn	.	.	.	.	1954	UZ	21038	
	8640	Wn	.	.	.	.	1954	UZ	21039	
	8641	Wn	.	.	.	.	1954	UZ	21040	
	8642	Wn	.	.	.	.	1954	UZ	21041	
	8643	Wn	.	.	.	.	1954	UZ	21042	
	7480	Wn	.	.	.	.	1954	UZ	72600	vorh Olr/s 5500
	7481	Wn	.	.	.	.	1954	UZ	72601	vorh Olr/s 5501
	7482	Wn	.	.	.	.	1954	UZ	72602	vorh Olr/s 5502
	7483	Wn	.	.	.	.	1954	UZ	72603	vorh Olr/s 5503
	7484	Wn	.	.	.	.	1954	UZ	72604	vorh Olr/s 5504
	7485	Wn	.	.	.	.	1954	UZ	72605	vorh Olr/s 5505
	7486	Wn	.	.	.	.	1954	UZ	72606	vorh Olr/s 5506
	7487	Wn	.	.	.	.	1954	UZ	72607	vorh Olr/s 5507
	7488	Wn	.	.	.	.	1954	UZ	72608	vorh Olr/s 5508
	7489	Wn	.	.	.	.	1954	UZ	72609	vorh Olr/s 5509
	7460	Wn	.	.	.	.	1954	UZ	72610	vorh Olr/s 5470
	7461	Wn	.	.	.	.	1954	UZ	72611	vorh Olr/s 5471
	7462	Wn	.	.	.	.	1954	UZ	72612	vorh Olr/s 5472
	7463	Wn	.	.	.	.	1954	UZ	72613	vorh Olr/s 5473
	7464	Wn	.	.	.	.	1954	UZ	72614	vorh Olr/s 5474
	7465	Wn	.	.	.	.	1954	UZ	72615	vorh Olr/s 5475
	7466	Wn	.	.	.	.	1954	UZ	72616	vorh Olr/s 5476
	7467	Wn	.	.	.	.	1954	UZ	72617	vorh Olr/s 5477
	>	.	.	.	.	.	1929	A		
	7468	Wn	.	.	.	.	1954	UZ	72618	vorh Olr/s 5478
	7469	Wn	.	.	.	.	1954	UZ	72619	vorh Olr/s 5480
	7470	Wn	.	.	.	.	1954	UZ	72620	vorh Olr/s 5481
	7471	Wn	.	.	.	.	1954	UZ	72621	vorh Olr/s 5482
	7472	Wn	.	.	.	.	1954	UZ	72622	vorh Olr/s 5483
	7473	Wn	.	.	.	.	1954	UZ	72623	vorh Olr/s 5484
314	>	.	.	.	.	.	<<	UZ	.	FNr unklar
	6314	Wn	.	.	.	.	1954	UZ	64614	FNr unklar
	6300	Wn	.	.	.	.	1954	UZ	64600	
	6301	Wn	.	.	.	.	1954	UZ	64601	
	6302	Wn	.	.	.	.	1954	UZ	64602	
	6303	Wn	.	.	.	.	1954	UZ	64603	

BJ	BA	BANr.	Serie	NÖLB		Nr.	Pb	UZ	Rh	BBÖ	Pb	Jr
1912	Sw	49185	Kly/s	1230	A	.	.	>	Omlr/s	6304	AA	.
1912	Sw	49186	Kly/s	1231	A	.	.	>	Omlr/s	6305	AA	.
1912	Sw	49187	Kly/s	1232	A	.	.	>	Omlr/s	6306	AA	.
1912	Sw	.	Kly/s	1233	A	.	.	>	Omlr/s	6307	WA	.
1912	Sw	.	Kly/s	1234	A	.	.	>	Omlr/s	6308	AA	.
1912	Sw	.	Kly/s	1235	A	.	.	>	Omlr/s	6309	AA	.
1912	Sw	.	Kly/s	1236	A	.	.	>	Omlr/s	6310	AA	.
1912	Sw	.	Kly/s	1237	A	.	.	>	Omlr/s	6311	AA	.
1912	Sw	.	Kly/s	1238	A	.	.	>	Omlr/s	6312	AA	.
1912	Sw	.	Kly/s	1239	A	.	.	>	Omlr/s	6313	AA	.
1907	Sw	46307	Kzy/s	1300	A	9150	LF	>	Kz/s	4370	AP	.
1908	Sw	46308	Kzy/s	1301	A	9151	LF	>	Kz/s	4371	AP	.
1908	Sw	46309	Kzy/s	1302	A	.	LF	>		>	.	.
1908	Sw	46310	Kzy/s	1303	A	9152	LF	>	Kz/s	4372	AP	.
1908	Sw	46311	Kzy/s	1304	A	9153	LF	>	Kz/s	4373	AP	.
1908	Sw	46312	Kzy/s	1305	A	9154	LF	>	Kz/s	4374	AP	.
1908	Sw	46313	Kzy/s	1306	A	9155	LF	>	Kz/s	4375	AP	.
1908	Sw	46314	Kzy/s	1307	A		LF	>		>	.	.
1908	Sw	46315	Kzy/s	1308	A	9156	LF	>	Kz/s	4376	AP	.
1908	Sw	46316	Kzy/s	1309	A	9157	LF	>	Kz/s	4377	AP	.
1908	Sw	46317	Kzy/s	1310	A	9158	LF	>	Kz/s	4378	AP	.
1908	Sw	46318	Kzy/s	1311	A	9159	LF	>	Kz/s	4379	AP	.
1908	Sw	46319	Kzy/s	1312	A	9160	LF	>	Kz/s	4380	AP	.
1908	Sw	46320	Kzy/s	1313	A	9161	LF	>	Kz/s	4381	AP	.
1908	Sw	46321	Kzy/s	1314	A	9162	LF	>	Kz/s	4382	AP	.
1908	Sw	46322	Kzy/s	1315	A		LF	>		>	.	.
1908	Sw	46323	Kzy/s	1316	A	9163	LF	>	Kz/s	4383	AP	.
1908	Sw	46324	Kzy/s	1317	A	9164	LF	>	Kz/s	4384	AP	.
1908	Sw	46325	Kzy/s	1318	A	9165	LF	>	Kz/s	4385	AP	.
1908	Sw	46326	Kzy/s	1319	A	9166	LF	>	Kz/s	4386	AP	.
1908	Sw	46327	Kzy/s	1320	A	9167	LF	>	Kz/s	4387	AP	.
1908	Sw	46328	Kzy/s	1321	A	9168	LF	>	Kz/s	4388	AP	.
1908	Sw	46329	Kzy/s	1322	A	9169	LF	>	Kz/s	4389	AP	.
1908	Sw	46330	Kzy/s	1323	A	9170	LF	>	Kz/s	4390	AP	.
1908	Ro&K	kNr	Jka/s	1400	A	.	.	>		>	.	.
1908	Ro&K	kNr	Jka/s	1401	A	.	.	>		>	.	.
1908	Ro&K	kNr	Jka/s	1402	A	.	.	>		>	.	.
1908	Ro&K	kNr	Jka/s	1403	A	.	.	>		>	.	.
1908	Ro&K	kNr	Jka/s	1404	A	.	.	>		>	.	.
1908	Ro&K	kNr	Jka/s	1405	A	.	.	>		>	.	.
1908	Ro&K	kNr	Jka/s	1406	A	.	.	>		>	.	.
1908	Ro&K	kNr	Jka/s	1407	A	.	.	>		>	.	.
1908	Ro&K	kNr	Jka/s	1408	A	.	.	>		>	.	.
1908	Ro&K	kNr	Jka/s	1409	A	.	.	>		>	.	.
1900	Gw	kNr	T/s	1650	W	.	.	>	T/s	9410	WW	.
1900	Gw	kNr	T/s	1651	W	.	.	>	T/s	9411	WW	.
1900	Gw	kNr	T/s	1653	W	.	.	>	T/s	9413	WW	.
1900	Gw	kNr	T/s	1654	W	.	.	>	T/s	9414	WW	.
1900	Gw	kNr	T/s	1656	W	.	.	>	T/s	9416	WW	.
1900	Gw	kNr	T/s	1658	W	.	.	>	T/s	9418	WW	.
1900	Gw	kNr	T/s	1659	W	.	.	>	T/s	9419	WW	.
1900	Gw	kNr	T/s	1660	W	.	.	>	T/s	9420	WW	.
1900	Gw	kNr	T/s	1662	W	.	.	>	T/s	9422	WW	.
1900	Gw	kNr	T/s	1663	W	.	.	>	T/s	9423	WW	.
1900	Gw	kNr	T/s	1664	W	.	.	>	T/s	9424	WW	.
1900	Gw	kNr	T/s	1665	W	.	.	>	T/s	9425	WW	.
1900	Gw	kNr	T/s	1667	W	.	.	>	T/s	9427	WW	.
1900	Gw	kNr	T/s	1669	W	.	.	>	T/s	9429	WW	.
1900	Gw	kNr	T/s	1670	W	.	.	>	T/s	9430	WW	.
1900	Gw	kNr	T/s	1671	W	.	.	>	T/s	9431	WW	.

BBÖ	DRB	D´n	.	DRB	D´n		Jahr	U	ÖBB	Anmerkung
	6304	Wn	.	.	.	.	1954	UZ	64604	
	6305	Wn	.	.	.	.	1954	UZ	64605	
	6306	Wn	.	.	.	.	1954	UZ	64606	
	6307	Wn	.	.	.	.	1954	UZ	64607	
	6308	Wn	.	.	.	.	1954	UZ	64608	
	6309	Wn	.	.	.	.	1954	UZ	64609	
	6310	Wn	.	.	.	.	1954	UZ	64610	
	6311	Wn	.	.	.	.	1954	UZ	64611	
	6312	Wn	.	.	.	.	1954	UZ	64612	
	6313	Wn	.	.	.	.	1954	UZ	64613	
	4370	Wn	.	.	.	.	1954	UZ	61565	
	4371	Wn	.	.	.	.	1954	UZ	61566	FNr unklar
	>	.	.	.	.	.	1918	KV		
	4372	Wn	.	.	.	.	1954	UZ	61567	FNr unklar
	4373	Wn	.	.	.	.	1954	UZ	61568	FNr unklar
	4374	Wn	.	.	.	.	1954	UZ	61569	FNr unklar
	4375	Wn	.	.	.	.	1954	UZ	61570	FNr unklar
	>	.	.	.	.	.	1918	KV		
	4376	Wn	.	.	.	.	1954	UZ	61571	FNr unklar
	4377	Wn	.	.	.	.	1954	UZ	61572	FNr unklar
	4378	Wn	.	.	.	.	1954	UZ	61573	FNr unklar
	4379	Wn	.	.	.	.	1954	UZ	61574	FNr unklar
	4380	Wn	.	.	.	.	1954	UZ	61575	FNr unklar
	4381	Wn	.	.	.	.	1954	UZ	61576	FNr unklar
	4382	Wn	.	.	.	.	1954	UZ	61577	FNr unklar
	>	.	.	.	.	.	1918	KV		
	4383	Wn	.	.	.	.	1954	UZ	61578	FNr unklar
	4384	Wn	.	.	.	.	1954	UZ	61579	FNr unklar
	4385	Wn	.	.	.	.	1954	UZ	61580	FNr unklar
	4386	Wn	.	.	.	.	1954	UZ	61581	FNr unklar
	4387	Wn		.	.	.	1954	UZ	61582	FNr unklar
	4388	Wn	.	.	.	.	1954	UZ	61583	FNr unklar
	4389	Wn	.	.	.	.	1954	UZ	61584	FNr unklar
	4390	Wn	.	.	.	.	1954	UZ	61585	FNr unklar
	>	.	.	.	.	.	1918	KV		
	>	.	.	.	.	.	1918	KV		
	>	.	.	.	.	.	1918	KV		
	>	.	.	.	.	.	1918	KV		
	>	.	.	.	.	.	1918	KV		
	>	.	.	.	.	.	1918	KV		
	>	.	.	.	.	.	1928	UB	.	zu Turmwagen
	>	.	.	.	.	.	1928	UB	.	zu Turmwagen
	>	.	.	.	.	.	1918	KV		
	>	.	.	.	.	.	1918	KV		
	9410	Wn	.	.	.	.	1954	UZ	88002	
	9411	Wn	.	.	.	.	1954	UZ	88003	
	9413	Wn	.	.	.	.	1954	UZ	88004	
	9414	Wn	.	.	.	.	1954	UZ	88005	
	9416	Wn	.	.	.	.	1954	UZ	88006	
	9418	Wn	.	.	.	.	1954	UZ	88007	
	9419	Wn	.	.	.	.	1954	UZ	88008	
	9420	Wn	.	.	.	.	1954	UZ	88009	
	9422	Wn	.	.	.	.	1954	UZ	88010	
	9423	Wn	.	.	.	.	1954	UZ	88011	
	9424	Wn	.	.	.	.	1954	UZ	88012	
	9425	Wn	.	.	.	.	1954	UZ	88013	
	9427	Wn	.	.	.	.	1954	UZ	88014	
	9429	Wn	.	.	.	.	1954	UZ	88015	
	9430	Wn	.	.	.	.	1954	UZ	88016	
	9431	Wn	.	.	.	.	1954	UZ	88017	

BJ	BA	BANr.	Serie	NÖLB		Nr.	Pb	UZ	Rh	BBÖ	Pb	Jr
1909	Gw	kNr	T/s	1672	A	.	.	>	T/s	9450	AA	.
1909	Gw	kNr	T/s	1673	A	.	.	>	T/s	9451	AA	.
1909	Gw	kNr	T/s	1674	A	.	.	>	T/s	9452	AA	.
1909	Gw	kNr	T/s	1675	A	.	.	>	T/s	9453	AA	.
1909	Gw	kNr	T/s	1676	A	.	.	>	T/s	9454	AA	.
1909	Gw	kNr	T/s	1677	A	.	.	>	T/s	9455	AA	.
1909	Gw	kNr	T/s	1678	A	.	.	>	T/s	9456	AA	.
1909	Gw	kNr	T/s	1679	A	.	.	>	T/s	9457	AA	.
1909	Gw	kNr	T/s	1680	A	.	.	>	T/s	9458	AA	.
1909	Gw	kNr	T/s	1681	A	.	.	>	T/s	9459	AA	.
1909	Gw	kNr	T/s	1682	A	.	.	>	T/s	9460	AA	.
1909	Gw	kNr	T/s	1683	A	.	.	>	T/s	9461	AA	.
1909	Gw	kNr	T/s	1684	A	.	.	>	T/s	9462	AA	.
1909	Gw	kNr	T/s	1685	A	.	.	>	T/s	9463	AA	.
1909	Gw	kNr	T/s	1686	A	.	.	>	T/s	9464	AA	.
1909	Gw	kNr	T/s	1687	A	.	.	>	T/s	9465	AA	.
1909	Gw	kNr	T/s	1688	A	.	.	>	T/s	9466	AA	.
1909	Gw	kNr	T/s	1689	A	.	.	>	T/s	9467	AA	.
1909	Gw	kNr	T/s	1690	A	.	.	>	T/s	9468	AA	.
1909	Gw	kNr	T/s	1691	A	.	.	>	T/s	9469	AA	.
1909	Gw	kNr	T/s	1692	A	.	.	>	T/s	9470	AA	.
1909	Gw	kNr	T/s	1693	A	.	.	>	T/s	9471	AA	.
1909	Gw	kNr	T/s	1694	A	.	.	>	T/s	9472	AA	.
1909	Gw	kNr	T/s	1695	A	.	.	>	T/s	9473	AA	.
1926	Sw	60526	T/s	1696	A	.	.	>	T/s	9510	AP	.
1926	Sw	60527	T/s	1697	A	.	.	>	T/s	9511	AP	.
1926	Sw	61235	T/s	1698	A	.	.	>	T/s	9512	AP	.
1926	Sw	61236	T/s	1699	A	.	.	>	T/s	9513	AP	.
1926	Sw	61237	T/s	1700	A	.	.	>	T/s	9514	AP	.
1926	Sw	61238	T/s	1701	A	.	.	>	T/s	9515	AP	.
1926	Sw	61239	T/s	1702	A	.	.	>	T/s	9516	AP	.
1926	Sw	61240	T/s	1703	A	.	.	>	T/s	9517	AP	.
1926	Sw	61241	T/s	1704	A	.	.	>	T/s	9518	AP	.
1926	Sw	61242	T/s	1705	A	.	.	>	T/s	9519	AP	.
1926	Sw	61243	T/s	1706	A	.	.	>	T/s	9520	AP	.
1926	Sw	61244	T/s	1707	A	.	.	>	T/s	9521	AP	.
1926	Sw	61245	T/s	1708	A	.	.	>	T/s	9522	AP	.
1926	Sw	61246	T/s	1709	A	.	.	>	T/s	9523	AP	.
1907	Gw	kNr	Jh/s	11050	A	.	LF	>	S/s	8644	WP	.
1907	Gw	kNr	Jh/s	11051	A	.	LF	>	S/s	8645	WP	.
1907	Gw	kNr	Jh/s	11052	A	.	LF	>	S/s	8646	WP	.
1907	Gw	kNr	Jh/s	11053	A	.	LF	>	S/s	8647	WP	.
1922	Sw	59396	Jh/s	11054	BB	.	.	>	S/s	8620	WP	.
1922	Sw	59397	Jh/s	11055	BB	.	.	>	S/s	8621	WP	.
1922	Sw	59398	Jh/s	11056	BB	.	.	>	S/s	8622	WP	.
1922	Sw		Jh/s	11057	BB	.	.	>	S/s	8623	WP	.
1924	Sw	60419	.	?	W	.	.	>		9502	?	.
1924	Sw	60425	.	?	W	.	.	>		9508	Ö	.
1935	Sw	65636	.	>	.	.	.	>		9432	Ö	.
1935	Sw	65639	.	>	.	.	.	>		9435	Ö	.
1935	Sw	65640	.	>	.	.	.	>		9436	Ö	.
1935	Sw	65641	.	>	.	.	.	>		9437	Ö	.
1935	Sw	65643	.	>	.	.	.	>		9439	Ö	.
1931	Sw	65299	.	>	A	.	.	>	T/s	9524	AP	.
1931	Sw	65300	.	>	.	.	.	>	T/s	9525	AP	.
1931	Sw	65301	.	>	.	.	.	>	T/s	9526	AP	.
1931	Sw	65302	.	>	.	.	.	>	T/s	9527	AP	.
1931	Sw	65303	.	>	.	.	.	>	T/s	9528	AP	.
1931	Sw	65304	.	>	.	.	.	>	T/s	9529	AP	.
1931	Sw	65305	.	>	.	.	.	>	T/s	9530	AP	.

BBÖ	DRB	D´n	.	DRB	D´n		Jahr	U	ÖBB	Anmerkung
	9450	Wn	.	.	.	.	1954	UZ	88018	
	9451	Wn	.	.	.	.	1954	UZ	88019	
	9452	Wn	.	.	.	.	1954	UZ	88020	
	9453	Wn	.	.	.	.	1954	UZ	88021	
	9454	Wn	.	.	.	.	1954	UZ	88022	
	9455	Wn	.	.	.	.	1954	UZ	88023	
	9456	Wn	.	.	.	.	1954	UZ	88024	
	9457	Wn	.	.	.	.	1954	UZ	88025	
	9458	Wn	.	.	.	.	1954	UZ	88026	
	9459	Wn	.	.	.	.	1954	UZ	88027	
	9460	Wn	.	.	.	.	1954	UZ	88028	
	9461	Wn	.	.	.	.	1954	UZ	88029	
	9462	Wn	.	.	.	.	1954	UZ	88030	
	9463	Wn	.	.	.	.	1954	UZ	88031	
	9464	Wn	.	.	.	.	1954	UZ	88032	
	9465	Wn	.	.	.	.	1954	UZ	88033	
	9466	Wn	.	.	.	.	1954	UZ	88034	
	9467	Wn	.	.	.	.	1954	UZ	88035	
	9468	Wn	.	.	.	.	1954	UZ	88036	
	9469	Wn	.	.	.	.	1954	UZ	88037	
	9470	Wn	.	.	.	.	1954	UZ	88038	
	9471	Wn	.	.	.	.	1954	UZ	88039	
	9472	Wn	.	.	.	.	1954	UZ	88040	
	>	.	.	.	.	.	192.?	A		
	9510	Wn	.	.	.	.	1954	UZ	88105	
	9511	Wn	.	.	.	.	1954	UZ	88106	
	9512	Wn	.	.	.	.	1954	UZ	88200	
	9513	Wn	.	.	.	.	1954	UZ	88201	
	9514	Wn	.	.	.	.	1954	UZ	88202	
	9515	Wn	.	.	.	.	1954	UZ	88203	
	9516	Wn	.	.	.	.	1954	UZ	88204	
	9517	Wn	.	.	.	.	1954	UZ	88205	
	9518	Wn	.	.	.	.	1954	UZ	88206	
	9519	Wn	.	.	.	.	1954	UZ	88207	
	9520	Wn	.	.	.	.	1954	UZ	88208	
	9521	Wn	.	.	.	.	1954	UZ	88209	
	9522	Wn	.	.	.	.	1954	UZ	88210	
	9523	Wn	.	.	.	.	1954	UZ	88211	
	8644	Wn	.	.	.	.	1954	UZ	21043	
	8645	Wn	.	.	.	.	1954	UZ	21044	
	8646	Wn	.	.	.	.	1954	UZ	21045	
	8647	Wn	.	.	.	.	193.	A		
	8620	Wn	.	.	.	.	1954	UZ	21046	
	8621	Wn	.	.			1954	UZ	21047	
	8622	Wn	.	.	.	.	1954	UZ	21048	
	8623	Wn	.	.	.	.	193.	A		
	9502?	Wn	.	.	.	.	1954	UZ	88107	
	9508?	Wn	.	.	.	.	1954	UZ	88108	
	9432	Wn	.	.	.	.	1954	UZ	88312	
	9435	Wn	.	.	.	.	1954	UZ	88313	
	9436	Wn	.	.	.	.	1954	UZ	88314	
	9437	Wn	.	.	.	.	1954	UZ	88315	
	9439	Wn	.	.	.	.	1954	UZ	88316	
	9524	Wn	.	.	.	.	1954	UZ	88300	
	9525	Wn	.	.	.	.	1954	UZ	88301	
	9526	Wn	.	.	.	.	1954	UZ	88302	
	9527	Wn	.	.	.	.	1954	UZ	88303	
	9528	Wn	.	.	.	.	1954	UZ	88304	
	9529	Wn	.	.	.	.	1954	UZ	88305	
	9530	Wn	.	.	.	.	1954	UZ	88306	

BJ	BA	BANr.	Serie	NÖLB		Nr.	Pb	UZ	Rh	BBÖ	Pb	Jr
1931	Sw	65306	.	>	.	.	.	>	T/s	9531	AP	.
1931	Sw	65307	.	>	.	.	.	>	T/s	9532	AP	.
1931	Sw	65308	.	>	.	.	.	>	T/s	9533	AP	.
1931	Sw	65309	.	>	.	.	.	>	T/s	9534	AP	.
1931	Sw	65310	.	>	.	.	.	>	T/s	9535	AP	.
1941	Bu	kNr	.	>	.	.	.	>		>>	DR	.
1941	Bu	kNr	.	>	.	.	.	>		>>	DR	.
1941	Bu	kNr	.	>	.	.	.	>		>>	DR	.
1941	Bu	kNr	.	>	.	.	.	>		>>	DR	.
1941	Bu	kNr	.	>	.	.	.	>		>>	DR	.
1941	Bu	kNr	.	>	.	.	.	>		>>	DR	.
1941	Bu	kNr	.	>	.	.	.	>		>>	DR	.
1941	Bu	kNr	.	>	.	.	.	>		>>	DR	.
1941	Bu	kNr	.	>	.	.	.	>		>>	DR	.
1941	Bu	kNr	.	>	.	.	.	>		>>	DR	.
1941	Bu	kNr	.	>	.	.	.	>		>>	DR	.
1941	Bu	kNr	.	>	.	.	.	>		>>	DR	.
1942	LHB	kNr	.	>	.	.	.	.		>	DR	.
1942	LHB	kNr	.	>	.	.	.	.		>	DR	.
1942	LHB	kNr	.	>	.	.	.	.		>	DR	.
1942	LHB	kNr	.	>	.	.	.	.		>	DR	.
1942	LHB	kNr	.	>	.	.	.	.		>	DR	.
1942	LHB	kNr	.	>	.	.	.	.		>	DR	.
1942	LHB	kNr	.	>	.	.	.	.		>	DR	.
1942	LHB	kNr	.	>	.	.	.	.		>	DR	.
1942	LHB	kNr	.	>	.	.	.	.		>	DR	.
1942	LHB	kNr	.	>	.	.	.	.		>	DR	.
1942	LHB	kiNr	.	>	.	.	.	.		>	DR	.
1942	LHB	kiNr	.	>	.	.	.	.		>	DR	.
1942	LHB	kiNr	.	>	.	.	.	.		>	DR	.
1942	LHB	kiNr	.	>	.	.	.	.		>	DR	.
1942	LHB	kiNr	.	>	.	.	.	.		>	DR	.
1942	LHB	kiNr	.	>	.	.	.	.		>	DR	.
1942	LHB	kiNr	.	>	.	.	.	.		>	DR	.
1942	LHB	kiNr	.	>	.	.	.	.		>	DR	.
1942	LHB	kiNr	.	>	.	.	.	.		>	DR	.
1942	LHB	kiNr	.	>	.	.	.	.		>	DR	.
1942	LHB	kiNr	.	>	.	.	.	.		>	DR	.
1942	LHB	kiNr	.	>	.	.	.	.		>	DR	.
1942	LHB	kiNr	.	>	.	.	.	.		>	DR	.
1942	LHB	kiNr	.	>	.	.	.	.		>	DR	.
1942	LHB	kiNr	.	>	.	.	.	.		>	DR	.
1942	LHB	kiNr	.	>	.	.	.	.		>	DR	.
1942	LHB	kiNr	.	>	.	.	.	.		>	DR	.
1942	LHB	kiNr	.	>	.	.	.	.		>	DR	.
1942	LHB	kiNr	.	>	.	.	.	.		>	DR	.
1942	LHB	kiNr	.	>	.	.	.	.		>	DR	.
1920	Sw	..	Jk/s	010950	A	950	"	>		4346	Z	.
1920	Sw	..	Jk/s	010951	A	951	"	>		4347	WP	.
1920	Sw	..	Jk/s	010952	A	952	"	>		4348	Z	.
1920	Sw	58069	Jk/s	010953	A	953	"	>	O/s	4349	AP	.
1920	Sw	..	Jk/s	010954	A	954	"	>		4350	Z	.
1920	Sw	..	Jk/s	010955	A	955	"	>		4351	Z	.
1920	Sw	..	Jk/s	010956	A	956	"	>		4352	Z	.
1920	Sw	..	Jk/s	010957	A	957	"	>		4353	WP	.

BBÖ	DRB	D´n	.	DRB	D´n		Jahr	U	ÖBB	Anmerkung
.	9531	Wn	.	.	.	.	1954	UZ	88307	
.	9532	Wn	.	.	.	.	1954	UZ	88308	
.	9533	Wn	.	.	.	.	1954	UZ	88309	
.	9534	Wn	.	.	.	.	1954	UZ	88310	
.	9535	Wn	.	.	.	.	1954	UZ	88311	
.	9540	Wn	.	.	.	.	1954	UZ	88317	
.	9541	Wn	.	.	.	.	1954	UZ	88318	
.	9542	Wn	.	.	.	.	1954	UZ	88319	
.	9543	Wn	.	.	.	.	1954	UZ	88320	
.	9544	Wn	.	.	.	.	1954	UZ	88321	
.	9545	Wn	.	.	.	.	1954	UZ	88322	
.	9546	Wn	.	.	.	.	1954	UZ	88323	
.	9547	Wn	.	.	.	.	1954	UZ	88324	
.	9548	Wn	.	.	.	.	1954	UZ	88325	
.	9549	Wn	.	.	.	.	1954	UZ	88326	
.	9550	Wn	.	.	.	.	1954	UZ	88327	
.	9551	Wn	.	.	.	.	1954	UZ	88328	
.	K 2000	Wn	.	.	.	.	1954	UZ	16800	
.	K 2001	Wn	.	.	.	.	1954	UZ	16801	
.	K 2002	Wn	.	.	.	.	1954	UZ	16802	
.	K 2003	Wn	.	.	.	.	1954	UZ	16803	
.	K 2004	Wn	.	.	.	.	1954	UZ	16804	
.	K 2005	Wn	.	.	.	.	1954	UZ	16805	
.	K 2006	Wn	.	.	.	.	1954	UZ	16806	
.	K 2007	Wn	.	.	.	.	1954	UZ	16807	
.	K 2008	Wn	.	.	.	.	1954	UZ	16808	
.	K 2009	Wn	.	.	.	.	1954	UZ	16809	
.	K 6500	Wn	.	.	.	.	1954	UZ	76800	
.	K 6501	Wn	.	.	.	.	1954	UZ	76801	
.	K 6502	Wn	.	.	.	.	1954	UZ	76802	
.	K 6503	Wn	.	.	.	.	1954	UZ	76803	
.	K 6504	Wn	.	.	.	.	1954	UZ	76804	
.	K 6505	Wn	.	.	.	.	1954	UZ	76805	
.	K 6506	Wn	.	.	.	.	1954	UZ	76806	
.	K 6507	Wn	.	.	.	.	1954	UZ	76807	
.	K 6508	Wn	.	.	.	.	1954	UZ	76808	
.	K 6509	Wn	.	.	.	.	1954	UZ	76809	
.	K 6510	Wn	.	.	.	.	1954	UZ	76810	
.	K 6511	Wn	.	.	.	.	1954	UZ	76811	
.	K 6512	Wn	.	.	.	.	1954	UZ	76812	
.	K 6513	Wn	.	.	.	.	1954	UZ	76813	
.	K 6514	Wn	.	.	.	.	1954	UZ	76814	
.	K 6515	Wn	.	.	.	.	1954	UZ	76815	
.	K 6516	Wn	.	.	.	.	1954	UZ	76816	
.	K 6517	Wn	.	.	.	.	1954	UZ	76817	
.	K 6518	Wn	.	.	.	.	1954	UZ	76818	
.	K 6519	Wn	.	.	.	.	1954	UZ	76819	
.	10534	Li	Z	10601	Li	St	1954	UZ	61061	
.	>	.	.	.	.	.	193.	A		
.	10535	Li	Z	10602	Li	St	1954	UZ	61062	
.	4349	Wn	.	.	.	.	1954	UZ	61063	
.	10536	Li	Z	.	.	.	1954	UZ	61064	
.	10537	Li	Z	10603	Li	St	1954	UZ	61065	
.	10538	Li	Z	10604	Li	St	1954	UZ	61066	
.	10539	Li	Z	10605	Li	St	1954	UZ	61067	

BJ	BA	BA Nr.	NÖLB	BBÖ	DRB	D'n	ÖBB	Jahr	U	Gattung
1912	Sw	49494	.	123>	.	.	2001	1956	UZ	A4ipho/s
1912	Sw	49502	.	128>	.	.	2005	1956	UZ	A4ipho/s
1908	Gw	kNr	.	121>	.	.	2201	1956	UZ	A4iho/s
1908	Gw	kNr	.	284>	.	.	2296	1956	UZ	A4iho/s
1912	Sw	49494	.	123>	.	.	3001	1954	UZ	B4ipho/s
1912	Sw	49502	.	128>	.	.	3005	1954	UG	B4ipho/s
1912	Sw	49495	.	280>	.	.	3006	1959	UG	AB4iho/s
1912	Sw	49496	.	281>	.	.	3007	1959	UG	AB4iho/s
1960	Pn	1321	.	.	.	.	3026	<	USp	AB4ipho/s
1960	Pn	1322	.	.	.	.	3020	<	USp	AB4ipho/s
1960	Pn	1323	.	.	.	.	1001	<	USp	AB4ipho/s
1960	Pn	1324	.	.	.	.	3039	<	USp	AB4ipho/s
1960	Pn	1325	.	.	.	.	3031	<	USp	AB4ipho/s
1960	Pn	1326	.	.	.	.	3033	<	USp	AB4ipho/s
1908	Gw	kNr	.	121>	.	.	3201'	1956	UZ	B4iho/s
1908	Gw	kNr	.	284>	.	.	3296	1952	UZ	B4iho/s
1912	Sw	49493	28	122	122	Wn	.	1952	UZ	C>B4ipho/s
1912	Sw	49494	29	123	123	Wn	.	1952	UZ	C>B4ipho/s
1912	Sw	49499	77	125	125	Wn	.	1952	UZ	C>B4ipho/s
1912	Sw	49500	78	126	126	Wn	.	1952	UZ	C>B4ipho/s
1912	Sw	49501	79	127	127	Wn	.	1952	UZ	C>B4ipho/s
1912	Sw	49502	80	128	128	Wn	.	1952	UZ	C>B4ipho/s
1912	Sw	49495	125	280	280	Wn	.	1952	UZ	C>B4ipho/s
1912	Sw	49496	126	281	281	Wn	.	1952	UZ	C>B4ipho/s
1912	Sw	49497	127	282	282	Wn	.	1952	UZ	C>B4ipho/s
1912	Sw	49498	128	283	283	Wn	.	1952	UZ	C>B4ipho/s
1912	Sw	49356	420	630	630	Wn	.	1952	UZ	C>B4ipho/s
1912	Sw	49357	421	631	631	Wn	.	1952	UZ	C>B4ipho/s
1912	Sw	49358	422	632	632	Wn	.	1952	UZ	C>B4ipho/s
1912	Sw	49359	423	633	633	Wn	.	1952	UZ	C>B4ipho/s
1912	Sw	49360	424	634	634	Wn	.	1952	UZ	C>B4ipho/s
1912	Sw	49361	425	635	635	Wn	.	1952	UZ	C>B4ipho/s
1912	Sw	49362	426	636	636	Wn	.	1952	UZ	C>B4ipho/s
1912	Sw	49363	427	637	637	Wn	.	1952	UZ	C>B4ipho/s
1912	Sw	49364	428	638	638	Wn	.	1952	UZ	C>B4ipho/s
1912	Sw	49365	429	639	639	Wn	.	1952	UZ	C>B4ipho/s
1912	Sw	49366	430	640	640	Wn	.	1952	UZ	C>B4ipho/s
1912	Sw	49367	431	641	641	Wn	.	1952	UZ	C>B4ipho/s
1912	Sw	49368	432	642	642	Wn	.	1952	UZ	C>B4ipho/s
1912	Sw	49369	433	643	643	Wn	.	1952	UZ	C>B4ipho/s
1912	Sw	49370	434	644	644	Wn	.	1952	UZ	C>B4ipho/s
1912	Sw	49371	435	645	645	Wn	.	1952	UZ	C>B4ipho/s
1912	Sw	49372	436	646	646	Wn	.	1952	UZ	C>B4ipho/s
1912	Sw	49373	437	647	647	Wn	.	1952	UZ	C>B4ipho/s
1912	Sw	49374	438	648	648	Wn	.	1952	UZ	C>B4ipho/s
1912	Sw	49375	439	649	649	Wn	.	1952	UZ	C>B4ipho/s
1912	Sw	49376	440	650	650	Wn	.	1952	UZ	C>B4ipho/s
1912	Sw	49377	441	651	651	Wn	.	1952	UZ	C>B4ipho/s
1912	Sw	49378	442	652	652	Wn	.	1952	UZ	C>B4ipho/s
1912	Sw	49379	443	653	653	Wn	.	1952	UZ	C>B4ipho/s
1912	Sw	49380	444	654	654	Wn	.	1952	UZ	C>B4ipho/s
1912	Sw	49381	445	655	655	Wn	.	1952	UZ	C>B4ipho/s
1912	Sw	49382	446	656	656	Wn	.	1952	UZ	C>B4ipho/s
1912	Sw	49383	447	657	657	Wn	.	1952	UZ	C>B4ipho/s
1912	Sw	49384	448	658	658	Wn	.	1952	UZ	C>B4ipho/s
1912	Sw	49385	449	659	659	Wn	.	1952	UZ	C>B4ipho/s
1912	Sw	49386	450	660	660	Wn	.	1952	UZ	C>B4ipho/s
1912	Sw	49387	451	661	661	Wn	.	1952	UZ	C>B4ipho/s
1912	Sw	49388	452	662	662	Wn	.	1952	UZ	C>B4ipho/s

ÖBB	.Jahr	u	ÖBB	ÖBB	Anmerkung	Hbf
1001	1960	USp	2102	.	.	A
1005	1962	USp	3111'	.	.	A
1201	1963	USp	3120	.	.	A
1296	1961	UG	3296	.	.	A
2001	1956	UZ	1001	.	.	A
2005	1956	UZ	1005	.	.	A
2006	1962	USp	3144	.	.	A
2007	1961	USp	3101'	.	.	A
2100	1986	UZ	.	2100-1	.	A, A
2101	1986	UZ	.	2101-9	.	A, A
2102	1986	UZ	.	2102-7	.	A, A
2103	1986	UZ	.	2103-5	.	A, A
2104	1986	UZ	.	2104-3	.	A, A
2105	1984	UG	5600	.	.	A, A
2201	1956	UZ	1201	.	.	A
2296	1956	UZ	1296	.	.	A
3000	1964	USp	3157	.	.	A
3001	1954	UZ	2001	.	.	A
3002	1954	USp	3243	.	.	A
3003	1954	USp	3244	.	.	A
3004	1954	USp	3290	.	.	A
3005	1954	UG	2005	.	.	A
3006	1959	UG	2006	.	.	A
3007	1959	UG	2007	.	.	A
3008	.	USp	3103l	.	.	A
3009	1956	USp	3259	.	.	A
3010	1955	USp	3253	.	.	A
3011	1955	USp	3245	.	.	A
3012	1955	USp	3153	.	.	A
3013	1964	USp	3155	.	.	A
3014	1964	USp	3159	.	.	A
3015	1965	USp	3165	.	.	A
3016	1961	USp	3100l	.	.	A
3017	1964	USp	3154	.	.	A
3018	1965	USp	3162	.	.	A
3019	1956	USp	3256	.	.	A
3020	1960	USp	2101	.	.	A
3021	1964	USp	3152	.	.	A
3022	1964	USp	3151	.	.	A
3023	1963	USp	3149	.	.	A
3024	1964	USp	3156	.	.	A
3025	1962	USp	3147	.	.	A
3026	1960	USp	2100	.	.	A
3027	1956	USp	3260	.	.	A
3028	1962	USp	3145	.	.	A
3029	1962	USp	3148	.	.	A
3030	1955	USp	3246	.	.	A
3031	1960	USp	2104	.	.	A
3032	1965	USp	3164	.	.	A
3033	1960	USp	2105	.	.	A
3034	1965	USp	3166	.	.	A
3035	1963	USp	3150	.	.	A
3036	1954	USp	3240	.	.	A
3037	1965	USp	3163	.	.	A
3038	1965	USp	3160	.	.	A
3039	1960	USp	2103	.	.	A
3040	1965	USp	3161	.	.	A
3041	1955	USp	3257	.	.	A
3042	1963	USp	3158	.	.	A

BJ	BA	BA Nr.	NÖLB	BBÖ	DRB	D´n	ÖBB	Jahr	U	Gattung
1912	Sw	49492	453	663	663	Wn	.	1952	UZ	C>B4ipho/s
1910	Gw	.	MtB	3	3	Wn	.	1952	UZ	C>B4ip/s
1961	Pn	1327	.	.	.	.	3016	<	USp	B4ipho/s
1963	Pn	1403	.	.	.	.	3204'	<	USp	B4ipho/s
1961	Pn	1328	.	.	.	.	2007	<	USp	B4ipho/s
1963	Pn	1349	.	.	.	.	3207	<	USp	B4ipho/s
1963	Pn	1329	.	.	.	.	3211	<	USp	B4ipho/s
1961	Pn	1330	.	.	.	.	3008	<	USp	B4ipho/s
1963	Pn	1330	.	.	.	.	3220'	<	USp	B4ipho/s
1961	Pn	1333	.	.	.	.	15800	<	USp	B4ipho/s
1962	Pn	1334	.	.	.	.	65810	<	USp	B4ipho/s
1962	Pn	1335	.	.	.	.	65812	<	USp	B4ipho/s
1962	Pn	1336	.	.	.	.	3221	<	USp	B4ipho/s
1962	Pn	1337	.	.	.	.	3210	<	USp	B4ipho/s
1962	Pn	1338	.	.	.	.	1005	<	USp	B4ipho/s
1963	Pn	1406	.	.	.	.	3218	<	USp	B4ipho/s
1962	Pn	1410	.	.	.	.	3216	<	USp	B4ipho/s
1962	Pn	1415	.	.	.	.	3305	<	USp	B4ipho/s
1962	Pn	1417	.	.	.	.	3213	<	USp	B4ipho/s
1963	Pn	1298	.	121>	.		1201	1963	UG	B4ipho/s
1964	Pn	1413	.	.	.	.	1296	<	USp	B4ipho/s
1961	Pn	1327	.	.	.	.	3100'	1963	UZ	B4ipho/s
1961	Pn	1328	.	.	.	.	3101'	1963	UZ	B4ipho/s
1961	Pn	1330	.	.	.	.	3103'	1963	UZ	B4ipho/s
1962	Pn	1338	.	.	.	.	3111'	1963	UZ	B4ipho/s
1962	Pn	1339	.	.	.	.	2006	<	USp	B4ipho/s
1962	Pn	1340	.	.	.	.	3028	<	USp	B4ipho/s
1962	Pn	1341	.	.	.	.	3043	<	USp	B4ipho/s
1963	Pn	1350	.	.	.	.	3025	<	USp	B4ipho/s
1963	Pn	1401	.	.	.	.	3029	<	USp	B4ipho/s
1963	Pn	1402	.	.	.	.	3023	<	USp	B4ipho/s
1964	Pn	1407	.	.	.	.	3035	<	USp	B4ipho/s
1964	Pn	1408	.	.	.	.	3022	<	USp	B4ipho/s
1964	Pn	1409	.	.	.	.	3021	<	USp	B4ipho/s
1964	Pn	1411	.	.	.	.	3012	<	USp	B4ipho/s
1964	Pn	1412	.	.	.	.	3017	<	USp	B4ipho/s
1964	Pn	1414	.	.	.	.	3013	<	USp	B4ipho/s
1964	Pn	1416	.	.	.	.	3024	<	USp	B4ipho/s
1964	Pn	1418	.	.	.	.	3000	<	USp	B4ipho/s
1964	Pn	1419	.	.	.	.	3042	<	USp	B4ipho/s
1964	Pn	1420	.	.	.	.	3014	<	USp	B4ipho/s
1965	Pn	1421	.	.	.	.	3038	<	USp	B4ipho/s
1965	Pn	1422	.	.	.	.	3040	<	USp	B4ipho/s
1965	Pn	1423	.	.	.	.	3018	<	USp	B4ipho/s
1965	Pn	1424	.	.	.	.	3037	<	USp	B4ipho/s
1965	Pn	1425	.	.	.	.	3032	<	USp	B4ipho/s
1965	Pn	1426	.	.	.	.	3015	<	USp	B4ipho/s
1965	Pn	1427	.	.	.	.	3034	<	USp	B4ipho/s
1967	Pn	1476	.	.	.	.	6291	<	USp	B4ipho/s
1967	Pn	1477	.	.	.	.	6292	<	USp	B4ipho/s
1908	Gw	kNr	26	120	120	Wn		1952	UZ	C>B4iho/s
1954	Pn	448	.	.	.	.	3242	1963	UZ	B4ipho/s
1908	Gw	kNr	27	121	121	Wn	.	1952	UZ	C>B4iho/s
1954	Pn	451	.	.	.	.	3248	1963	UZ	B4ipho/s
1908	Gw	.	76	124	124	Wn	.	1952	UZ	C>B4iho/s
1955	Pn	465	.	.	.	.	3249	1963	UZ	B4ipho/s
1908	Sw	46474	400	700	700	Wn	.	1952	UZ	C>B4iho/s
1955	Pn	466	.	.	.	.	3250	1963	UZ	B4ipho/s
1908	Sw	46475	401	701	701	Wn	.	1952	UZ	C>B4iho/s
1955	Pn	467	.	.	.	.	3251	1963	UZ	B4ipho/s

ÖBB	.Jahr	u	ÖBB	ÖBB	Anmerkung	Hbf
3043	1962	USp	3146	.	.	A
3095	1954	USp	3299	.	.	A
3100'	1963	UZ	3140	.	.	A
3100''	1986	UZ	.	3100-6	.	A, A
3101'	1963	UZ	3141	.	.	A
3101''	1986	UZ	.	3101-4	.	A, A
3102	1986	UZ	.	3102-2	.	A, A
3103'	1963	UZ	3142	.	.	A
3103''	1986	UZ	.	3103-0	.	A, A
3106	1986	UZ	.	3106-7	.	W, W
3107	1986	UZ	.	3107-5	.	W, W
3108	1986	UZ	.	3108-3	.	A, A
3109	1986	UZ	.	3109-1	.	A, A
3110	1986	UZ	.	3110-9	.	A, A
3111'	1963	UZ	3143	.	.	A
3111''	1986	UZ	.	3111-7	.	A, A
3112	1986	UZ	.	3112-5	.	A, A
3113	1986	UZ	.	3113-3	.	A, A
3114	1986	UZ	.	3114-1	.	A, A
3120	1986	UZ	.	3120-8	.	A, A
3121	1986	UZ	.	3121-6	.	A, A
3140	1986	UZ	.	3140-6	.	A, A
3141	1986	UZ	.	3141-4	.	A, A
3142	1986	UZ	.	3142-2	.	A, A
3143	1986	UZ	.	3143-0	.	A, A
3144	1986	UZ	.	3144-8	.	A, A
3145	1986	UZ	.	3145-5	.	A, A
3146	1986	UZ	.	3146-3	.	A, A
3147	1986	UZ	.	3147-1	.	A, A
3148	1982	A	.	.	.	A
3149	1986	UZ	.	3149-7	.	A, A
3150	1986	UZ	.	3150-5	.	A, A
3151	1986	UZ	.	3151-3	.	A, A
3152	1986	UZ	.	3152-1	.	A, A
3153	1986	UZ	.	3153-9	.	A, A
3154	1986	UZ	.	3154-7	.	A, A
3155	1986	UZ	.	3155-4	.	A, A
3156	1986	UZ	.	3156-2	.	A, A
3157	1986	UZ	.	3157-0	.	A, A
3158	1986	UZ	.	3158-8	.	A, A
3159	1986	UZ	.	3159-6	.	A, A
3160	1986	UZ	.	3160-4	.	A, A
161	1986	UZ	.	3161-2	.	A, A
162	1986	UZ	.	3162-0	.	A, A
163	1986	UZ	.	3163-8	.	A, A
164	1986	UZ	.	3164-6	.	A, A
165	1986	UZ	.	3165-3	.	A, A
166	1986	UZ	.	3166-1	.	A, A
167	1986	UZ	.	3167-9	.	A, A
168	1986	UZ	.	3168-7	.	A, A
200'	1954	USp	3247	.	.	A
200''	1986	UZ	.	3200-8	.	A, A
201'	1956	UZ	2201	.	.	A
201''	1986	UZ	.	3201-6	.	A, A
202'	1954	USp	3292	.	.	A
202''	1986	UZ	.	3202-4	.	A, A
203'	1955	USp	3293	.	.	A
203''	1986	UZ	.	3203-2	.	A, A
204'	1963	USp	3100''	.	.	A
204''	1986	UZ	.	3204-0	.	A, A

BJ	BA	BA Nr.	NÖLB	BBÖ	DRB	D´n	ÖBB	Jahr	U	Gattung
1908	Sw	46476	402	702	702	Wn	.	1952	UZ	C>B4iho/s
1955	Pn	603	.	.	.	.	3255	1963	UZ	B4ipho/s
1908	Sw	46477	403	703	703	Wn	.	1952	UZ	C>B4iho/s
1955	Pn	607	.	.	.	.	3254	1963	UZ	B4ipho/s
1908	Sw	46478	404	704	704	Wn	.	1952	UZ	C>B4iho/s
1908	Sw	46479	405	705	705	Wn	.	1952	UZ	C>B4iho/s
1908	Sw	46480	406	706	706	Wn	.	1952	UZ	C>B4iho/s
1908	Sw	46481	407	707	707	Wn	.	1952	UZ	C>B4iho/s
1908	Sw	46482	408	708	708	Wn	.	1952	UZ	C>B4iho/s
1908	Sw	46483	409	709	709	Wn	.	1952	UZ	C>B4iho/s
1908	Sw	46484	410	710	710	Wn	.	1952	UZ	C>B4iho/s
1908	Sw	46485	411	711	711	Wn	.	1952	UZ	C>B4iho/s
1908	Sw	46487	412	712	712	Wn	.	1952	UZ	C>B4iho/s
1908	Sw	46486	413	713	713	Wn	.	1952	UZ	C>B4iho/s
1908	Sw	46588	414	714	714	Wn	.	1952	UZ	C>B4iho/s
1908	Sw	46589	415	715	715	Wn	.	1952	UZ	C>B4iho/s
1908	Sw	46590	416	716	716	Wn	.	1952	UZ	C>B4iho/s
1908	Sw	46492	418	718	718	Wn	.	1952	UZ	C>B4iho/s
1954	Pn	450	.	.	.	.	3247	1963	UZ	C>B4ipho/s
1908	Sw	46493	419	719	719	Wn	.	1952	UZ	C>B4iho/s
1954	Pn	446	.	.	.	.	3036	<	USp	C>B4ipho/s
1954	Pn	447	.	.	.	.	6290	<	USp	C>B4ipho/s
1954	Pn	448	.	.	.	.	6280	<	USp	C>B4ipho/s
1954	Pn	449?	.	.	.	.	3002	<	USp	C>B4ipho/s
1954	Pn	462	.	.	.	.	3003	<	USp	C>B4ipho/s
1954	Pn	463	.	.	.	.	3011	<	USp	C>B4ipho/s
1954	Pn	464	.	.	.	.	3030	<	USp	C>B4ipho/s
1954	Pn	450	.	.	.	.	3200I	<	USp	C>B4ipho/s
1954	Pn	451	.	.	.	.	3217	<	USp	C>B4ipho/s
1955	Pn	465	.	.	.	.	3219	<	USp	C>B4ipho/s
1955	Pn	466	.	.	.	.	3212	<	USp	C>B4ipho/s
1955	Pn	467	.	.	.	.	3215	<	USp	C>B4ipho/s
1955	Pn	468	.	.	.	.	6293	<	USp	C>B4ipho/s
1955	Pn	469	.	.	.	.	3010	<	USp	C>B4ipho/s
1955	Pn	607	.	.	.	.	3206	<	USp	C>B4ipho/s
1955	Pn	603	.	.	.	.	3209	<	USp	C>B4ipho/s
1955	Pn	608	.	.	.	.	3019	<	USp	C>B4ipho/s
1955	Pn	609	.	.	.	.	3041	<	USp	C>B4ipho/s
1957	Pn	915	.	.	.	.	.	<	.	B4ipho/s
1957	Pn	801	.	.	.	.	3009	<	USp	B4ipho/s
1957	Pn	802	.	.	.	.	3027	<	USp	B4ipho/s
1956	Pn	803	.	.	.	.	4000	<	USp	B4ipho/s
1956	Pn	774	.	.	.	.	4001	<	USp	B4ipho/s
1954	Pn	452	.	.	.	.	3004	<	USp	C>BPw4iph/s
1954	Pn	453	.	.	.	.	3295	<	USp	C>BPw4iph/s
1954	Pn	454	.	.	.	.	3202'	<	USp	C>BPw4iph/s
1955	Pn	470	.	.	.	.	3203'	<	USp	BD4ipho/s
1955	Pn	471	.	.	.	.	3214	1955	UB	BD4ipho/s
1908	Gw	kNr	1	5	5	Wn	.	1952	UZ	C4ih /s
1908	Gw	kNr	2	284	284	Wn	.	1952	UZ	C4iho/s
1908	Gw	kNr	.	284	.	.	2296	1961	UG	B4iho/s
1954	Pn	499	.	.	.	.	3095	<	USp	C>BPw4ipho
1908	Sw	46476	402	702	702	Wn	3205'	1963	UZ	B4iho/s
1908	Sw	46484	410	710	710	Wn	3213	1963	UZ	B4iho/s
1908	Sw	46486	413	713	713	Wn	3216	1963	UZ	B4iho/s
1898	Gw	kNr	100	235	235	Wn	.	1952	UZ	C>Bipho/s
1898	Gw	kNr	151	243	243	Wn	.	1952	UZ	C>Bipho/s
1898	Gw	kNr	203	386	386	Wn	.	1952	UZ	C>Bipho/s
1906	Sw	43922	214	393	507	Vi	.	1952	UZ	C>Bipho/s
1898	Gw	kNr	201	385	385	Wn	.	1952	UZ	C>Bi/s

ÖBB	.Jahr	u	ÖBB	ÖBB	Anmerkung	Hbf
3205[I]	1963	UZ	3305	.	.	A
3205[II]	1986	UZ	.	3205-7	.	A, A
3206[I]	1955	USp	3254	.	.	A
3206[II]	1986	UZ	.	3206-5	.	A
3207	1963	USp	3101[II]	.	.	A
3208	1961	USp	3105	.	.	A
3209	1955	USp	3255	.	.	A
3210	1964	USp	3110	.	.	A
3211	1961	USp	3102	.	.	A
3212	1955	USp	3250	.	.	A
3213	1963	UZ	3313	.	.	A
3214	1955	USp	3294	.	.	A
3215	1955	USp	3251	.	.	A
3216	1963	UZ	3316	.	.	A
3217	1954	USp	3248	.	.	A
3218	1963	USp	3111[II]	.	.	A
3219	1954	USp	3249	.	.	A
3220[I]	1963	USp	3103[II]	.	.	A
3220[II]	1986	UZ	.	3220-6	.	A, A
3221	1962	USp	3109	.	.	A
3240	1986	UZ	.	3240-4	.	A, A
3241	1986	UZ	.	3241-2	.	A, A
3242	1963	UZ	3200[II]	.	.	A
3243	1986	UZ	.	3243-8	.	A, A
3244	1986	UZ	.	3244-6	.	A, A
3245	1986	UZ	.	3245-3	.	A, A
3246	1986	UZ	.	3246-1	.	A, A
3247	1963	UZ	3220[II]	.	.	A
3248	1963	UZ	3201[II]	.	.	A
3249	1963	UZ	3202[II]	.	.	A
3250	1963	UZ	3203[II]	.	.	A
3251	1963	UZ	3204[II]	.	.	A
3252	1986	UZ	.	3252-9	.	A, A
3253	1986	UZ	.	3253-7	.	A, A
3254	1963	UZ	3206[II]	.	.	A
3255	1963	UZ	3205[II]	.	.	A
3256	1986	UZ	.	3256-0	.	A, A
3257	1986	UZ	.	3257-8	.	A, A
3258	1986	UZ	.	3258-6	.	A, A
3259	1986	UZ	.	3259-4	.	A, A
3260	1986	UZ	.	3260-2	.	A, A
3280	1986	UZ	.	3280-0	.	W, W
3281	1986	UZ	.	3281-8	.	W, W
3290	1963	UZ	4240	.	.	A
3291	1963	UZ	4220	.	4241 vorgesehen	A
3292	1963	UZ	4221	.	4242 vorgesehen	A
3293	1963	UZ	4200	.	4243 vorgesehen	A
3294	1963	UZ	4201	.	4244 vorgesehen	A
3295	1954	USp	3291	.	.	A
3296[I]	1954	UZ	2296	.	.	A
3296[II]	1964	USp	3121	.	.	A
3299	1963	UZ	4230	.	1963 BD4ipho/s	A
305	1964	USp	3113	.	.	A
313	1964	USp	3114	.	.	A
316	1964	USp	3112	.	.	A
400	1964	A	.	.	.	A
401	1964	A	.	.	.	A
402	1964	A	.	.	.	A
403	1964	A	.	.	.	A
626	1967	A	.	.	.	W, A

BJ	BA	BA Nr.	NÖLB	BBÖ	DRB	D'n	ÖBB	Jahr	U	Gattung
1898	Gw	kNr	301	406	406	Wn	.	1952	UZ	C>Bi/s
1898	Gw	kNr	4	1	408	Wn	.	1952	UZ	C>Bi/s
1898	Gw	kNr	251	371	371	Wn	.	1952	UZ	C >Bi/s
1900	Gw	kNr	320	374	374	Wn	.	1952	UZ	C >Bi/s
1900	Gw	kNr	111	226	377	Wn	.	1952	UZ	C >Bi/s
1902	Gw	kNr	12	331	331	Au	.	1952	UZ	C >Bi/s
1902	Gw	kNr	252	372	372	Wn	.	1952	UZ	C >Bi/s
1902	Gw	kNr	253	373	373	Wn	.	1952	UZ	C >Bi/s
1902	Gw	kNr	112	227	378	Wn	.	1952	UZ	C >Bi/s
1902	Gw	kNr	1	200	200	Wn	.	1952	UZ	C >Bi/s
1906	Sw	43916	208	388	388	Wn	.	1952	UZ	C >Bi/s
1906	Sw	43917	209	389	389	Wn	.	1952	UZ	C >Bi/s
1906	Sw	43919	211	390	390	Wn	.	1952	UZ	C >Bi/s
1906	Sw	43920	212	391	391	Wn	.	1952	UZ	C >Bi/s
1906	Sw	43921	213	392	392	Wn	.	1952	UZ	C >Bi/s
1906	Sw	43925	215	394	394	Wn	.	1952	UZ	C >Bi/s
1906	Sw	43926	218	396	396	Wn	.	1952	UZ	C >Bi/s
1906	Sw	43927	219	397	397	Wn	.	1952	UZ	C >Bi/s
1906	Sw	43929	221	398	398	Wn	.	1952	UZ	C >Bi/s
1906	Sw	43930	222	399	399	Wn	.	1952	UZ	C >Bi/s
1906	Sw	43931	223	400	400	Wn	.	1952	UZ	C >Bi/s
1906	Sw	43934	226	402	402	Wn	.	1952	UZ	C >Bi/s
1906	Sw	43935	227	403	403	Wn	.	1952	UZ	C >Bi/s
1906	Sw	43936	228	404	404	Wn	.	1952	UZ	C >Bi/s
1906	Sw	43937	229	405	405	Wn	.	1952	UZ	C >Bi/s
1906	Gw	kNr	102	236	410	Wn	.	1952	UZ	C >Bi/s
1906	Gw	kNr	104	238	411	Wn	.	1952	UZ	C >Bi/s
1906	Gw	kNr	105	239	412	Wn	.	1952	UZ	C >Bi/s
1906	Gw	kNr	106	240	413	Wn	.	1952	UZ	C >Bi/s
1907	Sw	44858	235	488	488	Wn	.	1952	UZ	C >Bi/s
1907	Sw	44863	241	494	494	Wn	.	1952	UZ	C >Bi/s
1907	Sw	44865	243	496	496	Wn	.	1952	UZ	C >Bi/s
1907	Sw	44867	244	497	497	Wn	.	1952	UZ	C >Bi/s
1907	Sw	..	245	498	498	Wn	.	1952	UZ	C >Bi/s
1907	Sw	..	248	501	501	Wn	.	1952	UZ	C >Bi/s
1907	Sw	oT	249	502	502	Wn	.	1952	UZ	C >Bi/s
1908	Gw	kNr	50	70	70	Wn	.	1952	UZ	C >Bi/s
1908	Gw	kNr	51	71	71	Wn	.	1952	UZ	C >Bi/s
1908	Gw	kNr	52	72	72	Wn	.	1952	UZ	C >Bi/s
1908	Gw	kNr	53	73	73	Wn	.	1952	UZ	C >Bi/s
1908	Gw	kNr	54	74	74	Wn	.	1952	UZ	C >Bi/s
1908	Gw	kNr	55	75	75	Wn	.	1952	UZ	C >Bi/s
1908	Gw	kNr	57	76	76	Wn	.	1952	UZ	C >Bi/s
1908	Gw	kNr	58	77	77	Wn	.	1952	UZ	C >Bi/s
1907	Sw	44862	.	.	.	.	3791	1954	UB	C >Bi/s
1907	Sw	44863	.	.	.	.	3792	1963	UB	Bi /s
1924	Sw	60457	109	261	510	Wn	.	1952	UZ	C >Bi/s
1924	Sw	60456	108	260	509	Wn	.	1952	UZ	C >Bi/s
1924	Gw	31939	21	481	521	Li	.	1952	UZ	C >Bi/s
1924	Gw	31940	22	482	512	Li	.	1952	UZ	C >Bi/s
1924	Gw	31931	254	503	503	Wn	.	1952	UZ	C >Bi/s
1924	Gw	31932	255	504	504	Wn	.	1952	UZ	C >Bi/s
1924	Gw	31933	256	505	505	Wn	.	1952	UZ	C >Bi/s
1924	Gw	31934	257	506	511	Li	.	1952	UZ	C >Bi/s
1924	Gw	31936	259	508	508	Wn	.	1952	UZ	C >Bi/s
1924	Gw	31937	260	509	509	Wn	.	1952	UZ	C >Bi/s
1927	Gw	32806	30	310	310	Wn	.	1952	UZ	C >Bi/s
1927	Gw	32807	31	311	311	Wn	.	1952	UZ	C >Bi/s
1927	Gw	32808	32	312	312	Wn	.	1952	UZ	C >Bi/s
1927	Gw	32809	33	313	313	Wn	.	1952	UZ	C >Bi/s

ÖBB	.Jahr	u	ÖBB	ÖBB	Anmerkung	Hbf
3627	1969	A	.	.	.	W
3628	1969	AVK	.	.	ÖGEG	A
3637	1957	USp	3869	.	.	W
3638	1986	UZ	.	3638-9	.	W, A
3639	1967	A	.	.	.	W
3645	1970	A	.	.	.	A
3648	1958	USp	3885	.	.	W
3649	1958	USp	3886	.	.	W
3650	1969	A	.	.	.	W
3651	1969	UG	97703	.	.	W
3657	1957	USp	3873	.	.	A
3658	1959	USp	3879	.	.	A
3659	1969	A	.	.	.	A
3660	1968	AVK	.	.	ZB Bi 27	W
3661	1970	A	.	.	.	A
3663	1969	AVK	.	.	ÖGLB	A
3664	1956	USp	3866	.	.	A
3665	1970	AVK	.	.	Club 760 Bi37	A
3666	1967	UG	97304	.	.	A
3667	1972	A	.	.	.	W
3668	1969	A	.	.	.	A
3670	1958	USp	3878	.	.	W
3671	1970	A	.	.	.	A
3672	1969	AVK	.	.	ÖGEG	A
3673	1969	A	.	.	.	A, W
3674	1969	AVK	.	.	ÖGEG	A
3675	1986	UZ	.	3675-1	.	A, W
3676	1959	A	.	.	.	A
3677	1968	A	.	.	.	A
3683	1969	USp	6903	.	.	A
3685	1969	A	.	.	.	A
3686	1954	USp	3857	.		A
3687	1972	A	.	.	.	A
3688	1959	USp	3883	.	.	A
3689	1958	USp	3875	.	.	W
3690	1968	A	.	.	.	W, A
3691	1970	AVK	.	.	VKEF	A
3692	1969	AVK	.	.	Ochsenhausen	A
3693	1970	AVK	.	.	Club 760 Bi32	A
3694	1969	AVK	.	.	Ochsenhausen	A
3695	1970	A	.	.	.	A
3696	1968	AVK	.	.	ZB Bi 28	A
3697	1970	A	.	.	VKEF	A
3698	1972	A	.	.	VKEF	A
3705	1970	AVK	.	.	Club 760 Bi33	W
3706	1972	A	.	.	.	W
3720	1966	USp	6900	.	.	W
3721	1968	USp	6505	.	.	A
3724	1969	A	.	.	Ochsenhausen	A
3725	1968	USp	6501	.	.	A
3726	1966	.	98620	.	.	A
3727	1968	USp	6500	.	.	W
3728	1954	USp	3884	.	.	W
3729	1970	A	.	.	.	A
3731	1968	USp	6504	.	.	W
3732	1968	USp	3877	.	.	W
3733	1972	A	.	.	.	W
3734	1966	.	90190	.	VKEF	A
3735	1972	A	.	.	.	W
3736	1968	USp	6502	.	.	A

BJ	BA	BA Nr.	NÖLB	BBÖ	DRB	D'n	ÖBB	Jahr	U	Gattung
1929	Gw	34563	.	314	314	Wn.		1952	UZ	C>Bi/s
1897	Gw	kNr	1	CSD 241	241	Wn	.	1952	UZ	C>Bi/s
1897	Gw	oT	4	CSD 317	317	Wn	.	1952	UZ	C>Bi/s
1897	Gw	.	2	CSD 242	319	Wn	.	1952	UZ	C>Bi/s
1907	Sw	.	237	490	.	.	.	1952	UZ	CPw >BPwi/s
1954	Pn	458)	.	.	.	.	4786	<	UB	C >Biho/s
1954	Pn	459)	.	.	.	.	3684	<	UB	C >Biho/s
1954	Pn	461	.	.	.	.	3686	<	UB	C >Biho/s
1955	Pn	479)	.	.	.	.	3704	<	UB	C >Biho/s
1955	Pn	473)	.	.	.	.	4622	<	UB	C >Biho/s
1956	Pn	605	.	.	.	.	4656	<	UB	Bi /s
1956	Pn	695	.	.	.	.	3664	<	UB	Bi /s
1957	Pn	805	.	.	.	.	3637	<	UB	Bi /s
1957	Pn	875	.	.	.	.	3657	<	UB	Bi /s
1957	Pn	876	.	.	.	.	4699	<	UB	Bi /s
1958	Pn	1013	.	.	.	.	3689	<	UB	Bi /s
1958	Pn	990	.	.	.	.	3662	<	UB	Bi /s
1958	Pn	1097	.	.	.	.	3732	<	UB	Bi /s
1958	Pn	1098	.	.	.	.	3670	<	UB	Bi /s
1959	Pn	1099	.	.	.	.	3658	<	UB	Bi /s
1959	Pn	1100	.	.	.	.	3740	<	UB	Bi /s
1959	Pn	1101	.	.	.	.	3676	<	UB	Bi /s
1959	Pn	1102	.	.	.	.	3782	<	UB	Bi /s
1959	Pn	1103	.	.	.	.	3688	<	UB	Bi /s
1959	Pn	1104	.	.	.	.	3728	<	UB	Bi /s
1958	Pn	1105	.	.	.	.	3648	<	UB	Bi /s
1958	Pn	1106	.	.	.	.	3649	<	UB	Bi /s
1959	Pn	1255	.	.	.	.	4793	<	UB	Bi /s
1959	Pn	1256	.	.	.	.	3780	<	UB	Bi /s
1959	Pn	1257	.	.	.	.	3790	<	UB	Bi /s
1959	Pn	1258	.	.	.	.	3605	<	UB	Bi /s
1963	Pn	1347	.	.	.	.	15801	<	UB	BD4ipho/s
1963	Pn	1404	.	.	.	.	6215	<	UB	BD4ipho/s
1963	Pn	1405	.	.	.	.	6212	<	UB	BD4ipho/s
1964	Pn	1428	.	.	.	.	6213	<	UB	BD4ipho/s
1965	Pn	1429	.	.	.	.	6214	<	UB	BD4ipho/s
1965	Pn	1430	.	.	.	.	6200	<	UB	BD4ipho/s
1965	Pn	1431	.	.	.	.	6211	<	UB	BD4ipho/s
1965	Pn	1432	.	.	.	.	6210	<	UB	BD4ipho/s
1967	Pn	1475	.	.	.	.	6281	<	UB	BD4ipho/s
1955	Pn	470	.	.	.	.	3293	1963	UZ	BD4ipho/s
1955	Pn	471	.	.	.	.	3294	1963	UZ	BD4ipho/s
1954	Pn	453	.	.	.	.	3291	1963	UZ	BD4ipho/s
1954	Pn	454	.	.	.	.	3292	1963	UZ	BD4ipho/s
1954	Pn	455	.	.	.	.	3299	1963	UZ	BD4ipho/s
1954	Pn	452	.	.	.	.	3290	1963	UZ	BD4ipho/s
1937	Sw	65844	.	751	1101	Li	3081	1964	UZ	BD4ipho/s
1906	Gw	kNr	107	414	414	Wn	.	1952	UZ	Ci /s
1907	Sw	kNr	242	495	495	Wn	.	1952	UZ	C> Bi/s
1960	Pn	1326	.	.	.	.	2105	1982	UG	WR4iph/s
1906	Gw	kNr	528	840	840	Wn	.	1952	UZ	Pw>D4h/s
1908	Sw	47098	5529	850	850	Wn	.	1952	UZ	Pw>D4ho/s
1908	Sw	47099	530	851	851	Wn	.	1952	UZ	Pw>D4ho/s
1908	Sw	47100	531	852	852	Wn	.	1952	UZ	Pw>D4ho/s
1908	Sw	47101	532	853	853	Wn	.	1952	UZ	Pw>D4ho/s
1908	Sw	47102	533	854	854	Wn	.	1952	UZ	Pw>D4ho/s
1908	Sw	47103	534	855	855	Wn	.	1952	UZ	Pw>D4ho/s
1940	.	.	.	>	1504	.	.	1952	UZ	Pw>D4ho/s
1906	Sw	..	526	944	944	Wn	.	1952	UZ	P>DFw4h/s
1906	Gw	kNr	527	945	945	Wn	.	1952	UZ	P>DFw4h/s

ÖBB	.Jahr	u	ÖBB	ÖBB	Anmerkung	Hbf
3740	1965	USp	3880	.	.	A
3780	1959	USp	3888	.	DR 202702	W
3781	1972	A	.	.	DR 211266	W
3782	1959	USp	3882	.	DR 202703	W
3790	1960	USp	3889	.	.	W
3852	1986	UZ	.	3852-6	.	A, A
3856	1986	AVK	.	3856-7	ÖGEG	W, W
3857	1986	UZ	.	3857-5	.	A, A
3858	1986	UZ	.	3858-3	.	W, W
3863	1986	UZ	.	3863-3	.	W, W
3864	1986	UZ	.	3864-1	.	W, W
3866	1986	UZ	.	3866-6	.	A, A
3869	1986	UZ	.	3869-0	.	W, W
3873	1986	UZ	.	3873-2	.	W, W
3874	1986	UZ	.	3874-0	.	W, W
3875	1986	UZ	.	3875-7	.	W, W
3876	1986	UZ	.	3876-5	.	W, W
3877	1986	UZ	.	3877-3	.	W, W
3878	1985	AVK	.	.	ÖGEG	W, W
3879	1986	AVK	.	.	ÖGEG	W, W
3880	1986	UZ	.	3880-7	.	W, W
3881	1986	UZ	.	3881-5	.	W, W
3882	1986	UZ	.	3882-3	.	W, W
3883	1986	UZ	.	3883-1	.	W, W
3884	1986	UZ	.	3884-9	.	W, W
3885	1985	AVK	.	.	ÖGEG	A, W
3886	1986	UZ	.	3886-4	.	A, W
3887	1986	UZ	.	3887-2	.	W, W
3888	1986	UZ	.	3888-0	.	W, W
3889	1986	UZ	.	3889-8	.	W, W
3890	1986	UZ	.	3890-6	.	W, W
4100	1986	UZ	.	4100-9	.	A, A
4102	1986	UZ	.	4102-5	.	A, A
4103	1986	UZ	.	4103-3	.	A, A
4104	1986	UZ	.	4104-1	.	A, A
4105	1986	UZ	.	4105-8	.	A, A
4106	1986	UZ	.	4106-6	.	A, A
4107	1986	UZ	.	4107-4	.	A, A
4108	1986	UZ	.	4108-2	.	A, A
4109	1986	UZ	.	4109-0	.	A, A
4200	1986	UZ	.	4200-7	.	A, A
4201	1986	UZ	.	4201-5	.	A, A
4220	1986	UZ	.	4220-5	.	A, A
4221	1986	UZ	.	4221-3	.	A, A
4230	1986	UZ	.	4230-4	.	A, A
4240	1986	UZ	.	4240-3	.	A, A
4261	1986	UZ	.	4261-9	.	W, W
4678	1954	USp	3855	.	.	A
4793	1959	USp	3887	.	.	W
5600	1986	UZ	.	5600-7	.	A, A
6200	1965	USp	4106	.	vorher 839	A
6210	1965	USp	4108	.	.	A
6211	1965	USp	4107	.	.	A
6212	1963	USp	4103	.	.	A
6213	1964	USp	4104	.	.	A
6214	1965	USp	4105	.	.	A
6215	1963	USp	4102	.	.	A
6270	1986	UZ	.	6270-8	.	W, A
6280	1954	USp	3242	.	.	A
6281	1967	USp	4109	.	.	A

BJ	BA	BA Nr.	NÖLB	BBÖ	DRB	D'n	ÖBB	Jahr	U	Gattung
1912	Sw	49659	535	946	946	Wn	.	1952	UZ	P>DFw4h/s
1912	Sw	49660	536	947	947	Wn	.	1952	UZ	P>DFw4h/s
1912	Sw	49661	537	948	948	Wn	.	1952	UZ	P>DFw4h/s
1912	Sw	49662	538	949	949	Wn	.	1952	UZ	P>DFw4h/s
1932	Gw	36815	.	830	830	Wn	.	1952	UZ	Pw>D3h/s
1932	Gw	36816	.	831	831	Wn	.	1952	UZ	Pw>D3h/s
1932	Gw	36817	.	832	832	Wn	.	1952	UZ	Pw>Dh/s
1898	Gw	kNr	501	926	926	Wn	.	1952	UZ	Pw>D/s
1898	Gw	kNr	502	927	927	Wn	.	1952	UZ	Pw>Dh/s
1902	Gw	kNr	.	880>	.	.	6809	1959	UG	Pw>D/s
1927	Gw	32804	50	885	885	Wn	.	1952	UZ	Pw>Dh/s
1927	Gw	32805	51	886	886	Wn	.	1952	UZ	Pw>Dh/s
1929	Gw	34564	.	887	887	Wn	.	1952	UZ	Pw>Dh/s
1903	Gw	kNr	.	1226>	.	.	10206	1957	UG	Pw>D/s
1900	Gw	kNr	250	370	370	Wn	.	1952	UZ	Pw>Dh/s
1924	Sw	60438	739	1212	1212	Wn	.	1952	UZ	Pw>D/s
1902	Gw	kNr	749	1129	1129	Wn	.	1952	UZ	Pw>D/s
1924	Sw	60437	738	1211	1211	Wn	.	1952	UZ	Pw>D/s
1922	Sw	40184	274	1197	5038	.	.	1952	UZ	Pw>D/s
1897	Gw	kNr	101	CSD 644	800	Wn	.	1952	UZ	Pw>D/s
1968	Pn	1478	.	>	.	.	3727	<	UB	Di/s
1968	Pn	1480	.	>	.	.	3736	<	UB	Di/s
1968	Pn	1482	.	>	.	.	3731	<	UB	Di/s
1968	Ph	1483	.	>	.	.	3721	>	UB	Diho/s
1968	Pn	1484	.	>	.	.	3723	<	UB	Diho/s
1969	Pn	1485	.	>	.	.	10212	<	UB	Diho/s
1900	Gw	kNr	520	915	915	Wn	.	1952	UZ	PFw>DF/s
1900	Gw	kNr	521	916	916	Wn	.	1952	UZ	PFwi>DFi/s
1900	Gw	kNr	522	917	917	Wn	.	1952	UZ	PFwi>DFi/s
1903	Gw	kNr	523	918	918	Wn	.	1952	UZ	PFwi>DFi/s
1966	Pn	1456	.	>	.	.	3720	<	UB	Dgi/s
1966	Pn	1457	.	>	.	.	3624	<	UB	Dgi/s
1966	Pn	1458	.	>	.	.	3640	<	UB	Dgi/s
1966	Pn	1459	.	>	.	.	3683	<	UB	Dgi/s
1966	Gw	64080	.	.	.	.	6300	1966	UB	F3o/s
1966	Gw	64081	.	.	.	.	6301	1966	UB	F3ho/s
1966	Gw	64082	.	.	.	.	6302	1966	UB	F3ho/s
1902	Gw	kNr	201	1000	5020	Vi	.	1954	UZ	Gwd /s
1902	Gw	kNr	202	1001	5021	Vi	.	1954	UZ	Gwd /s
1904	Gw	kNr	241	1048	1048	Au	.	1954	UZ	Gw /s
1904	Gw	kNr	243	1050	1050	Au	.	1954	UZ	Gw /s
1904	Gw	kNr	244	1051	1051	Au	.	1954	UZ	Gw /s
1900	Gw	kNr	740	1120	1120	Wn	.	1954	UZ	Gwd /s
1900	Gw	kNr	741	1121	1121	Wn	.	1954	UZ	Gwd /s
1900	Gw	kNr	742	1122	1122	Wn	.	1954	UZ	Gwd /s
1900	Gw	kNr	743	1123	1123	Wn	.	1954	UZ	Gwd /s
1900	Gw	kNr	744	1124	1124	Wn	.	1954	UZ	Gwd /s
1902	Gw	kNr	745	1125	1125	Wn	.	1954	UZ	Gwd /s
1902	Gw	kNr	746	1126	1126	Wn	.	1954	UZ	Gwd /s
1902	Gw	kNr	747	1127	1127	Wn	.	1954	UZ	Gwd /s
1902	Gw	kNr	748	1128	1128	Wn	.	1954	UZ	Gwd /s
1902	Gw	kNr	791	1131	5002	Li P	.	1954	UZ	Gw /s
1902	Gw	kNr	795	1135	5003	Li P	.	1954	UZ	Gw /s
1896	Gw	kNr	207	1190	5004	Li P	.	1954	UZ	Gw /s
1896	Gw	kNr	210	1193	5007	Li P	.	1954	UZ	Gw /s
1896	Gw	kNr	209	1192	5006	Li P	.	1954	UZ	Gw /s
1900	Gw	kNr	790	1130	1130	Wn	.	1954	UZ	Gw /s
1900	Gw	kNr	792	1132	1132	Wn	.	1954	UZ	Gw /s
1900	Gw	kNr	793	1133	1133	Wn	.	1954	UZ	Gw /s
1902	Gw	kNr	794	1134	1134	Wn	.	1954	UZ	Gwd /s

ÖBB	.Jahr	u	ÖBB	ÖBB	Anmerkung	Hbf
6290	1954	USp	3241	.	.	A
6291	1965	USp	3167	.	.	A
6292	1965	USp	3168	.	.	A
6293	1955	USp	3252	.	.	A
6300	1966	USp	8500	.	An ÖPT verkauft	A
6301	1966	USp	8501	.	An ÖPT verkauft	A
6302	1966	USp	8502	.	An ÖPT verkauft	A
6405	1966	A	.	.	.	W
6406	1962	A	.	.	.	A
6410	1972	AVK	.	.	VKEF	W
6420	1970	UG	.	97012	.	A
6421	1969	A	.	.	.	A
6422	1969	AVK	.	.	Club 760	A
6489	1986	UZ	.	6489-4	.	W, W
6490	1968	A	.	,	.	A
6492	1986	UZ	.	6492-8	.	W, W
6493	1986	UZ	.	6493-6	.	W, W
6494	1986	UZ	.	6494-4	.	W, W
6495	1985	A	.	.	.	W, W
6497	1968	A	.	.	.	W
6500	1986	UZ	.	6500-8	.	W, W
6502	1986	UZ	.	6502-4	.	W, W
6504	1986	UZ	.	6504-0	.	W, W
6505	1986	UZ	.	6505-7	.	A, A
6506	1986	UZ	.	6506-5	.	A, A
6507	1986	UZ	.	6507-3	.	A, A
6806	1954	USp	6409	.	.	W
6807	1968	A	.	.	.	W
6808	1968	A	.	.	.	W
6811	1969	UG	97305	.	.	W
6900	1981	AVK	.	.	ÖGLB	A, A
6901	1988	UZ	.	6901-8	.	A, A
6902	1986	UZ	.	6902-6	.	A, A
6903	1971	USp	6550	.	.	A
8500	1986	UZ	.	8500-6	.	A, A
8501	1986	UZ	.	8501-4	.	A, A
8502	1986	UZ	.	8502-2	.	A, A
10000	1981	AVK	.	.	ÖGLB	W
10001	1976	UZ	97706	.	.	W
10005	1986	UZ	.	10005-2	.	W, W
10007	1986	UZ	.	10007-8	.	W, W
10008	1986	UZ	.	10008-0	.	W, W
10015	1986	UZ	.	10015-1	.	W, W
10016	1981	AVK	.	.	ÖGLB	W, W
10017	1981	AVK	.	.	ÖGLB	W, W
10018	1986	UZ	.	10018-5	.	W, W
10019	1983	A	.	.	.	W, W
10020	1986	UZ	.	10020-1	.	W, W
10021	1986	UZ	.	10021-9	.	W, W
10022	1970	UG	97011	.	.	W
10023	1963	A	.	.	.	A
10030	1977	A	.	.	.	A
10031	1984	A	.	.	.	A
10032	1982	A	.	.	.	A, A
10034	1970	UZ	Bf 0011	.	A 1973	A
10035	1969	A	.	.	.	A
10036	1985	AVK	.	.	ÖGLB	W, A
10037	1986	UZ	.	10037-5	.	W, W
10038	1978	A	.	.	.	A
10039	1986	UZ	.	10039-1	.	W, W

BJ	BA	BA Nr.	NÖLB	BBÖ	DRB	D´n	ÖBB	Jahr	U	Gattung
1898	Gw	kNr	753	1150	1150	Wn	.	1954	UZ	Gw /s
1898	Gw	kNr	758	1151	1151	Wn	.	1954	UZ	Gw /s
1902	Gw	kNr	796	1136	1136	Wn	.	1954	UZ	Gwd /s
1915	Gw	kNr	257	1186	5031	Li	.	1954	UZ	Gw /s
1898	Gw	kNr	201	1020	5000	Vi	.	1954	UZ	Gwd/s
1898	Gw	kNr	272	1021	5001	Vi	.	1954	UZ	Gwd/s
1898	Gw	kNr	203	1022	5002	Vi	.	1954	UZ	Gwd/s
1898	Gw	kNr	201	2029	2029	Li	.	1954	UZ	Gwd/s
1924	Sw	60439	275	1198	5041	Li St	.	1954	UZ	Gw /s
1924	Sw	.	708	1201	1201	Wn	.	1954	UZ	Gw /s
1924	Sw	60428	709	1202	1202	Wn	.	1954	UZ	Gwd /s
1924	Sw	60429	710	1203	1203	Wn	.	1954	UZ	Gwd /s
1924	Sw	60430	711	1204	1204	Wn	.	1954	UZ	Gwd /s
1924	Sw	60431	713	1205	1205	Wn	.	1954	UZ	Gwd /s
1924	Sw	60433	715	1207	1207	Wn	.	1954	UZ	Gw /s
1924	Sw	60435	716	1209	1209	Wn	.	1954	UZ	Gwd /s
1924	Sw	60436	717	1210	1210	Wn	.	1954	UZ	Gwd /s
1896	Gw	kNr	104	1213	5034	Li	.	1954	UZ	Gw /s
1898	Gw	kNr	204	1023	5003	Vi	.	1954	UZ	Gwd /s
1898	Gw	kNr	205	1024	5004	Vi	.	1954	UZ	Gwd /s
1908	Sw	44439	801	1541	1541	Wn	.	1954	UZ	G /s
1912	Sw	49168	804	1520	1520	Wn	.	1954	UZ	G /s
1912	Sw	49169	805	1521	1521	Wn	.	1954	UZ	G /s
1912	Sw	49170	806	1522	1522	Wn	.	1954	UZ	G /s
1912	Sw	49171	807	1523	1523	Wn	.	1954	UZ	G /s
1912	Sw	49172	808	1524	1524	Wn	.	1954	UZ	G /s
1912	Sw	49175	809	1525	1525	Wn	.	1954	UZ	G /s
1912	Sw	49176	810	1526	1526	Wn	.	1954	UZ	G /s
1912	Sw	49177	811	1527	1527	Wn	.	1954	UZ	G /s
1912	Sw	49178	812	1528	1528	Wn	.	1954	UZ	G /s
1912	Sw	49179	813	1529	1529	Wn	.	1954	UZ	G /s
1926	Sw	61321	278	1820	1820	Wn	.	1954	UZ	Gmd/s
1926	Sw	61322	279	1821	1821	Wn	.	1954	UZ	Gmd/s
1926	Sw	61323	280	1822	1822	Wn	.	1954	UZ	Gmd/s
1926	Sw	61324	281	1823	1823	Wn	.	1954	UZ	Gmd/s
1926	Sw	61325	282	1824	1824	Wn	.	1954	UZ	Gmd/s
1926	Sw	61326	283	1825	1825	Wn	.	1954	UZ	Gmd/s
1926	Sw	61339	284	1930	1930	Wn	.	1954	UZ	GGd/s
1926	Sw	61340	285	1931	1931	Wn	.	1954	UZ	GGd/s
1926	Sw	61341	286	1932	1932	Wn	.	1954	UZ	GGd/s
1927	Sw	61494	100	1860	1860	Wn	.	1954	UZ	GGd/s
1927	Sw	61495	101	1861	1861	Wn	.	1954	UZ	GGd/s
1927	Sw	61496	102	1862	1862	Wn	.	1954	UZ	GGd/s
1927	Sw	61497	103	1863	1863	Wn	.	1954	UZ	GGd/s
1942	Bp	.	MAV	MAV11062	1940	.	.	1954	UZ	GG /s
1942	LHB	kNr	.	>	K 2000	Wn	.	1954	UZ	GGm/s
1942	LHB	kNr	.	>	K 2001	Wn	.	1954	UZ	GGm/s
1942	LHB	kNr	.	>	K 2002	Wn	.	1954	UZ	GGm/s
1942	LHB	kNr	.	>	K 2003	Wn	.	1954	UZ	GGm/s
1942	LHB	kNr	.	>	K 2004	Wn	.	1954	UZ	GGm/s
1942	LHB	kNr	.	>	K 2005	Wn	.	1954	UZ	GGm/s
1942	LHB	kNr	.	>	K 2006	Wn	.	1954	UZ	GGm/s
1942	LHB	kNr	.	>	K 2007	Wn	.	1954	UZ	GGm/s
1942	LHB	kNr	.	>	K 2008	Wn	.	1954	UZ	GGm/s
1942	LHB	kNr	.	>	K 2009	Wn	.	1954	UZ	GGm/s
1943	LHB	kNr	.	>	K 6009	Li P	.	1954	UZ	GGm/s
1943	LHB	kNr	.	>	K 6010	Li P	.	1954	UZ	GGm/s
1943	LHB	kNr	.	>	K 6013	Li P	.	1954	UZ	GGm/s
1943	LHB	kNr	.	>	K 6014	Li P	.	1954	UZ	GGm/s
1943	LHB	kNr	.	>	K 6015	Li St	.	1954	UZ	GGm/s

ÖBB	.Jahr	u	ÖBB	ÖBB	Anmerkung	Hbf
10040	1983	AVK	.	.	ÖGEG	A, A
10041	1973	A	.	.	.	A
10046	1986	UZ	.	10046-6	.	W, W
10074	1983	AVK	.	.	VKEF	A, A
10200	1976	UG	97705	.	.	W
10201	1986	UZ	.	10201-7	.	W, W
10202	1984	AVK	.	.	VKEF	A, A
10203	1986	UZ	.	10203-3	.	W, W
10210	1982	AVK	.	.	ÖGLB	A, A
10212	1969	USp	6507	.	.	A
10213	1986	UZ	.	10213-2	.	A, A
10214	1971	A	.	.	.	A
10215	1955	UG	97302	.	.	A
10216	1971	AVK	.	.	StLB 113	A
10218	1984	A	.	.	Ochsenhausen	A, A
10219	1971	AVK	.	.	StLB 114	A
10220	1986	UZ	.	10220-7	.	A, A
10225	1986	UZ	.	10225-6	.	W, W
10236	1984	AVK	.	.	VKEF	A, A
10237	1986	A	.	10237-1	.	A, A
11650	1986	UZ	.	11650-4	.	A, A
11651	1986	UZ	.	11651-2	.	A, A
11652	1986	UZ	.	11652-0	.	A, A
11653	1968	A	.	.	.	A
11654	1986	UZ	.	11654-6	.	A, A
11655	1986	UZ	.	11655-3	.	A, A
11656	1986	UZ	.	11656-1	.	A, A
11657	1971	AVK	.	.	StLB 173	A
11658	1971	AVK	.	.	StLB 174	A
11659	1986	UZ	.	11659-5	.	A, A
11660	1986	UZ	.	11660-3	.	A, A
14560	1986	UZ	.	14560-2	.	A, A
14561	1986	UZ	.	14561-0	.	A, A
14562	1986	UZ	.	14562-8	.	A, A
14563	1986	UZ	.	14563-6	.	A, A
14564	1986	UZ	.	14564-4	.	A, A
14565	1986	A	.	.	zerlegt	A, A
15812	1986	UZ	.	15812-6	.	W, W
15813	1986	UZ	.	15813-4	.	W, W
15814	1986	UZ	.	15814-2	.	W, W
15820	1986	UZ	.	15820-9	.	A, A
15821	1986	UZ	.	15821-7	.	A, A
15822	1986	UZ	.	15822-5	.	A, A
15823	1986	UZ	.	15823-7	.	A, A
15830	1986	UZ	.	15830-8	.	A, W
16800	1986	UZ	.	16800-0	.	A, A
16801	1986	UZ	.	16801-8	.	A, A
16802	1986	UZ	.	16802-6	.	A, A
16803	1986	UZ	.	16803-4	.	A, A
16804	1986	UZ	.	16804-2	.	A, A
16805	1986	UZ	.	16805-9	.	A, A
16806	1986	UZ	.	16806-7	.	A, A
16807	1986	UZ	.	16807-5	.	A, A
16808	1986	UZ	.	16808-3	.	A, A
16809	1986	UZ	.	16809-1	.	A, A
16819	1986	UZ	.	16819-0	.	A, A
16820	1986	UZ	.	16820-8	.	A, A
16823	1986	UZ	.	16823-2	.	A, A
16824	1986	UZ	.	16824-0	.	A, A
16825	1986	UZ	.	16825-7	.	A, A

BJ	BA	BA Nr.	NÖLB	BBÖ	DRB	D´n	ÖBB	Jahr	U	Gattung
1943	LHB	kNr	.	>	K 6018	Li St	.	1954	UZ	GGm/s
1943	LHB	kNr	.	>	K 6022	Li St	.	1954	UZ	GGm/s
1943	LHB	kNr	.	>	K 6023	Li St	.	1954	UZ	GGm/s
1943	LHB	kNr	.	>	K 6024	Li St	.	1954	UZ	GGm/s
1943	LHB	kNr	.	>	K 6025	Li Y	.	1954	UZ	GGm/s
1903	Röss	oT	1154	8564	8564	Wn	.	1954	UZ	H /s
1903	Röss	oT	1155	8565	8565	Wn	.	1954	UZ	H /s
1903	Röss	kNr	1156	8566	8566	Wn	.	1954	UZ	H /s
1903	Röss	kNr	1157	8567	8567	Wn	.	1954	UZ	H /s
1903	Röss	kNr	1158	8568	8568	Wn	.	1954	UZ	H /s
1903	Röss	kNr	1159	8569	8569	Wn	.	1954	UZ	H /s
1903	Röss	kNr	1160	8570	8570	Wn	.	1954	UZ	H /s
1903	Röss	kNr	1161	8571	8571	Wn	.	1954	UZ	H /s
1903	Röss	kNr	1162	8572	8572	Wn	.	1954	UZ	H /s
1903	Gw	kNr	1150	8560	8560	Wn	.	1954	UZ	H /s
1903	Gw	kNr	1151	8561	8561	Wn	.	1954	UZ	H /s
1903	Gw	kNr	1152	8562	8562	Wn	.	1954	UZ	H /s
1902	Gw	kNr	1165	8575	8575	Wn	.	1954	UZ	H /s
1902	Gw	kNr	1166	8576	8576	Wn	.	1954	UZ	H /s
1902	Gw	kNr	1167	8577	8577	Wn	.	1954	UZ	H /s
1907	Röss	kNr	1168	8590	8590	Wn	.	1954	UZ	H /s
1907	Röss	kNr	1169	8591	8591	Wn	.	1954	UZ	H /s
1907	Röss	kNr	1170	8592	8592	Wn	.	1954	UZ	H /s
1907	Röss	kNr	1171	8593	8593	Wn	.	1954	UZ	H /s
1907	Röss	kNr	1172	8594	8594	Wn	.	1954	UZ	H /s
1907	Röss	kNr	1173	8595	8595	Wn	.	1954	UZ	H /s
1907	Röss	kNr	1174	8596	8596	Wn	.	1954	UZ	H /s
1907	Röss	kNr	1175	8597	8597	Wn	.	1954	UZ	H /s
1907	Röss	kNr	1176	8598	8598	Wn	.	1954	UZ	H /s
1907	Röss	kNr	1177	8599	8599	Wn	.	1954	UZ	H /s
1907	Röss	kNr	1178	8600	8600	Wn	.	1954	UZ	H /s
1907	Röss	kNr	1179	8601	8601	Wn	.	1954	UZ	H /s
1907	Röss	kNr	1181	8625	8625	Wn	.	1954	UZ	H /s
1907	Röss	kNr	1183	8627	8627	Wn	.	1954	UZ	H /s
1907	Röss	kNr	1184	8628	8628	Wn	.	1954	UZ	H /s
1907	Röss	kNr	1185	8629	8629	Wn	.	1954	UZ	H /s
1907	Röss	kNr	1186	8630	8630	Wn	.	1954	UZ	H /s
1907	Röss	kNr	1187	8631	8631	Wn	.	1954	UZ	H /s
1907	Röss	kNr	1188	8632	11030	Vi	.	1954	UZ	H /s
1907	Röss	kNr	1190	8634	11031	Vi	.	1954	UZ	H /s
1907	Röss	kNr	1192	8636	8636	Wn	.	1954	UZ	H /s
1907	Röss	kNr	1193	8637	8637	Wn	.	1954	UZ	H /s
1907	Röss	kNr	1194	8638	8638	Wn	.	1954	UZ	H /s
1907	Röss	kNr	1195	8639	8639	Wn	.	1954	UZ	H /s
1907	Röss	kNr	1196	8640	8640	Wn	.	1954	UZ	H /s
1907	Röss	kNr	1197	8641	8641	Wn	.	1954	UZ	H /s
1907	Röss	kNr	1198	8642	8642	Wn	.	1954	UZ	H /s
1907	Röss	kNr	1199	8643	8643	Wn	.	1954	UZ	H /s
1907	Röss	kNr	11050	8644	8644	Wn	.	1954	UZ	H /s
1907	Röss	kNr	11051	8645	8645	Wn	.	1954	UZ	H /s
1907	Röss	kNr	11052	8646	8646	Wn	.	1954	UZ	H /s
1922	Sw	59396	11054	8620	8620	Wn	.	1954	UZ	H /s
1903	Gw	kNr	.	8563>	.	.	92300A	1963	UG	H /s
1922	Sw	59397	11055	8621	8621	Wn	.	1954	UZ	H /s
1903	Gw	kNr	.	8574>	.	.	92300B	1963	UG	H /s
1927	Sw	61455	201	8511	8511	Wn	.	1954	UZ	H /s
1927	Sw	61456	202	8512	8512	Wn	.	1954	UZ	H /s
1927	Sw	61457	203	8513	8513	Wn	.	1954	UZ	H /s
1927	Sw	61458	204	8514	8514	Wn	.	1954	UZ	H /s
1927	Sw	61459	205	8515	8515	Wn	.	1954	UZ	H /s

ÖBB	Jahr	u	ÖBB	ÖBB	Anmerkung	Hbf
6828	1986	UZ	.	16828-1	.	A, A
6832	1982	A	.	.	.	A
6833	1986	UZ	.	16833-1	.	A, A
6834	1986	UZ	.	16834-9	.	A, A
6835	1986	UZ	.	16835-6	.	A, A
1000	1986	UZ	.	21000-0	.	W, A
1001	1986	UZ	.	21001-8	.	W, A
1002	1986	UZ	.	21002-6	.	W, A
1003	1986	UZ	.	21003-4	.	W, W
1004	1986	UZ	.	21004-2	.	W, W
1005	1986	UZ	.	21005-9	.	W, W
1006	1986	UZ	.	21006-7	.	W, W
1007	1985	AVK	.	.	Club 760	W, W
1008	1986	UZ	.	21008-3	.	W, W
1009	1985	AVK	.	.	Club 760, FTB	W, W
1010	1985	AVK	.	.	Club 760, FTB	W, W
1011	1985	AVK	.	.	Club 760	W, W
1012	1986	UZ	.	21012-5	.	A, A
1013	1986	UZ	.	21013-3	.	A, A
1014	1985	AVK	.	.	Club 760	W, W
1015	1986	UZ	.	21015-8	.	A, A
1016	1986	UZ	.	21016-6	.	A, A
1017	1986	UZ	.	21017-4	.	W, W
1018	1986	UZ	.	21018-2	.	A, A
1019	1986	UZ	.	21019-0	.	A, A
1020	1986	UZ	.	21020-8	.	A, A
1021	1986	UZ	.	21021-6	.	A, A
1022	1986	UZ	.	21022-4	.	A, A
1023	1986	UZ	.	21023-2	.	W, W
1024	1986	UZ	.	21024-0	.	A, A
1025	1986	UZ	.	21025-7	.	A, A
1026	1986	UZ	.	21026-5	.	A, A
1027	1985	AVK	.	.	Club 760	W, W
1028	1986	UZ	.	21028-1	.	A, A
1029	1986	UZ	.	21029-9	.	A, A
1030	1986	UZ	.	21030-7	.	A, A
1031	1986	UZ	.	21031-5	.	A, A
1032	1986	UZ	.	21032-3	.	A, A
1033	1986	UZ	.	21033-1	.	A, A
1034	1986	UZ	.	21034-9	.	A, A
1035	1986	UZ	.	21035-6	.	A, A
1036	1986	UZ	.	21036-4	.	A, A
1037	1986	UZ	.	21037-2	.	W, W
1038	1986	UZ	.	21038-0	.	A, A
1039	1986	UZ	.	21039-8	.	A, A
1040	1986	UZ	.	21040-6	.	A, A
1041	1986	UZ	.	21041-4	.	A, A
1042	1986	UZ	.	21042-2	.	A, A
1043	1986	UZ	.	21043-0	.	W, A
1044	1986	UZ	.	21044-7	.	W, W
1045	1986	UZ	.	21045-5	.	W, W
1046[I]	1963	UZ	21059	.	.	W
1046[II]	.	.	.	21046-3	.	W, A
1047[I]	1963	UZ	21060	.	.	W
1047[II]	1986	UZ	.	21047-1	.	W, A
1050	1986	UZ	.	21050-5	.	A, A
1051	1986	UZ	.	21051-3	.	A, A
1052	1986	UZ	.	21052-1	.	A, A
1053	1986	UZ	.	21053-9	.	A, A
1054	1986	UZ	.	21054-7	.	A, A

BJ	BA	BA Nr.	NÖLB	BBÖ	DRB	D´n	ÖBB	Jahr	U	Gattung
1910	Gw	kNr	229	CSD9501	9501	Wn	.	1954	UZ	H /s
1910	Gw	kNr	231	CSD9503	9503	Wn	.	1954	UZ	H /s
1910	Gw	kNr	232	CSD9550	9550	Wn	.	1954	UZ	H /s
1910	Gw	kNr	234	CSD9552	9552	Wn	.	1954	UZ	H /s
1922	Sw	59396	.	8620>	.	.	21046'	1963	UZ	H /s
1922	Sw	59397	.	8621>	.	.	21047'	1963	UZ	H /s
1922	Sw	59398	.	8622>	.	.	21048	1963	UZ	H /s
1927	Sw	61454	.	8510>	.	.	21049	1963	UZ	H /s
1902	Gw	kNr	217	2646	2646	Au	.	1954	UZ	Sw /s
1902	Gw	kNr	228	2655	2655	Au	.	1954	UZ	Sw /s
1902	Gw	kNr	232	2659	2659	Au	.	1954	UZ	Sw /s
1902	Gw	kNr	233	2660	2660	Au	.	1954	UZ	Sw /s
1902	Gw	kNr	235	2662	2662	Au	.	1954	UZ	Sw /s
1902	Gw	kNr	236	2663	2663	Au	.	1954	UZ	Sw /s
1921	Sw	58242	906	4480	4480	Wn	.	1954	UZ	Jb /s
1921	Sw	58243	907	4481	4481	Wn	.	1954	UZ	Jb /s
1907	Gw	kNr	240	8880	8880	Wn	.	1954	UZ	S /s
1907	Gw	kNr	242	8881	8881	Wn	.	1954	UZ	S /s
1907	Gw	kNr	243	8882	8882	Wn	.	1954	UZ	S /s
1907	Gw	kNr	244	8883	8883	Wn	.	1954	UZ	S /s
1907	Gw	kNr	245	8884	8884	Wn	.	1954	UZ	S /s
1907	Gw	kNr	247	8885	8885	Wn	.	1954	UZ	S /s
1898	Gw	kNr	1003	4460	4460	Wn	.	1954	UZ	Jb /s
1898	Gw	kNr	1004	4461	4461	Wn	.	1954	UZ	Jb /s
1926	Sw	61253	306	5930	5930	Wn	.	1954	UZ	Jbm/s
1926	Sw	61254	307	5931	5931	Wn	.	1954	UZ	Jbm/s
1926	Sw	61255	308	5932	5932	Wn	.	1954	UZ	Jbm/s
1926	Sw	61256	309	5933	5933	Wn	.	1954	UZ	Jbm/s
1926	Sw	61257	310	5934	5934	Wn	.	1954	UZ	Jbm/s
1926	Sw	61258	311	5935	5935	Wn	.	1954	UZ	Jbm/s
1926	Sw	61259	312	5936	5936	Wn	.	1954	UZ	Jbm/s
1926	Sw	61260	313	5937	5937	Wn	.	1954	UZ	Jbm/s
1926	Sw	61261	314	5938	5938	Wn	.	1954	UZ	Jbm/s
1926	Sw	61262	315	5939	5939	Wn	.	1954	UZ	Jbm/s
1926	Gw	32642	316	5940	5940	Wn	.	1954	UZ	Jbm/s
1926	Gw	32643	317	5941	5941	Wn	.	1954	UZ	Jbm/s
1926	Gw	32644	318	5942	5942	Wn	.	1954	UZ	Jbm/s
1926	Gw	32645	319	5943	5943	Wn	.	1954	UZ	Jbm/s
1926	Gw	32646	320	5944	5944	Wn	.	1954	UZ	Jbm/s
1926	Gw	32647	321	5945	5945	Wn	.	1954	UZ	Jbm/s
1926	Gw	32648	322	5946	5946	Wn	.	1954	UZ	Jbm/s
1926	Gw	32649	323	5947	10900	Li	.	1954	UZ	Jbm/s
1926	Gw	32650	324	5948	10901	Li	.	1954	UZ	Jbm/s
1926	Gw	32651	325	5949	10902	Li	.	1954	UZ	Jbm/s
1927	Sw	61498	250	2310	2310	Wn	.	1954	UZ	Jblm /s
1927	Sw	61499	251	2311	2311	Wn	.	1954	UZ	Jblm /s
1927	Sw	61500	252	2312	2312	Wn	.	1954	UZ	Jblm /s
1927	Sw	61501	253	2313	2313	Wn	.	1954	UZ	Jblm /s
1943	LHB	kNr	.	.	12015	Li P	.	1952	UB	SSm/s
1943	LHB	kNr	.	.	12018	Li P	.	1952	UB	SSm/s
1943	LHB	kNr	.	.	12023	Li P	.	1952	UB	SSm/s
1943	LHB	kNr	.	.	12024	Li P	.	1952	UB	SSm/s
1943	LHB	kNr	.	.	12029	Li P	.	1953	UB	SSm/s
1943	LHB	kNr	.	.	12050	Li St	.	1953	UB	SSm/s
1943	LHB	kNr	.	.	12052	Li	76864	1954	UB	SSm/s
1943	LHB	kNr	.	.	12027	Li	76841	1954	UB	SSm/s
1943	LHB	kNr	.	.	12028	>	76842	1954	UB	SSm/s
1943	LHB	kNr	.	.	12045	>	76858	1969	UB	SSm/s
1943	LHB	kNr	.	.	12040	>	76853	1969	UB	SSm/s
1943	LHB	kNr	.	.	12038	>	76851	1969	UB	SSm/s

ÖBB	.Jahr	u	ÖBB	ÖBB	Anmerkung	Hbf
21055	1986	UZ	.	21055-4	.	W, W
21056	1986	UZ	.	21056-2	.	W, W
21057	1986	UZ	.	21057-0	.	W, W
21058	1986	UZ	.	21058-8	.	W, W
21059	1986	UZ	.	21059-6	.	W, A
21060	1986	UZ	.	21060-4	.	W, A
21061	1986	UZ	.	21061-2	.	A, W
21062	1986	UZ	.	21062-0	.	A, A
30005	1986	UZ	.	30005-8	.	A, A
30031	1986	UZ	.	30031-4	.	A, A
30035	1986	UZ	.	30035-5	.	A, A
30036	1986	UZ	.	30036-3	.	A, A
30038	1986	UZ	.	30038-9	.	A, A
30039	1986	UZ	.	30039-7	.	A, A
31450	1971	A	.	.	.	A
31451	1971	AVK	.	.	StLB 350	A
31550	1986	UZ	.	31550-2	.	A, A
31551	1986	UZ	.	31551-0	.	A, A
31552	1986	UZ	.	31552-8	.	A, A
31560	1986	UZ	.	31560-1	.	A, A
31561	1986	UZ	.	31561-9	.	A, A
31562	1986	UZ	.	31562-7	.	A, A
31650	1982	A	.	.	.	A
31651	1974	A	.	.	.	A
34600	1986	UZ	.	34600-2	.	A, A
34601	1982	A	.	.	.	A, A
34602	1986	UZ	.	34602-8	.	A, A
34603	1982	A	.	.	.	A, A
34604	1986	UZ	.	34604-4	.	A, A
34605	1986	UZ	.	34605-1	.	A, A
34606	1986	UZ	.	34606-9	.	A, A
34607	1975	A	.	.	.	A
34608	1971	AVK	.	.	StLB 356	A
34609	1975	A	.	.	.	A
34610	1986	UZ	.	34610-1	.	A, A
34611	1980	A	.	.	.	A
34612	1986	UZ	.	34612-7	.	A, A
34613	1986	UZ	.	34613-5	.	A, A
34614	1971	AVK	.	.	StLB 357	A
34615	1986	UZ	.	34615-0	.	A, A
34616	1986	UZ	.	34616-8	.	A, A
34617	1986	UZ	.	34617-6	.	A, A
34618	1986	UZ	.	34618-4	.	A, A
34619	1986	UZ	.	34619-2	.	A, A
34680	1974	A	.	.	.	A
34681	1986	UZ	.	34681-2	.	A, A
34682	1986	UZ	.	34682-0	.	A, A
34683	1986	UZ	.	34683-8	.	A, A
36800	1986	UZ	.	36800-6	.	A, A
36803	1986	UZ	.	36803-0	.	A, A
36804	1986	UZ	.	36804-8	.	A, A
36805	1986	UZ	.	36805-5	.	A, A
36806	1986	UZ	ÖBB	36806-3	vorg. 36900	A, A
36807	1986	UZ	.	36807-1	vorg. 36901	A, A
36809	1986	UZ	.	36809-7	vorg. 36903	A, A
36811	1986	UZ	.	36811-3	vorg. 36905	A, A
36812	1986	UZ	.	36812-1	vorg. 36906	A, A
36813	1986	UZ	.	36813-9	.	A, A
36814	1986	UZ	.	36814-7	.	A, A
36815	1986	UZ	.	36815-4	.	A, A

BJ	BA	BA Nr.	NÖLB	BBÖ	DRB	D´n	ÖBB	Jahr	U	Gattung
1943	LHB	kNr	.	.	12041	>	76854	1969	UB	SSm/s
1943	LHB	kNr	.	.	12044	>	76857	1970	UB	SSm/s
1943	LHB	kNr	.	.	12046	>	76859	1970	UB	SSm/s
1943	LHB	kNr	.	.	12049	>	76862	1971	UB	SSm/s
1943	LHB	kNr	.	.	12020	>	76836	1972	UB	SSm/s
1943	LHB	kNr	.	.	12025	>	76839	1973	UB	SSm/s
1943	LHB	kNr	.	.	12035	>	76848	1973	UB	SSm/s
1942	LHB	kNr	.	.	K6519	>	76819	1975	UB	SSm/s
1943	LHB	kNr	.	.	12003	>	76823	1975	UB	SSm/s
1943	LHB	kNr	.	.	12004	>	76824	1975	UB	SSm/s
1942	LHB	kNr	.	.	K6518	>	76818	1976	UB	SSm/s
1943	LHB	kNr	.	.	12008	>	76828	1976	UB	SSm/s
1943	LHB	kNr	.	.	12000	>	76820	1969	UB	SSm/s
1943	LHB	kNr	.	.	12007	>	76827	1977	UB	SSm/s
1943	LHB	kNr	.	.	12009	>	76829	1976	UB	SSm/s
1943	LHB	kNr	.	.	12006	>	76826	1977	UB	SSm/s
1942	LHB	kNr	.	.	K6503	>	76803	1978	UB	SSm/s
1943	LHB	kNr	.	.	12012	>	76832	1985	UB	SSm/s
1943	LHB	kNr	.	.	12031	>	76844	1985	UB	SSm/s
1943	LHB	kNr	.	.	12053	>	76865	1985	UB	SSm/s
1943	LHB	kNr	.	.	12012	>	36840[II]	1985	UZ	SSm/s
1896	Gw	kNr	233	8431	11011	Li	.	1954	UZ	Nw /s
1896	Gw	kNr	238	8433	11013	Li	.	1954	UZ	Nw /s
1897	Gw	kNr	221	9085	9085	Wn	.	1954	UZ	Nw /s
1897	Gw	kNr	225	9086	9086	Wn	.	1954	UZ	Nw /s
1897	Gw	kNr	222	9155	9155	Wn	.	1954	UZ	Nw /s
1897	Gw	kNr	227	9088	9088	Wn	.	1954	UZ	Nw /s
1898	Gw	kNr	207	8311	11001	Vi	.	1954	UZ	Nw /s
1898	Gw	kNr	209	8313	11003	Vi	.	1954	UZ	Nw /s
1898	Gw	kNr	210	8314	11004	Vi	.	1954	UZ	Nw /s
1898	Gw	kNr	211	8315	11005	Vi	.	1954	UZ	Nw /s
1898	Gw	kNr	213	8317	11007	Vi	.	1954	UZ	Nw /s
1898	Gw	kNr	216	8320	11010	Vi	.	1954	UZ	Nw /s
1898	Gw	kNr	219	8323	11013	Vi	.	1954	UZ	Nw /s
1898	Gw	kNr	221	8701	11015	Vi	.	1954	UZ	N /s
1898	Gw	kNr	222	8702	11016	Vi	.	1954	UZ	N /s
1898	Gw	kNr	223	8703	11017	Vi	.	1954	UZ	N /s
1898	Gw	kNr	224	8704	11018	Vi	.	1954	UZ	N /s
1898	Gw	kNr	227	8707	11021	Vi	.	1954	UZ	N /s
1898	Gw	kNr	230	8710	11024	Vi	.	1954	UZ	N /s
1900	Gw	kNr	920	3140	3140	Wn	.	1954	UZ	Ow /s
1900	Gw	kNr	921	3141	3141	Wn	.	1954	UZ	Ow /s
1900	Gw	kNr	922	3142	3142	Wn	.	1954	UZ	Ow /s
1901	Gw	kNr	924	3144	3144	Wn	.	1954	UZ	Ow /s
1901	Gw	kNr	925	3145	3145	Wn	.	1954	UZ	Ow /s
1901	Gw	kNr	990	3146	3146	Wn	.	1954	UZ	Ow /s
1901	Gw	kNr	992	3148	3148	Wn	.	1954	UZ	Ow /s
1901	Gw	kNr	994	3150	3150	Wn	.	1954	UZ	Ow /s
1901	Gw	kNr	995	3151	3151	Wn	.	1954	UZ	Ow /s
1897	Gw	kNr	211	CSD 4002	4002	Wn	.	1954	UZ	Ow /s
1897	Gw	kNr	213	CSD 4003	4003	Wn	.	1954	UZ	Ow /s
1897	Gw	kNr	214	CSD 4050	4050	Wn	.	1954	UZ	Ow /s
1922	Sw	60119	258	3209	10512	Li	.	1954	UZ	Ow /s
1924	Gw	31902	300	3222	3222	Wn	.	1954	UZ	Ow /s
1924	Gw	31903	301	3223	3223	Wn	.	1954	UZ	Ow /s
1924	Gw	31899	904	3228	3228	Wn	.	1954	UZ	Ow /s
1924	Gw	31901	905	3229	3229	Wn	.	1954	UZ	Ow /s
1928	Gw	32955		3060	3060	Au	.	1954	UZ	Ow /s
1922	Sw	60084	268	3219	K10522	Li	.	1954	UZ	Olw/s
1922	Sw	60085	269	3220	K10523	Li	.	1954	UZ	Olw/s

ÖBB	Jahr	u	ÖBB	ÖBB	Anmerkung	Hbf
36816	1986	UZ	.	36816-2	.	A, A
36817	1986	UZ	.	36817-0	.	A, A
36818	1986	UZ	.	36818-8	.	A, A
36819	1986	UZ	.	36819-6	.	A, A
36825	1986	UZ	.	36825-3	.	A, A
36826	1986	UZ	.	36826-1	.	A, A
36827	1986	UZ	.	36827-9	.	A, A
36828	1986	UZ	.	36828-7	.	A, A
36830	1986	UZ	.	36830-3	.	A, A
36831	1986	UZ	.	36831-1	.	A, A
36833	1982	A	.	.	Unfall Laubenbachmühl	A
36834	1986	UZ	.	36834-5	.	A, A
36835	1986	UZ	.	36835-2	.	A, A
36836	1986	UZ	.	36836-0	.	A, A
36837	1986	UZ	.	36837-8	.	A, A
36838	1986	UZ	.	36838-6	.	A, A
36839	1986	UZ	.	36839-4	.	A, A
36840II	1985	UZ	.	36840-2	.	A, A
36842II	1986	UZ	.	36842-8	.	A, A
36843II	1986	UZ	.	36843-6	.	A, A
36870	1986	UZ	.	36870-9	.	A, A
40025	1970	A	.	.	.	A
40026	1986	UZ	.	40026-2	.	A, A
40045	1986	UZ	.	40045-2	.	W, W
40046	1986	UZ	.	40046-0	.	W, W
40047	1986	UZ	.	40047-8	.	W, W
40048	1986	UZ	.	40048-6	.	W, W
40208	1986	UZ	.	40208-6	.	A, A
40210	1986	UZ	.	40210-2	.	A, A
40211	1986	UZ	.	40211-0	.	A, A
40212	1986	UZ	.	40212-8	.	W, A
40214	1986	UZ	.	40214-4	.	W, A
40215	1971	A	.	.	.	A
40217	1986	UZ	.	40217-7	.	A, A
41500	1986	UZ	.	41500-5	.	A, A
41501	1983	A	.	.	.	W, W
41502	1986	UZ	.	41502-1	.	W, W
41503	1986	UZ	.	41503-9	.	A, A
41505	1983	A	.	.	.	A
41506	1980	A	.	.	.	W
60070	1986	UZ	.	60070-5	.	W, W
60071	1984	A	.	.	.	W, W
60072	1986	UZ	.	60072-1	.	W, W
60074	1986	UZ	.	60074-7	.	W, W
60075	1984	AVK	.	.	ÖGLB	W, W
60076	1986	UZ	.	60076-2	.	W, A
60078	1962	A	.	.	.	W
60080	1973	A	.	.	.	W
60081	1984	A	.	.	.	W
60090	1984	AVK	.	.	ÖGLB	W, W
60091	1986	UZ	.	60091-1	.	W, W
60092	1986	UZ	.	60092-9	.	W, W
60277	1986	UZ	.	60277-6	.	A, A
60280	1986	UZ	.	60280-0	.	W, W
60281	1986	UZ	.	60281-8	.	W, W
60283	1982	AVK	.	.	ÖGEG	W, W
60284	1986	UZ	.	60284-2	.	W, W
60290	1980	UG	91811	.	.	A, A
60307	1986	UZ	.	60307-1	.	A, A
60308	1986	UZ	.	60308-9	.	A, A

BJ	BA	BA Nr.	NÖLB	BBÖ	DRB	D'n	ÖBB	Jahr	U	Gattung
1922	Sw	60086	270	3221	K10524	Li	.	1954	UZ	Olw/s
1922	Gw	31907	303	3225	K10526	Li	.	1954	UZ	Olw/s
1922	Gw	31908	304	3226	K10527	Li	.	1954	UZ	Olw/s
1922	Gw	31909	305	3227	K10528	Li	.	1954	UZ	Olw/s
1924	Gw	31905	996	3870	3870	Wn	.	1954	UZ	Olw/s
1924	Gw	31906	997	3871	3871	Wn	.	1954	UZ	Olw/s
1920	Sw	58088	930	4334	4334	Wn	.	1954	UZ	O /s
1920	Sw	58089	931	4335	4335	Wn	.	1954	UZ	O /s
1920	Sw	58090	932	4336	10598	Li St	.	1954	UZ	O /s
1920	Sw	58092	934	4338	4338	Wn	.	1954	UZ	O /s
1920	Sw	58093	935	4339	4339	Wn	.	1954	UZ	O /s
1920	Sw	58095	937	4341	4341	Wn	.	1954	UZ	O /s
1920	Sw	58096	938	4342	4342	Wn	.	1954	UZ	O /s
1920	Sw	58097	939	4343	4343	Wn	.	1954	UZ	O /s
1920	Sw	58099	941	4345	10600	Li St	.	1954	UZ	O /s
1920	Sw	58070	954	4350	4350	.	.	1954	UZ	O /s
1920	Sw	58072	956	4352	10538	Li St	.	1954	UZ	O /s
1900	Gw	kiNr	1050	4267	4267	Wn	.	1954	UZ	O /s
1898	Gw	kiNr	1053	4269	4269	Wn	.	1954	UZ	O /s
1898	Gw	kiNr	1054	4270	4270	Wn	.	1954	UZ	O /s
1898	Gw	kiNr	1057	4271	4271	Wn	.	1954	UZ	O /s
1898	Gw	kiNr	1058	4272	4272	Wn	.	1954	UZ	O /s
1898	Gw	kiNr	1059	4273	4273	Wn	.	1954	UZ	O /s
1898	Gw	kiNr	1061	4274	4274	Wn	.	1954	UZ	O /s
1900	Gw	kiNr	1040	4230	4230	Wn	.	1954	UZ	O /s
1900	Gw	kiNr	1041	4231	4231	Wn	.	1954	UZ	O /s
1900	Gw	kiNr	1042	4232	4232	Wn	.	1954	UZ	O /s
1900	Gw	kiNr	1090	4238	4238	Wn	.	1954	UZ	O /s
1900	Gw	kiNr	1091	4239	4239	Wn	.	1954	UZ	O /s
1905	Sw	43417	1008	4260	4260	Wn	.	1954	UZ	O /s
1905	Gw	kiNr	1013	4261	4261	Wn	.	1954	UZ	O /s
1905	Gw	kiNr	1017	4262	4262	Wn	.	1954	UZ	O /s
1905	Gw	kiNr	1018	4263	4263	Wn	.	1954	UZ	O /s
1905	Gw	kiNr	1020	4264	4264	Wn	.	1954	UZ	O /s
1905	Gw	kiNr	1021	4265	4265	Wn	.	1954	UZ	O /s
1905	Gw	kiNr	1023	4266	4266	Wn	.	1954	UZ	O /s
1905	Sw	43422	1062	4275	4275	Wn	.	1954	UZ	O /s
1906	Sw	44445	1025	4354	4354	Wn	.	1954	UZ	O /s
1906	Sw	44458	1028	4355	4355	Wn	.	1954	UZ	O /s
1906	Sw	44448	1069	4357	4357	Wn	.	1954	UZ	O /s
1907	Sw	46307	1300	4370	4370	Wn	.	1954	UZ	O /s
1908	Sw	46310	1303	4372	4372	Wn	.	1954	UZ	O /s
1908	Sw	46311	1304	4373	4373	Wn	.	1954	UZ	O /s
1908	Sw	46312	1305	4374	4374	Wn	.	1954	UZ	O /s
1908	Sw	46313	1306	4375	4375	Wn	.	1954	UZ	O /s
1908	Sw	46315	1308	4376	4376	Wn	.	1954	UZ	O /s
1908	Sw	46317	1310	4378	4378	Wn	.	1954	UZ	O /s
1908	Sw	46318	1311	4379	4379	Wn	.	1954	UZ	O /s
1908	Sw	46320	1313	4381	4381	Wn	.	1954	UZ	O /s
1908	Sw	46321	1314	4382	4382	Wn	.	1954	UZ	O /s
1908	Sw	46323	1316	4383	4383	Wn	.	1954	UZ	O /s
1908	Sw	46324	1317	4384	4384	Wn	.	1954	UZ	O /s
1908	Sw	46325	1318	4385	4385	Wn	.	1954	UZ	O /s
1908	Sw	46326	1319	4386	4386	Wn	.	1954	UZ	O /s
1908	Sw	46327	1320	4387	4387	Wn	.	1954	UZ	O /s
1908	Sw	46328	1321	4388	4388	Wn	.	1954	UZ	O /s
1908	Sw	46329	1322	4389	4389	Wn	.	1954	UZ	O /s
1908	Sw	46330	1323	4390	4390	Wn	.	1954	UZ	O /s
1901	Gw	kiNr	1043	4233	4233	Wn	.	1954	UZ	O /s
1901	Gw	kiNr	1044	4234	4234	Wn	.	1954	UZ	O /s

ÖBB	.Jahr	u	ÖBB	ÖBB	Anmerkung	Hbf
60309	1986	UZ	.	60309-7	.	A, A
60310	1986	UZ	.	60310-5	.	A, A
60311	1986	UZ	.	60311-3	.	A, A
60312	1982	A	.	.	.	A
60313	1983	A	.	.	.	W
60314	1984	A	.	.	.	W
61050	1956	UB	98010	.	.	W
61051	1956	UB	98011	.	.	W
61052	1956	UB	98012	.	.	W
61053	1963	UB	98014	.	.	A
61054	1986	UZ	.	61054-8	.	A, A
61056	1957	UG	98013	.	.	W
61057	1986	UZ	.	61057-1	.	A, A
61058	1986	UZ	.	61058-9	.	A, A
61060	1986	UZ	.	61060-5	.	A, A
61064	1986	UZ	.	61064-7	.	A, A
61066	1986	UZ	.	61066-2	.	A, A
61500	1986	UZ	.	61500-0	.	A, A
61501	1986	UZ	.	61501-8	.	A, A
61502	1986	UZ	.	61502-6	.	A, A
61503	1986	UZ	.	61503-4	.	A, A
61504	1973	A	.	.	.	A
61505	1986	UZ	.	61505-9	.	A, A
61506	1986	UZ	.	61506-7	.	A, A
61507	1986	UZ	.	61507-5	.	W, W
61508	1984	A	.	.	ÖGLB	W
61509	1984	A	.	.	ÖGLB	W
61510	1984	A	.	.	Club Mh 6	W
61511	1986	UZ	.	61511-7	.	W, W
61553	1986	UZ	.	61553-9	.	A, A
61554	1986	UZ	.	61554-7	.	A, A
61555	1986	UZ	.	61555-4	.	A, A
61556	1986	UZ	.	61556-2	.	A, A
61557	1986	UZ	.	61557-0	.	A, A
61558	1986	UZ	.	61558-8	.	A, A
61559	1986	UZ	.	61559-6	.	A, A
61560	1986	UZ	.	61560-4	.	A, A
61561	1974	UB	91810	.	.	A
61562	1986	UZ	.	61562-0	.	A, A
61564	1986	UZ	.	61564-6	.	A, A
61565	1986	UZ	.	61565-3	.	A, A
61567	1986	A	.	.	.	A, A
61568	1978	A	.	.	.	A
61569	1986	UZ	.	61569-5	.	A, A
61570	1986	UZ	.	61570-3	.	A, A
61571	1986	UZ	.	61571-1	.	A, A
61573	1986	UZ	.	61573-7	.	A, A
61574	1986	UZ	.	61574-5	.	A, A
61576	1986	UZ	.	61576-0	.	A, A
61577	1986	UZ	.	61577-8	.	A, A
61578	1977	A	.	.	.	A
61579	1978	A	.	.	.	A
61580	1986	UZ	.	61580-2	.	A, A
61581	1986	UZ	.	61581-0	.	A, A
61582	1977	A	.	.	.	A
61583	1983	A	.	.	ÖGLB	A, A
61584	1986	UZ	.	61584-4	.	A, A
61585	1986	UZ	.	61585-1	.	A, A
61600	1986	UZ	.	61600-8	.	W, W
61601	1969	A	.	.	.	W

BJ	BA	BA Nr.	NÖLB	BBÖ	DRB	D'n	ÖBB	Jahr	U	Gattung
1901	Gw	kiNr	1045	4235	4235	Wn	.	1954	UZ	O /s
1901	Gw	kiNr	1046	4236	4236	Wn	.	1954	UZ	O /s
1901	Gw	kiNr	1047	4237	4237	Wn	.	1954	UZ	O /s
1901	Gw	kiNr	1093	4241	4241	Wn	.	1954	UZ	O /s
1901	Gw	kiNr	1094	4242	4242	Wn	.	1954	UZ	O /s
1901	Gw	kiNr	1095	4243	4243	Wn	.	1954	UZ	O /s
1901	Gw	kiNr	1096	4244	4244	Wn	.	1954	UZ	O /s
1901	Gw	kiNr	1097	4245	4245	Wn	.	1954	UZ	O /s
1944	LHB	3623	>	>	11019	Li	.	1954	UZ	Om /s
1944	LHB	3624	>	>	11020	Li	.	1954	UZ	Om /s
1912	Sw	49181	1226	6300	6300	Wn	.	1954	UZ	Olm/s
1912	Sw	49182	1227	6301	6301	Wn	.	1954	UZ	Olm/s
1912	Sw	49183	1228	6302	6302	Wn	.	1954	UZ	Olm/s
1912	Sw	49184	1229	6303	6303	Wn	.	1954	UZ	Olm/s
1912	Sw	49185	1230	6304	6304	Wn	.	1954	UZ	Olm/s
1912	Sw	49186	1231	6305	6305	Wn	.	1954	UZ	Olm/s
1912	Sw	49187	1232	6306	6306	Wn	.	1954	UZ	Olm/s
1912	Sw	49188	1233	6307	6307	Wn	.	1954	UZ	Olm/s
1912	Sw	49189	1234	6308	6308	Wn	.	1954	UZ	Olm/s
1912	Sw	49190	1235	6309	6309	Wn	.	1954	UZ	Olm/s
1912	Sw	49191	1236	6310	6310	Wn	.	1954	UZ	Olm/s
1912	Sw	49192	1237	6311	6311	Wn	.	1954	UZ	Olm/s
1912	Sw	49193	1238	6312	6312	Wn	.	1954	UZ	Olm/s
1912	Sw	49194	1239	6313	6313	Wn	.	1954	UZ	Olm/s
1912	Sw	49195	1225	6314	6314	Wn	.	1954	UZ	Olm/s
1927	Gw	32810	400	6220	6220	Wn	.	1954	UZ	Olm/s
1927	Gw	32811	401	6221	6221	Wn	.	1954	UZ	Olm/s
1927	Gw	32812	402	6222	6222	Wn	.	1954	UZ	Olm/s
1927	Gw	32813	403	6223	6223	Wn	.	1954	UZ	Olm/s
1927	Gw	32814	404	6224	6224	Wn	.	1954	UZ	Olm/s
1927	Gw	32815	405	6225	6225	Wn	.	1954	UZ	Olm/s
1907	Gw	kiNr	1200	7480	7480	Wn	.	1954	UZ	Ol /s
1907	Gw	kiNr	1201	7481	7481	Wn	.	1954	UZ	Ol /s
1907	Gw	kiNr	1202	7482	7482	Wn	.	1954	UZ	Ol /s
1907	Gw	kiNr	1203	7483	7483	Wn	.	1954	UZ	Ol /s
1907	Gw	kiNr	1204	7484	7484	Wn	.	1954	UZ	Ol /s
1907	Gw	kiNr	1205	7485	7485	Wn	.	1954	UZ	Ol /s
1907	Gw	kiNr	1206	7486	7486	Wn	.	1954	UZ	Ol /s
1907	Gw	kiNr	1207	7487	7487	Wn	.	1954	UZ	Ol /s
1907	Gw	kiNr	1208	7488	7488	Wn	.	1954	UZ	Ol /s
1907	Gw	kiNr	1209	7489	7489	Wn	.	1954	UZ	Ol /s
1908	Gw	kiNr	1210	7460	7460	Wn	.	1954	UZ	Ol /s
1908	Gw	kiNr	1211	7461	7461	Wn	.	1954	UZ	Ol /s
1908	Gw	kiNr	1212	7462	7462	Wn	.	1954	UZ	Ol /s
1908	Gw	kiNr	1213	7463	7463	Wn	.	1954	UZ	Ol /s
1908	Gw	kiNr	1214	7464	7464	Wn	.	1954	UZ	Ol /s
1908	Gw	kiNr	1215	7465	7465	Wn	.	1954	UZ	Ol /s
1908	Gw	kiNr	1216	7466	7466	Wn	.	1954	UZ	Ol /s
1908	Gw	kiNr	1217	7467	7467	Wn	.	1954	UZ	Ol /s
1908	Gw	kiNr	1219	7468	7468	Wn	.	1954	UZ	Ol /s
1908	Gw	kiNr	1220	7469	7469	Wn	.	1954	UZ	Ol /s
1908	Gw	kiNr	1221	7470	7470	Wn	.	1954	UZ	Ol /s
1908	Gw	kiNr	1222	7471	7471	Wn	.	1954	UZ	Ol /s
1908	Gw	kiNr	1223	7472	7472	Wn	.	1954	UZ	Ol /s
1908	Gw	kiNr	1224	7473	7473	Wn	.	1954	UZ	Ol /s
1943	LHB	kiNr	.	>	6434	Au	.	1954	UZ	OO /s
1943	LHB	kiNr	.	>	6436	Au	.	1954	UZ	OO /s
1943	LHB	kiNr	.	>	6438	Au	.	1954	UZ	OO /s
1942	LHB	kiNr	.	>	K6500	Wn	.	1954	UZ	OOm/s
1942	LHB	kiNr	.	>	K6501	Wn	.	1954	UZ	OOm/s

ÖBB	.Jahr	u	ÖBB	ÖBB	Anmerkung	Hbf
61602	1984	A	.	.	.	W
61603	1984	A	.	.	VKEF	W
61604	1986	UZ	.	61604-0	.	W, W
61605	1984	A	.	.	VKEF	W
61606	1984	A	.	.	.	W
61607	1984	A	.	.	ÖGLB	W
61608	1984	A	.	.	.	W
61609	1986	UZ	.	61609-9	.	W, W
64551	1972	UG	98052	.	.	A
64552	1983	UG	98053	.	.	A
64600	1979	A	.	.	.	A
64601	1983	A	.	.	.	A
64602	1986	UZ	.	64602-1	.	A, A
64603	1978	A	.	.	.	A
64604	1986	UZ	.	64604-7	.	A, A
64605	1986	UZ	.	64605-4	.	A, A
64606	1986	UZ	.	64606-2	.	A, A
64607	1986	UZ	.	64607-0	BA Nr.. unklar	W, W
64608	1972	A	.	.	BA Nr.. unklar	A
64609	1986	UZ	.	64609-6	BA Nr.. unklar	A, A
64610	1986	UZ	.	64610-4	BA Nr.. unklar	A, A
64611	1986	UZ	.	64611-2	BA Nr.. unklar	A, A
64612	1974	A	.	.	BA Nr.. unklar	A
64613	1986	UZ	.	64613-8	BA Nr.. unklar	A, A
64614	1986	UZ	.	64614-6	BA Nr.. unklar	A, A
64615	1986	UZ	.	64615-3	.	A, A
64616	1986	UZ	.	64616-1	.	A, A
64617	1986	UZ	.	64617-9	.	A, A
64618	1986	UZ	.	64618-7	.	A, A
64619	1986	UZ	.	64619-5	.	A, A
64620	1986	UZ	.	64620-3	.	A, A
72600	1986	UZ	.	72600-5	.	A, A
72601	1986	UZ	.	72601-3	.	A, A
72602	1986	UZ	.	72602-1	.	A, A
72603	1986	UZ	.	72603-9	.	A, A
72604	1986	UZ	.	72604-7	.	A, A
72605	1986	UZ	.	72605-4	.	A, A
72606	1986	UZ	.	72606-2	.	A, A
72607	1986	UZ	.	72607-0	.	A, A
72608	1986	UZ	.	72608-8	.	A, A
72609	1986	UZ	.	72609-6	.	A, A
72610	1986	UZ	.	72610-4	.	A, A
72611	1983	A	.	.	.	A
72612	1986	UZ	.	72612-0	.	A, A
72613	1986	UZ	.	72613-8	.	A, A
72614	1986	UZ	.	72614-6	.	A, A
72615	1986	UZ	.	72615-3	.	A, A
72616	1986	UZ	.	72616-1	.	A, A
72617	1986	UZ	.	72617-9	.	A, A
72618	1986	UZ	.	72618-7	.	A, A
72619	1986	UZ	.	72619-5	.	A, A
72620	1986	UZ	.	72620-3	.	A, A
72621	1986	UZ	.	72621-1	.	A, A
72622	1986	UZ	.	72622-9	.	A, A
72623	1986	UZ	.	72623-7	.	A, A
75850	1986	UZ	.	75850-3	.	A, A
75851	1986	UZ	.	75851-1	.	A, A
75852	1986	UG	.	97100-7	.	A
76800	1986	UZ	.	76800-7	.	A, A
76801	1986	UZ	.	76801-5	.	A, A

BJ	BA	BA Nr.	NÖLB	BBÖ	DRB	D'n	ÖBB	Jahr	U	Gattung
1942	LHB	kiNr	.	>	K6502	Wn	.	1954	UZ	OOm/s
1942	LHB	kiNr	.	>	K6503	Wn	.	1954	UZ	OOm/s
1942	LHB	kiNr	.	>	K6504	Wn	.	1954	UZ	OOm/s
1942	LHB	kiNr	.	>	K6505	Wn	.	1954	UZ	OOm/s
1942	LHB	kiNr	.	>	K6506	Wn	.	1954	UZ	OOm/s
1942	LHB	kiNr	.	>	K6507	Wn	.	1954	UZ	OOm/s
1942	LHB	kiNr	.	>	K6508	Wn	.	1954	UZ	OOm/s
1942	LHB	kiNr	.	>	K6509	Wn	.	1954	UZ	OOm/s
1942	LHB	kiNr	.	>	K6510	Wn	.	1954	UZ	OOm/s
1942	LHB	kiNr	.	>	K6511	Wn	.	1954	UZ	OOm/s
1942	LHB	kiNr	.	>	K6512	Wn	.	1954	UZ	OOm/s
1942	LHB	kiNr	.	>	K6513	Wn	.	1954	UZ	OOm/s
1942	LHB	kiNr	.	>	K6514	Wn	.	1954	UZ	OOm/s
1942	LHB	kiNr	.	>	K6515	Wn	.	1954	UZ	OOm/s
1942	LHB	kiNr	.	>	K6516	Wn	.	1954	UZ	OOm/s
1942	LHB	kiNr	.	>	K6517	Wn	.	1954	UZ	OOm/s
1942	LHB	kiNr	.	>	K6518	Wn	.	1954	UZ	OOm/s
1942	LHB	kiNr	.	>	K6519	Wn	.	1954	UZ	OOm/s
1943	LHB	kiNr	.	>	K12001	Li	.	1954	UZ	OOm/s
1943	LHB	kiNr	.	>	K12003	Li	.	1954	UZ	OOm/s
1943	LHB	kiNr	.	>	K12004	Li	.	1954	UZ	OOm/s
1943	LHB	kiNr	.	>	K12008	Li	.	1954	UZ	OOm/s
1943	LHB	kiNr	.	>	K12012	Li	.	1954	UZ	OOm/s
1943	LHB	kiNr	.	>	K12020	Li	.	1954	UZ	OOm/s
1943	LHB	kiNr	.	>	K12022	Li	.	1954	UZ	OOm/s
1943	LHB	kiNr	.	>	K12025	Li	.	1954	UZ	OOm/s
1943	LHB	kiNr	.	>	K12030	Li	.	1954	UZ	OOm/s
1943	LHB	kiNr	.	>	K12031	Li	.	1954	UZ	OOm/s
1943	LHB	kiNr	.	>	K12035	Li	.	1954	UZ	OOm/s
1943	LHB	kiNr	.	>	K12036	Li	.	1954	UZ	OOm/s
1943	LHB	kiNr	.	>	K12037	Li	.	1954	UZ	OOm/s
1943	LHB	kiNr	.	>	K12038	Li	.	1954	UZ	OOm/s
1943	LHB	kiNr	.	>	K12039	Li	.	1954	UZ	OOm/s
1943	LHB	kiNr	.	>	K12040	Li	.	1954	UZ	OOm/s
1943	LHB	kiNr	.	>	K12041	Li	.	1954	UZ	OOm/s
1943	LHB	kiNr	.	>	K12042	Li	.	1954	UZ	OOm/s
1943	LHB	kiNr	.	>	K12043	Li	.	1954	UZ	OOm/s
1943	LHB	kiNr	.	>	K12044	Li	.	1954	UZ	OOm/s
1943	LHB	kiNr	.	>	K12045	Li	.	1954	UZ	OOm/s
1943	LHB	kiNr	.	>	K12046	Li	.	1954	UZ	OOm/s
1943	LHB	kiNr	.	>	K12049	Li	.	1954	UZ	OOm/s
1943	LHB	kiNr	.	>	K12053	Li	.	1954	UZ	OOm/s
1898	Gw	.	306	CSD 813	813	Wn	.	1954	UZ	W /s
1922	Gw	.	.	CSD 912	912	Wn	.	1954	UZ	W /s
1900	Gw	kNr	.	9410	9410	Wn	.	1954	UZ	W /s
1900	Gw	kNr	.	9411	9411	Wn	.	1954	UZ	W /s
1900	Gw	kNr	.	9413	9413	Wn	.	1954	UZ	W /s
1900	Gw	kNr	.	9414	9414	Wn	.	1954	UZ	W /s
1900	Gw	kNr	.	9416	9416	Wn	.	1954	UZ	W /s
1900	Gw	kNr	.	9418	9418	Wn	.	1954	UZ	W /s
1900	Gw	kNr	.	9419	9419	Wn	.	1954	UZ	W /s
1900	Gw	kNr	.	9420	9420	Wn	.	1954	UZ	W /s
1900	Gw	kNr	.	9422	9422	Wn	.	1954	UZ	W /s
1900	Gw	kNr	.	9423	9423	Wn	.	1954	UZ	W /s
1900	Gw	kNr	.	9424	9424	Wn	.	1954	UZ	W /s
1900	Gw	kNr	.	9425	9425	Wn	.	1954	UZ	W /s
1900	Gw	kNr	.	9427	9427	Wn	.	1954	UZ	W /s
1900	Gw	kNr	.	9429	9429	Wn	.	1954	UZ	W /s
1900	Gw	kNr	.	9430	9430	Wn	.	1954	UZ	W /s
1900	Gw	kNr	.	9431	9431	Wn	.	1954	UZ	W /s

ÖBB	.Jahr	u	ÖBB	ÖBB	Anmerkung	Hbf
76802	1986	UZ	.	76802-3	.	A, A
76803	1978	UB	36839	.	.	A
76804	1986	UZ	.	76804-9	.	A, A
76805	1986	UZ	.	76805-6	.	A, A
76806	1973	UG	91800	.	.	A
76807	1973	UG	91801	.	.	A
76808	1986	UZ	.	76808-0	.	A, A
76809	1986	UZ	.	76809-8	.	A, A
76810	1986	UG	.	91804-0	.	A, A
76811	1986	UG	.	91805-7	.	A, A
76812	1986	UZ	.	76812-2	.	A, A
76813	1986	UG	.	91806-5	.	A, A
76814	1973	UG	91802	.	.	A
76815	1974	UB	96100	.	.	A
76816	1986	UZ	.	76816-3	.	A, A
76817	1986	UZ	.	76817-1	.	A, A
76818	1976	UB	36833	.	.	A
76819	1975	UB	36828	.	.	A
76821	1973	UB	91803	.	.	A
76823	1975	UB	36830	.	.	A
76824	1975	UB	36831	.	.	A
76828	1976	UB	36834	.	.	A
76832	1985	UB	36840^{II}	.	.	A, A
76836	1972	UB	36825	.	.	A
76838	1986	UB	36841^{II}	.	.	A, A
76839	1973	UB	36826		.	A
76843	1971	UB	36820	.	.	A
76844	1985	UB	36842^{II}	.	.	A
76848	1973	UB	36827	.	.	A
76849	1972	UB	36824	.	.	A
76850	1970	UB	36821			A
76851	1969	UB	36815	.	.	A
76852	1972	UB	36823	.	.	A
76853	1969	UB	36814	.	.	A
76854	1969	UB	36816	.	.	A
76855	1971	AVK	.	.	StLB 460	A
76856	1971	UB	36822	.	.	A
76857	1970	UB	36817	.	.	A
76858	1969	UB	36813	.	.	A
76859	1970	UB	36818	.	.	A
76862	1971	UB	36819	.	.	A
76865	1985	UB	36843^{II}	.	.	A
88000	1986	UZ	.	88000-0	.	W, A
88001	1986	UZ	.	88001-8	.	W, A
88002	1986	UZ	.	88002-6	.	W, A
88003	1986	UZ	.	88003-4	.	W, A
88004	1986	UZ	.	88004-2	.	W, A
88005	1986	UZ	.	88005-9	.	W, A
88006	1986	UZ	.	88006-7	.	W, A
88007	1986	UZ	.	88007-5	.	W, A
88008	1986	UZ	.	88008-3	.	W, A
88009	1986	UZ	.	88009-1	.	W, A
88010	1986	UZ	.	88010-9	.	W, A
88011	1986	UZ	.	88011-7	.	W, A
88012	1986	UZ	.	88012-5	.	W, A
88013	1986	UZ	.	88013-3	.	W, A
88014	1986	UZ	.	88014-1	.	W, A
88015	1986	UZ	.	88015-8	.	W, A
88016	1986	UZ	.	88016-6	.	W, A
88017	1986	UZ	.	88017-4	.	W, A

BJ	BA	BA Nr.	NÖLB	BBÖ	DRB	D´n	ÖBB	Jahr	U	Gattung
1909	Gw	kNr	1672	9450	9450	Wn	.	1954	UZ	W /s
1909	Gw	kNr	1673	9451	9451	Wn	.	1954	UZ	W /s
1909	Gw	kNr	1674	9452	9452	Wn	.	1954	UZ	W /s
1909	Gw	kNr	1675	9453	9453	Wn	.	1954	UZ	W /s
1909	Gw	kNr	1676	9454	9454	Wn	.	1954	UZ	W /s
1909	Gw	kNr	1677	9455	9455	Wn	.	1954	UZ	W /s
1909	Gw	kNr	1678	9456	9456	Wn	.	1954	UZ	W /s
1909	Gw	kNr	1679	9457	9457	Wn	.	1954	UZ	W /s
1909	Gw	kNr	1680	9458	9458	Wn	.	1954	UZ	W /s
1909	Gw	kNr	1681	9459	9459	Wn	.	1954	UZ	W /s
1909	Gw	kNr	1682	9460	9460	Wn	.	1954	UZ	W /s
1909	Gw	kNr	1683	9461	9461	Wn	.	1954	UZ	W /s
1909	Gw	kNr	1684	9462	9462	Wn	.	1954	UZ	W /s
1909	Gw	kNr	1685	9463	9463	Wn	.	1954	UZ	W /s
1909	Gw	kNr	1686	9464	9464	Wn	.	1954	UZ	W /s
1909	Gw	kNr	1687	9465	9465	Wn	.	1954	UZ	W /s
1909	Gw	kNr	1688	9466	9466	Wn	.	1954	UZ	W /s
1909	Gw	kNr	1689	9467	9467	Wn	.	1954	UZ	W /s
1909	Gw	kNr	1690	9468	9468	Wn	.	1954	UZ	W /s
1909	Gw	kNr	1691	9469	9469	Wn	.	1954	UZ	W /s
1909	Gw	kNr	1692	9470	9470	Wn	.	1954	UZ	W /s
1909	Gw	kNr	1693	9471	9471	Wn	.	1954	UZ	W /s
1909	Gw	kNr	1694	9472	9472	Wn	.	1954	UZ	W /s
1908	Gw	kNr	315	CSD 822	822	Wn	.	1954	UZ	W /s
1908	Gw	kNr	317	CSD 824	824	Wn	.	1954	UZ	W /s
1908	Gw	kNr	321	CSD 828	828	Wn	.	1954	UZ	W /s
1922	Gw	kNr		903	903	Wn	.	1954	UZ	W /s
1922	Gw	kNr		904	904	Wn	.	1954	UZ	W /s
1926	Sw	60526	1696	9510	9510	Wn	.	1954	UZ	W /s
1926	Sw	60527	1697	9511	9511	Wn	.	1954	UZ	W /s
1924	Sw	60419	.	.	9502?	Wn	.	1954	UZ	W /s
1924	Sw	60425	.	.	9508?	Wn	.	1954	UZ	W /s
1926	Sw	61235	1698	9512	9512	Wn	.	1954	UZ	W /s
1926	Sw	61236	1699	9513	9513	Wn	.	1954	UZ	W /s
1926	Sw	61237	1700	9514	9514	Wn	.	1954	UZ	W /s
1926	Sw	61238	1701	9515	9515	Wn	.	1954	UZ	W /s
1926	Sw	61239	1702	9516	9516	Wn	.	1954	UZ	W /s
1926	Sw	61240	1703	9517	9517	Wn	.	1954	UZ	W /s
1926	Sw	61241	1704	9518	9518	Wn	.	1954	UZ	W /s
1926	Sw	61242	1705	9519	9519	Wn	.	1954	UZ	W /s
1926	Sw	61243	1706	9520	9520	Wn	.	1954	UZ	W /s
1926	Sw	61244	1707	9521	9521	Wn	.	1954	UZ	W /s
1926	Sw	61245	1708	9522	9522	Wn	.	1954	UZ	W /s
1926	Sw	61246	1709	9523	9523	Wn	.	1954	UZ	W /s
1927	Sw	61480	900	9350	9350	Wn	.	1954	UZ	W /s
1927	Sw	61481	901	9351	9351	Wn	.	1954	UZ	W /s
1927	Sw	61482	902	9352	9352	Wn	.	1954	UZ	W /s
1927	Sw	61483	903	9353	9353	Wn	.	1954	UZ	W /s
1927	Sw	61484	904	9354	9354	Wn	.	1954	UZ	W /s
1927	Sw	61486	906	9356	9356	Wn	.	1954	UZ	W /s
1927	Sw	61487	907	9357	9357	Wn	.	1954	UZ	W /s
1927	Sw	61488	908	9358	9358	Wn	.	1954	UZ	W /s
1927	Sw	61489	909	9359	9359	Wn	.	1954	UZ	W /s
1927	Sw	61490	910	9360	9360	Wn	.	1954	UZ	W /s
1927	Sw	61491	911	9361	9361	Wn	.	1954	UZ	W /s
1924	Sw	60990	400	9500	9500	Wn	.	1954	UZ	W /s
1924	Sw	60991	401	9501	9501	Wn	.	1954	UZ	W /s
1924	Sw	61076	404	9504	9504	Wn	.	1954	UZ	W /s
1924	Sw	61077	405	9505	9505	Wn	.	1954	UZ	W /s
1924	Sw	61078	407	9507	9507	Wn	.	1954	UZ	W /s

ÖBB	.Jahr	u	ÖBB	ÖBB	Anmerkung	Hbf
88018	1986	UZ	.	88018-2	.	A
88019	1986	UZ	.	88019-0	.	A
88020	1986	UZ	.	88020-8	.	A
88021	1986	UZ	.	88021-6	.	A
88022	1986	UZ	.	88022-4	.	A
88023	1986	UZ	.	88023-2	.	A
88024	1986	UZ	.	88024-0	.	A
88025	1986	UZ	.	88025-7	.	A
88026	1986	UZ	.	88026-5	.	A
88027	1986	UZ	.	88027-3	.	A
88028	1986	UZ	.	88028-1	.	W, A
88029	1986	UZ	.	88029-9	.	A
88030	1986	UZ	.	88030-7	.	A
88031	1986	UZ	.	88031-5	.	A
88032	1986	UZ	.	88032-3	.	A
88033	1986	UZ	.	88033-1	.	W, A
88034	1986	UZ	.	88034-9	.	A
88035	1986	UZ	.	88035-6	.	A
88036	1986	UZ	.	88036-4	.	W, A
88037	1986	UZ	.	88037-2	.	W, A
88038	1986	UZ	.	88038-0	.	W, A
88039	1986	UZ	.	88039-8	.	W, A
88040	1986	UZ	.	88040-6	.	W, A
88100	1986	UZ	.	88100-8	.	W, A
88101	1986	UZ	.	88101-6	.	W, A
88102	1986	UZ	.	88102-4	.	W, A
88103	1986	UZ	.	88103-2	.	W, A
88104	1986	UZ	.	88104-0	.	W, A
88105	1986	UZ	.	88105-7	.	A
88106	1986	UZ	.	88106-5	.	A
88107	1986	UZ	.	88107-3	.	W, A
88108	1986	UZ	.	88108-1	.	W, A
88200	1986	UZ	.	88200-6	.	A, A
88201	1986	UZ	.	88201-4	.	A, A
88202	1986	UZ	.	88202-2	.	A, A
88203	1986	UZ	.	88203-0	.	A, A
88204	1986	UZ	.	88204-8	.	A, A
88205	1986	UZ	.	88205-5	.	A, A
88206	1986	UZ	.	88206-3	.	A, A
88207	1986	UZ	.	88207-1	.	A, A
88208	1986	UZ	.	88208-9	.	A, A
88209	1986	UZ	.	88209-7	.	A, A
88210	1986	UZ	.	88210-5	.	A, A
88211	1986	UZ	.	88211-3	.	A, A
88212	1986	UZ	.	88212-1	.	A, A
88213	1986	UZ	.	88213-9	.	A, A
88214	1986	UZ	.	88214-7	.	A, A
88215	1986	UZ	.	88215-4	.	A, A
88216	1986	UZ	.	88216-2	.	A, A
88217	1986	UZ	.	88217-0	.	A, A
88218	1986	UZ	.	88218-8	.	A, A
88219	1986	UZ	.	88219-6	.	A, A
88220	1986	UZ	.	88220-4	.	A, A
88221	1986	UZ	.	88221-2	.	A, A
88222	1986	UZ	.	88222-0	.	A, A
88223	1986	UZ	.	88223-8	.	W, A
88224	1986	UZ	.	88224-6	.	W, A
88225	1986	UZ	.	88225-3	.	W, A
88226	1986	UZ	.	88226-1	.	W, A
88227	1986	UZ	.	88227-9	.	W, A

BJ	BA	BA Nr.	NÖLB	BBÖ	DRB	D'n	ÖBB	Jahr	U	Gattung
1931	Sw	65299	>	9524	9524	Wn	.	1954	UZ	W /s
1931	Sw	65300	>	9525	9525	Wn	.	1954	UZ	W /s
1931	Sw	65301	>	9526	9526	Wn	.	1954	UZ	W /s
1931	Sw	65302	>	9527	9527	Wn	.	1954	UZ	W /s
1931	Sw	65303	>	9528	9528	Wn	.	1954	UZ	W /s
1931	Sw	65304	>	9529	9529	Wn	.	1954	UZ	W /s
1931	Sw	65305	>	9530	9530	Wn	.	1954	UZ	W /s
1931	Sw	65306	>	9531	9531	Wn	.	1954	UZ	W /s
1931	Sw	65307	>	9532	9532	Wn	.	1954	UZ	W /s
1931	Sw	65308	>	9533	9533	Wn	.	1954	UZ	W /s
1931	Sw	65309	>	9534	9534	Wn	.	1954	UZ	W /s
1931	Sw	65310	>	9535	9535	Wn	.	1954	UZ	W /s
1935	Sw	65636	>	9432	9432	Wn	.	1954	UZ	W /s
1935	Sw	65639	>	9435	9435	Wn	.	1954	UZ	W /s
1935	Sw	65640	>	9436	9436	Wn	.	1954	UZ	W /s
1935	Sw	65641	>	9437	9437	Wn	.	1954	UZ	W /s
1935	Sw	65643	>	9439	9439	Wn	.	1954	UZ	W /s
1941	LHB	kNr	.	>	T 9540	Wn	.	1954	UZ	W /s
1941	LHB	kNr	.	>	T 9541	Wn	.	1954	UZ	W /s
1941	LHB	kNr	.	>	T 9542	Wn	.	1954	UZ	W /s
1941	LHB	kNr	.	>	T 9543	Wn	.	1954	UZ	W /s
1941	LHB	kNr	.	>	T 9544	Wn	.	1954	UZ	W /s
1941	LHB	kNr	.	>	T 9545	Wn	.	1954	UZ	W /s
1941	LHB	kNr	.	>	T 9546	Wn	.	1954	UZ	W /s
1941	LHB	kNr	.	>	T 9547	Wn	.	1954	UZ	W /s
1941	LHB	kNr	.	>	T 9548	Wn	.	1954	UZ	W /s
1941	LHB	kNr	.	>	T 9549	Wn	.	1954	UZ	W /s
1941	LHB	kNr	.	>	T 9550	Wn	.	1954	UZ	W /s
1941	LHB	kNr	.	>	T 9551	Wn	.	1954	UZ	W /s
1951U	Pn	.	.	.	229	.	.	1954	UZ	WW /s
1951U	Pn	.	.	.	311	.	.	1954	UZ	WW /s
1951U	Pn	.	.	.	428	.	.	1954	UZ	WW /s
1951U	Pn	.	.	.	457	.	.	1954	UZ	WW /s
1951U	Pn	.	.	.	467	.	.	1954	UZ	WW /s
1951U	Pn	.	.	.	475	.	.	1954	UZ	WW /s
1951U	Pn	.	.	.	489	.	.	1954	UZ	WW /s
1951U	Pn	.	.	.	493	.	.	1954	UZ	WW /s
1951U	Pn	.	.	.	602	.	.	1954	UZ	WW /s
1951U	Pn	.	.	.	659	.	.	1954	UZ	WW /s
1951U	Pn	.	.	.	518	.	.	1954	UZ	WW /s
1951U	Pn	.	.	.	528	.	.	1954	UZ	WW /s
1951U	Pn	.	.	.	534	.	.	1954	UZ	WW /s
1951U	Pn	.	.	.	547	.	.	1954	UZ	WW /s
1952U	Pn	.	.	.	231	.	.	1954	UZ	WW /s
1929	Bau	.	.	.	559	Wn	.	1954	UZ	WW /s
1926	Gw	32695	500	9980	21400	Li	.	1954	UZ	WW /s
1926	Gw	32696	501	9981	21401	Li	.	1954	UZ	WW /s
1926	Gw	32760	502	9982	21402	Li	.	1954	UZ	WW /s
1926	Gw	32761	503	9983	21403	Li	.	1954	UZ	WW /s
1926	Gw	32762	504	9984	21404	Li	.	1954	UZ	WW /s
1913	Gör	.	.	>	2795	Wn	.	1954	UZ	WW /s
1913	Gör	.	.	>	2790	Wn	.	1954	UZ	WW /s
1913	Gör	.	.	>	2768	Wn	.	1954	UZ	WW /s
1913	Gör	.	.	>	2763	Wn	.	1954	UZ	WW /s
1920	Gör	.	.	>	2752	Wn	.	1954	UZ	WW /s
1920	Gör	.	.	>	2749	Wn	.	1954	UZ	WW /s
1923	KHi	.	.	>	2613	Wn	.	1954	UZ	WW /s
1923	Bau	.	.	>	2653	Wn	.	1954	UZ	WW /s
1923	KHi	.	.	>	2672	Wn	.	1954	UZ	WW /s
1955	Rw	291	.	.	.	.	.	1954	UZ	WW /s

ÖBB	.Jahr	u	ÖBB	ÖBB	Anmerkung	Hbf
88300	1986	UZ	.	88300-4		A, A
88301	1986	UZ	.	88301-2		A, A
88302	1986	UZ	.	88302-0		A, A
88303	1986	UZ	.	88303-8		A, A
88304	1986	UZ	.	88304-6		A, A
88305	1986	UZ	.	88305-3		A, A
88306	1986	UZ	.	88306-1		A, A
88307	1986	UZ	.	88307-9		A, A
88308	1986	UZ	.	88308-7		A, A
88309	1986	UZ	.	88309-5		A, A
88310	1986	UZ	.	88310-3		A, A
88311	1986	UZ	.	88311-1		A, A
88312	1986	UZ	.	88312-9		A, A
88313	1986	UZ	.	88313-7		A, A
88314	1986	UZ	.	88314-5		A, A
88315	1986	UZ	.	88315-2		A, A
88316	1986	UZ	.	88316-0		A, A
88317	1986	UZ	.	88317-8		A, A
88318	1986	UZ	.	88318-6		A, A
88319	1986	UZ	.	88319-4		A, A
88320	1986	UZ	.	88320-2		A, A
88321	1986	UZ	.	88321-0		A, A
88322	1986	UZ	.	88322-8		A, A
88323	1986	UZ	.	88323-6		A, A
88324	1986	UZ	.	88324-4		A, A
88325	1986	UZ	.	88325-1		A, A
88326	1986	UZ	.	88326-9		A, A
88327	1986	UZ	.	88327-7		A, A
88328	1986	UZ	.	88328-5		A, A
89420	1986	UZ	.	89420-9	.	W, W
89421	1986	UZ	.	89421-7	.	W, W
89422	1986	UZ	.	89422-5	.	W, W
89423	1986	UZ	.	89423-3	.	W, W
89424	1986	UZ	.	89424-1	.	W, W
89425	1986	UZ	.	89425-8	.	W, W
89426	1986	UZ	.	89426-6	.	W, W
89427	1986	UZ	.	89427-4	.	W, W
89428	1986	UZ	.	89428-2	.	W, W
89429	1986	UZ	.	89429-0	.	W, W
89430	1986	UZ	.	89430-8	.	W, W
89431	1986	UZ	.	89431-6	.	W, W
89432	1986	UZ	.	89432-4	.	W, W
89433	1986	UZ	.	89433-2	.	W, W
89434	1986	UZ	.	89434-0	.	W, W
89440	1972	AVK	.	.	ZB	W
89600	1986	UZ	.	89600-6	.	W, W
89601	1986	UZ	.	89601-4	.	W, W
89602	1986	UZ	.	89602-2	.	W, W
89603	1986	UZ	.	89603-0	.	W, W
89604	1986	UZ	.	89604-8	.	W, W
89620	1986	UZ	.	89620-4	.	W, W
89621	1963	A	.	.	.	W
89622	1986	UZ	.	89622-0	.	W, W
89623	1986	UZ	.	89623-8	.	W, W
89624	1986	UZ	.	89624-6	.	W, W
89625	1986	UZ	.	89625-3	.	W, W
89630	1972	A	.	.	.	W
89631	1971	A	.	.	.	W
89632	1971	A	.	.	.	W
89650	1986	UZ	.	89650-1	.	W, W

BJ	BA	BA Nr.	NÖLB	BBÖ	DRB	D´n	ÖBB	Jahr	U	Gattung
1955	Rw	292	.	.	.	.	.	1954	UZ	WW /s
1955	Rw	293	.	.	.	.	.	1954	UZ	WW /s
1955	Rw	294	.	.	.	.	.	1954	UZ	WW /s
1955	Rw	295	.	.	.	.	.	1954	UZ	WW /s
1955	Rw	296	.	.	.	.	.	1954	UZ	WW /s
1955	Rw	297	.	.	.	.	.	1954	UZ	WW /s
1955	Rw	298	.	.	.	.	.	1954	UZ	WW /s
1955	Rw	299	.	.	.	.	.	1954	UZ	WW /s
1955	Rw	300	.	.	.	.	.	1954	UZ	WW /s
1963	Rw	3997	.	.	.	.	.	1954	UZ	WW /s
1963	Rw	3998	.	.	.	.	.	1954	UZ	WW /s
1963	Rw	3999	.	.	.	.	.	1954	UZ	WW /s
1963	Rw	4000	.	.	.	.	.	1954	UZ	WW /s
1963	Rw	4001	.	.	.	.	.	1954	UZ	WW /s
1963	Rw	4002	.	.	.	.	.	1954	UZ	WW /s
1963	Rw	4003	.	.	.	.	.	1954	UZ	WW /s
1963	Rw	4004	.	.	.	.	.	1954	UZ	WW /s
1963	Rw	4005	.	.	.	.	.	1954	UZ	WW /s
1963	Rw	4006	.	.	.	.	.	1954	UZ	WW /s
1963	Rw	4007	.	.	.	.	.	1954	UZ	WW /s
1963	Rw	4008	.	.	.	.	.	1954	UZ	WW /s
1963	Rw	4012	.	.	.	.	.	1954	UZ	WW /s
1963	Rw	4013	.	.	.	.	.	1954	UZ	WW /s
1963	Rw	4014	.	.	.	.	.	1954	UZ	WW /s
1963	Rw	4015	.	.	.	.	.	1954	UZ	WW /s
1963	Rw	4016	.	.	.	.	.	1954	UZ	WW /s
1963	Rw	4017	.	.	.	.	.	1954	UZ	WW /s
1963	Rw	4018	.	.	.	.	.	1954	UZ	WW /s
1963	Rw	4019	.	.	.	.	.	1954	UZ	WW /s
1963	Rw	4020	.	.	.	.	.	1954	UZ	WW /s
1963	Rw	4021	.	.	.	.	.	1954	UZ	WW /s
1963	Rw	4022	.	.	.	.	.	1954	UZ	WW /s
1963	Rw	4023	.	.	.	.	.	1954	UZ	WW /s
1963	Rw	4024	.	.	.	.	.	1954	UZ	WW /s
1963	Rw	4025	.	.	.	.	.	1954	UZ	WW /s
1963	Rw	4026	.	.	.	.	.	1954	UZ	WW /s
1984	Jw	>	.	.	.	.	.	<	.	WW /s
1984	Jw	>		.	.	.	.	<	.	WW /s
1984	Jw	>		.	.	.	.	<	.	WW /s
1984	Jw	>		.	.	.	.	<	.	WW /s
1984	Jw	>		.	.	.	.	<	.	WW /s
1984	Jw	>		.	.	.	.	<	.	WW /s
1984	Jw	>		.	.	.	.	<	.	WW /s
1984	Jw	>		.	.	.	.	<	.	WW /s
1984	Jw	>		.	.	.	.	<	.	WW /s
1984	Jw	>		.	.	.	.	<	.	WW /s
1984	Jw	>		.	.	.	.	<	.	WW /s
1984	Jw	>		.	.	.	.	<	.	WW /s
1984	Jw	>		.	.	.	.	<	.	WW /s
1984	Jw	>		.	.	.	.	<	.	WW /s
1984	Jw	>		.	.	.	.	<	.	WW /s
1984	Jw	>		.	.	.	.	<	.	WW /s
1984	Jw	>		.	.	.	.	<	.	WW /s
1984	Jw	>		.	.	.	.	<	.	WW /s
1984	Jw	>		.	.	.	.	<	.	WW /s
1984	Jw	>		.	.	.	.	<	.	WW /s
1984	Jw	>		.	.	.	.	<	.	WW /s
1927	Gw	32807	31	311	311	Wn	3734	1966	UG	Bauzugw/s
1898	Gw	kNr	1007	4462	4462	Wn	.	1954	UZ	Dienstg/s
1920	Sw	58091	933	.	.	.	96201	1966	UB	Dienstg/s

ÖBB	.Jahr	u	ÖBB	ÖBB	Anmerkung	Hbf
89651	1986	UZ	.	89651-9	.	W, W
89652	1986	UZ	.	89652-7	.	W, W
89653	1986	UZ	.	89653-5	.	W, W
89654	1986	UZ	.	89654-3	.	W, W
89655	1986	UZ	.	89655-0	.	W, W
89656	1986	UZ	.	89656-8	.	W, W
89657	1986	UZ	.	89657-6	.	W, W
89658	1986	UZ	.	89658-4	.	W, W
89659	1986	UZ	.	89659-2	.	W, W
89670	1986	UZ	.	89670-9	.	W, W
89671	1986	UZ	.	89671-7	.	W, W
89672	1986	UZ	.	89672-5	.	W, W
89673	1986	UZ	.	89673-3	.	W, W
89674	1986	UZ	.	89674-1	.	W, W
89675	1986	UZ	.	89675-8	.	W, W
89676	1986	UZ	.	89676-6	.	W, W
89677	1986	UZ	.	89677-4	.	W, W
89678	1986	UZ	.	89678-2	.	W, W
89679	1986	UZ	.	89679-0	.	W, W
89680	1986	UZ	.	89680-8	.	W, W
89681	1986	UZ	.	89681-6	.	W, W
89685	1986	UZ	.	89685-7	.	W, W
89686	1986	UZ	.	89686-5	.	W, W
89687	1986	UZ	.	89687-3	.	W, W
89688	1986	UZ	.	89688-1	.	W, W
89689	1986	UZ	.	89689-9	.	W, W
89690	1986	UZ	.	89690-7	.	W, W
89691	1986	UZ	.	89691-5	.	W, W
89692	1986	UZ	.	89692-3	.	W, W
89693	1986	UZ	.	89693-1	.	W, W
89694	1986	UZ	.	89694-9	.	W, W
89695	1986	UZ	.	89695-6	.	W, W
89696	1986	UZ	.	89696-4	.	W, W
89697	1986	UZ	.	89697-2	.	W, W
89698	1986	UZ	.	89698-0	.	W, W
89699	1986	UZ	.	89699-8	.	W, W
89709	1986	UZ	.	89709-5	3,980,010	A
89710	1986	UZ	.	89710-3	3,980,011	A
89711	1986	UZ	.	89711-1	3,980,012	A
89712	1986	UZ	.	89712-9	3,980,013	A
89713	1986	UZ	.	89713-7	3,980,014	A
89714	1986	UZ	.	89714-5	3,980,015	A
89715	1986	UZ	.	89715-2	3,980,016	A
89716	1986	UZ	.	89716-0	3,980,017	A
89717	1986	UZ	.	89717-8	3,980,018	A
89718	1986	UZ	.	89718-6	3,980,019	A
89719	1986	UZ	.	89719-4	3,980,020	A
89720	1986	UZ	.	89720-2	3,980,021	A
89721	1986	UZ	.	89721-0	3,980,022	A
89722	1986	UZ	.	89722-8	3,980,023	A
89723	1986	UZ	.	89723-6	3,980,024	A
89724	1986	UZ	.	89724-4	3,980,025	W
89725	1986	UZ	.	89725-1	3,980,026	W
89726	1986	UZ	.	89726-9	3,980,027	W
89727	1986	UZ	.	89727-7	3,980,028	W
89728	1986	UZ	.	89728-5	3,980,029	W
89729	1986	UZ	.	89729-3	3,980,030	W
0190	1972	AVK	.	.	GTMB>TMB>MTM	A, A
0400	1962	UB	91004	.	.	A
0401	1986	UZ	.	90401-6		A, A

BJ	BA	BA Nr.	NÖLB	BBÖ	DRB	D´n	ÖBB	Jahr	U	Gattung
1898	Gw	kNr	.	.	10324	.	.	1954	UZ	Schlack/s
1898	Gw	kNr	.	4462>	.	.	90400	1962	UB	Schlack/s
1942	LHB	.	.	.	K6506	.	76806	1973	UG	Schotterw/s
1942	LHB	.	.	.	K6507	.	76807	1973	UG	Schotterw/s
1942	LHB	.	.	.	K6514	.	76814	1986	UG	Schotterw/s
1942	LHB	.	.	.	12001	.	76821	1973	UB	Schotterw/s
1906	Sw	44445	4354>	.	.	.	61561	1974	UB	Schotterw/s
1928	Gw	32955	.	3060>	3060	Au	60290	1980	UG	Schotterw/s
1907	Gw	kNr	1153	8563	8563	Wn	.	1954	UZ	Wasserw/s
1907	Gw	kNr	1164	8+574	8574	Wn	.	1954	UZ	Wasserw/s
1944	FrB	kNr	.	.	2857	.	9799 01	1954	UZ	Wasserw/s
1942	LHB	.	.	.	K6515>	.	76815	1974	UB	Tunnelunt/s
1898	Gw	kNr	900	3170	E11T/3	.	.	1954	UZ	Turmw/s
1920	Sw	58091	933	4337	4337	Wn	.	1954	UZ	Turmw/s
1906	Sw	.	611	Rett 1	.	.	.	1954	UZ	Gerätew/s
1908	Sw	44438	800	1540	.	.	.	1954	UZ	Gerätew/s
1898	Gw	.	160	379	379	Wn	.	1954	UZ	Gerätew/s
1924	Sw	.	715	1208	1208	Wn	.	1954	UZ	Gerätew/s
1902	Gw	kNr	.	1127>	.	.	10022	1970	UG	Gerätew/s
1889	Gw	kNr	.	.	501>	.	4761	1953	UG	Werkstw/s
1889	Gw	kNr	.	.	505>	.	4762	1953	UG	Werkstw/s
1924	Sw	60430	.	1204>	.	.	10215	1955	UB	Werkstw/s
1892	Gw	kNr	.	795>	.	.	6496	1960	UB	Werkstw/s
1906	Sw	43929	.	398>	.	.	3666	1967	UB	Werkstw/s
1903	Gw	kNr	.	918>	.	.	6811	1966	UB	Werkstw/s
1907	Sw	44859	898>	.	.	.	6812	1969	UB	Werkstw/s
1902	Gw	kNr	.	1044>			10042	1976	UG	Werkstw/s
1907	Sw	44583	.	483>	.	.	3679	1967	UG	Werkzeugw/s
1897	Gw	kNr	.	334>	.	.	3606	1968	UG	Wohnw/s
1907	Sw	44586	.	486>	.	.	3681	1968	UG	Wohnw/s
1898	Gw	kNr	.	200>	.	.	3651	1969	UG	Wohnw/s
1898	Gw	kNr	.	1020>	.	.	10200	1976	UG	Wohnw/s
1902	Gw	kNr	.	1001>	.	.	10001	1976	UG	Wohnw/s
1920	Sw	58084	926	4330	9200	Wn	.	1954	UZ	Hilfsbrw/s
1920	Sw	58085	927	4331	9201	Wn	.	1954	UZ	Hilfsbrw/s
1920	Sw	58086	928	4332	9202	Wn	.	1954	UZ	Hilfsbrw/s
1920	Sw	58087	929	4333	9203	Wn	.	1954	UZ	Hilfsbrw/s
1956U	Sw	58088	930	4334	4334	.	61050	1956	UB	Hilfsbrw/s
1956U	Sw	58089	931	4335	4335	.	61051	1956	UB	Hilfsbrw/s
1956U	Sw	58090	932	4336	10530	.	61052	1956	UB	Hilfsbrw/s
1956U	Sw	58095	937	4341	4341	.	61056	1957	UB	Hilfsbrw/s
1956U	Sw	58092	934	4338	4338	.	61053	1963	UB	Hilfsbrw/s
1944	LHB	kNr	.	>	11021	.	24563	1971	UG	Hilfsbrw/s
1944	LHB	kNr	.	>	11018	.	24562	1971	UG	Hilfsbrw/s
1944	LHB	3623	.	>	11019	.	64551	1972	UG	Hilfsbrw/s
1944	LHB	3624	.	>	11020	.	64552	1972	UG	Hilfsbrw/s
1955	Kd	kiNr		.		.				Klimap / s
1958	Kd	kiNr		.		.				Klimap / s
1958	Kd	kiNr		.		.				Klimap / s
1924	Gw	31931	.	503>	.	.	3726	1966	UG	Scneeschl/s
1896	Gw	kNr	210	1130	5007	Li P		1970	UZ	.

ÖBB	.Jahr	u	ÖBB	ÖBB	Anmerkung	Hbf
91003	1962	A	.	.	.	W
91004	1986	A	.	.	Fa. Bischof	W, W
91800	1986	UZ	.	91800-8	.	A, A
91801	1986	UZ	.	91801-6	.	A, A
91802	1986	UZ	.	91802-4	.	A, A
91803	1986	UZ	.	91803-2	.	A, A
91810	1981	A	.	.	.	A, A
91811	1986	UZ	.	91811-5	.	A
92300A	1963	UG	21046II	.	.	A
92300B	1963	UG	21047II	.	.	A
92301	1969	A	.	.	.	A
96100	1986	UZ	.	96100-8	.	A, A
96200	1969	UZ	X501.9002		.	A, A
96201	1966	UB	90401	.	.	A
97000	1986	UZ	.	97000-9	.	A, A
97001	1986	UZ	.	97001-7	.	A, A
97003	1970	AVK	.	.	VKEF	W
97008	1986	UZ	.	97008-2	.	W, W
97011	1986	UZ	.	97011-6	.	W, W
97300	1978	A	.	.	.	A
97301	1979	A	.	.	.	A
97302	1986	UZ	.	97302-9	.	A, A
97303	1986	UZ	.	97303-7	.	A, A
97304	1986	UZ	.	97304-5	.	A, A
97305	1969	AVK	.	.	VKEF	W, A
97306	1986	UZ	.	97306-0	.	A, A
97307	1986	UZ	.	97307-8	.	A, A
97501	1986	UZ	.	97501-6	.	A, A
97701	1986	UZ	.	97701-2	.	A, A
97702	1986	UZ	.	97702-0	.	A, A
97703	1986	UZ	.	97703-8	.	A, A
97705	1986	UZ	.	97705-3		A, A
97706	1986	UZ	.	97706-0	.	A, A
98000	1972	A	.	.	.	A
98001	1970	A	.	.	.	A
98002	1971	A	.	.	.	A
98003	1971	A	.	.	.	A
98010	1972	A	.	.	.	W, A
98011	1972	A	.	.	.	W, A
98012	1984	A	.	.	.	W, W
98013	1984	A	.		.	W, W
98014	1970	A	.	.	.	W, A
98050	1986	UZ	.	98050-3	.	A, A
98051	1986	UZ	.	98051-0		A, A
98052	1986	UZ	.	98052-9	.	A, A
98053	1986	UZ	.	98053-7	.	A, A
98502	.	.	.	.	.	A, A
98505	.	.	.	.	.	W, W
98506	1986	A	.	.	.	W, W
98620	1986	UZ	.	98620-3	.	A, A
Bf 0011	1973	A	.	.		A

BJ	BA	BA Nr.	BBÖ Nr.	ÖBB	ÖBB	Jahr	UZ	Gattung	UIC-Nr.	Jahr
1960	Pn	1321	.	3026	2100	1986	UZ	AB4iph/ s	2100-1	.
1960	Pn	1322	.	3020	2101	1986	UZ	AB4iph/ s	2101-9	.
1960	Pn	1323	.	1001	2102	1986	UZ	AB4iph/ s	2102-7	.
1960	Pn	1324	.	3039	2103	1986	UZ	AB4iph/ s	2103-5	1996
1960	Pn	1325	.	3031	2104	1986	UZ	AB4iph/ s	2104-3	.
1963	Pn	1403	.	3204	3100^{II}	1986	UZ	B4iph/ s	3100-0	1995
1963	Pn	1349	.	3207	3101^{II}	1986	UZ	B4iph/ s	3101-8	.
1963	Pn	1329	.	3211	3102	1986	UZ	B4iph/ s	3102-6	.
1963	Pn	1330	.	3220	3103^{II}	1986	UZ	B4ip / s	3103-4	200103
1961	Pn	1333	.	15800	3106	1986	UZ	B4ip / s	3106-7	200004
1962	Pn	1334	.	65810	3107	1986	UZ	B4ip / s	3107-5	200004
1962	Pn	1335	.	65812	3108	1986	UZ	B4iph/ s	3108-3	.
1962	Pn	1336	.	3221	3109	1986	UZ	B4iph/ s	3109-1	2001
1962	Pn	1337	.	3210	3110	1986	UZ	B4iph/ s	3110-9	.
1963	Pn	1406	.	3218	3111^{II}	1986	UZ	B4iph/ s	3111-7	2001
1962	Pn	1410	.	3216	3112	1986	UZ	B4iph/ s	3112-5	1999
1962	Pn	1415	.	3205^{I}	3113	1986	UZ	B4iph/ s	3113-3	.
1962	Pn	1417	.	3213	3114	1986	UZ	B4iph/ s	3114-1	2001
1963	Pn	1298	.	1201	3120	1986	UZ	B4iph/ s	3120-8	.
1964	Pn	1413	.	1296	3121	1986	UZ	B4iph/ s	3121-6	.
1961	Pn	1327	.	3100^{I}	3140	1986	UZ	B4iph/ s	3140-6	.
1961	Pn	1328	.	3101^{I}	3141	1986	UZ	B4iph/ s	3141-4	.
1961	Pn	1330	.	3103^{I}	3142	1986	UZ	B4iph/ s	3142-2	1986
1962	Pn	1338	.	3111^{I}	3143	1986	UZ	B4iph/ s	3143-0	.
1962	Pn	1339	.	2006	3144	1986	UZ	B4iph/ s	3144-8	.
1962	Pn	1340	.	3028	3145	1986	UZ	B4iph/ s	3145-5	.
1962	Pn	1341	.	3043	3146	1986	UZ	B4iph/ s	3146-3	.
1963	Pn	1350	.	3025	3147	1986	UZ	B4iph/ s	3147-1	.
1963	Pn	1402	.	3023	3149	1986	UZ	B4iph/ s	3149-7	200103
1964	Pn	1407	.	3035	3150	1986	UZ	B4iph/ s	3150-5	.
1964	Pn	1408	.	3022	3151	1986	UZ	B4iph/ s	3151-3	2001 abgestellt
1964	Pn	1409	.	3021	3152	1986	UZ	B4iph/ s	3152-1	1989
1964	Pn	1411	.	3012	3153	1986	UZ	B4iph/ s	3153-9	.
1964	Pn	1412	.	3017	3154	1986	UZ	B4iph/ s	3154-7	.
1964	Pn	1414	.	3013	3155	1986	UZ	B4iph/ s	3155-4	.
1964	Pn	1416	.	3024	3156	1986	UZ	B4iph/ s	3156-2	.
1964	Pn	1418	.	3000	3157	1986	UZ	B4iph/ s	3157-0	.
1964	Pn	1419	.	3042	3158	1986	UZ	B4iph/ s	3158-8	.
1964	Pn	1420	.	3014	3159	1986	UZ	B4iph/ s	3159-6	.
1965	Pn	1421	.	3038	3160	1986	UZ	B4iph/ s	3160-4	.
1965	Pn	1422	.	3040	3161	1986	UZ	B4iph/ s	3161-2	.
1965	Pn	1423	.	3018	3162	1986	UZ	B4iph/ s	3162-0	.
1965	Pn	1424	.	3037	3163	1986	UZ	B4iph/ s	3163-8	.
1965	Pn	1425	.	3032.	3164	1986	UZ	B4iph/ s	3164-6	.
1965	Pn	1426	.	3015.	3165	1986	UZ	B4iph/ s	3165-3	.
1965	Pn	1427	.	3034.	3166	1986	UZ	B4iph/ s	3166-1	.
1967	Pn	1476	.	6291.	3167	1986	UZ	B4iph/ s	3167-9	.
1967	Pn	1477	.	6292.	3168	1986	UZ	B4iph/ s	3168-7	.
1954	Pn	448	.	3242.	3200^{II}	1986	UZ	B4iph/ s	3200-8	1999
1954	Pn	451	.	3248	3201^{II}	1986	UZ	B4iph/ s	3201-6	.
1955	Pn	465	.	3249.	3202^{II}	1986	UZ	B4iph/ s	3202-4	199603
1955	Pn	466	.	3250.	3203^{II}	1986	UZ	B4iph/ s	3203-2	.
1955	Pn	467	.	3251.	3204^{II}	1986	UZ	B4iph/ s	3204-0	1998
1955	Pn	603	.	3255	3205^{II}	1986	UZ	B4iph/ s	3205-7	.
1955	Pn	607	.	3254	3206^{II}	1986	UZ	B4iph/ s	3206-5	.
1954	Pn	450	.	3247	3220^{II}	1986	UZ	B4iph/ s	3220-6	.
1954	Pn	447	.	6290	3241	1986	UZ	B4iph/ s	3241-2	.
1954	Pn	449?	.	3002	3243	1986	UZ	B4iph/ s	3243-8	.
1954	Pn	462	.	3003	3244	1986	UZ	B4iph/ s	3244-6	.

U	2.UIC-Nr.	Anmerkung	fremde Bahn	Hbf
.	.	.	.	A
.	.	.	.	A
.	.	.	.	A
UZ	95903-6	5180.1.96	.	A
.	.	.	.	A
AVK	.	5180.2.95	Dölnitzbahn	A
.	.	.	.	A
.	.	.	.	A
AVK	.	.	Club U44	A
AVK	.	.	ZB B4i 48	W
AVK	.	.	ZB B4i ..	W
.	.	.	.	A
UZ	95931-7	.	.	A
.	.	.	.	A
UZ	95932-5	.	.	A
UZ	95930-9	.	.	A
.	.	.	.	A
UZ	95933-3	.		A
.	.	.	.	A
.	.	.	.	A
.	.	.	.	A
.	.	.	.	A
AVK	.	5180.1.86	Dölnitzbahn	A
.	.	.	.	A
.	.	.	.	A
.	.	.	.	A
.	.	.	.	A
.	.	.	.	A
AVK	.	.	Club U44	A
.	.	.	.	A
.	.	.	.	A
UG	5601	.	.	A
.	.	.	.	A
.	.	.	.	A
.	.	.	.	A
.	.	.	.	A
.	.	.	.	A
.	.	.	.	A
.	.	.	.	A
.	.	.	.	A
.	.	.	.	A
.	.	.	.	A
.	.	.	.	A
.	.	.	.	A
.	.	.	.	A
.	.	.	.	A
.	.	.	.	A
.	.	.	Ybbstal	A
UZ	95929-1	..	Ybbstal	A
.	.	.	.	A
UZ	95900-2	5142.07.14.96	.	A
.	.	.	.	A
UB	95904-4	EB99/2	.	A
.	.	.	.	A
.	.	.	.	A
.	.	.	.	A
.	.	.	Ybbstal	A
.	.	.	Pinzgau	A
.	.	.	Pinzgau	A

BJ	BA	BA Nr.	BBÖ Nr.	ÖBB	ÖBB	Jahr	UZ	Gattung	UIC-Nr.	Jahr
1954	Pn	463	.	3011	3245	1986	UZ	B4iph/ s	3245-3	199603
1955	Pn	468	.	6293	3252	1986	UZ	B4iph/ s	3252-9	.
1955	Pn	469	.	3010	3253	1986	UZ	B4iph/ s	3253-7	1988
1955	Pn	608	.	3019	3256	1986	UZ	B4iph/ s	3256-0	1986
1955	Pn	609	.	3041	3257	1986	UZ	B4iph/ s	3257-8	.
1957	Pn	915	.	>	3258	1986	UZ	B4iph/ s	3258-6	.
1957	Pn	801	.	3009	3259	1986	UZ	B4iph/ s	3259-4	.
1957	Pn	802	.	3027	3260	1986	UZ	B4iph/ s	3260-2	199603
1956	Pn	803	.	4000	3280	1986	UZ	B4iph/ s	3280-0	1998
1956	Pn	774	.	4001	3281	1986	UZ	B4iph/ s	3281-8	.
1906	Gw	kNr	411	.	3675	1986	UZ	Bi / s	3675-1	1998
1954	Pn	..	.	4786	3852	1986	UZ	Bi / s	3852-6	1986
1954	Pn	461	.	3686	3857	1986	UZ	Bi / s	3857-5	.
1955	Pn	..	.	3704	3858	1986	UZ	Bi / s	3858-3	1998
1955	Pn	..	.	4622	3863	1986	UZ	Bi / s	3863-3	1998
1956	Pn	605	.	4656	3864	1986	UZ	Bi / s	3864-1	1998
1956	Pn	695	.	3664	3866	1986	UZ	Bi / s	3866-6	1986
1957	Pn	875	.	3657	3873	1986	UZ	Bi / s	3873-2	1998
1957	Pn	876	.	4699	3874	1986	UZ	Bi / s	3874-0	1998
1958	Pn	1113	.	3689	3875	1986	UZ	Bi / s	3875-7	1998
1958	Pn	990	.	3662	3876	1986	UZ	Bi / s	3876-5	1986
1958	Pn	1097	.	3732	3877	1986	UZ	Bi / s	3877-3	1998
1959	Pn	1100	.	3740	3880	1986	UZ	Bi / s	3880-7	1998
1959	Pn	1101	.	3676	3881	1986	UZ	Bi / s	3881-5	1998
1959	Pn	1102	.	3782	3882	1986	UZ	Bi / s	3882-3	1998
1959	Pn	1103	.	3688	3883	1986	UZ	Bi / s	3883-1	1987
1959	Pn	1104	.	3728	3884	1986	UZ	Bi / s	3884-9	1998
1958	Pn	1106	.	3649	3886	1986	UZ	Bi / s	3886-4	1986
1959	Pn	1255	.	4793	3887	1986	UZ	Bi / s	3887-2	1998
1959	Pn	1256	.	3780	3888	1986	UZ	Bi / s	3888-0	1998
1959	Pn	1257	.	3790	3889	1986	UZ	Bi / s	3889-8	1987
1959	Pn	1258	.	3605	3890	1986	UZ	Bi / s	3890-6	1998
1963	Pn	1347	.	15801	4100	1986	UZ	BD4iph / s	4100-9	.
1963	Pn	1348	.	15802	4101	1986	UZ	BD4ip / s	4101-7	1998
1963	Pn	1404	.	6215	4102	1986	UZ	BD4iph / s	4102-5	200103
1963	Pn	1405	.	6212	4103	1986	UZ	BD4iph / s	4103-3	.
1964	Pn	1428	.	6213	4104	1986	UZ	BD4iph / s	4104-1	2000
1965	Pn	1429	.	6214	4105	1986	UZ	BD4iph / s	4105-8	1996
1965	Pn	1430	.	6200	4106	1986	UZ	BD4iph / s	4106-6	200103
1965	Pn	1431	.	6211	4107	1986	UZ	BD4iph / s	4107-4	.
1965	Pn	1432	.	6210	4108	1986	UZ	BD4iph / s	4108-2	.
1967	Pn	1475	.	6281	4109	1986	UZ	BD4ip / s	4109-0	1998
1955	Pn	470	.	3293	4200	1986	UZ	BD4iph/ s	4200-7	.
1955	Pn	471	.	3294	4201	1986	UZ	BD4iph/ s	4201-5	200103
1954	Pn	453	.	3291	4220	1986	UZ	BD4iph/ s	4220-5	1998
1954	Pn	454	.	3292	4221	1986	UZ	BD4iph/ s	4221-3	.
1954	Pn	455	.	32999	4230	1986	UZ	BD4iph/ s	4230-4	.
1954	Pn	452	.	9290	4240	1986	UZ	BD4iph/ s	4240-3	.
1937	Sw	65844	>	3081	4261	1986	UZ	BD4ip / s	4261-9	.
.	Pn	.	>	2105	5600	1986	UZ	R4iph / s	5600-7	.
1964	Pn	1409	.	3021	3152[1]	1989	UG	WR4iphz/ s	5601-5	.
1896	Gw	.	>	3603	5901	1986	UZ	Buffet/ s	5901-9	199.
1940	.	.	.	.	6270	1986	UZ	D4hols	6270-8	1988
1903	Gw	kNr	1226>	10206	6489	1986	UZ	Dls	6489-4	1998
1902	Gw	kNr	1129	.	6493	1986	UZ	Dils	6493-6	1997
1924	Sw	60437	1211	.	6494	1986	UZ	Dils	6494-1	1993
1922	Sw	60184	1197	.	6495	1986	UZ	Dils	6495-2	1985
1968	Pn	1478	>	3727	6500	1986	UZ	Dils	6500-8	1994
1968	Pn	1480	>	3736	5502	1986	UZ	Dils	6502-4	1998
1968	Pn	1481	>	3619	6503	1986	UZ	Dils	6503-2	1998

U	2.UIC-Nr.	Anmerkung	fremde Bahn	Hbf
UZ	95901-0	5142.07.14.96	.	A
.	.	.	.	A
A	.	5180.2.88	.	A
A	.	5180.7.86	-	A
.	.	.	.	A
.	.	.	.	A
.	.	.	.	A
UZ	95902-2	5142.07.14.96	.	A
AVK	.	.	Puchenstuben,Alpenhotel	W
.	.	.	.	W
UZ	95906-9	.	.	W
AVK	.	.	ZB Bi 24	A
.	.	.	Pinzgau	A
UZ	95908-5	.	.	W
UZ	95907-7	.	.	W
UZ	95909-3	.	.	W
AVK	.	5180.6.86	ZB Bi 25	A
UZ	95910-1	.	.	W
UZ	95911-9	.	.	W
UZ	95912-7	.	.	W
AVK	.	.	ÖGEG	W
UZ	95913-5	.	.	W
UZ	95914-3	.	.	W
UZ	95915-0	.	.	W
UZ	95916-8	.	2003 W	A
AVK	.	5180.4.87	WSV	W
UZ	95917-6	.	2003 W	A
AVK	.	.	ÖGEG	W
UZ	95918-4	.	2003 W	A
UZ	95919-2	.	2003 W	A
AVK	.	5180.4.87	WSV	W
UZ	95914-3	Nr. vorgesehen	>an WSV	W
.	.	.	.	A
.	95927-5	5142.07.48.98	Ybbstal	A
A	(vorhanden)	.	.	A
.	.	.	.	A
AVK	.	.	ZB BD 49	A
AVK	.	.	Lotus Lok Station	A
AVK	.	.	Gem.Sitzenberg, ÖGEG	A
.	.	.	.	A
.	.	.	.	A
.	97202	.	ÖGEG	A
.	.	.	.	A
AVK	.	.	Club U44	A
.	95928-3	5142.07.49.98	.	A
.	.	.	.	A
.	.	.	.	A
.	.	.	.	A
.	.	.	2003 Ybbstal	W
.	.	.	.	A
.	.	.	Buffet	A
UZ	95925-0	.	2003 W	A
UZ	95905-1	.	.	A
UZ	95921-8	.	.	W
AVK	.	5180-4-87	WSV	W
A	.	.	JHMD	W
A	.	.	.	W
A	.	.	.	W
UZ	95922-6	.	.	A
UZ	95923-4	.	.	W

BJ	BA	BA Nr.	BBÖ Nr.	ÖBB	ÖBB	Jahr	UZ	Gattung	UIC-Nr.	Jahr
1968	Pn	1482	>	3731	6504	1986	UZ	Dils	6504-0	.
1968	Pn	1483	>	3721	6505	1986	UZ	Dihols	6505-7	.
1968	Pn	1484	>	3723	6506	1986	UZ	Dihols	6506-5	1998
1969	Pn	1485	>	10212	6507	1986	UZ	Dihols	6507-3	1998 09
1966	Pn	1457	>	3624	6901	1986	UZ	Dgils	6901-8	.
1966	Pn	1458	>	3640	6902	1986	UZ	Dgils	6902-6	1997
1966	Gw	64080	.	6300	8500	1986	UZ	F3hols	8500-6	1992
1966	Gw	64081	.	6301	8501	1986	UZ	F3hols	8501-4	199712
1966	Gw	64082	.	6302	8502	1986	UZ	F3hols	8502-2	199712
1904	Gw	kNr	1048	.	10005	1986	UZ	Gw / s	10005-2	1988
1904	Gw	kNr	1050	.	10007	1986	UZ	Gw / s	10007-8	1988
1904	Gw	kNr	1051	.	10008	1986	UZ	Gw / s	10008-6	1993
1908	Gw	kNr	1120	.	10015	1986	UZ	Gwd/ s	10015-1	1988
1900	Gw	kNr	1123	.	10018	1986	UZ	Gwd/ s	10018-5	1987
1900	Gw	kNr	1125	.	10020	1986	UZ	Gwd/ s	10020-1	1987
1902	Gw	kNr	1126	.	10021	1986	UZ	Gwd/ s	10021-9	1987
1900	Gw	kNr	1133	.	10037	1986	UZ	Gw / s	10037-5	1988
1902	Gw	kNr	1135	.	10039	1986	UZ	Gw / s	10039-1	1988
1902	Gw	kNr	1136	.	10046	1986	UZ	Gw / s	10046-6	1987
1898	Gw	kNr	1021	.	10201	1986	UZ	Gwd/ s	10201-7	1990
1898	Gw	kNr	2029	.	10203	1986	UZ	Gwd/ s	10203-3	1993
1903	Gw	kNr	1224	.	10204	1986	UZ	Gwd/ s	10204-1	1989
1924	Sw	60428	1202	.	10213	1986	UZ	Gwd/ s	10213-2	1988
1924	Sw	60436	1210	.	10220	1986	UZ	Gwd/ s	10220-7	1988
1896	Gw	kNr	1213	.	10225	1986	UZ	Gw / s	10225-6	1987
1898	Gw	kNr	1024	.	10237	1986	UZ	Gw / s	10237-1	1991
1908	Sw	44439	1541	.	11650	1986	UZ	G / s	11650-4	1988
1912	Sw	49168	1520	.	11651	1986	UZ	G / s	11651-2	1988
1912	Sw	49169	1521	.	11652	1986	UZ	G / s	11652-0	1988
1912	Sw	49171	1523	.	11654	1986	UZ	G / s	11654-6	(1989)
1912	Sw	49172	1524	.	11655	1986	UZ	G / s	11655-3	1988
1912	Sw	49175	1525	.	11656	1986	UZ	G / s	11656-1	(1989)
1912	Sw	49178	1528	.	11659	1986	UZ	G / s	11659-5	1988
1912	Sw	49179	1529	.	11660	1986	UZ	G / s	11660-3	1998
1926	Sw	61321	1820	.	14560	1986	UZ	Gmd/ s	14560-2	1994
1926	Sw	61322	1821	.	14561	1986	UZ	Gmd/ s	14561-0	1988
1926	Sw	61323	1822	.	14562	1986	UZ	Gmd/ s	14562-8	1994
1926	Sw	61324	1823	.	14563	1986	UZ	Gmd/ s	14563-6	1989
1926	Sw	61325	1824	.	14564	1986	UZ	Gmd/ s	14564-4	1989
1926	Sw	61339	1930	.	15812	1986	UZ	GGd/ s	15812-6	1994
1926	Sw	61340	1931	.	15813	1986	UZ	GGd/ s	15813-4	1994
1926	Sw	61341	1932	.	15814	1986	UZ	GGd/ s	15814-2	1994
1926	Sw	61494	1860	.	15820	1986	UZ	GGd/ s	15820-9	1989
1926	Sw	61495	1861	.	15821	1986	UZ	GGd/ s	15821-7	1989
1927	Sw	61496	1862	.	15822	1986	UZ	GGd/ s	15822-5	(1989)
1927	Sw	61497	1863	.	15823	1986	UZ	GGd/ s	15823-3	(1989)
1927	Sw	61497	1863	.	90109-8	1992	UZ	GGd/ s	15823-3	1989
1942	Bip	.	1940	.	15830	1986	UZ	GG / s	15830-8	1987
1942	LHB	kNr	>	.	16800	1986	UZ	GGm/ s	16800-0	.
1942	LHB	kNr	>	.	16801	1986	UZ	GGm/ s	16801-8	.
1942	LHB	kNr	>	.	16802	1986	UZ	GGm/ s	16802-6	.
1942	LHB	kNr	>	.	16803	1986	UZ	GGm/ s	16803-4	.
1942	LHB	kNr	>	.	16804	1986	UZ	GGm/ s	16804-2	.
1942	LHB	kNr	>	.	16805	1986	UZ	GGm/ s	16805-9	1994
1942	LHB	kNr	>	.	16806	1986	UZ	GGm/ s	16806-7	1989
1942	LHB	kNr	>	.	16807	1986	UZ	GGm/ s	16807-5	1989
1942	LHB	kNr	>	.	16808	1986	UZ	GGm/ s	16808-3	.
1942	LHB	kNr	>	.	16809	1986	UZ	GGm/ s	16809-1	.
1943	LHB	kNr	>	.	16813	1986	UZ	GGm/ s	16813-3	.
1943	LHB	kNr	>	.	16819	1986	UZ	GGm/ s	16819-0	1994

U	2.UIC-Nr.	Anmerkung	fremde Bahn	Hbf
.	.	.	.	W
.	.	.	nicht kass	W
A	.	.	.	W
AVK	.	.	IRR >1999	A
.	.	.	1995 HW Pn	A
AVK	.	.	Stainz	A
AVK	.	.	BWMB1997	A
AVK	.	.	Club 760	A
AVK	.	.	(Nostalgie)	A
AVK	.	.	ÖGEG	W
AVK	.	.5188-5-88	WSV	W
A	.	.	.	W
AVK	.	.	ÖGEG	W
A	.	.	WSV	W
A	.	.	ÖGLB	W
A	.	.	ÖGLB	W
A	.	.	ÖGLB	W
A	.	.	.	W
A	.	.	.	W
A	.	.	.	W
A	.	.	JHMD	W
UG	90050-1	.	.	A
AVK	.	.	Plasser & Th	A
AVK	.	.	ÖGEG	A
AVK	.	.	VKEF	W
AVK	.	.	ÖGEG	A
A	.	.	.	A
AVK	.	.	ÖGEG	A
AVK	.	.	ÖGEG/ÖGLB	A
UG	90002-2	.	.	A
.	.		ÖGEG	A
UG	90003-0	.	.	A
AVK	.	.	ÖGEG	A
UG	95801-	.	.	A
AVK	.	.	ÖGEG	A
A	.	.	.	A
AVK	.	.	ÖGEG	A
UG	90000-6	.	.	A
UG	90001-4	.	.	A
A	.	.	1997 reaktivert	W
A	.	.	1997 reaktivert	W
A	.	.	1997 reaktivert	W
UG	90100-4	.	.	A
UG	90101-2	.	.	A
UG	90102-0	.	nicht umgez	A
UG	90109-8	.		A
UG	90109-8	.	Nostalgie RüZ	A
A	.	.	.	W
.	.	.	1989 Fahrradwagen	A
.	.	.	Ybbstal	A
.	.	.	Wieselburg ??	A
A??	.	.	.	A
.	.	.	Ybbstal	A
A	.	.	Ybbstal	A
UG	90104-6	.	.	A
UG	90108-7	.	.	A
.	.	.	Ybbstal	A
.	.	.	3) Ybbstal	A
.	.	.	4)	A
A	.	.	.	A

BJ	BA	BA Nr.	BBÖ Nr.	ÖBB	ÖBB	Jahr	UZ	Gattung	UIC-Nr.	Jahr
1943	LHB	kNr	>	.	16820	1986	UZ	GGm/ s	16820-8	.
1943	LHB	kNr	>	.	16824	1986	UZ	GGm/ s	16824-0	1989
1943	LHB	kNr	>	.	90105-3	1992	UG	GGmh/ s	16824-0	.
1943	LHB	kNr	>	.	16825	1986	UZ	GGm/ s	16825-7	.
1943	LHB	kNr	>	.	16828	1986	UZ	GGm/ s	16828-1	1989
1943	LHB	kNr	>	.	16833	1986	UZ	GGm/ s	16833-1	1989
1943	LHB	kNr	>	.	16834	1986	UZ	GGm/ s	16834-9	1996
1943	LHB	kNr	>	.	16835	1986	UZ	GGm/ s	16835-6	1999
1903	Röss	oT	8564	.	21000	1986	UZ	H / s	21000-0	1988
1903	Röss	oT	8565	.	21001	1986	UZ	H / s	21001-8	1988
1903	Röss	kNr	8566	.	21002	1986	UZ	H / s	21002-6	1988
1903	Röss	kNr	8568	.	21004	1986	UZ	H / s	21004-2	1987
1903	Röss	kNr	8570	.	21006	1986	UZ	H / s	21006-7	1988
1902	Gw	kNr	8575	.	21012	1986	UZ	H / s	21012-5	1988
1902	Gw	kNr	8576	.	21013	1986	UZ	H / s	21013-3	1989
1907	Röss	kNr	8590	.	21015	1986	UZ	H / s	21015-8	1989
1907	Röss	kNr	8591	.	21016	1986	UZ	H / s	21016-6	1989
1907	Röss	kNr	8592	.	21017	1986	UZ	H / s	21017-4	1987
1907	Röss	kNr	8593	.	21018	1986	UZ	H / s	21018-2	1987
1907	Röss	kNr	8594	.	21019	1986	UZ	H / s	21019-0	1989
1907	Röss	kNr	8595	.	21020	1986	UZ	H / s	21020-8	1989
1907	Röss	kNr	8596	.	21021	1986	UZ	H / s	21021-6	1989
1907	Röss	kNr	8597	.	21022	1986	UZ	H / s	21022-4	1988
1907	Röss	kNr	8598	.	21023	1986	UZ	H / s	21023-2	1987
1907	Röss	kNr	8599	.	21024	1986	UZ	H / s	21024-0	1988
1907	Röss	kNr	8600	.	21025	1986	UZ	H / s	21025-7	1988
1907	Röss	kNr	8601	.	21026	1986	UZ	H / s	21026-5	1989
1907	Röss	kNr	8627	.	21028	1986	UZ	H / s	21028-1	1989
1907	Röss	kNr	8628	.	21029	1986	UZ	H / s	21029-9	1989
1907	Röss	kNr	8629	.	21030	1986	UZ	H / s	21030-7	1988
1907	Röss	kNr	8630	.	21031	1986	UZ	H / s	21031-5	1988
1907	Röss	kNr	8631	.	21032	1986	UZ	H / s	21032-3	1989
1907	Röss	kNr	8632	.	21033	1986	UZ	H / s	21033-1	1988
1907	Röss	kNr	8634	.	21034	1986	UZ	H / s	21034-9	1988
1907	Röss	kNr	8636	.	21035	1986	UZ	H / s	21035-6	1988
1907	Röss	kNr	8637	.	21036	1986	UZ	H / s	21036-4	1988
1907	Röss	kNr	8639	.	21038	1986	UZ	H / s	21038-0	1989
1907	Röss	kNr	8640	.	21039	1986	UZ	H / s	21039-8	1988
1907	Röss	kNr	8641	.	21040	1986	UZ	H / s	21040-6	1988
1907	Röss	kNr	8642	.	21041	1986	UZ	H / s	21041-4	1988
1907	Röss	kNr	8643	.	21042	1986	UZ	H / s	21042-2	1988
1907	Röss	kNr	8644	..	21043	1986	UZ	H / s	21043-0	1988
1907	Gw	kNr	.	92300A	21046[II]	1986	UZ	H / s	21046-3	1989
1907	Gw	kNr	.	92300B	21047[II]	1986	UZ	H / s	21047-1	1988
1927	Sw	61455	.	.	21050	1986	UZ	H / s	21050-5	1988
1927	Sw	61456	.	.	21051	1986	UZ	H / s	21051-3	1989
1927	Sw	61457	.	.	21052	1986	UZ	H / s	21052-1	1988
1927	Sw	61458	.	.	21053	1986	UZ	H / s	21053-9	1989
1927	Sw	61459	.	.	21054	1986	UZ	H / s	21054-7	1989
1922	Sw	59396	8620>	21046[I]	21059	1986	UZ	H / s	21059-6	1989
1922	Sw	59397	8621>	21047[I]	21060	1986	UZ	H / s	21060-4	1989
1922	Sw	59398	8622>	21048	21061	1986	UZ	H / s	21061-2	1989
1927	Sw	61454	8510>	21049	21062	1986	UZ	H / s	21062-0	1988
1902	Gw	kNr	2646	.	30005	1986	UZ	Sw / s	30005-8	1988
1902	Gw	kNr	2655	.	30031	1986	UZ	Sw / s	30031-4	1988
1902	Gw	kNr	2659	.	30035	1986	UZ	Sw / s	30035-5	1989
1902	Gw	kNr	2660	.	30036	1986	UZ	Sw / s	30036-3	1988
1902	Gw	kNr	2662	.	30038	1986	UZ	Sw / s	30038-9	1988
1902	Gw	kNr	2663	.	30039	1986	UZ	Sw / s	30039-7	1988
1907	Gw	kNr	8880	.	31550	1986	UZ	S / s	31550-2	1990

U	2.UIC-Nr.	Anmerkung	fremde Bahn	Hbf
.	.	.	Ybbstal	A
UG	90105-3	.	.	A
.	.	.	Fahrradtransp	A
.	.	.	3) Ybbstal	A
UG	90106-1	.	.	A
UG	90107-9	.	.	A
AVK	.	-.	TS Waidh	A
AVK	.	.	ÖGLB	A
AVK	.	.	Ochsenhausen	A
AVK	.	.	Köln	A
AVK	.	.	Ochsenhausen	A
AVK	.	.	ÖGLB	W
AVK	.	.	ÖGLB	W
AVK	.	.	Ochsenhausen	A
UZ	93000-3	.	.	A
UZ	93001-1	.	.	A
UZ	93002-9	.	.	A
AVK	.	.	ÖGLB	W
AVK	.	.	ÖGEG	A
JZ	93003-7	.	.	A
JZ	93004-5	.	.	A
JZ	93005-2	.	.	A
AVK	.	.	ÖGEG	A
AVK	.	.	ÖGLB	W
AVK	.	.	VKEF	A
AVK	.	.	VKEF	A
JZ	93006-0	.	.	A
JZ	93007-8	.	.	A
JZ	93008-6	.	.	A
VK	.	.	Felixdorf	A
VK	.	.	Ochsenhausen	A
JZ	93009-4	.	.	A
	.	.	.	A
VK	.	.	Ochsenhausen	A
VK	.	.	Ochsenhausen	A
	.	.	.	A
JZ	93010-2	.	.	A
	.	.	.	A
VK	.	.	ÖGEG	A
	.	.	.	A
VK	.	.	ÖGEG	A
VK	.	.	Stainz	A
JZ	93011-0	.	.	A
VK	.	.	ÖGLB	A
VK	.	.	ÖGLB	A
JZ	93012-8	.	.	A
	.	.	.	A
JZ	93013-6	.	.	A
JZ	93014-4	.	.	A
JZ	93015-1	.	.	A
JZ	93016-9	.	.	A
JZ	93017-7	.	.	A
	.	.	.	A
VK	.	.	ÖGLB	A
	.	.	.	A
JG	90303-4	.	.	A
	.	.	.	A
	.	.	.	A
VK	.	.	ÖGLB	A
VK	.	.	ÖGLB	A

BJ	BA	BA Nr.	BBÖ Nr.	ÖBB	ÖBB	Jahr	UZ	Gattung	UIC-Nr.	Jahr
1907	Gw	kNr	8881	.	31551	1986	UZ	S / s	31551-0	1989
1907	Gw	kNr	8882	.	31552	1986	UZ	S / s	31552-8	1988
1907	Gw	kNr	8883	.	31560	1986	UZ	S / s	31560-1	1988
1907	Gw	kNr	8884	.	31561	1986	UZ	S / s	31561-9	1988
1907	Gw	kNr	8885	.	31562	1986	UZ	S / s	31562-7	1988
1926	Sw	61253	5930	.	34600	1986	UZ	Jbm/ s	34600-2	1991
1926	Sw	61255	5932	.	34602	1986	UZ	Jbm/ s	34602-8	1989
1926	Sw	61257	5934	.	34604	1986	UZ	Jbm/ s	34604-4	1991
1926	Sw	61258	5935	.	34605	1986	UZ	Jbm/ s	34605-1	1988
1926	Sw	61259	5936	.	34606	1986	UZ	Jbm/ s	34606-9	1988
1926	Gw	32642	5940	.	34610	1986	UZ	Jbm/ s	34610-1	1988
1926	Gw	32644	5942	.	34612	1986	UZ	Jbm/ s	34612-7	1988
1926	Gw	32645	5943	.	34613	1986	UZ	Jbm/ s	34613-5	1988
1926	Gw	32647	5945	.	34615	1986	UZ	Jbm/ s	34615-0	1988
1926	Gw	32648	5946	.	34616	1986	UZ	Jbm/ s	34616-8	1988
1926	Gw	32649	5947	.	34617	1986	UZ	Jbm/ s	34617-6	1988
1926	Gw	32650	5948	.	34618	1986	UZ	Jbm/ s	34618-4	1988
1926	Gw	32651	5949	.	34619	1986	UZ	Jbm/ s	34619-2	1988
1927	Sw	61499	2311	.	34681	1986	UZ	Jbml/s	34681-2	1988
1927	Sw	61500	2312	.	34682	1986	UZ	Jbml/s	34682-0	1988
1927	Sw	61501	2313	.	34683	1986	UZ	Jbml/s	34683-8	1988
1928	Sw	61619	.	.	35800	1986	UZ	SS / s	35800-6	1994
1928	Sw	61620	.	.	35801	1986	UZ	SS / s	35801-4	1994
1926	Sw	61342	1933	.	15815-9	1987	UB	SS / s	35802-3	1994
1943	LHB	kNr	>	.	36800	1986	UZ	SSm / s	36800-6	.
1943	LHB	kNr	>	.	36803	1986	UZ	SSm / s	36803-0	1989
1943	LHB	kNr	>	.	36804	1986	UZ	SSm / s	36804-8	.
1943	LHB	kNr	>	.	36807	1986	UZ	SSm / s	36807-1	1989
1943	LHB	kNr	>	76864	36809	1986	UZ	SSm / s	36809-7	.
1943	LHB	kNr	>	76841	36809	1986	UZ	SSm / s	36811-3	1994
1943	LHB	kNr	>	76842	36809	1986	UZ	SSm / s	36812-1	1994
1943	LHB	kNr	>	76858	36813	1986	UZ	SSm / s	36813-9	1995
1943	LHB	kNr	>	76853	36814	1986	UZ	SSm / s	36814-7	1989
1943	LHB	kNr	>	76851	36815	1986	UZ	SSm / s	36815-4	1989
1943	LHB	kNr	>	76854	36816	1986	UZ	SSm / s	36816-2	1989
1943	LHB	kNr	>	76857	36817	1986	UZ	SSm / s	36817-0	2002
1943	LHB	kNr	>	76859	36818	1986	UZ	SSm / s	36818-8	2002
1943	LHB	kNr	>	76862	36819	1986	UZ	SSm / s	36819-6	2002
1943	LHB	kNr	>	76836	36825	1986	UZ	SSm / s	36825-3	.
1943	LHB	kNr	>	76839	36826	1986	UZ	SSm / s	36826-1	.
1943	LHB	kNr	>	76848	36827	1986	UZ	SSm / s	36827-9	.
1943	LHB	kNr	>	76819	36828	1986	UZ	SSm / s	36828-7	.
1943	LHB	kNr	>	76823	36830	1986	UZ	SSm / s	36830-3	.
1943	LHB	kNr	>	76824	36831	1986	UZ	SSm / s	36831-1	.
1943	LHB	kNr	>	76828	36834	1986	UZ	SSm / s	36834-5	1995
1943	LHB	kNr	>	76820	36835	1986	UZ	SSm / s	36835-2	1995
1943	LHB	kNr	>	76827	36836	1986	UZ	SSm / s	36836-0	.
1943	LHB	kNr	>	76829	36837	1986	UZ	SSm / s	36837-8	200202
1943	LHB	kNr	>	76826	36838	1986	UZ	SSm / s	36838-6	1995
1943	LHB	kNr	>	76803	36839	1986	UZ	SSm / s	36839-4	1995
1943	LHB	kNr	>	76844	36842	1986	UZ	SSm / s	36842-8	200202
1943	LHB	kNr	>	76865	36843^{II}	1986	UZ	SSm / s	36843-6	.
1943	LHB	kNr	>	76838	36863	1986	UZ	SSm / s	36863-4	.
1943	LHB	kNr	>	36844^{II}	76869-2	1987	UB	SSm / s	36869-1	
1943	LHB	kNr	>	36840^{II}	36870	1986	UB	SSm / s	36870-9	.
1896	Gw	kNr	8432	.	40026	1986	UZ	Nw / s	40026-2	1989
1897	Gw	kNr	CSD9085	.	40045	1986	UZ	Nw / s	40045-2	1988
1897	Gw	kNr	CSD9086	.	40046	1986	UZ	Nw / s	40046-0	1988
1897	Gw	kNr	CSD9155	.	40047	1986	UZ	Nw / s	40047-8	1986
1897	Gw	kNr	CSD9088	.	40048	1986	UZ	Nw / s	40048-6	1989

U	2.UIC-Nr.	Anmerkung	fremde Bahn	Hbf
UG	90304-2	.	.	A
A	.	.	.	A
AVK	.	.	Stainz	A
A	.	.	.	A
A	.	.	.	A
AVK	.	.	ÖGLB	A
AVK	.	.	ÖGEG	A
AVK	.	.	ÖGLB	A
A	.	.	.	A
A	.	.	.	A
AVK	.	.	Ochsenhausen	A
A	.	.	.	A
A	.	.	.	A
AVK	.	.	ÖGEG	A
A	.	.	.	A
A	.	.	.	A
A	.	.	.	A
A	.	.	.	A
AVK	.	.	ÖGLB	A
A	.	.	.	A
AVK	.	.	ÖGEG	A
A	.	.	Museum Ob Graf	A
A	.	.	Museum Ob Graf	A
A	.	.	Museum Ob Graf	A
.	.	.	Ybbstal	A
UZ	93500-2	.	.	A
.	.	.	Ybbstal	A
UZ	93501-0	vorg. 36901	.	A
.	.	vorg. 36903	Ybbstal	A
A	.	vorg. 36905	.	A
A	.	vorg. 36906	.	A
UG	93104-3	5142.07.29.1995	.	A
UG	92310-7	.	.	A
UG	93502-8	.	.	A
UG	93503-6	.	.	A
UG	93106-8	.	.	A
UG	93109-2	5142.07.23.1995	.	A
UG	93105-0	.	.	A
.	.	.	Ybbstal	A
.	.	.	Ybbstal	A
.	.	.	Ybbstal	A
.	.	.	Ybbstal	A
.	.	.	Ybbstal	A
.	.	.	Ybbstal	A
UG	93100-1	5142.07.29.1995	.	A
UG	93101-9	5142.07.29.1995	.	A
.	.	.	Ybbstal	A
UG	93108-4	.	.	A
UG	93103-5	5142.07.29.1995	.	A
UG	93102-7	5142.07.29.1995	.	A
UG	93107-6	.	.	A
.	.	.	Ybbstal	A
.	.	.	Ybbstal	A
			Ybbstal	A
.	.	.	Ybbstal	A
UZ	91100-3	.	.	A
AVK	.	.	ÖGLB	W
AVK	.	.	ÖGLB	W
AVK			BWMB Nw 222	W
A	.	.	.	W

BJ	BA	BA Nr.	BBÖ Nr.	ÖBB	ÖBB	Jahr	UZ	Gattung	UIC-Nr.	Jahr
1896	Gw	kNr	2540	.	40200	1986	UZ	Nw / s	40200-3	1989
1896	Gw	kNr	2542	.	40202	1986	UZ	Nw / s	40202-9	1989
1896	Gw	kNr	2543	.	40203	1986	UZ	Nw / s	40203-7	1989
1896	Gw	kNr	2547	.	40207	1986	UZ	Nw / s	40207-8	1989
1898	Gw	kNr	8311	.	40208	1986	UZ	Nw / s	40208-6	1989
1898	Gw	kNr	8313	.	40210	1986	UZ	Nw / s	40210-2	1989
1898	Gw	kNr	8314	.	40211	1986	UZ	Nw / s	40211-0	1989
1898	Gw	kNr	8315	.	40212	1986	UZ	Nw / s	40212-8	1989
1898	Gw	kNr	8317	.	40214	1986	UZ	Nw / s	40214-4	1989
1898	Gw	kNr	8320	.	40217	1986	UZ	Nw / s	40217-7	1989
1898	Gw	kNr	8701	.	41500	1986	UZ	N / s	41500-5	1989
1898	Gw	kNr	8704	.	41503	1986	UZ	N / s	41503-9	1989
1900	Gw	kNr	3140	.	60070	1986	UZ	Ow / s	60070-5	1986
1900	Gw	kNr	3142	.	60072	1986	UZ	Ow / s	60072-1	1986
1901	Gw	kNr	3144	.	60074	1986	UZ	Ow / s	60074-7	1987
1901	Gw	kNr	3146	.	60076	1986	UZ	Ow / s	60076-2	1987
1897	Gw	kNr	CSD 4003	.	60091	1986	UZ	Ow / s	60091-1	1987
1897	Gw	kNr	CSD 4050	.	60092	1986	UZ	Ow / s	60092-9	1987
1922	Sw	60119	3209	.	60277	1986	UZ	Ow / s	60277-6	1988
1924	Gw	31902	3222	.	60280	1986	UZ	Ow / s	60280-0	1987
1924	Gw	31903	3223	.	60281	1986	UZ	Ow / s	60281-8	1987
1924	Gw	31901	3229	.	60284	1986	UZ	Ow / s	60284-2	1987
1922	Sw	60084	3219	.	60307	1986	UZ	Olw/ s	60307-1	1988
1922	Sw	60085	3220	.	60308	1986	UZ	Olw/ s	60308-9	1989
1922	Sw	60086	3221	.	60309	1986	UZ	Olw/ s	60309-7	1988
1922	Gw	31907	3225	.	60310	1986	UZ	Olw/ s	60310-5	1988
1922	Gw	31908	3226	.	60311	1986	UZ	Olw/ s	60311-3	1988
1920	Sw	58099	4345	.	61060	1986	UZ	O / s	61060-5	1989
1920	Sw	58070	4350	.	61064	1986	UZ	O / s	61064-7	1988
1920	Sw	58072	4352	.	61066	1986	UZ	O / s	61066-2	1988
1898	Gw	kiNr	4267	.	61500	1986	UZ	O / s	61500-0	1988
1898	Gw	kiNr	4269	.	61501	1986	UZ	O / s	61501-8	1988
1898	Gw	kiNr	4270	.	61502	1986	UZ	O / s	61502-6	1988
1898	Gw	kiNr	4271	.	61503	1986	UZ	O / s	61503-4	1989
1898	Gw	kiNr	4273	.	61505	1986	UZ	O / s	61505-9	1988
1898	Gw	kiNr	4274	.	61506	1986	UZ	O / s	61506-7	1989
1900	Gw	kiNr	4230	.	61507	1986	UZ	O / s	61507-5	1986
1900	Gw	kiNr	4239	.	61511	1986	UZ	O / s	61511-7	1986
1905	Sw	43417	4260	.	61553	1986	UZ	O / s	61553-9	1988
1905	Gw	kiNr	4261	.	61554	1986	UZ	O / s	61554-7	1988
1905	Gw	kiNr	4262	.	61555	1986	UZ	O / s	61555-4	1988
1905	Gw	kiNr	4263	.	61556	1986	UZ	O / s	61556-2	1988
1905	Gw	kiNr	4264	.	61557	1986	UZ	O / s	61557-0	1988
1905	Gw	kiNr	4265	.	61558	1986	UZ	O / s	61558-8	1988
1905	Gw	kiNr	4266	.	61559	1986	UZ	O / s	61559-6	1988
1905	Sw	43422	4275	.	61560	1986	UZ	O / s	61560-4	1988
1906	Sw	44446	4355	.	61562	1986	UZ	O / s	61562-0	1988
1906	Sw	44448	4357	.	61564	1986	UZ	O / s	61564-6	1988
1907	Sw	46307	4370	.	61565	1986	UZ	O / s	61565-3	1991
1908	Sw	46312	4374	.	61569	1986	UZ	O / s	61569-5	1988
1908	Sw	46313	4375	.	61570	1986	UZ	O / s	61570-3	1987
1908	Sw	46315	4376	.	61571	1986	UZ	O / s	61571-1	1988
1908	Sw	46317	4378	.	61573	1986	UZ	O / s	61573-7	1988
1908	Sw	46318	4379	.	61574	1986	UZ	O / s	61574-5	1988
1908	Sw	46320	4381	.	61576	1986	UZ	O / s	61576-0	1989
1908	Sw	46321	4382	.	61577	1986	UZ	O / s	61577-8	1988
1908	Sw	46323	4385	.	61580	1986	UZ	O / s	61580-2	1988
1908	Sw	46326	4386	.	61581	1986	UZ	O / s	61581-0	1988
1908	Sw	46329	4389	.	61584	1986	UZ	O / s	61584-4	1988
1908	Sw	46330	4390	.	61585	1986	UZ	O / s	61585-1	1988

U	2.UIC-Nr.	Anmerkung	fremde Bahn	Hbf
UG	91101-1	vorgesehen	A	A
UG	91102-9	.	.	A
UG	91103-7	vorgesehen	A	A
UG	91104-5	.	.	A
UG	91105-3	.	.	A
UG	91106-0	.	.	A
UG	91107-8	.	.	A
UG	91108-6	vorgesehen	A	A
UG	91109-4	.	.	A
UG	91110-2	.	.	A
UG	91111-0	.	.	A
UG	91112-8	.	.	A
AVK	.	.	BWMB Bi 108	W
A	.	.	Club 760	W
A	.	.	.	W
A	.	.	.	A
AVK	.	.	Stainz	W
A	.	.	.	W
AVK	.	.	ÖGLB	A
AVK	.	.	VKEF	W
AVK	.	.	VKEF	W
AVK	.	.	VKEF	W
A	.	.	.	A
UG	96211-3	.	.	A
A	.	.	.	A
A	.	.	.	A
A	.	.	.	A
UB	96210-5	..		A
A	.	.	.	A
A	.	.	.	A
A	.	.	.	A
A	.	.	.	A
A	.	.	.	A
UG	91814-9	.	.	A
A	.	.	.	A
UG	91815-6	.	.	A
A	.	.	.	W
AVK	.	.	Adenau	W
AVK	.	.	ÖGLB	A
AVK	.	.	BWMB Bi 110	A
AVK	.	.	BWMB Bi 111	A
AVK	.	.	BWMB Bi 107	A
AVK	.	.	BWMB Bi 109	A
AVK	.	.	ÖGEG	A
A	.	.	.	A
A	.	.	.	A
A	.	.	.	A
A	.	.	.	A
UZ	96210"	.	.	A
AVK	.	.	ÖGLB	A
A	.	.	.	A
AVK	.	.	BWMB	A
A	.	.	.	A
A	.	.	.	A
A	.	.	.	A
A	.	.	.	A
AVK	.	.	BWMB	A
A	.	.	.	A
A	.	.	.	A
A	.	.	.	A

BJ	BA	BA Nr.	BBÖ Nr.	ÖBB	ÖBB	Jahr	UZ	Gattung	UIC-Nr.	Jahr
1901	Gw	kiNr	4233	.	61600	1986	UZ	O / s	61600-8	1986
1901	Gw	kiNr	4237	.	61604	1986	UZ	O / s	61604-0	1987
1901	Gw	kiNr	5245	.	61609	1986	UZ	O / s	61609-9	1987
1912	Sw	49183	1228	.	64602	1986	UZ	Olm / s	64602-1	1988
1912	Sw	49185	1230	.	64604	1986	UZ	Olm / s	64604-7	1988
1912	Sw	49186	1231	.	64605	1986	UZ	Olm / s	64605-4	1988
1912	Sw	49187	1232	.	64606	1986	UZ	Olm / s	64606-2	1988
1912	Sw-	49188	1233	.	64607	1986	UZ	Olm / s	64607-0	1988
1912	Sw	49190	1235	.	64609	1986	UZ	Olm / s	64609-6	1987
1912	Sw	49191	1236	.	64610	1986	UZ	Olm / s	64610-4	1988
1912	Sw	49192	1237	.	64611	1986	UZ	Olm / s	64611-2	1988
1912	Sw	49194	1239	.	64613	1986	UZ	Olm / s	64613-8	1988
1912	Sw	49180	1225	.	64614	1986	UZ	Olm / s	64614-6	1988
1927	Gw	32810	400	.	64615	1986	UZ	Olm / s	64615-3	1988
1927	Gw	32811	401	.	64616	1986	UZ	Olm / s	64616-1	1988
1927	Gw	32812	402	.	64617	1986	UZ	Olm / s	64617-9	1988
1927	Gw	32813	403	.	64618	1986	UZ	Olm / s	64618-7	1988
1927	Gw	32814	404	.	64619	1986	UZ	Olm / s	64619-5	1988
1927	Gw	32815	405	.	64620	1986	UZ	Olm / s	64620-3	1988
1917	Gw	kiNr	5782	.	71602	1986	UZ	Ol / s	71602-2	1987
1907	Gw	kiNr	7480	.	72600	1986	UZ	Ol / s	72600-5	1988
1907	Gw	kiNr	7481	.	72601	1986	UZ	Ol / s	72601-3	1988
1907	Gw	kiNr	7483	.	72603	1986	UZ	Ol / s	72603-9	1988
1907	Gw	kiNr	7484	.	72604	1986	UZ	Ol / s	72604-7	1988
1907	Gw	kiNr	7485	.	72605	1986	UZ	Ol / s	72605-4	1988
1907	Gw	kiNr	7486	.	72606	1986	UZ	Ol / s	72606-2	1988
1907	Gw	kiNr	7487	.	72607	1986	UZ	Ol / s	72607-0	1988
1907	Gw	kiNr	7488	.	72608	1986	UZ	Ol / s	72608-8	1988
1907	Gw	kiNr	7489	.	72609	1986	UZ	Ol / s	72609-6	1988
1908	Gw	kiNr	7460	.	72610	1986	UZ	Ol / s	72610-4	1988
1908	Gw	kiNr	7462	.	72612	1986	UZ	Ol / s	72612-0	1988
1908	Gw	kiNr	7463	.	72613	1986	UZ	Ol / s	72613-8	1988
1908	Gw	kiNr	7464	.	72614	1986	UZ	Ol / s	72614-6	1988
1908	Gw	kiNr	7465	.	72615	1986	UZ	Ol / s	72615-3	1988
1908	Gw	kiNr	7466	.	72616	1986	UZ	Ol / s	72616-1	1988
1908	Gw	kiNr	7467	.	72617	1986	UZ	Ol / s	72617-9	1988
1908	Gw	kiNr	7468	.	72618	1986	UZ	Ol / s	72618-7	1988
1908	Gw	kiNr	7469	.	72619	1986	UZ	Ol / s	72619-5	1988
1908	Gw	kiNr	7470	.	72620	1986	UZ	Ol / s	72620-3	1988
1908	Gw	kiNr	7471	.	72621	1986	UZ	Ol / s	72621-1	1988
1908	Gw	kiNr	7472	.	72622	1986	UZ	Ol / s	72622-9	1988
1908	Gw	kiNr	7473	.	72623	1986	UZ	Ol / s	72623-7	1988
1943	LHB	kiNr	>	.	75850	1986	UZ	OO / s	75850-3	1989
1943	LHB	kiNr	>	.	75851	1986	UZ	OO / s	75851-1	1989
1942	LHB	kNr	.	.	76800	1986	UZ	OOm / s	76800-7	1989
1942	LHB	kNr	.	.	76801	1986	UZ	OOm / s	76801-5	1988
1942	LHB	kNr	.	.	76802	1986	UZ	OOm / s	76802-3	1988
1942	LHB	kNr	.	.	76804	1986	UZ	OOm / s	76804-9	1988
1942	LHB	kNr	.	.	76805	1986	UZ	OOm / s	76805-6	1988
1942	LHB	kNr	.	.	76808	1986	UZ	OOm / s	76808-0	1988
1942	LHB	kNr	.	.	76809	1986	UZ	OOm / s	76809-8	1989
1942	LHB	kNr	.	.	76810	1986	UZ	OOm / s	76810-6	1986
1943	LHB	kNr	.	.	76811	1986	UZ	OOm / s	76811-4	1986
1943	LHB	kNr	.	.	76803	1986	UZ	OOm / s	76813-0	1986
1942	LHB	kNr	.	.	76816	1986	UZ	OOm / s	76816-3	1989
1942	LHB	kNr	.	.	76817	1986	UZ	OOm / s	76817-1	1989
1943	LHB	kNr	.	36841"	76838	1986	UZ	OOm / s	76838-7	1986
1898	Gw	.	CSD 813	.	88000	1986	UZ	W / s	88000-0	1987
1922	GW	.	CSD 912	.	88001	1986	UZ	W / s	88001-8	1987
1900	Gw	kNr	9410	.	88002	1986	UZ	W / s	88002-6	1987

U	2.UIC-Nr.	Anmerkung	fremde Bahn	Hbf
AVK	.	.	Club 760	W
A	.	.	.	W
AVK	.	.	ÖGLB	W
A	.	.	.	A
A	.	.	.	A
AVK	.	.	ÖGLB	A
AVK	.	.	ÖGEG	A
AVK		.	ÖGLB	W
AVK		.	ÖGEG	W
AVK		.	ÖGLB	A
A		.	.	A
A		.	.	A
A		.	.	A
A	.	.	.	A
A	.	.	.	A
AVK	.	.	ÖGLB	A
AVK	.	.	ÖGLB	A
AVK	.	.	Club Mh 6	A
AVK	.	.	Stainz	A
AVK	.	.	VKEF	A
A	.	.	.	A
A	.	.	.	A
A	.	.	.	A
AVK	.	.	ÖGEG	A
AVK	.	.	ÖGLB	A
A	.	.	.	A
A	.	.	.	A
AVK	.	.	ÖGEG	A
AVK	.	.	ÖGLB	A
AVK	.	.	Stainz	A
A	.	.	.	A
A	.	.	.	A
AVK	.	.	ÖGEG	A
A	.	.	.	A
A	.	.	.	A
A	.	.	.	A
A	.	.	.	A
A	.	.	.	A
A	.	.	.	A
A	.	.	.	A
AVK	.	.	ÖGLB	A
AVK	.	.	ÖGLB	A
UZ	91794-2	.	.	A
UZ	91795-0	.	.	A
UG	91796-8	.	.	A
UB	36859-2	.	.	A
UB	36865-9	.	.	A
UB	36860-0	.	.	A
UB	36864-2	.	.	A
UB	36858-4	.	.	A
UG	91797-6	.	.	A
UG	91804-8	.	.	A
UG	91805-5	.	.	A
UG	91806-3	.	.	A
UG	91798-4	.	.	A
UG	91799-2	.	.	A
UB	36863-6		.	A
A	.	5180.5.87	.	A
A	.	5180.5.87	.	A
A	.	5180.5.87	.	A

BJ	BA	BA Nr.	BBÖ Nr.	ÖBB	ÖBB	Jahr	UZ	Gattung	UIC-Nr.	Jahr
1900	Gw	kNr	9411	.	88003	1986	UZ	W / s	88003-4	1987
1900	Gw	kNr	9413	.	88004	1986	UZ	W / s	88004-2	1987
1900	Gw	kNr	9414	.	88005	1986	UZ	W / s	88005-9	1987
1900	Gw	kNr	9416	.	88006	1986	UZ	W / s	88006-7	1987
1900	Gw	kNr	9418	.	88007	1986	UZ	W / s	88007-5	1987
1900	Gw	kNr	9419	.	88008	1986	UZ	W / s	88008-3	1987
1900	Gw	kNr	9420	.	88009	1986	UZ	W / s	88009-1	1987
1900	Gw	kNr	9422	.	88010	1986	UZ	W / s	88010-9	1987
1900	Gw	kNr	9423	.	88011	1986	UZ	W / s	88011-7	1987
1900	Gw	kNr	9424	.	88012	1986	UZ	W / s	88012-5	1987
1900	Gw	kNr	9425	.	88013	1986	UZ	W / s	88013-3	1987
1900	Gw	kNr	9427	.	88014	1986	UZ	W / s	88014-1	1987
1900	Gw	kNr	9429	.	88015	1986	UZ	W / s	88015-8	1987
1900	Gw	kNr	9430	.	88016	1986	UZ	W / s	88016-6	1987
1900	Gw	kNr	9431	.	88017	1986	UZ	W / s	88017-4	1987
1909	Gw	kNr	9450	.	88018	1986	UZ	W / s	88018-2	1987
1909	Gw	kNr	9451	.	88019	1986	UZ	W / s	88019-0	1987
1909	Gw	kNr	9452	.	88020	1986	UZ	W / s	88020-8	1987
1909	Gw	kNr	9453	.	88021	1986	UZ	W / s	88021-6	1987
1909	Gw	kNr	9454	.	88022	1986	UZ	W / s	88022-4	1987
1909	Gw	kNr	9455	.	88023	1986	UZ	W / s	88023-2	1987
1909	Gw	kNr	9456	.	88024	1986	UZ	W / s	88024-0	1987
1909	Gw	kNr	9457	.	88025	1986	UZ	W / s	88025-7	1987
1909	Gw	kNr	9458	.	88026	1986	UZ	W / s	88026-5	1998
1909	Gw	kNr	9459	.	88027	1986	UZ	W / s	88027-3	1987
1909	Gw	kNr	9460	.	88028	1986	UZ	W / s	88028-1	1987
1909	Gw	kNr	9461	.	88029	1986	UZ	W / s	88029-9	1987
1909	Gw	kNr	9462	.	88030	1986	UZ	W / s	88030-7	1987
1909	Gw	kNr	9463	.	88031	1986	UZ	W / s	88031-5	1987
1909	Gw	kNr	9464	.	88032	1986	UZ	W / s	88032-3	1987
1909	Gw	kNr	9465	.	88033	1986	UZ	W / s	88033-1	1987
1909	Gw	kNr	9466	.	88034	1986	UZ	W / s	88034-9	1987
1909	Gw	kNr	9467	.	88035	1986	UZ	W / s	88035-6	1987
1909	Gw	kNr	9468	.	88036	1986	UZ	W / s	88036-4	1987
1909	Gw	kNr	9469	.	88037	1986	UZ	W / s	88037-2	1987
1909	Gw	kNr	9470	.	88038	1986	UZ	W / s	88038-0	1987
1909	Gw	kNr	9471	.	88039	1986	UZ	W / s	88039-8	1987
1909	Gw	kNr	9472	.	88040	1986	UZ	W / s	88040-6	1987
1908	Gw	kNr	CSD 822	.	88100	1986	UZ	W / s	88100-8	1987
1908	Gw	kNr	CSD 824	.	88101	1986	UZ	W / s	88101-6	1987
1922	Gw	kNr	CSD 828	.	88102	1986	UZ	W / s	88102-4	1987
1922	Gw	kNr	DR 903	.	88103	1986	UZ	W / s	88103-2	1987
1922	Gw	kNr	DR 904	.	88104	1986	UZ	W / s	88104-0	1987
1926	Sw	60526	9510	.	88105	1986	UZ	W / s	88105-7	1987
1926	Sw	60527	9511	.	88106	1986	UZ	W / s	88106-5	1987
1924	Sw	60419	.	.	88107	1986	UZ	W / s	88107-3	1987
1924	Sw	60425	.	.	88108	1986	UZ	W / s	88108-1	1987
1926	Sw	61235	9512	.	88200	1986	UZ	W / s	88200-6	1987
1926	Sw	61236	9513	.	88201	1986	UZ	W / s	88201-4	1987
1926	Sw	61237	9514	.	88202	1986	UZ	W / s	88202-2	1987
1926	Sw	61238	9515	.	88203	1986	UZ	W / s	88203-0	1987
1926	Sw	61239	9516	.	88204	1986	UZ	W / s	88204-8	1987
1926	Sw	61240	9517	.	88205	1986	UZ	W / s	88205-5	1987
1926	Sw	61241	9518	.	88206	1986	UZ	W / s	88206-3	1987
1926	Sw	61242	9519	.	88207	1986	UZ	W / s	88207-1	1987
1926	Sw	61243	9520	.	88208	1986	UZ	W / s	88208-9	1987
1926	Sw	61244	9521	.	88209	1986	UZ	W / s	88209-7	1987
1926	Sw	61245	9522	.	88210	1986	UZ	W / s	88210-5	1987
1926	Sw	61246	9523	.	88211	1986	UZ	W / s	88211-3	1987
1927	Sw	61480	9350	.	88212	1986	UZ	W / s	88212-1	1987

U	2.UIC-Nr.	Anmerkung	fremde Bahn	Hbf
A	.	5180.5.87	.	A
A	.	5180.5.87	.	A
A	.	5180.5.87	.	A
A	.	5180.5.87	.	A
A	.	5180.5.87	.	A
A	.	5180.5.87	.	A
A	.	5180.5.87	.	A
A	.	5180.5.87	.	A
A	.	5180.5.87	.	A
A	.	5180.5.87	.	A
A	.	5180.5.87	.	A
A	.	5180.5.87	.	A
A	.	5180.5.87	.	A
A	.	5180.5.87	.	A
A	.	5180.5.87	.	A
A	.	5180.5.87	.	A
A	.	5180.5.87	.	A
A	.	5180.5.87	.	A
A	.	5180.5.87	.	A
A	.	5180.5.87	.	A
A	.	5180.5.87	.	A
A	.	5180.5.87	.	A
A	.	5180.5.87	.	A
UZ	95803	5180.5.87	Nostalgie	A
A	.	5180.5.87	.	A
A	.	5180.5.87	.	A
A	.	5180.5.87	.	A
A	.	5180.5.87	.	A
A	.	5180.5.87	.	A
A	.	5180.5.87	.	A
A	.	5180.5.87	.	A
UZ	95802	5180.5.87)	Nostalgie	A
A	.	5180.5.87	.	A
A	.	5180.5.87	.	A
A	.	5180.5.87	.	A
A	.	5180.5.87	.	A
A	.	5180.5.87	.	A
A	.	5180.5.87	.	A
A	.	5180.5.87	.	A
A	.	5180.5.87	.	A
A	.	5180.5.87	.	A
A	.	5180.5.87	.	A
A	.	5180.5.87	.	A
A	.	5180.5.87	.	A
A	.	5180.5.87	.	A
A	.	5180.5.87	.	A
A	.	5180.5.87	.	A
A	.	5180.5.87	.	A
A	.	5180.5.87	.	A
A	.	5180.5.87	.	A
A	.	5180.5.87	.	A
A	.	5180.5.87	.	A
A	.	5180.5.87	.	A
A	.	5180.5.87	.	A
A	.	5180.5.87	.	A
A	.	5180.5.87	.	A
A	.	5180.5.87	.	A
A	.	5180.5.87	.	A
A	.	5180.5.87	.	A
A	.	5180.5.87	.	A

BJ	BA	BA Nr.	BBÖ Nr.	ÖBB	ÖBB	Jahr	UZ	Gattung	UIC-Nr.	Jahr
1927	Sw	61481	9351	.	88213	1986	UZ	W / s	88213-9	1987
1927	Sw	61482	9352	.	88214	1986	UZ	W / s	88214-7	1987
1927	Sw	61483	9353	.	88215	1986	UZ	W / s	88215-4	1987
1927	Sw	61484	9354	.	88216	1986	UZ	W / s	88216-2	1987
1927	Sw	61486	9356	.	88217	1986	UZ	W / s	88217-0	1987
1927	Sw	61487	9357	.	88218	1986	UZ	W / s	88218-8	1987
1927	Sw	61488	9358	.	88219	1986	UZ	W / s	88219-6	1987
1927	Sw	61489	9359	.	88220	1986	UZ	W / s	88220-4	1987
1927	Sw	61490	9360	.	88221	1986	UZ	W / s	88221-2	1987
1927	Sw	61491	9361	.	88222	1986	UZ	W / s	88222-0	1987
1924	Sw	60990	9500	.	88223	1986	UZ	W / s	88223-8	1987
1924	Sw	60991	9501	.	88224	1986	UZ	W / s	88224-6	1987
1924	Sw	61076	9504	.	88225	1986	UZ	W / s	88225-3	1987
1924	Sw	61077	9505	.	88226	1986	UZ	W / s	88226-1	1987
1924	Sw	61078	9507	.	88227	1986	UZ	W / s	88227-9	1987
1931	Sw	65299	9524	.	88300	1986	UZ	W / s	88300-4	1987
1931	Sw	65300	9525	.	88301	1986	UZ	W / s	88301-2	1987
1931	Sw	65301	9526	.	88302	1986	UZ	W / s	88302-0	1987
1931	Sw	65302	9527	.	88303	1986	UZ	W / s	88303-8	1987
1931	Sw	65303	9528	.	88304	1986	UZ	W / s	88304-6	1987
1931	Sw	65304	9529	.	88305	1986	UZ	W / s	88305-3	1987
1931	Sw	65305	9530	.	88306	1986	UZ	W / s	88306-1	1987
1931	Sw	65306	9531	.	88307	1986	UZ	W / s	88307-9	1987
1931	Sw	65307	9532	.	88308	1986	UZ	W / s	88308-7	1987
1931	Sw	65308	9533	.	88309	1986	UZ	W / s	88309-5	1987
1931	Sw	65309	9534	.	88310	1986	UZ	W / s	88310-3	1987
1931	Sw	65310	9535	.	88311	1986	UZ	W / s	88311-1	1987
1935	Sw	65636	9432	.	88312	1986	UZ	W / s	88312-9	1987
1935	Sw	65639	9435	.	88313	1986	UZ	W / s	88313-7	1987
1935	Sw	65640	9436	.	88314	1986	UZ	W / s	88314-5	1987
1935	Sw	65641	9437	.	88315	1986	UZ	W / s	88315-2	1987
1935	Sw	65643	9439	.	88316	1986	UZ	W / s	88316-0	1987
1941	LHB	kNr	>	.	88317	1986	UZ	W / s	88317-8	1987
1941	LHB	kNr	>	.	88318	1986	UZ	W / s	88318-6	1987
1941	LHB	kNr	>	.	88319	1986	UZ	W / s	88319-4	1987
1941	LHB	kNr	>	.	88320	1986	UZ	W / s	88320-2	1987
1941	LHB	kNr	>	.	88321	1986	UZ	W / s	88321-0	1987
1941	LHB	kNr	>	.	88322	1986	UZ	W / s	88322-8	1987
1941	LHB	kNr	>	.	88323	1986	UZ	W / s	88323-6	1987
1941	LHB	kNr	>	.	88324	1986	UZ	W / s	88324-4	1987
1941	LHB	kNr	>	.	88325	1986	UZ	W / s	88325-1	1987
1941	LHB	kNr	>	.	88326	1986	UZ	W / s	88326-9	1987
1941	LHB	kNr	>	.	88327	1986	UZ	W / s	88327-7	1987
1941	LHB	kNr	>	.	88328	1986	UZ	W / s	88328-5	1987
1986	Jw	3.983 031	.	.	.	<	.	WW/ s	89200-5	.
1986	Jw	3.983 032	.	.	.	<	.	WW/ s	89201-3	.
1986	Jw	3.983 033	.	.	.	<	.	WW/ s	89202-1	.
1986	Jw	3.983 034	.	.	.	<	.	WW/ s	89203-9	.
1986	Jw	3.983 035	.	.	.	<	.	WW/ s	89204-7	.
1986	Jw	3.983 036	.	.	.	<	.	WW/ s	89205-4	.
1987	Jw	3.983 037	.	.	.	<	.	WW/ s	89206-2	.
1987	Jw	3.983 038	.	.	.	<	.	WW/ s	89207-0	.
1987	Jw	3.983 039	.	.	.	<	.	WW/ s	89208-8	.
1987	Jw	3.983 040	.	.	.	<	.	WW/ s	89209-6	.
1987	Jw	3.983 041	.	.	.	<	.	WW/ s	89210-4	.
1987	Jw	3.983 042	.	.	.	<	.	WW/ s	89211-2	.
1987	Jw	3.983 043	.	.	.	<	.	WW/ s	89212-0	.
1987	Jw	3.983 044	.	.	.	<	.	WW/ s	89213-8	.
1987	Jw	3.983 045	.	.	.	<	.	WW/ s	89214-6	.
1926	Gw	32695	9980	.	89600	1986	UZ	WW/ s	89600-6	1998

U	2.UIC-Nr.	Anmerkung	fremde Bahn	Hbf
A	.	5180.5.87	.	A
A	.	5180.5.87	.	A
A	.	5180.5.87	.	A
A	.	5180.5.87	.	A
A	.	5180.5.87	.	A
A	.	5180.5.87	.	A
A	.	5180.5.87	.	A
A	.	5180.5.87	.	A
A	.	5180.5.87	.	A
A	.	5180.5.87	.	A
A	.	5180.5.87	.	A
A	.	5180.5.87	.	A
A	.	5180.5.87	.	A
A	.	5180.5.87	.	A
A	.	5180.5.87	.	A
A	.	5180.5.87	.	A
A	.	5180.5.87	.	A
A	.	5180.5.87	.	A
A	.	5180.5.87	.	A
A	.	5180.5.87	.	A
A	.	5180.5.87	.	A
A	.	5180.5.87	.	A
A	.	5180.5.87	.	A
A	.	5180.5.87	.	A
A	.	5180.5.87	.	A
A	.	5180.5.87	.	A
A	.	5180.5.87	.	A
A	.	5180.5.87	.	A
A	.	5180.5.87	.	A
A	.	5180.5.87	.	A
A	.	5180.5.87	.	A
A	.	5180.5.87	.	A
A	.	5180.5.87	.	A
A	.	5180.5.87	.	A
A	.	5180.5.87	.	A
A	.	5180.5.87	.	A
A	.	5180.5.87	.	A
A	.	5180.5.87	.	A
A	.	5180.5.87	.	A
A	.	5180.5.87	.	A
A	.	5180.5.87	.	A
A	.	5180.5.87	.	A
A	.	5180.5.87	.	A
A	.	5180.5.87	.	A
.	.	.	.	W
.	.	.	.	W
.	.	.	.	W
.	.	.	.	W
.	.	.	.	W
.	.	.	.	W
.	.	.	.	W
.	.	.	.	W
.	.	.	.	W
.	.	.	.	W
.	.	.	.	W
.	.	.	.	W
.	.	.	.	W
.	.	.	.	W
.	.	.	.	W
A	.	.	.	W

BJ	BA	BA Nr.	BBÖ Nr.	ÖBB	ÖBB	Jahr	UZ	Gattung	UIC-Nr.	Jahr
1926	Gw	32696	9981	.	89601	1986	UZ	WW/ s	89601-4	1998
1926	Gw	32760	9982	.	89602	1986	UZ	WW/ s	89602-2	1998
1926	Gw	32761	9983	.	89603	1986	UZ	WW/ s	89603-0	1998
1926	Gw	32762	9984	.	89604	1986	UZ	WW/ s	89604-8	1998
1913	Gör	kNr	.	.	89620	1986	UZ	WW/ s	89620-4	1998
1913	Gör	kNr	.	.	89622	1986	UZ	WW/ s	89622-0	1998
1913	Gör	kNr	.	.	89623	1986	UZ	WW/ s	89623-8	1998
1920	Gör	kNr	.	.	89624	1986	UZ	WW/ s	89624-6	1998
1920	Gör	kNr	.	.	89625	1986	UZ	WW/ s	89625-3	1998
1955	Rw	291	.	.	89650	1986	UZ	WW/ s	89650-1	.
1955	Rw	292	.	.	89651	1986	UZ	WW/ s	89651-9	.
1955	Rw	293	.	.	89652	1986	UZ	WW/ s	89652-7	.
1955	Rw	294	.	.	89653	1986	UZ	WW/ s	89653-5	.
1955	Rw	295	.	.	89654	1986	UZ	WW/ s	89654-3	.
1955	Rw	296	.	.	89655	1986	UZ	WW/ s	89655-0	.
1955	Rw	297	.	.	89656	1986	UZ	WW/ s	89656-8	1998
1955	Rw	298	.	.	89657	1986	UZ	WW/ s	89657-6	1998
1955	Rw	299	.	.	89658	1986	UZ	WW/ s	89658-4	1998
1955	Rw	300	.	.	89659	1986	UZ	WW/ s	89659-2	1998
1963	Rw	3997	.	.	89670	1986	UZ	WW/ s	89670-9	.
1963	Rw	3998	.	.	89671	1986	UZ	WW/ s	89671-7	.
1963	Rw	3999	.	.	89672	1986	UZ	WW/ s	89672-5	.
1963	Rw	4000	.	.	89673	1986	UZ	WW/ s	89673-3	.
1963	Rw	4001	.	.	89674	1986	UZ	WW/ s	89674-1	.
1963	Rw	4002	.	.	89675	1986	UZ	WW/ s	89675-8	.
1963	Rw	4003	.	.	89676	1986	UZ	WW/ s	89676-6	.
1963	Rw	4004	.	.	89677	1986	UZ	WW/ s	89677-4	.
1963	Rw	4005	.	.	89678	1986	UZ	WW/ s	89678-2	.
1963	Rw	4006	.	.	89679	1986	UZ	WW/ s	89679-0	.
1963	Rw	4007	.	.	89680	1986	UZ	WW/ s	89680-8	.
1963	Rw	4008	.	.	89681	1986	UZ	WW/ s	89681-6	.
1963	Rw	4015	.	.	89688	1986	UZ	WW/ s	89688-1	.
1963	Rw	4016	.	.	89689	1986	UZ	WW/ s	89689-9	.
1963	Rw	4017	.	.	89690	1986	UZ	WW/ s	89690-7	.
1963	Rw	4018	.	.	89691	1986	UZ	WW/ s	89691-5	.
1963	Rw	4019	.	.	89692	1986	UZ	WW/ s	89692-3	.
1963	Rw	4020	.	.	89693	1986	UZ	WW/ s	89693-1	.
1963	Rw	4021	.	.	89694	1986	UZ	WW/ s	89694-9	.
1963	Rw	4022	.	.	89695	1986	UZ	WW/ s	89695-6	.
1963	Rw	4023	.	.	89696	1986	UZ	WW/ s	89696-4	.
1963	Rw	4024	.	.	89697	1986	UZ	WW/ s	89697-2	.
1963	Rw	4025	.	.	89698	1986	UZ	WW/ s	89698-0	.
1963	Rw	4026	.	.	89699	1986	UZ	WW/ s	89699-8	.
1984	Jw	001	.	.	89700	1986	UZ	WW/ s	89700-4	2003 abgestellt
1984	Jw	002	.	.	89701	1986	UZ	WW/ s	89701-2	.
1984	Jw	003	.	.	89702	1986	UZ	WW/ s	89702-0	.
1984	Jw	004	.	.	89703	1986	UZ	WW/ s	89703-8	.
1984	Jw	005	.	.	89704	1986	UZ	WW/ s	89704-6	.
1984	Jw	006	.	.	89705	1986	UZ	WW/ s	89705-3	.
1984	Jw	007	.	.	89706	1986	UZ	WW/ s	89706-1	.
1984	Jw	008	.	.	89707	1986	UZ	WW/ s	89707-9	.
1984	Jw	010	.	.	89709	1986	UZ	WW/ s	89709-5	.
1984	Jw	011	.	.	89710	1986	UZ	WW/ s	89710-3	.
1984	Jw	012	.	.	89711	1986	UZ	WW/ s	89711-1	.
1984	Jw	013	.	.	89712	1986	UZ	WW/ s	89712-9	.
1984	Jw	014	.	.	89713	1986	UZ	WW/ s	89713-7	.
1984	Jw	015	.	.	89714	1986	UZ	WW/ s	89714-5	.
1984	Jw	016	.	.	89715	1986	UZ	WW/ s	89715-2	.
1984	Jw	017	.	.	89716	1986	UZ	WW/ s	89716-0	.
1984	Jw	018	.	.	89717	1986	UZ	WW/ s	89717-8	.

U	2.UIC-Nr.	Anmerkung	fremde Bahn	Hbf
A	.	.	.	W
A	.	.	.	W
A	.	.	.	W
A	.	.	.	W
A	.	.	.	W
A	.	.	.	W
A	.	.	.	W
A	.	.	.	W
A	.	.	.	W
.	.	.	1993 Pinzgau	W
.	.	.	1993 Pinzgau	W
.	.	.	1993 Pinzgau	W
.	.	.	1993 Pinzgau	W
.	.	.	1993 Pinzgau	W
.	.	.	1993 Pinzgau	W
A	.	.	.	W
A	.	.	.	W
A	.	.	.	W
A	.	.	.	W
.	.	.	.	W
.	.	.	.	W
.	.	.	.	W
.	.	.	2000 Pinzgau	W
.	.	.	.	W
.	.	.	.	W
.	.	.	.	W
.	.	.	.	W
.	.	.	.	W
.	.	.	.	W
.	.	.	.	W
.	.	.	.	W
.	.	.	.	W
.	.	.	.	W
.	.	.	.	W
.	.	.	.	W
.	.	.	2000 Pinzgau	W
.	.	.	.	W
.	.	.	.	W
.	.	.	.	W
.	.	.	.	W
.	.	.	.	W
.	.	.	.	W
.	.	.	.	W
.	.	.	JW 3980	A
.	.	.	.	W
.	.	.	.	W
.	.	.	.	A
.	.	.	.	W
.	.	.	.	W
.	.	.	.	W
.	.	.	.	W
.	.	.	.	A
.	.	.	.	A
.	.	.	.	A
.	.	.	1998 abgestellt	A
.	.	.	.	A
.	.	.	.	A
.	.	.	.	A
.	.	.	.	A
.	.	.	2000 an Pinzgau	W

BJ	BA	BA Nr.	BBÖ Nr.	ÖBB	ÖBB	Jahr	UZ	Gattung	UIC-Nr.	Jahr
1984	Jw	019	.	.	89718	1986	UZ	WW/ s	89718-6	.
1984	Jw	020	.	.	89719	1986	UZ	WW/ s	89719-4	.
1984	Jw	021	.	.	89720	1986	UZ	WW/ s	89720-2	.
1984	Jw	022	.	.	89721	1986	UZ	WW/ s	89721-0	.
1984	Jw	023	.	.	89722	1986	UZ	WW/ s	89722-8	.
1984	Jw	024	.	.	89723	1986	UZ	WW/ s	89723-6	.
1984	Jw	025	.	.	89724	1986	UZ	WW/ s	89724-4	.
1984	Jw	026	.	.	89725	1986	UZ	WW/ s	89725-1	.
1984	Jw	027	.	.	89726	1986	UZ	WW/ s	89726-9	.
1984	Jw	028	.	.	89727	1986	UZ	WW/ s	89727-7	.
1984	Jw	029	.	.	89728	1986	UZ	WW/ s	89728-5	.
1984	Jw	030	.	.	89729	1986	UZ	WW/ s	89729-3	.
1987	Jw	031	.	.	.	<	.	WW/ s	89730-1	.
1987	Jw	032	.	.	.	<	.	WW/ s	89731-9	.
1987	Jw	033	.	.	.	<	.	WW/ s	89732-7	2003 abgestellt
1987	Jw	034	.	.	.	<	.	WW/ s	89733-5	.
1987	Jw	035	.	.	.	<	.	WW/ s	89734-3	1990
1987	Jw	036	.	.	.	<	.	WW/ s	89735-0	1990
1987	Jw	037	.	.	.	<	.	WW/ s	89736-8	1990
1987	Jw	038	.	.	.	<	.	WW/ s	89737-6	1990
1987	Jw	039	.	.	.	<	.	WW/ s	89738-4	1990
1987	Jw	040	.	.	.	<	.	WW/ s	89739-2	1990
1987	Jw	041	.	.	.	<	.	WW/ s	89740-0	.
1987	Jw	042	.	.	.	<	.	WW/ s	89741-8	.
1987	Jw	043	.	.	.	<	.	WW/ s	89742-6	.
1987	Jw	044	.	.	.	<	.	WW/ s	89743-4	1990
1987	Jw	045	.	.	.	<	.	WW/ s	89744-2	.
1987	Jw	046	.	.	.	<	.	WW/ s	89745-9	.
1987	Jw	047	.	.	.	<	.	WW/ s	89746-7	1990
1987	Jw	048	.	.	.	<	.	WW/ s	89747-5	.
1987	Jw	049	.	.	.	<	.	WW/ s	89748-3	.
1987	Jw	050	.	.	.	<	.	WW/ s	89749-1	1990
1987	Jw	051	.	.	.	<	.	WW/ s	89750-9	1990
1987	Jw	052	.	.	.	<	.	WW/ s	89751-7	.
1987	Jw	053	.	.	.	<	.	WW/ s	89752-5	.
1987	Jw	054	.	.	.	<	.	WW/ s	89753-3	1990
1987	Jw	055	.	.	.	<	.	WW/ s	89754-1	.
1987	Jw	056	.	.	.	<	.	WW/ s	89755-8	.
1987	Jw	057	.	.	.	<	.	WW/ s	89756-6	.
1987	Jw	058	.	.	.	<	.	WW/ s	89757-4	.
1987	Jw	059	.	.	.	<	.	WW/ s	89758-2	.
1987	Jw	060	.	.	.	<	.	WW/ s	89759-0	.
1987	Jw	061	.	.	.	<	.	WW/ s	89760-8	1990
1987	Jw	062	.	.	.	<	.	WW/ s	89761-6	.
1987	Jw	063	.	.	.	<	.	WW/ s	89762-4	.
1987	Jw	064	.	.	.	<	.	WW/ s	89763-2	.
1987	Jw	065	.	.	.	<	.	WW/ s	89764-0	.
1987	Jw	066	.	.	.	<	.	WW/ s	89765-7	.
1987	Jw	067	.	.	.	<	.	WW/ s	89766-5	.
1987	Jw	068	.	.	.	<	.	WW/ s	89767-3	.
1987	Jw	069	.	.	.	<	.	WW/ s	89768-1	.
1987	Jw	070	.	.	.	<	.	WW/ s	89769-9	.
1926	Sw	61324	1823	.	14563-6	1989	UG	Dienstgutw / s	90000-6	.
1926	Sw	61325	1824	.	14564-4	1989	UG	Dienstgutw / s	90001-4	.
1912	Sw	49171	1523	.	11654-6	(1989)	UG	Dienstgutw / s	90002-2	1994
1912	Sw	49175	1525	.	11656-1	(1989)	UG	Dienstgutw / s	90003-0	1997
1903	Gw	kNr	1224	.	10204-1	1989	UG	Dienstgutw / s	90050-1	.
1926	Sw	.	1860	.	15820-9	1989	UG	Dienstgutw / s	90100-4	1998
1926	Sw	.	1861	.	15821-7	1989	UG	Dienstgutw / s	90101-2	.
1927	Sw	.	1862	.	15822-5	(1989)	UG	Dienstgutw / s	90102-0	.

U	2.UIC-Nr.	Anmerkung	fremde Bahn	Hbf
.	.	.	2000 an Pinzgau	W
.	.	.	2000 an Pinzgau	W
.	.	.	2000 an Pinzgau	W
.	.	.	.	W
.	.	.	2000 an Pinzgau	W
.	.	.	.	W
.	.	.	.	W
.	.	.	.	W
.	.	.	2000 an Pinzgau	W
.	.	.	2000 an Pinzgau	W
.	.	.	2000 an Pinzgau	W
.	.	.	.	W
.	.	.	.	A
.	.	.	.	A
.	.	.	.	A
.	.	.	.	A
AVK	.	.	ZB WW/s 359	A
AVK	.	.	ZB WW/s 360	A
AVK	.	.	ZB WW/s 361	A
AVK	.	.	ZB WW/s 362	A
AVK	.	.	ZB WW/s 363	A
AVK	.	.	ZB WW/s 364	A
.	.	.	.	A
.	.	.	.	A
.	.	.	.	A
AVK	.	.	ZB WW/s 365	A
.	.	.	.	A
.	.	.	.	W
AVK	.	.	ZB WW/s 366	A
.	.	.	.	A
.	.	.	.	A
AVK	.	.	ZB WW/s 367	A
AVK	.	.	ZB WW/s 368	A
.	.	.	.	A
.	.	.	.	A
AVK	.	.	ZB WW/s 369	A
.	.	.	.	A
.	.	.	.	W
.	.	.	.	A
.	.	.	.	A
.	.	.	.	W
.	.	.	.	W
AVK	.	.	ZB WW/s 370	A
.	.	.	.	A
.	.	.	.	A
.	.	.	.	A
.	.	.	1993 Pinzgau	A
.	.	.	1993 Pinzgau	A
.	.	.	1993 Pinzgau	A
.	.	.	1993 Pinzgau	A
.	.	.	1993 Pinzgau	A
.	.	.	1993 Pinzgau	A
.	.	.	1993 Pinzgau	A
.	.	.	Nostalgie 1997	A
AVK	.	.	ÖGEG	A
AVK	.	.	WSV	A
.	.	.	.	A
AVK	.	.	Bischofstetten	A
.	.	.	Nostalgie 1997	A
.	.	.	.	A

BJ	BA	BA Nr.	BBÖ Nr.	ÖBB	ÖBB	Jahr	UZ	Gattung	UIC-Nr.	Jahr
1927	Sw	.	1863	.	15823-3	(1989)	UG	Dienstgutw / s	90103-8	.
1942	LHB	kNr	>	.	16806-7	1989	UG	Dienstgutw / s	90104-6	.
1943	LHB	kNr	>	.	16824-0	1989	UG	Dienstgutw / s	90105-3	1992
1943	LHB	kNr	>	.	16828-1	1989	UG	Dienstgutw / s	90106-1	2001
1943	LHB	kNr	>	.	16833-1	1989	UG	Dienstgutw / s	90107-9	2001
1942	LHB	kNr	>	.	16807-5	1989	UG	Dienstgutw / s	90108-7	
					15823-3	(1989)	UG	Dienstgutw / s	90109-5	1998
1907	Gw	kNr	8591	.	93002-9	1997	UZ	H /s	90150	
1907	Gw	kNr	8628	.	93008-6	1997	UZ	H /s	90151	
1902	Gw	kNr	2659	.	30035-5	1989	UGUZ	Dienstgutw / s	90303-4	.
1907	Gw	kNr	8881	.	31551-0	1989	UGUZ	Dienstgutw / s	90304-2	.
1920	Sw	58091	933		96201	1986	UZ	Dienstgutw / s	90401-6	.
1899	Gw	kNr			61506-7	1998	UZ	Dienstgutw / s	90402-4	
1922	Sw	60085	3220	.	96211-3	1998	UZ	Dienstgutw / s	90403-2	
1920	Sw	58099	4345	.	96210-5	1998	UZ	Dienstgutw / s	90404-0	
1896	Gw	kNr	8432	.	40026-2	1989	UZ	Abraumtr../ s	91100-3	2003 abgestellt
1896	Gw	kNr	2540	.	40200-3	(1989)	UZ	Abraumtr../ s	91101-1	1989
1896	Gw	kNr	2542	.	40202-9	1989	UZ	Abraumtr../ s	91102-9	2001
1896	Gw	kNr	2543	.	40203-7	(1989)	UZ	Abraumtr../ s	91103-7	1989
1896	Gw	kNr	2546	.	40206-0	1989	UZ	Abraumtr../ s	91104-5	.
1896	Gw	kNr	2547	.	40207-8	1989	UZ	Abraumtr../ s	91105-2	.
1898	Gw	kNr	8313	.	40210-2	1989	UZ	Abraumtr../ s	91106-0	.
1898	Gw	kNr	8314	.	40211-0	1989	UZ	Abraumtr../ s	91107-8	.
1898	Gw	kNr	8315	.	40212-8	(1989)	UZ	Abraumtr../ s	91108-6	1989
1898	Gw	kNr	8317	.	40214-4	1989	UZ	Abraumtr../ s	91109-4	.
1898	Gw	kNr	8320	.	40217-7	1989	UZ	Abraumtr../ s	91110-2	.
1898	Gw	kNr	8701	.	41500-5	1989	UZ	Abraumtr../ s	91111-0	.
1898	Gw	kNr	8704	.	41503-9	1989	UZ	Abraumtr../ s	91112-8	2002
1944	LHB	kNr	>	24565	30565-1	199603	UZ	Schotterw /s	91203-5	.
1944	LHB	kNr	>	24566	30566-8	199603	>>	Schotterw /s	91204-3	.
1944	LHB	kNr	>	24567	30567-6	199603	UZ	Schotterw /s	91205-0	.
1944	LHB	kNr	>	24568	30568-4	199603	UZ	Schotterw /s	91206-8	.
1944	LHB	kNr	>	24569	30569-2	199603	UZ	Schotterw /s	91207-6	.
	LHB	kNr	>	.	75850-3	1989	UZ	Schotterw /s	91794-3	.
	LHB	kNr	>	.	75851-1	1989	UZ	Schotterw /s	91795-0	.
1942	LHB	kNr	>	.	76800-7	199603	UG	Schotterw /s	91796-8	2002
1942	LHB	kNr	>	.	76809-8	1989	UG	Schotterw /s	91797-6	2002
1942	LHB	kNr	>	.	76816-3	1989	UG	Schotterw /s	91798-4	2002
1942	LHB	kNr	>	.	76817-1	1989	UG	Schotterw /s	91799-2	1999
1942	LHB	kNr	>	76806	91800	1986	UZ	Schotterw /s	91800-8	1997
1942	LHB	kNr	>	76807	91801	1986	UZ	Schotterw /s	91801-6	1998
1942	LHB	kNr	>	76814	91802	1986	UZ	Schotterw /s	91802-4	1996
1942	LHB	kNr	>	76821	91803	1986	UZ	Schotterw /s	91803-2	1999
1942	LHB	kiNr	>	76810	91804	1986	UG	Schotterw /s	91804-0	1999
1942	LHB	kiNr	>	76811	.	1986	UG	Schotterw /s	91805-7	1988
1942	LHB	kiNr	>	76813	.	1986	UG	Schotterw /s	91806-5	1999
1928	Gw	32955	.	60290	91814	1986	UZ	Schotterw /s	91811-5	2001
1898	Gw	kiNr	4271	61503-4	.	1989	UG	Schotterw /s	91814-9	2002
1898	Gw	kiNr	4274	61506-7	.	1989	UG	Schotterw /s	91815-6	1998
1943	LHB	kNr	.	76853	36814-7	1989	UG	Wasserw/ s	92310-7	1998
1907	Gw	kNr	8576	.	21013-3	1989	UZ	Schienentransp	93000-3	2001
1907	Gw	kNr	8590	.	21015-8	1989	UZ	Schienentransp	93001-1	1995
1907	Gw	kNr	8591	.	21016-6	1989	UZ	Schienentransp	93002-9	1997
1907	Gw	kNr	8594	.	21019-0	1989	UZ	Schienentransp	93003-7	1995
1907	Gw	kNr	8595	.	21020-8	1989	UZ	Schienentransp	93004-5	2001
1907	Gw	kNr	8596	.	21021-6	1989	UZ	Schienentransp	93005-2	1995
1907	Gw	kNr	8601	.	21026-5	1989	UZ	Schienentransp	93006-0	200006
1907	Gw	kNr	8627	.	21028-1	1989	UZ	Schienentransp	93007-8	2001
1907	Gw	kNr	8628	.	21029-9	1989	UZ	Schienentransp	93008-6	1997
1907	Gw	kNr	8631	.	21032-3	1989	UZ	Schienentransp	93009-4	2001

U	2.UIC-Nr.	Anmerkung	fremde Bahn	Hbf
.	.	.	noch alte Nr..	A
.	.	.	.	A
UG	16824-0	.	.	A
AVK	.	.	ÖGEG	A
AVK	.	.	ÖGEG	A
		.	.	A
UZ	15823		Nostalgie 1998	A
	.	.	Nostalgie 1997	A
	.	.	Nostalgie 1997	A
.	.	.	Ybbstal	A
.	.	.	.	A
.	.	.	.	A
				A
		.	.	A
		.	.	A
.	.	.	.	A
A	.	.	UZ vorgesehen	A
AVK	.	.	ÖGEG	A
A	.	.	UZ vorgesehen	A
.	.	.	.	A
.	.	.	.	A
.	.	.	.	A
.	.	.	.	A
A	.	.	UZ vorgesehen	A
.	.	.	.	A
.	.	.	.	A
.	.	.	Ybbstal	A
A	.	.	.	A
.	5142.07.10.96	.	.	A
.	5142.07.10.96	.	2002 Pinzgau	A
.	5142.07.10.96	.	.	A
.	5142.07.10.96	.	.	A
.	5142.07.10.96	.	.	A
.	.	.	.	A
.	.	.	.	A
A	.	5142.07.10.96	A 1996 vorgesehen	A
A	.	.	.	A
A	.	.	.	A
AVK	.	.	ÖGLB	A
AVK	.	.	WSV	A
AVK	.	.	ÖGLB	A
AVK	.	.	ÖGLB	A
AVK	.	.	ÖGLB	A
AVK	.	.	ÖGLB	A
AVK	.	.	ÖGLB	A
AVK	.	.	ÖGEG	A
AVK	.	.	ÖGEG	A
A	.	.	.	A
UZ	90402		.	A
A	.	.	.	A
AVK	.	.	ÖGEG	A
A	.	.	.	A
UZ	90150	.	Nostalgie 1997	A
A	.	.	.	A
AVK	.	.	ÖGEG	A
A	.	.	.	A
UG	95851-7	.	.	A
AVK	.	.	ÖGEG	A
UZ	90151	.	Nostalgie 1997	A
AVK	.	.	ÖGEG	A

BJ	BA	BA Nr.	BBÖ Nr.	ÖBB	ÖBB	Jahr	UZ	Gattung	UIC-Nr.	Jahr
1907	Gw	kNr	8639	.	21038-0	1989	UZ	Schienentransp	93010-2	2001
1908	Gw	kNr		.	21046-3	1989	UZ	Schienentransp	93011-0	.
1927	Sw	61456	.	.	21051-3	1989	UZ	Schienentransp	93012-8	199810
1927	Sw	61458	.	.	21053-9	1989	UZ	Schienentransp	93013-6	199810
1927	Sw	61459	.	.	21054-7	1989	UZ	Schienentransp	93014-4	199810
1922	Sw	59396	8620>	21046l	21059-6	1989	UZ	Schienentransp	93015-1	199810
1922	Sw	59397	8621>	21047l	21060-4	1989	UZ	Schienentransp	93016-9	199810
1922	Sw	59398	8622>	21048.	21061-2	1989	UZ	Schienentransp	93017-7	199810
1943	LHB	kNr	.	76828	36834-5	1995	UG	Schienentransp	93100-1	.
1943	LHB	kNr	.	76820	36835-2	1995	UG	Schienentransp	93101-9	.
1943	LHB	kNr	.	76803	36839-4	1995	UG	Dienstgutw / s	93102-7	.
1943	LHB	kNr	.	76826	36838-6	1995	UG	Schienentransp	93103-5	.
1943	LHB	kNr	.	76858	36813-9	1995	UG	Schienentransp	93104-3	.
1943	LHB	kNr	.	76862.	36819-6	200002	UG	Schienentransp	93105-0	.
1943	LHB	kNr	.	76857	36817-0	200002	UG	Schienentransp	93106-8	.
1943	LHB	kNr	.	76844	36842-8	200002	UG	Schienentransp	93107-6	.
1943	LHB	kNr	.	76829	36837-8	200002	UG	Schienentransp	93108-4	.
1943	LHB	kNr	.	76859	36818-8	200002	UG	Schienenaufzie	93109-2	.
1943	LHB	kNr	.	..	36803-0	1989	UZ	Weichentransp	93500-2	.
1943	LHB	kNr	.	.	36807-1	1989	UZ	Weichentransp	93501-0	.
1943	LHB	kNr	.	76851	36815-4	1989	UG	Weichentransp	93502-8	.
1943	LHB	kNr	.	76854	36816-2	1989	UG	Weichentransp	93503-6	.
1896	Gw	kNr	1214	.	10226-4	1996	UG	Aggregatw /s	95800-8	200103
1912	Sw	49179	1529	.	11660-3	1998	UG	G /s	95801	.
1909	Gw	kNr	9466	.	88034-9	1987	UZ	W /s	95802	.
1909	Gw	kNr	9458	.	88026-5	1998	UZ	W /s	95803	.
1955	Pn	465	.	3249	3202-4	199603	UZ	.	95900-2	.
1954	Pn	463	.	3011	3245-3	199603	UZ	.	95901-0	.
1957	Pn	802	.	3027	3260-2	199603	UZ	.	95902-8	.
1960	Pn	1324	.	3039	2103-5	1996	UZ	WR4 / s	95903-6	.
1955	Pn	467	.	3251	3204-0	1998	UB	Salon4/ s	95904-4	.
1940	LHB	.	.	.	6270-8	1998	UZ	.	95905-1	.
1906	Gw	kNr	411	.	3675-1	1998	UZ	.	95906-9	.
1955	Pn	473	.	4622	3863-3	1998	UZ	.	95907-7	.
1955	Pn	474	.	3764	3858-3	1998	UZ	.	95908-5	.
1956	Pn	605	.	4656	3864-1	1998	UZ	.	95909-5	.
1957	Pn	875	.	3657	3873-2	1998	UZ	.	95910-1	.
1957	Pn	876	.	4699	3874-0	1998	UZ	.	95911-9	.
1958	Pn	1013	.	3689	3875-7	1998	UZ	.	95912-7	.
1958	Pn	1097	.	3732	3877-3	1998	UZ	.	95913-5	.
1959	Pn	1100	.	3740	3880-7	1998	UZ	.	95914-3	.
1959	Pn	1101	.	3676	3881-5	1998	UZ	.	95915-0	.
1959	Pn	1102	.	3782	3882-3	1998	UZ	.	95916-8	.
1959	Pn	1104	.	3728	3884-9	1998	UZ	.	95917-6	.
1959	Pn	1255	.	4793	3887-2	1998	UZ	.	95918-4	.
1959	Pn	1256	.	3780	3888-0	1998	UZ	.	95919-2	.
1903	Gw	kNr	1226>	10206	6489-4	1998	UZ	.	95921-8	.
1968	Pn	1480	>	3736	6502-4	1998	UZ	.	95922-6	.
1968	Pn	1481	>	3619	6503-2	1998	UZ	.	95923-4	.
1896	Gw	.	>	3603	5901-9	1998	UZ	.	95925-0	.
1954	Pn	453	.	3291	4220-5	1998	UZ	.	95928-3	.
1962	Pn	1410	.	3216	3112-5	1998	UZ	.	95930-9	2001
1962	Pn	1336	.	3221	3109-1	2001	UZ	.	95931-7	.
1963	Pn	1406	.	3218	3111-7	2001	UZ	.	95932-5	.
1962	Pn	1417	.	3213	3114-1	2001	UZ	.	95933-3	.
1920	Sw	46307	4370	.	61565-3	1991	UB	Gerüstw / s	96210-5	1998
1922	Sw	60085	3220	.	60308-9	1989	UG	Gerüstw / s	96211-3	
1906	Sw	.	611	.	97000	1986	UZ	Gerätew / s	97000-9	.
1908	Sw	44438	800	.	97001	1986	UZ	Gerätew / s	97001-7	.
1924	Sw	.	715	.	97008	1986	UZ	Gerätew / s	97008-2	1993

U	2.UIC-Nr.	Anmerkung	fremde Bahn	Hbf
AVK	.	.	ÖGEG	A
.	.	.	.	A
AVK			WSV	A
AVK			WSV	A
AVK			WSV	A
AVK			WSV	A
AVK			WSV	A
AVK			WSV	A
.	.	.	.	A
.	.	.	.	A
.	.	.	.	A
.	.	.	1996 an Ybbstal	A
.	.	.	1996 an Ybbstal	A
.	.	.	1996 an Ybbstal	A
.	.	.	.	A
.	.	.	.	A
.	.	.	.	A
.	.	.	.	A
.	.	.	.	A
.	.	.	.	A
.	.	.	.	A
.	.	.	.	A
UZ	09-06 800	3P	EBC Mh 01.01 G 106	A
.	.	.		A
.	.	5180.5.87)	Nostalgie	A
.	.	5180.5.87)	Nostalgie	A
.	.	.	.	A
.	.	.	.	A
.	.	.	.	A
.	.	.	.	A
.	.	.	EB99/2	A
.	.	.	.	A
			.	W
.	.	.	.	W
.	.	.	.	W
.	.	.	.	W
.	.	.	.	W
.	.	.	.	W
.	.	.	.	W
.	.	.	.	W
.	.	.	.	W
.	.	.	.	W
.	.	.	.	A
.	.	.	.	A
.	.	.	.	A
.	.	.	.	A
.	.	.	.	W
.	.	.	.	A
.	.	.	.	W
.	.	.	.	A
.	.	.	.	A
UZ	02-06 000		.	A
.	.	.	.	A
.	.	.	.	A
.	.	.	.	A
UZ	90404	.	.	A
		.	.	A
.	.	.	.	A
.	.	.	.	A
A	.	noch vorhanden	.	W

BJ	BA	BA Nr.	BBÖ Nr.	ÖBB	ÖBB	Jahr	UZ	Gattung	UIC-Nr.	Jahr
1902	Gw	kNr	.	10022	97011	1986	UZ	Gerätew / s	97011-6	.
1943	LHB	kiNr	>	.	75852	1986	UG	Gerätew / s	97100-7	.
1908	Sw	46591	717>	.	97200	1986	UZ	Mannschaftsw	97200-5	2003 abgestellt
1967	Pn	1475	.	6281	4109-0	1998	.	Mannschaftsw	97202-1	2001
1924	Sw	60430	1204>	10215	97302	1986	UZ	Werkstättenw	97302-9	1999
1892	Gw	kNr	795>	6496	97303	1986	UZ	Werkstättenw	97303-7	2001
1906	Sw	43929	398>	3666	97304	1986	UZ	Werkstättenw	97304-5	199810
1907	Sw	44859	898>	6812	97306	1986	UZ	Werkstättenw	97306-0	1999
1902	Gw	kNr	1044>	10042	97307	1986	UZ	Werkstättenw	97307-8	.
1907	Sw	44583	483>	3679	97501	1986	UZ	Werkstättenw	97501-6	.
1928	Sw	61617	1870	.	15824	1986	UZ	Werkstättenw	97600-6	.
1897	Gw	kNr	334>	3606	97701	1986	UZ	Wohnw / s	97701-2	1987
1907	Sw	44586	486>	3681	97702	1986	UZ	Wohnw / s	97702-0	.
1898	Gw	kNr	200>	3651	97703	1986	UZ	Wohnw / s	97703-8	1999
1944	LHB	kNr	.	24563	98050	1986	UZ	Hilfsbremsw/ s	98050-3	199810
1944	LHB	kNr	.	24562	98051	1986	UZ	Hilfsbremsw/ s	98051-1	1994
1944	LHB	3623	.	64551	98052	1986	UZ	Hilfsbremsw/ s	98052-9	1994
1944	LHB	3624	.	64552	98053	1986	UZ	Hilfsbremsw/ s	98053-7	1994
1955	Kd	kNr	.		98502	1986	UZ	Klimapf/ s	98502-3	.
1958	Kd	kNr	.		98505	1986	UZ	Klimapf/ s	98505-6	.
1924	Gw	31931	503>	3726	98620	1986	UZ	Schneeschl.	98620-3	1998
1943	Bau	kNr	.	6440	98801	1986	UZ	Unkrautv	98801-9	2001
1890	Gw	kNr	304>	4765	98810	1986	UZ	Unkrautv	98810-0	2001
1891	Gw	kNr	514>	4768	98812	1986	UZ	Unkrautv	98812-6	2001
1891	Gw	kNr	306>	4769	98813	1986	UZ	Unkrautv	98813-4	2001
1889	Gw	kNr	574>	.	98814	1986	UZ	Unkrautv	98814-2	2001
1889	Gw	kNr	577>	.	98815	1986	UZ	Unkrautv	98815-9	2001
1962	Pn	1410	.	.	95930-9	2001	UZ		02-06 000P	2001
1896	Pn	1410	.	.	02-06 000P	200.	UZ		04-13 000	P
1896	Gw	kNr	1214	.	95800-8	200103	UZ	D / s	09-06 800-3P	.

Anmerkungen:
1 1986–1989 als 91814-9
3 1990 Fahrradtransportwagen
4 1991 Fahrradtransportwagen

U	2.UIC-Nr.	Anmerkung	fremde Bahn	Hbf
.	.	.	.	W
.	.	.	.	A
.	.	.	.	A
AVK			ÖGEG	A
A	.	.	.	A
AVK	.	.	ÖGEG	A
AVK	.	.	FTB	A
AVK	.	.	ÖGEG	A
.	.	.	Nostalgie 1997	A
.	.	.	.	A
.	.	.	.	A
A	.	.	.	A
.	.	.	.	A
A	.	.	.	A
AVK	.	.	WSV	A
A	.	.	.	A
A	.	.	.	A
A	.	.	.	A
.	.	.	.	A
.	.	.	.	W
A	.	.	2003 ÖGLB	W
AVK	.	.	ÖGEG	A
AVK	.	.	ÖGEG	A
AVK	.	.	ÖGEG	A
AVK	.	.	ÖGEG	A
AVK	.	.	ÖGEG	A
AVK	.	.	ÖGEG	A
UZ	04-13 000	P	.	A
.	.	.	.	A
.	.	vorher 10 226	EBC Mh 01.01	A